国家级精品课程教材

材料科学与工程系列精品教材

材料加工原理

主编 李言祥

副主编 李文珍 朱跃峰

清华大学出版社

北京

内容简介

本书是为材料科学与工程学科本科生编写的教材，也适用于机械工程学科材料成形与控制专业。内容包括：基于液一固转变的材料加工；基于气一固转变的材料加工；基于固态转变的材料加工。这是同类教材中首次采用按材料加工制备过程中的主要相变类型进行的内容分类。教材将在更广阔的领域为学生打下加工过程中材料成分、组织及性能的形成和变化规律的知识基础。

图书在版编目(CIP)数据

材料加工原理/李言祥主编. —北京：清华大学出版社，2017（2023.7重印）
（材料科学与工程系列精品教材）
ISBN 978-7-302-47154-7

Ⅰ.①材… Ⅱ.①李… Ⅲ.①工程材料—加工—高等学校—教材 Ⅳ.①TB3

中国版本图书馆CIP数据核字(2017)第116587号

责任编辑：赵 斌
封面设计：常雪影
责任校对：赵丽敏
责任印制：丛怀宇

出版发行：清华大学出版社
网　　址：http://www.tup.com.cn，http://www.wqbook.com
地　　址：北京清华大学学研大厦A座　　**邮　　编**：100084
社 总 机：010-83470000　　**邮　　购**：010-62786544
投稿与读者服务：010-62776969，c-service@tup.tsinghua.edu.cn
质量反馈：010-62772015，zhiliang@tup.tsinghua.edu.cn
印 装 者：三河市龙大印装有限公司
经　　销：全国新华书店
开　　本：185mm×260mm　　**印　　张**：26　　**字　　数**：627千字
版　　次：2017年7月第1版　　**印　　次**：2023年7月第4次印刷
定　　价：79.00元

产品编号：074585-02

前言

材料是可以用来制造产品的物质，是人类社会发展的物质基础。把材料制造成产品的过程和方法就是材料加工。因为物质产品总有一定的形状和尺寸，所以材料加工也称为成形制造。材料加工的方法千变万化，不同的材料需要用不同的适宜加工方法，同样的材料制造不同的产品也需要用不同的适宜加工方法。成形制造属机械工程学科。在制造学科领域，材料在制造成产品过程中的尺寸、外形、表面状态和最终性能是其主要的关注和控制内容。材料加工关注制造过程中材料内部成分、组织和性能的变化，其学科属性是材料学科，属于材料工程。本书以金属材料为主要加工对象，根据加工过程中材料经历的主要相变，分为基于液—固转变的材料加工；基于气—固转变的材料加工和基于固态转变的材料加工三篇。这种按材料加工过程中经历的主要相变类型进行内容分类的结构，将使学习者更好地了解制造过程中材料成分、组织及性能的形成和变化规律及其材料学原理。

本书的编写目的是为了适应学科调整的要求。《材料加工原理》前一版本出版于2005年。当时是为了适应清华大学学科调整，即将原来的铸造、锻压、焊接等专业合并成机械工程专业，所以《材料加工原理》包含了《铸件形成原理》《塑性加工原理》和《焊接冶金原理》的内容。

随着清华大学材料学院的成立，原机械工程系的材料加工工程学科转入材料学院。材料学院与机械工程系在学科定位，整体培养方案等方面有很大差别。所以，材料加工原理教材需要重新编写，内容需做较大调整，以适应材料学院的培养要求。

本书是为材料科学与工程学科本科生编写的教材，也可作为机械工程学科材料成形与控制专业的教学参考书。教材将在更广阔的领域为学生打下加工过程中材料成分、组织及性能的形成和变化规律的知识基础。这是同类教材中首次采用按材料加工制备过程中的主要相变类型进行的内容分类。

本书由李言祥主编（第1篇主编及第1、2、3章撰稿），李文珍（第4章初稿，第3篇主编），朱跃峰（第5章初稿，第2篇主编）副主编，赵明（第6、7、8章初稿编写），巩前明（第9、12章初稿编写），张华伟（第10、11章初稿编写）参加编写。

编　者

2017年3月

目录

第1篇　基于液—固转变的材料加工

第3篇 基于固态转变的材料加工

第 1 篇　基于液—固转变的材料加工

液态金属与凝固结晶

几乎所有金属制品在其生产制造过程中都要经历一次或多次熔化和凝固过程。金属处于液态时的性状对后续的加工过程和制成品的内部组织与性能会有重要的影响。本章首先讨论液态金属的结构与性质，分析和比较金属从固态熔化为液态时的体积和结构变化，液态金属的黏度与表面张力及其影响因素；然后讨论金属从液态向固态转变的热力学和动力学条件，主要是凝固结晶过程中形核与长大的规律及固液界面的结构与形态。

1.1　液态金属的结构和性质

液态是物质处于固态和气态之间的中间状态。目前人类对液态物质的认识远没有对气态和固态的认识深入。气态是组成物质的原子或分子充满整个空间或容器的无序态。绝大多数固态物质是晶体，其组成物质的原子或分子在空间呈周期性规则排列，是一种高度有序的状态。那么液态呢？是有序的还是无序的？这是本节要讨论的主要内容。

材料加工过程中遇到的液态金属都是从固态熔化而不是从气态液化得到的。另外，从温度上看，材料加工过程中遇到的液态金属的温度不会超过其熔点 T_m 200～300℃。表 1-1 列出了几种常用金属的熔点与沸点。从表 1-1 可以看出，除 Mg、Zn 等少数金属之外，液态金属的温度总是接近熔点而远离沸点的。因此，有理由相信，液态金属应该接近固态而不是气态。

表 1-1　几种常用金属的熔点与沸点　℃

金属	Sn	Zn	Mg	Al	Ag	Cu	Mn	Ni	Fe	Ti
熔点 T_m	231	419	649	660	960	1084	1224	1455	1536	1660
沸点 T_b	2750	911	1105	2500	2164	2570	2050	2890	2876	3260

1.1.1　金属从固态熔化为液态时的变化

首先让我们来看一看金属熔化时的体积变化。表 1-2 是常用金属熔化时的相对体积变化$\frac{V_l-V_s}{V_s}$，其中 V_l 和 V_s 分别为液态和固态时的比容$\left(比容=\frac{1}{密度}\right)$。

表 1-2 几种常用金属熔化时的体积变化 %

金属	Sn	Zn	Mg	Al	Ag	Cu	Fe	Ti
$(V_l-V_s)/V_s$	2.6	6.9	4.2	6.6	4.99	4.2	4.4	3.2

从表 1-2 可以看到，金属熔化时的体积增大量在 3%～7%的范围内。而金属从绝对零度到熔点温度的固态体积膨胀量几乎都约为 7%。图 1-1 是金属的热膨胀系数与熔点温度的关系。若按体积膨胀 7%计算，则有：

$$\alpha_v T_m = 0.07 \tag{1-1}$$

$$\alpha_l T_m = 0.0228 \tag{1-2}$$

式中，α_v 和 α_l 分别为金属的平均体膨胀系数和平均线膨胀系数。

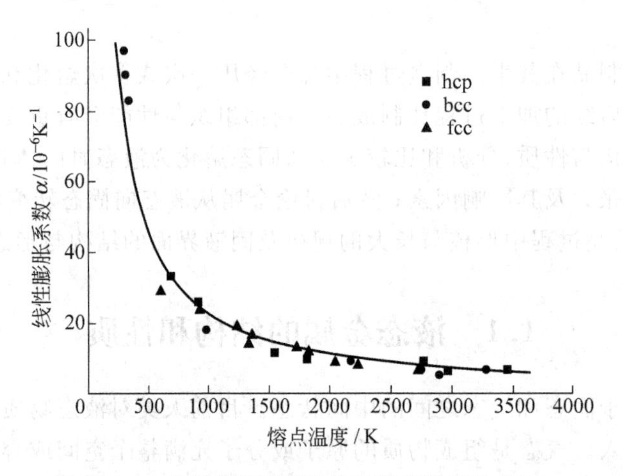

图 1-1 金属的热膨胀系数与熔点温度的关系

图 1-1 中实线为按 $\alpha_l T_m=0.0228$ 作出的。可见大多数金属的 α_l 均在该线附近。因此，金属熔化时的体积膨胀一般不超过固态时的体积变化总量。固态金属的结构可以看作由理想的晶体结构加上缺陷(空穴、间隙原子、位错、晶界等)组成。随着温度的升高，固态金属中缺陷的数量增加，活动性增大。当超过熔点温度时，缺陷的巨大数量和活动性终于使固体结构溃散。但由于体积变化不大，液态金属的结构不可能变为完全无序。

从金属键的本质可知，金属原子的结合主要靠带正电荷的离子和在正离子之间高速运动着的共有电子之间的静电引力。同时，由于存在正离子之间以及电子之间的静电斥力，原子间存在着一定的作用力之间和能量之间的平衡关系。在一定的温度下，这些作用力和能量的大小与原子之间的距离有关，可用图 1-2 所示的双原子模型来表示。当 B 原子距 A 原子的距离为 R_0 时，引力与斥力相等，B 原子所受合力为零，势能 W 最小，B 原子处于最稳定的状态。

由于随距离的缩短斥力比引力增长得快，当 $R<R_0$ 时，B 原子受到的合力是 A 原子的斥力，而且距离进一步缩短时，斥力增加很快。受斥力场的作用，势能随之增加。从力的作用看，斥力趋向于把 B 原子推回 R_0 处。而用能量的观点，则是 B 原子趋向于降低势能。同样，由于随距离的增加，斥力比引力减小得快。当 $R>R_0$ 时，B 原子受的合力是引力，势能也倾向于使两原子趋向接近。因此，R_0 是两原子之间的平衡距离。如果假定 A 原子固定，则 B 原子以 R_0 为平衡位置。任何偏离平衡位置都引起原子所受引力和斥力的不平衡，势能升高，最后仍趋向势能最低的平衡位置。

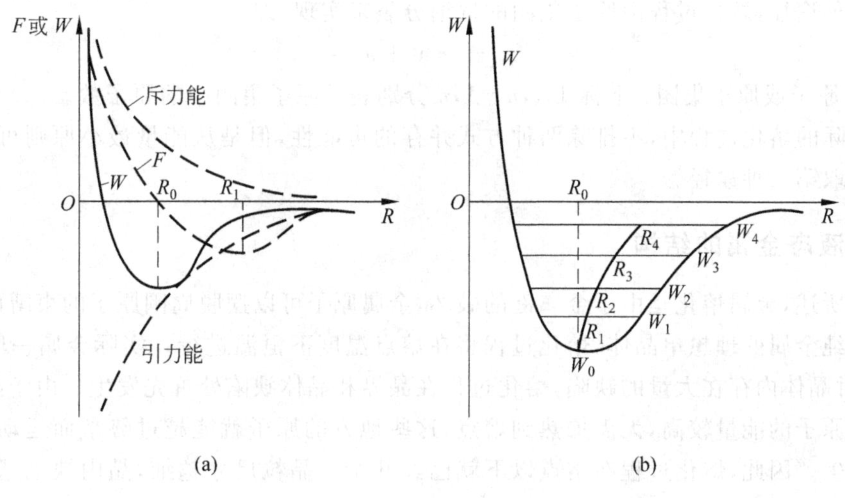

图 1-2 双原子作用模型

(a) 原子间的作用力；(b) 加热时原子间距和原子势垒的变化

原子在平衡位置上不停地振动着。当温度升高时，振动频率增加，同时振幅也加大。在双原子模型中(图 1-2(b))，假定位于坐标原点的 A 原子固定，而右边的 B 原子可自由振动。当温度升高时，B 原子的自由振幅加大。此时，如果 B 原子以 R_0 为中心向左与向右振幅加大的尺度都一样的话，其平衡位置仍然是 R_0，这样就不会出现膨胀。但实际上，原子之间的势能与原子间距的关系是极不对称的，向右是水平渐近线，向左是垂直渐近线。这就意味着当温度升高使能量从 W_0 升高到 W_1、W_2、W_3 时，原子之间的距离也将由 R_0 增大到 R_1、R_2、R_3。也就是说，原子之间的距离随温度升高而增大。从图 1-2(b)可以看出，造成这种情况的原因是，当原子发生振动，相互靠近时，产生的斥力比远离时产生的引力大，从而使原子间势能增大，上述原子之间作用力的不对称也表现得越突出。因此，随着温度的升高，金属就会膨胀。但这种膨胀只改变原子间的距离，而不改变原子间排列的相对位置(晶格结构)。

除了原子间距离的加大造成金属的膨胀之外，自由点阵—空穴的产生也是造成金属膨胀的重要原因。在实际金属中，原子间的相互作用将产生一定大小的势垒。由于势垒的存在，限制了原子的活动范围，使其在一定的点阵位置附近以振动的形式运动。随着温度的升高，会有越来越多的原子的能量高于势垒。这部分原子就可以克服周围原子的束缚，跑到金属表面或原子之间的间隙中去。原子离开其点阵位置之后，留下来的自由点阵位置称为空穴。空穴产生后，造成局部势垒下降，使得邻近原子进入空穴位置，这样就造成空穴的移动。温度越高，原子的能量越高，产生的空穴数越多，金属的体积膨胀量也越大。在熔点附近，空穴的数目可以达到原子总数的约 1%。

当把金属的温度加热到熔点时，会使金属的体积突然膨胀 3%～7%。这种突变反映在熔化潜热上，即金属在此时吸收大量的热量，温度却不升高。从前面的分析可以看到，这种突变不可能完全是由于原子间距的增大或空穴数量的增大造成的，因为它们不可能突变，而只能理解为原子间结合键的突然破坏。关于金属从固态向熔体转变的机制，可以由两种途径来实现。第一种途径，通过单个原子的分离来实现，即

$$a_n \longrightarrow a_{n-1} + a_1 \tag{1-3}$$

第二种途径，熔化过程由原子集团的逐渐分裂来实现，即

$$a_n \longrightarrow a_i + a_{n-i} \tag{1-4}$$

其中，a 为原子或原子集团；下标 $1, i, n-1, n$ 分别表示原子集团中的原子数。

在实际的熔化过程中，不排除两种方式并存的可能性，但是从能量最小原则可以判断，应优先采取第二种途径。

1.1.2 液态金属的结构

如上所述，金属熔化是由于金属键的破坏，金属原子可以摆脱周围原子的束缚而自由运动。对于纯金属的理想单晶体，熔化过程将在熔点温度下恒温进行。实际金属一般都是多晶体，同时晶体内存在大量的缺陷，熔化过程在晶界和晶体缺陷处首先发生。由于晶界和晶体缺陷处原子的能量较高，无需加热到熔点，这些地方的原子就能越过势垒而运动，熔化过程随即发生。因此，熔化过程在熔点以下就已经开始。晶粒尺寸越细，晶内缺陷越多，熔化开始温度越低。熔点温度实际上是熔化结束温度。液态金属可以过冷到熔点以下不发生凝固，但固态金属不可能过热到熔点以上不熔化。

由于表面上原子排列的不完整性，使得表面上原子的能量较内部原子的能量高，表面原子摆脱键能束缚就比较容易，熔化也可以在熔点以下的较低温度发生。如果固态金属的尺寸很小，达到纳米量级，这种表面易熔化的效应就可以从宏观上表现出来，金属微粒的熔点随其尺寸减小而下降(如图 1-3 所示)。因此，通常所说的熔点温度，不光是指熔化过程的上限温度，而且还有一个只针对大块固体而言的限制条件。在当今的纳米技术、纳米材料的时代，更应该对熔点温度与材料颗粒尺寸的关系有清楚的认识。

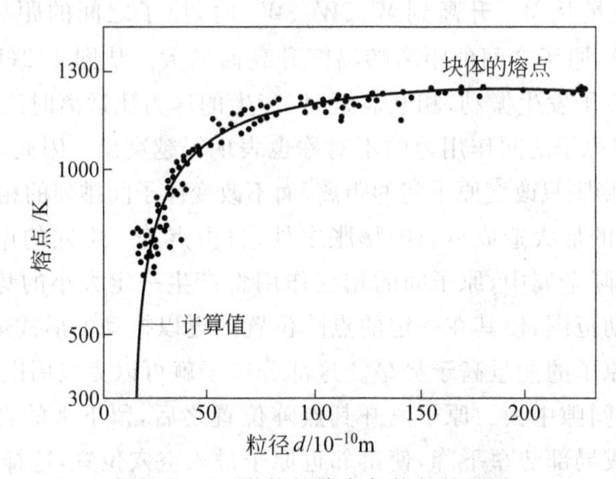

图 1-3 Au 微粒的熔点与粒径的关系

按式(1-4)的模型，实际金属的熔化过程可描述为：金属加热，温度升高，晶格尺寸增大(膨胀)，缺陷增加⇒晶界原子大量脱离晶格束缚，晶粒分离，晶内缺陷进一步增多、加大⇒晶粒内部缺陷处的原子大量脱离晶格束缚，晶粒解体为小颗粒直至原子集团。当晶粒解体到小颗粒的尺寸达到图 1-3 所示纳米量级以下时，由于表面效应将引起熔点的显著下降，熔化过程将在“过热”条件下迅速发生，这时固体将不复存在。

由上面的分析可以看到，若纯金属熔化成熔体，其结构将由原子集团、游离原子和空穴组成。其中原子集团由数量不等的原子组成，其大小为亚纳米(10^{-10} m)量级。在原子集团

内部，原子排布仍具有一定的规律性，称为“近程有序”。而在更大的尺寸范围内，原子排布将没有规律性。若在纳米量级尺度仍保持有序排布，金属将呈固态特性。液态金属中的结构是不稳定的，它处于瞬息万变的状态之中。即原子集团、空穴等的大小、形态、分布及热运动都时刻处于变化的状态，这种原子集团与空穴的变化现象称为“结构起伏”。在结构起伏的同时，液态金属中也必然存在大量的能量起伏。

纯金属在工程中的应用极少，特别是作为结构材料，主要应用的是含有一种或多种其他元素的合金材料。即使通常所说的纯金属，其中也包含着一定数目的其他杂质元素。因此，在材料加工过程中碰到的液态金属，实际上是含两种或两种以上元素的合金熔体。其他元素的加入，除了影响原子之间的结合力之外，还会发生各种物理化学反应。这些物理化学反应往往导致合金熔体中形成各种高熔点的夹杂物。因此，实际液态金属（合金熔体）的结构是极其复杂的，其中包括各种成分的原子集团、游离原子、空穴、夹杂物、气泡等，是一种“混浊”液体。所以，实际的液态金属中存在成分和结构（或称相）起伏。液态金属中存在温度（或能量）起伏、成分（或浓度）起伏以及结构（或相）起伏，三种起伏影响液态金属的凝固结晶过程，从而对产品的质量产生重要的影响。对液态金属进行加工处理，就是要改变这三种起伏的状态，达到控制和改善液态金属的性状以及后续凝固过程和最终组织与性能的目的。

以上对液态金属结构的定性描述和分析，可从热力学理论和 X 射线结构分析的实验结果中得到证实。

1. 液态金属结构的热力学分析

表 1-3 列出了一些金属在熔化和汽化时的热物理性质变化。从表中可以看出，金属的汽化潜热远大于其熔化潜热。以铝和铁为例，其熔化潜热分别只有汽化潜热的 3.6% 和 4.5%。对气态金属而言，原子间的结合键几乎全部被破坏，汽化潜热意味着液态金属的全部结合能。而当金属熔化时，原子间的结合键只破坏了很小一部分。统计而言，熔化潜热与汽化潜热的比值就是熔化时结合键中破坏部分的比例。熵值的变化是系统结构紊乱度变化的量度。金属由固态变为液态时的熵值增加比由液态转变为气态的熵值增加要小得多。已经知道金属在固态是原子规则排列的有序结构，而气态下则是原子完全混乱的无序结构，从熵变的比值 $\Delta S_m/\Delta S_b$ 可以看到，金属熔化时的有序度变化很小，液态金属中一定保留着大量原子规则排列的有序结构。只是由于熔化过程中固体结构的不断分裂，液态金属中的有序结构只可能保留在分裂后的小尺寸范围内，亦即“近程有序”。另外必须指出，液态金属中的近程有序结构不是一成不变的，而是始终处于起伏变化之中。

表 1-3 一些金属在熔化和汽化时的热物理性质变化

金属	晶体结构	熔点 T_m/K	沸点 T_b/K	熔化潜热 ΔH_m/(kJ/mol)	汽化潜热 ΔH_b/(kJ/mol)	$\frac{\Delta H_m}{\Delta H_b}$	熔化熵 ΔS_m/(J/(mol·K))	汽化熵 ΔS_b/(J/(mol·K))	$\frac{\Delta S_m}{\Delta S_b}$
Ag	fcc	1234	2436	11.30	250.62	0.045	9.15	102.88	0.089
Al	fcc	933	2753	10.45	290.93	0.036	11.20	105.68	0.106
Au	fcc	1336	3223	12.79	341.92	0.037	9.57	106.09	0.090
Ba	bcc	1002	2171	7.75	141.51	0.055	7.73	65.18	0.119
Be	hcp	1556	2757	11.72	297.64	0.039	7.53	107.96	0.070
Ca	fcc/hcp	1112	1757	8.54	153.64	0.056	7.68	87.44	0.088

续表

金属	晶体结构	熔点 T_m/K	沸点 T_b/K	熔化潜热 ΔH_m/(kJ/mol)	汽化潜热 ΔH_b/(kJ/mol)	$\frac{\Delta H_m}{\Delta H_b}$	熔化熵 ΔS_m/(J/(mol·K))	汽化熵 ΔS_b/(J/(mol·K))	$\frac{\Delta S_m}{\Delta S_b}$
Cd	hcp	594	1038	6.39	99.48	0.064	10.77	95.84	0.112
Co	fcc/hcp	1768	3201	16.19	376.60	0.043	9.16	117.65	0.078
Cr	bcc	2130	2945	16.93	344.26	0.049	7.95	116.90	0.068
Cu	fcc	1356	2848	13.00	304.30	0.043	9.59	106.85	0.090
Fe	fcc/bcc	1809	3343	15.17	339.83	0.045	8.39	101.65	0.083
Mg	hcp	923	1376	8.69	133.76	0.065	9.42	97.21	0.097
Mn	bcc/fcc	1517	2335	12.06	226.07	0.053	7.95	96.82	0.082
Ni	fcc	1726	3187	17.47	369.25	0.047	10.12	115.86	0.087
Pb	fcc	600	2060	4.77	177.95	0.027	7.96	86.38	0.092
W	bcc	3680	5936	35.40	806.78	0.044	9.62	135.91	0.071
Zn	hcp	693	1180	7.23	114.95	0.063	10.43	97.41	0.107

2. 液态金属结构的X射线衍射分析

如同研究固态金属的结构一样，X射线衍射、中子射线衍射和电子衍射的方法可以用于液态金属的结构分析，证实液态金属中近程有序结构的存在并找出液态金属的原子间距和配位数。只是液态金属只能存在于熔点以上，大多数金属的熔点又远高于室温，再加上液态金属自身不能保持一定的形状而需放置在容器中，这就给液态金属结构的衍射实验研究带来了很大的困难。液态金属结构衍射分析的数据和成熟程度远没有固态金属高。

图1-4为根据衍射数据绘制的$4\pi r^2\rho\mathrm{d}r$和r的关系图，表示某一个选定的原子周围的原子密度分布状态。r为以选定原子为中心的球面半径。$4\pi r^2\rho\mathrm{d}r$表示围绕在选定原子周围半径为r、厚度为$\mathrm{d}r$的一层球壳中的原子数。$\rho(r)$为球面上的原子数密度。$4\pi r^2\rho_0$为平均原子分布密度曲线，相当于原子排列完全无序的情况。直线和曲线分别表示由衍射曲线计算得到的固态铝和700℃的液态铝中原子的分布。固态铝中的原子位置是固定的，在平衡位置做热振动，故在选定原子一定距离处的原子数是某一固定值，呈现一条直线。每一条直线都有明确的位置(r)和峰值(原子数)，如图中直线3所示。若700℃液体铝是理想的均匀非晶质液体，其中原子排列完全无序，则其原子分布密度为$4\pi r^2\rho_0$，如曲线2所示。但实际700℃液体铝的原子分布情况为图中曲线1。这是一条由窄变宽的条带，是连续非间断的。条带的第一个峰值和第二个峰值接近固态的峰值，此后就接近于理想液体的原子平均密度分布曲线2了，说明原子已无固定的位置。液态铝原子的排列在几个原子间距的小范围内，与固态铝原子的排列方式基本一致，而远离选定

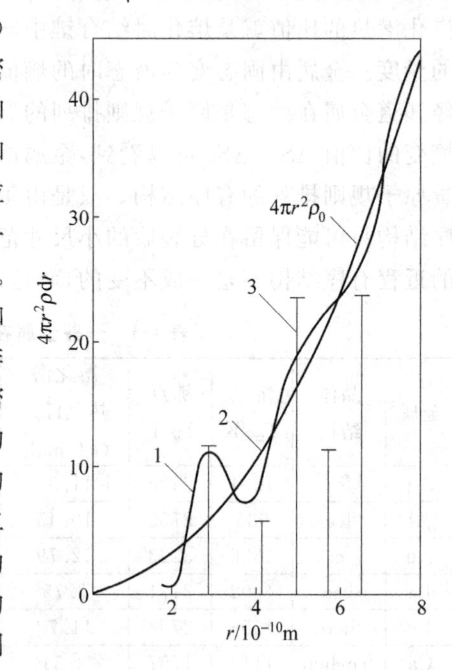

图1-4 700℃时液态Al中原子分布曲线

原子后就完全不同于固态了。液态铝的这种结构称为“近程有序”“远程无序”。而固态的原子结构为远程有序。

近程有序结构的配位数可由下式计算：

$$N=\int_{0}^{r_1}4\pi r^2\rho\,\mathrm{d}r \tag{1-5}$$

式中，r_1 为原子分布曲线上靠近选定原子的第一个峰谷(极小值)的位置。

表 1-4 为一些固态和液态金属的原子结构参数。固态金属铝和液态铝的原子配位数分别为 12 和 10～11，而原子间距分别为 0.286nm 和 0.298nm。气态铝的配位数可认为是零，原子间距为无穷大。

表 1-4 X 射线衍射所得液态和固态金属结构参数

金属	液态			固态	
	温度/℃	原子间距/nm	配位数	原子间距/nm	配位数
Li	400	0.324	10①	0.303	8
Na	100	0.383	8	0.372	8
Al	700	0.298	10～11	0.286	12
K	70	0.464	8	0.450	8
Zn	460	0.294	11	0.265、0.294	6+6②
Cd	350	0.306	8	0.297、0.330	6+6②
Sn	280	0.320	11	0.302、0.315	4+2②
Au	1100	0.286	11	0.288	12
Bi	340	0.332	7～8③	0.309、0.346	3+3②

① 其配位数虽增大，但密度仍减小。

② 这些原子的第一、二层近邻原子非常相近，两层原子都算作配位数，但以“+”号表示区别，在液态金属中两层合一。

③ 固态结构较松散，熔化后密度增大。

1.1.3 液态金属的性质

液态金属有各种性质，在此仅阐述与材料成形加工过程关系特别密切的两个性质，即液态金属的黏度和液态金属的表面张力，以及它们在材料成形加工过程中的作用。

1. 液态金属的黏度

液态金属由于原子间作用力大大削弱，且其中存在大量空穴，其活动比固态金属要大得多。当外力 $F(x)$ 作用于液体表面时，并不能使液体整体一起运动，而只有表层液体发生运动，而后带动下一层液体运动，以此逐层运动，因而其速度分布如图 1-5 所示，第一层的速度 v_1 最大，第二层速度 v_2、第三层速度 v_3 依次减小，最后速度 v 减至零。这说明层与层之间存在内摩擦阻力。

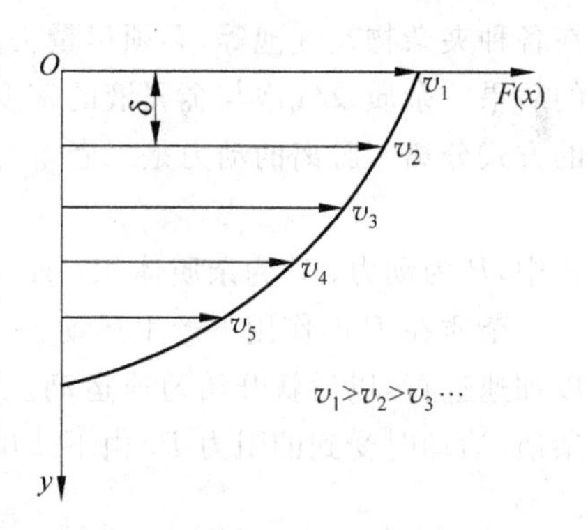

图 1-5 力作用于液面各层的速度

设 y 方向的速度梯度为 $\frac{\mathrm{d}v_x}{\mathrm{d}y}$，根据牛顿液体黏性定

律 $F(x)=\eta A\frac{\mathrm{d}v_x}{\mathrm{d}y}$得

$$\eta=\frac{F(x)}{A\frac{\mathrm{d}v_x}{\mathrm{d}y}} \tag{1-6}$$

式中，η 为液体的动力黏度；A 为液层接触面积。

在弗伦克尔关于液体结构的理论中，黏度的数学表达式为

$$\eta=\frac{2t_0k_{\mathrm{B}}T}{\delta^3}\cdot\exp\left(\frac{U}{k_{\mathrm{B}}T}\right) \tag{1-7}$$

式中，t_0 为原子在平衡位置的振动时间；k_{B} 为玻耳兹曼常数；U 为原子离位激活能；δ 为相邻原子平衡位置的平均距离；T 为热力学温度。

由式(1-7)可知，黏度与原子离位激活能 U 的指数成正比，与其平均距离的三次方 δ^3 成反比，这二者都与原子间的结合力有关，因此黏度本质上是原子间的结合力。

影响液态金属黏度的主要因素是温度、化学成分和夹杂物。

(1) 温度　由式(1-7)可知，液态金属的黏度在温度不太高时，式中的指数项比乘数项的影响大，即温度升高，η 值下降。在温度很高时，指数项趋近于 1，乘数项将起主要作用，即温度升高，η 值增大，但这已接近气态。

(2) 化学成分　难熔化合物成分合金的黏度较高，而熔点低的共晶成分合金的黏度低。这是由于难熔化合物的原子间结合力强，在冷却至熔点之前就已开始原子集聚。对于共晶成分合金，异类原子之间不发生结合，而同类原子聚合时，由于异类原子的存在所造成的障碍，使它的聚合缓慢，晶坯的形成拖后，故黏度较非共晶成分的低。图 1-6 示出了 Fe-C 和 Al-Si 合金熔体随含 C、Si 量和温度变化的等黏度线。

(3) 非金属夹杂物　液态金属中呈固态的非金属夹杂物使液态金属的黏度增加，如钢中的硫化锰、氧化铝、氧化硅等。这是因为，夹杂物的存在使液态金属成为不均匀的多相体系，液相流动时的内摩擦力增加，夹杂物越多，对黏度的影响越大。夹杂物的形态对黏度也有影响。

材料成形加工过程中的液态金属一般要进行各种冶金处理，如孕育、变质、晶粒细化、净化处理等，这些冶金处理对黏度也有显著影响。如铝硅合金进行变质处理后细化了初生硅或共晶硅，从而使黏度降低。

黏度在材料成形加工过程中的意义首先表现在对液态金属净化的影响。液态金属中存在各种夹杂物及气泡等，必须尽量去除，否则会影响材料或成形件的性能，甚至发生灾难性的后果。杂质及气泡与金属液的密度不同，一般比金属液低，故总是力图离开液体，以上浮的方式分离。脱离的动力是二者重度($\gamma=\rho g$)之差，即

$$P=V(\gamma_1-\gamma_2) \tag{1-8}$$

式中，P 为动力；V 为杂质体积；γ_1 为液态金属重度；γ_2 为杂质重度。

杂质在 P 的作用下产生运动，一运动就会有阻力。试验指出，在最初很短的时间内，它以加速进行，以后就开始匀速运动。根据 Stokes(斯托克斯)原理，半径 0.1cm 以下的球形杂质，运动时受到的阻力 P_{c} 由下式确定

$$P_{\mathrm{c}}=6\pi rv\eta \tag{1-9}$$

式中，r 为球形杂质的半径；v 为运动速度。

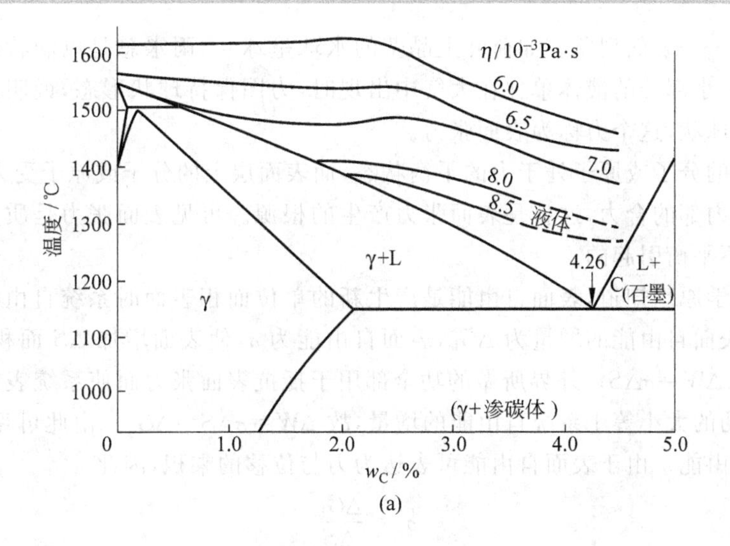

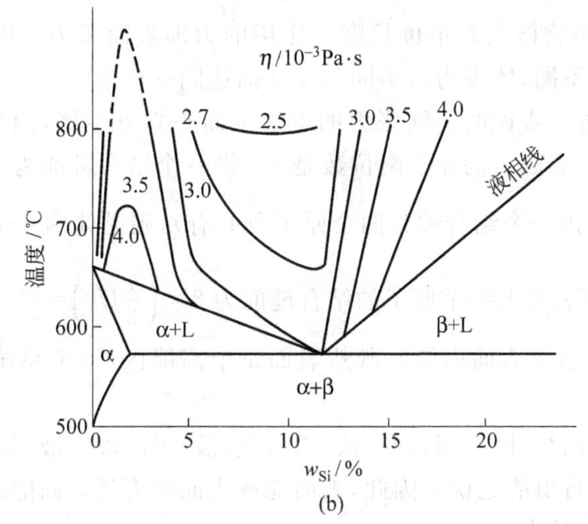

图 1-6 Fe-C 和 Al-Si 合金熔体黏度随含 C、Si 量和温度的变化

(a) Fe-C 合金的黏度；(b) Al-Si 合金的黏度

当杂质匀速运动时，$P_c=P$，故

$$6\pi r v\eta = V(\gamma_1-\gamma_2) \tag{1-10}$$

由此可求得杂质的上浮速度

$$v=\frac{2r^2(\gamma_1-\gamma_2)}{9\eta} \tag{1-11}$$

此即著名的 Stokes 方程。

在材料加工过程中，应用 Stokes 原理，为了精炼去除非金属夹杂物和气泡，金属液需加热到较高的过热度，以降低黏度，加快夹杂物和气泡的上浮速度。另一方面，在用直接气泡吹入法制备金属多孔材料时，为防止气泡上浮脱离，需向液态金属中加入大量的氧化物等颗粒状增稠剂，提高金属液的黏度，防止气泡逸出，以成功制取气孔均匀分布的多孔材料。

2．表面张力

液体或固体同空气或真空接触的界面叫表面。表面具有特殊的性质，由此产生一些表面特有的现象——表面现象。如荷叶上晶莹的水珠呈球状，雨水总是以滴状的形式从天空落下。总之，一小部分的液体单独在大气中出现时，力图保持球状形态，说明总有一个力的作用使其趋向球状，这个力称为表面张力。

液体内部的分子或原子处于力的平衡状态，而表面层上的分子或原子受力不均匀，结果产生指向液体内部的合力，这就是表面张力产生的根源。可见表面张力是质点(分子、原子等)间作用力不平衡引起的。

从物理化学原理知道，表面自由能是产生新的单位面积表面时系统自由能的增量。设恒温、恒压下表面自由能的增量为 ΔG_b，表面自由能为 σ，使表面增加 ΔS 面积时，外界对系统所作的功为 $\Delta W=\sigma\Delta S$。外界所做的功全部用于抵抗表面张力而使系统表面积增大所消耗的能量，该功的大小等于系统自由能的增量，故 $\Delta W=\sigma\Delta S=\Delta G_b$。由此可见，表面自由能即单位面积自由能。由于表面自由能可表达为力与位移的乘积，因此

$$\sigma=\frac{\Delta G_b}{\Delta S} \tag{1-12}$$

这样，σ 又可理解为物体表面单位长度上作用的力即表面张力。因此表面张力和表面能大小相等，只是单位不同，体现为从不同角度来描述同一现象。

以下以晶体为例进一步说明表面张力的本质。面心立方金属，内部原子配位数为 12，如果表面为(100)晶面，晶面上的原子配位数是 8。设一个结合键能为 U_0，平均到每个原子上的结合键能为 $\frac{1}{2}U_0$(因一个结合键为两个原子所共有)，则晶体内一个原子的结合键能为 $12\times\left(\frac{1}{2}U_0\right)=6U_0$；而表面上一个原子的结合键能为 $8\times\left(\frac{1}{2}U_0\right)=4U_0$，表面原子比内部原子的能量高出 $2U_0$；这就是表面内能。既然表面是个高能区，一个系统会自动地尽量减少其区域。

从广义而言，任意两相(固—固、固—液、固—气、液—气、液—液)的交界面称为界面，就出现了界面张力、界面自由能之说。因此，表面能或表面张力是界面能或界面张力的一个特例。界面能或界面张力的表达式为

$$\sigma_{AB}=\sigma_A+\sigma_B-W_{AB} \tag{1-13}$$

式中，σ_A、σ_B 分别为 A、B 两物体的表面张力；W_{AB} 为形成两个单位面积界面系统向外做的功，或是将两个单位面积结合或拆开时外界所做的功。因此当两相间的作用力大时，W_{AB} 越大，则界面张力越小。

润湿角(接触角)是衡量界面张力的标志，图 1-7 中的 θ 即为润湿角。界面张力达到平衡时，存在下面的关系

$$\left.\begin{aligned}\sigma_{SG}&=\sigma_{LS}+\sigma_{LG}\cos\theta\\ \cos\theta&=\frac{\sigma_{SG}-\sigma_{LS}}{\sigma_{LG}}\end{aligned}\right\} \tag{1-14}$$

式中，σ_{SG} 为固—气界面张力；σ_{LS} 为液—固界面张力；σ_{LG} 为液—气界面张力。

可见润湿角 θ 是由界面张力 σ_{SG}、σ_{LS} 和 σ_{LG} 来决定的。当 $\sigma_{SG}>\sigma_{LS}$ 时，$\theta<90°$，此时液体能润湿固体，$\theta=0°$ 称绝对润湿；当 $\sigma_{SG}<\sigma_{LS}$ 时，$\theta>90°$，此时液体不能润湿固体，$\theta=180°$ 称绝对不润湿。润湿角是可测定的。

影响液态金属界面张力的因素主要有熔点、温度和溶质元素。

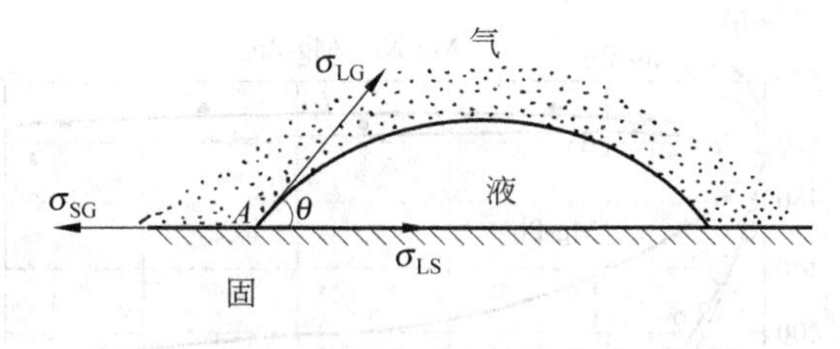

图 1-7 接触角与界面张力

(1) 熔点 界面张力的实质是质点间的作用力,故原子间的结合力大的物质,其熔点、沸点高,则表面张力往往就大。材料成形加工过程中常用的几种金属的表面张力与熔点的关系如表 1-5 所示。

表 1-5 几种金属的熔点和表面张力间的关系

金属	熔点/℃	表面张力/(10^{-3}N·m^{-1})	液态密度/(g·cm^{-3})
Zn	420	782	6.57
Mg	650	559	1.59
Al	660	914	2.38
Cu	1083	1360	7.79
Ni	1453	1778	7.77
Fe	1537	1872	7.01

(2) 温度 大多数金属和合金,如 Al、Mg、Zn 等,其表面张力随着温度的升高而降低。因温度升高而使液体质点间的结合力减弱所致。

(3) 溶质元素 溶质元素对液态金属表面张力的影响分为两大类。使表面张力降低的溶质元素叫表面活性元素,"活性"之义为表面浓度大于内部浓度,如钢液和铸铁液中的 S 即为表面活性元素,也称正吸附元素。提高表面张力的元素叫非表面活性元素,其表面的含量少于内部含量,称负吸附元素。图 1-8~图 1-10 为各种溶质元素对 Al、Mg 和铸铁液表面张力的影响。

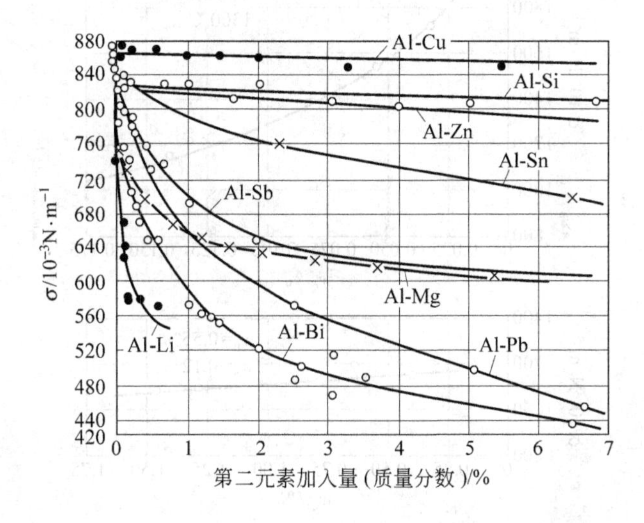

图 1-8 Al 中加入第二组元后表面张力的变化

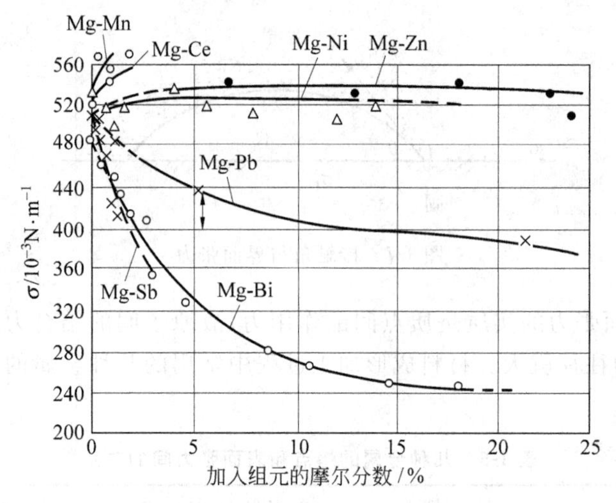

图 1-9　Mg 中加入第二组元后表面张力的变化

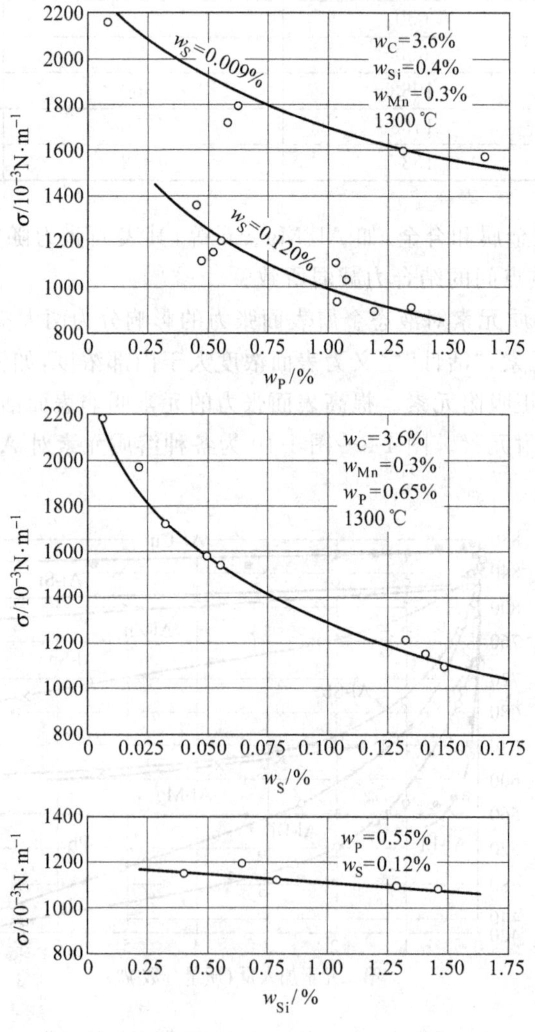

图 1-10　P、S、Si 对铸铁表面张力的影响

加入某些溶质后之所以能改变液态金属的表面张力，是因为加入溶质后改变了熔体表面层质点的力场分布不对称性程度。而它之所以具有正(或负)吸附作用，是因为自然界中系统总是向减少自由能的方向自发进行。表面活性物质跑向表面会使自由能降低，故它具有正吸附作用。而非表面活性物质跑向熔体内部会使自由能降低，故它具有负吸附作用。一种溶质对于某种液态金属来说，其表面活性或非表面活性的程度可用 Gibbs(吉布斯)吸附公式来描述：

$$\Gamma = -\frac{C}{RT} \cdot \frac{d\sigma}{dC} \tag{1-15}$$

式中，Γ 为单位面积液面较内部多吸附的溶质量；C 为溶质浓度；T 为热力学温度；R 为摩尔气体常数。

由 Gibbs 吸附公式可知，若$\frac{d\sigma}{dC}<0$，则随溶质增加，表面张力降低，这时吸附为正($\Gamma>0$)，此溶质为表面活性物质。若$\frac{d\sigma}{dC}>0$，则随溶质增加，表面张力增大，这时吸附为负($\Gamma<0$)，此溶质为非表面活性物质。

弗伦克尔提出了金属表面张力的双层电子理论，认为是正负电子构成的双电层产生了一个势垒，正负离子之间的作用力构成了对表面的压力，有缩小表面面积的倾向。表面张力的表达式为

$$\sigma = \frac{4\pi e^2}{\delta^3} \tag{1-16}$$

式中，e 为电子电荷；δ 为原子间的距离。可见表面张力与电荷的平方成正比，与原子间距离的立方成反比。

当溶质元素的原子体积大于溶剂的原子体积时，将使溶剂的原子排布产生严重歪曲，势能增加。而体系总是自发地维持低能态，因此溶质原子将被排挤到表面，造成表面溶质元素的富集。体积比溶剂原子小的溶质原子容易扩散到溶剂原子团簇的间隙中去，也会造成同样的后果。

从物理化学可知，由于表面张力的作用，液体在细管中将产生如图 1-11 所示的现象。A 处液体的质点受到气体质点的作用力 f_1、液体内部质点的作用力 f_2 和管壁固体质点的作用力 f_3。显然，f_1 是比较小的。当 $f_3>f_2$ 时，产生指向固体内部且垂直于 A 点液面的合力 F，此液体对固体的亲和力大，此时产生的表面张力利于液体向固体表面展开，使 $\theta<90°$，固、液是润湿的，如图 1-11(a)所示。当 $f_3<f_2$ 时，产生指向液体内部且方向与液面垂直的合力 F'，表面张力的作用使液体脱离固体表面，固、液是不润湿的，如图 1-11(b)所示。由于表面张力的作用产生了一个附加压力 p。当固—液互相润湿时，p 有利于液体的充填，否则反之。附加压力 p 的数学表达式为

$$p = \sigma\left(\frac{1}{r_1} + \frac{1}{r_2}\right) \tag{1-17}$$

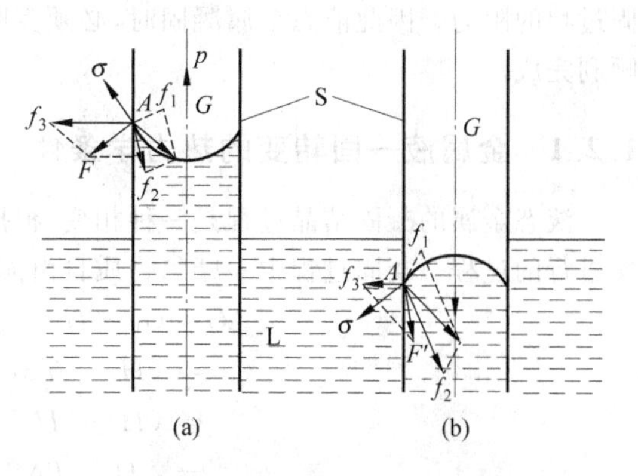

图 1-11 附加压力的形成过程

(a) 固、液润湿；(b) 固、液不润湿

式中，r_1 和 r_2 分别为曲面的曲率半径。此式称为 Laplace(拉普拉斯)公式。由表面张力产生的附加压力叫 Laplace 压力。

当表面张力而产生的曲面为球面时，即 $r_1 = r_2 = r$，则附加压力 p 为

$$p = \frac{2\sigma}{r} \tag{1-18}$$

显然附加压力与管道半径成反比。当 r 很小时将产生很大的附加压力，这对液态成形加工过程中液态金属的充型性能和铸件表面质量产生很大影响。因此，浇注薄小铸件(不润湿的情况下)时必须提高浇注温度和压力，以克服附加压力的阻碍。

金属凝固后期，枝晶之间存在的液膜厚度小至 10^{-6}m，表面张力对铸件凝固过程中的补缩状况以及是否出现热裂缺陷有重大的影响。

在熔焊过程中，熔渣与合金液这两相的界面作用对焊接质量产生重要影响。熔渣与合金液如果是润湿的，就不易将其从合金液中去除，导致焊缝处可能产生夹杂缺陷。

在近代新材料的研究和开发中，如复合材料，界面现象更是担当着重要的角色。凡是用液态金属浸渗、挤压铸造等在液态下进行的方法制备复合材料，浸润性的好坏(即表面张力的大小)就成为工艺成功与否的关键。常采用增强体表面涂覆、金属熔体用表面活性元素合金化等方法来改变增强体和金属熔体的表面张力，以实现改善浸润性的目的。

总之，界面现象影响到液态成形加工的整个过程。晶体成核及生长、缩松、热裂、夹杂及气泡等铸造缺陷都与界面张力关系密切。

1.2 凝固结晶热力学和动力学

液态金属的结构与性质决定其凝固特点，进而决定凝固后的组织与性能。了解液态金属的凝固特点及其影响因素是进行液态加工及其他改变组织性能加工的基础，因此，液态金属的凝固特点和规律，是材料加工的基础知识。

凝固热力学和动力学的主要任务是研究液态金属由液态结晶成固态的热力学和动力学条件。凝固是体系自由能降低的自发过程，如果仅是如此，问题就简单多了。而实际凝固过程中晶体相的形成产生了高能态的界面。这样，凝固过程中既有因相变引起的体系自由能降低，又有因产生新的界面而导致的体系自由能增加，前者为凝固的驱动力，而后者则是凝固过程的阻力。因此液态金属凝固时，必须克服热力学能障和动力学能障才能使凝固过程顺利完成。

1.2.1 金属液—固转变的热力学条件

液态金属的凝固结晶过程是一种相变，根据热力学分析，它是一个降低体系自由能的自发进行的过程。凝固过程中一摩尔物质自由能(焓)的变化为

$$\begin{aligned}\Delta G &= G_L - G_S \\ &= (H_L - TS_L) - (H_S - TS_S) \\ &= (H_L - H_S) - T(S_L - S_S) \\ &= \Delta H - T\Delta S\end{aligned}$$

式中，G_S 为固相摩尔吉布斯自由能；G_L 为液相摩尔吉布斯自由能；H_S 为固相摩尔焓；H_L

为液相摩尔焓；S_S 为固态摩尔熵；S_L 为液态摩尔熵；T 为热力学温度。

一般金属的凝固结晶过程都发生在熔点附近，故焓与熵随温度的变化可以忽略不计，则有 $H_L-H_S=\Delta H_m$，$S_L-S_S=\Delta S_m$。ΔH_m 为摩尔结晶潜热，ΔS_m 为摩尔熔化熵。因此，有

$$\Delta G_m = \Delta H_m - T\Delta S_m$$

由于对形核问题的研究需要考虑晶核的体积，用体积自由能会更方便。考虑单位体积自由能变化，则有

$$\Delta G_V = \Delta H_V - T\Delta S_V \approx \frac{\Delta G_m}{V_m} \tag{1-19}$$

式中，ΔG_V 为单位体积自由能改变；V_m 为熔点温度下固相或液相的摩尔体积，ΔH_V 为单位体积结晶潜热；ΔS_V 为单位体积熔化熵。

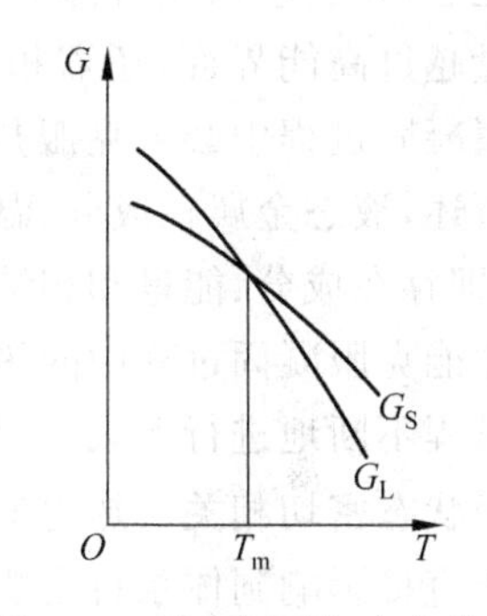

图 1-12 液—固两相自由能与温度的关系

固相自由能与液相自由能同温度的关系如图 1-12 所示。由于结构混乱度高的液相具有较高的熵值，液相自由能 G_L 将以更快的速率随温度的升高而降低。而高度有序的晶体结构具有较低的内能。因此在熔点温度 T_m 以下 G_S 低于 G_L，故 $T<T_m$ 时液态金属进行凝固变成固态；$T>T_m$ 时固态金属的自由能高于液态金属，固态金属将发生熔化，金属由固态变成液态；当金属温度 $T=T_m$ 时，$\Delta G=0$，液、固态处于平衡状态。

平衡状态时，由式(1-19)得

$$\Delta G_V = \Delta H_V - T_m\Delta S_V = 0$$

$$\Delta S_V = \frac{\Delta H_V}{T_m} \tag{1-20}$$

将式(1-20)代入式(1-19)得

$$\Delta G_V = \frac{\Delta H_V \Delta T}{T_m} = \frac{\Delta H_m \Delta T}{V_m T_m} \tag{1-21}$$

式中，$\Delta T = T_m - T$ 为过冷度。

对某一金属而言，结晶潜热 ΔH_V 和熔点 T_m 是定值，故 ΔG_V 只与 ΔT 有关。因此液态金属凝固的驱动力是由过冷度提供的，或者说过冷度 ΔT 就是凝固的驱动力。

在相变驱动力 ΔG_V 或 ΔT 的作用下，液态金属开始凝固。凝固时，首先产生结晶核心，然后是核心的长大直至相互接触为止，这一过程不是在一瞬间完成的。但生核和核心的长大不是截然分开的，而是同时进行的，即在晶核长大的同时又会产生新的核心。新的核心又同老的核心一起长大，直至凝固结束。

凝固过程总的来说是由于体系自由能降低自发进行的。但在该过程中，一方面由于固相自由能低于液相自由能，凝固导致系统自由能降低；另一方面由于凝固产生固—液界面，界面具有自由能，从而又使系统自由能增加，金属要凝固就必须克服新增界面自由能所带来的热力学能障。当体积能量降低占的比例大时，凝固过程就进行；当界面能量增加占的份额为主时，就发生熔化现象。

根据相变动力学理论，液态金属中的原子在结晶过程中的能量变化如图 1-13 所示，高能态的液相原子变成低能态的固相原子，必须越过能垒 ΔG_A，即固态晶粒与液相间的界面，

而导致体系自由能增加。固相晶核的形成或晶体的长大，是液相原子不断地经过界面向固相堆积的过程，是固—液界面不断地向液相中推进的过程。这样，只有液态金属中那些具有高能态的原子，或者说被“激活”的原子才能越过高能态的界面变成固体中的原子，从而完成凝固过程。ΔG_A 称为动力学能障。之所以称为动力学是因为单纯从热力学考虑，此时液相自由能已高于固相自由能，固相为稳定态，相变应该没有障碍，但要使液相原子具有足够的能量越过高能界面，还需相应的动力学条件。因此，液态金属凝固过程中必须克服热力学和动力学两个能障。如前所述，液态金属在成分、温度(能量)、相结构上是不均匀的，即存在成分、能量和相结构三个起伏，也正是这三个起伏才能克服凝固过程中的热力学能障和动力学能障，使凝固过程不断地进行下去。热力学能障和动力学能障皆与界面状态密切相关。热力学能障是由被迫处于高自由能过度状态下的界面原子所产生的，它能直接影响到体系自由能的大小，界面自由能即属于这种情况。动力学能障是由金属原子穿越界面过程所引起的，它与驱动力的大小无关而仅取决于界面的结构与性质，激活自由能即属于这种情况。

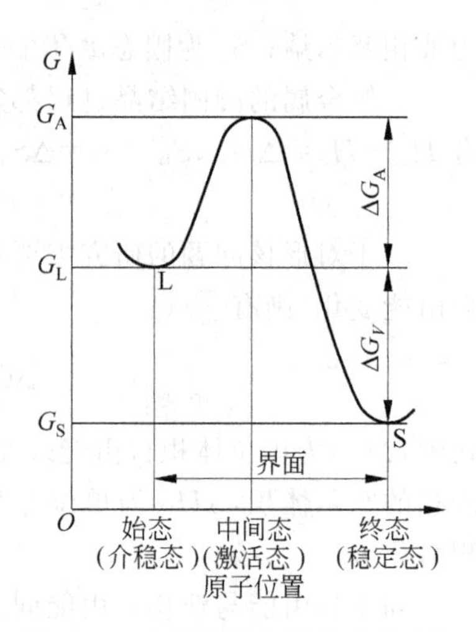

图 1-13 金属原子在结晶过程中的自由能变化

凝固过程中产生的固—液界面使体系自由能增加，导致凝固过程不可能瞬时完成，也不可能同时在很大的范围内进行，只能逐渐地形核生长，逐渐地克服两个能障，才能完成液体到固体的转变。同时，界面的特征及形态又影响着晶体的形核和生长。也正是由于这个原因，使高能态的界面范围尽量缩小，至凝固结束时成为范围很小的晶界。

1.2.2 均质形核

过冷液态金属通过起伏作用在某些微小区域内形成稳定存在的晶态小质点的过程称为形核。形核的首要条件是系统必须处于过冷状态以提供相变驱动力；其次，需要通过起伏作用克服动力学能障才能形成稳定存在的晶核。由于新相与界面相伴而生，因此界面自由能这一热力学能障就成为形核过程的主要阻力。根据构成能障的界面情况不同，液态金属凝固时的形核可以有两种不同的方式，一种是依靠液态金属内部自身的结构自发地形核，称为均质形核；另一种是依靠外来固相，如型壁、夹杂物等所提供的异质界面非自发地形核，称为异质形核，或非均质形核。

给定体积的液态金属在一定的过冷度 ΔT 下，其内部产生一个核心，并假设晶核为球形。则体系吉布斯自由能的变化为

$$\Delta G_{均} = -\frac{4}{3}\pi r^3 \Delta G_V + 4\pi r^2 \sigma_{CL} \tag{1-22}$$

式中，r 为球形核心的平均半径；σ_{CL} 为界面自由能。

由式(1-22)看出，形核时体系自由能的变化由两部分构成，第一项为体积自由能的降低，第二项为界面自由能的升高。当 r 很小时，第二项起支配作用，体系自由能总的倾向是增加的，此时形核过程不能发生；只有当 r 增大到某一临界值 r^* 后，第一项才能起主导作

用,使体系自由能降低,形核过程才能发生,如图 1-14 所示。故 $r<r^*$ 的原子集团在液相中是不稳定的,还会溶解甚至消失。只有 $r>r^*$ 时的原子集团才是稳定的,可成为核心。r^* 称为晶核临界尺寸。也就是说只有大于 r^* 的原子集团,才能稳定地形核。r^* 可由式(1-22)求得,对其求导数并令其等于零,即 $\frac{\mathrm{d}\Delta G_{均}}{\mathrm{d}r}=0$,则

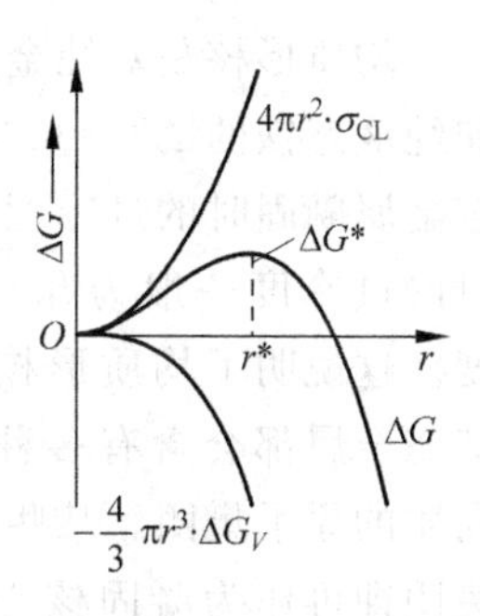

图 1-14 ΔG-r 曲线

$$-4\pi r_{均}^{*2}\Delta G_V+8\pi r_{均}^*\sigma_{CL}=0\Rightarrow r_{均}^*=\frac{2\sigma_{CL}}{\Delta G_V} \quad (1\text{-}23)$$

将式(1-21)代入式(1-23)可得

$$r_{均}^*=\frac{2\sigma_{CL}}{\Delta H_V}\frac{T_m}{\Delta T} \quad (1\text{-}24)$$

将式(1-21)和式(1-24)代入式(1-22),得到相应于 $r_{均}^*$ 的临界形核功

$$\Delta G_{均}^*=\frac{16}{3}\pi\frac{\sigma_{CL}^3T_m^2}{\Delta H_V^2\Delta T^2}=\frac{1}{3}A^*\sigma_{CL} \quad (1\text{-}25)$$

式中,$A^*=4\pi r_{均}^{*2}$ 为临界晶核的表面积。

液态金属在一定的过冷度下,临界核心由相起伏提供,临界生核功由能量起伏提供。

单位时间、单位体积内生成固相核心的数目称为形核速率。具有临界尺寸 r^* 的晶核处于介稳定状态,既可溶解,也可长大。当 $r>r^*$ 时才能成为稳定核心,即在 r^* 的原子集团上附加一个或一个以上的原子就可以成为稳定核心。相应的形核速率 $I_{均}$ 为

$$I_{均}=f_0N^* \quad (1\text{-}26)$$

式中,N^* 为单位体积内液相中 $r=r^*$ 的原子集团数目;f_0 为单位时间转移到一个晶核上去的原子数目。

$$N^*=N_L\exp\left(-\frac{\Delta G_{均}^*}{k_BT}\right) \quad (1\text{-}27)$$

$$f_0=N_S\nu p\exp\left(-\frac{\Delta G_A}{k_BT}\right) \quad (1\text{-}28)$$

式中,N_L 为单位体积液相中的原子数;N_S 为固—液界面紧邻固体核心的液体原子数;ν 为液体原子振动频率;p 为被固相接受的几率;$\Delta G_{均}^*$ 为形核功;ΔG_A 为液体原子扩散激活能。

将式(1-27)、式(1-28)代入式(1-26)得

$$I_{均}=\nu N_SpN_L\exp\left[-\left(\frac{\Delta G_A+\Delta G_{均}^*}{k_BT}\right)\right]=k_1\exp\left[-\left(\frac{\Delta G_A+\Delta G_{均}^*}{k_BT}\right)\right] \quad (1\text{-}29)$$

由式(1-25)和式(1-29)可知

$$I_{均}\propto e^{-\frac{1}{\Delta T^2}} \quad (1\text{-}30)$$

即随着过冷度的增大,形核率急剧增加,如图 1-15 所示。在非常窄的温度范围内,形核率急剧增加;同时也可看出均质成核的过冷度很大,约为 $0.2T_m$。同时,从式(1-29)可看到,形核率受 ΔG_A 和 $\Delta G_{均}^*$ 两个参数的影响,过冷度大,可使形核的临界尺寸减小,有利于形核,即 ΔT 增加,$\Delta G_{均}^*$ 减少。但是随着温度的下降,液体金属的原子集团聚集到临界尺寸发生困难,因为过冷使液体金属黏度增加。所以,形核率与过冷度的关系呈现为:随过冷度增加,形核率增加,达到最大值后,则不但不增加,反而下降。在实际生产条件下,过冷度不是很大,故形核率随过冷度增加而上升。

均质形核是对纯金属而言的，其过冷度很大，如纯液态铁的 $\Delta T=0.2T_{\mathrm{m}}=318℃$。这比实际液态金属凝固时的过冷度大多了。实际上金属结晶时的过冷度一般为几分之一摄氏度到几十摄氏度。这说明了均质形核理论的局限性，因实际的液态金属都会含有多种夹杂物，同时其中还含有同质的原子集团。某些夹杂物和这些同质的原子集团即可作为凝固核心，固体夹杂物和固体原子集团对于液态金属而言为异质，因此实际的液态金属（合金）在凝固过程中多为异质形核。

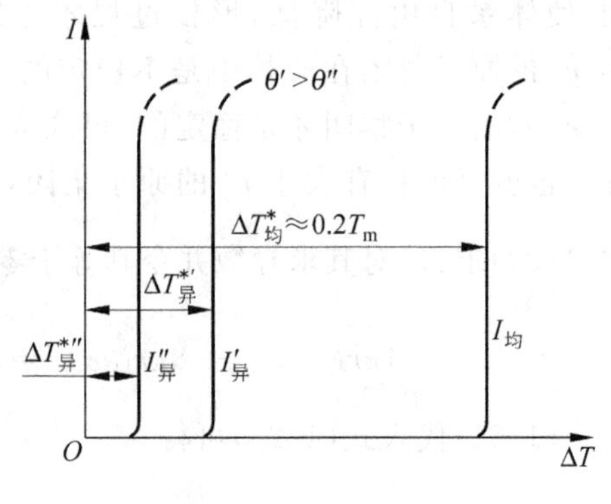

图 1-15　I-ΔT 曲线

虽然实际生产中几乎不存在均质形核，但其原理仍是液态金属（合金）凝固过程中形核理论的基础。其他的形核理论也是在它的基础上发展起来的。因此必须学习和掌握它。

1.2.3 异质形核

实际的液态金属中存在的大量的高熔点既不熔化又不溶解的夹杂物（如氧化物、氮化物、碳化物等）可以作为形核的基底。晶核即依附于其中一些夹杂物的基底上形成，其模型如图 1-16 所示。假设晶核在基底上形成球冠状，达到平衡时则存在以下关系

$$\sigma_{\mathrm{LS}}=\sigma_{\mathrm{CS}}+\sigma_{\mathrm{CL}}\cos\theta \tag{1-31}$$

式中，σ_{LS}、σ_{CL}、σ_{CS}分别为液相和基底、液相和晶核、晶核和基底间的界面张力，θ 为润湿角。

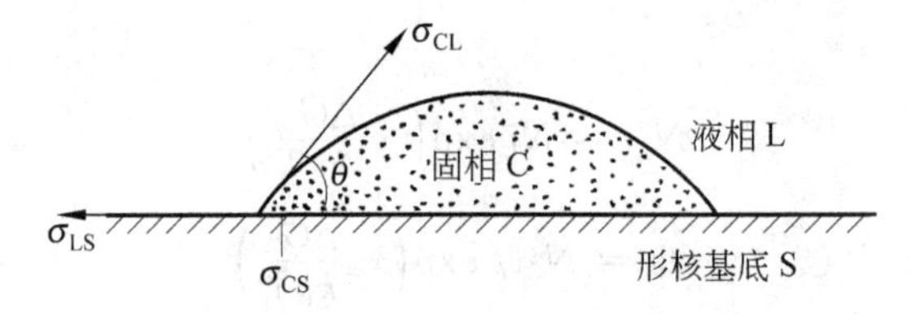

图 1-16　异质形核模型

该系统吉布斯自由能的变化为

$$\Delta G_{异}=-V_{\mathrm{C}}\Delta G_{\mathrm{V}}+A_{\mathrm{CS}}(\sigma_{\mathrm{CS}}-\sigma_{\mathrm{LS}})+A_{\mathrm{CL}}\sigma_{\mathrm{CL}} \tag{1-32}$$

式中，V_{C} 为球冠的体积，即固态核心的体积；A_{CS}为晶核与夹杂物间的界面面积；A_{CL}为晶核与液相的界面面积。

上式中各项参数的计算如下：

$$V_{\mathrm{C}}=\int_0^\theta \pi(r\sin\theta)^2\mathrm{d}(r-r\cos\theta)=\frac{\pi r^3}{3}(2-3\cos\theta+\cos^3\theta) \tag{1-33}$$

$$A_{\mathrm{CL}}=\int_0^\theta 2\pi r\sin\theta(r\mathrm{d}\theta)=2\pi r^2(1-\cos\theta) \tag{1-34}$$

$$A_{\mathrm{CS}}=\pi(r\sin\theta)^2=\pi r^2\sin^2\theta=\pi r^2(1-\cos^2\theta) \tag{1-35}$$

将式(1-33)～式(1-35)代入式(1-32)得

$$\Delta G_{异}=\left(-\frac{4}{3}\pi r^3\Delta G_{\mathrm{V}}+4\pi r^2\sigma_{\mathrm{CL}}\right)\left(\frac{2-3\cos\theta+\cos^3\theta}{4}\right) \tag{1-36}$$

有趣的是，右边第一项是均质形核临界功 $\Delta G_{均}^{*}$，第二项为润湿角 θ 的函数，令

$$f(\theta)=\frac{2-3\cos\theta+\cos^{3}\theta}{4}=\frac{(2+\cos\theta)(1-\cos\theta)^{2}}{4} \tag{1-37}$$

$$\Delta G_{异}=\Delta G_{均}^{*}\ f(\theta) \tag{1-38}$$

对式(1-38)求导，并令$\frac{\mathrm{d}\Delta G_{异}}{\mathrm{d}r}=0$，可求出

$$r_{异}^{*}=\frac{2\sigma_{CL}}{\Delta G_{V}}=\frac{2\sigma_{CL}}{\Delta H_{V}}\frac{T_{m}}{\Delta T} \tag{1-39}$$

$$\Delta G_{异}^{*}=\frac{16\pi\sigma_{CL}^{3}}{3\Delta G_{V}^{2}}f(\theta)=\Delta G_{均}^{*}\ f(\theta)=\frac{1}{3}A^{*}\sigma_{CL}f(\theta) \tag{1-40}$$

由上可知，均质形核和异质形核的临界晶核尺寸相同，但异质核心只是球体的一部分，它所包含的原子数比均质球体核心少得多，所以异质形核阻力小。异质形核的临界功与润湿角 θ 有关。当 $\theta=0°$时，$f(\theta)=0$，故 $\Delta G_{异}^{*}=0$，此时界面与晶核完全润湿，新相能在界面上形核；当 $\theta=180°$时，$f(\theta)=1$，$\Delta G_{异}^{*}=\Delta G_{均}^{*}$，此时界面与晶核完全不润湿，新相不能依附界面而形核。实际上晶核与界面的润湿角一般在 0°～180°间变化，晶核与界面为部分润湿，$0<f(\theta)<1$，$\Delta G_{异}^{*}$总是小于 $\Delta G_{均}^{*}$，如图 1-17 所示。

根据均质形核规律，异质形核的形核速率为

$$\begin{aligned} I_{异}&=f_{1}N_{1}^{*}=f_{1}N_{L}^{*}\exp\left(-\frac{\Delta G_{异}^{*}}{k_{B}T}\right)\\ &=f_{1}N_{L}^{*}\exp\left[-\frac{\Delta G_{均}^{*}\ f(\theta)}{k_{B}T}\right]\\ &=f_{1}N_{L}^{*}\exp\left[-\frac{B\cdot f(\theta)}{\Delta T^{2}}\right] \end{aligned} \tag{1-41}$$

式中，f_{1} 为单位时间自液相转移到晶核上的原子数；N_{L}^{*} 为单位体积中液相与非均质核心部位接触的原子数；$B=\frac{16\pi\sigma_{CL}^{3}T_{m}^{2}}{3\Delta H_{V}^{2}k_{B}T}$。

由式(1-41)可知，异质形核率与下列因素有关：

(1) 过冷度(ΔT)　过冷度越大形核率越大，如图 1-18 所示。

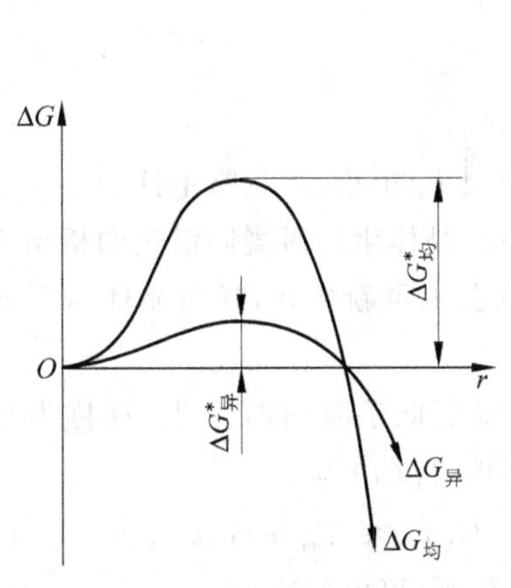

图 1-17　均质和异质形核功

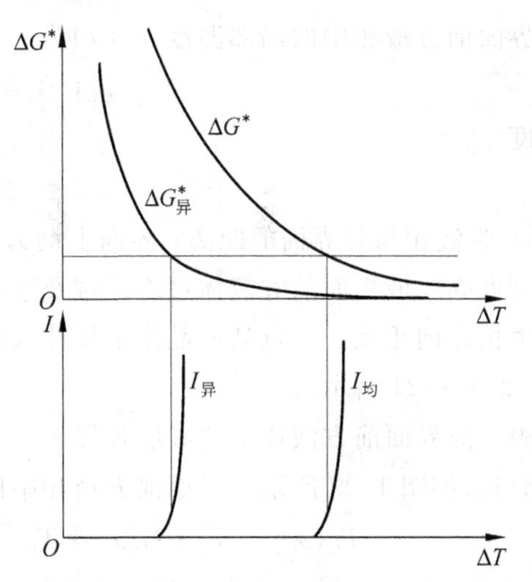

图 1-18　异质形核与过冷度关系曲线

（2）界面　界面由夹杂物的特性、形态和数量来决定。如夹杂物基底与晶核润湿，则形核率大。润湿角难于测定，因影响因素多，可根据夹杂物的晶体结构来确定。当界面两侧夹杂和晶核的原子排列方式相似，原子间距离相近，或在一定范围内成比例，就可能实现界面共格对应。共格对应关系可用点阵失配度来衡量，即

$$\delta = \frac{|a_s - a_c|}{a_c} \times 100\% \tag{1-42}$$

式中，a_s 和 a_c 分别为夹杂物、晶核原子间的距离。界面共格对应理论已被大量事实所证实。这是选择形核剂的理论依据。

夹杂物基底形态影响临界晶核的体积。如图 1-19 所示，凹形基底的夹杂物形成的临界晶核的原子数最少，形核率大。因此夹杂物或外界提供的界面越多，形核率就越大。

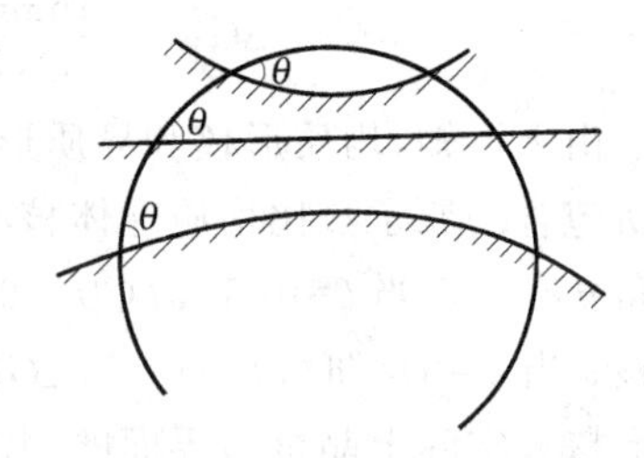

图 1-19　异质核心基底形态与核心容积的关系模型

（3）液态金属的过热及持续时间的影响。异质核心的熔点比液态金属的熔点高，但当液态金属过热温度接近或超过异质核心的熔点时，异质核心将会熔化或是其表面的活性消失，失去了夹杂物应有特性，从而减少了活性夹杂物数量，形核率则降低。

1.2.4　晶体长大

形成稳定的晶核后，液相中的原子不断地向固相核心堆积，使固—液界面不断地向液相中推移，导致液态金属（合金）的凝固。液相原子堆积的方式及速率与凝固驱动力和固—液界面的特性有关。晶体长大方式可从宏观和微观来分析。宏观长大是讨论固—液界面所具有的形态，微观长大则讨论液相中的原子向固—液界面堆积的方式。

1. 晶体宏观长大方式

晶体长大中固—液界面的形态决定于界面前方液体中的温度分布。若固—液界面前方液体中的温度梯度 $G_L>0$，液相温度高于界面温度 T_i，这称为正温度梯度分布，如图 1-20 所示。界面前方液相中的局部温度 $T_L(x)$ 为

$$T_L(x) = T_i + G_L x \tag{1-43}$$

过冷度

$$\Delta T = \Delta T_k - G_L x \tag{1-44}$$

式中，x 为液相离开界面的距离；界面上动力学过冷度 ΔT_k 很小，可忽略不计。

可见固—液界面前方液体过冷区域及过冷度极小。晶体生长时凝固潜热的析出方向同晶体生长方向相反。一旦某一晶体生长伸入液相区就会被重新熔化，导致晶体以平面方式生长，如图 1-21 所示。

固—液界面前方液体中的温度梯度 $G_L<0$，液体温度低于凝固温度 T_i，这称为负温度梯度分布，如图 1-22 所示。界面前方液相中的局部温度 $T_L(x)$ 为

$$T_L(x) = T_i + G_L x = T_m - (\Delta T_k - G_L x) \approx T_m + G_L x \tag{1-45}$$

$$\Delta T = \Delta T_k - G_L x \approx - G_L x \quad (\Delta T_k \text{ 很小，可以忽略}) \tag{1-46}$$

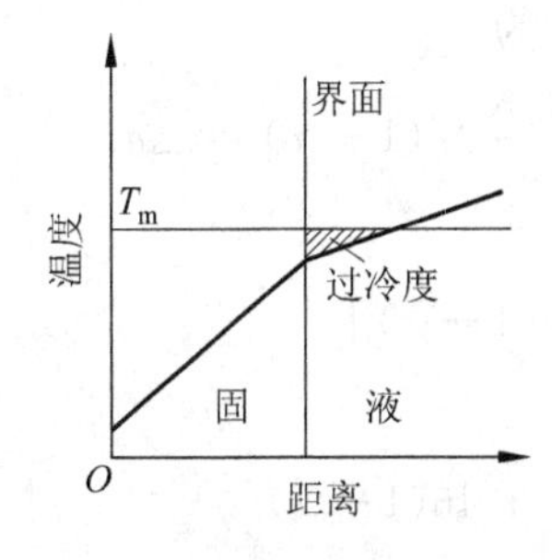

图 1-20 液体中的正温度梯度分布

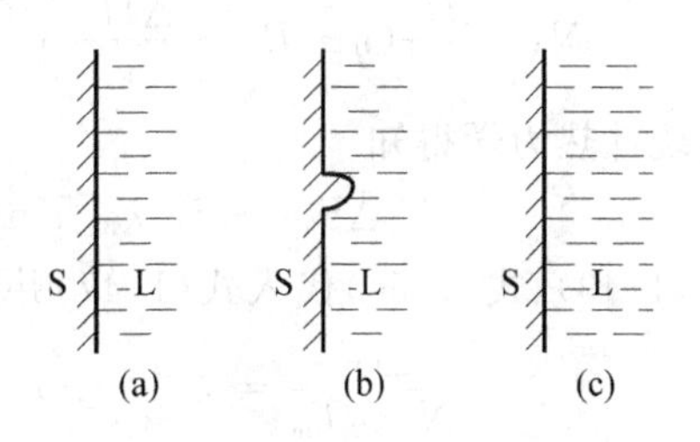

图 1-21 平面生长方式模型

可见固—液界面前液体过冷区域较大,距界面越远的液体其过冷度越大。晶体生长时凝固潜热析出方向同晶体生长方向相同。晶体生长方式如图 1-23 所示,界面上凸起的晶体将快速伸入过冷液体中,成为树枝晶生长方式。

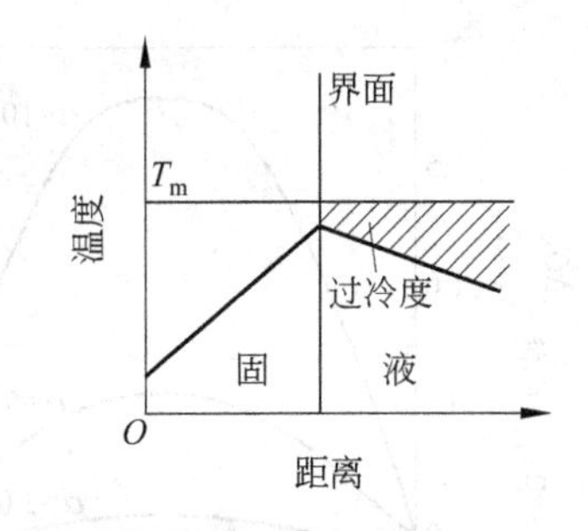

图 1-22 液体中的负温度梯度分布

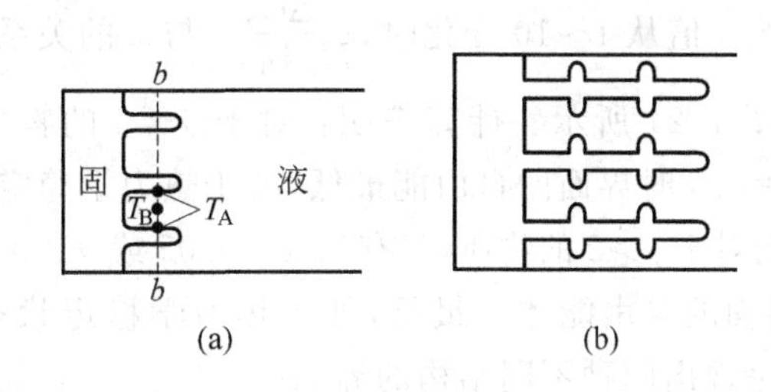

图 1-23 枝晶生长方式模型

2. 晶体微观长大方式

晶体的微观长大是液体原子向固—液界面不断堆积的过程,原子堆砌的方式取决于界面结构。而界面结构又是由界面热力学来决定的,稳定的界面结构具有最低的吉布斯自由能。

一般认为,固—液界面在微观上(原子尺度上)有粗糙和光滑之分,而这对晶体的长大有很大影响。K. A. Jackson 通过统计力学处理,得出了判断粗糙界面或光滑界面的数学模型,即 Jackson(杰克逊)因子。

假定液体原子在界面上堆砌呈无规则,由于这些原子的堆砌,吉布斯自由能变化为

$$\Delta G_S = \Delta H - T\Delta S = (\Delta u + P\Delta V) - T\Delta S \approx \Delta u - T\Delta S \tag{1-47}$$

若固液界面上有 N 个位置供原子占据,表面配位数为 η,表面原子与下层固体原子的配位数为 B,晶体内部的配位数为 ν,ΔH_0 为单个原子结晶潜热,则界面原子的结合能为

$$\Delta H = \frac{\Delta H_0}{\nu}(\eta + B)$$

如果界面上 N 个原子位置只被 N_A 原子所占据,界面原子实际的占据率为 $x=\frac{N_A}{N}$,则界面原子实际的结合能为

$$\Delta H = \frac{\Delta H_0}{\nu}(\eta x + B) \tag{1-48}$$

因此，由于界面上原子堆砌不满而产生的结合能之差为

$$N_A\left[\frac{\Delta H_0}{\nu}(\eta+B)-\frac{\Delta H_0}{\nu}(\eta x+B)\right]=\frac{\Delta H_0 N_A}{\nu}\eta(1-x)=\Delta u \tag{1-49}$$

又由统计热力学得知

$$\Delta S=-N_A k_B[x\ln x+(1-x)\ln(1-x)] \tag{1-50}$$

将式(1-49)、式(1-50)代入式(1-47)并整理得

$$\frac{\Delta G_S}{N_A k_B T_m}=\alpha(1-x)+x\ln x+(1-x)\ln(1-x) \tag{1-51}$$

式中

$$\alpha=\frac{\Delta H_0}{k_B T_m}\cdot\frac{\eta}{\nu} \tag{1-52}$$

式中，等号右边由两项组成：①$\frac{\Delta H_0}{k_B T_m}$，它取决于两相的热力学性质；②$\frac{\eta}{\nu}$，它与晶体结构及界面的晶面指数有关，其值最大为0.5。

当α值从1～10变化时，$\frac{\Delta G_S}{N_A k_B T_m}$与$x$的关系曲线如图1-24所示。计算表明：对于$\alpha\leqslant 2$的物质，当$x=0.5$时界面的自由能最低，处于热力学稳定状态；而对于$\alpha>2$的物质，只有当$x<0.05$或$x>0.95$时，界面的自由能才是最低，处于热力学稳定状态。因此呈现出两种不同结构的界面。

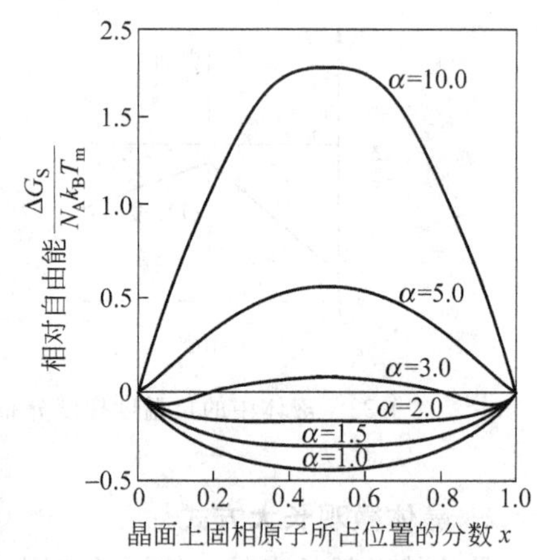

图1-24 界面自由能变化与界面上原子所占位置分数的关系

(1) 粗糙界面 当$\alpha\leqslant 2$，$x=0.5$时，界面为最稳定的结构，这时界面上有一半位置被原子占据，另一半位置则空着。其微观上是粗糙的，高低不平，称为粗糙界面，如图1-25(a)所示。大多数的金属界面属于这种结构。

(2) 光滑或平整界面 当$\alpha>2$，$x<0.05$或$x>0.95$时，界面为最稳定的热力学结构，这时界面上的位置几乎全被原子占满，或者说几乎全是空位，其微观上是光滑平整的，称为平整界面，如图1-25(b)所示。非金属及化合物大多数属于这种结构。

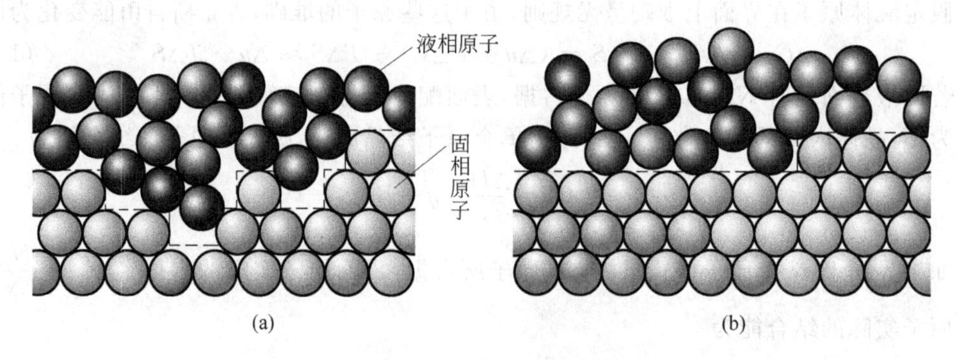

图1-25 两种界面结构

(a) 粗糙界面模型；(b) 平整界面模型

3. 晶体长大速度

晶体的微观生长方式和长大速率由固—液界面结构决定。对于粗糙的固—液界面，由于界面有 50%的空位可接受原子，故液体中的原子可单个进入空位与晶体连接，界面沿其法线方向向前推进，这称为连续生长或垂直生长，二次树枝晶与一次枝晶垂直。其平均长大速率 v 最快，与过冷度 ΔT_k 有如下关系

$$v_1 = K_1 \Delta T_k \tag{1-53}$$

式中，K_1 为动力学常数。绝大多数的金属采用这种方式生长，因此也称其为正常生长方式。

对平整的固—液界面，因界面上没有多少位置供原子占据，单个的原子无法往界面上堆砌。此时如同均质形核那样，在平整界面上形成一个原子厚度的核心，叫二维晶核，如图 1-26 所示。由于二维核心的形成，产生了台阶；液相中的原子即可源源不断地沿台阶堆砌，使晶体侧向生长。当台阶被完全填满后，又在新的平整界面上形成新的二维台阶，如此继续下去，完成凝固过程。其生长速率有以下关系：

$$v_2 = K_2 e^{-\frac{B}{\Delta T_k}} \tag{1-54}$$

式中，K_2、B 为该种生长机理的动力学常数。

晶体从缺陷处生长实质上是平整界面的二维生长的另一种形式，它不是由形核来形成二维台阶，而是依靠晶体缺陷产生出台阶，如位错、孪晶等。

(1) 螺旋位错生长　当平整界面有螺旋位错出现时，界面就成为螺旋面，并且必然存在台阶，如图 1-27 所示，液相中的原子不断地向台阶处堆砌，于是一圈又一圈地堆砌直至完成凝固过程。其生长速率 v_3 与过冷度存在以下关系

$$v_3 = K_3 \Delta T_k^2 \tag{1-55}$$

式中，K_3 为动力学常数。

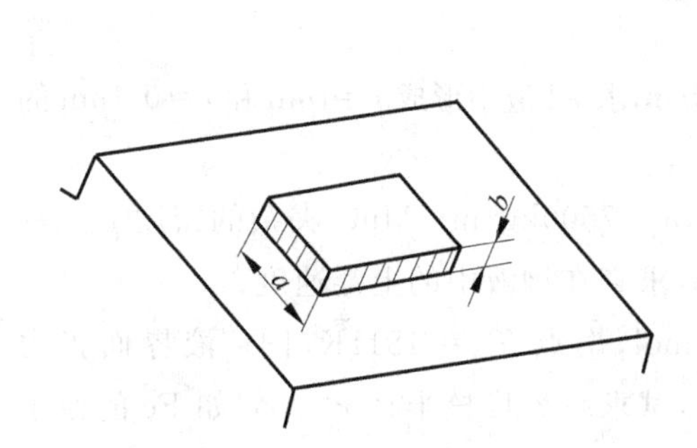

图 1-26　平整界面二维晶核长大模型

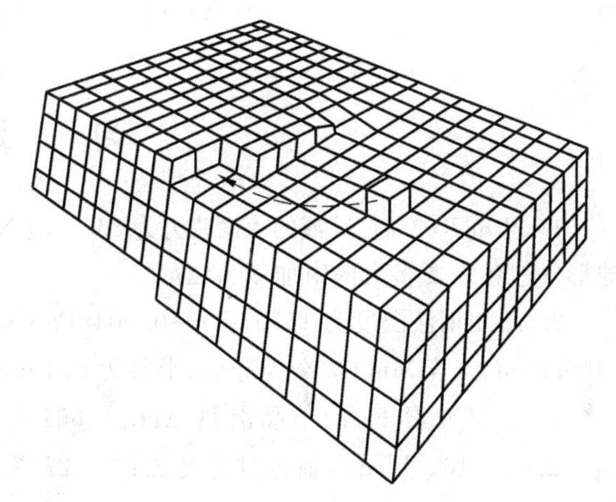

图 1-27　晶体螺旋位错生长模型

(2) 旋转孪晶生长　孪晶旋转一定角度后产生台阶，液相中原子向台阶处堆砌而侧向生长，如图 1-28 所示。灰铸铁中的石墨即按此种方式生长。

(3) 反射孪晶生长　由反射孪晶构成的凹角即为台阶，液相中的原子向凹角处堆砌而生长，如 Ge、Si、Bi 晶体的生长属这种方式，如图 1-29 所示。

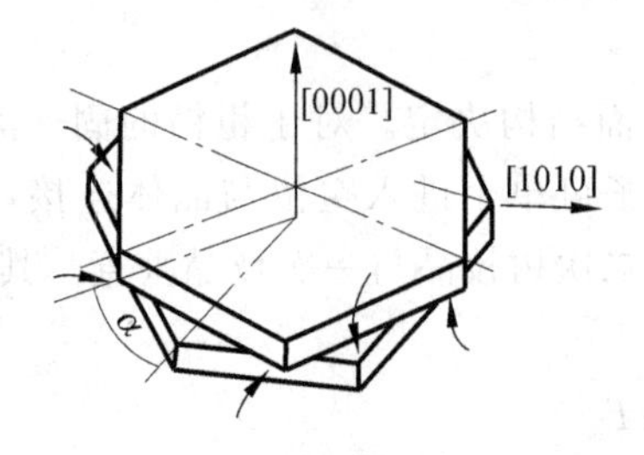

图 1-28 石墨的旋转孪晶生长模型

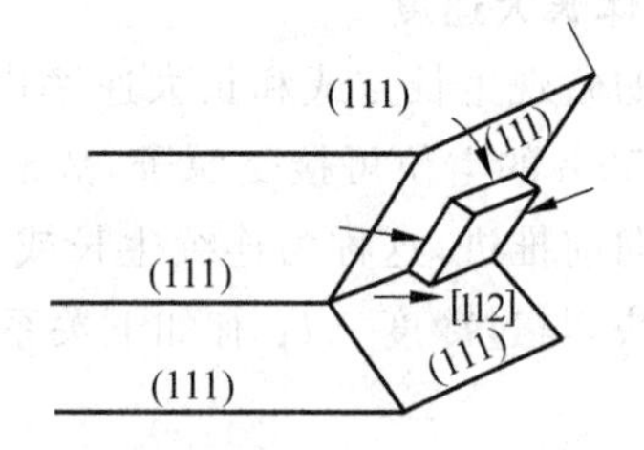

图 1-29 反射孪晶生长模型

连续生长、二维生长和螺旋生长三种晶体生长方式的生长速度，其比较如图 1-30 所示。连续生长的速度最快，因粗糙界面上相当于有大量的现成的台阶，其次是螺旋生长。当 ΔT 很大时，三者的生长速度趋于一致。也就是说当过冷度 ΔT 很大时，平整界面上会产生大量的二维核心，或产生大量的螺旋台阶，使平整界面变成粗糙界面。

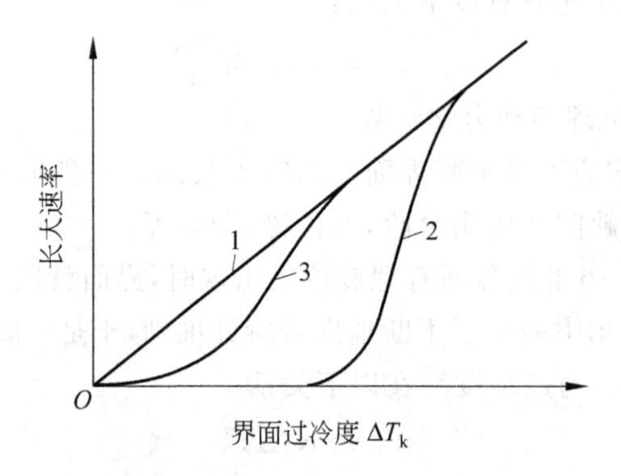

图 1-30 三种晶体生长方式的生长速率与过冷度的关系

1—连续生长；2—二维生长；3—螺旋生长

习 题

1. 已知 700℃时 Al 液的表面张力为 860×10^3 N/m，求 Al 液中形成 $r=1\mu$m 和 $r=0.1\mu$m 的球形气泡各需要多大的附加压力 Δp。

2. 已知钢液温度为 1550℃，$\eta=0.0049$Pa·s，$\rho_l=7500$kg/m^3，MnO 夹杂的密度 $\rho_{MnO}=5400$kg/m^3。若 MnO 夹杂为球形，半径为 0.1mm，求它在钢液中的上浮速度。

3. 金属元素 Fe 的结晶潜热 $\Delta H_m=6611$J/mol，熔点 $T_m=1811$K，固—液界面张力 $\sigma_{SL}=2.04\times10^{-5}$J/cm^2，临界过冷度 $\Delta T^*=276$℃，试求临界形核半径 r^*。假如 Fe 的原子体积为 1.02×10^{-23}cm^3，求临界晶核所含的原子数。

4. 常用金属如 Al、Zn、Cu、Fe、Ni 等，从液态凝固结晶和从气体凝结结晶时的界面结构与晶体形态会有什么不同？

5. 用简单的示意图表示一个孪晶凹角是怎样加速液—固界面生长速度的。

6. 石墨的层状晶体结构使得它易形成旋转孪晶。旋转孪晶是石墨层状晶体的上下层之间旋转一定角度而形成的。旋转之后石墨晶体的上下层之间应保持有好的共格对应关系以减少界面能。问石墨晶体旋转孪晶的旋转角可能有哪些？

7. 如图 1-3 所示，物体的熔点随物体尺寸的减小而降低，试建立物体熔点与物体颗粒尺寸之间的关系。

参考文献

[1] 李言祥，吴爱萍. 材料加工原理[M]. 北京：清华大学出版社，2005.

[2] 刘全坤. 材料成型基本原理[M]. 北京：机械工业出版社，2004.

[3] 陈玉喜，侯英玮，陈美玲. 材料成型原理[M]. 北京：中国铁道出版社，2003.

[4] 陈平昌，朱六妹，李赞. 材料成型原理[M]. 北京：机械工业出版社，2001.

[5] 吴德海，任家烈，陈森灿. 近代材料加工原理[M]. 北京：清华大学出版社，1997.

[6] 赵凯华，罗蔚茵. 新概念物理教程：热学[M]. 北京：高等教育出版社，1998.

[7] 李庆春. 铸件形成理论基础[M]. 北京：机械工业出版社，1982.

[8] 郭景杰，傅恒志. 合金熔体及其处理[M]. 北京：机械工业出版社，2004.

[9] 袁章福，等. 金属及合金的表面张力[M]. 北京：科学出版社，2006.

[10] 边秀房，刘相法，马家骥. 铸造金属遗传学[M]. 济南：山东科学技术出版社，1999.

[11] TAKAMICHI IIDA，RODERICK I L. GUTHERIE. 液态金属的物理性能[M]. 冼爱平，王连文，译. 北京：科学出版社，2006.

[12] SCHAFFER J P，et al. The Science and Design of Engineering Materials[M]. New York：McGraw-Hill，1999.

[13] JACOBS J A，KILDUFF T F. Engineering Materials Technology，5th edition[M]. London：Pearson Prentice Hall，2005.

液态金属的流动与凝固传热

金属处于不同状态时，在外力作用下的变形特性迥异。液态金属不能保持一定的形状，在自身重力或很小的外力（压力）作用下就可以流动，占据型腔的形状，因而可以通过充填型腔并在其中凝固的方法来成形（铸造），制备出形状极其复杂的产品。本章首先讨论液态金属的流动性与充型能力，液态金属在凝固过程中产生的对流以及枝晶间流动的基本规律。

传热有三种基本方式：传导、对流和辐射。在金属凝固过程中，热传导是主要的传热方式。本章主要讨论凝固过程中温度场的计算原理并给出一些应用例子，如铸件的凝固层厚度、凝固速度和凝固时间计算等。

2.1 液态金属的流动性和充型能力

铸造是使液态金属充满型腔并凝固的一种材料加工方法。液态金属充满铸型型腔，获得形状完整、轮廓清晰的铸件的能力，叫做液态金属充填铸型的能力，简称液态金属的充型能力。液态金属充填铸型一般是在纯液态下充满铸型型腔的，也有边充型边结晶的情况。在充型过程中，当液态金属中形成晶粒阻塞充型通道，流动则停止。如果停止流动出现在型腔被充满之前，则造成铸件“浇不足”的缺陷。

2.1.1 液态金属流动性与充型能力的基本概念

液态金属的充型能力首先决定于其本身的流动能力，同时又受到外界条件，如铸型性质、浇注条件、铸型结构等因素的影响，是各种因素的综合反映。

液态金属本身的流动能力，称为“流动性”，由液态金属的成分、温度、杂质含量等决定，与外界因素无关。流动性也可以认为是确定条件下的充型能力。

流动性对于排除液体金属中的气体和杂质，凝固过程中的补缩、防止开裂，获得优质的液态成形产品等有着重要的影响。液态金属的流动性越好，气体和杂质越易于上浮，使金属液得以净化。良好的流动性有利于防止缩松、热裂等缺陷的出现。液态金属的流动性越好，其充型能力就越强，反之其充型能力就差。一般来说，液态金属的黏度越小，其流动性就越好、充型能力越强。由图 1-6 可以看到，共晶成分的合金，黏度低、流动性好，是最适合于液态成形的。不过，充型能力可以通过外界条件来改变。

液态金属的流动性可用试验的方法进行评定，最常用的是浇注螺旋流动性试样或真空流动性试样来衡量，如图 2-1 所示。

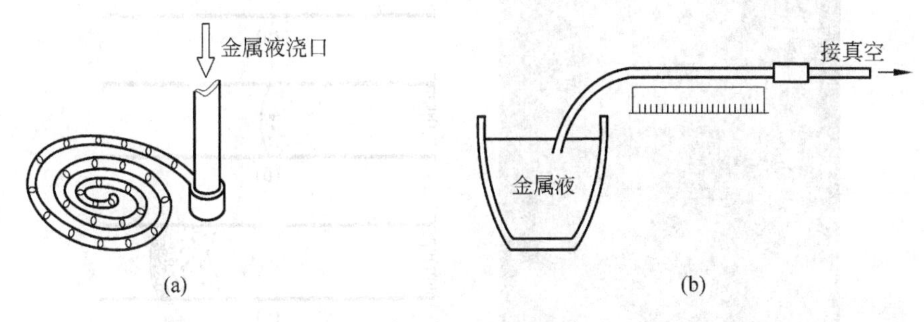

图 2-1 螺旋流动性试验
(a) 或真空流动性试验；(b) 示意图

2.1.2 液态金属的停止流动机理

在充型过程中，当液态金属中形成晶粒阻塞充型通道时，流动就会停止。合金的种类不同，凝固方式和通道阻塞方式也不同。对于纯金属、共晶合金及结晶温度范围很窄的合金，在液态金属的过热热量完全散失之前为纯液态流动。随流动继续向前，液态金属的温度降至熔点以下，型壁上开始结晶，形成一个凝固壳，液流中心部分继续向前流动。当较先结晶部位从型壁向中心生长的晶体相互接触时，金属的流动通道被阻塞，流动停止。流股前端的中心部位继续凝固，形成缩孔，如图 2-2 所示。

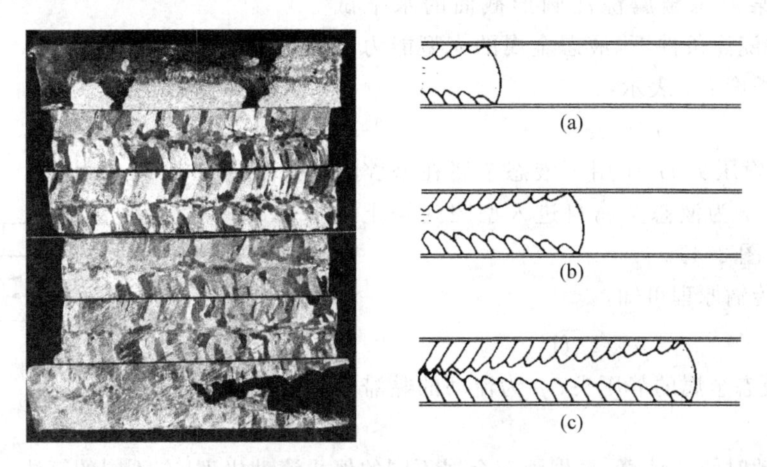

图 2-2 纯金属及窄结晶温度范围合金的停止流动机理

对于宽结晶温度范围的合金，在液态金属的过热热量完全散失之前也是纯液态流动。随流动继续向前，液态金属的温度降至合金的液相线以下，液流中开始析出晶粒，顺流前进并不断长大。液流前端由于不断与型壁接触，冷却最快，析出晶粒的数量最多，使金属液的黏度增大，流速减慢。当晶粒数量达到某一临界值时，便结成一个连续的网络。若液流的压力不能克服此网络的阻力，就发生阻塞而停止流动，如图 2-3 所示。

合金的结晶温度范围越宽，凝固时结晶出来的晶体的枝晶越发达。液流前端析出相对较少的固相晶体时，亦即在相对较短的流动时间内，液态金属便停止流动。因此，合金的结

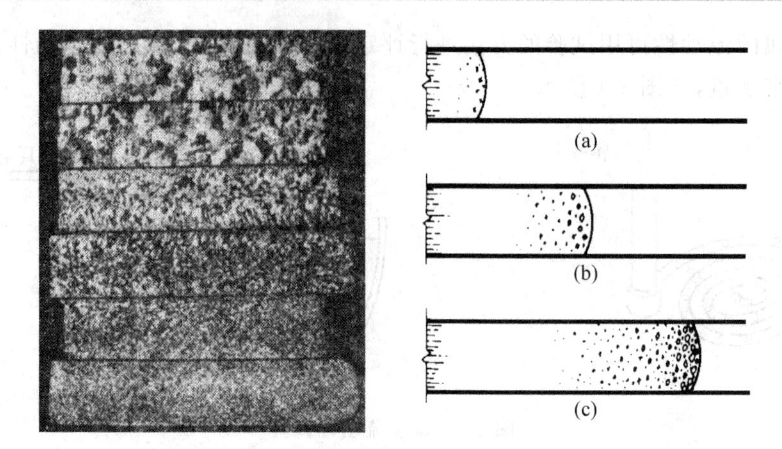

图 2-3 宽结晶温度范围合金的停止流动机理

晶温度范围越宽,其充型能力越低。

2.1.3 液态金属充型能力的计算

液态金属是在过热情况下充填型腔的,它与型壁之间发生热交换。因此,这是一个不稳定的传热过程,也是一个不稳定的流动过程。从理论上对液态金属的充型能力进行计算很困难。很多研究者为了简化计算,作了各种假设,得出了许多不同的计算公式。下面介绍其中的一种计算方法,可以比较简明地表述液态金属的充型能力。

假设用某液态金属浇注圆形截面的水平试棒,在一定的浇注条件下,液态金属的充型能力以其能流过的长度 l 来表示:

$$l = v\tau \tag{2-1}$$

式中,v 为在静压头 H 作用下液态金属在型腔中的平均流速;τ 为液态金属自进入型腔到停止流动的时间(见图 2-4)。

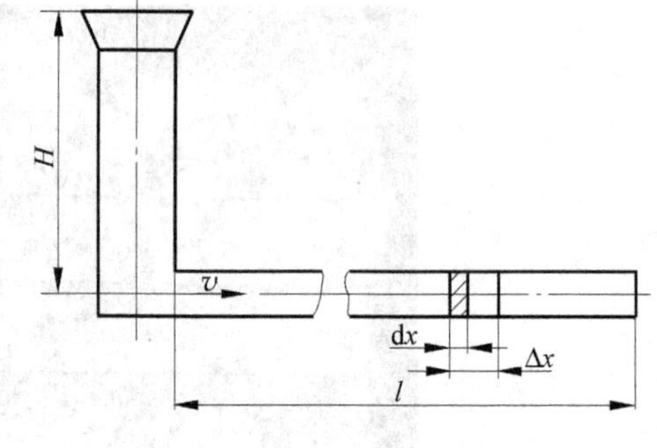

图 2-4 充型过程的物理模型

由动量传输原理可知,

$$v = \mu\sqrt{2gH} \tag{2-2}$$

式中,H 为液态金属的静压头;μ 为流动的黏滞阻力系数。

关于流动时间的计算,根据液态金属不同的停止流动机理,有不同的算法。

对于纯金属或共晶成分合金,是由于液流末端之前的某处从型壁向中心生长的晶粒相接触,通道被堵塞而停止流动的。所以,对于这类液态金属的停止流动时间 τ,可以近似地认为是试样从表面至中心的凝固时间,可根据热平衡方程求出(凝固时间的计算公式可参见式(2-45))。

对于宽结晶温度范围的合金,液流前端由于不断与型壁接触,冷却最快,最先析出晶粒,当晶粒数量达到某一临界分数值 k 时,便发生阻塞而停止流动。对于这类液态金属的停止流动时间 τ 可以分为两部分。第一部分为液态金属从浇注温度 t_p 降温到液相线温度 t_L 这一段,是纯液态流动。第二部分为液态金属从液相线温度 t_L 降温到停止流动时的温度 t_k,

这一段液态金属与前端已析出的固相晶粒一起流动。在一定的简化条件下,可以求出液态金属的流动长度:

$$l = v\tau = \mu\sqrt{2gH}\,\frac{F\rho_1}{P\alpha}\,\frac{kL + C_1(t_p - t_k)}{t_L - t_2} \tag{2-3}$$

式中,F 为试样的断面积;P 为试样断面的周长;ρ_1 为液态金属的密度;α 为界面换热系数;k 为停止流动时的固相分数;L 为结晶潜热;C_1 为液态金属的比热容;t_p 为液态金属的浇注温度;t_k 为合金停止流动时的温度;t_L 为合金的液相线温度;t_2 为铸型温度。

由式(2-3)可知影响液态金属的充型能力的因素是很多的,这些因素可归纳为如下四类:金属性质方面的因素;铸型性质方面的因素;浇注条件方面的因素;铸件结构方面的因素。对这些影响因素进行分析的目的在于掌握它们的规律以后能够采取有效的工艺措施来提高液态金属的充型能力。

2.2 液态金属的流动

2.2.1 凝固过程中液体流动的分类

液态金属凝固过程中的液体流动主要包括自然对流和强迫对流。自然对流是由密度差和凝固收缩引起的流动。由密度差引起的对流称为浮力流。凝固及收缩引起的对流主要产生在枝晶之间。强迫对流是由液体受到各种方式的驱动力而产生的流动,如压力头、机械搅动、铸型振动及外加电磁场等。凝固过程中液体的流动对传热、传质过程、凝固组织及冶金缺陷有着重要的影响。

1. 自然对流

由密度差引起的浮力流是最基本和最普遍的对流方式。凝固过程中由传热、传质和溶质再分配引起液态合金密度不均匀,密度小的液相上浮,密度大的液相下沉,称为双扩散对流。液相中任意一点的密度 ρ_L 可表示为

$$\rho_L = \rho_0[1 - \alpha_T(T - T_0) - \alpha_C(C - C_0)] \tag{2-4}$$

式中,α_T、α_C 分别为热膨胀系数和溶质膨胀系数;T 为温度;C 为溶质浓度;ρ_0 为温度为 T_0,溶质浓度为 C_0 时的液相密度。

图 2-5 表示垂直凝固界面前对流的条件与方式。对应于两种不同的液相密度分布(见图 2-5(b))可以产生图 2-5(c)和(d)所示的液相对流方式。

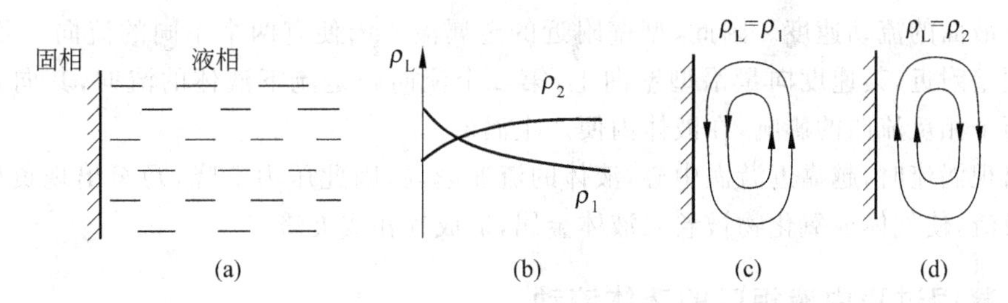

图 2-5 垂直凝固界面前对流的条件与方式

(a) 凝固界面;(b) 液相密度分布;(c),(d) 对流方式

ρ_L—液相密度;ρ_1—密度分布方式 1;ρ_2—密度分布方式 2

图 2-6 表示水平凝固界面前液相的对流的条件与方式。如果液相密度自下而上逐渐减小，则液相是稳定的，不会产生明显的液相对流。反之，如果液相密度自下而上逐渐增加，则液相是不稳定的，将形成图 2-6(d)所示的液相对流胞。

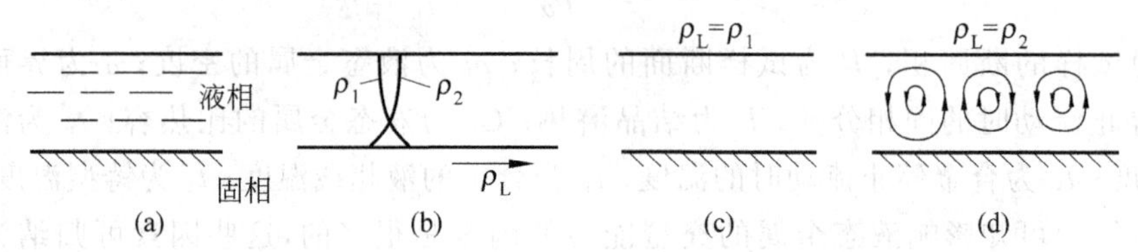

图 2-6 水平凝固界面前对流的条件与方式

(a) 凝固界面；(b) 液相密度分布；(c) 无对流；(d) 形成对流胞

ρ_L—液相密度；ρ_1—密度分布方式 1；ρ_2—密度分布方式 2

2. 强迫对流

在凝固过程中可以通过各种方式驱动液体流动，对凝固组织形态及传热、传质条件进行控制。这些流动方式通常是与一定的凝固技术相关的，需要根据具体的凝固条件进行分析。常用的技术包括：①在凝固过程中对液相进行电磁或机械搅拌；②在凝固过程中使固相或液相转动；③凝固过程中铸型振动；④浇注过程中液流冲击引起的液相流动等。

下面分析一种简单的型腔充填过程——以底注方式充填方形或圆形铸锭时产生的对流情况。沿通过液流中心的垂直平面将铸锭型腔剖开，可观察在该平面内液流运动的情况(图 2-7)。当自由落下的液流与型腔底部相接触时，液流的位能转变为动能，使型腔底部液流的压力增大，液体便脱离该压力增高的地区开始沿型腔底部向四处流动。

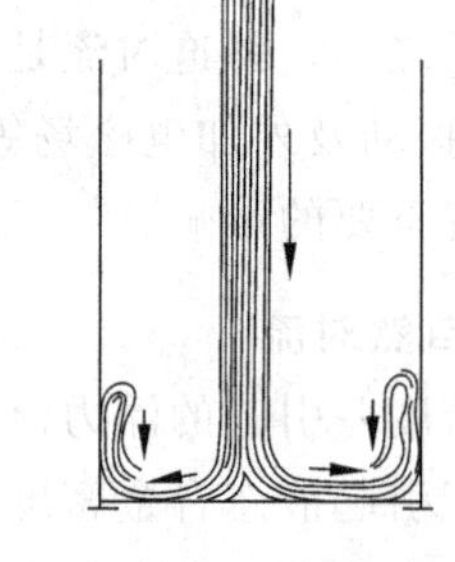

图 2-7 自由落下的液流充填型腔

垂直落下的液流在冲击时，对于型腔底部的压力等于 2 倍的静压力。实际上，因为有一部分能量损失在内摩擦上，真实的液体压力会小一些。

当沿着型腔底部四处流动的液体与垂直型壁接近时，发生冲击；对于理想液体来说，其冲击力应和冲击型底的力相等。但是，对于实际液体来说，由于内摩擦造成的损失，该冲击力便相应减小，在与型腔侧壁发生冲击时，动能转变为位能，于是出现高压区，致使垂直的型壁附近出现液面上升。此时，液面的升高取决于两个因素：速度头的损失以及液体从上液面流向下液面的流动速度。因此，型壁附近的金属液流内便有两个不同的流向：第一个流向位于型壁附近，其速度向量沿型壁向上，第二个流向则是流下液体的流向，其向量向下。由于这两个相反流向的影响，在液体内便产生涡流。

在出现涡流时，越靠近漩涡中心，液体的流速越高，因此压力下降，乃至出现负压，导致吸气或吸渣，使气体或氧化物被卷入液体金属，造成气孔或夹渣。

2.2.2 凝固过程中液相区的液体流动

凝固过程中液相区的流动情况，需要考虑流场与传热、传质过程的耦合，即联合求解材料加工传输过程中的动量方程、能量方程和质量方程等基本方程。凝固过程中的这种对流可以用解析方法研究的情况极其罕见，通常需要采用计算机数值模拟的方法进行分析。下面采用一维简化模型来分析凝固过程中液相区流动的影响因素。

模型如图 2-8 所示，图中左边为一块温度为 T_2 的无限大热板，右边为一块温度为 T_1 的无限大冷板。两板中的液体将由于温差而产生自然对流。两板间各平面的温度分布及对流速度 v_x 分布如图 2-8 所示。任意两平面间因速度差而产生的切应力 τ 可用牛顿黏性定律来表示：

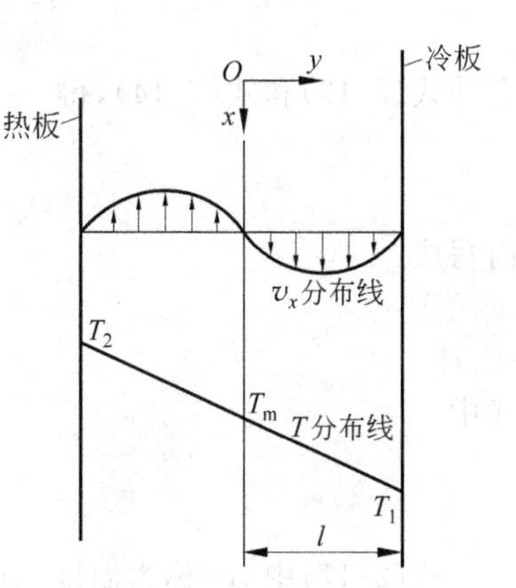

图 2-8 温差对流模型

$$\tau = \eta \frac{\mathrm{d}v_x}{\mathrm{d}y} \tag{2-5}$$

式中，η 为动力黏度；$\mathrm{d}v_x/\mathrm{d}y$ 为速度 v_x 在 y 方向的梯度。

于是 τ 在 y 方向上的梯度为

$$\frac{\mathrm{d}\tau}{\mathrm{d}y} = \eta \frac{\mathrm{d}^2 v_x}{\mathrm{d}y^2} \tag{2-6}$$

显然，由于 y 方向上各点温度不同，各点的液体密度也不同，这个密度差就是引起对流的原因，也是引起切应力梯度的原因。为简便起见，假设液相中的温度分布为一直线，中心温度为平均温度，即

$$T_{\mathrm{M}} = \frac{1}{2}(T_1 + T_2) = T_1 + \frac{1}{2}\Delta T = T_2 - \frac{1}{2}\Delta T \tag{2-7}$$

式中，$\Delta T = T_2 - T_1$。假设密度分布也为直线，那么如果液体的黏性力等于或大于由于密度变化引起的上浮力，则对流将不会发生。由于切应力梯度相当于作用在单位体积上黏性力，因此切应力梯度也可用下式表示

$$\frac{\mathrm{d}\tau}{\mathrm{d}y} = (\rho_T - \rho_0)g \tag{2-8}$$

式中，ρ_0 为平均温度下的密度；ρ_T 为任一温度下的密度。

设 α_T 为液体的温度膨胀系数，则

$$\rho_T - \rho_0 = \rho_0 \alpha_T (T_{\mathrm{m}} - T) \tag{2-9}$$

因已假设温度分布为直线，故对于 y 处的温度 T 有下列比例关系

$$\frac{T_{\mathrm{m}} - T}{\frac{1}{2}\Delta T} = \frac{y}{l} \tag{2-10}$$

将式(2-10)代入式(2-9)，再代入式(2-8)和式(2-6)，得

$$\eta \frac{\mathrm{d}^2 v_x}{\mathrm{d}y^2} = \frac{1}{2}\rho_0 \alpha_T g \Delta T\left(\frac{y}{l}\right) \tag{2-11}$$

积分，并利用边界条件 $y = \pm l$ 或 $y = 0$ 时，$v_x = 0$ 求得式(2-11)之解为

$$v_x = \frac{\rho_0 \alpha_T g \Delta T l^2}{12\eta}\left[\left(\frac{y}{l}\right)^3 - \left(\frac{y}{l}\right)\right] \tag{2-12}$$

或写成

$$v_x = \frac{\rho_0 \alpha_T g \Delta T l^2}{12\eta}(\varphi^3 - \varphi) \tag{2-13}$$

式中，$\varphi = y/l$ 为相对距离或无量纲距离。

同时也可以将 v_x 化成无量纲速度(雷诺数),并以 ϕ 表示这个量,那么

$$\phi = \frac{lv_x}{\nu} = \frac{lv_x \cdot \rho_0}{\eta} \tag{2-14}$$

合并式(2-13)和式(2-14),得

$$\phi = \frac{\rho_0^2 \alpha_T g \Delta T l^3}{12\eta^2}(\varphi^3 - \varphi) \tag{2-15}$$

简写成

$$\phi = G_T \frac{1}{12}(\varphi^3 - \varphi) \tag{2-16}$$

式中

$$G_T = \frac{\rho_0^2 \alpha_T g \Delta T l^3}{\eta^2} \tag{2-17}$$

式(2-17)中 G_T 称为温度 Grashof(格拉肖夫)数,表示由温度差所引起的对流强度,G_T 大的体系其对流强度也大。

同理对因浓度差所引起的对流强度可用浓度 Grashof 数表示为

$$G_C = \frac{\rho_0^2 \alpha_C g \Delta C l^3}{\eta^2} \tag{2-18}$$

式中,ΔC 为浓度差;α_C 为液体的浓度膨胀系数。

从式(2-16)可以看出,自然对流的速度取决于 Grashof 数的大小。因而可以将它看成是温差或浓度差引起自然对流的驱动力。

液相区液体的流动,将改变凝固界面前的温度场和浓度场。从而对凝固组织形态产生影响。以低熔点类透明有机物为例可观察到,当枝晶定向凝固时,在平行于凝固界面的流速较小时,将发生枝晶间距的增大;当流速增大到一定值时,原来的主轴晶将无法生长。而在背流处形成新的主轴晶,并与原来的主轴晶竞相生长,获得一种特殊的凝固组织,即穗状晶。当流体流速与凝固界面垂直时,可能产生比较严重的宏观偏析。强烈的紊流可能冲刷新形成的枝晶臂,而造成晶粒繁殖,对细化等轴晶有一定的帮助。

2.2.3 液态金属在枝晶间的流动

宽结晶温度范围的合金,凝固过程中会产生发达的树枝晶,形成大范围的液相—固相共存区域(糊状区)。液体会在两相区的枝晶之间流动。液体在枝晶间的流动驱动力来自三个方面,即:凝固时的收缩,由于液体成分变化引起的密度改变,以及液体和固体冷却时各自收缩所产生的力。枝晶间液体的流动也就是在糊状区的补缩流动。枝晶间的距离一般在 10μm,从流体力学的观点来看,可将枝晶间液体的流动作为多孔性介质中流动处理。但要考虑到液体的流量随时间而减少;而且还要考虑到固、液两相密度不同及散热降温的影响。因此,液体在枝晶间的流动远比流体在多孔性介质中流动复杂得多。

流体通过多孔性介质的速度一般用 Darcy(达西)定律来表示

$$\boldsymbol{v} = -\frac{K}{\eta f_L}(\nabla p + \rho_L \boldsymbol{g}) \tag{2-19}$$

式中,K 为介质的渗透率;Δp 为压力梯度;f_L 为液相体积分数;η 为液体的动力黏度;ρ_L 为液体的密度;$\boldsymbol{g}$ 为重力加速度。

研究表明，两相区内的渗透率 K 主要决定于液相体积分数 f_L 的大小。当 $f_L>0.245$ 时，

$$K=\lambda_1 f_L^2 \tag{2-20a}$$

当 $f_L<0.245$ 时，

$$K=\lambda_2 f_L^6 \tag{2-20b}$$

式中，λ_1、λ_2 为实验常数。

由式(2-20b)可以看到，在凝固后期，固相分数很大时，渗透率 K 随液相体积分数的减小而迅速减小，流动会变得极其困难。宽结晶温度范围的合金，树枝晶发达，凝固过程最后的收缩往往得不到液流补充，而形成收缩缺陷(称为缩松)。导致产品的多种性能(如力学性能、耐压防渗漏性能，耐腐蚀性能等)下降。因此，宽结晶温度范围的合金液态成形时，要特别注意补缩。

2.3 凝固传热

传热有三种基本方式：传导、对流和辐射。在凝固过程中，热传导是主要的传热方式。在研究热传导时，我们把物体看作是连续介质，并且假设物体是均匀和各向同性的。

铸型或锭模的传热直接影响铸件或铸锭凝固过程中的补缩，从而决定着冒口的大小、位置和数量，与此同时它还影响晶体的生长速度以及液体金属在凝固过程中的流动，从而决定着晶体形貌和溶质的偏析情况。这些对铸造金属材料的使用性能无疑会产生很大影响。

在焊接过程中，焊件上的温度场对焊接应力、焊缝组织和性能的变化以及焊接变形等有重要影响。

2.3.1 铸造过程中的传热

在铸造过程中，铸件凝固过程是最重要的过程之一，大部分铸件缺陷产生于这一过程。凝固过程的传热计算对优化铸造工艺，预测和控制铸件质量，防止各种铸造缺陷以及提高生产效率都非常重要。

但是，铸件凝固传热的分析解法比一般物体的导热计算复杂得多，如不规则的铸件几何形状，合金液固界面或凝固区域内结晶潜热的处理，铸件-铸型界面热阻的存在，铸件与外界环境的热交换，热物理参数的选取等，均给工程计算带来困难，所以在实际计算时常常采用数值计算法。

1. 凝固传热的数学模型

液态金属浇入铸型后在型腔内的冷却凝固过程，是一个通过铸型向周围环境散热的过程。在这个过程中，铸件和铸型内部温度分布是随时间而变化的。从传热方式看，这一散热过程是按导热、对流及辐射三种方式综合进行的。显然，对流和辐射主要发生在边界上。当液态金属充满型腔后，如果不考虑铸件凝固过程中液态金属发生的对流现象，铸件凝固过程可看成是一个不稳定导热过程，因此铸件凝固过程的数学模型符合不稳定导热偏微分方程。但必须考虑铸件凝固过程中的潜热释放。

假定单位体积、单位时间内固相部分的增加率为 $\partial f_s/\partial t$。释放的潜热为

$$\rho L\frac{\partial f_s}{\partial t}$$

式中，ρ 为材质的密度，kg/m^3；L 为结晶潜热，J/kg；f_s 为凝固时固相的分数。

因此，考虑了潜热的不稳定导热微分方程为

对于一维系统 $$\rho c\frac{\partial T}{\partial t}=\frac{\partial}{\partial x}\left(\lambda\frac{\partial T}{\partial x}\right)+\rho L\frac{\partial f_s}{\partial t} \tag{2-21}$$

对于二维系统 $$\rho c\frac{\partial T}{\partial t}=\frac{\partial}{\partial x}\left(\lambda\frac{\partial T}{\partial x}\right)+\frac{\partial}{\partial y}\left(\lambda\frac{\partial T}{\partial y}\right)+\rho L\frac{\partial f_s}{\partial t} \tag{2-22}$$

对于三维系统 $$\rho c\frac{\partial T}{\partial t}=\frac{\partial}{\partial x}\left(\lambda\frac{\partial T}{\partial x}\right)+\frac{\partial}{\partial y}\left(\lambda\frac{\partial T}{\partial y}\right)+\frac{\partial}{\partial z}\left(\lambda\frac{\partial T}{\partial z}\right)+\rho L\frac{\partial f_s}{\partial t} \tag{2-23}$$

此外影响铸件凝固过程的因素众多，在求解中若要把所有的因素都考虑进去是不现实的。因此对铸件凝固过程必须作合理的简化，为了问题的求解，一般作如下基本假设：

(1) 认为液态金属在瞬时充满铸型后开始凝固 假定初始液态金属温度为定值，或为已知各点的温度值。

(2) 不考虑液、固相的流动 传热过程只考虑导热。

(3) 不考虑合金的过冷 假定凝固是从液相线温度开始，固相线温度结束。

根据以上假设则可得到铸件凝固数学模型。以一维系统为例，在铸件中不稳定导热的控制方程表达式为

$$\rho_1 c_1\frac{\partial T}{\partial t}=\rho_1 c_1\frac{\partial}{\partial x}\left(\lambda_1\frac{\partial T}{\partial x}\right)+\rho_1 L\frac{\partial f_s}{\partial t} \tag{2-24}$$

式中，ρ_1 为铸件的密度，kg/m^3；λ_1 为铸件的热导率，W/(m·K)；c_1 为铸件的比热容，J/(kg·K)。

式(2-24)等号左边表示铸件中的热积蓄项(单位时间内能的变化)，等号右边第一项表示导热项，第二项为潜热项。

在铸型中，不稳定导热的控制方程表达式为

$$c_2\rho_2\frac{\partial T}{\partial t}=\frac{\partial}{\partial x}\left(\lambda_2\frac{\partial T}{\partial x}\right) \tag{2-25}$$

式中，ρ_2 为铸型材料密度，kg/m^3；λ_2 为铸型材料热导率，W/(m·K)；c_2 为铸型材料比热容，J/(kg·K)。

初始条件的处理：根据基本假设(1)，认为铸型被瞬时充满，故有

$$T(x,0)=T_{01}\text{(在铸件区域中)} \tag{2-26}$$

$$T(x,0)=T_{02}\text{(在铸型区域中)}$$

一般 T_{01} 定为等于或略低于浇注温度，T_{02} 为室温或铸型预热温度。假定在浇注瞬间，因铸件尚未开始凝固，铸型和液态金属的接触是完全的，其共同的界面温度为 T_i。除了界面附近外，离界面较远处的液体金属和铸型温度尚未来得及变化，仍保持浇注温度 T_p 和浇注时的铸型温度 T_0，如图 2-9 所示。

下面分析求 T_i 和界面附近温度的过程。在界面附近可以假定只有一维导热，即服从

$$\frac{\partial T}{\partial t}=a\frac{\partial^2 T}{\partial x^2} \tag{2-27}$$

式(2-27)的通解为

$$T=A+B\mathrm{erf}\left(\frac{x}{2\sqrt{at}}\right) \tag{2-28}$$

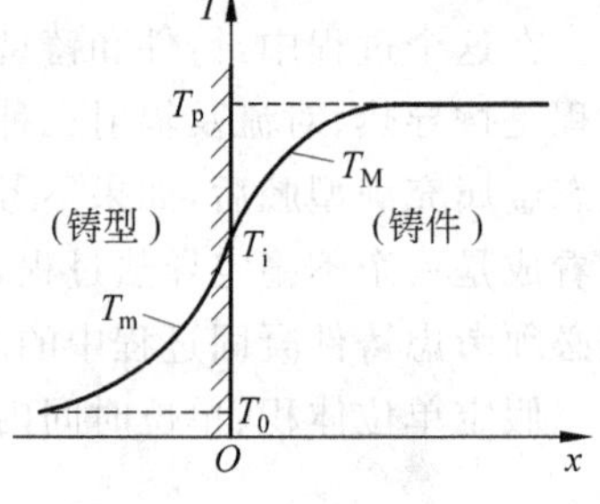

图 2-9 界面初始温度

在铸件一侧，当 $x=0$ 时，$T=T_i$；$x\to\infty$时，$T=T_p$。分别代入式(2-28)可得

$$A=T_i;\quad B=T_p-T_i$$

于是有

$$T_M=T_i+(T_p-T_i)\operatorname{erf}\left(\frac{x}{2\sqrt{a_M t}}\right) \tag{2-29}$$

在铸型一侧，当 $x\to-\infty$时，$T=T_0$；$x=0$ 时，$T=T_i$。分别代入式(2-28)得到

$$A=T_i;\quad B=T_i-T_0$$

于是有

$$T_m=T_i+(T_i-T_0)\operatorname{erf}\left(\frac{x}{2\sqrt{a_m t}}\right) \tag{2-30}$$

式中，T_M、T_m 分别为铸件和铸型温度；a_M、a_m 分别为铸件和铸型的热扩散率。

在界面上应有

$$\lambda_M\left(\frac{\partial T_M}{\partial x}\right)_{x=0}=\lambda_m\left(\frac{\partial T_m}{\partial x}\right)_{x=0} \tag{2-31}$$

因为

$$\left(\frac{\partial T_M}{\partial x}\right)_{x=0}=\frac{T_p-T_i}{\sqrt{\pi a_M t}}$$

$$\left(\frac{\partial T_m}{\partial x}\right)_{x=0}=\frac{T_i-T_0}{\sqrt{\pi a_m t}}$$

所以代入式(2-31)后得

$$T_i=\frac{b_m T_0+b_M T_p}{b_m+b_M} \tag{2-32}$$

式中，b_M、b_m 分别为铸件和铸型的蓄热系数，$b=\sqrt{\lambda\rho c}$。

2. 凝固潜热的处理

铸件在凝固过程中会释放出大量的潜热。铸件凝固冷却过程实质上是铸件内部过热热量(显热)和潜热不断向外散失的过程。显热的释放与材料的比定压热容 c_p 和温度变化量 ΔT 密切相关；而潜热的释放仅取决于材质本身发生相变时所反映出的物理特性。在铸件凝固冷却过程释放出的总热量中，金属过热的热量仅占 20%左右，凝固潜热约占 80%。凝固潜热占有很大的比例。以纯铜为例，凝固潜热 L 为 211.5kJ/kg，在熔点附近的液态比定压热容 c_{pL}为 0.39kJ/(kg·℃)，则可由下式求出其等效温度区间 ΔT^*：

$$\Delta T^*=\frac{L}{c_{pL}} \tag{2-33}$$

对于纯铜 ΔT^* 为 542℃，即表明凝固时放出的潜热量相当于温度下降 542℃时所放出的显热。可见，潜热对铸件凝固数值计算的精度起着非常关键的作用。

式(2-21)～式(2-23)均表示考虑了凝固潜热释放的不稳定导热偏微分方程。如对于式(2-21)表示的一维问题：

$$\rho c\frac{\partial T}{\partial t}=\frac{\partial}{\partial x}\left(\lambda\frac{\partial T}{\partial x}\right)+\rho L\frac{\partial f_s}{\partial t}$$

作如下变更：

$$\rho L \frac{\partial f_s}{\partial t} = \rho L \frac{\partial f_s}{\partial T} \frac{\partial T}{\partial t}$$

并把潜热项移到左边，则成为

$$\rho\left(c - L \frac{\partial f_s}{\partial T}\right)\frac{\partial T}{\partial t} = \frac{\partial}{\partial x}\left(\lambda \frac{\partial T}{\partial x}\right) \tag{2-34}$$

由上式可见，如果固相分数 f_s 和温度 T 的关系已知，则式(2-44)就能很容易地进行数值求解。

由于合金材质不同，潜热释放的形式也不同，在数值计算中也应采取不同的潜热处理方法。常用的方法有温度补偿法、等价比热法、热焓法等。

3. 传热条件的简化

在讨论或分析铸件的实际凝固过程时，在某些条件下可以忽略一些次要因素，从而使问题大大简化。以图 2-10 所示的一维导热的铸件凝固过程为例。即将铸件、铸型和涂料层看作三层无限大平板组成的导热体。将铸件和铸型中的温度分布近似看作直线，则根据 Fourier(傅里叶)导热定律，铸件中的导热热流密度为

$$q_1 = \frac{\lambda_c}{x_1}(T_k - T_{i1}) = \frac{\lambda_c}{x_1}\Delta T_1$$

铸件与铸型界面换热热流密度为

$$q_2 = \alpha_i(T_{i1} - T_{i2}) = \alpha_i \Delta T_2$$

铸型中的导热热流密度为

$$q_3 = \frac{\lambda_m}{x_2}(T_{i2} - T_m) = \frac{\lambda_m}{x_2}\Delta T_3$$

上面各式中，λ_c 为铸件导热系数；λ_m 为铸型导热系数；α_i 为界面换热系数。

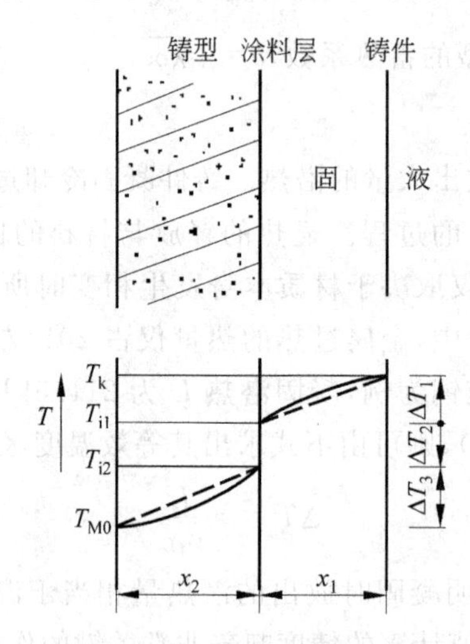

图 2-10 一维导热的逐层凝固过程传热分析

T_k—凝固界面温度；T_{M0}—铸型原始温度；

T_{i1}—铸件与铸型界面铸件温度；T_{i2}—铸件与铸型界面铸型温度

由于这一传热过程无热源和热阱，因此

$$q_1 = q_2 = q_3$$

于是得

$$\frac{x_1}{\lambda_c} : \frac{1}{\alpha_i} : \frac{x_2}{\lambda_m} = \Delta T_1 : \Delta T_2 : \Delta T_3 \tag{2-35}$$

式中$\frac{x_1}{\lambda_c}$,$\frac{1}{\alpha}$,$\frac{x_2}{\lambda_m}$称为热阻。由上式可以看出,热阻大的环节温度降就大,称为传热的控制环节。令$k_1=\frac{1/\alpha_i}{x_1/\lambda_c}=\frac{\Delta T_2}{\Delta T_1}$,$k_2=\frac{1/\alpha_i}{x_2/\lambda_m}=\frac{\Delta T_2}{\Delta T_3}$,可把凝固过程的传热条件简化为以下几种情况:

(1) $k_1 \ll 1, k_2 \ll 1$,这时可认为界面是理想接触的,界面热阻可以忽略。该传热条件接近于压铸及金属型铸造过程。

(2) $k_1 \gg 1, k_2 \gg 1$,这时表明凝固过程是由界面热阻控制的。这一传热条件接近于厚的涂料隔离下的金属型铸造过程。

(3) $k_1 \ll 1, k_2 \gg 1$,这时热阻主要存在于凝固层中。该传热条件常见于金属快速凝固过程。

(4) $k_1 \gg 1, k_2 \ll 1$,这时热阻主要存在于铸型中。砂型铸造的传热与该条件相近。

在上述四种条件下,凝固过程的传热问题可以大大简化。

4. 凝固层厚度与凝固时间的计算

假设:(1) 金属/铸型界面为无限大平面,铸件与铸型壁厚均为无限大;

(2) 与液体金属接触的铸型表面温度在浇注后立即达到金属的表面温度,且保持不变;

(3) 凝固是在恒温下进行;

(4) 除结晶潜热外,在凝固过程中没有任何其他热量释放出来;

(5) 金属与铸型的热物性不随温度和时间而变化;

(6) 金属液的对流作用所引起的温度场变化可忽略不计。

假设铸件铸型界面处温度为T_i,铸件浇注温度为T_p,铸件凝固温度为T_s,铸型初始温度为T_0,则由上面的假设:$T_i=T_p=T_s$。

则由式(2-30)得铸型内的温度分布为

$$T_m = T_i + (T_0 - T_i)\operatorname{erf}\frac{x}{2\sqrt{\alpha_m t}}, \quad x \geqslant 0 \tag{2-36}$$

式中,$\alpha_m=\lambda_m/c_m\rho_m$ 为铸型的热扩散系数。将上式对 x 求导可得铸型内距铸件铸型界面 x 处的温度梯度为

$$\frac{\partial T_m}{\partial x} = (T_0 - T_i)\frac{1}{\sqrt{\pi\alpha_m t}}\exp\left(-\frac{x^2}{4\alpha_m t}\right) \tag{2-37}$$

根据 Fourier 导热定律,可求得在时刻 t、距铸件铸型界面为 x 处的比热流量(单位面积的热流量)为

$$q_m = \lambda_m(T_i - T_0)\frac{1}{\sqrt{\pi\alpha_m t}}\exp\left(-\frac{x^2}{4\alpha_m t}\right) \quad [\mathrm{W/m^2}] \tag{2-38}$$

于是在时刻 t 通过铸件铸型界面处($x=0$)的比热流量为

$$q_f = \lambda_m(T_i - T_0)\frac{1}{\sqrt{\pi\alpha_m t}} \quad [\mathrm{W/m^2}] \tag{2-39}$$

所以在 $0\sim t$ 这段时间内，流过铸型单位面积受热表面的热量即为

$$Q_{\mathrm{f}}=\int_{0}^{t}q_{\mathrm{f}}\mathrm{d}t=\int_{0}^{t}\lambda_{\mathrm{m}}(T_{\mathrm{i}}-T_{0})\frac{1}{\sqrt{\pi\alpha_{\mathrm{m}}t}}\mathrm{d}t=2\lambda_{\mathrm{m}}(T_{\mathrm{i}}-T_{0})\sqrt{\frac{t}{\pi\alpha_{\mathrm{m}}}}\quad[\mathrm{J/m^2}]\tag{2-40}$$

由蓄热系数的定义 $b=\sqrt{\lambda c\rho}=\lambda/\sqrt{\alpha}$，代入上式得到在 $0\sim t$ 这段时间内流过铸型单位面积受热表面的热量为

$$Q_{\mathrm{f}}=\frac{2b_{\mathrm{m}}}{\sqrt{\pi}}(T_{\mathrm{i}}-T_{0})\sqrt{t}\quad[\mathrm{J/m^2}]\tag{2-41}$$

由上式可以看出，Q_{f} 与铸型的蓄热系数 b_{m} 成正比。物体的蓄热系数表示了物体向与其接触的高温物体吸热的能力。它是一个综合衡量物体在热流流过时蓄热与导热能力的物理量。蓄热系数的物理意义从日常生活经验中也很容易理解，例如冬天用手摸钢铁和木头(在它们的温度相同时)，总是感觉钢铁比较凉，这是因为钢铁的蓄热系数要比木头的大 30 倍，因而在其他条件相同时，钢铁从手那里吸收的热量就远较木头为多之故。

单位体积液态金属(铸件)的凝固放热为

$$Q'_{\mathrm{c}}=\rho_{\mathrm{c}}L\quad[\mathrm{J/m^3}]\tag{2-42}$$

式中，ρ_{c} 为金属的密度；L 为金属的凝固潜热。设铸件在 t 时刻的凝固层厚度为 ξ，则在凝固过程中铸件单位表面积放出的热量 Q''_{c} 为

$$Q''_{\mathrm{c}}=\xi Q'_{\mathrm{c}}=\xi\rho_{\mathrm{c}}L\quad[\mathrm{J/m^2}]\tag{2-43}$$

假设铸件凝固过程中，铸件放出的热量全部由铸型吸收，则式(2-41)与式(2-43)应相等，故有

$$\frac{2b_{\mathrm{m}}}{\sqrt{\pi}}(T_{\mathrm{i}}-T_{0})\sqrt{t}=\xi\rho_{\mathrm{c}}L\tag{2-44}$$

所以铸件凝固层厚度 ξ 为

$$\xi=\frac{2b_{\mathrm{m}}}{\sqrt{\pi}\rho_{\mathrm{c}}L}(T_{\mathrm{i}}-T_{0})\sqrt{t}=K\sqrt{t}\quad[\mathrm{m}]\tag{2-45}$$

式中，$K=\frac{2b_{\mathrm{m}}}{\sqrt{\pi}\rho_{\mathrm{c}}L}(T_{\mathrm{i}}-T_{0})[\mathrm{m/s^{1/2}}]$；$K$ 称为凝固系数。式(2-45)即为著名的 Chvorinov(哈佛里诺夫)法则，也称为铸件凝固的平方根定律，它指出了铸件凝固层厚度 ξ 与凝固时间 t 的平方根成正比。

上面假设液体金属内部没有温度差，且金属的浇注温度等于凝固温度即近似于纯金属的凝固。实际上大多数铸造金属均为合金，均是在过热到液相线以上某一温度 T_{p} 浇注，且凝固是在一个温度区间$[T_{\mathrm{L}},T_{\mathrm{S}}]$进行，这时凝固温度不等于 T_{p}，而且不是一个固定的温度，但为处理方便，可假设凝固温度 $T_{\mathrm{N}}=(T_{\mathrm{L}}+T_{\mathrm{S}})/2$。这时，金属除放出其过热度$(T_{\mathrm{p}}-T_{\mathrm{L}})$或$(T_{\mathrm{p}}-T_{\mathrm{N}})$的热量外，还放出凝固潜热。因此单位体积液态金属的凝固放热 Q'_{c} 为

$$Q'_{\mathrm{c}}=\rho_{\mathrm{c}}[L+c_{\mathrm{c}}(T_{\mathrm{p}}-T_{\mathrm{N}})]\quad[\mathrm{J/m^3}]\tag{2-46}$$

式中，c_{c} 为铸件金属的比热容。设铸件在 t 时刻的凝固层厚度为 ξ，则在凝固过程中铸件单位表面积放出的热量 Q''_{c} 为

$$Q''_{\mathrm{c}}=\xi Q'_{\mathrm{c}}=\xi\rho_{\mathrm{c}}[L+c_{\mathrm{c}}(T_{\mathrm{p}}-T_{\mathrm{N}})]\quad[\mathrm{J/m^2}]\tag{2-47}$$

假设铸件凝固过程中，铸件放出的热量全部由铸型吸收，则式(2-41)与式(2-47)应相等，故有

$$\frac{2b_{\mathrm{m}}}{\sqrt{\pi}}(T_{\mathrm{i}}-T_{0})\sqrt{t}=\xi\rho_{\mathrm{c}}[L+c_{\mathrm{c}}(T_{\mathrm{p}}-T_{\mathrm{N}})]\tag{2-48}$$

所以铸件凝固层厚度ξ为

$$\xi=\frac{2b_m(T_i-T_0)}{\sqrt{\pi}\rho_c[L+c_c(T_p-T_N)]}\sqrt{t}=K'\sqrt{t}\quad[\mathrm{m}] \tag{2-49}$$

式中

$$K'=\frac{2b_m(T_i-T_0)}{\sqrt{\pi}\rho_c[L+c_c(T_p-T_N)]}\quad[\mathrm{m/s^{1/2}}] \tag{2-50}$$

K'为凝固系数，它与液态金属的化学成分、过热度、金属和铸型的热物理性质有关。严格地说，在凝固过程中，铸件的凝固系数K'不是一个定值。通常凝固系数由实验确定，但若已知铸件和铸型的热物理性质，则可根据式(2-50)计算出。

几点说明：

(1) 若平板铸件的厚度为δ，则当凝固层厚度$\xi=\delta/2$时，该平板已凝固完毕，则由式(2-45)可求得平板铸件全部凝固时间为

$$t_f=\frac{\xi^2}{K^2}=\frac{\delta^2}{4K^2}\quad[\mathrm{s}] \tag{2-51}$$

在已知凝固系数的情况下，也可由式(2-51)求出相应时刻平板铸件的凝固层厚度ξ。

对于任意形状铸件，其体积为V，表面积为S。若包围铸件的铸型很厚，这时对铸件各个面，式(2-41)都是成立的。经过时间t_f铸件全部凝固，且铸件凝固所放出的热量是均匀地从其表面传给铸型，则根据式(2-41)，铸型在$0\sim t$这段时间内所吸收的总热量$\sum Q_f$为

$$\sum Q_f=\frac{2b_mS}{\sqrt{\pi}}(T_i-T_0)\sqrt{t_f}\quad[\mathrm{J}] \tag{2-52}$$

根据式(2-46)，铸件全部凝固时所放出的热量总热量Q_c为

$$Q_c=VQ'_c=V\rho_c[L+c_c(T_p-T_N)]\quad[\mathrm{J}] \tag{2-53}$$

铸件凝固放热全部由铸型吸收，则式(2-52)与式(2-53)相等，故可得

$$t_f=\frac{\left(\frac{V}{S}\right)^2}{K^2}=\frac{R^2}{K^2}\quad[\mathrm{s}] \tag{2-54}$$

式(2-54)中，K是凝固系数，而R称为当量厚度(折算厚度或模数)，$R=V/S$。因此，式(2-54)又称为当量厚度法则，它适用于计算任意形状铸件的凝固时间。它揭示出铸件凝固时间与其形状无关、而与其当量厚度的平方成正比的规律。

式(2-54)只是一个近似关系。当铸件形状差异不大时，式(2-54)可以用作比较不同铸件(同种合金在同种材料铸型中凝固)的凝固时间，但不能作为准确计算凝固时间的方式。

(2) 凝固金属和铸型材料性质是影响凝固时间的两个主要关系。铸件材料熔点越高，凝固速度越快；铸件凝固潜热越大，凝固速度越慢；铸型蓄热系数越大，凝固速度就越快。生产中常常利用不同材料具有不同蓄热系数的条件，来调节铸件不同部位的冷却(凝固)速度。例如冷铁用于提高铸件的凝固速度；耐火材料用于降低铸件的凝固速度以及冒口的保温。

2.3.2 焊接过程中的传热

熔焊时，被焊金属在热源的作用下被加热并发生局部熔化，当热源离开后，金属开始冷却。这种加热和冷却的过程被称为焊接热过程。它是影响焊接质量和生产率的主要因素之

一。对焊接热过程进行准确的分析计算和测定是进行焊接冶金分析、焊接应力应变分析和对焊接热过程进行控制的前提。然而，焊接过程的传热问题却十分复杂，给研究工作带来许多困难，具体体现在以下四个方面：加热过程的局部性；加热的瞬时性；焊接热源是移动的；焊接传热是复合传热过程。

焊接温度场在绝大多数情况下是不稳定温度场。但是，当一个具有恒定功率的焊接热源，在给定尺寸的焊件上作匀速直线移动时，开始一段时间内温度场是不稳定的，但经过相当一段时间以后便达到了饱和状态，形成了暂时稳定的温度场称为准稳定温度场。此时焊件上每点的温度虽然都随时间而改变，但当热源移动时，则发现这个温度场与热源以同样的速度跟随。如果采用移动坐标系，将坐标的原点与热源的中心相重合，则焊件上各点的温度只取决于系统的空间坐标，而与时间无关。一般焊接温度场计算都是采用这种移动坐标系。

1. 集中热源作用下的非稳态导热

焊接、激光加热等技术都属于非稳态导热问题。采用解析法计算温度场时，常将其看作为集中热源作用下的非稳态导热，而瞬时集中热源作用下温度场的计算是这类导热问题分析的基础。本节先介绍瞬时集中热源作用下的温度场，然后再介绍连续热源作用下温度场的模型及其求解。

1）瞬时集中点状热源作用下的温度场

热源作用在无限大物体内某点时（即相当于点状热源），假如是瞬时把热源的热能 Q 作用在无限大物体内的某点上的，则距热源为 R 的某点经 t 秒后，该点的温度可利用下式

$$\frac{\partial T}{\partial t}=a\left(\frac{\partial^2 T}{\partial x^2}+\frac{\partial^2 T}{\partial y^2}+\frac{\partial^2 T}{\partial z^2}\right)$$

进行求解，并且假定工件的初始温度均匀为 0℃，同时不考虑表面散热问题。把上述的具体条件代入后所求得的特解为

$$T=\frac{Q}{c\rho(4\pi at)^{3/2}}\exp\left(-\frac{R^2}{4at}\right) \tag{2-55}$$

式中，Q 为热源在瞬时提供给工件的热能；R 为距热源的坐标距离，$R=(x^2+y^2+z^2)^{1/2}$；t 为传热时间；a 为材质的热扩散率。

由式(2-55)可以看出，在这种情况下所形成的温度场，是以 R 为半径的一个个等温球面。但在熔焊的条件下，热源传给焊件的热能是通过焊件表面进行的，故常称为半无限体。这时应把式(2-55)进行修正，即认为全部的热能被半无限体所获得，则

$$T=\frac{2Q}{c\rho(4\pi at)^{3/2}}\exp\left(-\frac{R^2}{4at}\right) \tag{2-56}$$

式(2-56)就是厚大件（属于半无限体）瞬时集中点状热源的传热计算公式。由此式可知，热源提供给焊件热能之后，距热源为 R 的某点温度的变化是时间 t 的函数。很明显，其等温面呈现为一个个半球面状。

2）瞬时集中线状热源作用下的温度场

当热源集中作用在厚度为 h 的无限大薄板上时（即相当于线状热源，沿板厚方向热能均匀分布），假如是瞬时把热能 Q 作用在工件某点上的，则距热源为 r 的某点，经时间 t 后该点的温度可由二维导热微分方程式

$$\frac{\partial T}{\partial t}=a\left(\frac{\partial^2 T}{\partial x^2}+\frac{\partial^2 T}{\partial y^2}\right)$$

进行求解。为简化计算，可假设工件的初始温度为0℃，暂不考虑工件与周围介质的换热问题。经运算求得的特解为

$$T=\frac{Q}{4\pi\lambda ht}\exp\left(-\frac{r^2}{4at}\right) \tag{2-57}$$

式中，$r=(x^2+y^2)^{1/2}$。

式(2-57)即为(薄板)瞬时集中线状热源的传热计算公式。此时由于没有 z 向传热，其等温线呈现为以 r 为半径的平面圆环。

3）表面散热和累积原理

(1) 表面散热　前面所讨论的焊接传热计算，都没有考虑表面散热的影响。对于厚大件，表面散热相对很小，可以忽略不计；但对于薄板和细棒，其表面散热却不能忽视，因为它对温度的影响较大。

焊接薄板时应考虑表面散热，此时导热微分方程式为

$$\frac{\partial T}{\partial t}=a\left(\frac{\partial^2 T}{\partial x^2}+\frac{\partial^2 T}{\partial y^2}\right)-bT$$

式中，b 为薄板的散温系数，$b=\frac{2\alpha}{c\rho h}(1/s)$，其中 α 为表面换热系数。

其特解为

$$T=\frac{Q}{4\pi\lambda ht}\exp\left(-\frac{r^2}{4at}-bt\right) \tag{2-58}$$

由式(2-58)看出，焊接薄板时，如考虑表面散热，只要将薄板的传热公式(2-57)乘以 $\exp(-bt)$ 即可。

(2) 累积原理(或叠加原理)　假如有若干不相干的独立热源，作用在同一焊件上，则焊件上某点的温度应等于各独立热源对该点产生作用的总和，即

$$T=\sum_{i=1}^{n}T(r_i,t_i) \tag{2-59}$$

式中，r_i 为第 i 个热源与计算点之间的距离；t_i 为第 i 个热源相应的传热时间。

4）连续集中热源作用下的温度场

在电弧焊的条件下，连续作用的热源主要有两种情况，即连续固定热源(相当于补焊缺陷)和连续移动热源(相当于正常焊接或堆焊)。以厚大件点状连续移动热源的温度场为例，连续集中移动热源可以看作为是无数个瞬时集中热源在不同瞬间与不同位置的共同作用。利用累积原理，把每个瞬时热源使工件上 A 点产生的微小温度变化都总和起来，即

$$T(A,t)=\int_0^t \mathrm{d}T_A$$

应用式(2-57)，则

$$T=\int_0^t \frac{2q}{c\rho[4\pi a(t-t')]^{3/2}}\exp\left[-\frac{R'^2}{4a(t-t')}\right]\mathrm{d}t'$$

式中，$R'^2=(x_0-vt')^2+y_0^2+z_0^2$(即热源在 O' 点时，对 A 点的瞬时坐标距离，如图2-11所示)；q 为热源的有效热功率。

为了求解，采用移动式坐标，即以热源所在的位置为原点，则得

$$T(x,y,z,t)=\frac{2q}{c\rho(4\pi a)^{3/2}}\exp\left(-\frac{vx}{2a}\right)\int_0^t \frac{\mathrm{d}t''}{t''^{3/2}}\exp\left(-\frac{v^2t''}{4a}-\frac{R^2}{4at''}\right) \tag{2-60}$$

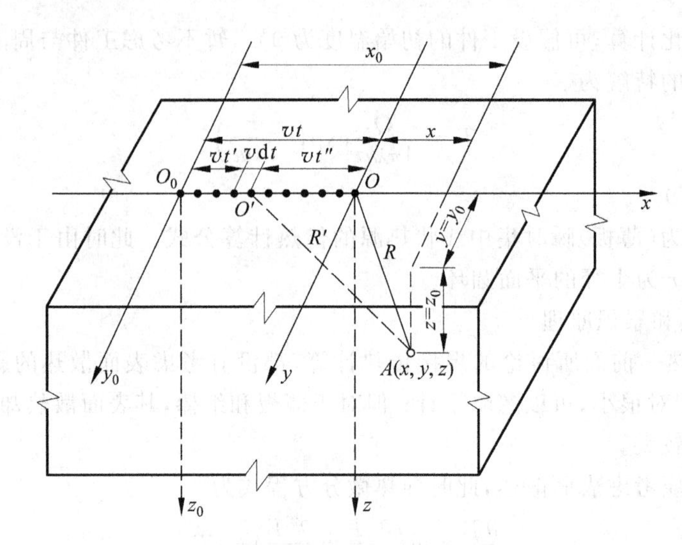

图 2-11 点状连续移动热源的传热模型

式中，$R^2=x^2+y^2+z^2$，$x=x_0-vt$，$y=y_0$，$z=z_0$，$t''=t-t'$；v 为焊接速度。

当 $t\to\infty$，令 $v=$常数，$q=$常数。

令 $u^2=\dfrac{R^2}{4at''}$，$m^2=\dfrac{R^2v^2}{16a^2}$，代入式(2-60)

并且有

$$\int_0^{\infty}\mathrm{e}^{-u^2-\frac{m^2}{u^2}}\mathrm{d}u=\frac{\sqrt{\pi}}{2}\mathrm{e}^{-2m}$$

经运算后得出

$$T=\frac{q}{2\pi\lambda R}\exp\left(-\frac{vx}{2a}-\frac{Rv}{2a}\right) \tag{2-61}$$

式(2-61)即厚大件上焊接(或堆焊)时极限饱和状态下的传热计算公式。要注意的是，此处 R 应为焊件上某点与计算时刻热源所在点之间的实际距离。

采用与点状连续移动热源相同的分析方法(采用移动式坐标)，经整理后可得到线状连续移动热源的传热计算公式：

$$T_{\mathrm{sp}}=\frac{q}{2\pi\lambda h}\exp\left(-\frac{vx}{2a}\right)K_0\left(r\sqrt{\frac{v^2}{4a^2}+\frac{b}{a}}\right) \tag{2-62}$$

式中，$K_0(u)=\sqrt{\dfrac{\pi}{2u}}\exp(-u)\left[1-\dfrac{1}{8u}+\dfrac{1\times3^2}{2!\ (8u)^2}-\dfrac{1\times3^2\times5^2}{3!\ (8u)^3}+\cdots\right]$称为贝氏函数近似表达式，是一个无穷收敛级数，已知 u 值后，可查表获得其值。

2. 焊接复合传热

熔焊时电弧热量使被焊金属熔化并形成熔池(图 2-12(a))。电弧以恒定速度 v 沿 x 轴移动。根据温度的变化，熔池可分为前后两部分。在熔池前部，输入的热量大于散失的热量，所以随着电弧的移动，金属不断地熔化。在熔池后部，散失的热量多于输入的热量，所以发生凝固。在熔池内部，由于自然对流、电磁力和表面张力的驱动，流体处于复杂的运动状态，如图 2-12(b)、(c)所示。而且，熔池中液态金属的流动对熔池的形态及其温度分布有着极其重要的影响。因此，焊接传热应是多种传热方式的综合，熔池中的传热应以液体的对流为主，而熔池外的传热应以固体导热为主，同时工件表面还存在着与空气的对流换热及辐射换热。

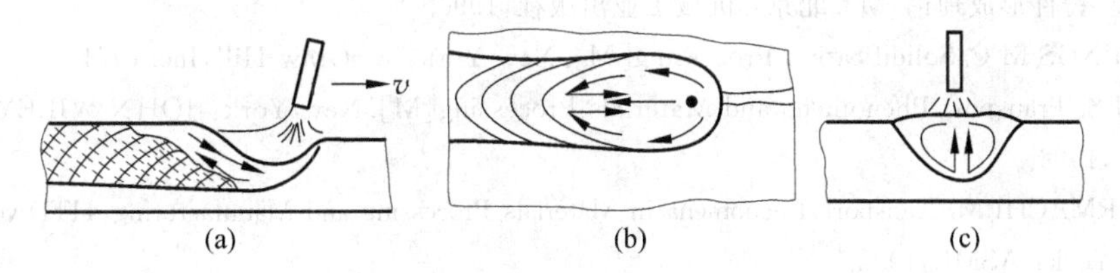

图 2-12 焊接熔池中液体的流动示意图

(a) 正视图；(b) 俯视图；(c) 侧视图

习 题

1. 液态金属充型能力与流动性间的联系和区别有哪些？试分析合金成分和结晶潜热对充型能力的影响规律。

2. 某生产厂在铸造一种 Al-Mg 合金铸件时常出现“浇不足”缺陷，请问可采取哪些工艺措施来提供成品率？

3. 什么类型的铸造合金凝固过程中容易产生“缩松”缺陷？哪些工艺措施可以用来减轻和防止缩松缺陷？

4. 试用黏度对液态金属流量影响的 Poiseuille 方程导出液体在多相介质中流动的 Darcy 定律。

5. 砂型铸造大型平板铜铸件，铜水温度为 1450K，凝固潜热为 205kJ/kg，铸型的初始温度为 400K，试求：(1)铜水进入铸型时铸型内壁的初始温度；(2)浇注后 1800s 时的铸件凝固厚度(导热系数 λ(W/(m·K))：铜 392；砂型 1.72。比热容 c_p(kJ/(kg·K))：铜 0.38；砂型 1.26。密度 ρ(kg/m^3)：铜 8900；砂型 1800)。

6. 用平方根定律计算凝固时间，其误差对半径相同的球体和圆柱体来说，何者为大？对大铸件和小铸件来说何者为大？对熔点高者和熔点低者和者为大？

7. 焊接热过程的复杂性体现在哪些方面？

8. 焊接热源有哪几种模型？焊接传热的模型有哪几种？

9. 热源的有效功率 $q=4200$W，焊速 $v=0.1$cm/s，在厚大件上进行表面堆焊，试求准稳态时 A 点($x=-2.0$cm，$y=0.5$cm，$z=0.3$cm)的温度(低碳钢的热物性参数：$a=0.1$cm^2/s，$\lambda=0.42$W/(cm·℃))。

参 考 文 献

[1] 李言祥，吴爱萍. 材料加工原理[M]. 北京：清华大学出版社，2005.

[2] 刘全坤. 材料成型基本原理[M]. 北京：机械工业出版社，2004.

[3] 陈玉喜，侯英玮，陈美玲. 材料成型原理[M]. 北京：中国铁道出版社，2003.

[4] 陈平昌，朱六妹，李赞. 材料成型原理[M]. 北京：机械工业出版社，2002.

[5] 吴德海，任家烈，陈森灿. 近代材料加工原理[M]. 北京：清华大学出版社，1997.
[6] 胡汉起. 金属凝固原理[M]. 2 版. 北京：机械工业出版社，2000.
[7] 周尧和，胡壮麒，介万奇. 凝固技术[M]. 北京：机械工业出版社，1998.
[8] 安阁英. 铸件形成理论[M]. 北京：机械工业出版社，1990.
[9] FLEMINGS M C. Solidification Processing[M]. New York：McGraw-Hill，Inc. 1974.
[10] KOU S. Transport Phenomena and Materials Processing[M]. New York：JOHN WILEY & SONS，INC. ，1996.
[11] CHARMACHI M. Transport Phenomena in Materials Processing and Manufacturing，HTD-vol. 196[M]. New York：ASME，1992.
[12] 林柏年，魏尊杰. 金属热态成型传输原理[M]. 哈尔滨：哈尔滨工业大学出版社，2000.
[13] 吴树森. 材料加工冶金传输原理[M]. 北京：机械工业出版社，2001.

凝固过程与组织控制

液态金属充满型腔之后，将继续冷却与凝固。凝固是由液态向固态转变的过程。凝固过程中不仅发生金属的结晶，还伴随有体积的收缩和成分的重新分配。凝固过程决定铸件的组织和性能。人类对凝固过程发生机理的认识是铸造从技艺走向科学的关键。凝固理论的发展也直接推动了材料学科多个领域的进步。随着人们对凝固过程认识的不断深化，凝固理论在材料加工与制造工程中发挥着越来越重要的作用，材料与制品的质量日益提高，加工成本不断降低。本章将讨论凝固过程的基本原理。

3.1 凝固过程概述

3.1.1 凝固过程简介

经典凝固理论所阐述的是所谓"内生凝固"过程，即固相在过冷液体中形核与生长的过程，固相形核率及生长速度均与液体的过冷度有关。从 20 世纪 40 年代以后发展起来的现代凝固理论所讨论的大多属于"外生凝固"过程，即首先在待凝固液体与模具界面上形成固体晶核，然后固—液界面沿着与热流相反的方向向液体内部推进。在这种凝固过程中，液体部分除固—液界面附近区域以外，并不一定有过冷度，甚至可以处于过热状态。因此，凝固速度直接取决于传热速度而不是过冷度，这是现代凝固理论与经典凝固理论的重要差异。

铸造过程所涉及的实际凝固往往是外生凝固与内生凝固的综合过程，对于这两类不同机制的凝固过程必须分别加以讨论。内生凝固的基本原理已在 1.2 节中讨论，本章着重讨论外生凝固过程。为了注重于对凝固过程物理本质及其基本规律的认识，主要讨论最简单的凝固模型，即定向的一维凝固过程，以简化相应的数理分析。

对于不同的合金成分和凝固条件，根据凝固过程中固—液界面的推进方式可以将凝固过程分为以下不同的类型(图 3-1)：

(1) 外生凝固——结晶从铸型型壁处开始，向液体内部推进。根据固—液界面形态，外生凝固可进一步分为以下三种方式：

① 光滑壁凝固(图 3-1(a_1))。

② 粗糙壁凝固(图 3-1(a_2))。

③ 海绵状凝固(图 3-1(a_3))。

(2) 内生凝固——凝固主要在液体内部进行，同时也可在型壁处进行。根据凝固形态

的不同,内生凝固又可以分为:

① 粥状(同时)凝固(图 3-1(b_1))。

② 壳状(逐层)凝固(图 3-1(b_2))。

实际上,在金属的凝固过程中,上述不同的凝固模式往往会同时并存,或先后出现。金属的化学成分、金属液体的处理方法(如孕育、晶粒细化等)以及凝固时的冷却条件等因素均会对金属的凝固模式产生影响。

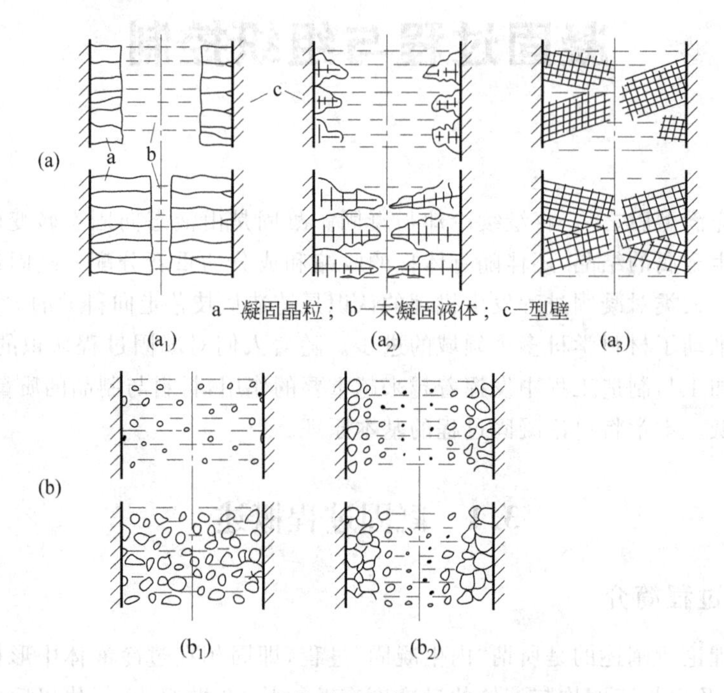

图 3-1 铸锭凝固的典型方式示意图

(a) 外生凝固:(a_1) 光滑壁凝固,(a_2) 粗糙壁凝固,(a_3) 海绵状凝固;

(b) 内生凝固:(b_1) 粥状凝固,(b_2) 逐层凝固

金属凝固过程是传热、流动以及相变等交织在一起的复杂过程,除了极少数纯物质的凝固结晶以外,绝大多数金属都含有数量不同的多种溶质元素,其凝固结晶必然涉及不同物质的传输以及由之引发的溶质再分配,影响金属的凝固组织及化学成分分布,从而最终决定金属的使用性能。为了便于讨论金属凝固组织与成分偏析成因,首先讨论有关传质过程的几个问题。

3.1.2 凝固过程中的溶质分配与传质

凝固过程中的溶质传输可以利用扩散定律来描述。

溶质在扩散场中某处的扩散通量(又称为扩散强度,为单位时间内通过单位面积的溶质质量)与溶质在该处的浓度梯度成正比,即

$$J_x = -D\frac{\mathrm{d}C}{\mathrm{d}x} \tag{3-1}$$

其中,D 为扩散系数,$\mathrm{m^2/s}$,即单位浓度梯度下的扩散通量;$\frac{\mathrm{d}C}{\mathrm{d}x}$为溶质在 x 方向上的浓度梯

度,即单位距离内的溶质浓度变化率,$(kg/m^3)/m$; $J_x=\frac{dm}{Adt}$,A 为垂直于 x 方向的扩散通道面积,m^2; t 为时间,s; m 为溶质质量,kg。

式(3-1)右端的负号表示溶质传输方向与浓度梯度的方向相反,该式就是 Fick(菲克)扩散第一定律。

一维扩散问题的浓度分布示于图 3-2(a)。在扩散源处($x=0$),溶液中溶质的浓度最大,然后逐渐减小,最后趋近于平均浓度 C_0。根据扩散第一定律,可以求出相距为 dx 的两点之间的浓度梯度差与通量差之间的关系。

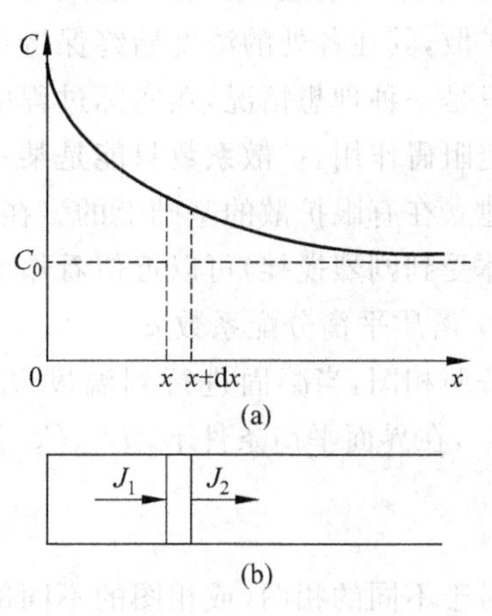

图 3-2 扩散场中溶质浓度差与通量差示意图

(a) 浓度分布; (b) 扩散通量

假设: 在断面积为 A 的长条形铸件(见图 3-2(b))中,在 dt 时间内通过 x 处的溶质量为 dm_1,通过 $x+dx$ 处的溶质量为 dm_2,则这两处的扩散通量分别为

$$J_1=\frac{dm_1}{Adt}=-D\left(\frac{dC}{dx}\right)_x$$

$$J_2=\frac{dm_2}{Adt}=-D\left(\frac{dC}{dx}\right)_{x+dx}$$

这两处的扩散通量之差为

$$J_1-J_2=\frac{dm_1-dm_2}{Adt}=D\left[\left(\frac{dC}{dx}\right)_{x+dx}-\left(\frac{dC}{dx}\right)_x\right]$$

其中,等号左端为相距 dx 两点之间单位体积内所含溶质量(浓度)的变化,也可以表示为 $\frac{dC}{dtdx}$,所以上式可以写作

$$\frac{\partial C}{\partial t}=D\frac{\partial^2 C}{\partial x^2} \tag{3-2}$$

式(3-2)是 Fick 扩散第二定律的表达式,它表示对于不稳定的扩散源,扩散场中任一点的浓度随时间的变化率与该点的浓度梯度随空间的变化率成正比,其比例系数就是扩散系数。

若此扩散源以 $R=\frac{dx}{dt}$ 的速度向右移动(见图 3-2),那么,扩散场中任一点的浓度可以表示为坐标 x 和时间 t 的函数,即 $C=f(x,t)$。若扩散源是稳定的(即相变时溶质的析出速度与扩散速度处于平衡状态),且扩散源的运动速度与溶质的析出速度保持动态平衡,则 $\frac{\partial C}{\partial t}=0$,于是

$$D\frac{d^2C}{dx^2}+R\frac{dC}{dx}=0 \tag{3-3}$$

式(3-3)即为"稳态定向凝固"条件下的溶质分配特征方程。

1. 凝固传质过程的有关物理量

1) 扩散系数 D

扩散系数 D 可以作为物质在介质中传输能力的度量。原子在液态金属中的扩散系数

量级为 $10^{-9}m^2 \cdot s^{-1}$，在固体金属中的扩散系数量级约为 $10^{-12}m^2 \cdot s^{-1}$。扩散过程的阻力越小，扩散系数就越大。若扩散阻力为零时，则扩散系数趋于无穷大，即溶质在介质中能够瞬时扩散，其在各处的浓度始终保持均匀，这种情况称为无限扩散或充分扩散。当然，无限扩散只是一种理想情况，在实际过程中是不可能存在的。实际上扩散总是会受到来自介质的一定阻碍作用，扩散系数只能是某一有限的数值，这种情况通常称之为有限扩散。扩散定律是建立在有限扩散的基础上的。在实际凝固过程中，除了极少数特别情况（如凝固过程中的液体受到剧烈搅拌）可以近似看作无限扩散外，一般溶质扩散都属于有限扩散。

2）溶质平衡分配系数 k

按照相图，当凝固进行到温度 T^* 时，固—液界面处平衡共存的固、液相浓度分别为 C_S^*，C_L^*，在界面平衡条件下，T^*、C_S^* 及 C_L^* 三者之间存在着严格的对应关系：

$$k = \frac{C_S^*}{C_L^*} \tag{3-4}$$

对于不同的相图（或相图的不同部分），k 值可以小于 1，如图 3-3(a)所示；也可以大于 1，如图 3-3(b)所示。

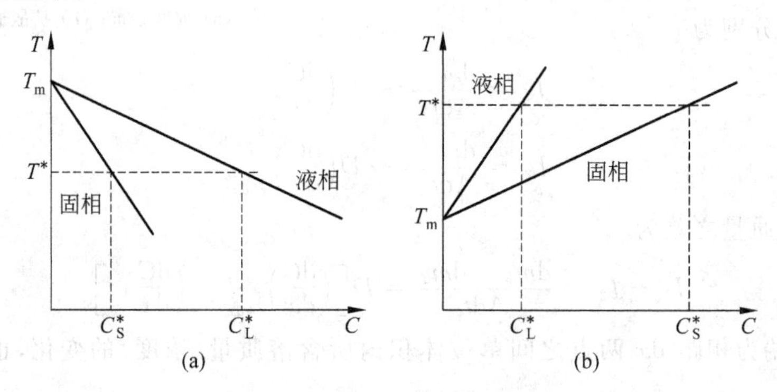

图 3-3　不同类型的平衡相图

(a) $m_L<0, k<1$；(b) $m_L>0, k>1$

假定相图中的液相线和固相线均为直线，则 k 值为与温度无关的常数。上述假定只是为了简化理论推导过程，实际合金的固、液相线一般不是直线。

3）液相线斜率 m_L

由图 3-3 可知，液相线斜率 m_L 和温度 T_L、浓度 C_L 的关系为

$$m_L = \frac{dT}{dC} = \frac{T_L - T_m}{C_L}$$

$$T_L = T_m + m_L C_L \tag{3-5}$$

其中，T_m 为溶剂金属的熔点温度。

对于图 3-3(a)、(b)所示情况，分别有：$m_L<0, k<1, T_L<T_m$；$m_L>0, k>1, T_L>T_m$。

4）液相温度梯度 G_L

液相温度梯度 G_L 表示离开固—液界面方向的液体中单位距离上的温度变化，图 3-4 为一维定向凝固过程中固相与液相中的温度分布示意图。

若固—液界面前沿液体温度 T_L 高于界面温度 T_i，则 $G_L>0$（见图 3-4(a)）；反之，则 $G_L<0$（见图 3-4(b)）。

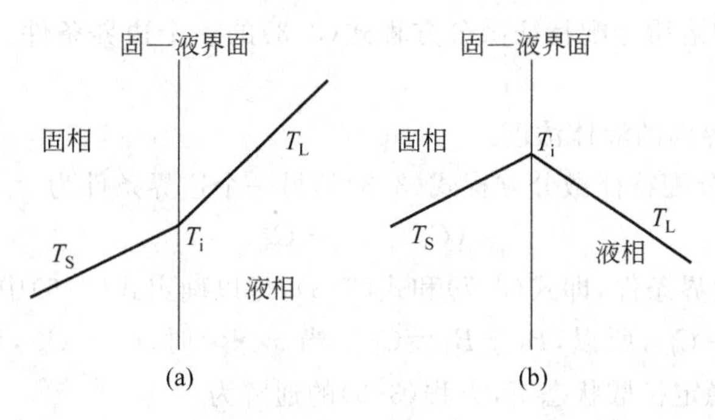

图 3-4 固—液界面前沿液体中不同温度梯度示意图

(a) $G_L>0$；(b) $G_L<0$

2. 稳定传质过程的一般性质

凝固时，随着固—液界面的推进，液体不断转变成为固体，固—液界面两侧的固相和液相成分也相应地发生变化。根据固—液界面处固相和液相成分之间的关系，溶质元素从固—液界面不断进入液体(对于溶质平衡分配系数 $k<1$ 的情况)或由液体中不断越过固—液界面而进入固体(对于溶质平衡分配系数 $k>1$ 的情况)。所谓稳定传质过程，是指固—液界面处始终没有溶质元素的积聚现象发生，即液体向固体的转变速度与溶质元素自固—液界面开始向远方的扩散速度保持动态平衡。

1) 稳态定向凝固特征方程的通解

若溶质在液态金属中的浓度为 C_L，扩散系数为 D_L，生长速度 $R=\frac{dx}{dt}$ 为定值，即处于动态的稳定扩散，则溶质分配特征方程(3-3)的通解为

$$C_L = B_1\exp\left(-\frac{R}{D_L}x\right)+B_2 \tag{3-6}$$

其中，B_1、B_2 为取决于边界条件的常数。

2) 固—液界面处的溶质平衡

生长速度 $R=\frac{dx}{dt}$ 可以理解为单位时间内单位面积上的相变(凝固)体积。这是因为 dx 是在 dt 时间内发生相变的长度，对于单位面积，此长度在数量上即为体积。同时，液、固两相在界面两侧的浓度差($C_L^*-C_S^*$)即为单位体积相变所排出的溶质质量(此后的讨论中，都以单位体积中的溶质质量作为浓度的量纲)。因此，在界面上单位时间内单位面积上所排出的溶质质量 $R(C_L^*-C_S^*)$ 就是扩散源所提供的溶质扩散通量。根据扩散第一定律，

$$R(C_L^*-C_S^*) = -D_L\left(\frac{dC_L}{dx}\right)_{x=0}$$

所以

$$\begin{aligned}\left(\frac{dC_L}{dx}\right)_{x=0} &= -\frac{R}{D_L}(C_L^*-C_S^*)\\ &= -\frac{R}{D_L}C_L^*(1-k)\end{aligned} \tag{3-7}$$

式(3-7)左侧表示在固—液界面处($x=0$)液相一侧的浓度梯度，这可以作为“稳态定向

凝固”情况下，液体中溶质分配特征微分方程式(3-3)的一个边界条件。它也适用于任何有限扩散的情况。

3) 远离固—液界面的液体浓度

可以证明，溶质分配特征微分方程式(3-3)的另一个边界条件为

$$(C_L)_{x\to\infty} = C_S^* \tag{3-8}$$

利用上述两个边界条件，即式(3-7)和式(3-8)，可以确定式(3-6)中的常数 B_1、B_2。

当 $x=0$ 时，$C_L=C_L^*$，所以，$B_1+B_2=C_L^*$；当 $x\to\infty$ 时，$C_L=C_S^*$，所以，$B_2=C_S^*$，$B_1=C_L^*-C_S^*$。因此，在稳定扩散状态下，方程(3-3)的通解为

$$C_L - C_S^* = (C_L^* - C_S^*)\exp\left(-\frac{R}{D_L}x\right)$$

或

$$\frac{C_L - C_S^*}{C_L^* - C_S^*} = \exp\left(-\frac{R}{D_L}x\right) \tag{3-9}$$

若以 C_S^* 为参考浓度，则$\frac{C_L-C_S^*}{C_L^*-C_S^*}$就代表液体的相对浓度(无量纲浓度)，其图像为指数函数的衰减曲线。取 $C_N=\frac{C_L-C_S^*}{C_L^*-C_S^*}$，则

$$C_N = \exp\left(-\frac{R}{D_L}x\right) \tag{3-10}$$

3.2 单相合金的凝固

单相合金是指在凝固过程中只析出一种固相的合金，这类合金的凝固过程是最基本的凝固过程，掌握其基本规律是我们了解凝固过程的基础。

合金凝固是一个复杂的相变过程，涉及能量、质量、动量的传输以及液、固相之间的热力学平衡关系，一定浓度的合金液体在向固体转变的同时，还要进行成分的再分配。如果这个过程以无限缓慢的速度进行，合金的各个组成元素有足够的时间在不同相(如固相、液相等)之间进行重新分配，即在一定的压力条件下，凝固体系的温度、浓度完全由相应合金系的平衡相图所规定，这种理想状态下的凝固过程称为平衡凝固。当然，这种理想的凝固过程实际上并不存在。然而，只要合金凝固过程的速度(以固—液界面的推进速度表征)与相应的合金元素的扩散速度相比足够小，即凝固过程的各个因素符合 $R^2\ll\frac{D_S}{t}$，其中，R 为固—液界面推进速度；D_S 为合金溶质元素在固相中的扩散系数；t 为凝固时间，就可以视为平衡凝固过程。

对于大多数实际的材料加工(如铸造、焊接等)而言，所涉及的合金凝固过程一般不符合上述平衡凝固的条件，合金凝固过程中的固、液相浓度并不符合平衡相图的规定。尽管如此，可以发现在固—液界面处合金浓度符合平衡相图，这种情况称为界面平衡，相应的凝固过程称为近平衡凝固过程，也称为正常凝固过程。实际材料加工过程所涉及的凝固过程大多属于这类凝固过程。

随着现代科学技术的发展，某些极端条件下的凝固过程规律开始为人们所认识并且获

得了一定的实际应用，其中一些凝固过程（如某些快速冷却）完全背离平衡过程，即使在固—液界面处也不符合平衡相图的规定，产生所谓“溶质捕获”现象，这类凝固过程称为非平衡凝固过程。

图 3-5 为上述三种凝固条件下固—液界面附近的溶质再分配情况。以下分别讨论不同条件下的凝固过程及其伴生的有关问题。

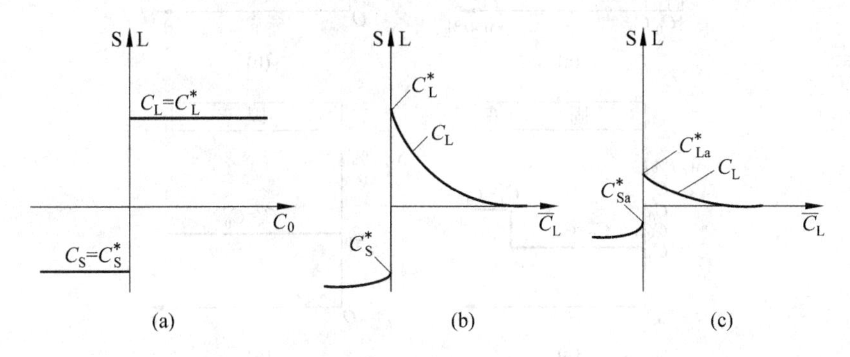

图 3-5 固—液界面附近的溶质再分配示意图

(a) 平衡凝固；(b) 近平衡凝固；(c) 非平衡凝固

3.2.1 平衡凝固

对于平衡分配系数 $k<1$ 的情况（$k>1$ 的情况可以类推），初始浓度为 C_0 的合金，将其液体置于长度为 l 的容器中，从一端开始冷却凝固（见图 3-6）。温度达到合金的液相线温度 T_L 时开始析出固体，其浓度为 kC_0。根据平衡凝固的条件，自固体中析出的溶质向液体中扩散并即刻达到均匀。温度降低，固—液界面向前推进，固相、液相浓度分别沿相图的固相线和液相线变化，同样因为溶质在固体和液体中充分扩散，固相和液相始终保持均匀浓度，且不断升高。在某一温度 T^* 下，根据溶质原子守恒关系，可以写出：

$$f_S C_S + f_L C_L = C_0 \tag{3-11}$$

其中，f_S、f_L 分别为固相和液相的体积分数，$f_S+f_L=1$。由 $f_L=1-f_S$，可将式(3-11)写成

$$f_S = \frac{C_0 - C_L}{C_S - C_L} \tag{3-12}$$

式(3-12)即为杠杆定律。将 $C_L=\frac{C_S}{k}$ 及 $f_L=1-f_S$ 代入式(3-11)，得

$$C_S = \frac{kC_0}{1-f_S(1-k)} \tag{3-13a}$$

$$C_L = \frac{C_0}{k+f_L(1-k)} \tag{3-13b}$$

式(3-13)即为平衡凝固时的溶质再分配的数学模型。可见平衡凝固时的溶质再分配与凝固过程的动力学条件（液体冷却速度、固—液界面推进速度等）无关，仅取决于凝固合金的热力学参数 k。此时，完成溶质再分配的动力学条件充分满足，所以尽管在凝固进行过程中也存在溶质的再分配，但凝固完成后固相具有与原始液体相同的均匀浓度 C_0。

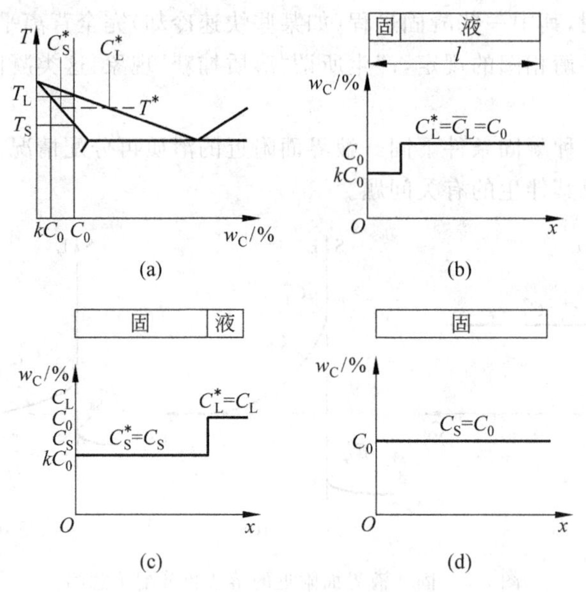

图 3-6 平衡凝固过程的溶质再分配

(a) 相图；(b) 凝固初始；(c) 凝固过程中；(d) 凝固终了

3.2.2 近平衡凝固

1. 固相无扩散，液相充分扩散的凝固

通常溶质在固相中的扩散系数比在液相中的扩散系数小 3 个数量级，故认为溶质在固相中无扩散是比较接近实际情况的。虽然溶质在液相中充分扩散一般不易实现(需要强烈搅拌)，但这一假设有利于讨论问题。在上述条件下，凝固过程与扩散无关。

由图 3-7 可见，当凝固开始时，析出的固相浓度为 kC_0，液相浓度为(接近)C_0。随着固—液界面的推进，固相浓度不断升高。由于固相中无扩散，所以当凝固全部结束时，固体各部分的浓度是不同的。虽然其整体的平均浓度为 C_0，但在每个时刻固相浓度为 C_S^*。从 $C_S^* < C_0$ 到 $C_S^* = C_0$、$C_S^* > C_0$，直至 $C_S^* = C_{SM}$ 为止。与此相应地，液相浓度由 C_0 开始，与固相浓度成比例地增加$\left(C_L^* = \dfrac{C_S^*}{k}\right)$。由于液相中充分扩散，所以液体充分始终保持均匀，直至达到 C_E(共晶浓度)为止。然后界面继续向前推进，最后部分($\overline{C}_L = C_E$)生长为共晶体。

根据质量守恒原则，可以定量描述这一凝固过程：

当固相增加 $\mathrm{d}f_S$ 时，单位体积相变所排出的溶质量为$(C_L - C_S^*)\mathrm{d}f_S$，如此数量的溶质进入液体，使整个液相浓度增加 $\mathrm{d}C_L$，单位体积液相中增加的溶质量为$(1-f_S)\mathrm{d}C_L$。于是，有

$$(C_L - C_S^*)\mathrm{d}f_S = (1 - f_S)\mathrm{d}C_L$$

其中，f_S 为固相体积分数；$f_L = 1 - f_S$ 为液相体积分数。

另外，根据相图，在固—液界面两侧，$C_L^* = \dfrac{C_S^*}{k}$。又因液相中的溶质为充分扩散，$C_L = C_L^*$，所以，整个区域内的 C_L 随 C_S^* 而变化，即随时间或 f_S 而变化，$\mathrm{d}C_L = \dfrac{1}{k}\mathrm{d}C_S^*$，代入上式得

$$C_S^*\left(\frac{1}{k} - 1\right)\mathrm{d}f_S = (1 - f_S)\frac{1}{k}\mathrm{d}C_S^*$$

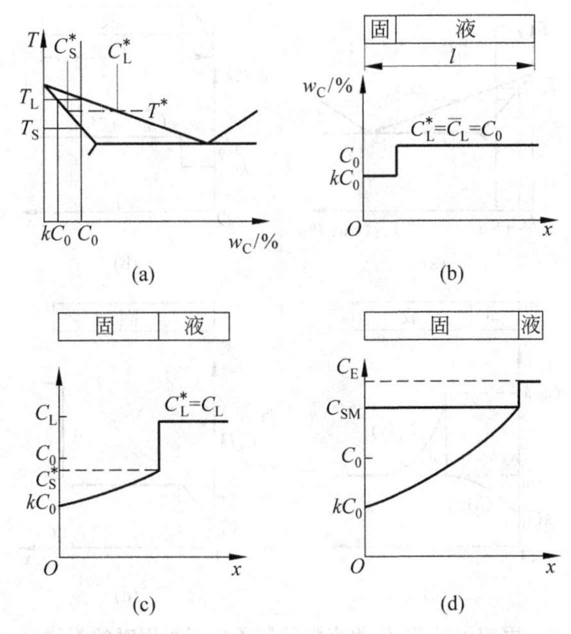

图 3-7 固相无扩散,液相充分扩散条件下凝固时的溶质再分配

(a) 相图;(b) 凝固初始;(c) 凝固过程中;(d) 凝固终了

即

$$(1-k)C_S^*\,\mathrm{d}f_S=(1-f_S)\mathrm{d}C_S^*$$

积分,并利用初始条件:当 $f_S=0$ 时,$C_S^*=kC_0$,得

$$C_S^*=kC_0(1-f_S)^{(k-1)} \tag{3-14a}$$

$$C_L=C_L^*=C_0f_L^{(k-1)} \tag{3-14b}$$

式(3-14)称为“非平衡杠杆定律”,又称为 Scheil(厦尔)方程。

值得注意的是,式(3-14)只能适用到 $C_S^*=C_{SM}$ 时为止。若 C_S^* 达到 C_{SM} 之后,C_L 达到 C_E,体系中将发生共晶转变,出现第二相,此时,式(3-14)就不适用了。另外,与平衡凝固过程相比,本节所述与实际的凝固过程更为接近,工程上可以用于近似估计合金凝固过程中的成分偏析。但是,对于钢中的 C、N 等元素,由于其在固相中具有一定的扩散能力,所以应用式(3-14)估计偏析的误差较大。

2. 固相无扩散,液相有限扩散的凝固

1) 铸件无限长

凝固时固—液界面上排出的溶质通过扩散在液相中移动,并在固—液界面前沿出现一个溶质原子富集区。由于液体部分无限长,在远离固—液界面处的液相浓度没有明显的改变,自然为 C_0。溶质在界面前沿的富集导致该处液体的熔点下降,因此,只有进一步过冷,界面才能继续生长。当温度再下降时,界面才继续向前推进,界面处的溶质进一步增加,直至界面处固相排出的溶质量等于溶质原子在液相中的扩散量时,凝固过程才进入稳定状态,如图 3-8 所示。在凝固进入稳定状态以后,如建立与界面一起运动的动坐标系,以 $x'=0$ 表示固—液界面位置,则在动坐标系中,溶质分布不随时间变化,成为一个稳态扩散问题,使求解大为简化。

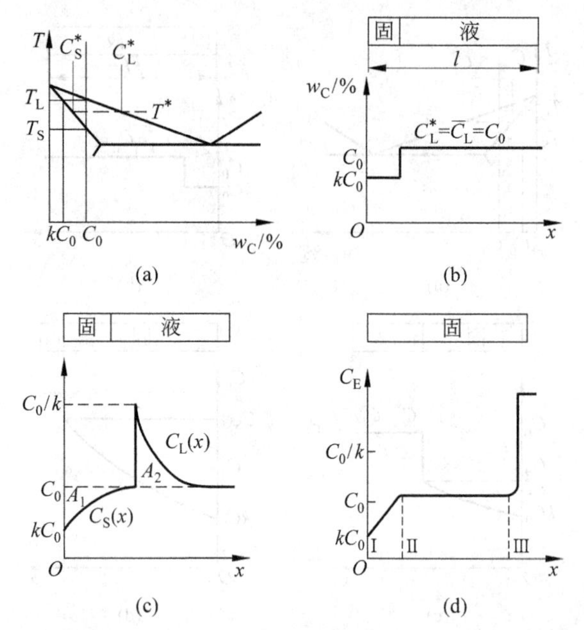

图 3-8　固相无扩散，液相有限扩散条件下凝固时的溶质再分配

(a) 相图；(b) 凝固初始；(c) 凝固过程中；(d) 凝固终了

凝固开始，浓度为 C_0 的液体中析出浓度为 $C_S=kC_0$ 的固相，随着液相不断转变为固相，相应的溶质元素通过固—液界面进入液相，导致界面处液相一侧的溶质元素增多，液相浓度升高。因为溶质元素在液相中的扩散能力有限，造成溶质原子在界面液相一侧积聚程度随着凝固的进行而提高。而固—液界面两侧固相和液相的浓度始终保持着固定的关系：$k=\dfrac{C_S^*}{C_L^*}$。随着固—液界面处液相中的溶质元素富集程度持续升高，由扩散定律可知其在液相中扩散驱动力相应增大，达到一定程度后，因液固相变而引起的溶质元素进入界面液相一侧的过程和溶质元素在液相中的扩散过程达到动态平衡，即单位时间内通过固—液界面进入液相的溶质元素质量等于通过液相向远离固—液界面方向扩散走的溶质元素质量，界面前沿液相中的溶质元素积聚程度保持为某一稳定值，不再继续变化，凝固开始进入稳定阶段。

对于最初的过渡区（$C_S^*<C_0$），溶质再分布需求解非稳态溶质分配方程：

$$\frac{\partial C_L}{\partial t}=D_L\frac{\partial^2 C_L}{\partial x^2}$$

由于液相中溶质扩散受限，因此在凝固开始时，固—液界面前沿液相中的溶质堆积使 $C_S^*(=kC_L^*)$ 迅速升高，因为固相中无扩散，所以，固相浓度 $C_S=C_S^*$。由此而引起的 $\left(\dfrac{\partial C_L}{\partial x}\right)_{x=0}$ 升高会使扩散加剧，界面处的液相浓度升高速度逐渐放缓，相应地，固相浓度 C_S 的升高速度也将逐渐缓慢，最后当 C_S 达到最大值时，$C_S(x)$ 曲线应与 C_0 水平线重合，不再有变化。故可以合理地假定 $C_S(x)$ 曲线的斜率将随 (C_0-C_S) 之值的减小而下降，即

$$\frac{dC_S}{dx}=a(C_0-C_S) \tag{1}$$

或

$$\frac{d(C_0 - C_S)}{dx} = -a(C_0 - C_S) \tag{2}$$

其中，a 为一个待定常数。积分上式，可以得到

$$C_0 - C_S = B\exp(-ax) \tag{3}$$

其中，B 为积分常数。利用边界条件：当 $x=0$ 时，$C_S=kC_0$，可得

$$B = C_0(1-k)$$

$$C_S = C_0[1-(1-k)\exp(-ax)] \tag{4}$$

根据溶质守恒原则，$C_S(x)$ 曲线与 C_0（水平）线围成的面积 A_1 和 $C_L(x)$ 曲线与 C_0（水平）线围成的面积 A_2 相等，而

$$A_1 = \int (C_0 - C_S)dx = -\frac{1}{a}\int_{kC_0}^{C_0} d(C_0 - C_S) = \frac{1}{a}C_0(1-k)$$

可以证明：

$$A_2 = \int_0^{\infty} (C_L - C_0)dx' = \frac{1-k}{k}\frac{D_L C_0}{R}$$

所以：

$$\frac{1}{a}C_0(1-k) = \frac{1-k}{k}\frac{D_L C_0}{R} \Rightarrow a = \frac{kR}{D_L}$$

代入上述式(4)，得到

$$C_S = C_0\left[1-(1-k)\exp\left(-\frac{kR}{D_L}x\right)\right] \tag{3-15}$$

式(3-15)即为凝固进入稳定阶段前的初始过渡阶段固相浓度分布方程。当 $x=\frac{D_L}{kR}$ 时，固相浓度 $C_S=C_0\left(1-\frac{1-k}{e}\right)$，其从最小值 kC_0 起上升的幅度 (C_S-kC_0) 达到最大增幅 $(1-k)C_0$ 的 $\left(1-\frac{1}{e}\right)$ 倍。

根据式(3-8)，当固相浓度 C_S 达到 C_0 时，铸件中的溶质再分配达到动态平衡，这时，凝固进入稳定状态，固—液界面前方液相中的溶质浓度由式(3-7)确定，为

$$C_L = B_1\exp\left(-\frac{R}{D_L}x'\right) + B_2$$

此时，其边界条件为：当 $x'=0$ 时，$C_L=\frac{C_0}{k}$；当 $x'\to\infty$ 时，$C_L=C_0$。

将这些边界条件代入式(3-7)，得到稳定状态下溶质在液相中的分布方程式：

$$C_L = C_0\left[1+\frac{1-k}{k}\exp\left(-\frac{R}{D_L}x'\right)\right] \tag{3-16}$$

式(3-16)的图像为一条指数衰减曲线，表明固—液界面前方的液相浓度 C_L 随着离开界面的距离 x' 的增大而迅速降低，并无限接近原始液体的浓度 C_0。

由式(3-16)，当 $x'=\frac{D_L}{R}$ 时，$C_L=C_0\left(1+\frac{1-k}{k}e^{-1}\right)$，即 $\frac{C_L-C_0}{\frac{C_0}{k}-C_0}=\frac{1}{e}$。取 $\delta=\frac{D_L}{R}$，称之为"特性距离"。当 $x'=\delta$ 时，(C_L-C_0) 降至最大值 $\left(\frac{C_0}{k}-C_0\right)$ 的 $\frac{1}{e}$。δ 作为固—液界面前沿溶质富集程度的标志，与 D_L 成正比，而与 R 成反比。

2）铸件有限长

与铸件长度无限大时的情况不同，对于长度有限的铸件，远离固—液界面的液体浓度的值随 C_S^* 的升高而升高。在凝固过程中，随着 f_S 的增加，C_S^* 不断升高，固—液界面处的 $C_L^*\left(=\dfrac{C_S^*}{k}\right)$ 也按比例不断升高。记远离固—液界面处的液相浓度为 C_b（如图 3-9 所示），称之为主体浓度。全部液相浓度的微量升高 dC_L 是 dC_S 和 dC_b 的综合反映。近似地把 dC_b 看作是整个液相的瞬时浓度增量。因此，可以写出瞬时相变的溶质平衡方程式：

$$(C_L^* - C_S^*)\mathrm{d}f_S = (1 - f_S)\mathrm{d}C_b$$

其中，等号左边为微量相变所排出的溶质，右边为液相中相应的溶质增量。因为

$$\mathrm{d}C_b = \mathrm{d}C_S^*, \quad C_L^* = \frac{C_S^*}{k}$$

所以

$$\left(\frac{1}{k} - 1\right)C_S^*\,\mathrm{d}f_S = (1 - f_S)\mathrm{d}C_S^*$$

将上式整理后积分，并利用初始条件：当 $f_S=0$ 时，$C_S^*=kC_0$，得

$$C_S^* = kC_0(1 - f_S)^{1-\frac{1}{k}} \tag{3-17}$$

将式(3-17)与 Scheil 方程(3-14a)相比，可知在固相无扩散时，液相充分扩散与有限扩散对于铸件中溶质分布的影响仅限于式(3-14a)和式(3-17)中的指数变化：当液相充分扩散时，指数为$(k-1)$；当液相有限扩散时，指数为$\left(1-\dfrac{1}{k}\right)$。

当 $k<1$ 时，上述两种情形下 C_S-f_S 关系的图像如图 3-10 所示。

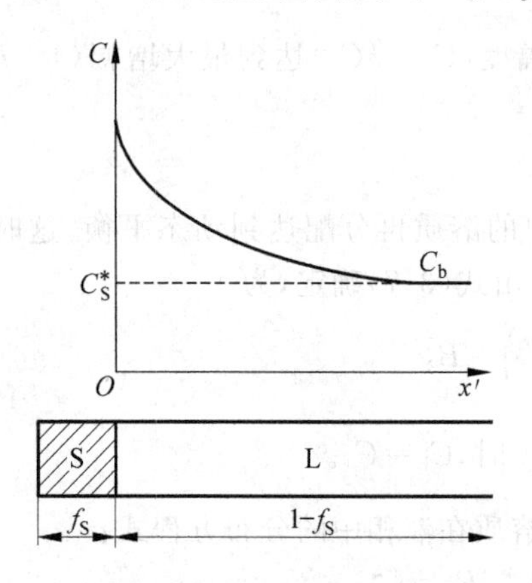

图 3-9 液体长度有限时溶质在液相中的分布

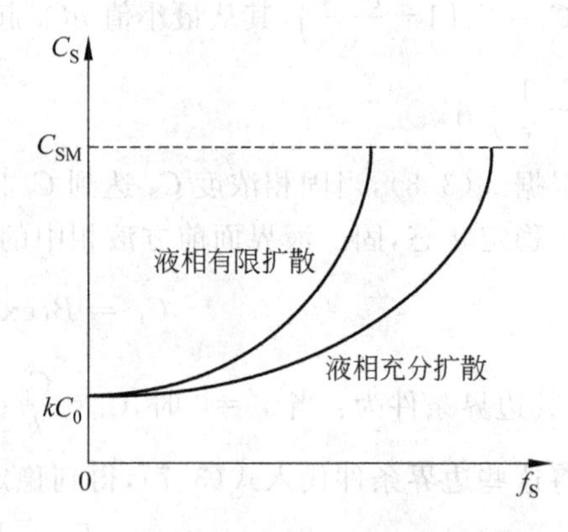

图 3-10 液相充分扩散和有限扩散时的溶质分布

随着凝固过程的进行，在液体长度有限的情况下，远离固—液界面处的液体浓度逐渐升高，相应的固相浓度也按比例逐渐升高，因此，严格说来也就不会出现凝固过程的稳定阶段。不过，当经历了凝固初期固相成分的快速升高阶段，固相浓度接近初始液体浓度 C_0 后，固相浓度的变化开始显著缓慢下来，在相当的范围内波动很小，所以，仍可以近似地把这部分的凝固过程视为稳定阶段，铸件上相应区域内的溶质浓度略高于原始液体浓度 C_0 且逐渐升高。

凝固继续进行到最后阶段，当固—液界面前沿液相中的溶质扩散边界层厚度与剩余液相区的长度大致相当时，溶质扩散受到凝固末端边界的阻碍，整个液相区的体积已经小到由

固—液界面排出的溶质元素都会使剩余液相区的浓度显著提高的程度。此时,固、液相浓度同时迅速升高,凝固进入最终过渡区。这一区域的宽度很小,与特性距离$\frac{D_L}{R}$为同一数量级。此时,整个液相区的浓度可视为均匀分布,因此,最终过渡区的浓度分布可以采用方程(3-17)表示。

3. 固相无扩散,液相有限扩散而有对流的凝固

在大多数实际凝固过程中,液相中都有一定程度的对流存在。液体的对流具有促进溶质扩散的作用,因此,这是一种处于液相充分扩散和液相有限扩散之间的情形。液体的对流作用破坏了液相中溶质元素按扩散规律的分布方式,但是,由于液体的黏性作用,固—液界面附近总会保留一个不受对流作用影响的液体薄层(其厚度假设为 δ),在此薄层之内,溶质仍按扩散规律分布,而在此薄层之外的液体则因对流作用而保持均匀浓度。液体中有对流作用时的溶质分布如图 3-11 所示。

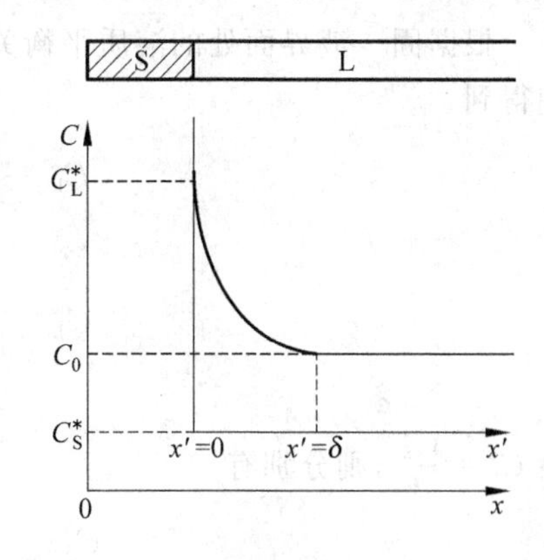

图 3-11 有对流时液体中的溶质分布

如果液相区域足够大,远离固—液界面处的液体浓度将不受已凝固部分的影响而始终保持原始浓度 C_0,液体浓度仅在固—液界面附近厚度为 δ 的薄层内受溶质元素扩散规律控制,即当 $x'=0$ 时,$C_L=C_L^*$;当 $x'=\delta$ 时,$C_L=C_0$。由稳态定向凝固特征微分方程的通解:

$$C_L = B_1\exp\left(-\frac{R}{D_L}x'\right)+B_2$$

代入上述边界条件,得到

$$B_1 = \frac{C_L^* - C_0}{1-\exp\left(-\frac{R}{D_L}\delta\right)}$$

$$B_2 = C_L^* - \frac{C_L^* - C_0}{1-\exp\left(-\frac{R}{D_L}\delta\right)}$$

所以

$$C_L = \frac{C_L^* - C_0}{1-\exp\left(-\frac{R}{D_L}\delta\right)}\exp\left(-\frac{R}{D_L}x'\right)+C_L^* - \frac{C_L^* - C_0}{1-\exp\left(-\frac{R}{D_L}\delta\right)}$$

整理后,得

$$\frac{C_L - C_0}{C_L^* - C_0} = 1-\frac{1-\exp\left(-\frac{R}{D_L}x'\right)}{1-\exp\left(-\frac{R}{D_L}\delta\right)} \tag{3-18}$$

如果液体容积有限,溶质富集层(扩散边界层)以外($x'>\delta$)的液相浓度在凝固过程中将不再是固定于 C_0,而是随着凝固过程的进行而逐渐升高的,这种条件下距离固—液界面超过扩散边界层厚度 δ 的液体浓度为主体浓度 C_b。同样,由稳态定向凝固溶质分配方程可以得到

$$\frac{C_L - C_b}{C_L^* - C_b} = 1-\frac{1-\exp\left(-\frac{R}{D_L}x'\right)}{1-\exp\left(-\frac{R}{D_L}\delta\right)} \tag{3-19}$$

分别对式(3-18)和式(3-19)求导,得

$$\left(\frac{\partial C_{\mathrm{L}}}{\partial x'}\right)_{x'=0}=-\frac{R}{D_{\mathrm{L}}}\frac{C_{\mathrm{L}}^{*}-C_{0}}{1-\exp\left(-\frac{R}{D_{\mathrm{L}}}\delta\right)}$$

及

$$\left(\frac{\partial C_{\mathrm{L}}}{\partial x'}\right)_{x'=0}=-\frac{R}{D_{\mathrm{L}}}\frac{C_{\mathrm{L}}^{*}-C_{\mathrm{b}}}{1-\exp\left(-\frac{R}{D_{\mathrm{L}}}\delta\right)}$$

根据固—液界面处的溶质平衡关系式(3-8),对于液体容积无限大和有限两种情况,分别得到

$$C_{\mathrm{L}}^{*}-C_{\mathrm{S}}^{*}=\frac{C_{\mathrm{L}}^{*}-C_{0}}{1-\exp\left(-\frac{R}{D_{\mathrm{L}}}\delta\right)}$$

$$C_{\mathrm{L}}^{*}-C_{\mathrm{S}}^{*}=\frac{C_{\mathrm{L}}^{*}-C_{\mathrm{b}}}{1-\exp\left(-\frac{R}{D_{\mathrm{L}}}\delta\right)}$$

由 $C_{\mathrm{L}}^{*}=\frac{C_{\mathrm{S}}^{*}}{k}$,则分别有

$$\frac{C_{\mathrm{S}}^{*}}{C_{0}}=\frac{k}{k+(1-k)\exp\left(-\frac{R}{D_{\mathrm{L}}}\delta\right)}\tag{3-20}$$

及

$$\frac{C_{\mathrm{S}}^{*}}{C_{\mathrm{b}}}=\frac{k}{k+(1-k)\exp\left(-\frac{R}{D_{\mathrm{L}}}\delta\right)}\tag{3-21}$$

对于式(3-20)和式(3-21),取

$$k'=\frac{k}{k+(1-k)\exp\left(-\frac{R}{D_{\mathrm{L}}}\delta\right)}\tag{3-22}$$

k'称为有效溶质分配系数。由式(3-22)可见,k'与表征液体对流强度的参数δ呈正比关系。对流强度越大,液体扩散边界层厚度δ越小,当对流强度无限大时,$\delta\to 0$,即整个液相区的浓度都因剧烈的液体对流作用而趋于一致,此时,$k'\to k$。当然,实际上,液体中的对流作用总是有限大的,扩散边界层δ也总会保持一定的值,其厚度不可能减小至零。若对流强度减弱,液体扩散边界层厚度δ增大,当对流作用完全消失时,扩散边界层厚度扩大至整个液相区,此时,$\delta\to\infty$,$k'\to 1$,这就是液体中没有对流作用的情形。对于实际的凝固过程,液体中的对流作用介于上述两种极端情况之间,即$0<\delta<\infty$,$k<k'<1$。

则对于液体容积无限大和有限两种情况,分别有

$$C_{\mathrm{S}}^{*}=k'C_{0}\quad 及\quad C_{\mathrm{S}}^{*}=k'C_{\mathrm{b}}$$

对于有限长铸件,瞬时相变的溶质平衡方程式为

$$(C_{\mathrm{L}}^{*}-C_{\mathrm{S}}^{*})\mathrm{d}f_{\mathrm{S}}=(1-f_{\mathrm{S}})\mathrm{d}C_{\mathrm{b}}$$

其中,$\mathrm{d}C_{\mathrm{b}}=\frac{1}{k'}\mathrm{d}C_{\mathrm{S}}^{*}$,$C_{\mathrm{L}}^{*}=\frac{C_{\mathrm{S}}^{*}}{k'}$。初始条件为:当$f_{\mathrm{S}}=0$时,$C_{\mathrm{S}}^{*}=kC_{0}$,所以

$$C_{\mathrm{S}}^{*}=kC_{0}(1-f_{\mathrm{S}})^{k'\left(1-\frac{1}{k}\right)}\tag{3-23}$$

值得注意的是，当对流达到最充分的程度时，$\delta\to 0, k'\to k$，式(3-23)就成为 Scheil 方程(式(3-14))：

$$C_S^* = kC_0(1-f_S)^{(k-1)}$$

与液相充分扩散时的情形相同，这意味着充分对流与充分扩散等效；当液体中无对流时，$\delta\to\infty, k'\to 1$，式(3-23)就成为

$$C_S^* = kC_0(1-f_S)^{\left(1-\frac{1}{k}\right)}$$

即与液相有限扩散而无对流时的情形(式(3-17))相同，此时，从理论上讲，扩散层可延伸至无限远处。因此，溶质在液体中充分扩散(式(3-14))和有限扩散且液体无对流(式(3-17))时的浓度分布均可以看作为液体中存在对流作用时的溶质分布形式(式(3-23))的特例。液体对流作用对凝固后固相浓度分布的影响如图 3-12 所示。可见，在一定的凝固条件下，有限容积的液体凝固时，随着液体对流作用的增强，固相浓度达到 C_{SM}、剩余液体浓度达到共晶浓度 C_E 而发生共晶转变的时间推迟。

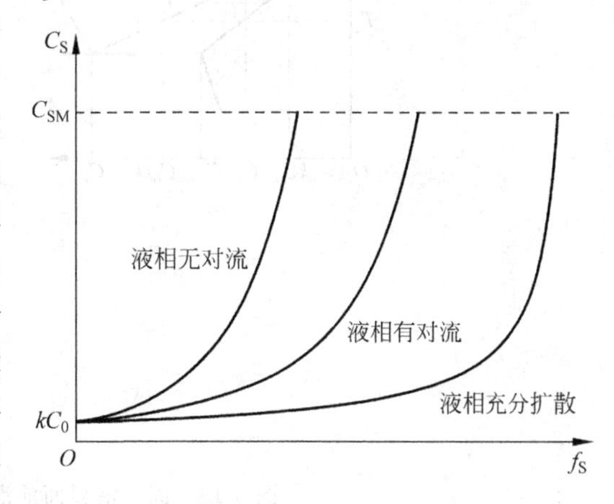

图 3-12　液体对流对凝固后成分偏析的影响

3.2.3　界面稳定性与晶体形态

到目前为止，我们讨论的结晶过程都是以平的固—液界面形式向前推进的。而实际上，凝固过程中的固—液界面是否能保持平界面，还要取决于两个方面的条件：①凝固时的外部条件，即固—液界面推进速度和液体的冷却条件等；②凝固金属的性质。下面我们就来讨论凝固过程中的界面稳定性(是否能够保持为平界面)问题。

1. 合金凝固过程中的成分过冷

金属凝固需要一定的过冷度，纯金属凝固时的过冷度只取决于外界的冷却条件，即金属液体与外界的热量传输条件，这种由热量传输过程决定的过冷称为热过冷。

对于合金而言，其凝固过程同时伴随着溶质再分配，液体的浓度始终处于变化之中，液体中的溶质浓度分布已在 3.2 节中讨论。液体浓度的变化改变了相应的固液平衡温度，这种关系由合金的平衡相图所规定。因此，其凝固过程的进行不仅取决于液体的冷却条件，同时也与液体的浓度分布密切相关。

对于 $k<1$ 的情况，凝固过程中在固—液界面液相一侧存在着一个溶质富集区，界面处的温度、成分平衡关系及液体中的溶质分布如图 3-13(a)、(b)所示。由式(3-4)，固—液界面前方各处液体的实际液相线温度梯度为

$$\frac{\mathrm{d}T_L}{\mathrm{d}x'} = m_L\frac{\mathrm{d}C_L}{\mathrm{d}x'} \tag{3-24}$$

由于假设 m_L 为常数，对于任一处浓度为 C_L 的液相，其开始凝固温度(液相线温度)T_L 与 C_L 之间呈线性关系。对于如图 3-13(a)所示的情形，$k<1, m_L<0$，所以，T_L 随着 C_L 的增加而降低，界面前沿的 T_L 分布如图 3-13(c)所示。如果选择适当的坐标，就可以将 $T_L(x')$

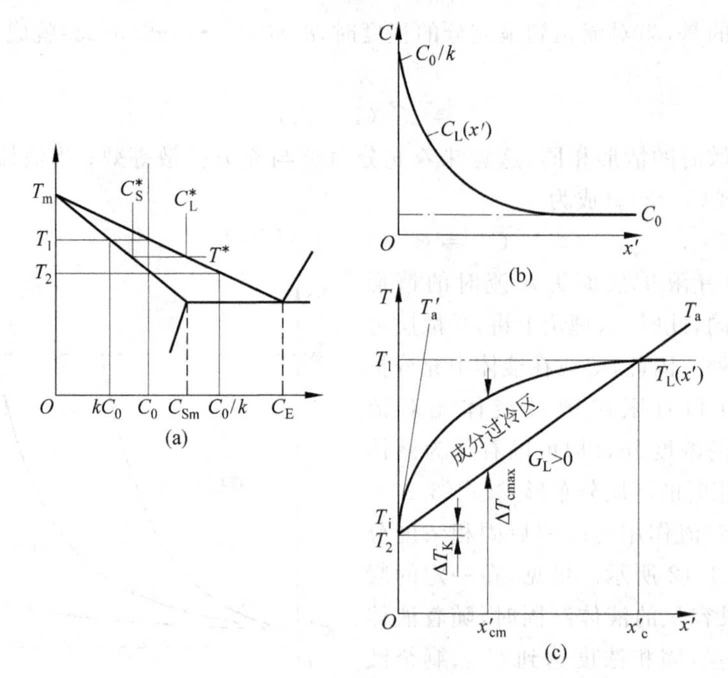

图 3-13 固一液界面前沿液体中的成分过冷模型

曲线视为 $C_L(x')$ 曲线的"倒影"。

液相中的实际温度由凝固传热条件所决定，在一定范围内可以人为控制。根据凝固过程中的热量传输规律，液相中的实际温度分布一般为曲线形式。不过，为了讨论方便起见，我们暂且将其视为线性分布(如图 3-13(c)中的 T_a 或 T'_a 所示)。根据实际情况，液相的实际温度可以处在 $T_L(x')$ 曲线上方(如 T'_a)或下方(如 T_a)。对于 T_a 时的情形，在固一液界面前沿宽度为 w 的范围内，液体的实际温度处处低于与该处液体浓度相对应的合金液相线温度 $T_L(x')$，即液体处于过冷状态。这种过冷不仅与液体的实际冷却条件(决定液体的实际温度分布)有关，同时还在很大程度上取决于液体中的溶质再分配过程(决定液体浓度变化，进而决定相应浓度液体的液相线温度)，称为成分过冷。

如果固一液界面前沿液体的温度梯度 $G_L \geqslant \frac{dT'_a}{dx'}$，则液体中任何一点的温度均高于相应的液相线温度，液体中到处都处于过热状态，任何由于界面扰动而形成的固相凸起必然随时处于过热的液体包围之中。因此，固一液界面上不可能形成局部突前生长，只能以平面方式连续向前推进。如果 $G_L < \frac{dT'_a}{dx'}$，如图 3-13(c)所示，$G_L = \frac{dT_a}{dx'}$，则固一液界面前沿的液体中存在宽度为 w 的成分过冷区。一旦固一液界面在推进过程中因不稳定因素(如各种起伏现象)而形成扰动，界面上的凸起部分就会处于过冷液体之中，并将在其中得以生长，从而导致平界面的破坏。

为了定量得出保持凝固界面为一完整平界面的临界温度梯度值，我们可以先求出 $T_L(x')$ 曲线在固一液界面处的斜率。对于固相无扩散，液相有限扩散时的情形，液相中的溶质分布由式(3-16)确定，即 $C_L = C_0\left[1+\frac{1-k}{k}\exp\left(-\frac{R}{D_L}x'\right)\right]$，所以

$$\frac{dC_L}{dx'}=-\frac{C_0(1-k)}{k}\frac{R}{D_L}\exp\left(-\frac{R}{D_L}x'\right)$$

在固—液界面处，$x'=0$，液相的浓度梯度为

$$\left(\frac{dC_L}{dx'}\right)_{x'=0}=-\frac{C_0(1-k)}{k}\frac{R}{D_L}$$

由式(3-24)，固—液界面处液体的实际液相线温度梯度为

$$\left(\frac{dT_L}{dx'}\right)_{x'=0}=-\frac{m_L(1-k)C_0}{k}\frac{R}{D_L}$$

这就是在固—液界面处 $T_L(x')$ 曲线的斜率。若 G_L 为液体中的实际温度梯度，根据上述讨论，固—液界面保持平面的条件为 $G_L\geqslant\left(\frac{dT_L}{dx'}\right)_{x'=0}$，即

$$\frac{G_L}{R}\geqslant-\frac{m_L(1-k)C_0}{kD_L} \tag{3-25}$$

式(3-25)即为在固相无扩散，液相有限扩散条件下，凝固过程中晶体保持平界面生长的成分过冷判据。在式(3-25)中，左端是可以人为控制的工艺因素，右端为由合金性质决定的因素。

由式(3-25)，$\frac{G_L}{R}\geqslant-\frac{m_L(1-k)C_0}{kD_L}$，对于 $k<1$ 的合金，在定向凝固过程中，当工艺条件一定时，平衡分配系数 k 值越大、原始合金浓度 C_0 越小、液相线越平缓（$|m_L|$越小）以及 D_L 越大的合金，就越容易保持平界面凝固；对于一定的合金，加强冷却条件（G_L 增大）及降低固—液界面推进速度（R 减小），有利于保持平界面凝固。

由图 3-13(a)可知，成分过冷判据$\frac{G_L}{R}\geqslant-\frac{m_L(1-k)C_0}{kD_L}$中的$-\frac{m_L(1-k)C_0}{k}=-m_L(C_L^*-C_S^*)$，而$-m_L(C_L^*-C_S^*)=\Delta T$，其中，$\Delta T=T_1-T_2$为成分为 C_0 的合金的结晶温度区间。因此，成分过冷判据式(3-25)又可以写成：

$$G_L\geqslant\frac{R}{D_L}\Delta T \tag{3-26}$$

式(3-26)是固相无扩散，液相有限扩散条件下的成分过冷判据的又一形式，其物理意义更为简单明了。其等号右端的$\frac{R}{D_L}$即为固—液界面前方液相溶质扩散"特征距离"的倒数。

由液体中的溶质浓度分布曲线方程式(3-16)，当 $x'=\frac{D_L}{R}$时，有

$$C_L-C_0=\frac{1}{e}(C_L^*-C_0) \tag{3-27}$$

因此，$\frac{R}{D_L}$的大小决定了曲线的陡度，如图 3-14 所示。当固—液界面前方的液相温度梯度 G_L 一定时，$\frac{R}{D_L}$越大，溶质扩散的特

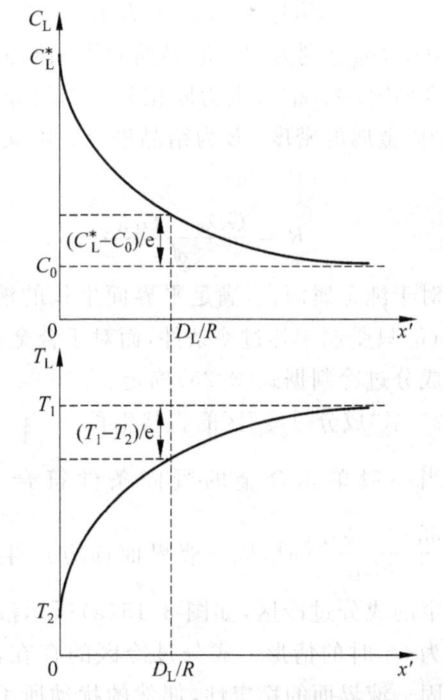

图 3-14 固—液界面前沿液体中的溶质扩散特征距离对成分和液相线温度分布的影响

征距离越小，液相浓度分布曲线越陡，越不利于固—液界面保持为平界面。同时，由式(3-26)可知，结晶温度区间 $\Delta T=T_1-T_2$ 越大的合金，结晶过程越不利于保持平界面生长。

2. 成分过冷对单相合金结晶形态的影响

1）无“成分过冷”的平界面生长

当单向合金凝固条件符合成分过冷判据式(3-25)时，固—液界面前方液体中不存在成分过冷，固—液界面液相一侧的温度与浓度分布如图 3-15(a)所示。此时，凝固过程中固—液界面将以平面方式向前推进，晶体生长前沿宏观上维持平面形态(图 3-15(b))。在凝固过程处于稳定生长阶段时，固—液界面固相一侧的浓度始终与液相一侧的浓度保持平衡(在固相无扩散，液相有限扩散条件下即为原始液体浓度 C_0)，最终在稳定生长区内获得浓度均匀的单向固溶体柱状晶甚至单晶体。

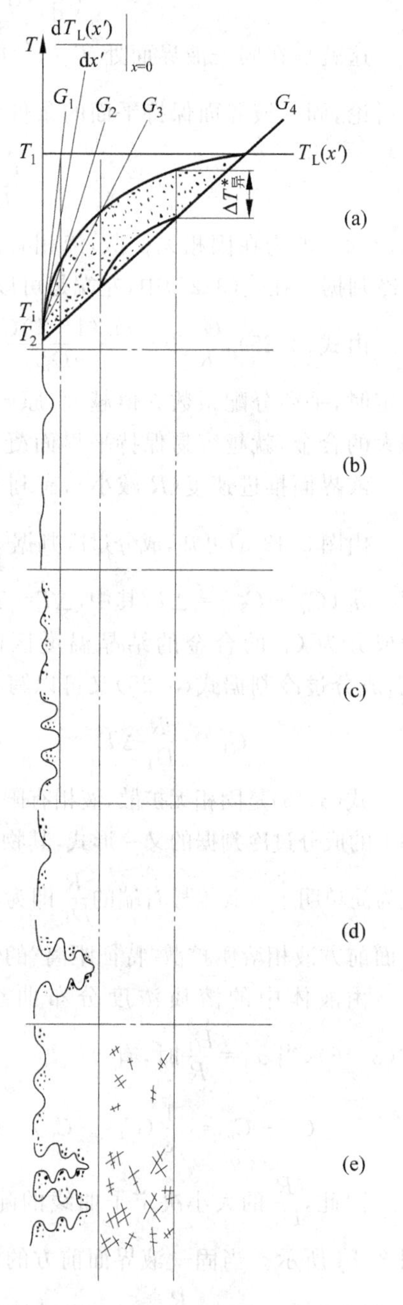

图 3-15 成分过冷对晶体生长方式的影响

由成分过冷判据式(3-25)和图 3-15(b)可知，晶体维持平界面生长的条件是小的生长速度和大的液相温度梯度。纯金属和一般单相合金稳定凝固阶段界面的生长速度 R 可由固—液界面处的热量传输条件导出。因为界面处液体温度下降和析出结晶潜热的总热量与通过固相传输的热量相等，故

$$G_S\lambda_S = G_L\lambda_L + R\rho L \tag{3-28}$$

式中，G_S、G_L 分别为固—液界面处固相和液相一侧的温度梯度；λ_S、λ_L 分别为固相和液相的导热系数；ρ 为凝固金属的密度；L 为结晶潜热。由式(3-28)，可得

$$R = \frac{G_S\lambda_S - G_L\lambda_L}{\rho L} \tag{3-29}$$

对于纯金属而言，满足平界面生长的液相温度梯度 G_L 只受制于热过冷条件，而对于合金而言，G_L 则由成分过冷判据式(3-25)确定。

2）窄“成分过冷”区的胞状生长

当一般单相合金的凝固条件符合 $\frac{G_L}{R}$ 略小于 $-\frac{m_L(1-k)C_0}{kD_L}$ 时，固—液界面前方产生一个范围较窄的成分过冷区，如图 3-15(a)所示液相温度梯度为 G_2 时的情形。成分过冷区的存在，破坏了平的固—液界面的稳定性，偶然的扰动所引起的界面局部凸起，必然处于过冷液体的包围之中，因而

将继续长大。同时,液固转变所排出的溶质不断进入周围的液体,相邻凸起部分之间的凹陷区域溶质浓度增大得更快,而凹陷区域的溶质向远方溶液的扩散则比凸起部分来得更加困难。因此,因偶然因素而凸起的部分快速生长的结果,导致凹陷区域的溶质进一步富集(见图 3-15(c))。溶质富集降低了凹陷区域液体的液相线温度和过冷度,从而抑制晶体上凸起部分的横向生长,并形成一些由溶质富集的低熔点液体汇集区所构成的网络状沟槽。然而,由于成分过冷区域范围较窄,限制了晶体凸起部分更进一步地向前自由生长。当固—液界面前沿各处的液体浓度与温度在溶质富集所引起的变化条件下达到平衡时,界面形态趋于稳定。这样,在固—液界面前沿存在窄的成分过冷区的条件下,不稳定的宏观上平的固—液界面就转变成一种稳定的、由许多近似于旋转抛物面的凸出圆胞和网络状凹陷的沟槽所构成的新的界面形态,以这种界面形态生长的晶体称为胞状晶,相应的晶体生长方式称为胞状晶生长。

对于一般金属来说,圆胞显示不出特定的晶面,如图 3-16(a)所示。而对于小平面生长的晶体,胞状晶表面将显示出晶体特性的鲜明棱角如图 3-16(b)所示。

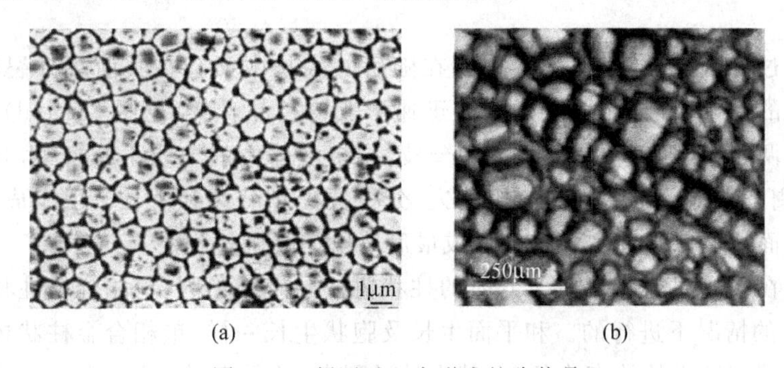

图 3-16 凝固过程中形成的胞状晶

(a) Cu-27.3wt%Mn 合金凝固胞状晶;(b) 丁二腈-0.5wt%丙酮凝固胞状晶

通常胞状晶以两种形式出现,即正常胞状晶和伸长型胞状晶,如图 3-17 所示。胞状晶的生长方向常常具有选择性。对于立方晶型金属来说,其最优生长方向往往为〈100〉或〈110〉晶向。当生长方向为〈100〉时,往往形成正常胞状晶(图 3-17(a));当生长方向为〈110〉时,则形成伸长型胞状晶(图 3-17(b))。由晶体学可知,〈100〉晶向被四个生长缓慢的密排面(111)所包围;而〈110〉晶向则被两个密排面(111)所包围。实验证明,若在凝固过程中出现了胞状晶,那么,凝固后的成分偏析就不再是沿晶体生长方向的宏观偏析,而是垂直于生长方向的微观偏析。对于 $k<1$ 的合金,所有晶胞的顶部(凸起部分)溶质浓度低,而晶胞的根部(低洼部分)浓度高。

3) 较宽"成分过冷"区的柱状树枝晶生长

随着固—液界面推进速度 R 增大,或固—液界面前沿液体中的温度梯度 G_L 减小(如图 3-15(a)中温度梯度 G_3 所示),液体中的成分过冷区域范围增大,以胞状晶方式生长的界面将发生转变,如图 3-18 所示。由于成分过冷区的增大,界面上因扰动而形成的局部凸起将在溶液中得到较大的伸展,其生长过程中又会产生新的成分过冷,原来的胞状晶抛物面状界面逐渐变得不稳定。晶胞生长方向开始转向优先的结晶生长方向,胞晶的横向侧面也因受到晶体学因素的影响而产生凸缘结构(见图 3-18(b))。当成分过冷进一步加大时,凸缘表面又会出现锯齿结构，形成二次枝晶(见图 3-18(d))。将出现二次枝晶的胞状晶称为胞状树枝晶，或柱状树枝晶。

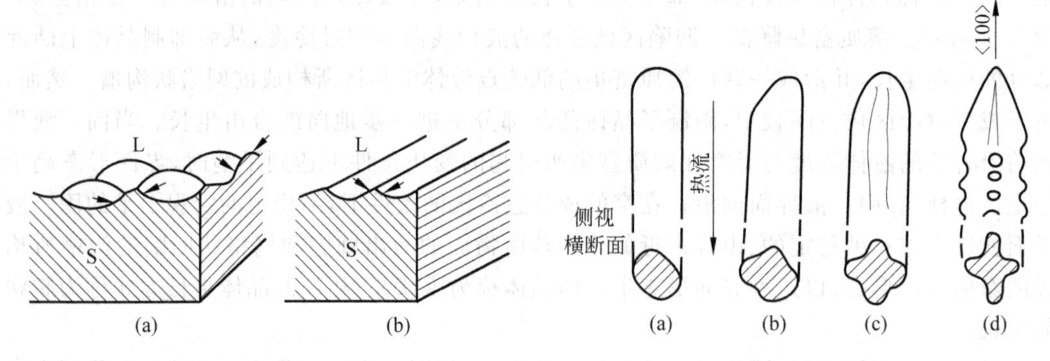

图 3-17 两种形态的胞状晶示意图
(a) 正常胞状晶；(b) 伸长型胞状晶

图 3-18 由胞状晶生长向枝晶生长转变的模型

如果成分过冷区域足够宽，二次枝晶在随后的生长中又会在其前端分裂出三次枝晶。这样不断分枝的结果，就会在成分过冷区迅速形成树枝晶骨架(见图 3-15(d))。在构成骨架枝晶的固液两相区，随着枝晶的长大和分枝，剩余液体中的溶质不断富集，其熔点不断降低，致使分枝周围液体的过冷减小以至消失，分枝便停止分裂和生长。由于成分过冷消失，最后分枝的侧面往往以平面生长方式完成最后阶段的凝固过程。

同纯金属在液相温度梯度 $G_L<0$ 时的柱状树枝晶生长不同，单相合金柱状树枝晶的生长是在 $G_L>0$ 的情况下进行的。和平面生长及胞状生长一样，单相合金柱状树枝晶生长是一种热量通过固相散失的约束生长，在其生长过程中，枝晶主干彼此平行地向着与热流相反的方向延伸，相邻主干的高次分枝往往相互连接起来，排列成方格网状，构成了柱状树枝晶所特有的板状阵列结构，从而使凝固后的材料性能表现出强烈的各向异性。

4) 宽"成分过冷"区的自由树枝晶生长

当固—液界面前沿液体中出现大范围成分过冷，最大成分过冷度 ΔT_{Cmax} 大于液体中非均质形核所需要的过冷度 $\Delta T_{异}$(如图 3-15(a)中 G_4 所示情形)时，在柱状树枝晶生长的同时，处于成分过冷区域的液体中将发生新的形核过程，所形成的晶核将在过冷液体中自由生长成为树枝晶，称为自由树枝晶，也称为等轴晶，如图 3-15(e)所示。这些等轴晶的生长阻碍了柱状树枝晶的单向延伸，此后的凝固过程便成为等轴晶不断向液体内部推进的过程。

在液体内部自由形核并生长的晶体，从自由能的角度考虑应该是球体。因为对于一定的体积而言球体的表面积最小。而实际上形成的晶体却为树枝晶，这是因为在稳定状态下，平衡的结晶形态并非球形，而是近似于球形的多面体，如图 3-19(a)所示。晶体的界面总是由界面能较小的晶面所组成，所以，对于多面体的晶体，那些宽而平的面总是界面能较小的晶面，而窄小的棱和角则为界面能较大的晶面。非金属晶体界面具有强烈的晶体学特征，其平衡状态下的晶体形貌具有清晰的多面体结构，而金属晶体的方向性较弱，其平衡态的初生晶体近于球形。在实际凝固条件下，多面体的棱角前沿液相中的溶质浓度梯度较大，其扩散速度较大；而宽大平面前沿液体中的溶质浓度梯度较小，扩散较慢。这样一来，晶体的棱角处长大速度大，宽大平面处则生长速度小。因此，初始近于球形的多面体逐渐长成星形(见

图 3-19(c)),又从星形再生出分枝而成为树枝状(见图 3-19(d))。

就合金的宏观结晶状态而言,平面生长、胞状生长和柱状树枝晶生长都属于外生形核、然后由外壁向液体内部单向延伸的生长方式,即外生凝固方式。而等轴晶是在液体内部自由生长,称为内生生长。可见,成分过冷促进了晶体生长方式由外生生长向内生生长的转变。这种转变取决于成分过冷的程度和外来质点异质形核的能力这两个因素。大范围的成分过冷及具有强形核能力的生核剂有利于晶体的内生生长和等轴晶的形成。

等轴晶的特征是没有方向性,因此,等轴晶材质或成形产品的性能为各相同性,且等轴晶越细,性能就越好。

5) 树枝晶的生长方向和枝晶间距

从上述分析可知,枝晶的生长具有鲜明的晶体学特征,其主干和分枝的生长均与特定的晶向相平行。图 3-20 为立方系枝晶生长方向示意图。对于小平面生长的枝晶结构,其生长表面均为慢速生长的密排面(111)所包围,四个(111)面相交,并构成锥体尖顶,其所指的方向〈100〉就是枝晶生长的方向(见图 3-20(a))。对于非小平面生长的粗糙界面的非晶体学性质与其枝晶生长中的鲜明的晶体学特征(见图 3-20(b))尚无完善的理论解释。枝晶的生长方向依赖于晶体结构特性,立方晶系为〈100〉晶向,密排六方晶系为〈$10\bar{1}0$〉晶向,体心正方为〈110〉晶向。

枝晶间距是指相邻同次分枝之间的垂直距离。主轴间距为 d_1,二次分枝间距为 d_2,三次分枝间距为 d_3。在树枝晶的分枝之间充填着溶质富集的最后凝固组织(如共晶体),这种形式的溶质偏析对材质的性能有害。为了消除或减小这种微观的成分偏析,需要对凝固后的铸件进行较长时间的热处理,即均匀化处理。树枝晶间距越小,溶质越容易扩散,完成热处理过程所需的时间就越短。同时,由于枝晶间的剩余液体最后凝固时的收缩得不到充分补充而形成的显微缩松和枝晶间的夹杂物等缺陷尺度也越细小、分散。所有这些因素都有利于提高材质和制品的性能,因此,枝晶间距越小越好。随着对材质和制品性能的要求不断提高,枝晶间距也更加受到普遍重视,发展了许多缩小枝晶间距的凝固方法和处理措施。

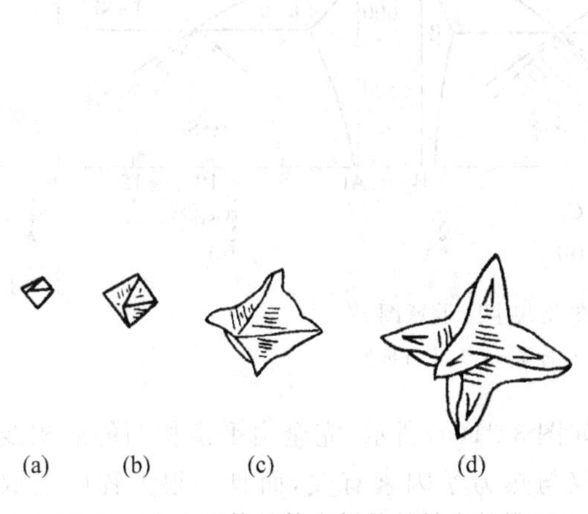

图 3-19 由八面体晶体向树枝晶转变的模型

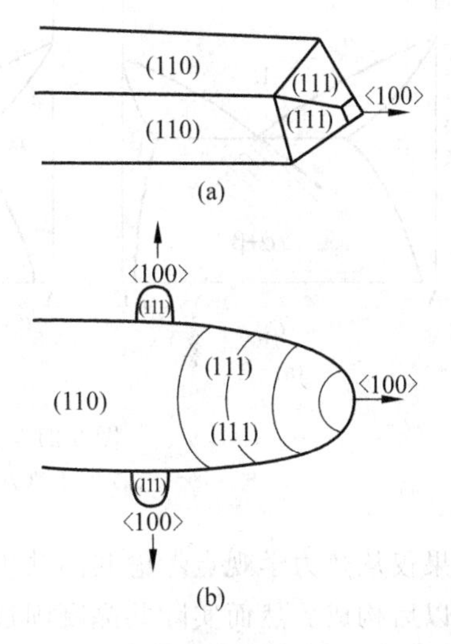

图 3-20 立方晶系柱状树枝晶的长大方向

(a) 小平面晶体; (b) 非小平面晶体

纯金属的枝晶间距只与凝固时的冷却条件有关,即取决于固—液界面处结晶潜热的散失条件。而合金的枝晶间距则要由凝固时的散热条件和溶质元素的再分配行为,尤其是枝晶间的溶质扩散条件共同决定,需要同时考虑凝固时的温度场和溶质扩散行为。一般认为,枝晶间距与固—液界面前方液体中的温度梯度 G_L 和界面推进速度 R 的乘积成反比。由于合金性质及凝固条件的复杂性,具体的计算模型尚有分歧,有兴趣的读者可以参考有关专著。

3.3 多相合金的凝固

3.3.1 共晶合金的凝固

1. 共晶合金的一般特点

共晶合金是工业上应用最为广泛的一类合金,其组织形态以两相(或多相)从液体中同时共生生长为特征,因此,共晶合金的凝固过程及组织都呈现出多样性和复杂性。关于共晶合金的相组成,业已观察到多达四个的组成相共生生长,然而,绝大多数实用共晶合金还是由两相共生而成,因此,以下仅讨论两相共晶凝固。同时,作为最基本的共晶形式,对于两相共晶的讨论也可以最大限度地简化数学推导,将认识的重点放在共晶凝固过程物理本质方面。

根据相图,在平衡条件下,只有具有共晶成分这一固定组成的合金才能获得全部的共晶组织。但在实际凝固条件下,即使是共晶点附近非共晶成分的合金,当其以较快的速度冷却到图 3-21 所示的平衡相图上两条液相线的延长线以下的区域时,液相内部两相同时达到过饱和,都具备了析出的条件。然而实际上往往是某一相首先析出,然后另一相再在先析出相的表面上析出,从而开始两相交替竞相析出的共晶凝固过程,最后获得 100%的共晶组织。这种由非共晶成分合金发生共晶凝固而获得的共晶组织称为伪共晶组织,图 3-21 中的影线区称为共晶共生区。共晶共生区规定了共晶凝固的温度和成分范围。

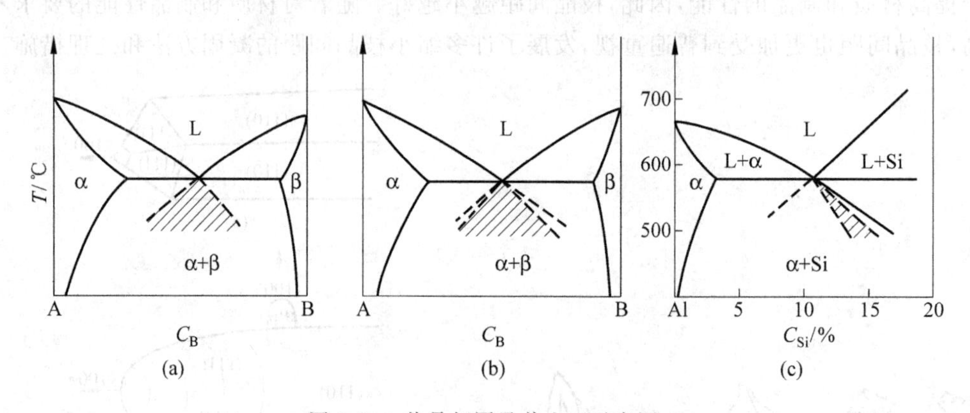

图 3-21 共晶相图及共生区示意图

(a) 共生热力学;(b) 对称型;(c) 非对称型

如果仅从热力学观点考虑共晶共生区应如图 3-21(a)所示,完全由平衡相图的液相线外推延长以后构成。然而实际共晶凝固过程不仅与热力学因素有关,而且在很大程度上取决于共晶两相析出过程的动力学条件。因此,实际共晶共生区取决于共晶生长的热力学和动力学的综合因素,实际的共晶共生区可以大致分为两种:对称型(图 3-21(b))和非对称型

(图 3-21(c))。

当组成共晶的两个组元熔点相近，两条液相线形状彼此对称，共晶两相性质相近，在共晶成分、温度区域内的析出动力学因素也大致相当，就容易形成相互依附的共晶核心。同时两组元在共晶成分、温度区域内的扩散能力也接近，易于保持两相等速协同生长。在这种条件下，共晶共生区以共晶成分 C_E 为对称轴，形成对称型共晶共生区(图 3-21(b))。以共晶成分为中心的对称型共晶共生区只发生在金属-金属(非小平面-非小平面)共晶系中。

当组成共晶两相的两个组元熔点相差较大，两条液相线不对称，共晶点成分通常靠近低熔点组元一侧，此时，共晶两相的性质相差往往很大，高熔点相往往易于析出，且其生长速度也较快，两相在共晶成分、温度区域内生长的动力学条件差异破坏了共晶共生区的对称性，使其偏向于高熔点组元一侧，形成非对称型共晶共生区(图 3-21(c))。共晶两相性质差别越大，共晶共生区偏离对称的程度就越严重。大多数金属-非金属(非小平面-小平面)共晶系，如 Al-Si、Fe-C(Fe_3C)系的共晶共生区均属于此类。

实际上，共晶共生区的形状并非如图 3-21 所示那样简单，而是随着液相温度梯度、初生相及共晶相的长大速度和温度的关系等因素变化而呈现出多样的复杂变化。如图 3-22 所示，对称型的金属-金属系共晶在液相温度梯度 G_L 为正且较大时呈现出铁砧式的共晶共生区。可见当晶体生长速度较小时，单向凝固的合金可以获得以平界面生长的共晶组织。随着长大速度或成分过冷度的增大，共晶组织将依次转变为胞状、树枝状以至粒状(等轴晶)共生共晶。

根据共晶体组成相的晶体学特性，可将共晶体分为规则共晶和非规则共晶两大类。

规则共晶由金属-金属相或金属-金属间化合物相，即非小平面-非小平面相组成。组成相的形态为规则的棒状或层片状，如图 3-23 所示。

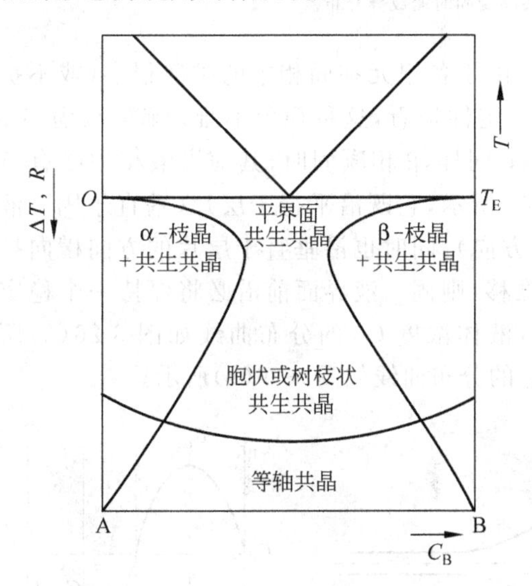

图 3-22 非小平面-非小平面共晶共生区

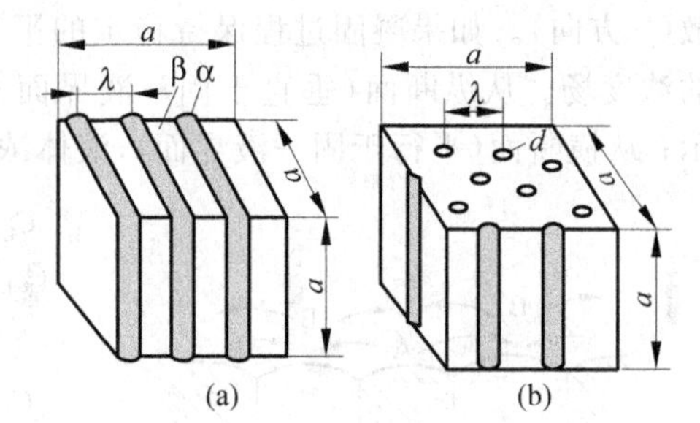

图 3-23 非小平面-非小平面共晶共生区

(a) 层片状；(b) 棒状

非规则共晶一般由金属-非金属(非小平面-小平面)相组成，其组织形态根据凝固条件(化学成分、冷却速度、变质处理等)的不同而变化。小平面相的各向异性导致其晶体长大具有强烈的方向性。固—液界面为特定的晶面，在共晶长大过程中，虽然共晶两相也依靠液相中原子的扩散而协同长大，但固—液界面不是平整的，而是极不规则的。小平面相的长大属于二维晶核生长，它对凝固条件的反应极为敏感，因此，非规则共晶组织的形态变化多端。

2. 规则共晶凝固

1）层片状共晶

层片状共晶是最常见的一类规则共晶组织，其组织中共晶两相呈层片状交替生长。假设浓度为 C_E 的二元共晶合金，凝固后形成由共晶两相 α、β 交替组成的片状共晶组织。如果按平衡相图进行凝固，则 α 片的浓度应为 C_α，β 片的浓度应为 C_β。但实际上，每一片（相）内部都存在着横向的微观偏析，即 α 相中心浓度（C_α）偏高，边缘浓度（$C_{\alpha M}$）偏低；而 β 相中心浓度（C_β）偏低，边缘浓度（$C_{\beta M}$）偏高。二元共晶平衡相图及共晶两相的实际成分分布如图 3-24 所示。

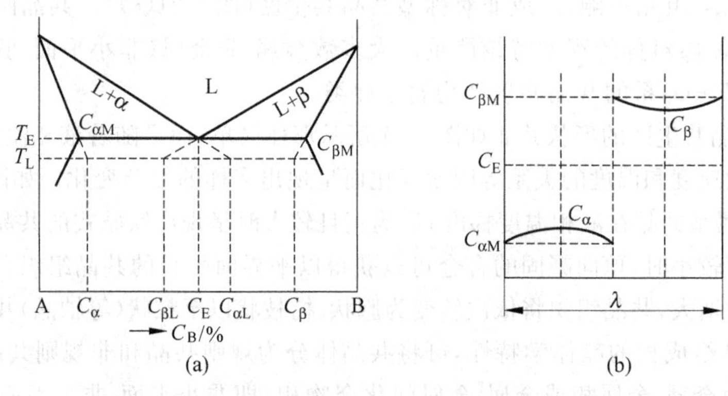

图 3-24 二元共晶平衡相图及共晶两相的实际成分分布

（a）共晶相图；（b）层片状共晶凝固时的成分分布

上述浓度分布现象是在凝固过程中形成的。由于各组元在固相中的扩散很小（或不扩散），故冷却到室温后基本上仍保留着这种偏析。定性地看，这种现象不难理解：因为当 α 相凝固时，其前沿液相中必有 B 元素的原子堆积；同样，β 相凝固时，其前沿液相中必有 A 元素的原子堆积。这种溶质原子的堆积如图 3-25 所示，它既沿平行于层片（垂直于固—液界面）的方向向母体液相（浓度为 C_E）中扩散（x' 方向），同时也沿垂直于层片的方向横向扩散（y 方向）。如果凝固过程保持稳定的平界面推移，则固—液界面前沿必将保持一个稳定的浓度场。从纵断面（垂直于固—液界面）上看，液体浓度 C_L 的分布曲线如图 3-26（a）所示；从横断面（平行于固—液界面），液体浓度 C_L 的分布曲线如图 3-26（b）所示。

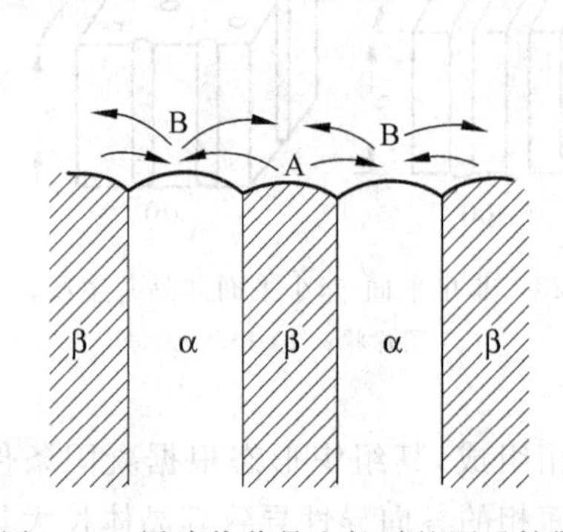

图 3-25 层片状共晶生长时的原子扩散

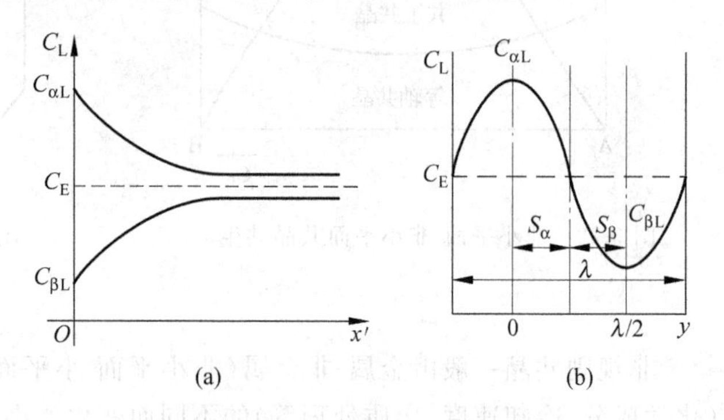

图 3-26 层片状共晶共晶凝固前沿的溶质分布

若取出从 α 相中心线到 β 相中心线的一段，则可以绘出固—液界面前沿液相浓度 C_L 的立体分布，如图 3-27 所示。由共晶相图，与 $C_{\alpha L}$、$C_{\beta L}$ 相应的固相浓度分别为 C_α 和 C_β，且有

$$\frac{C_\alpha}{C_{\alpha L}}=k_\alpha<1;\quad 及\quad \frac{C_\beta}{C_{\beta L}}=k_\beta>1$$

据此，不难得出固相中的浓度分布。

片状共晶凝固前沿的溶质再分配可用扩散方程来描述：

$$\frac{dC_L}{dt}=\frac{\partial C_L}{\partial t}+\frac{\partial C_L}{\partial x'}\frac{\partial x'}{\partial t}+\frac{\partial C_L}{\partial y}\frac{\partial y}{\partial t}+\frac{\partial C_L}{\partial z}\frac{\partial z}{\partial t} \tag{3-30}$$

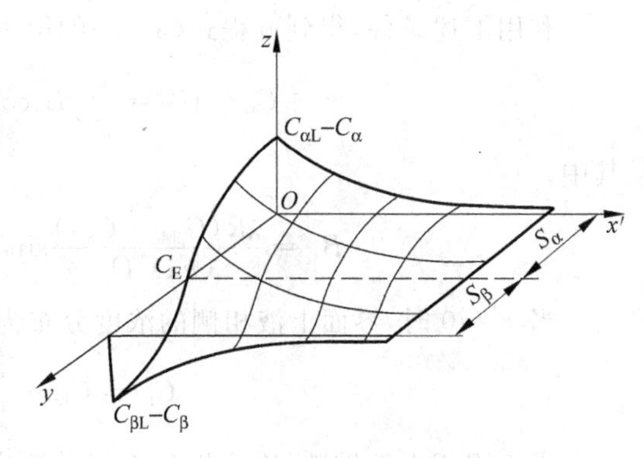

图 3-27 层片状共晶共晶凝固前沿的溶质分布

其中，

$$\frac{\partial C_L}{\partial t}=D_L\left(\frac{\partial^2 C_L}{\partial x'^2}+\frac{\partial^2 C_L}{\partial y^2}+\frac{\partial^2 C_L}{\partial z^2}\right) \tag{3-31}$$

在定向凝固条件下，可作如下近似处理：

(1) 共晶为层片状，故在 z 方向(垂直于生长方向且平行于共晶层片)上 B 组元浓度不变，即 $\frac{\partial C_L}{\partial z}=0$；

(2) 共晶层片仅沿 x' 方向生长，即 $\frac{\partial y}{\partial t}=\frac{\partial z}{\partial t}=0$；

(3) 凝固过程处于稳定状态，即凝固界面前沿液相中沿 x' 方向的溶质分布不随时间而变化，即 $R=\frac{\partial x'}{\partial t}$ 为一常数且与 D_L 处于动态平衡 $\left(\frac{dC_L}{dt}=0\right)$。

根据以上三条假设，方程(3-30)又可以写成：

$$D_L\left(\frac{\partial^2 C_L}{\partial x'^2}+\frac{\partial^2 C_L}{\partial y^2}\right)+R\frac{\partial C_L}{\partial x'}=0 \tag{3-32}$$

方程(3-32)的边界条件为

(1) $x'\to\infty, C_L=C_E$；

(2) 当 $y=0$ 或 $y=S_\alpha+S_\beta=\frac{\lambda}{2}$ 时，$\frac{\partial C_L}{\partial y}=0$；

(3) $\left(\frac{\partial C_L}{\partial x'}\right)_{x'=0}=-\frac{R(C_E-C_{\alpha M})}{D_L},\quad 0\leqslant y<S_\alpha$；

$\left(\frac{\partial C_L}{\partial x'}\right)_{x'=0}=-\frac{R(C_E-C_{\beta M})}{D_L},\quad S_\alpha\leqslant y\leqslant S_\alpha+S_\beta$

在(3)中，假定了 $C_E-C_{\alpha M}=C_{\alpha L}-C_\alpha$，$C_E-C_{\beta M}=C_{\beta L}-C_\beta$。由于过冷度小，这种假设引起的误差很小。例如，对于 Fe-C 合金，当 $\Delta T=10$℃时，按此假定计算的误差仅 1.15%。

为了简化方程(3-32)的解，还需要一个假定：$\frac{D_L}{R}\gg\lambda$，即溶质 B 在 x' 方向上的扩散特性距离 $\frac{D_L}{R}$ 远远大于共晶层片间距 λ(前者为 $10^{-1}\sim10^{-2}$ cm，后者约为 10^{-4} cm)，即 $\frac{2D_L}{R}\gg\frac{\lambda}{2n\pi}$，或 $\frac{2n\pi}{\lambda}\gg\frac{R}{2D_L}$。

利用上述条件，得到方程式(3-32)的解为

$$C_L - C_E = \sum_{n=1}^{\infty} B_n \cos\frac{2n\pi y}{\lambda}\exp\left(-\frac{2n\pi}{\lambda}x'\right) \tag{3-33}$$

其中，

$$B_n = \frac{\lambda R(C_{\beta M} - C_{\alpha M})}{(n\pi)^2 D_L}\sin\frac{2n\pi y}{\lambda}S_\alpha \quad (n = 1,2,3,\cdots) \tag{3-34}$$

当 $x'=0$ 时，界面上液相侧的浓度分布为

$$C_L = C_E + \sum_{n=1}^{\infty} B_n \cos\frac{2n\pi y}{\lambda} \tag{3-35}$$

由于固相中无扩散，故 α 相和 β 相的浓度在 x 方向上没有偏析，C_α 和 C_β 与 y 的关系(在 y 方向上的分布)分别为

$$C_\alpha = k_\alpha\left(C_E + \sum_{n=1}^{\infty} B_n \cos\frac{2n\pi y}{\lambda}\right), \quad 0 \leqslant y \leqslant S_\alpha \tag{3-36a}$$

$$C_\beta = k_\beta\left(C_E + \sum_{n=1}^{\infty} B_n \cos\frac{2n\pi y}{\lambda}\right), \quad S_\alpha \leqslant y \leqslant S_\alpha + S_\beta \tag{3-36b}$$

其中，k_α、k_β 分别为 α、β 相的平衡分配系数。表 3-1 是当 y 取几个特殊值时相应的 C_α 和 C_β 之值，由此有助于了解图 3-28 所示的中 α 相和 β 相的成分偏析。

表 3-1　y 方向几个特殊位置处 α 相和 β 相的浓度

y	C_α	C_β
0	$k_\alpha(C_E + \sum B_n)$	
$\lambda/4$	$k_\alpha C_E$	$k_\beta C_E$
$\lambda/2$		$k_\beta(C_E - \sum B_n)$

根据共晶两相层片与液体界面处几何关系以及各相之间界面张力的平衡关系(如图 3-29 所示)，K. A. Jackson 和 J. D. Hunt 首先推导出了共晶结晶过冷度 ΔT、凝固速度 R 及表征共晶层片间距的参数 λ 之间的关系为

$$\Delta T = AR\lambda + \frac{B}{\lambda} \tag{3-37}$$

其中，A、B 均为与共晶合金性质有关的常数。式(3-37)称为 Jackson-Hunt 模型，是关于共晶生长的经典模型。令 $\dfrac{\partial \Delta T}{\partial \lambda}=0$，可求得最小过冷度：

$$\Delta T_{\min} = 2\sqrt{ABR} \tag{3-38}$$

与之相应的共晶层片间距为

$$\lambda_C = \sqrt{\frac{B}{AR}} \tag{3-39}$$

将式(3-37)代入式(3-38)，得

$$\Delta T_{\min} = \frac{2B}{\lambda} \tag{3-40}$$

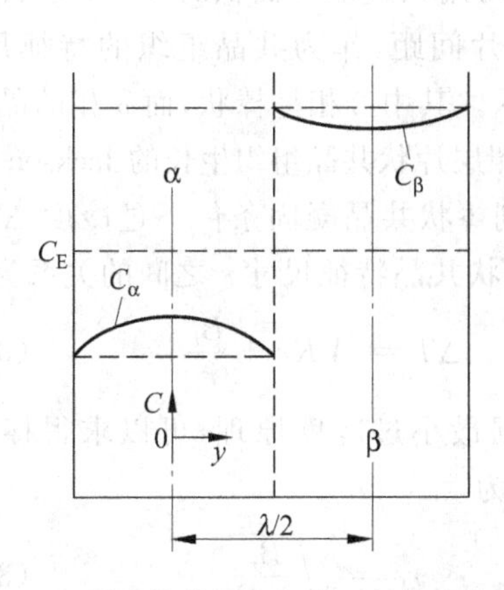

图 3-28 层片状共晶 α 相和 β 相的成分偏析

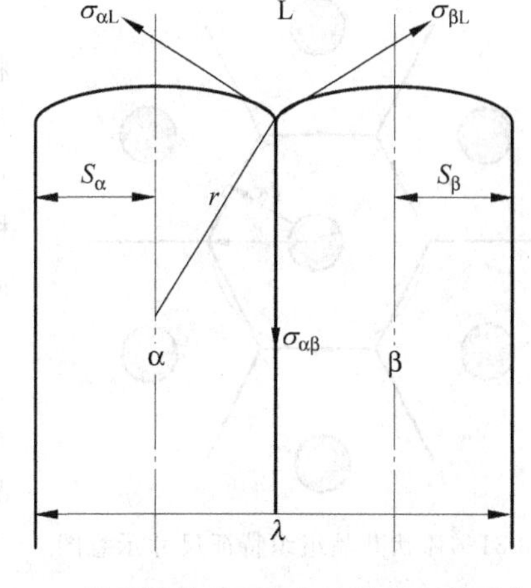

图 3-29 层片状共晶两相与液体之间的平衡关系

可见，过冷度越大，共晶层片间距就越小。

实验表明，对于一定的生长速度 R，只有一个层片间距值 λ 与之对应。即在一定的生长速度 R 条件下，有一个最小过冷度 $\Delta T_{\min}$。也就是说，对于一个给定的过冷度，将存在着一个对应的层片间距值 λ。

2）棒状共晶

规则共晶是以棒状还是层片状方式生长，取决于两个组成相的界面能相对大小，符合界面能最小原则。K. A. Jackson 和 J. D. Hunt 以共晶相的几何界面积为计算基础，获得以下结论：如果共晶两相之间的界面能为各向同性，当共晶两相 α、β 的体积符合以下关系 $\frac{1}{\pi}<\frac{V_{\beta}}{V_{\alpha}+V_{\beta}}<\frac{1}{2}$ 时形成层片状共晶；当 $\frac{V_{\beta}}{V_{\alpha}+V_{\beta}}<\frac{1}{\pi}$ 时，β 相在共晶组织中将以棒状形态出现。

需要说明，层片状共晶中两相间的位向关系比棒状共晶中两相间的位向关系更强，因此，在层片状共晶中，相间界面更可能是低界面能的晶面。在这种情况下，虽然某一相的体积分数小于 $1/\pi$，也会形成层片状共晶而不是棒状共晶。

在某些条件（如共晶两相之间的界面能为各向异性或进行变质处理等）下，共晶形态可能不符合上述规律。如液体中存在第三组元且第三组元在共晶两相中的分配系数相差较大时，其在某一相的界面前沿的富集，将阻碍该相的继续长大。而另一相界面前沿第三组元的富集较小，对该相的生长影响不大，该相长大速率较高，将会超过另一相而产生搭桥作用。于是，落后的一相将被生长快的一相隔离成筛网状，继续发展则形成棒状共晶组织，如图 3-30 所示。通常在层片状共晶两相交界处看到的棒状共晶组织，就是这样形成的。

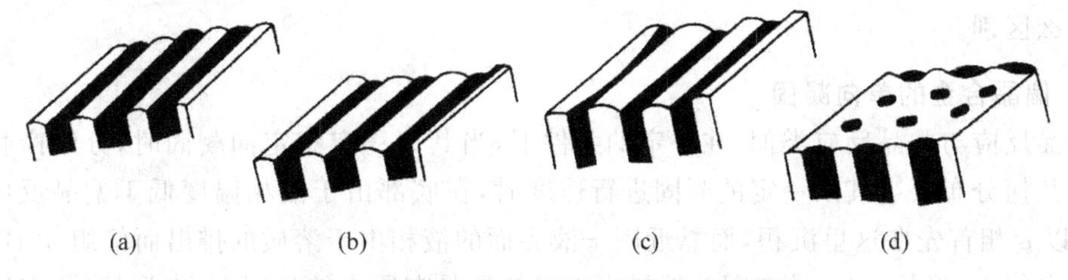

图 3-30 层片状共晶向棒状共晶转变示意图

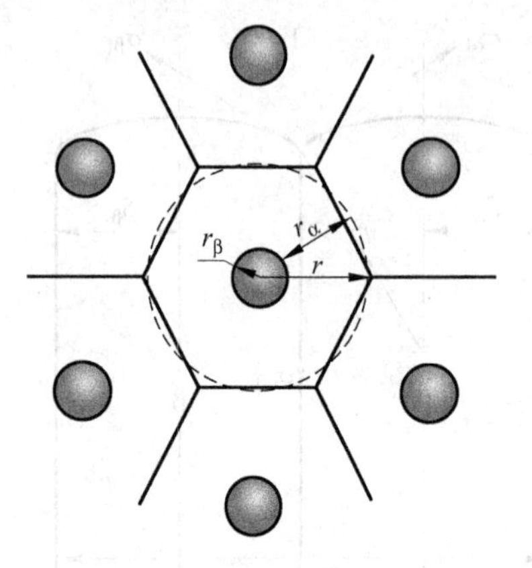

图 3-31 棒状共晶组织特征尺寸示意图

棒状共晶可用六边形等面积的半径 r 取代层片状共晶中的层片间距，作为共晶组织的特征尺寸，如图 3-31 所示。其中 β 相呈棒状，而 α 相的晶界为正六边形。参照层片状共晶组织生长的 Jackson-Hunt 模型，可以得到棒状共晶凝固条件下过冷度 ΔT、凝固速度 R 及棒状共晶特征尺寸 r 之间的关系为

$$\Delta T = A_r R r + \frac{B_r}{r} \tag{3-41}$$

同样，根据最小过冷度原理，可以求得棒状共晶的特征尺寸为

$$r_C = \sqrt{\frac{B_r}{A_r R}} \tag{3-42}$$

式(3-41)和式(3-42)中的 A_r 和 B_r 为由棒状共晶组成相物理性质所决定的常数。式(3-39)和式(3-42)说明，层片状共晶的层片间距 λ 及棒状共晶的特征尺寸 r 均与凝固速度的平方根成反比，即生长速度越高，λ 和 r 越小，共晶组织越细小，材质的性能就越好。

3.3.2 偏晶合金的凝固

1. 偏晶合金大体积的凝固

图 3-32 为具有偏晶反应 $L_1 \longrightarrow \alpha + L_2$ 的相图。具有偏晶成分的合金 m，冷却到偏晶反应温度 T_m 以下时，即发生上述偏晶反应。反应的结果是从液相 L_1 中分解出固相 α 及另一浓度的液相 L_2。L_2 在 α 相周围形成并把 α 包围起来，这就像包晶反应一样，但反应过程取决于 L_2 与 α 相的润湿程度及两种液相 L_1 和 L_2 的密度差。如果 L_2 是阻碍 α 相长大的，则 α 相要在 L_1 中重新形核。然后 L_2 再包围它，如此进行，直至反应终了。继续冷却时，在偏晶反应温度和图中的所示共晶温度之间，L_2 将在原有的 α 相晶体上继续沉积出 α 相晶体，直到最后剩余的液体 L_2 凝固成(α+β)共晶。如果 α 与 L_2 不润湿或 L_1 与 L_2 密度差别较大时，会发生分层现象。如 Cu-Pb 合金，偏晶反应产物 L_2 中 Pb 较多，以致 L_2 分布在下层，α 与 L_1 分布在上层，因此，这种合金的特点是容易产生大的偏析。

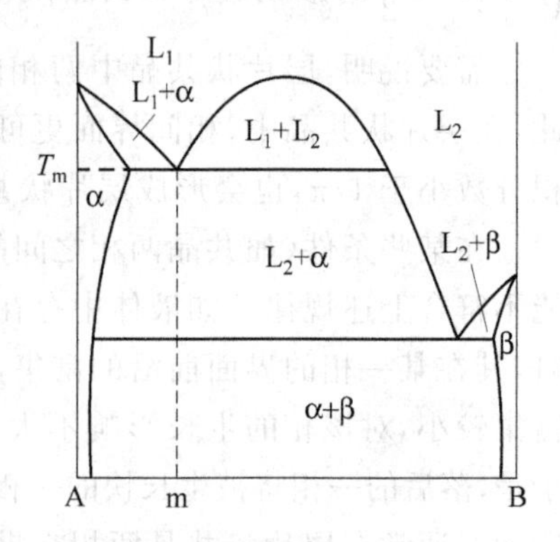

图 3-32 具有偏晶反应的平衡相图

在任何人们所知道的偏晶相图中，反应产生的固相 α 的量总是大于反应产生的液相 L_2 的量，这意味着偏晶中的固相要连成一个整体，而液相 L_2 则是不连续地分布在 α 相基体之中，这样，其最终组织实际上和亚共晶组织没有什么区别。

2. 偏晶合金的单向凝固

偏晶反应与共晶反应类似，在一定的条件下，当其以稳定态定向凝固时，分解产物呈有规则的几何分布。当其以一定的凝固进行速度时，在底部由于液相温度低于偏晶反应温度 T_m，所以 α 相首先在这里沉积，而靠近固—液界面的液相由于溶质的排出而使组元 B 富集，这样就会使 L_2 形核。L_2 是在固—液界面上形核还是在原来的母液 L_1 中形核，要取决于界

面能 $\sigma_{\alpha L_1}$、$\sigma_{\alpha L_2}$ 和 $\sigma_{L_1L_2}$ 三者之间的关系。而偏晶合金的最终显微形貌将要取决于以上三个界面能、L_1 与 L_2 的密度差以及固—液界面的推进速度。图 3-33 所示为液相 L_2 的形核与界面张力的平衡关系。

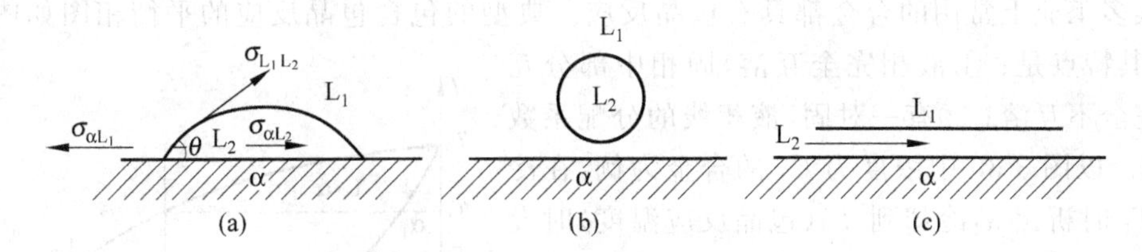

图 3-33 L_2 的形核与界面张力的关系示意图

以下讨论界面张力之间三种不同的情况。

当 $\sigma_{\alpha L_1}=\sigma_{\alpha L_2}+\sigma_{L_1L_2}\cos\theta$(图 3-33(a))时，随着由下向上单向凝固的进行，α 相和 L_2 并排长大，α 相生长时将排出 B 原子，L_2 生长时将原子吸收，这就和共晶的结晶情况一样，当达到共晶温度时，L_2 转变为共晶组织，只是共晶组织中的 α 相与偏晶反应产生的 α 相合并在一起。凝固后的最终组织为在 α 相的基底上分布着棒状或纤维状 β 相。

当 $\sigma_{\alpha L_2}>\sigma_{\alpha L_1}+\sigma_{L_1L_2}$(图 3-33(b))时，液相 L_2 不能在固相 α 相上形核，只能孤立地在液相 L_1 中形核。在这种情况下，L_2 是上浮还是下沉，将由斯托克斯(Stokes)公式来决定：

(1) 如果液滴 L_2 的上浮速度大于固—液界面的推进速度 R，则它将上浮到液相 L_1 的顶部。在这种情况下，α 相将依温度的推移，沿铸型的垂直方向向上推进，而 L_2 将全部集中到试样的顶端，其结果是试样的下部全部为 α 相，上部全部为 β 相。利用这种方法可以制取 α 相的单晶，其优点是不发生偏析和成分过冷。半导体化合物 HgTe 单晶就是利用这一原理由偏晶系 Hg-Te 制取的。

(2) 如果固—液界面的推进速度大于液滴的上升速度时，则液滴 L_2 将被 α 相包围，而排出的 B 原子继续供给 L_2，从而使 α 相在 L_2 长大方向拉长，使生长进入稳定态，如图 3-34 所示。在低于偏晶反应温度之后的冷却中，从液相 L_2 中将析出一些 α 相，新生的 α 相是从圆柱形 L_2 的四周沉积到原有的 α 相上，这样 L_2 将会变细。温度继续降低，L_2 将按共晶或包晶反应转变。最后的组织将是在 α 相的基体中分布着棒状或纤维状的 β 相晶体。β 相纤维之间的距离正如共晶组织中层片间距一样，取决于长大速度，即：$\lambda\propto R^{-n}$，$n=0.5$。

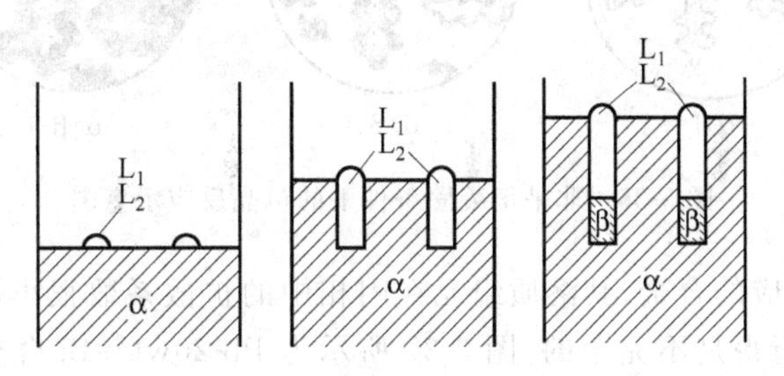

图 3-34 偏晶合金单向凝固示意图

当 $\sigma_{\alpha L_1}>\sigma_{\alpha L_2}+\sigma_{L_1L_2}$ 时，$\theta=0°$，α 相和 L_2 完全湿润(图 3-33(c))。这时，在 α 相上完全覆盖一层 L_2，使稳定态长大成为不可能，α 相只能断续地在 L_1-L_2 界面上形成，其最终组织将是 α 相和 β 相的交替分层组织。

3.3.3 包晶合金的凝固

1. 平衡凝固

很多工业上常用的合金都具有包晶反应。典型的包含包晶反应的平衡相图如图 3-35 所示，其特点是：①液相完全互溶，固相中部分互溶或完全不互溶；②有一对固、液相线的分配系数大于 1。以图 3-35 中浓度为 C_0 的合金为例，在冷却到 T_1 时析出 α，冷却到 T_P（包晶反应温度）时发生包晶反应：$\alpha_P + L_P \longrightarrow \beta_P$。在包晶反应过程中，α 相要不断分解，直至完全消失；与此同时，β 相要形核长大。β 相的形核可以 α 相为基底，也可以从液相中直接形成。平衡凝固要求溶质组元在两个固相及一个液相中进行充分的扩散，但实际上穿过固、液两相区时冷却速度很快，非平衡凝固则是经常的。

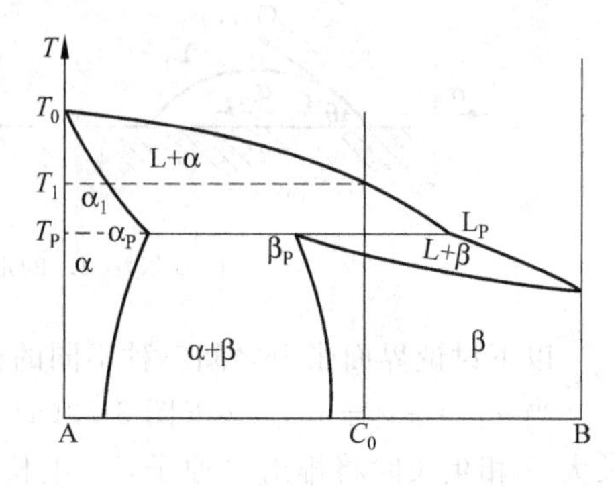

图 3-35　包晶平衡相图

2. 非平衡凝固

在非平衡凝固时，由于溶质在固相中的扩散不能充分进行，包晶反应之前凝固出来的 α 相内部的浓度是不均匀的，即树枝晶的心部溶质浓度低，而树枝晶的边缘溶质浓度高，当温度达到 T_P 时，在 α 相的表面发生包晶反应。

从形核功的角度看，β 相在 α 相表面上非均质形核要比在液相内部均质形核更为有利。因此，在包晶反应过程中，α 相很快被 β 相包围。此时，液相与 α 相脱离接触，包晶反应只能依靠溶质组元从液相一侧穿过 β 相向 α 相一侧进行扩散才能继续下去，因此将受到很大限制。当温度低于 T_P 后，β 相继续从液相中凝固。图 3-36 为非平衡凝固条件下的包晶反应示意图。

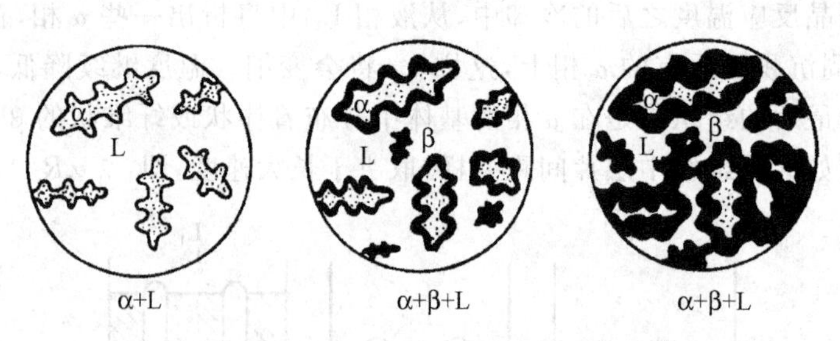

图 3-36　非平衡凝固条件下的包晶反应示意图

多数具有包晶反应的合金，其溶质组元在固相中的扩散系数很小，因此，在非平衡凝固条件下，包晶反应进行得是不完全的，图 3-37 所示为 Pb-20wt%Bi 合金在非平衡凝固条件下溶质分布及形成组织的示意图。不难看出，由于溶质组元在固相中扩散得不充分，本来是单相组织却变成了多相组织。当然，一些固相扩散系数大的溶质组元，如钢中的 C，包晶反应可以充分地进行，具有包晶反应的碳钢，初生 δ 相可以在冷却到奥氏体区后完全消失。

图 3-37(a)中质量分数为 23%～33%的 Pb-Bi 合金在单向凝固条件下，如果 G/R 值足

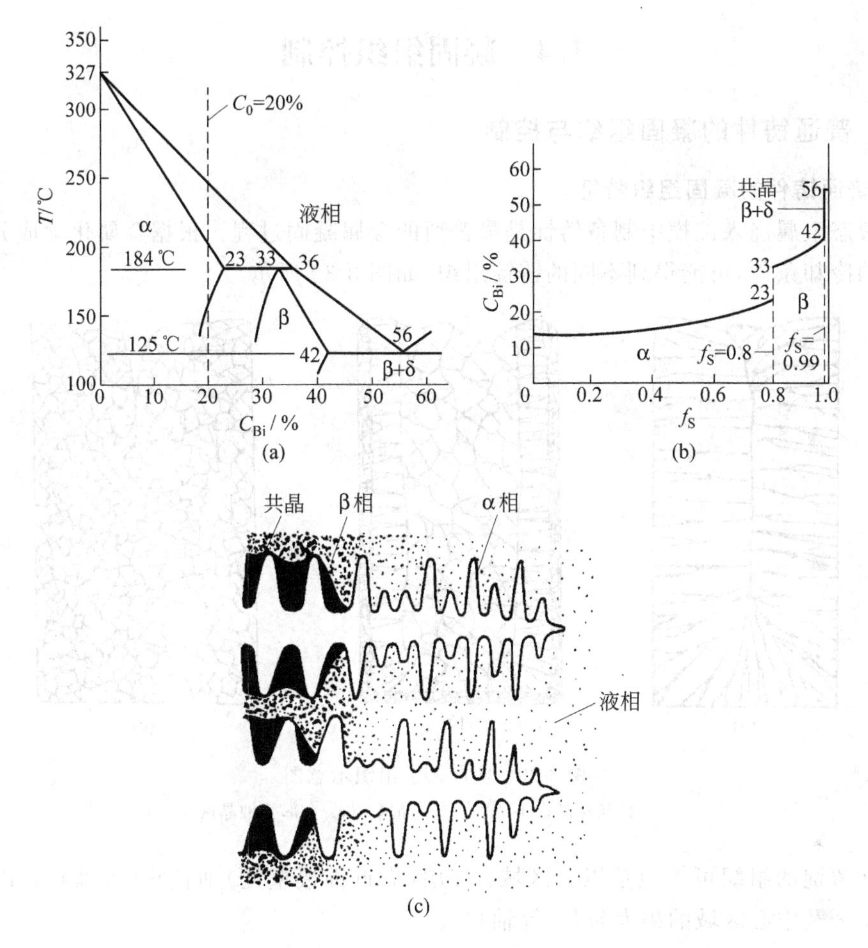

图 3-37 Pb-Bi 合金相图及非平衡凝固条件下的溶质分布和凝固组织示意图

够高，可以获得 α＋β 复合材料，说明包晶相 β 可从液相中直接沉积而增厚。这是由于随着凝固的进行，液相中溶质 Bi 逐渐富集，从而为 β 相的增厚长大提供了条件，在平直的等温面温度低于 T_P 时，剩余的液相将全部转变为 β 相。图 3-38 所示为具有包晶反应的合金单向凝固中固—液界面示意图。

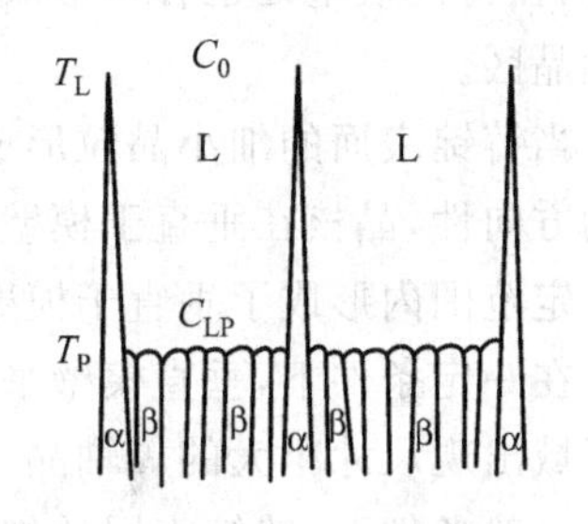

图 3-38 具有包晶反应的合金单向凝固过程中的固—液界面示意图

利用包晶反应促使晶粒细化是非常有效的，如向 Al 合金液中加入少量 Ti，可以形成 $TiAl_3$，当 Ti 的质量分数超过 0.15%时将发生包晶反应：$TiAl_3 + L \longrightarrow \alpha$。包晶反应产物 α 为 Al 合金的主体相，它作为一个包层包围着非均质核心 $TiAl_3$，由于包层对于溶质组元扩散的屏障作用，使得包晶反应不易继续进行下去，也就是包晶反应产物 α 相不易继续长大，因而获得细小的 α 相晶粒组织。这种利用包晶反应而实现非均质形核的细化晶粒作用之所以特别有效，其原因在于包晶反应提供了无污染的非均质晶核的界面。

3.4 凝固组织控制

3.4.1 普通铸件的凝固组织与控制

1. 普通铸件的凝固组织特征

将液态金属浇入锭模中制备铸锭是最普通的金属凝固过程。根据金属化学成分和铸锭凝固时的冷却条件,可能得到不同的铸锭组织,如图 3-39 所示。

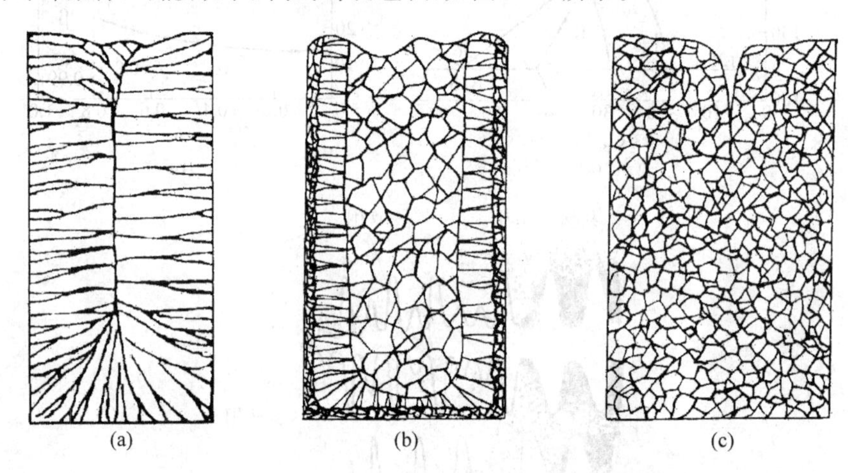

图 3-39 实际铸锭组织示意图

(a) 柱状穿晶;(b) 含有三个晶区;(c) 全部等轴晶区

实际铸锭的组织可能包括以下区域:外层(靠近锭模壁处)细粒状(等轴)晶、次外表层的柱状晶区及中心区域的粗大粒状(等轴)晶。

锭模壁的激冷作用,导致铸锭外表层凝固时的过冷度很大,有利于形成大量结晶核心。同时,在铸锭模壁处也容易形成大量异质核心,从而在铸锭表层形成由大量细小晶粒组成的等轴晶区。

当铸锭表面的细小晶粒形成之后,大量晶核竞相生长,由于靠近锭模壁处的散热具有强烈的方向性,晶核在垂直于模壁方向上的生长速度远远大于其他方向,从而在邻近铸锭表层的一定范围内形成了垂直于模壁平行排列的柱状晶。

在一定条件下,垂直模壁平行排列的柱状晶生长到一定程度后会停止长大,而在铸锭中心区域出现尺寸粗大的等轴晶。

一般条件下,铸锭表层的细小等轴晶区很小,其厚度局限于几个晶粒尺寸大小,而其余两个区域尺寸相对较大。对于不同的金属成分和冷却条件,铸锭宏观组织中的晶区数量及相对大小也会发生相应的变化。如在一定条件下,柱状晶会一直生长直到铸锭中心,形成所谓“穿晶”组织(这时的铸锭组织由表层细等轴晶和柱状晶两个区域构成,见图 3-39(a))。而某些成分的金属在适当的冷却条件下,柱状晶的生长甚至会被完全抑制,整个铸锭宏观组织全部由等轴晶组成,而等轴晶的晶粒大小仍然符合表层区域小、中心区域大的规律(见图 3-39(c))。

关于铸锭中心区域粗大等轴晶的来源存在着两种不同的理论解释:一种认为源自凝固

界面前沿液体中的成分过冷及异质晶核；而另一种则认为是铸锭模壁处形成的部分晶核或生长中的晶粒末端折断后受到液流冲击或浓差对流等作用而游离至中心区域后形成的。实际上，上述两种机制可能同时并存。

2. 普通铸件凝固组织的形成机制

1）表面细小等轴晶区

对于表面细晶粒区的形成曾经有过不同的理论解释。早期有人认为，液态金属浇注到铸型中后，受到温度较低的型壁冷却作用，在型壁附近的液体中产生较大的过冷度而大量形核，这些晶核又在型壁较强的散热条件下迅速长大并相互接触，从而形成大量无规则排列细小等轴晶粒。根据这种理论，表面细小晶粒的形成与型壁附近液体内的形核数量有关，形核量越大，表面细小等轴晶区就越大，晶粒尺寸也越小。因此，所有影响异质形核的因素，如外来核心的数量、铸型的冷却能力等传热条件都将直接影响表面细小等轴晶区的宽度和晶粒大小。而后来的研究表明，除异质形核作用外，由于各种因素引起的晶粒游移也是形成表面细小晶粒的晶核来源。大野笃美通过实验发现，由于溶质再分配导致生长中的枝晶根部发生“缩颈”，而浇注及凝固过程中形成的液体流动对缩颈后的枝晶根部产生冲击作用，致使枝晶熔断和型壁处的晶粒脱落，在液体中产生游离晶粒。这些游离晶粒一部分沉积在型壁附近区域，形成表面细小等轴晶区。

需要指出，由于大量表面细小等轴晶粒相互接触后会形成具有一定厚度的凝固壳层，随着这一固体外壳产生而在型壁附近的液体中形成有利于单向散热的条件，促使晶体沿着与热流相反的方向择优生长成为柱状晶。而大量游离晶粒的存在会抑制稳定的凝固外壳的形成，因而有利于表面细小等轴晶区的形成。另外，铸型的激冷能力对于表面细小等轴晶区的形成具有双重作用，增强铸型的激冷作用一方面可以提高型壁附近液体的异质形核能力，促进表面细小等轴晶区的形成，但同时也使空间型壁的晶粒数量大大增加，进而很快相互连接而形成稳定的凝固外壳，限制了表面细小等轴晶区的扩大。因此，如果没有较多的游离晶粒存在，增强铸型激冷作用反而不利于表面细小等轴晶区的形成与扩大。

2）柱状晶区

柱状晶最初是由表面细小等轴晶在一定条件下沿垂直型壁方向择优生长而形成的。表面细小等轴晶的形成与生长一旦形成稳定密实的凝固外壳，处于凝固界面前沿的晶粒原来的各向同性生长条件即被破坏，转而在垂直于型壁的单向热流作用下，以枝晶方式沿热流的反向延伸生长。最初，由于众多枝晶的主干互不相同，较之其他主干取向不利的枝晶，那些主干与热流方向平行的枝晶获得了更为有利的生长条件，优先向液体内部延伸生长并抑制了其他方向的枝晶生长，如此淘汰掉取向不利的枝晶后逐渐发展成为柱状晶（如图 3-40 所示）。由于晶体的择优生长，在柱状晶向前发展的过程中，离开型壁的距离越远，取向不利

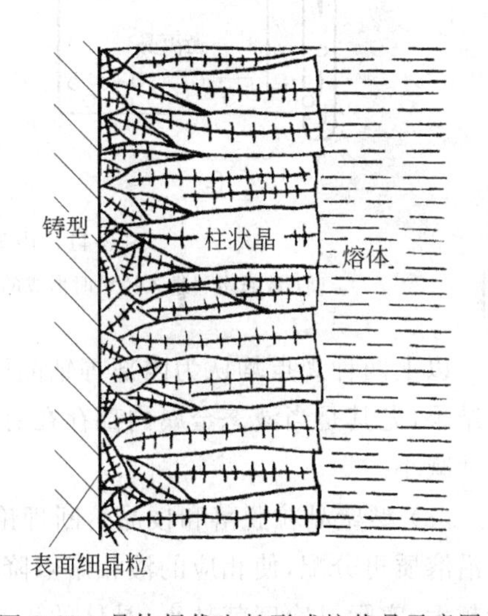

图 3-40 晶体择优生长形成柱状晶示意图

的晶体被淘汰得就越多，柱状晶的生长方向就越集中，垂直生长方向上的晶粒平均尺寸就越大。

决定柱状晶持续发展的关键因素是其生长前端是否出现一定数量的等轴晶粒。如果柱状晶生长前沿的液体中始终不具备有利于等轴晶形成与生长的条件，其生长过程将持续进行，甚至一直延伸到铸件中心，直到与从对面型壁生长过来的柱状晶相遇为止，即形成除表面微小的等轴晶薄层以外由柱状晶贯穿整个铸件断面的所谓“穿晶组织”。一旦柱状晶生长前沿出现等轴晶形成、生长以及液体中的游离晶粒向柱状晶生长前沿沉积的有利条件，柱状晶的生长即被抑制，而在铸件中心形成又一个等轴晶区。不过，这一区域的等轴晶尺寸要比型壁附近的晶粒尺寸大得多。

3）内部粗大等轴晶区

由于表层等轴晶区和充分生长的柱状晶区极大地降低了铸型壁对液体的冷却作用，液体散热的方向性也完全丧失，因此，在柱状晶生长前沿形成或沉积在此处的等轴晶将在剩余液体内部自由生长，形成粗大的等轴晶区。关于内部等轴晶核来源及等轴晶区的形成过程，曾经有过激烈的争论，主要的理论与观点分述如下。

（1）过冷液体中异质形核理论　随着柱状晶向内生长及相应的溶质再分配，在固—液界面前沿的液体中产生成分过冷。当成分过冷的过冷度超过异质形核所需的临界过冷度时，就会在成分过冷液体中产生晶核并长大，形成内部等轴晶区。

（2）型壁激冷作用产生的晶核卷入理论　液态金属在进入铸型过程中受到来自型壁等的激冷作用，通过异质形核在液体内形成大量游离状态的晶核，这些晶核随着液体的流动漂移到铸型的中心区域。如果液态金属的温度不致使这些游离漂移的晶核全部熔化，其中部分晶核就会存留下来成为内部等轴晶区的形成核心，如图 3-41 所示。

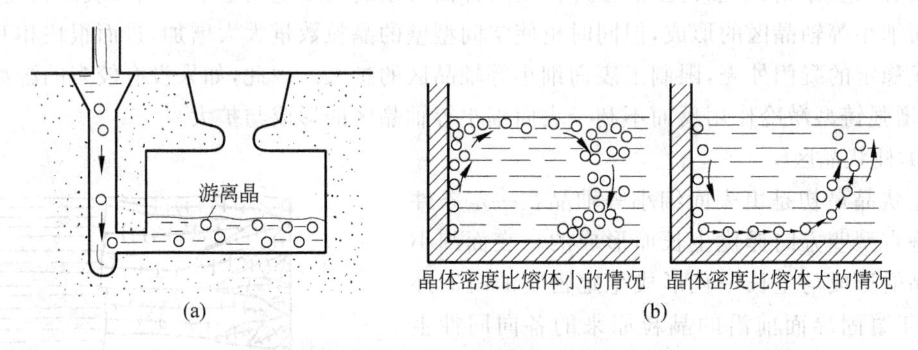

图 3-41　由异质形核形成游离晶粒示意图

（a）液态金属进入铸型时形成的游离晶粒；（b）受型壁激冷作用而形成的游离晶粒

以上两种观点均认为内部等轴晶区是由于异质形核产生游离晶粒并在液体中自由长大的结果，尤其是当液态金属内部存在有大量有效形核质点时，内部等轴晶区宽度加大，晶粒尺寸减小。

（3）型壁晶粒脱落和枝晶熔断理论　依附型壁形核的晶粒或枝晶生长过程中引起界面前沿溶质再分配，使相应的液相熔点降低，从而导致该区域的实际过冷度减小。溶质偏析程度越大，实际过冷度就越小，晶体的生长就越缓慢。由于紧靠型壁的晶体或枝晶根部的溶质在液体中扩散均化的条件最差，这些部位附近的液体中溶质偏析程度最为严重，因而其侧向生长受到强烈抑制。与此同时，远离枝晶根部的其他部位则由于界面前沿液体中的溶质易于通过扩散和对流而均匀化，容易获得较大的过冷，其生长速度要快得多。因此，枝晶根部在生长过程中会产生"缩颈"现象。在液体对流的机械冲刷和温度起伏引起的热冲击作用下，枝晶的缩颈部位很容易断裂，形成游离晶粒并被液体对流输运到铸件中心区域，从而形成内部等轴晶区。还需要特别说明，由于受到液体温度起伏与成分起伏的影响，这些游离晶粒在输运过程中始终处于局部熔化和生长的反复状态之中，结果会造成游离晶粒的增殖。对 Sn-10%Bi 合金凝固过程的直接观察证实，凝固初期型壁附近晶粒的脱落形成了游离晶粒，对铸铁凝固过程中树枝晶的扫描电镜观察也证明了枝晶缩颈现象的存在。

(4)"结晶雨"游离晶粒理论　凝固初期在型壁上表面附近的过冷液体中形成晶核并生长，或者枝晶根部缩颈脱落成为细小晶体，由于这些游离晶粒的密度大于液体而在液体中像雨滴一样降落，沉积在生长着的柱状晶前端抑制其生长，形成内部等轴晶区。需要说明的是，这种晶粒游离现象一般多发生在大型铸件中，而在一般的中小型铸件凝固过程中较少发生。

研究表明，上述四种理论均有实验依据，因此认为相应的内部等轴晶区形成机制在铸件凝固过程中均有可能存在。不过，在某一具体的凝固条件下，可能某一种或几种机制起主导作用，而在另外的条件下，则可能由其他机制起主导作用。

3. 铸件凝固组织控制

铸件的结晶组织对其性能有重要影响。表面细晶粒区很薄，因而对铸件的性能影响较小。而柱状晶区与中心等轴晶区的宽度、晶粒大小以及两者的比例则是决定铸件性能的主要因素。

柱状晶是晶体择优生长形成的单向细长晶体，排列位向一致，一般垂直生长方向的尺寸比较粗大，晶界面积较小，因此，其性能具有明显的方向性，沿柱状晶生长方向的性能优异，而垂直生长方向的性能则较差。另外，柱状晶生长过程中某些杂质元素、非金属夹杂物及气体等被排斥在晶体生长界面前沿，最后分布于柱状晶与柱状晶或中心等轴晶之间，从而在这些部位形成了性能的薄弱环节，凝固末期容易产生热裂纹。对于铸锭来说，还易于在以后的塑性加工或轧制过程中导致裂纹。因此，通常不希望铸件中出现粗大的柱状晶组织。然而，对于沿某一特殊方向要求高性能的零部件，如航空发动机叶片等，可以充分利用柱状晶性能的各向异性，通过采用定向凝固技术，控制单向散热，以获得全部单向排列的柱状晶组织，从而极大地提高这类特殊零件的使用性能和可靠性。

内部等轴晶区中的晶粒之间位向各不相同，晶界面积较大，而且偏析元素、非金属夹杂物和气体等比较分散，等轴枝晶彼此嵌合，结合比较牢固，因而不存在所谓"弱面"，性能比较均匀，没有方向性，即所谓各向同性。但是，如果内部等轴晶区中的枝晶发达，显微缩松较多，凝固组织不够致密，则会使铸件性能显著降低。细化等轴晶可以使杂质元素和非金属夹杂物、显微缩松等缺陷弥散分布，显著提高力学性能和抗疲劳性能。生产上往往采取措施细化等轴晶粒，以获得较多甚至全部是细小等轴晶的组织。

控制铸件的宏观组织就是要控制铸件(锭)中柱状晶区和等轴晶区的相对比例。一般铸件希望获得全部细等轴晶组织，为了获得这种组织，可以通过创造有利于等轴晶形成的条件来抑制柱状晶的形成和生长。根据等轴晶的形成机制，凡是有利于小晶粒的产生、游离、漂移、沉积及增殖的各种因素和措施，都有利于抑制柱状晶区的形成和发展，扩大等轴晶区的范围，并细化等轴晶组织。具体措施不外乎从增大形核率和控制晶体生长条件两方面入手，分述如下。

1）引入形核剂

向液态金属中添加形核剂（对于铸铁生产则称为孕育剂）是控制形核、细化金属和合金铸态组织的重要手段，具体内容参见4.3节。

2）控制凝固条件

通过控制液态金属的凝固条件，可以有效调节晶体生长过程，从而实现对铸件组织的控制。具体措施有：

（1）较低的浇注温度

大量试验及生产实践表明，适当降低浇注温度可以有效减小柱状晶区比例，从而获得细小等轴晶组织，尤其是对于导热性较差的合金而言，效果更为显著。较低的浇注温度一方面有利于减少液态金属高温而引起的晶粒重熔的数量，使得先期形成的晶粒更多地存留下来；另一方面，液态金属过热温度的降低也有利于产生较多的游离晶粒。这两方面的作用均有利于抑制柱状晶的成长和等轴晶的细化。当然，浇注温度过低会引起液态金属流动性严重下降，导致浇不足或冷隔、夹杂等缺陷。

（2）适当的浇注工艺

液态金属进入铸型及凝固初期受到激冷作用形成的微小晶粒游离后被输运到液体内部，成为等轴晶的主要来源。凡是在凝固过程中促进液体金属对流及其对型壁冲刷作用的因素均能增加等轴晶数量，扩大等轴晶区并细化其尺寸。

大野笃美进行了图3-42所示的对比试验，当采用单孔中间浇注时，由于对型壁的冲刷作用较弱，柱状晶发达，等轴晶区较窄且晶粒粗大；而采用沿型壁圆周均布6孔浇注时，液流对型壁的冲刷作用大大增强，因而获得了全部细小等轴晶组织。

（3）铸型性质和铸件结构

① 铸型激冷能力的影响：铸型激冷能力对凝固组织的影响与铸件壁厚和液态金属的导热性有关。对于薄壁铸件而言，激冷可以使整个断面同时产生较大的过冷。铸型材料蓄热系数越大，液态金属就能获得较大的过冷，形核能力越强，有利于促进细小等轴晶组织的形成。对于壁厚较大和导热性较差的铸件而言，只有型壁附近的金属才受到激冷作用，因此，等轴晶区的形成主要依靠各种形式的游离晶粒。在这种情况下，铸型冷却能力的影响具有双重性。一方面，冷却能力较低（低蓄热系数）的铸型能延缓铸件表面稳定凝固壳层的形成，有助于凝固初期激冷晶粒的游离，同时也使液体金属内部温度梯度较小，固、液相共存区域较宽，从而对增加等轴晶数量有利；另一方面，铸型冷却能力低减缓了液体过热热量的散失，不利于游离晶粒的存留和增加等轴晶数量。通常，前者起主导作用。因此，在一般生产过程中，除薄壁铸件外，采用金属型比砂型铸造更易获得柱状晶，特别是高温浇注时更为明显。砂型铸造所形成的等轴晶粒比较粗大。如果存在有利于异质形核与晶粒游离的其他因素，如强形核剂的存在、低浇注温度、促进枝晶缩颈及强烈的液体对流与搅拌等足以抵消其不利影响，则无论是金属型还是砂型铸造，皆可获得细小的等轴晶组织。当然，在同样条件下金属型铸造获得的等轴晶更为细小。

② 液态金属与铸型表面的润湿角：试验表明，液态金属与铸型表面的润湿性好，即接触角小，在铸型表面易于形成稳定的凝固壳层，因而有利于柱状晶的形成与生长。反之，则

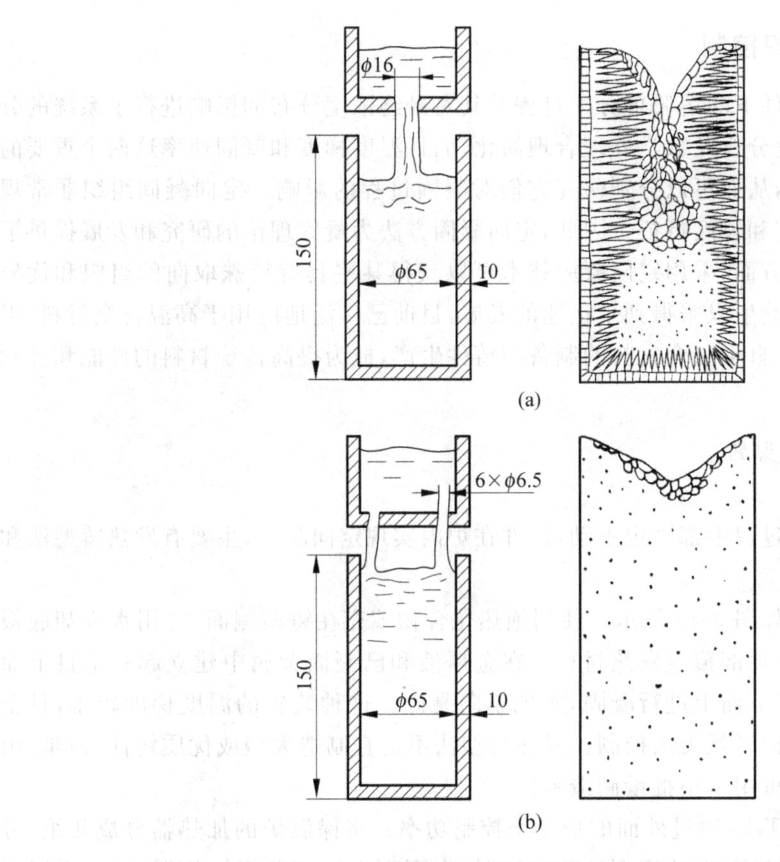

图 3-42 不同浇注条件下铸锭的宏观组织示意图

(a) 单孔中心浇注；(b) 沿型壁周围均布 6 孔浇注

有利于等轴晶的形成与细化。

③ 铸型表面的粗糙度：试验结果表明，铸型表面粗糙度的提高不利于柱状晶生长，柱状晶区减小，而等轴晶区扩大。

（4）动态下的结晶有利于细化等轴晶

在铸件凝固过程中，采用某些物理方法，如振动（通过机械、超声波方法）、搅拌（通过机械、电磁方法）或铸型旋转等，均可以引起液相与固相的相对运动，导致枝晶的破碎、脱落及游离、增殖，在液相中形成大量晶核，有效地减小或消除柱状晶区，细化等轴晶组织。

① 利用振动可以细化晶粒，细化程度与振幅、振动部位、振动时间等因素有关。试验表明，振幅对晶粒尺寸有明显影响，随着振幅的增大，细化效果增强。另外，对铸型上部或液态金属表面施加振动较铸型底部或整体振动具有更好的细化晶粒效果。最佳的振动开始时间是在凝固初期，即在稳定的凝固壳层未形成之前振动，可以抑制稳定凝固壳层的形成，从而抑制柱状晶区的形成与扩展，促进等轴晶区的形成及等轴晶细化。

② 在凝固初期，对液面周边进行机械搅拌可以收到与振动相同的细化晶粒的效果。但在实际生产中，除连铸与铸锭过程外，一般对凝固中的铸件进行机械搅拌是较难以实现的。而电磁搅拌则不同，充满液态金属的铸型在旋转磁场作用下，其中的液态金属由于旋转而产生搅拌作用并冲刷型壁，从而促进型壁处的晶粒破碎、脱落及游离，细化等轴晶。

3.4.2 定向凝固组织控制

前面对定向凝固条件下的溶质再分配过程及其对最终浓度分布的影响进行了系统的分析,这种凝固条件使理论分析及数学处理合理简化,而且温度梯度和凝固速率这两个重要的凝固参数能够独立变化,从而可以分别研究它们对凝固过程的影响。定向凝固组织非常规则,便于准确测量其形态和尺度特征。因此,定向凝固方法为凝固理论的研究和发展提供了很好的实验基础。另一方面,采用定向凝固技术可以获得某些具有特殊取向的组织和优异性能的材料,因此,自它诞生以来得到了迅速的发展,目前已广泛地应用于高温合金材料、半导体材料、磁性材料以及自生复合材料的制备与铸件生产,成为提高传统材料的性能和开发新材料的重要途径。

1. 定向凝固方法及装置

1) 炉内法

铸件和炉子在凝固过程中都固定不动,铸件在炉内实现定向凝固,主要有发热铸型法和功率切断法。

发热铸型法的装置如图 3-43 所示。使用绝热化合物填充在铸型侧面,并用水冷却底板来控制冷却速度,在铸型顶部覆盖发热材料。在金属液和已凝固金属中建立起一个自上而下的温度梯度,使铸件自下而上进行凝固,实现单向凝固。这种装置的温度梯度较小,且金属液体注入铸型后温度梯度就无法控制。发热铸型法不适宜制造大型或优质铸件,但是,由于其工艺简单、成本低,可用于小批量制造零件。

功率切断法简称 PD 法,通过外面的炉子来控制功率。将保温炉的加热器分成几组,分段加热。熔融金属置于炉内,在从底部冷却的同时,自下而上顺序关闭加热器,液态金属则自下而上逐渐凝固,从而在铸件中实现定向凝固。可以通过控制功率切断的速率来控制铸件的温度梯度,从而实现稳定的凝固速度。图 3-44 所示为用电阻加热的定向凝固装置。通过逐渐减少线圈电源,即先减少下部线圈,后减少上部线圈的方法来控制铸锭结晶时温度变化的陡度。柱状晶从激冷板开始生长。

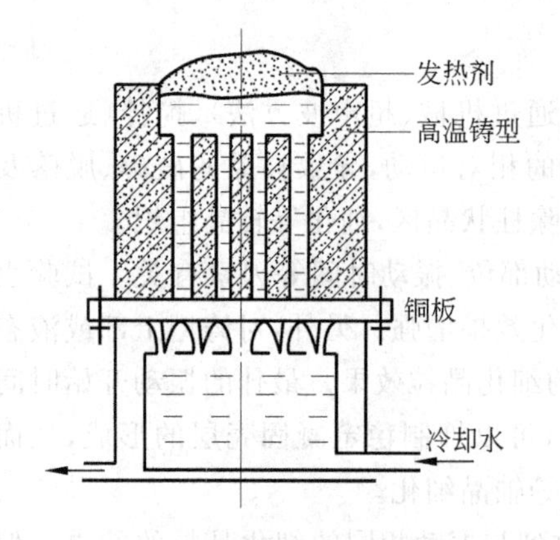

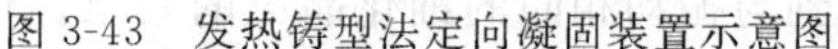
图 3-43 发热铸型法定向凝固装置示意图

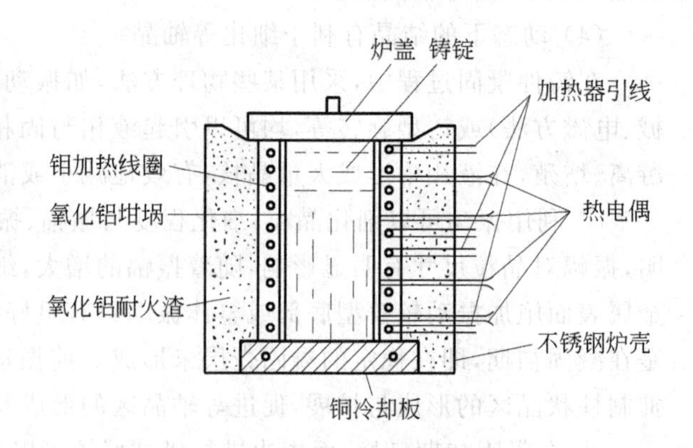

图 3-44 功率切断法定向凝固装置示意图

采用功率切断法时,在稳态凝固过程中,树枝晶生长前沿和结晶器(冷却源)之间的距离逐渐增大,温度梯度则随该距离的增大而减小。用叶片做试验时,温度梯度可从铸件底部的大约 15K/cm 逐渐减小到铸件顶部的大约 2K/cm。在这样的条件下，长度为 200mm 的涡轮叶片实现定向凝固大约需要 2h。通过选择合适的加热器件，可以获得较大的冷却速度，但是在凝固过程中温度梯度是逐渐减小的，致使所能允许获得的柱状晶区较短，且组织也不够理想。加之设备相对复杂，且能耗大，限制了该方法的应用。

2）炉外法

在凝固过程中铸件和炉子发生相对移动，铸件从炉内逐渐移出炉外。主要有在 Bridgman 晶体生长技术基础上发展成的快速凝固(HRS)法、液态金属冷却(LMC)法等。

为了克服 PD 法在加热器关闭后，冷却速度慢的缺点，将铸件以一定的速度从炉中移出或将炉子移离铸件，炉子保持加热状态，而使铸件空冷。由于避免了炉膛的影响，且利用空气冷却，因而获得了较高的温度梯度和冷却速度，所获得的柱状晶间距较小，组织细密挺直，且较均匀，使铸件的性能得以提高，Bridgman 法的装置如图 3-45 所示。

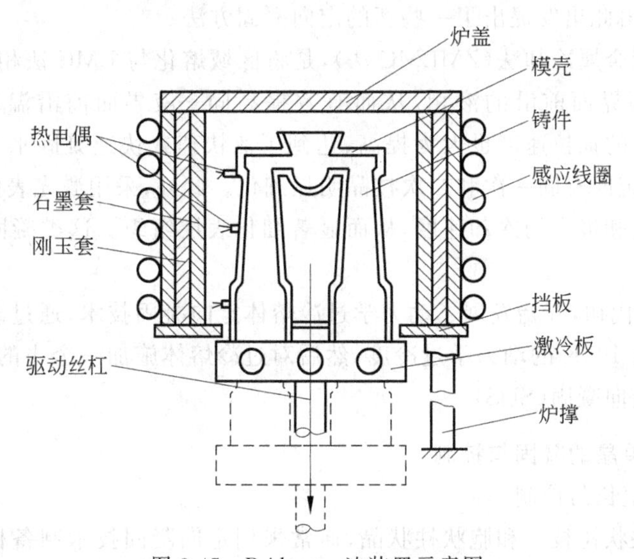

图 3-45 Bridgman 法装置示意图

HRS 法是通过辐射换热来冷却的，所能获得的温度梯度和冷却速度都很有限。为了获得更高的温度梯度和生长速度，在 HRS 法的基础上，将抽拉出的铸件部分浸入具有高导热系数的高沸点、低熔点、热容量大的液态金属中，形成了 LMC 法。这种方法提高了铸件的冷却速度和固—液界面的温度梯度，而且在较大的生长速度范围内可使界面前沿的温度梯度保持稳定，结晶在相对稳态下进行，能得到比较长的单向柱晶。

常用的液态金属有 Ga_2In 合金和 Ga_2In_2Sn 合金以及 Sn 液，前两者熔点低，但价格昂贵，因此只适于在实验室条件下使用。Sn 液熔点稍高(232℃)，但由于价格相对比较便宜，冷却效果也比较好，因而适于工业应用。

上述传统定向凝固技术，不论是炉外法，还是炉内法，存在的主要问题是冷却速度太慢，即使是液态金属冷却法，其冷却速度仍不够高，使得凝固组织有充分的时间长大、粗化，以致产生严重的枝晶偏析，限制了材料性能的提高。造成冷却速度慢的主要原因是凝固界面与液相中最高温度面距离太远，固—液界面并不处于最佳位置，因此所获得的温度梯度不大，这样为了保证界面前液相中没有稳定的结晶核心的形成，所能允许的最大凝固速度就有限。

表 3-2 为不同定向凝固方法的主要冶金参数。

表 3-2 不同定向凝固方法的主要冶金参数

凝固方法	温度梯度/(K/cm)	生长速度/(cm/h)	冷却速度/(K/h)	局域凝固时间/min
PD 法	7～11	8～12	90	85～88
HRS 法	26～30	23～27	700	8～12
LMC 法	73～103	53～61	4700	112～116

3）定向凝固方法的新发展

为了进一步细化定向凝固材料组织，减轻或消除元素微观偏析，从而有效提高材料性能，需要提高冷却速率。在定向凝固技术中，可以通过提高固—液界面处的温度梯度和生长速率来加速冷却，由此出发提出了一些新的定向凝固方法。

区域熔化液态金属冷却法(ZMLMC 法)，是将区域熔化与 LMC 法相结合，利用感应加热集中作用于凝固界面前沿的液相，从而有效提高固—液界面前沿温度梯度，其值可达 1300K/cm，所允许的抽拉速度也大为提高，达到了亚快速或快速凝固水平。应用 ZMLMC 法，可使高温合金定向凝固一次和二次枝晶明显细化。此外，采用激光表面重熔工艺也可以达到超高温度梯度和极高的冷却速度，从而显著细化表层组织。这类凝固技术称为超高温度梯度定向凝固。

20 世纪 80 年代初，开始发展了动力学过冷熔体定向凝固技术，通过改变铸型材料等措施使熔体获得了近 100K 的动力学过冷度，然后对过冷熔体施加一个小的温度梯度，从而实现了深过冷快速定向凝固(SDS)。

2. 柱状晶和单晶的凝固与控制

1）柱状晶的生长与控制

柱状晶包括柱状树枝晶和胞状柱状晶，通常采用定向凝固技术制备柱状晶。获得定向凝固柱状晶的基本条件是液态金属凝固时的热流方向必须为单向，在固—液界面前沿的液体中保持足够高的温度梯度，避免出现成分过冷和形成外来结晶核心。在这样的条件下，晶体沿着与热流方向相反的方向生长，垂直于晶体生长方向的横向晶界完全被消除。同时，由于晶体的定向生长，垂直于生长方向的溶质扩散过程受到有效抑制，偏析与缩松大大减少。这样生长的柱状晶体中只有平行于晶体生长方向的晶界存在，而且晶界组织致密，夹杂很少，因此，沿柱状晶生长方向的力学性能及热疲劳性能大幅度提高。

柱状晶生长过程中，除了保证单向散热以外，还应尽量抑制液态金属的形核能力，减少外来结晶核心。可以通过提高液态金属的纯净度，减少因氧化、吸气而形成的杂质污染等措施抑制形核，也可以加入适当的反形核元素或混合添加物，消除形核剂的作用。

合理控制凝固工艺参数也是柱状晶生长过程的有效控制手段。G_L/R 值决定着液态金属的凝固组织形态，对凝固组织中各组成相的尺寸也有重要影响。由于液体温度梯度 G_L 在很大程度上受到设备条件的限制，因此，凝固速度 R 就成为控制柱状晶组织的主要参数，生产中一般通过试验确定合理的凝固速度 R 值，既保证组织细化和足够的生产率，又避免固—液界面前沿液体中出现成分过冷。

2）单晶生长及其控制

在柱状晶生长技术基础上，采取一定的措施（通常是设置选晶器），抑制大部分最初形成的晶体生长，只使其中一个晶粒具备继续生长的条件，在液态金属中稳定生长为一个单晶体。由于完全消除了晶界，单晶体在高温力学、抗热疲劳、抗热腐蚀以及服役温度等方面都具有更为优异的性能，因而获得了广泛的应用。

单晶体是从液相中生长出来的，按其成分和晶体特征，可以分为三种：

（1）晶体和液体的浓度完全相同。单质和化合物的单晶体都属于此类。

（2）晶体和液体浓度不同。为了改善单晶材料的电学性质，通常要在单晶中掺入一定含量的杂质（掺杂），使这类材料实际上变为二元和多元系。这类材料凝固时在固—液界面上会出现溶质再分配，很难得到均匀成分的单晶体，液体中的溶质扩散与对流对晶体中杂质元素的分布具有重要影响。

（3）有第二相或共晶出现的晶体。更高浓度合金的铸造单晶组织中不仅含有大量基体相和沉淀析出的强化相，还有共晶在枝晶间析出。整个铸件由一个晶粒组成，该晶粒内部则有若干柱状枝晶，枝晶多为“十”字形花瓣状，枝晶干尺寸均匀，二次枝晶干互相平行，具有相同的取向。纵向截面是平行排列的一次枝干，这些枝干同属一个晶体，没有晶界存在。严格地说，这是一种“准单晶”组织，与晶体学意义上的单晶不同。由于是柱状晶单晶，在凝固过程中会产生成分偏析、显微缩松及柱状晶间的小角度（2°～3°）位向差等，这些因素都会不同程度地损害晶体的完整性，但是这种单晶体内的缺陷比多晶结构的柱状晶晶界对力学性能的影响要小得多。

为了得到高质量的单晶体，首先要在液态金属中形成一个单个晶核，而后这个晶核向液态金属中不断长大并最终形成单晶体。单晶在生长过程中要严格避免固—液界面失去稳定性而长出胞状晶或柱状晶，因而固—液界面前沿的液体中不允许出现热过冷和成分过冷，结晶时释放出的潜热只能通过生长着的晶体导出。定向凝固技术可以满足上述单晶制备过程的热量传输要求，只要恰当地控制固—液界面前沿液体的温度梯度和界面推进速度，就能够得到高质量的单晶体。单晶生长根据生长过程中液体区域的特点分为正常凝固法和区域熔化法两类。

正常凝固法是通过坩埚移动或炉体移动而实现的。单向凝固过程都是由坩埚的一端开始，坩埚可以垂直放置在炉底，液体自下而上或自上而下凝固；也可以水平放置。最常用的方法是使尖底坩埚垂直沿炉体逐渐下降，单晶体从坩埚的尖底部位缓慢向上生长；也可以将“籽晶”放在坩埚底部，当坩埚向下移动时，从“籽晶”处开始结晶，随着固—液界面移动，单晶不断长大。由于这类过程中晶体与坩埚壁接触，容易产生应力或寄生形核，因而很少用于生产质量要求高的单晶。

对于内部完整性要求高的单晶体，如半导体工业的主要芯片材料——单晶硅等，常用晶体提拉方法制备。晶体提拉法是将欲生长的单晶材料置于坩埚中熔化，获得高纯液体后将籽晶插入其中，控制适当的温度，使籽晶既不熔化，也不长大，然后，缓慢向上提拉并转动晶杆。晶杆的旋转一方面是为了获得良好的晶体热对称性，另一方面也可以搅拌液体，使液体温度均匀。采用这种方法生长高质量的晶体，要求提拉和旋转速度平稳，液体温度控制精确。单晶体的直径取决于液体温度和提拉速度。减小功率和提拉速度，晶体直径增大，反之则直径减小。晶体提拉方法具有以下主要优点：①在生长过程中可以方便地观察晶体的生长状况；②晶体在液体的自由表面处生长，始终不与坩埚壁接触，晶体内部应力显著减小，并可避免在坩埚壁上寄生形核；③可以较高的速度生长具有低位错密度和高完整性的单晶，而且晶体直径可以控制。

区域熔化法是制备单晶体的另一类方法，可分为水平区熔法和悬浮区熔法。水平区熔法是将原材料置于水平陶瓷舟内，通过加热器加热，首先在舟端放置的籽晶和多晶材料之间形成熔区，然后以一定的速度移动熔区，使熔区从一端移至另一端，使多晶材料通过熔化—凝固而成为单晶体。这种方法的优点是减小了坩埚对熔体的污染，降低了加热功率，另外，区熔过程可以反复进行，从而可以有效提高晶体的纯度和使掺杂均匀化。水平区熔法主要用于材料的物理提纯，也可用于生产单晶体。

悬浮区熔是一种垂直区熔法，依靠表面张力支持着正在生长的单晶和多相棒之间的熔区，由于熔融硅有较大的表面张力和小的密度，因此，该方法是生产硅单晶的优良方法。该法不需要用坩埚，免除了坩埚污染。此外，由于加热温度不受坩埚熔点的限制，因此可用于生长熔点高的单晶，如钨单晶等。

3.4.3 焊缝凝固组织控制

焊接方法大致分为熔化焊、压力焊和钎焊三类，其中以熔化焊应用较为广泛，熔化焊中以电弧焊应用更为普遍。因此，这里以电弧焊为对象讨论焊缝的凝固组织与控制。

焊接时母材在高温热源作用下局部熔化，并与熔融的填充金属混合而形成熔池，同时，在熔池中进行着短暂而复杂的冶金反应。当热源离开时，熔池金属便开始凝固。整个接头区由焊缝金属、热影响区和未受热影响的母材三部分组成。因此，焊接是在极短时间内使金属局部熔化而后凝固形成接头，既包括熔化过程，又包括凝固过程。尽管焊缝凝固有其自身的特点，但仍然是一种从液态到固态的转变过程，同样服从凝固理论所阐述的凝固规律，其结晶形态同样受焊接熔池中的成分过冷制约。由于熔池中的成分过冷分布不均匀，所以同一焊缝凝固时可以出现不同的结晶形态。例如，在熔池边界处，由于母材的温度低，熔池中的温度梯度较大；而同时晶体生长速度小，由成分过冷条件可知，此处的凝固组织多为平面晶。而越靠近熔池中心的部位，当热源离开，温度逐渐降低时，因固—液界面处固相一侧是刚刚凝固的金属，温度梯度较小，因而此处的结晶形态往往呈胞状晶或由胞状晶向树枝晶的过渡。

1. 焊缝金属的凝固特点

1）熔池的体积小，冷却速度大

一般熔化焊接的熔池形状为半个近似椭球，如图 3-46 所示，其轮廓为母材金属熔点的等温面。当焊接电流增大时，熔池的最大深度 H_{max} 随之增大；当电弧电压增大时，熔池的最大宽度 B_{max} 随之增大。当焊接速度（即熔池移动速度）增大时，整个熔池的体积减小，且沿焊接方向（即熔池移动方向）上熔池伸长。

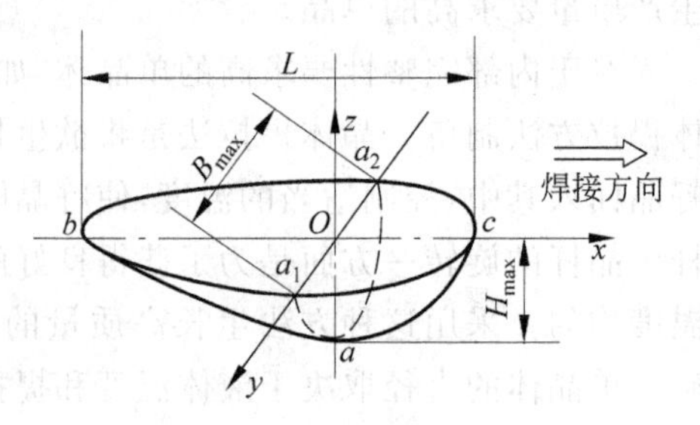

图 3-46 焊接熔池示意图

在电弧焊条件下，焊接熔池的体积很小，最大也只有 $30cm^3$，质量不超过 100g（对单丝埋弧自动焊）。如此小体积的液态金属又被温度较低的固体金属所包围,所以熔池的冷却速度很高,平均为 4～100K/s,超过一般铸锭的平均冷却速度近 10^4 倍。

焊接熔池不仅冷却速度大,而且其中心和边缘之间的温度梯度也很大,甚至比铸件(锭)凝固时的温度梯度高 10^3～10^4 倍。因此,焊缝金属组织一般很难得到等轴晶,多为具有明显方向性的柱状晶。

2) 熔池的温度高

焊接熔池中的液态金属处于高度过热状态,过热度可高达 250～350℃。在电弧焊的条件下,对于低碳钢和低合金钢来说,熔池的平均温度可达 1770±100℃,钢液局部温度甚至高达 2300℃,而一般铸锭的浇注温度则很少超过 1550℃,可见焊接熔池的过热度是很大的。

在如此高的过热度下,合金元素烧损比较严重,这使熔池中可以作为异质晶核的质点大为减少,因而进一步促使焊缝中的柱状晶得到发展。

3) 焊缝金属在运动状态下结晶

熔化焊时,焊接熔池以等速随热源移动,其中的液态金属也随之处于运动状态,如图 3-47 所示。在熔池的头部,金属不断被熔化,而在熔池的尾部,液态金属不断地凝固,熔池中金属的熔化与凝固同时进行,因此,熔池各部位处于液态的时间十分短暂,一般只有几秒到几十秒,这也是焊接熔池凝固过程与一般铸锭或铸件凝固过程的重要区别之一。

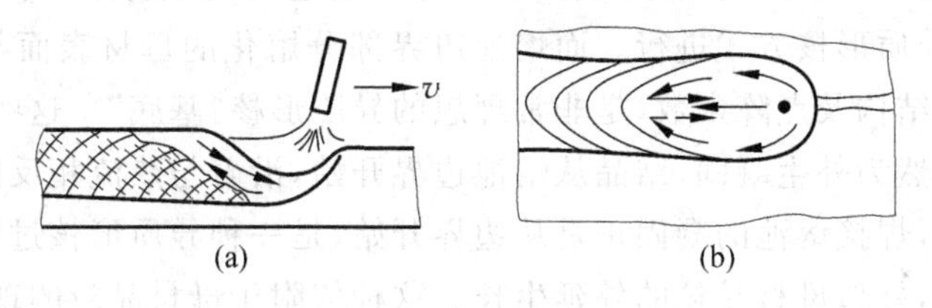

图 3-47 熔池中金属的流动
(a) 侧视图; (b) 俯视图

熔池中的液态金属一般是从熔池头部向熔池尾部流动,在小体积熔池中易于在尾部形成涡流。因此,生长中的树枝晶体前沿的向上运动的液体金属显然会受到一定的阻力,而熔池表面的液态金属运动时所受到的阻力相对较小。在热源移动过程中,处于熔池尾部表面的液态金属在重力作用下,有向熔池中心降落的趋势。

焊接熔池中存在着各种机械力的作用,如液滴落下的冲击力、电弧气流的吹力和电磁力等,以及由于温度分布不均匀而引起的金属密度差和表面张力差等,所以熔池不是处于平静状态,而是存在着搅拌和对流作用。这些作用有利于焊缝中的气体和夹杂物的排除、枝晶熔断及晶粒细化,从而获得致密的焊缝组织。

在运动状态下进行的焊接熔池的凝固速度很大,其固—液界面的推进速度比一般铸锭(件)凝固过程高 10～100 倍。

4) 熔池界面导热条件好

焊接熔池周围的母材金属对于熔池金属来说起着"模壁"的作用,而与一般铸锭(件)凝固过程不同的是熔池金属与"模壁"之间不存在中间层(包括气隙),同时,熔池的体积相对于母材而言非常小,这些条件均十分有利于熔池与母材金属之间的传热以及液态金属依附于母材金属表面形核结晶。因此,母材金属的组织和表面状况对焊缝组织与性能具有较大的影响。

2. 焊缝金属的结晶方式与组织形态

焊接熔池凝固组织形态如图 3-48 所示，其结晶过程与铸锭(件)一样都经历形核和晶核长大两个环节。然而，由于焊接熔池及其结晶过程的特点，使其凝固组织具有独特的形态。

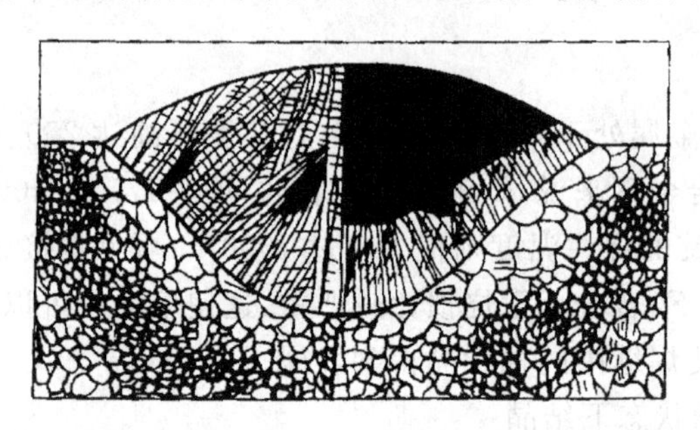

图 3-48 熔池金属的结晶形态示意图

1）外生凝固与外延结晶

从前面的讨论可知，焊接熔池中液态金属具有大过热度和高冷却速度，同时熔池边缘和中心之间存在着大的温度梯度。在焊接熔池这样高度过热的条件下，均质形核的可能性很小，结晶只能通过异质形核方式进行。而熔池边界部分熔化的母材表面与熔池金属具有相近甚至一致的晶格结构及点阵常数，是非常理想的异质形核"基底"。这些特征都表明，焊缝金属的凝固方式必然为外生凝固，结晶从熔池边界开始，沿着与热流相反的方向向熔池中心生长。试验也证明，焊接熔池的凝固正是从边界开始，是一种异质形核过程。焊缝金属晶体呈柱状晶形态生长，好似母材晶粒的外延生长。这种依附于母材晶粒的现成表面，形成具有相同或相近晶格结构与晶粒尺寸晶体的凝固方式称为外延结晶，也称联生结晶或交互结晶。图 3-49 为外延结晶形态示意图，其中 WI 表示焊缝边界；WM 为焊缝金属；BM 为母材金属。

2）柱状-树枝晶的择优生长

外生凝固方式决定了焊缝金属从熔池边界开始生长的晶体将以柱状晶的形式向熔池内部生长。由于结晶界面的不断减小，从熔池边界生长起来的柱状晶与相邻的晶体在熔池中竞相生长，势必因为生长空间而形成竞争，获得有利条件的晶粒得以继续向熔池中心不断生长，而处于不利条件下的晶粒生长受到抑制甚至停止生长，如图 3-50 所示。

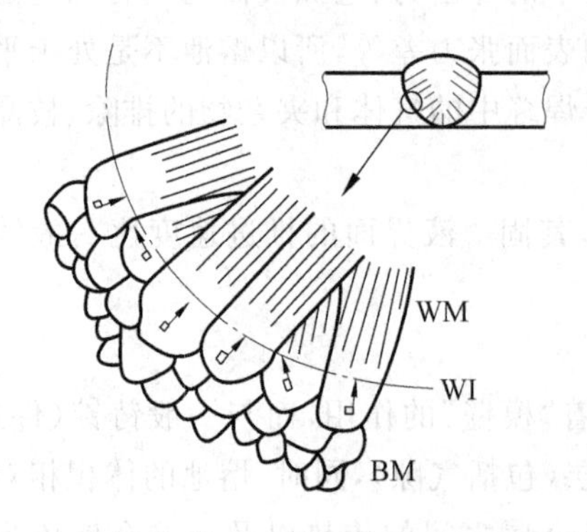

图 3-49 焊缝金属外延结晶形态示意图

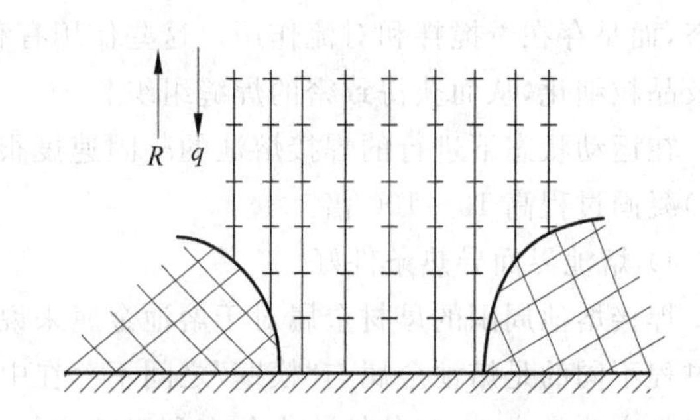

图 3-50 熔池边界的柱状-树枝晶择优生长示意图

根据金属凝固理论，柱状晶的主轴具有一定的结晶位向，如对于各种立方点阵金属Cu、Fe、Ni、Al等，最有利于晶体生长的位向为〈001〉。而在熔池边界处，作为现成晶核的母材金属晶粒的位向各不相同、杂乱无章，其中有的晶粒结晶位向〈001〉正好与熔池边界等温面相互垂直，即正好指向散热最快的方向，其生长自然最为有利，而其他晶粒的结晶位向〈001〉则程度不同地偏离于熔池边界等温面的垂直方向，其生长就不大有利或很不利，因而受到不同程度的抑制。这就导致了焊缝区柱状晶的择优生长。

由于焊接熔池金属的凝固在运动状态下进行，其柱状晶的生长方向在沿焊缝长度方向上与熔池的形状和焊接速度有关。在一般焊接速度下，焊缝的柱状晶偏向焊接方向（即熔池移动方向）并弯曲地指向焊缝中心，称为"偏向晶"，如图3-51(a)所示。焊接速度越低，柱状晶主轴越偏向焊接方向。而在高速焊接条件下，柱状晶生长方向可垂直于焊缝边界，一直长到焊缝中心，称为"定向晶"，如图3-51(b)所示。焊缝中柱状晶的生长方向之所以具有定向和偏向的特征，与熔池移动过程中的最快散热方向有关。由边界成长起来的柱状晶总是垂直于等温面而指向焊缝中心，如图3-52所示，其中G_{max}为散热最快的方向。当热源移动速度很快时，焊接熔池将变成细长条，此时，从理论上来说，沿热源运动方向的温度可视为均匀分布，即无温度梯度存在，所以，沿垂直于焊缝中心线的方向散热最快。因此，柱状晶只能垂直于焊缝的方向向焊缝中心生长，呈现典型的对向生长的结晶形态。

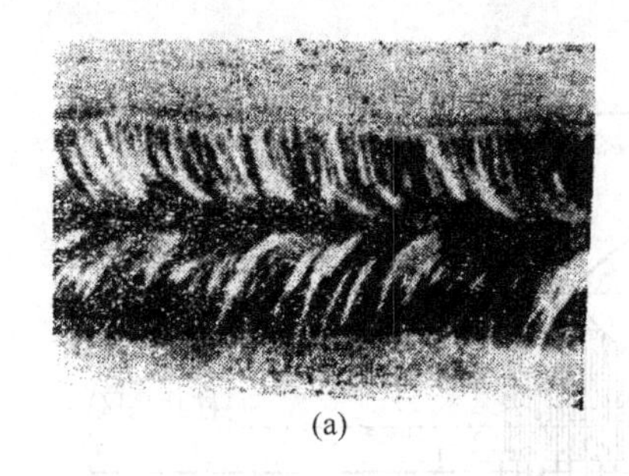
(a)

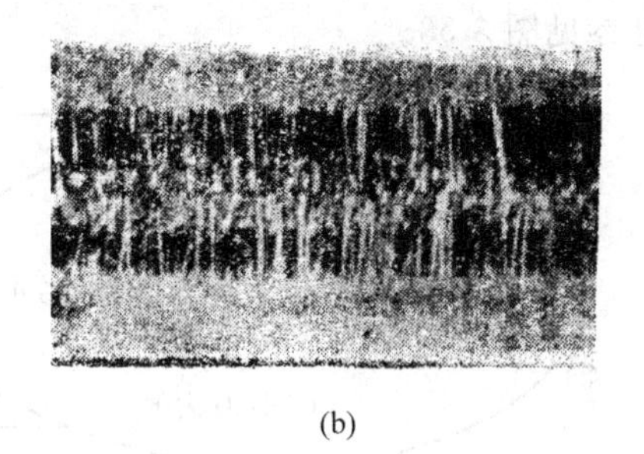
(b)

图3-51 焊缝柱状-树枝晶生长形态

Al板，TIG焊：(a) 偏向晶(v=25cm/min)；(b) 定向晶(v=150cm/min)

3）凝固速度

熔池中液态金属的凝固速度可以通过柱状晶生长速度和凝固时间来反映。柱状晶的生长速度即柱状晶前沿的推进速度。在偏向晶的情况下，由于晶体生长方向在不断变化，而且各点的散热程度不同，所以生长速度应为平均生长线速度，平均生长线速度与焊接速度有关。

在焊缝边界刚开始凝固时，柱状晶的平均生长速度总是小于焊缝中、上部的生长速度，而柱状晶生长的最大速度不可能超过焊接速度。

焊接熔池的实际凝固过程并不是完全连续的，而是时有停顿的断续过程。由于析出结晶潜热及其他附加热量的作用，柱状晶生长速度的变

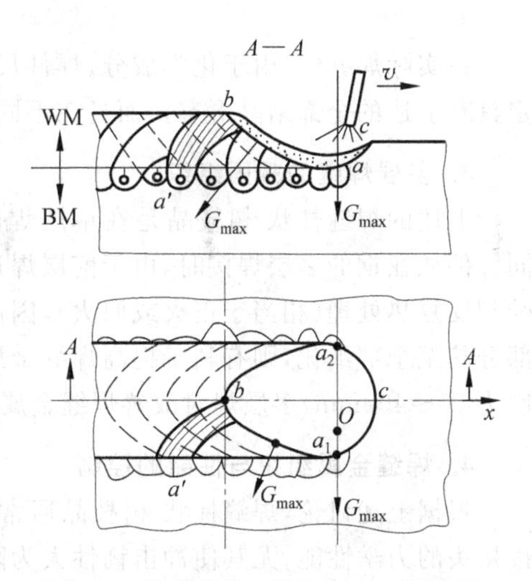

图3-52 柱状晶指向焊缝中心生长示意图

化并非很有规律，常常伴随有不规则的波动现象。

与铸锭(件)相比，焊缝金属的凝固速度非常高，对于某一定点来说，其凝固时间通常只有几秒钟。这样快速形成的凝固组织明显有别于铸造组织，焊件的强韧性往往高于铸件，这与焊缝金属独特的凝固过程有关。

4) 凝固组织形态

对焊缝断面的宏观观察表明，焊缝的晶体形态主要为柱状晶和少量的等轴晶。在显微镜下进行微观分析，还可以发现每个柱状晶内存在着不同的结晶形态，如平面晶、胞状晶及树枝晶等，而等轴晶内一般都呈现为树枝晶。焊缝金属中的晶体形态与焊接熔池的凝固过程密切相关。焊接熔池的凝固过程是一个动态过程，不仅在固相中，甚至在液相中溶质原子也来不及进行扩散均匀化，因此，在固—液界面附近必然富集溶质($k<1$)，而且存在着较大的浓度梯度。另外，焊接熔池中的温度分布不均匀，而且各处的温度梯度也不相同，从而导致熔池中不同部位处的成分过冷程度差别较大。在焊缝边界处，界面附近的溶质富集程度较低，而温度梯度较大，结晶速度很小，所以成分过冷很小，几乎接近于零，有利于平面晶生长。随着凝固过程的进行，界面附近溶质浓度的变化逐渐加剧，而温度梯度逐渐减小，结晶速度逐渐增大，因而必然增大成分过冷，因此结晶形态将由平面晶向胞状晶及树枝晶等过渡。在凝固的后期，在焊缝中心和弧坑中部可能看到对称等轴枝晶。焊缝凝固时结晶形态的变化可参见图 3-53。

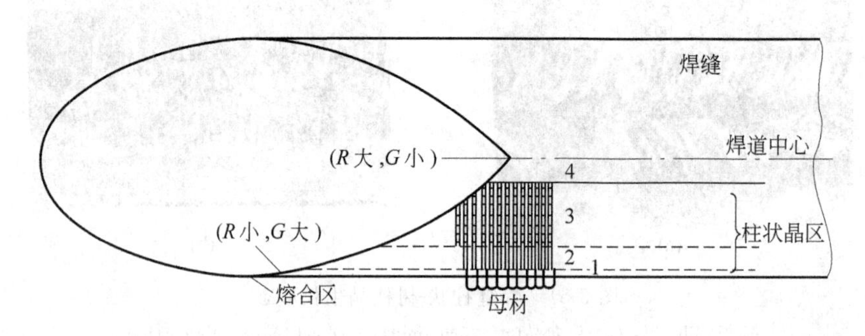

图 3-53 焊缝结晶形态变化示意图

在实际焊缝中，由于化学成分、焊件尺寸及接头形式、焊接工艺参数等因素的影响，不一定具有上述的全部结晶形态。而且在不同条件下的结晶形态也存在着较大的差别。

3. 多层焊缝的凝固组织

上述的焊缝柱状-树枝晶是在单层焊的焊道内形成的，而在多层焊接时情况则有所不同。例如在钢的多层焊接时，由于前层焊道被稍后层次的焊道再次加热，一部分柱状晶组织受到反复热处理(相当于正火或回火)，因而可能变成微细的组织。如果前层的组织能够被部分甚至全部细化，则有利于提高焊缝金属的延伸率和韧性，特别是采用短段(每层焊缝长度为 50～400mm)多层焊对改善焊缝金属和热影响区金属的组织与性能显得更为有效。

4. 焊缝金属组织与性能的控制

根据上述讨论，焊缝柱状-树枝晶通常在金属材料的焊接部位较为发达，明显地影响焊接接头的力学性能，尤其使冲击韧性大为降低，而一般的焊接构件焊后不再进行热处理，因此，控制焊缝金属凝固组织与性能对于保证焊接质量具有重要意义。焊缝凝固组织控制的主要目的是细化晶粒,尽量抑制柱状晶生长,以获得细小等轴晶组织。由于焊缝金属的外生凝固过程使母材晶粒外延生长,减少了熔池边界处"模壁"晶粒的游离机会,因而不利于获得等轴晶。因此,为了在焊接部位获得等轴晶组织,就要为熔池边界处的晶体游离创造有利条件,实际焊接过程中主要通过两条途径控制焊缝凝固组织。

(1) 焊缝合金化与变质处理 焊缝合金化是通过往焊缝中加入某些合金元素以产生强化作用,保证焊缝金属的焊态强度与韧性,如固溶强化(加入 Mn、Si 等合金元素)、细晶强化(加入 Ti、Nb、V 等合金元素)、弥散强化(加入 Ti、V、Mo 等合金元素)等。此外,在焊接熔池中加入少量 Ti、B、Zr 及稀土等元素有变质处理作用,可以有效地细化焊缝组织,提高韧性。

(2) 工艺措施 通过对母材进行充分的预热可以抑制基体晶体的生长,同时配合变质处理和振动结晶等措施,能够有效促进熔池边界上的"模壁"晶粒游离,在熔池中形成大量细小等轴晶粒,抑制柱状-树枝晶生长,获得细小等轴晶组织,提高焊缝性能。

3.4.4 快速凝固

快速凝固是速度非常快的凝固过程。传统的凝固理论与技术的研究对象是铸锭和铸件。其凝固过程涉及的冷却速率通常在 $10^{-3}\sim10^{2}$ K/s 量级。当液态金属以 $10^{5}\sim10^{10}$ K/s 量级的冷却速率进行凝固时,就是快速凝固了。冷却速率本身不是凝固理论与技术的研究对象,但在快速凝固条件下,凝固过程中的各种传输现象可能被抑制,凝固过程远离平衡,经典凝固理论中的平衡假设不再适用,使金属的凝固组织发生一系列前所未有的变化。快速凝固技术已成为新材料制备的一种重要方法和途径。因此,可以定义当冷却速率快到凝固界面上也不能达到平衡(溶质分配系数偏离平衡值)时,就是快速凝固。

1. 快速凝固的工艺途径

液态金属实现快速凝固过程的最重要条件,是要求在凝固转变的临界时刻,用具有极高导热速度的冷却介质将热量带走。如果液态金属主要靠辐射散热,则其冷却速度不会很高。计算表明,如只靠辐射散热,使 1000℃ 的液滴获得 10^{3} K/s 的冷速,要求液滴的直径小于 1μm。通过对流换热,可获得比辐射散热大得多的冷却速率。采用高速流动的冷却气体(如导热良好的氢或氦,流速达几百米每秒)流过厚度为 1μm 的试样,冷速可达$(1\sim2)\times10^{4}$ K/s,直径 0.5mm 的金属丝的冷速可达 5×10^{4} K/s。若要实现更大的冷却速度(如 10^{6} K/s),则需要采用热传导的方法(让小尺寸的液体与高导热率的金属激冷体直接接触)才有可能。下面简单介绍常用的快速凝固工艺。

1) 雾化法

采用雾化法快速凝固技术可以获得具有快速凝固组织特征的细小金属粉末或金属碎片。常用的雾化法快速凝固方法有:亚音速气体雾化法,超音速气体雾化法,水雾化法,旋转电极法,以及快速旋转盘、旋转环、旋转杯法等,如图 3-54~图 3-57 所示。概括起来也可分为流体雾化法和离心雾化法。流体雾化过程的主要影响因素包括:射流压力,喷嘴形状,射流距离,金属液温度和流速等。亚音速气体雾化法的冷速在 $10^{2}\sim10^{3}$ K/s 量级,粉末粒度 50~70μm。超音速气体雾化法的冷速在 $10^{4}\sim10^{5}$ K/s 量级,粉末粒度 20~40μm。水雾化法的冷速在 $10^{2}\sim10^{4}$ K/s 量级,粉末粒度 30~100μm。离心雾化法的主要影响因素为转速和旋转盘、环、杯的结构和材料及金属液的温度等。旋转电极法的冷速在 $10^1 \sim 10^2$ K/s 量级，粉末粒度 100～200μm。快速旋转盘、环、杯法的冷速在 $10^3 \sim 10^4$ K/s 量级，粉末粒度 50～80μm。

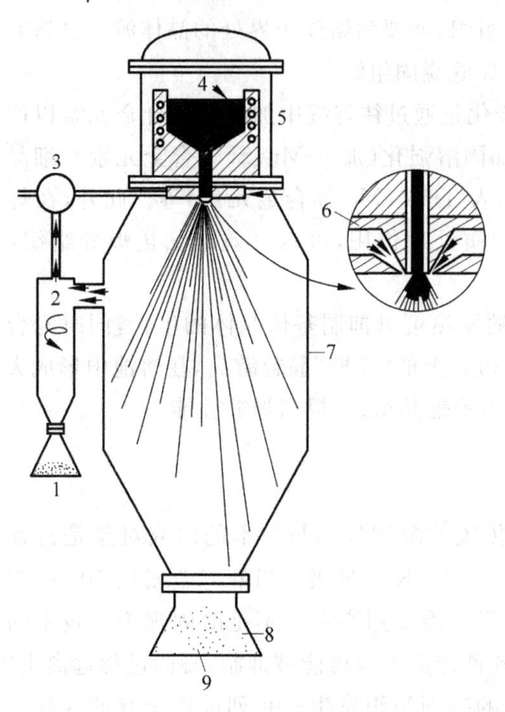

图 3-54 气体雾化法

1—细粉；2—气体；3—气源；4—合金液；5—加热器；6—喷嘴；7—雾化室；8—收集室；9—粉末

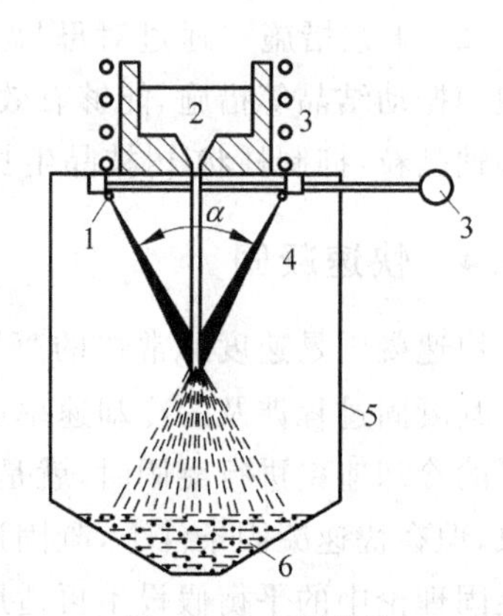

图 3-55 水雾化法

1—喷水口；2—合金液；3—熔化炉；4—水柱；5—雾化室；6—粉末

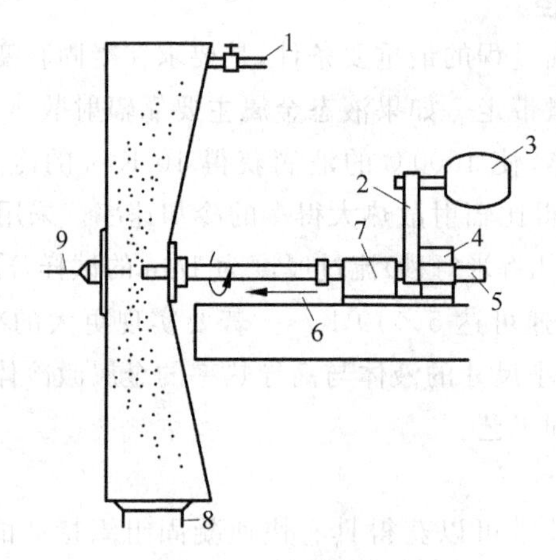

图 3-56 旋转电极法

1—真空；2—传送带；3—电动机；4—电刷；5—电极；6—送料；7—旋转器；8—粉末收集；9—钨电极

2）薄膜和线材快速凝固法

快速凝固技术实际上是从金属碎片的激冷研究开始的。常见的有“枪”法和锤砧法，如图 3-58 和图 3-59 所示。“枪”法的实质是在液滴下落过程中用高速气流加速，把液滴“打”在激冷基板上实现快速凝固，其冷速在 $10^3 \sim 10^4$ K/s 量级。20 世纪 50 年代，加州理工学院

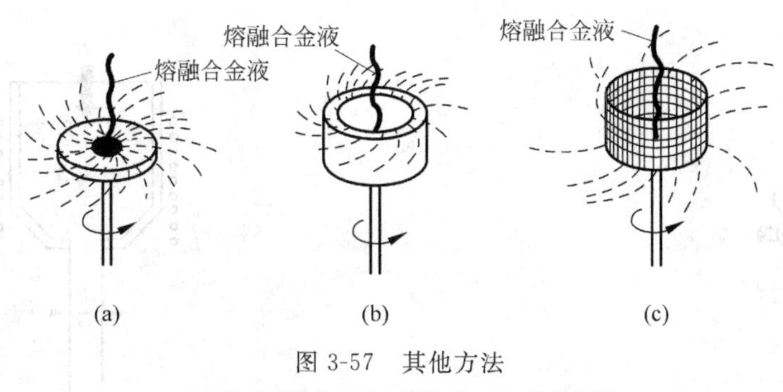

图 3-57 其他方法

(a) 快速旋转盘；(b) 旋转环；(c) 旋转杯法

的 Duwez 对枪法进行了重要改进，用小型爆炸替代气流来加速液滴，把冷速提高到 10^6～10^9 K/s 量级，并首次让 Au-Si 合金快速凝固成非晶态。为了纪念 Duwez 教授的这一开创性工作，人们把非晶态合金称为 Duwez 合金。锤砧法是在液滴下落过程中，用有激冷作用的快速移动的动模(锤)将其打在同样有激冷作用的静模(砧)上，以双面冷却实现快速凝固。研究表明，锤砧法可以实现比枪法更高的冷却速度。

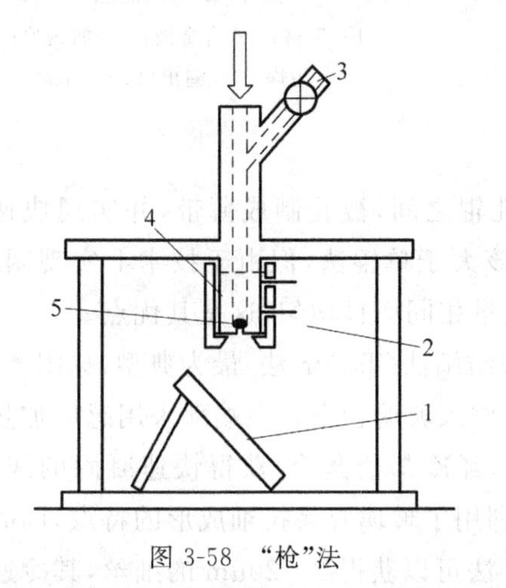

图 3-58 “枪”法

1—基板；2—加热器；3—试样入口；4—坩埚；5—样品

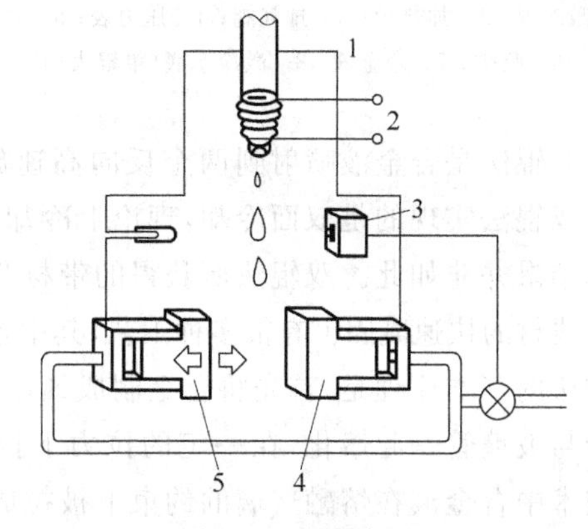

图 3-59 锤砧法

1—真空腔；2—加热线圈；3—检测器；4—静模；5—动模

枪法和锤砧法只能制备小的金属碎片，只适合在实验室做理论研究。薄膜材料快速凝固法中发展最快，且已在工业中实际应用于非晶带材生产的是单辊法(自由甩带和平面流铸)和双辊法，如图 3-60 和图 3-61 所示。

单辊法又可称为熔体甩出法(melt spinning)，它是采用高速旋转的激冷单辊将合金液流铺展成液膜并在激冷作用下实现快速凝固的方法。根据合金液引入方式的不同，可分为自由喷吹甩出法(free-jet melt spinning，FJMS)和平面流铸造法(planar flow casting，PFC)。两者的区别在于前者熔体喷嘴距离单辊较远，合金液通过喷枪喷射到高速旋转的激冷单辊上，形成薄膜并发生快速凝固。而后者合金液的出口距离单辊较近，在单辊和喷嘴之间形成一个熔池。该熔池对合金液流有缓冲作用从而可获得更均匀的薄膜。这两种方法在合金液拉成膜后，随单辊旋转一定角度进一步冷却并凝固，最后与其分离，进入收集器或缠绕成卷，获得一定宽度的带材。

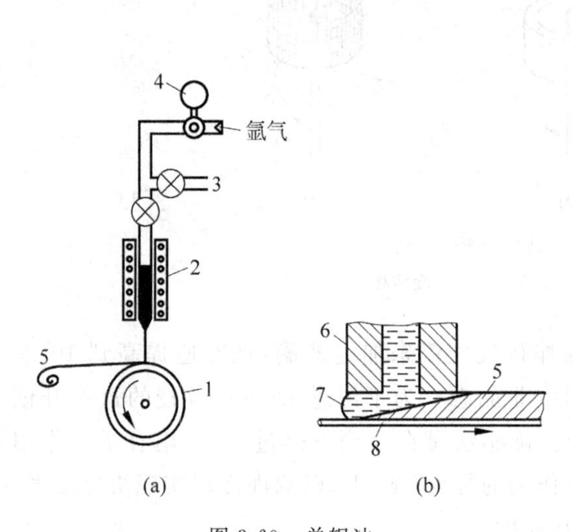

图 3-60 单辊法

(a) 自由喷吹甩出法；(b) 平面流铸造法

1—激冷辊；2—加热炉；3—排气阀；4—压力表；5—带材；6—喷嘴；7—合金液；8—激冷基底(单辊表面)

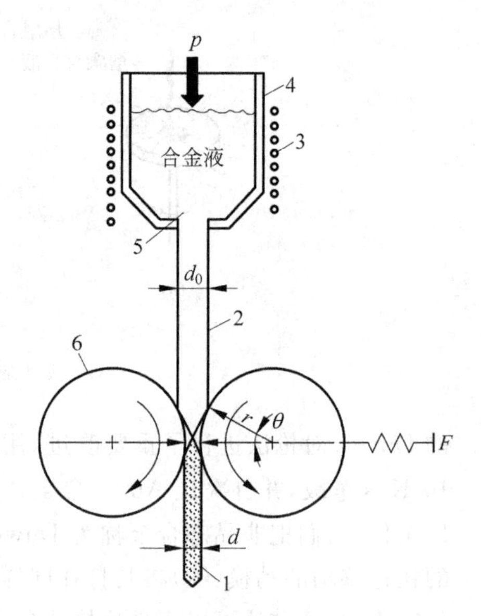

图 3-61 双辊法

1—带材；2—合金液；3—加热炉；4—坩埚；5—漏出口；6—双辊

双辊法是合金液喷射到两个反向高速旋转的轧辊之间，被轧制成薄带，并实现快速凝固。双辊法实现的是双面冷却，理论上冷却速度应该大于单辊法，但由于技术上实现困难，实际结果并非如此。双辊法所获得的带材两面的质量相同而且均匀，这是其优点。

线材的快速凝固也有很多种工艺，其中玻璃涂覆纺绩法(Taylor 法)最为典型，见图 3-62。该方法的基本原理是，首先将合金制成细棒，再将其放入玻璃管中。在端部采用感应加热将合金与玻璃管一起熔化，在一定的拉力下拉成细丝，经冷却器激冷，获得快速凝固的线材。该技术中合金液在熔融玻璃的约束下被拉成细丝，利用了玻璃容易拉细成形的特点，同时熔融玻璃还能起到防止金属氧化的保护作用。Taylor 法可以获得 2～20μm 的细丝，其冷速可达 10^5～10^6 K/s 量级。

3) 材料表面快速凝固层制备

利用高能束(激光、电子束、等离子束)扫描金属表面，可以实现金属表层的快速熔化与凝固，见图 3-63。在 10^4～10^6 W/cm^2 的高能量密度作用下，金属的表层被迅速熔化。当高能束移开后，熔化的金属表层会在底部基本未被加热的基体上迅速冷却并快速凝固。加热、冷却和凝固的速度受高能量功率密度、扫描速度和金属本身导热性能的影响。现在的技术已经可以实现 10^6～10^{10} K/s 量级的冷却速度，形成极细密的定向凝固组织。

4) 块体材料深过冷快速凝固法

前面讲到的快速凝固方法都是采用激冷工艺。由于金属内部热阻的限制，激冷作用只能在粉末或薄膜中实现。大尺寸块体的快速凝固只能通过其他途径来实现，深过冷法就是一种有效的方法。

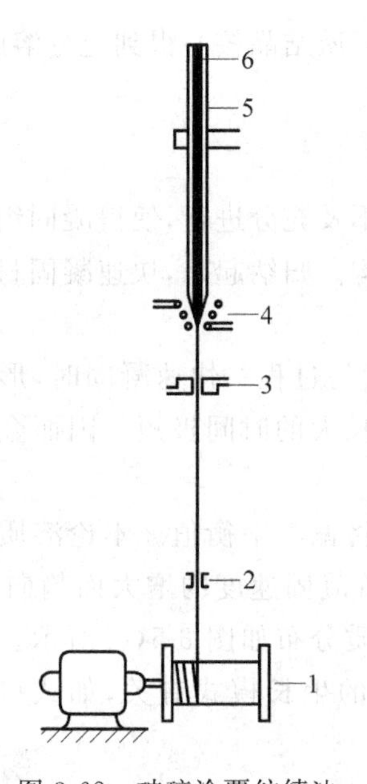

图 3-62 玻璃涂覆纺绩法

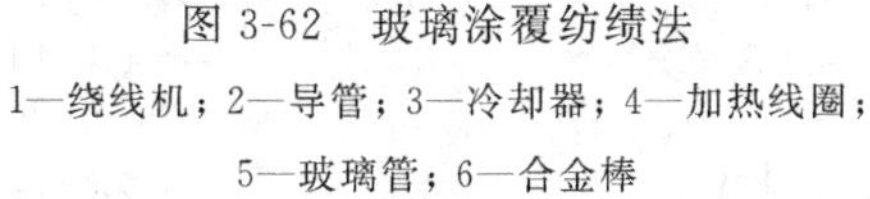
1—绕线机；2—导管；3—冷却器；4—加热线圈；
5—玻璃管；6—合金棒

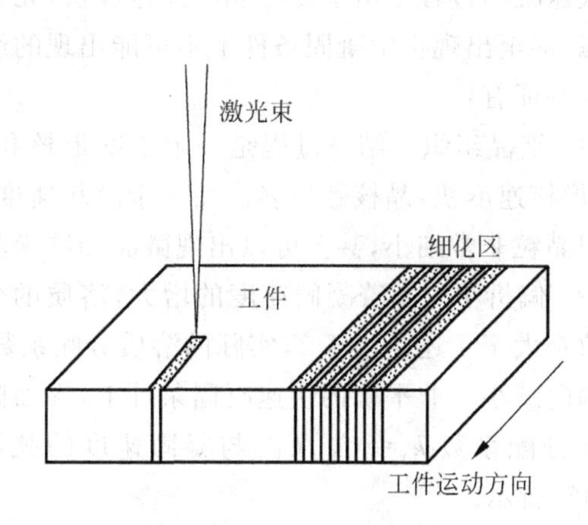

图 3-63 激光表面熔凝

所谓深过冷就是通过适当的途径抑制凝固过程中的形核，使金属液获得很大的过冷度，从而让凝固过程中所释放的潜热被过冷熔体吸收，大大减小凝固过程所需要导出的热量，得到大的凝固速度。当过冷度大于 $\Delta H_{m}/c_{ps}$ 时，金属熔体可在无热量导出的情况下完成凝固过程。式(3-43)定义的过冷度 ΔT_{c} 称为单位过冷度。

$$\Delta T_{c} = \frac{\Delta H_{m}}{c_{ps}} \tag{3-43}$$

均质形核需要很大的过冷度。熔体中异质形核基底的存在大大降低了形核所需要的过冷度。因此，实现深过冷的关键是净化金属液，去除熔体中的异质形核基底，使凝固过程尽量趋近于以均质形核方式进行。有效的途径主要有熔融玻璃净化法和悬浮熔炼法。

(1) 熔融玻璃净化法　熔融玻璃净化法是将具有一定体积的合金包覆在熔融玻璃中熔化并缓慢冷却获得大过冷的技术。该方法实现合金熔体深过冷的机理是：

① 合金液中的异质形核基底通过物理或化学作用与熔融玻璃反应而被除去。

② 氧化膜有时也可以作为异质形核基底。熔融玻璃可以使合金液与环境气体隔离，防止形成氧化膜。

③ 黏性的玻璃作为一种高阻尼隔离层，可以消除外界随机振动的干扰。而振动干扰有时是促进形核的因素。

(2) 悬浮熔炼法　悬浮熔炼法依靠高频电磁场或其他浮力场，使合金液自由悬浮在真空或惰性气体中熔炼和凝固。该法合金熔体深过冷的机理是：

① 合金液不与坩埚接触，防止坩埚表面作为异质形核基底。

② 利用高频感应、红外或激光等高能加热措施使合金熔化并高过热，合金中的某些异质结晶核心也被熔化，不再起异质形核基底作用。

在上述两种方法的基础上，采用循环过热等措施可使异质结晶核心得到充分溶解，进一步提高合金熔体的过冷度。

2. 快速凝固材料的组织结构特征

快速凝固过程中由于冷却和凝固速度快，元素扩散来不及充分进行，使得凝固组织远离平衡态，甚至出现正常凝固条件下不可能出现的组织和结构。归纳起来，快速凝固材料的组织结构特征有：

(1) 细晶组织　结晶过程是一个不断形核和晶核长大的过程。快速凝固时，形核过冷度大，形核速度快，晶核数量多。而由于冷却速度大，晶核长大的时间极短。因而金属的凝固组织晶粒非常细小，甚至可以出现微晶和纳米晶。

(2) 偏析小　随着凝固速度的增大，溶质的分配系数将偏离平衡值。不论溶质平衡分配系数是大于1还是小于1，实际的溶质分配系数都会随着凝固速度的增大而趋向于1，即偏析倾向减小。非平衡的快速凝固条件下，界面附近的溶质分布如图3-5(c)所示。实际溶质平衡分配系数 $k_a = C_S^* / C_L^*$ 与凝固速度的关系与凝固的生长模式有关，如式(3-44)和式(3-45)所示。

对连续生长过程：
$$k_a = \frac{k+\beta}{1+\beta} \tag{3-44}$$

对台阶生长过程：
$$k_a = k + (1-k)\exp\left(-\frac{1}{\beta}\right) \tag{3-45}$$

其中：$\beta = \frac{R\delta}{D_i}$，$D_i$ 为界面扩散系数，R 为凝固速度，δ 为凝固方向上的原子层厚度。当 $R \to \infty$ 时，$k_a \to 1$；当 $R \to 0$ 时，$k_a \to k$。

(3) 过饱和固溶体　随着凝固速度的增大，相图上实际液相线、固相线、固溶度线、共晶点等的位置都将偏离平衡位置。固态下，固溶体中合金元素的含量可以大大超过其固溶度，形成过饱和固溶体，增强固溶强化作用。在随后的热处理中，也可以析出更多的二次相，提高沉淀强化效应。

(4) 亚稳相　在快速凝固的条件下，平衡相的析出可能被抑制，转而析出非平衡的亚稳定相。最常见的例子是，在共晶成分Fe-C合金中，随着凝固速度的增大，平衡的石墨相的析出会被抑制，转而析出亚稳定的 Fe_3C 相。

(5) 非晶态合金　当冷却速度足够高时，结晶过程将被完全抑制，形成非晶态固体。非晶态合金的制备是快速凝固技术应用的成功实例。现在非晶态合金的研究已是材料科学与工程领域的一个重要研究方向，非晶态材料也已经取得重要的工业应用。

3. 快速凝固传热特点

一般的传热过程采用经典的Fourier传热定律描述，相应的热传导方程为抛物线型(PHC)偏微分方程：$\frac{\partial T}{\partial t} = \alpha \nabla^2 T$。经典Fourier定律的物理意义为热流通量与温度梯度成正比，相应的热传导速度为无限大，也就是说，只要在物体任一点施加热影响，该物体的其他位置立即产生热响应。一般条件下，液体金属的冷却与凝固速度相对于传热速度来说很低，传热过程可视为瞬间完成。而在快速凝固条件下，冷却及凝固速度相对于传热速度不再可以被忽略，热量传递不再具有瞬时性，经典Fourier传热定律的局限性就显示出来了。已经发现,在接近绝对零度和超急速传热条件下,热量以热波形式传递,热传导不符合经典 Fourier 定律,Cattaneo,Vernotte 等人修正了 Fourier 定律中热传播速度无穷大的假定,推导出了一维空间中的热流速率方程以及热传导系数 λ 和弛豫时间 τ 的动力学表达式,其结果归并成一类称为 Cattaneo-Vernotte 方程或双曲线型(HHC)热传导方程:

$$\tau \frac{\partial \boldsymbol{q}}{\partial t} + \boldsymbol{q} = -\lambda \nabla T \tag{3-46}$$

其中,$\boldsymbol{q}$ 为热流密度;λ 为导热系数;τ 为弛豫时间,即当热梯度施加到物体上后建立温度场所需要的时间。可见,当 $\tau \to 0$ 时,上述方程即简化为经典 Fourier 方程。

金属快速凝固时冷却速度可达 $10^6 \sim 10^{10}$ K/s,已经达到超急速传热的范畴,而金属的非 Fourier 热传导弛豫时间一般为 $10^{-9} \sim 10^{-11}$ s。因此,非 Fourier 热传导模式将对快速凝固过程有一定的影响。有学者基于 Cattaneo-Vernotte 热传导方程建立了溅射激冷金属快速凝固条件下的非 Fourier 传热模型,相应的一维非稳态热传导方程为

$$\tau \frac{\partial q(x,t)}{\partial t} + q(x,t) = -\lambda \frac{\partial T(x,t)}{\partial x} \tag{3-47}$$

进行数值计算后得到的冷却速度约为 10^5 K/s,而采用 Fourier 导热方程计算出的冷却速度则约为 10^6 K/s,两者之间的差异随着界面换热系数的增大而增大。表明传播速度为无限大的传热模型(PHC 模型)相对于热波传递模型(HHC 模型)将导致较高的冷却速度。计算结果还表明,影响快速凝固金属的冷却速度及其温度分布的最主要因素为金属/衬底界面换热系数(取决于界面状况)和溅射金属的厚度。

根据快速凝固金属与衬底之间的界面换热系数,可将金属的冷却方式划分为几种不同的模型:①理想冷却方式,界面换热系数极大,激冷金属及衬底中的温度梯度都很大,界面两侧没有温差;②牛顿冷却方式,界面换热系数很小,激冷金属及衬底中的温度梯度都很小,界面两侧温差较大,整个传热过程完全由界面换热控制;③中间冷却方式,界面换热条件介于上述两者之间,此时,界面两侧存在一定的温差,同时激冷金属与衬底中也有一定的温度梯度。在现有的大部分快速凝固技术中,激冷金属厚度一般为几个微米到几十个微米,界面换热系数一般为 $(1\sim3)\times10^5\,\mathrm{W\cdot m^{-2}\cdot K^{-1}}$。因此,其传热过程多属于牛顿冷却方式和靠近牛顿冷却方式的中间冷却方式。而在表面熔凝技术中,界面换热系数则要大得多,可视为接近理想冷却方式的中间冷却方式,或者就是理想冷却方式。其他因素,如液态金属的初始温度、凝固温度、衬底初始温度、凝固金属及衬底材料特性等,对快速凝固时的冷却速度也有一定影响,但相对于界面状况和激冷金属厚度来说,其影响较小。

习 题

1. Ge-0.001%Ga 合金定向凝固,设 Ga 在合金液体中的扩散系数 $D_L = 5\times10^{-5}\,\mathrm{cm^2/s}$,平衡分配系数 $k=0.1$,液相线斜率 $m_L = 4$K/%Ga,界面推进速度 $R = 8\times10^{-3}$ cm/s。试问:(1)若采取强制对流,边界层厚度 $\delta = 0.005$cm,当凝固到 50%时所形成的固相浓度为多少?(2)若完全没有对流,当合金凝固到 50%时,为了保持平界面前沿,液相内的温度梯度应符合什么条件?

2. Al-1%Cu 合金,共晶成分 $C_E = 33\%$,Cu 在 Al 中的最大固溶度 $C_{SM} = 5.65\%$,Al 的熔点 $T_m = 660$℃,共晶温度 $T_E = 548$℃,假设平衡分配系数 k 和液相线斜率 m_L 均为常数。

该合金定向凝固时，Cu在合金液体中的扩散系数 $D_L=3\times10^{-5}cm^2/s$，界面推进速度 $R=3\times10^{-4}cm/s$，不考虑对流作用，试求：(1)稳态下的平界面温度；(2)要保持平界面所需的液相温度梯度。

3. 采用上题中的合金浇注一细长圆棒，使其从左至右单向凝固，冷却速度足以保持固—液界面为平界面，当固相无Cu的扩散，液相中Cu充分扩散时，试求：(1)凝固10%时，固—液界面处的固、液相浓度；(2)共晶体所占的比例；(3)沿试棒长度方向Cu的浓度分布曲线，并标明各特征值；(4)证明：$T_L=T_m+m_LC_0(1-f_S)^{k-1}$。

4. 分别推导合金在平衡凝固和固相中无扩散、液相完全混合条件下凝固时，固—液界面处的液相温度 T_L^* 与固相分数 f_S 的关系。

5. 欲采用定向凝固的方法将圆柱状金属锭的一部分提纯，需要何种界面形态？采用下面哪一种方法更好：短的初始过渡区？Scheil方式凝固？为什么？

6. 试论证金属-金属共晶生长时，如果某一相的体积分数小于$\frac{1}{\pi}$，则该相将以棒状结构出现。

7. 选择什么样的金属材料容易形成非晶态？

8. 焊接熔池的凝固有何特征？从凝固条件与凝固组织形态方面分析焊缝凝固与铸锭凝固的区别。

参考文献

[1] 李言祥，吴爱萍. 材料加工原理[M]. 北京：清华大学出版社，2005.
[2] 陈平昌，朱六妹，李赞. 材料成型原理[M]. 北京：机械工业出版社，2002.
[3] 大野笃美. 金属凝固学[M]. 唐彦斌，张正德，译. 北京：机械工业出版社，1983.
[4] 张承甫，肖理明，黄志光. 凝固理论与凝固技术[M]. 武汉：华中科技大学出版社，1985.
[5] 胡汉起. 金属凝固原理[M]. 北京：机械工业出版社，1991.
[6] 陆文华，李隆盛，黄良余. 铸造合金及其熔炼[M]. 北京：机械工业出版社，1997.
[7] 李庆春. 铸件形成理论基础[M]. 北京：机械工业出版社，1982.
[8] 安阁英. 铸件形成理论[M]. 北京：机械工业出版社，1990.
[9] 周尧和，胡壮麒，介万奇. 凝固技术[M]. 北京：机械工业出版社，1998.
[10] FLEMINGS M C. Solidification Processing[M]. New York：McGraw-Hill，Inc. 1974.
[11] 吴德海，任家烈，陈森灿. 近代材料加工原理[M]. 北京：清华大学出版社，1997.

熔体质量控制

材料加工中产生的高温液态金属(如熔炼、浇注、焊接以及激光重熔等),不是理想的合金熔体。熔体内部不可避免地会存在溶入的气体元素、杂质元素、非金属夹杂物,熔体表面存在氧化、元素烧损等。它们会严重影响加工产品的性能。所谓熔体质量控制,就是采取各种冶金处理措施,尽可能降低液态金属气体、杂质元素和非金属夹杂物含量,减少或避免表面氧化,同时还可能需要调整液态金属的成分以满足质量要求。

4.1 气体与液态金属的相互作用

高温液态金属即使采取了保护措施,也总难免要和一些气体相接触。这些气体或会溶入液态金属,或会与液态金属发生反应。能引起金属中气体杂质(H、N、O)含量增加的气体有 H_2、N_2、O_2 和水蒸气 H_2O,有时还有 CO_2 等。当加工过程中采用的工艺不恰当时就可能有大量的气体溶入液态金属,使金属的性能变坏或形成气孔、裂纹等缺陷。与液态金属发生反应的气体主要导致金属的表面氧化、元素烧损或形成夹杂。

4.1.1 氢与液态金属的相互作用

1. 氢的溶解

氢分子在高温下可以分解为原子氢(见图 4-1)。当热加工温度较高,如在焊接电弧温度(5000～6000K)环境中,氢分子几乎全部分解为原子氢;而当热加工温度较低时,如在普通的熔炼(熔炼炉中的温度为 1600～1700K)条件下,大部分氢还是分子状态。

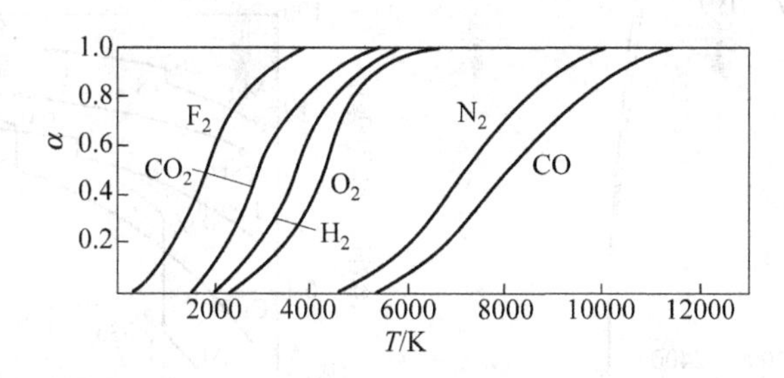

图 4-1 不同温度下气体的分解度(100kPa)

氢能溶于所有金属。根据与氢的相互作用和吸氢规律的不同,金属可分为两大类：与氢不形成稳定化合物的第Ⅰ类金属以及与氢能形成稳定化合物的第Ⅱ类金属。

1）氢在第Ⅰ类金属中的溶解

第Ⅰ类金属包括 Fe、Ni、Cu、Cr、Mo、Al、Mg 和 Sn 等,所吸收的氢都溶解于金属。因此这类金属所能吸氢的量(即某温度条件下能被金属吸收的氢总含量)与其溶解度(即某温度条件下氢能在金属中形成溶液或形成固溶体的最大值)是一致的,且氢的溶解是吸热反应。

分子态的氢必须分解为原子态或离子态(主要是 H^+)才能向金属中溶解。在一般熔炼条件下,当气相中的氢以分子态存在时,这类金属的吸氢规律服从一般双原子气体在金属中溶解的平方根定律,即 $w_{[H]}=K_{H_2}\sqrt{P_{H_2}}$,此时氢在金属中的溶解过程如图 4-2(a)所示。在电弧焊条件下,因为弧柱温度高,弧柱气氛中存在大量的氢原子和离子,因此焊接熔池中液态金属的吸氢量不受平方根定律的控制,大大超过了一般熔炼时的吸氢量,其溶解过程以图 4-2(b)的方式为主。从图 4-3 中可以看到氢在铁中的溶解度变化。铁在凝固点时,氢的溶解度有突变,在随后的冷却过程中,发生点阵结构改变时,氢的溶解度还有跳跃式的变化,即在面心立方点阵的 γ-Fe 中,比在体心立方点阵的 δ-Fe 及 α-Fe 中,能溶解更多的氢。氢在这类金属熔体中的溶解度随温度提高而增加(见图 4-4)。因此,在加工过程中温度越高吸氢越多。但在超过 2550℃后氢在铁中的溶解度就急剧下降,至铁的沸点(2750℃)时降至零,主要是由于金属大量蒸发导致氢分压降低。另外,金属中的合金元素也会不同程度地影响氢的吸收量,如 Ti、Ta、Cr、C、Si 等合金元素对铁中氢的溶解度影响如图 4-5 所示。

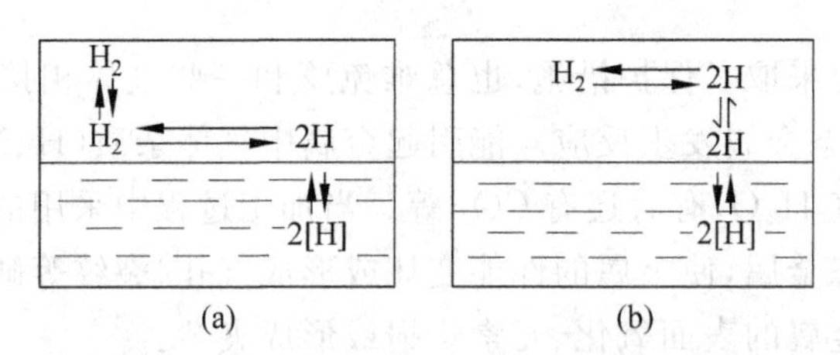

图 4-2 氢在金属中的溶解过程示意图

(a) 较低温度如熔炼时的溶解过程；(b) 较高温度如电弧焊时的溶解过程

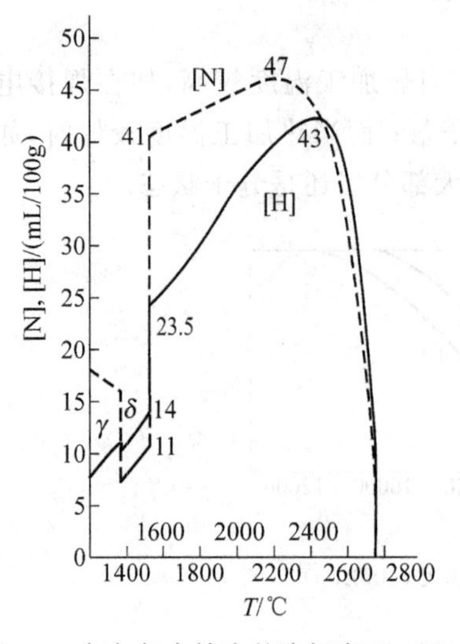

图 4-3 氢与氮在铁中的溶解度(100kPa)

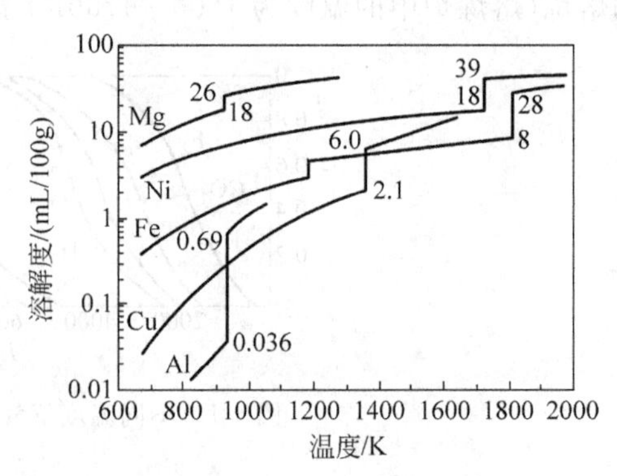

图 4-4 氢在第Ⅰ类金属中的溶解度随温度变化

2）氢在第Ⅱ类金属中的溶解

第Ⅱ类金属包括 Ti、Zr、V、Nb 和稀土等，它们的吸氢能力很强，其吸氢过程为放热反应。在温度不太高的固态下就能吸氢，首先与氢形成固溶体，当吸氢量超过了它的固溶度后就以氢化物析出。因此这类金属所能吸收氢的量超过了它的溶解度。但当温度超过氢化物稳定的临界温度后（相应于图 4-6 上溶解曲线的拐点温度），氢化物分解为自由氢原子，并扩散外逸。所以，这类金属的吸氢量比第Ⅰ类金属大得多，而且在加热到不太高温度的固态时就能吸氢。因此，在加工这类金属时要特别注意氢的污染。除了焊接和铸造这类金属及其合金时必须在真空或惰性气体保护条件下进行外，锻造加热时也要防止吸氢，如钛合金在加热、酸洗以及模锻过程中与油等碳氢化合物接触时都可能产生吸氢现象。当合金中氢含量超过一定数量（0.015%）后，便会发生氢脆。

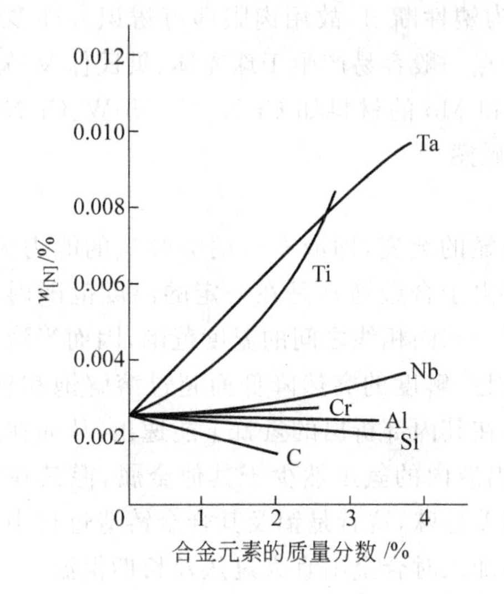

图 4-5 合金元素对氢在铁中溶解度的影响（1600℃）

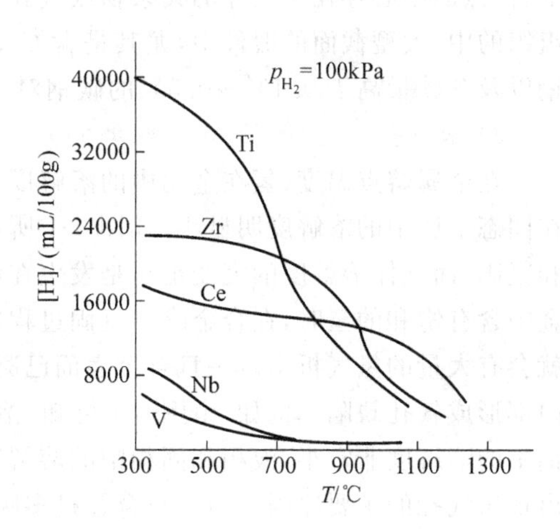

图 4-6 氢在第Ⅱ类金属中的溶解量变化

2. 氢对金属性能的影响

一般来说，氢对金属的性能是有害的，主要表现为导致金属脆化和形成气孔，具体体现在如下四个方面。

1）氢脆

金属的氢脆一般可分为两类。

第一类脆化是由氢化物引起的。例如在钛及其合金中，当氢含量超过了它的溶解度后，在冷却过程中会由于溶解度降低而在金属中析出脆性的片状氢化物 TiH_2，成为脆断时的裂纹源。这类脆化的特点是其脆化程度随加载变形速度加大而增大，而且温度越低脆化越严重。

第二类脆化是由于过饱和的氢原子在金属慢速变形时的扩散聚集以及与位错的交互作用引起的。其脆化机理为：在试件拉伸过程中，金属的位错发生运动和堆积，从而形成显微空腔；与此同时，溶解在晶格中的原子氢，不断沿位错运动方向扩散，最后聚集于显微空腔内，并形成分子氢，使空腔内产生很高的压力，加速微裂纹的扩展，而导致金属的变脆。它产生于一定的温度范围和小的变形速度下。当温度较高时氢易扩散外逸；当温度很低时氢的活动能力太低，不易扩散聚集。一般低碳钢和低合金钢在室温附近时氢脆最明显，如图 4-7 所示。当加载速度很大(如冲击试验)时，位错运动的速度很大，而氢的扩散聚集来不及进行，因此不出现脆化。与第一类脆化相反，其特点为脆化程度随加载变形速度加大而减小。

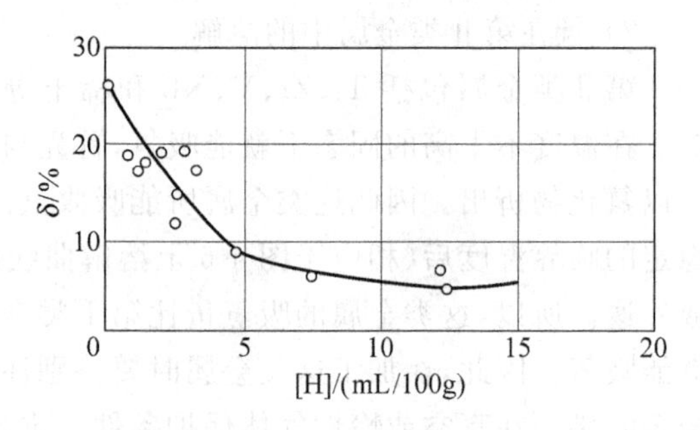

图 4-7　氢含量对低碳钢塑性的影响

2) 白点

白点是钢材内部氢脆引起的微裂纹，其纵向断口为表面光滑的圆形或椭圆形银白色斑点，故称为白点(俗称鱼眼)。白点的直径一般为零点几毫米到几毫米，或更大一些，其周围为塑性断口，故用肉眼即可辨识。许多情况下，白点的中心存在小尺寸的夹杂物或气孔。白点一般容易产生于珠光体、贝氏体及马氏体组织的中、大型截面的锻件中，尤其是含 Cr、Ni 和 Mo 的材料如 Cr-Ni、Cr-Ni-W、Cr-Ni-Mo 钢以及含碳量高于 0.4%～0.5%的碳钢对白点敏感。

3) 氢气孔

在金属熔点温度，氢在金属中的溶解度有明显的突变，即液态金属吸收氢的能力大，而在固态金属中的溶解度明显小，如图 4-4 所示。由于合金通常是在一定的温度范围内熔化和凝固，而气体溶解度的突变也正是发生在液相线和固相线之间的温度范围，因而当液态合金中含有饱和的氢时，在合金降温凝固过程中，因溶解度的突然降低而超过溶解饱和极限，就会有大量的氢气析出。一旦合金表面已凝固，在其内部析出的氢就不能逸出，从而在工件内部形成气孔缺陷。例如，由图 4-4 可知，溶于铝液内的氢虽然少于其他金属，但其在固态铝中的溶解度非常小，液相和固相中的溶解度相差悬殊，这就是铝及其合金铸造过程中容易出现氢气孔的主要原因。为防止合金过多吸氢，加工时合金不宜大过热及长期保温。

4) 产生冷裂纹

冷裂纹是金属冷却到较低温度下产生的一种裂纹，这种裂纹也是由于氢的扩散引起的，有时工件运行过程中都有可能发生，危害性很大。

3. 氢的控制

1) 限制氢的来源

金属熔炼时，必须确保炉料干净、少锈和无油。对于严重生锈的废金属，使用前应进行喷砂除锈处理；潮湿的金属炉料入炉前需要预热；表面有油污的金属炉料必须经过预热或去除油污。对于造渣材料，要严格控制水分的含量，如要求石灰的含水量小于 0.5%，入炉前需进行预热。炉膛、出钢槽、浇包等均应充分干燥。

金属焊接时，须限制焊接材料中的水分含量。如焊条、焊剂、药芯焊丝必须进行烘干处理，尤其是低氢型焊条，烘干后应立即使用或放在低温(100℃)烘箱内，以免重新吸潮。另外，还需要清除焊丝和焊件表面的杂质。当焊接铝和钛及其合金时，因常形成含水的氧化膜，焊接前必须用机械或化学方法进行清除。

2) 冶金处理

在金属熔炼过程中，通常通过加入固态或气态除气剂进行除气。如将氯气通入铝液后，氯气与氢能发生化学反应，铝液中的氢不仅可以氯化生成氯化氢气体，逸出铝液表面，还可以通过扩散作用，进入氯化铝气泡内，并通过 $AlCl_3$ 气体的逸出，达到良好的除气效果（详见4.3节）。

在焊接中，常通过调整焊接材料的成分，使氢在高温下生成比较稳定的不溶于液态金属的氢化物（如 HF、OH）来降低焊缝中的氢含量。如在焊条药皮和焊剂中加入氟化物。另外，在药皮或焊芯中加入微量稀土元素钇或表面活性元素如碲、硒，也可以大大降低焊缝中扩散氢的含量。

3）控制工艺过程

铸造时，适当控制液态金属的保温时间、浇注方式、冷却速度；焊接时，调整焊接工艺参数，控制熔池存在时间和冷却速度等，均能减少金属中的氢含量。

4）脱氢处理

焊后把焊件加热到一定温度，促使氢扩散外逸的工艺称为焊后脱氢处理。将焊件加热到350℃，保温1h可使绝大部分的扩散氢去除。在实际生产中对易产生冷裂纹的焊件，常常要求进行焊后脱氢处理。

4.1.2 氮与液态金属的相互作用

1. 氮的溶解

除少数金属如铜和镍外，氮能以原子的形式溶于大多数的金属中。但由于氮分子分解为原子时所需的温度很高（见图4-1），因此即使在电弧焊的高温下（5000～6000K），它的分解度也很小。所以一般加工条件下气相中很少存在能直接溶于金属的原子态氮。分子态氮的溶解过程与氢类似，包括四个阶段：首先是气相中的氮分子向金属表面移动，之后被金属表面吸附，被吸附的分子在金属表面分解为原子态的氮，最后原子穿过金属表面层向金属深处扩散即溶入液态金属，如图4-8所示。因此这是一种纯化学溶解的过程，符合化学平衡法则。一定温度和一定氮分压的条件下，氮在金属中达到平衡时的浓度即溶解度 $w_{[N]}=K_{N_2}\sqrt{P_{N_2}}$，式中 K_{N_2} 为氮溶解反应的平衡常数，P_{N_2} 为气相中分子氮的分压。氮在铁中溶解度随温度的变化见图4-3，氮在液铁中的溶解度在超过2250℃后急剧下降，至铁的沸点（2750℃）时降至零。

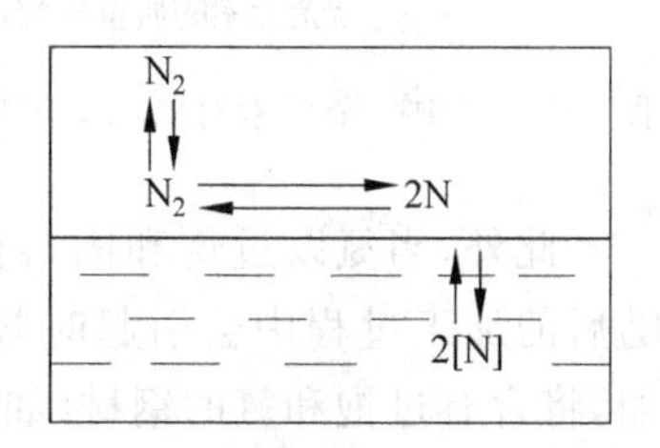

图4-8 氮的溶解过程示意图

当气相中存在有原子和离子状态的氮时，其溶解度就要比仅为分子状态时高得多。此时氮在金属中的溶解度已不受平方根定律的限制。因此，在用高能量密度的热源（如激光束）加工金属时，熔化金属吸收的气体量比用上述平方根定律计算出来的溶解度高得多。

氮在金属中的溶解度除了与其分压和温度有关外，还与金属的种类和合金的成分有关。一般来说，在活性金属中氮的溶解度更大，在钢中加入不同合金元素时也会影响到氮的溶解度（见图4-9）。

2. 氮对金属性能的影响

1）氮的有害作用

氮经常作为一种有害杂质存在于金属中，其有害作用主要是引起气孔和金属的脆化。

（1）形成氮气孔　氮是促使铸件或焊缝产生气孔的主要原因之一。液态金属在高温时可以溶解大量的氮，而在凝固时氮的溶解度突然下降，这时，过饱和的氮以气泡的形式从液态金属中逸出。当液态金属的结晶速度大于气泡的逸出速度时，就会形成气孔（如铁液中含氮量超过 0.01%时，易导致形成铸件中的气孔缺陷），导致铸件或焊缝承载能力下降，甚至由于应力集中而成为断裂的裂纹源。

（2）引起金属脆化　氮引起金属脆化的主要原因是由于高温下溶入了大量的氮，在冷却过程中由金属中直接析出粗大的氮化物而引起脆化，如含氮量高的钢冷却到 500℃以下时，过饱和的氮会以针状 Fe_4N 析出，分布于晶界和晶内，引起金属脆化，其脆化作用随含氮量的增加而增加（见图 4-10），尤其是对低温韧性的影响更为严重。

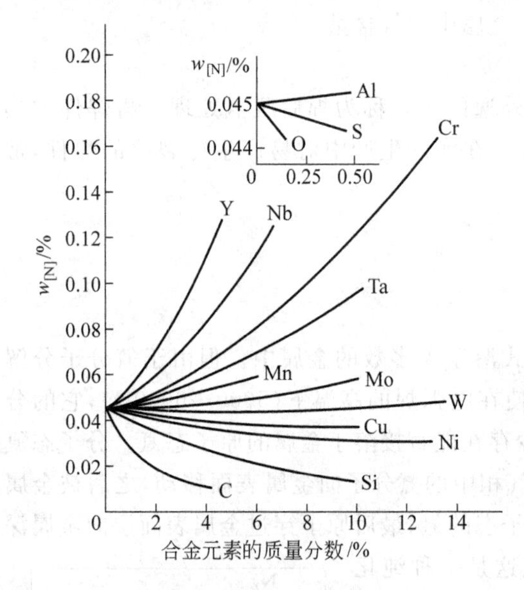

图 4-9　钢中合金元素对氮的溶解度的影响（1600℃）

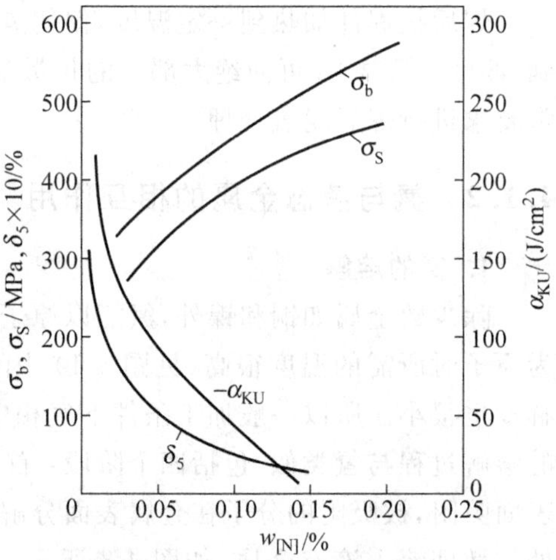

图 4-10　氮对焊缝金属室温力学性能的影响

此外，当氮以过饱和固溶体存在于钢中时，则在随后的加工过程中会引起时效脆化（见图 4-11）。例如，将含有过饱和氮的钢材（如含氮量高的沸腾钢）进行冷冲、滚圆和弯边等工序后再进行焊接，则会在焊接热的作用下引起钢材的时效脆化。这种情况下冷作引起的塑性变形和焊接引起的再次加热是促使氮的过饱和固溶体发生时效的外部条件。

2）氮的有益作用

在一些低合金高强度正火钢如 15MnVN 钢中，氮可以与一些合金元素生成氮化物弥散质点，起沉淀强化作用和细化晶粒的作用。为满足大线能量焊接的需要，在一些大线能量焊接用钢中加入微量钛，利用微小的氮化钛质点起组织晶粒长大的作用。另外，在有些含镍量低的奥氏体钢中常采用氮来稳定奥氏体，如 1Cr18Mn8Ni5N 钢。

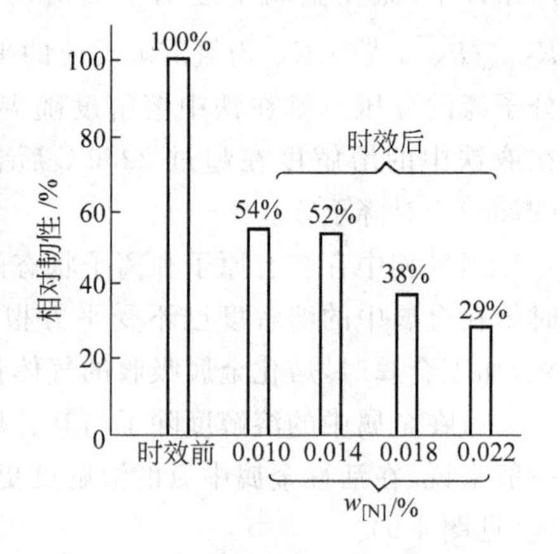

图 4-11　应变时效前后低碳钢冲击韧性的变化

3. 氮的控制

(1) 加强保护　对氮的控制主要是加强对金属的保护，防止空气的侵入。因为氮一旦进入液态金属，脱氮就比较困难。在金属熔炼时，应根据不同的冶炼期配制不同组成和数量足够的熔渣，以加强对液态金属的保护。液态金属出炉后应在浇包的液面上用覆盖剂覆盖，以免液态金属与空气接触。在焊接时，采用不同的焊接方法其保护效果不同，焊缝中氮的含量差别会很大。保护效果主要与不同焊接方法所采用的保护方式(如气保护、渣保护或气渣联合保护)、焊条药皮的成分和数量有关。

(2) 适当加入氮化物形成元素(固氮)　若在液态金属中加入Ti、Al、Zr等能固定氮的元素，形成稳定的氮化物，则可显著降低气孔倾向和时效脆化的倾向。如铝镇静钢的时效倾向小。

(3) 控制加工工艺　以焊接为例，焊接工艺参数对焊缝的含氮量有明显的影响。如电弧电压增加，导致保护变差，使焊缝含氮量增加。焊接电流增加时，由于熔滴过渡频率的增加，导致氮与熔滴作用时间减少，可使焊缝的氮含量减少。

4.1.3 氧与液态金属的相互作用

1. 氧的溶解

根据金属与氧的作用特点，可把金属分为两类。

第Ⅰ类是液态和固态都不溶解氧的金属如Al、Mg等，它们氧化生成的氧化物如Al_2O_3、MgO以单独的相成为氧化膜或氧化物质点悬浮于液态金属中。

第Ⅱ类是能有限溶解氧的金属，如Fe、Cu、Ni、Ti等。第Ⅱ类金属生成的氧化物如FeO、Cu_2O、NiO和TiO都能溶于相应的金属中，直到金属中的氧浓度达到饱和为止，如铁氧化生成的FeO能溶于铁及其合金中。氧在这些金属中的溶解度随温度升高而增加(例如，氧在铁液中的溶解度随温度的变化如图4-12所示)，而且液相中的溶解度大大高于固相中的溶解度。例如，固态时氧在铁中的溶解度很小，凝固温度时(1520℃左右)氧的溶解度降到0.16%，δ铁变为γ铁时降低到0.05%以下，室温α铁中几乎不溶解(0.001%以下)。因此，最后钢中的氧几乎全部以FeO和其他合金元素的氧化物以及硅酸盐等夹杂物的形式存在。

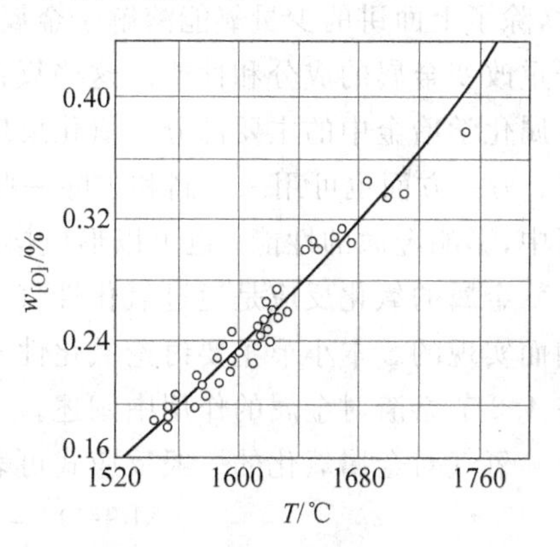

图4-12　铁液中氧的溶解度与温度的关系

氧在第Ⅱ类金属中的溶入方式取决于氧的分压。当氧的分压低于该金属氧化物的分解压(各种氧化物的分解压与温度的关系如图4-13所示)时，则氧化物不存在，此时全部以氧原子方式溶入；当氧分压超过金属氧化物的分解压时，在氧原子溶入的同时还有生成的氧化物一起溶入。例如1600℃时铁液不被氧化的氧分压为0.8×10^{-3}Pa，氧分压低于此值时，没有FeO生成，因此氧全部以原子态氧溶入铁液，与此氧分压平衡的氧溶解度为0.23%；假如在1600℃时氧的分压超过了以上压力时，则将有一部分氧以FeO的形式溶入。值得注意的是，当铁中有其他元素存在时，则将引起液态铁中氧溶解度的降低(如图4-14所示)。

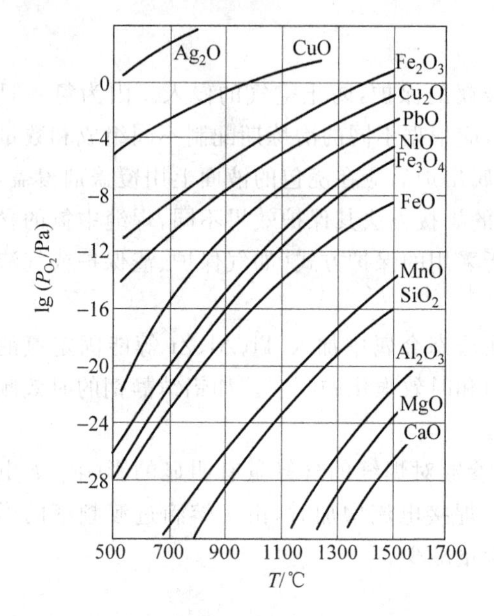

图 4-13 自由氧化物的分解压与温度的关系

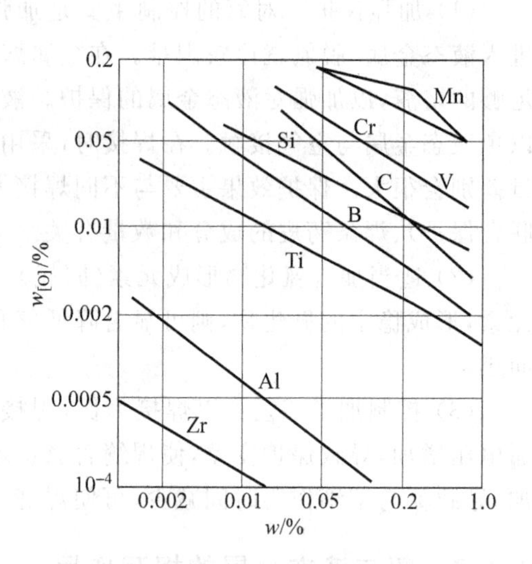

图 4-14 合金元素含量对液态铁中氧的溶解度的影响(1600℃)

2. 液态金属的氧化反应

氧是一种非常活泼的元素,在金属加工过程中氧与高温下的金属,特别是液态金属接触时,除了上面讲的少量氧能溶解于金属外,还会与金属及其合金元素发生强烈的氧化反应,严重改变金属的成分和性能。这些氧化反应对金属的作用显然大于它的溶解反应,是液态金属化学冶金中的主要部分。氧化反应一方面会使金属中的有益元素氧化烧损,使性能变坏;另一方面也可用来控制和去除一些有害的杂质。氧化的产物可以成为夹杂物残留于金属中,影响金属的性能;也可以形成熔渣对金属起保护和净化作用。

金属的氧化反应是通过氧化性气体(O_2、CO_2、H_2O 等)和活性熔渣与金属发生相互作用而实现的。本小节主要讨论氧化性气体的直接氧化反应,有关活性熔渣对金属的氧化将在 4.2 节熔渣对金属的作用中阐述。

氧气对金属氧化的一般反应式可表示为

$$xM + O_2 = M_xO_2 \tag{4-1}$$

$$K_P = \frac{1}{P_{O_2}} \tag{4-2}$$

$$\Delta G_t^{\ominus}(M_xO_2) = -RT\ln K_P = RT\ln P_{O_2} \tag{4-3}$$

金属氧化物的分解压 P_{O_2}(见图 4-13)及其标准生成自由焓 $\Delta G_t^{\ominus}(M_xO_2)$都是金属对氧亲和力的量度,可用于衡量各种金属对氧亲和力的大小。金属氧化的热力学条件是 $\Delta G_t^{\ominus}(M_xO_2)<0$ 以及 $P_{O_2}<P_{O_2'}$,其中 $P_{O_2'}$ 为加工环境中的氧分压;而且合金元素对氧的亲和力越大,则其 $\Delta G_t^{\ominus}(M_xO_2)$的负值越大,$P_{O_2}$ 越小。因此,根据氧化物的标准生成自由焓(或分解压)的大小,可对各种元素的氧化倾向进行比较。图 4-15 中列出了一些元素在各种温度下与 1mol 氧反应时,其氧化物的标准生成自由焓。利用该图可获得一定温度范围内各元素对氧亲和力的大小次序。

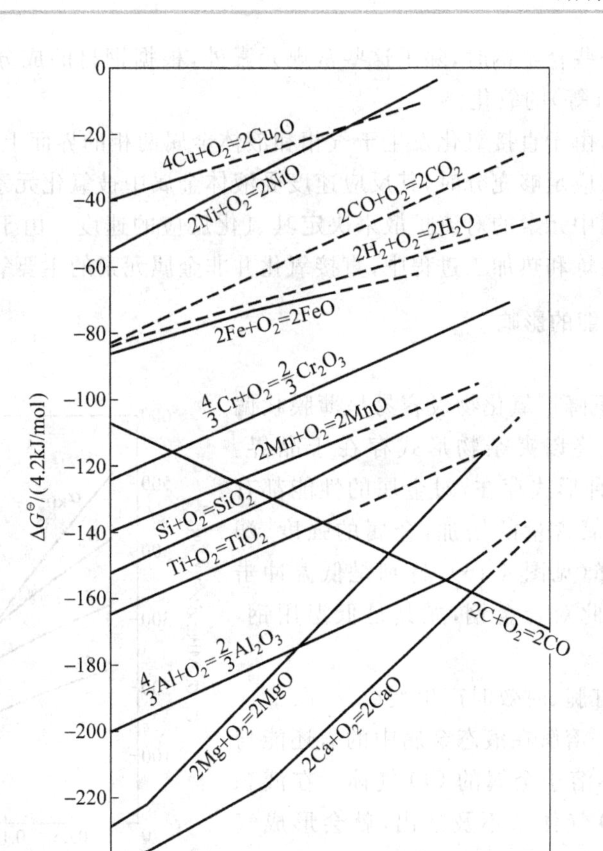

图 4-15 氧化物的 $\Delta G^{\ominus}$ 与温度 T 的关系图(折合为 1mol O_2)

在钢铁的熔炼、铸造和焊接过程中除了基体金属铁被氧化外，凡是其氧化物的标准生成自由焓低于铁的元素都能被氧化。因此，钢铁在高温下加工时最常遇到的主要直接氧化反应有

$$\begin{array}{c}[\mathrm{FeO}]\\ \uparrow \\ 2[\mathrm{Fe}]+\mathrm{O_2} = 2\mathrm{FeO} \\ \downarrow \\ (\mathrm{FeO})\end{array} \tag{4-4}$$

$$2[\mathrm{C}]+\mathrm{O_2} = 2\mathrm{CO} \tag{4-5}$$

$$2[\mathrm{Si}]+\mathrm{O_2} = (\mathrm{SiO})_2 \tag{4-6}$$

$$2[\mathrm{Mn}]+\mathrm{O_2} = 2(\mathrm{MnO}) \tag{4-7}$$

$$\begin{array}{c}[\mathrm{FeO}]\\ \uparrow \\ 2[\mathrm{Fe}]+\mathrm{H_2O} = 2\mathrm{FeO}+\mathrm{H_2} \\ \downarrow \\ (\mathrm{FeO})\end{array} \tag{4-8}$$

注：上述反应式中的符号“[ ]”和“( )”分别表示金属中和渣中的组元(后同)。

另外，在加工一些合金钢时，除了这些常规元素外，根据钢材的成分还可能发生其他合金元素（如 Cr、V、Ti 等）的氧化。

值得注意的是，由于直接氧化发生于气相和液体金属两相的界面上，因此根据动力学分析，当气相中氧的供应足够充分时，其反应速度受液体金属中被氧化元素向界面输送环节的限制，即由液态金属中元素的对流扩散来决定其氧化反应的速度。由于实际对流扩散速度小，所以在钢铁的熔炼和热加工过程中，直接氧化并非金属元素的主要氧化方式。

3. 氧对金属性能的影响

1）有害作用

（1）机械性能下降　氧化物极容易呈薄膜状偏析于晶粒边界并最终以夹杂物形式存在于晶界。氧在钢中无论以何种形式存在，对金属的性能都有很大的影响。随着氧含量的增加，金属的强度、塑性、韧性都明显下降（见图 4-16），特别是低温冲击韧性急剧下降。因此对合金钢，尤其是低温用钢，影响更为显著。

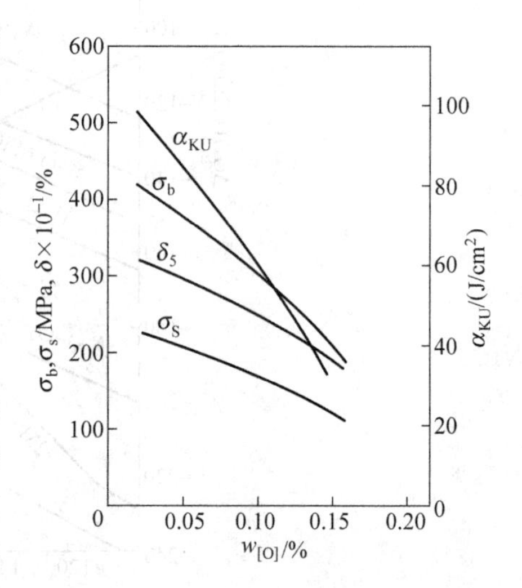

图 4-16　氧（以 FeO 形式存在）对低碳钢室温机械性能的影响

（2）引起金属红脆、时效时产生裂纹。

（3）形成气孔　溶解在液态金属中的氧还能与碳发生反应，生成不溶于金属的 CO 气体。在液态金属凝固时，若 CO 气体来不及逸出，就会形成气孔。焊接时，当熔滴中生成 CO 气体时，因 CO 气体受热膨胀，使熔滴爆炸造成飞溅，还会影响焊接过程的稳定性。

2）有益作用

氧的强氧化性在热加工过程中有时也能起到有益的作用。例如炼钢过程中利用氧化反应把多余的碳烧掉。焊接过程中，可利用氧进行除氢，减少焊缝中的氢含量。为了改变焊接电弧特性和获得必要的熔渣物理化学性能，有时在焊接材料中还需要加入少量的氧化剂。

4. 氧的控制

氧在金属中的主要作用是有害的，为此必须控制金属中的氧含量，可采用如下措施来实现。

（1）在炼钢时采取有效的去气措施进行除气　在铸钢的生产中采用炉外精炼技术，如氩氧脱碳和真空氩氧脱碳法等，可以保证铸钢的高强韧性。

（2）纯化焊接材料　在焊接要求比较高的合金钢和活泼金属时，应尽量选用不含氧或含氧少的焊接材料。如采用惰性气体保护焊，采用低氧或无氧的焊条、焊剂等。

（3）控制焊接工艺参数　焊接工艺条件的变化可能会造成保护不良的效果。如电弧电压增大时，空气与熔滴的接触机会增多，会导致焊缝氧含量的增加。

（4）进行脱氧处理　采用冶金方法进行脱氧，如在焊接材料（焊条及焊剂）中加入脱氧剂，或在炼钢末期向钢液中加入脱氧剂等进行脱氧处理。这是实际生产中行之有效的方法，将在下节中介绍。

4.2 熔渣与液态金属的相互作用

4.2.1 熔渣及其特性

熔渣是在金属熔炼和熔焊过程中专门形成的覆盖于金属液表面的低熔点复杂化合物。熔炼熔渣由石灰石、氟石、硅砂等形成,熔焊熔渣由焊条药皮或埋弧焊用的焊剂形成。

1. 熔渣的作用

熔渣在金属的熔炼及焊接过程中具有以下作用。

(1) 机械保护作用 由于熔渣的熔点比液态金属低,因此熔渣覆盖在液态金属的表面(包括熔滴的表面),将液态金属与空气隔离,可防止液态金属的氧化和氮的渗入。渣凝固后形成的渣壳,覆盖在金属的表面,可以防止处于高温的金属在空气中被氧化。

(2) 冶金处理作用 熔渣和液态金属能发生一系列的物化反应,如脱氧、脱硫、脱磷、去氢等,使金属净化;还可以使金属合金化等。通过控制熔渣的成分和性能,可在很大程度上调整金属的成分和改善金属的性能。

(3) 改善焊接工艺性能 在熔渣中加入适当的物质,可以使电弧容易引燃,稳定燃烧及减小飞溅,还能保证良好的操作性、脱渣性和焊缝成形等。

为使熔渣能起到上述的作用,需对熔渣的成分、结构及其物理、化学性能进行研究。

2. 熔渣的成分和分类

根据熔渣的成分和性能可以分为以下三类:

(1) 盐型熔渣 主要由金属氟酸盐、氯酸盐和不含氧的化合物组成,其主要渣系有:CaF_2-NaF、BaF_2-$BaCl_2$-NaF、KCl-NaCl-Na_3AlF_6 等。由于盐型熔渣的氧化性很小,所以主要用于有色金属的熔炼和焊接,如焊接铝、钛和其他化学活泼性强的金属,也可以用于焊接高合金钢。

(2) 盐-氧化物型熔渣 主要由氟化物和强金属氧化物组成。常用的渣系有:CaF_2-CaO-SiO_2、CaF_2-CaO-Al_2O_3、CaF_2-CaO-Al_2O_3-SiO_2 等。因其氧化性较小,主要用于铸钢熔炼和焊接合金钢。

(3) 氧化物型熔渣 主要由金属氧化物组成。广泛应用的渣系有:MnO-SiO_2、FeO-MnO-SiO_2、CaO-TiO_2-SiO_2 等。这类熔渣一般含有较多的弱氧化物,因此氧化性较强,主要用于铸铁熔炼以及低碳钢和低合金钢的焊接。

3. 熔渣的结构与碱度

1) 熔渣的结构

熔渣的物化性质及其与金属的作用与熔渣的内部结构有密切的关系。关于熔渣的结构目前主要有分子理论和离子理论两种。

(1) 分子理论 该理论的主要依据是室温下对固态熔渣的相分析和成分分析的结果。根据分子理论,液态熔渣是由自由状态化合物和复合状态化合物的分子所组成。例如钢铁熔渣中的自由化合物就是一些独立存在的氧化物(如酸性氧化物:SiO_2、TiO_2 和 ZrO_2 等;碱性氧化物:CaO、MgO、MnO、FeO 和 NaO 等;两性氧化物:Al_2O_3 和 Fe_2O_3 等),复合化合物就是酸性氧化物和碱性氧化物生成的盐。根据复合物中是 SiO_2、TiO_2 还是 Al_2O_3 可将复合物分为硅酸盐（$FeO \cdot SiO_2$、$(FeO)_2 \cdot SiO_2$、$MnO \cdot SiO_2$、$CaO \cdot SiO_2$、$(CaO)_2SiO_2$ 等），钛酸盐（$FeO \cdot TiO_2$、$(FeO)_2 \cdot TiO_2$、$CaO \cdot TiO_2$、$(CaO)_2 \cdot TiO_2$、$MnO \cdot TiO_2$ 等）和铝酸盐（$MgO \cdot Al_2O_3$、$(CaO)_3 \cdot Al_2O_3$）等。只有渣中的自由氧化物才能与液体金属和其中的合金元素发生作用。氧化物的复合是一个放热反应，所以一般来说当温度升高时复合物均易分解，渣中自由氧化物的浓度增加。另外，各氧化物之间结合强弱也不同，凡是生成热效应大的就易结合。强酸性氧化物最易与强碱性氧化物结合，强碱性氧化物能从复合物中取代弱碱性氧化物。但根据质量作用定律，当弱碱性氧化物的浓度很大时，也能从复合物中取代强碱性氧化物。分子理论建立最早，由于它能简明地定性分析熔渣和金属之间的一些冶金反应，因此目前仍广泛应用。但用它无法解释一些重要的现象，如熔渣导电性，因此又出现了离子理论。

（2）离子理论　基于对熔渣电化学性能的研究，离子理论认为液态熔渣是由正离子和负离子组成的电中性溶液。它一般包括有：简单正离子（如 Ca^{2+}、Mn^{2+}、Mg^{2+}、Fe^{2+}、Fe^{3+}、Ti^{4+} 等），简单负离子（如 F^-、O^{2-}、S^{2-} 等）以及复杂的负离子（如 SiO_4^{4-}、$Si_3O_9^{6-}$、AlO_3^{3-}、$Al_3O_7^{5-}$）等。离子在熔渣中的分布、聚集和相互作用取决于它的综合矩，即“离子电荷/离子半径”。表 4-1 中列出了各种离子在标准温度（0℃）下的综合矩。当温度升高时，离子的半径增大，综合矩减小；但它们之间的大小顺序不变。离子综合矩越大，说明离子的静电场越强，与异号离子的作用力越大。例如正离子中的 Si^{4+} 的综合矩最大，而负离子中 O^{2-} 的综合矩最大。因此，它们能牢固地结合成复杂的负离子 SiO_4^{4-}，或更复杂的离子如 $Si_2O_7^{6-}$、$Si_3O_9^{6-}$、$Si_6O_{15}^{6-}$、$Si_9O_{21}^{6-}$ 等，减少了自由氧离子 O^{2-}。此外，P^{5+}、Al^{3+} 和 Fe^{3+} 也能与 O^{2-} 形成复杂离子，如 PO_4^{3-}、AlO_3^{3-} 和 FeO_2^- 等。

表 4-1　离子的综合矩

离子	离子半径/nm	综合矩×10²/(静库/cm)	离子	离子半径/nm	综合矩×10²/(静库/cm)
K^+	0.133	3.61	Ti^{4+}	0.068	28.2
Na^+	0.095	5.05	Al^{3+}	0.05	28.8
Ca_2^+	0.106	9	Si^{4+}	0.041	47
Mn^+	0.091	10.6	F^-	0.133	3.6
Fe^{2+}	0.083	11.6	PO_4^{3-}	0.276	5.2
Mg^{2+}	0.078	12.9	S^{2-}	0.174	5.6
Mn^{3+}	0.07	20.6	SiO_4^{4-}	0.279	6.9
Fe^{3+}	0.067	21.5	O^{2-}	0.132	7.3

注：静库为静电系单位制中电量单位，1 静库$=\frac{1}{3\times10^9}$库仑。

一般来说，在渣中酸性氧化物接受氧离子，如：

$$SiO_2 + 2O^{2-} = SiO_4^{4-} \tag{4-9}$$

$$Al_2O_3 + 3O^{2-} = 2AlO_3^{3-} \tag{4-10}$$

而碱性氧化物则提供氧离子，如：

$$CaO = Ca^{2+} + O^{2-} \tag{4-11}$$

$$FeO = Fe^{2+} + O^{2-} \tag{4-12}$$

此外，在综合矩的作用下，综合矩较大的异号离子以及综合矩较小的异号离子分别聚集成团，使熔渣中的离子分布接近有序。例如在含有 FeO、CaO 和 SiO_2 的熔渣中，综合矩较大的 Fe^{2+} 和 O^{2-} 形成集团，同时在另一个微区内综合矩较小的 Ca^{2+} 和 SiO_4^{4-} 形成集团。因此，熔渣实际上是一个微观成分不均匀的溶液。

根据离子理论，熔渣和金属之间的反应是离子和原子交换电荷的过程。例如熔渣中 SiO_2 与金属 Fe 之间的下列反应：

$$(SiO_2) + 2[Fe] = 2(FeO) + [Si] \tag{4-13}$$

用离子理论可表达为

$$Si^{4+} + 2[Fe] = 2Fe^{2+} + [Si] \tag{4-14}$$

交换电荷的结果，铁变成离子进入渣熔，而硅则进入金属。

2）熔渣的碱度

（1）根据分子理论，熔渣碱度最简单的计算公式为

$$B_0 = \frac{\sum 碱性氧化物}{\sum 酸性氧化物} \tag{4-15}$$

式(4-15)中碱性氧化物和酸性氧化物分别以质量百分数计。符号 B_0 为碱度。倒数为酸度。当 $B_0>1$ 时为碱性渣，$B_0<1$ 时为酸性渣。但用该公式计算出来的结果往往与实际不符，主要是该公式没有反映出各种氧化物酸性或碱性的强弱程度的差异。因此，又出现了一些修正后的公式，其中比较全面和精确的一个表达式为

$$B = \frac{[0.018CaO + 0.015MgO + 0.014(K_2O + Na_2O) + 0.007(MnO + FeO) + 0.006CaF_2]}{[0.017SiO_2 + 0.005(TiO_2 + ZrO_2 + Al_2O_3)]} \tag{4-16}$$

该公式不仅考虑了氧化物酸性或碱性强弱之差，而且还考虑了 CaF_2 的影响。由于式(4-16)的系数比较复杂，为便于计算，将其系数进行近似处理后成为

$$B_1 = \frac{[CaO + MgO + K_2O + Na_2O + 0.4(MnO + FeO + CaF_2)]}{[SiO_2 + 0.3(TiO_2 + ZrO_2 + Al_2O_3)]} \tag{4-17}$$

一般 $B_1>1.5$ 为碱性熔渣；$B_1<1.0$ 为酸性熔渣；$B_1=1.0\sim1.5$ 为中性熔渣。

（2）根据离子理论，熔渣碱度的表达式为

$$B_L = \sum a_i M_i \tag{4-18}$$

式(4-18)中，a_i 表示第 i 种氧化物的碱度系数，这是根据电化学测定各种氧化物碱性强弱程度所取得的系数，碱性时为正值，酸性时为负值，各种氧化物的碱度系数可参见表 4-2；M_i 表示第 i 种氧化物的摩尔分数。$B_L>0$ 为碱性熔渣；$B_L<0$ 为酸性熔渣；$B_L=0$ 为中性熔渣。

表 4-2　氧化物的 a_i 值及相对分子质量

分类	氧化物	a_i 值	相对分子质量
碱性	K_2O	9.0	94
	Na_2O	8.5	32
	CaO	6.1	56
	MnO	4.8	71
	MgO	4.0	40
	FeO	3.4	72

续表

分类	氧化物	a_i 值	相对分子质量
酸性	SiO_2	−6.3	60
	TiO_2	−5.0	80
	ZrO_2	−0.2	123
	Al_2O_3	−0.2	102
	Fe_2O_3	0	160

4. 熔渣的物理性能

熔渣的物理性能中，熔点、黏度和表面张力对其保护效果、冶金反应以及工艺性能等影响较大。

1）熔渣的熔点

熔渣是多元组成物，成分复杂，它的固液转变是在一定温度区间进行的，常将固体熔渣开始熔化的温度定义为熔渣的熔点。

熔渣的熔点与熔渣的成分密切相关，图 4-17 为三元渣系 FeO-CaO-SiO_2 的熔点与各组元组成的等熔点曲线。由图 4-17 可知，SiO_2 含量越高，熔点越高；当 FeO 与 SiO_2 成分大致相等时，CaO 含量为 10％时渣的熔点最低。

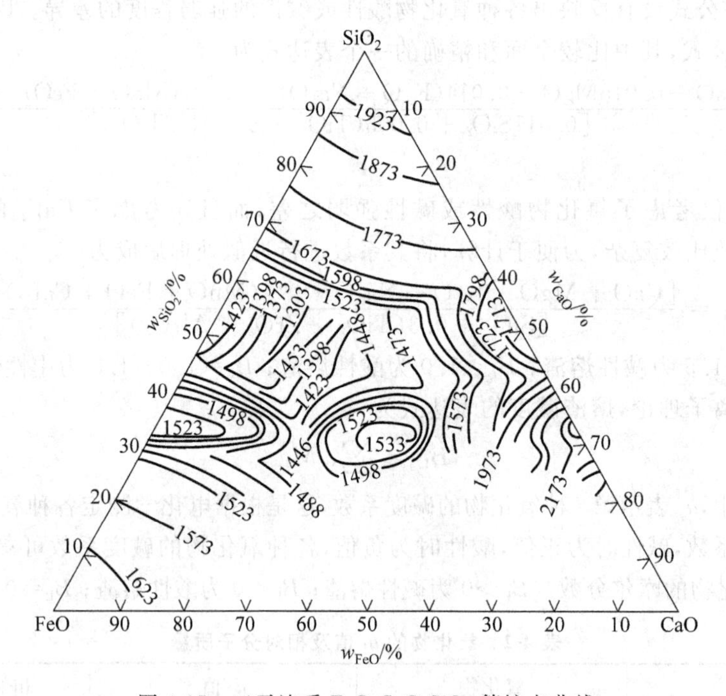

图 4-17 三元渣系 FeO-CaO-SiO_2 等熔点曲线

熔渣的熔化温度应与金属熔点相配合。合金冶炼时，在一定的炉温下，熔渣的熔点越低，过热度越高，熔渣的流动性就越好，冶金反应越容易进行。如果熔渣熔点过低，流动性太好，熔渣对炉壁的冲刷侵蚀作用加重，且在浇注时熔渣不易与金属液分离，容易造成铸件夹杂。焊接时，若熔渣的熔点过高，就会比熔池金属过早地开始凝固，使焊缝成形不良；若熔渣熔点过低，则熔池金属开始凝固时，熔渣仍处于稀流状态，熔渣的覆盖性不良，也不能起到"成形"作用，其机械保护作用难以令人满意，使焊缝组织中的气体和夹杂物含量增加。

冲天炉炼铁要求熔渣的熔点通常为1300℃左右，其成分范围如表4-3所示。熔渣的熔点主要取决于Al_2O_3、SiO_2和CaO之间的比例，同时还受MgO、FeO和MnO等含量的影响。

表4-3 冲天炉两种炉渣成分 wt%

名称	SiO_2	CaO	Al_2O_3	MgO	FeO	MnO	P_2O_5	FeS
酸性渣	40～55	20～30	5～15	1～5	3～15	2～10	0.1～0.5	0.2～0.8
碱性渣	20～35	35～50	10～20	10～15	≤2	≤2	≤0.1	1～5

适合于钢材焊接的熔渣熔点在1150～1350℃范围内，熔渣的熔点过高或过低均不利于焊缝的表面成形。

2）熔渣的黏度

熔渣的黏度是一个较重要的性能。如果熔渣不具备足够的流动性，则不能正常工作。由于金属与渣之间的冶金反应，从动力学考虑，在很大程度上取决于它们之间的扩散过程，而黏度对扩散速度影响很大。因此，熔渣的黏度越小，流动性越好，则扩散越容易，冶金反应的进行就越有利。但从焊接工艺的要求出发，焊接熔渣的黏度不能过小，否则容易流失，影响覆盖和保护效果。根据黏度随温度变化的特点，可将熔渣分为"长渣"和"短渣"两类，如图4-18所示。随温度下降黏度急剧增长的渣称为短渣，当温度下降时黏度增大缓慢的渣称为长渣。

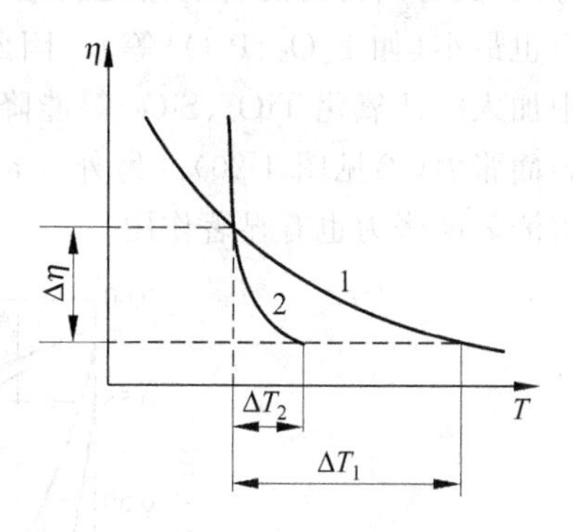

图4-18 熔渣黏度与温度的关系曲线

1—长渣；2—短渣

黏度的变化是熔渣结构变化的宏观反映，熔渣的组成和结构即熔渣质点的大小和质点间的作用力的大小是决定熔渣黏度大小的内在因素。含SiO_2多的酸性渣为长渣，碱性渣为短渣。渣的结构越复杂，阴离子尺寸越大，黏度就越大。最简单的Si-O离子是四面体的SiO_4^{4-}，随着渣中SiO_2含量的增加，使Si-O阴离子的聚合程度增加，形成不同结构的Si-O离子，聚合程度越高，结构越复杂，尺寸越大，黏度越大。温度升高时黏度下降的原因是由于复杂的Si-O离子逐渐破坏，形成较小的Si-O阴离子。在酸性渣中减少SiO_2、增加TiO_2，使复杂的Si-O离子减少，可降低黏度，并使渣成为短渣。另外，在酸性渣中加入能产生O^{2-}的碱性氧化物（如CaO、MgO、MnO、FeO等）能破坏Si-O离子键，使Si-O离子的聚合程度逐渐由复杂的$Si_9O_{21}^{6-}$、$Si_6O_{15}^{6-}$、$Si_3O_9^{6-}$、$Si_2O_7^{6-}$变为较小的SiO_4^{4-}硅酸离子，其反应式如下：

$$2Si_3O_9^{6-} + 3O^{2-} = 3Si_2O_7^{6-} \tag{4-19}$$

$$Si_2O_7^{6-} + O^{2-} = 2SiO_4^{4-} \tag{4-20}$$

随离子尺寸变小，黏度降低。当碱性氧化物继续增加时，氧对于Si达到饱和，于是就可以单独存在O^{2-}；因此，由于碱性渣中的离子尺寸小，容易移动，黏度低。但碱性渣中高熔点CaO多时，可出现未熔化的固体颗粒而使黏度升高。渣中加入CaF_2可起到很好的稀释作用。在碱性渣中它能促使CaO熔化，降低黏度；在酸性渣中CaF_2产生的F能更有效地破坏Si-O键，减小聚合离子尺寸，降低黏度。因此，在焊接熔渣和熔炼钢铁的熔渣中常用

CaF_2 作为稀释剂。

3) 熔渣的表面张力

熔渣的表面张力对焊接熔渣来说也是一个较为重要的物理性能。它影响到渣在熔滴和熔池表面的覆盖性能以及由此引起的渣的保护性能、冶金作用以及对焊缝成形的影响等。熔渣的表面张力除了与温度有关外，主要取决于熔渣组元质点间化学键的键能。图 4-19 是三元渣系 $CaO-SiO_2-Al_2O_3$ 的表面张力。具有离子键的物质其键能较大，表面张力也较大（如 FeO、MnO、CaO、MgO、Al_2O_3 等），碱性焊条药皮中含有较多的这类氧化物，焊接时容易形成粗颗粒过渡，焊缝表面的鱼鳞纹较粗，焊缝成形较差。具有极性键的物质其键能较小，表面张力也较小（如 TiO_2、SiO_2 等）。具有共价键的物质其键能最小，表面张力也最小（如 B_2O_3、P_2O_5 等）。因此，在熔渣中加入酸性氧化 TiO_2、SiO_2 等能降低熔渣的表面张力（参见图 4-20）。另外，CaF_2 对降低熔渣表面张力也有显著作用。

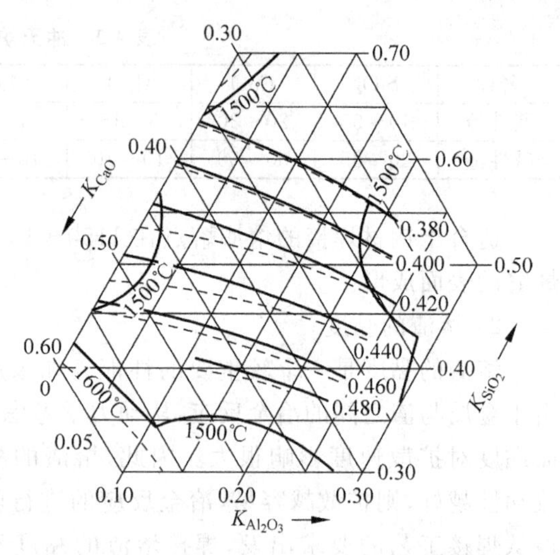

图 4-19　三元渣系 $CaO-SiO_2-Al_2O_3$ 的表面张力

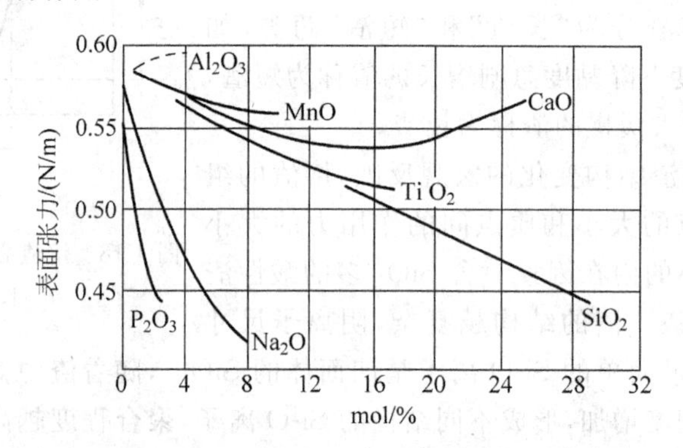

图 4-20　不同氧化物对氧化铁溶体表面张力的影响

5. 熔渣的冶金特性

熔渣对液态金属起到非常重要的冶金处理作用，能去除金属中的一些有害杂质，净化金属。对渣的冶金行为起着决定性作用的是渣的碱度，它反映了渣的冶金特性。碱度对渣中以及渣和金属之间的各种冶金反应起着直接和间接的重要影响，甚至可以使一些冶金反应发生方向性的变化，起到控制冶金反应的作用。例如在碱度很低的酸性渣中，高温时不仅不会发生 Si 的氧化烧损，而且还能使反应朝着有利于渣中 SiO_2 的还原方向发展，使钢中渗 Si（如图 4-21 所示）。又如渣的碱度能直接影响到钢的扩散脱氧效果，渣的碱度还间接地影响到沉淀脱氧的效果（如图 4-22 所示）。由于碱性渣中的 CaO 能与 Si 的脱氧产物 SiO_2 生成复合物，减少了自由 SiO_2 的量，有利于 Si 的脱氧反应继续进行，从而提高了 Si 的脱氧效果。此外，渣的碱度对脱硫有着明显的作用，对脱磷也有一定的影响。

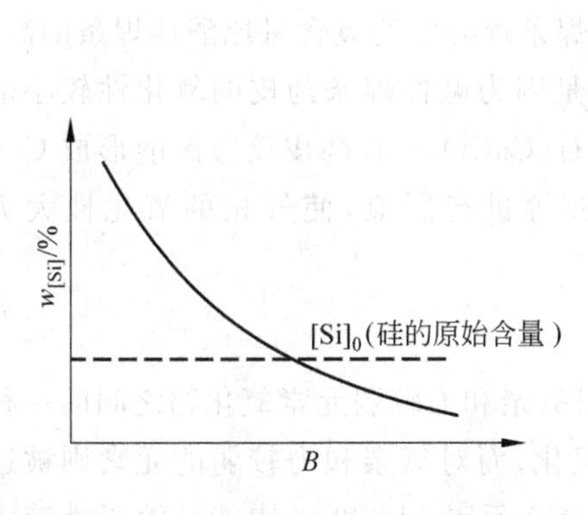

图 4-21 熔渣碱度对渗 Si 的影响

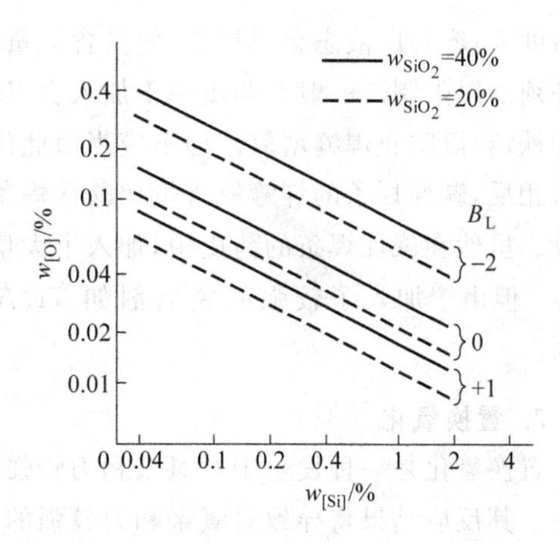

图 4-22 焊接熔渣碱度对 Si 脱氧效果的影响

4.2.2 活性熔渣对金属的氧化

前面已阐述了氧化性气体对金属的氧化(直接氧化)。此外,活性溶渣对金属也有氧化作用。活性溶渣对金属的氧化有如下两种形式。

1. 扩散氧化

扩散氧化是发生于活性熔渣与金属之间的一种特殊氧化方式。FeO 是一种既能溶于铁液又能溶于熔渣中的氧化物,因此,这种氧化过程实际上就是将渣中 FeO 直接转移到铁液中的过程。根据分配定律,达到平衡时 FeO 在铁液和渣中的分配比例 L 为常数,其表达式如下:

$$(FeO) \longrightarrow [FeO] \tag{4-21}$$

$$L=\frac{[FeO]}{(FeO)} \tag{4-22}$$

$$\lg L=\frac{-6300}{T}+1.386 \tag{4-23}$$

分配常数决定了这一氧化过程,它与温度有关,随温度升高而增加,即金属中的 FeO 随温度升高而增加。此外,分配常数还与渣的性质有很大关系。如将分配常数写成下列形式:

$$L_0=\frac{[O]}{(FeO)} \tag{4-24}$$

在 SiO_2 饱和的酸性渣中:

$$\lg L_0=\frac{-4906}{T}+1.877 \tag{4-25}$$

在 CaO 饱和的碱性渣中:

$$\lg L_0=\frac{-5014}{T}+1.980 \tag{4-26}$$

由此可以得出,温度越高越有利于铁液的扩散氧化,而且碱性渣比酸性渣更易使铁液扩散氧化。即在 FeO 总量相同的情况下,碱性渣时液态金属中的氧含量比酸性渣时高。这种现象可以采用熔渣的分子理论来解释。因为碱性渣中含 SiO_2、TiO_2 等酸性氧化物少,FeO

的活度大，容易向液态金属扩散，使其含氧量增加。因此碱性焊条对氧较敏感，对 FeO 的含量必须加以限制。一般在药皮中不加入含 FeO 的物质，要求焊接时需清理焊件表面的氧化物和铁锈，以防止焊缝增氧。但不应当由此认为碱性焊条焊缝中的氧含量比酸性焊条的高；恰恰相反，碱性焊条的焊缝氧含量比酸性焊条低。这是因为碱性焊条药皮的氧化性较小的缘故。虽然在碱性焊条的药皮中，加入了大量的大理石($CaCO_3$)，在药皮反应区能形成 CO_2 气体；但由于加入了较强的脱氧剂如 Ti、Al、Mn、Si 等进行脱氧，使气相的氧化性大大削弱。

2. 置换氧化

置换氧化是一种发生于对氧亲和力较强元素和对氧亲和力较弱元素氧化物之间的一种反应。其反应结果将导致对氧亲和力较强的元素被氧化，而对氧亲和力较弱的元素则被还原。例如最常见的在冲天炉中熔化铸铁时，铁液中的合金元素 Mn 和 Si 中能被溶于铁液中的 FeO 氧化，其反应式如下：

$$[Si] + 2[FeO] = (SiO_2) + 2[Fe] \tag{4-27}$$

$$\lg K = \frac{13460}{T} - 6.04 \tag{4-28}$$

$$[Mn] + [FeO] = (MnO) + [Fe] \tag{4-29}$$

$$\lg K = \frac{6600}{T} - 3.16 \tag{4-30}$$

上式表明，反应结果将使铁液中的 Si、Mn 元素被烧损。因为这些元素的氧化反应是放热反应，随着温度的升高，平衡常数 K 减小，即反应减弱，所以冲天炉熔化铸铁时可以通过热送风来提高炉温，达到减少 Si、Mn 烧损的目的。另外，当热风温度较高，并采用酸性炉渣时，甚至可使 Si 的置换氧化反应往相反方向进行，其结果使渣中的 SiO_2 被铁还原，使铁液中的 Si 非但没有烧损，反而还会增加。与此相反，铁液中的 FeO 量会有所提高，即铁被氧化。这就是熔炼和焊接时，通过熔渣中的一些氧化物使金属发生置换氧化反应的情况。

这些置换氧化反应在焊接冶金中起着极为重要的作用。由于焊接时的温度非常高，特别是在熔滴和熔池的前半部(温度可在 2000℃以上)，因此当焊接熔渣中含有较多 MnO 和 SiO_2 时，就促使反应朝着渗 Mn 和渗 Si 的方向发展，使熔滴和熔池前半部液体金属中的 Mn、Si 含量增加，其增加程度除与温度和渣的成分有关外，还与金属中原始的 Mn、Si 含量和其他合金元素有关。原始 Mn、Si 含量越低，则 Mn、Si 含量的增加越多。当然，随之而来的金属中的 FeO 增多或其他元素的烧损将越多。因此，当焊接和铸造合金钢时还有一些对氧亲和力更强的合金元素会被置换氧化，其氧化反应的结果将使金属中的合金元素严重烧损、氧化物夹杂含量增加。其反应表达式如下：

$$(SiO_2) + [Ti] = [Si] + (TiO_2) \tag{4-31}$$

$$2(MnO) + [Ti] = 2[Mn] + (TiO_2) \tag{4-32}$$

$$2[FeO] + [Ti] = 2[Fe] + (TiO_2) \tag{4-33}$$

$$3(SiO_2) + 4[Cr] = 3[Si] + 2(Cr_2O_3) \tag{4-34}$$

$$3(MnO) + 2[Cr] = 3[Mn] + (Cr_2O_3) \tag{4-35}$$

$$3[FeO] + 2[Cr] = 3[Fe] + (Cr_2O_3) \tag{4-36}$$

4.2.3 脱氧处理

前面已经分析了金属高温加工过程中可能产生的一些氧化反应。其结果是引起金属和金属中有益合金元素的烧损以及金属中含氧量的提高而使金属的性能变坏。因此,必须采取各种脱氧措施来降低金属中的氧含量。焊接时,脱氧按其方式和特点可分为先期脱氧、扩散脱氧和沉淀脱氧三种;炼钢时,脱氧的方式包括扩散脱氧和沉淀脱氧两种。

脱氧的主要措施是在金属的熔炼中或在焊接材料中加入合适的合金元素或铁合金,使之在冶金反应中夺取氧,将金属还原。用于脱氧的元素或铁合金被称为脱氧剂。在选用脱氧剂时应遵循以下原则:

(1) 脱氧剂对氧的亲和力应比需要还原的金属大。对于铁基合金,Al、Ti、Mn 等可作为脱氧剂使用。在实际生产中,常采用铁合金或金属粉如锰铁、硅铁、钛铁、铝粉等。元素对氧的亲和力越大,其脱氧能力越强。

(2) 脱氧产物应不溶于液态金属,且密度小,质点较大。这样可使其上浮至液面而进入渣中,以减少夹杂物的数量,提高脱氧效果。

(3) 需考虑脱氧剂对金属的成分、性能及工艺的影响。在满足技术要求的前提下,还应考虑成本。

1. 先期脱氧

在药皮加热阶段,固态药皮受热后发生的脱氧反应叫做先期脱氧。含有脱氧剂的药皮(或焊剂)被加热时,其中的碳酸盐或高价氧化物发生分解,生成的氧和 CO_2 便和脱氧剂发生反应,反应的结果使气相的氧化性大大减弱。例如 Al、Ti、Si、Mn 的先期脱氧反应可表示如下:

$$3CaCO_3 + 2Al = 3CaO + Al_2O_3 + 2CO \tag{4-37}$$

$$2CaCO_3 + Ti = 2CaO + TiO_2 + 2CO \tag{4-38}$$

$$CaCO_3 + Mn = CaO + MnO + CO \tag{4-39}$$

$$2CaCO_3 + Si = 2CaO + SiO_2 + 2CO \tag{4-40}$$

$$MnO_2 + Mn = 2MnO \tag{4-41}$$

$$Fe_2O_3 + Mn = MnO + 2FeO \tag{4-42}$$

$$FeO + Mn = MnO + Fe \tag{4-43}$$

在先期脱氧中,由于 Al、Ti 对氧的亲和力非常大,它们绝大部分被氧化,故不易过渡到液态金属中进行沉淀脱氧。先期脱氧的效果取决于脱氧剂对氧的亲和力、本身的颗粒度以及其加入的比例等,并与焊接工艺条件有一定的关系。

由于药皮加热阶段的温度较低,传质条件较差,先期脱氧的脱氧效果不完全,还需进一步进行脱氧处理。通过 Al、Ti、Mn、Si 的氧化,已经降低了药皮熔化成渣后对液态金属的氧化性能。

2. 扩散脱氧

扩散脱氧实质上就是利用前面讲过的扩散氧化的逆反应,使那种既能溶于金属又能溶于渣的氧化物,由金属向渣中扩散转移,达到金属脱氧的目的。根据前面的式(4-22)和式(4-23),当温度降低时,分配常数 L 减小,即有利于发生下列扩散脱氧反应:

$$[FeO] \longrightarrow (FeO) \tag{4-44}$$

根据式(4-23)，当温度由 1873K 提高到 2773K 时，分配常数 L 值从 0.01 增加到 0.13，说明温度下降对扩散脱氧的促进作用。另外，根据式(4-25)和式(4-26)，酸性渣比碱性渣有利于扩散脱氧，这是由于酸性渣中的 SiO_2 能与 FeO 进行下列反应：

$$(SiO_2)+(FeO) = (FeO \cdot SiO_2) \tag{4-45}$$

反应结果生成复合物，使渣中 FeO 的活度减少，有利于钢液中的 FeO 向渣中继续扩散。当渣中存在有碱性比 FeO 强的 CaO 时，则在渣中通常首先进行下列反应：

$$(CaO)+(SiO_2) = (CaO \cdot SiO_2) \tag{4-46}$$

反应结果减少了渣中的 SiO_2 含量，即增加了渣中的 FeO 的活度，对扩散脱氧不利。因此，含有大量 CaO 的碱性渣不利于扩散脱氧。

另外，通过对渣的脱氧也能进一步促进扩散脱氧的进行。因为在一定的温度下 L 为常数，根据分配定律，当渣中 FeO 量减少时，金属中的 FeO 会自动向渣中扩散，保持 L 值不变。因此，当渣中加入脱氧剂后能使渣中的 FeO 还原，减少了渣中的 FeO 含量，能促使钢液中的 FeO 继续往渣中扩散。这就间接地达到了脱去钢液中 FeO 的目的。这种脱氧方式的优点是由于脱氧反应的产物留在渣中，因此提高了金属的质量。

从动力学角度分析，扩散脱氧过程受渣中 FeO 的扩散环节所控制，因此它的缺点是脱氧速度慢，所需的脱氧时间长。根据菲克扩散第一定律，FeO 在渣中的扩散速度可表示为：

$$\frac{dn}{dt} = \frac{DA}{\delta}(C_i - C) \tag{4-47}$$

式中，$\frac{dn}{dt}$为单位时间内通过界面 A 向渣中扩散的 FeO 量；D 为 FeO 在渣中的扩散系数；δ 为渣一侧的有效边界层厚度；C_i 和 C 分别为渣中 FeO 的界面浓度和内部浓度。由于界面上很快就能按照两相间的分配定律达到平衡，因此界面上的浓度 C_i 可以认为就是平衡浓度；为保持扩散脱氧过程能继续进行下去，必须使渣一侧界面处的 FeO 向渣的内部不断扩散迁移。

根据式(4-47)，影响 FeO 向渣内部扩散速度的因素有扩散系数 D、接触界面 A 以及边界层厚度 δ 和浓度差(C_i-C)等。从提高扩散系数 D 出发，提高温度和降低渣的黏度都有利；但在扩散脱氧的条件下，提高温度受分配系数的限制，不利于 FeO 向渣中过渡。增加接触面积和减小边界层厚度都对扩散有利，但也受到很大限制。提高浓度差，即降低渣中原始 FeO 含量也有利于提高扩散速度；但随着扩散脱氧过程的进行，渣内的 FeO 含量在不断提高，因此浓度差变得越来越小，FeO 向渣内扩散的速度也就越来越低。因此，为了保持较高的扩散脱氧速度，从保持渣中较高 FeO 浓度差出发，采用还原性渣是一种有效的措施。因为采用还原性渣时，扩散进入渣中的 FeO 很快与渣中的脱氧剂发生还原反应。由于高温条件下化学反应的速度大于扩散速度，因此通过还原反应能有效地降低渣中 FeO 的浓度 C，使渣中的 FeO 的浓度差(C_i-C)保持在较高的水平，对加速扩散脱氧过程、提高扩散脱氧的效果无疑是有利的。在炼钢过程中采用还原渣进行扩散脱氧的方法就是基于这一原理。它是电炉炼钢中的一个重要的脱氧环节。但在焊接和激光表面重熔等快速加工过程中扩散脱氧在时间上受到很大限制，不可能成为主要的脱氧方式。另外，因为焊接和表面重熔时的温度很高，所以只有在液体金属熔池的后半部处于降温和凝固的区域内才有可能进行扩散脱氧；由于时间很短，而且此时渣的黏度也较大，因此扩散过程受到了很大的限制。

3. 沉淀脱氧

沉淀脱氧实际上就是利用前面讲过的置换氧化反应,即用一种对氧亲和力大于铁的元素作为脱氧剂加入钢液中直接与其中的 FeO 起反应,将 Fe 从 FeO 中置换出来,生成的脱氧产物为不溶于金属的氧化物,沉淀析出,进入渣中,使钢液达到脱氧目的。因此,在这一反应中对 FeO 来说是脱氧还原,但对脱氧剂来说则被置换氧化。这种方法的优点是脱氧过程进行迅速,缺点是脱氧产物容易残留在钢中成为夹杂。沉淀脱氧的反应可表示为

$$[M]+[FeO] \longrightarrow (MO)+[Fe] \tag{4-48}$$

$$w_{[M]} \cdot w_{[FeO]} = K \tag{4-49}$$

式(4-48)和式(4-49)中,M 表示某一脱氧剂;K 为平衡常数,它表示达到平衡时钢液中 M 与 FeO 之间存在一定的关系。

平衡常数 K 与温度有关。式(4-49)说明当温度一定时,钢液中脱氧剂的残余量与残留的 FeO 量成反比,即当钢中残余的脱氧剂越多时,其中残留的 FeO 量越低,表示脱氧程度越彻底,也就是对同一种脱氧剂来说,为达到更好的脱氧效果就需加大脱氧剂的加入量,使其在钢液中的残余量得到相应的增加。当采用氧能力强的脱氧剂时,为使钢液达到同样脱氧程度所需残留于钢液中的脱氧剂量应小于脱氧能力弱的脱氧剂的残留量(如图 4-23 所示)。由图 4-23 可以看出,元素按脱氧能力由小到大的排列顺序为:Cr,Mn,V,C,Si,B,Ti,Al,Zr,Be,Mg,Ca。在炼钢过程中常用的脱氧剂是 Mn、Si 和 Al。当使用多种脱氧剂进行脱氧时,应按照脱氧能力的顺序由小到大依次使用。例如在炼钢的还原期时,首先往熔池中加入锰铁进行“预脱氧”,最后在出钢前或出钢时,用 Al 进行最后的脱氧(称“终脱氧”);但这种分期加入不同脱氧剂的方法,并非在所有加工条件下都能做到。例如焊接时只能将各种脱氧剂同时加入焊条药皮中或焊剂中。焊接时从工艺考虑加入 Al 有困难,因此常用的脱氧剂是 Mn 和 Si,有时为加强脱氧可加入 Ti。

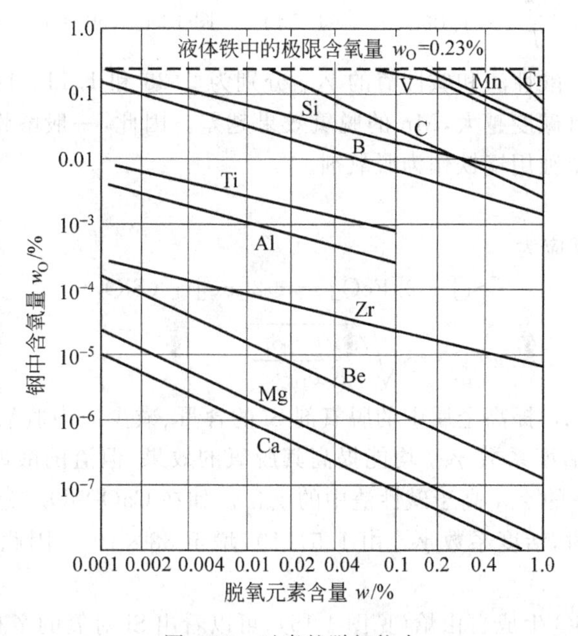

图 4-23 元素的脱氧能力

1）锰脱氧反应

用 Mn 脱氧时的反应为

$$[Mn]+[FeO]=\!=\!=[Fe]+(MnO) \tag{4-50}$$

$$K=\frac{\alpha_{MnO}}{\alpha_{Mn}\alpha_{FeO}}=\frac{\gamma_{MnO}w_{(MnO)}}{\alpha_{Mn}\alpha_{FeO}} \tag{4-51}$$

式(4-51)中 α_{MnO}、α_{Mn} 和 α_{FeO} 分别为渣中 MnO、金属中 Mn 以及金属中 FeO 的活度；γ_{MnO} 表示渣中 MnO 的活度系数。

当金属中含 Mn 和 FeO 的量少时，则 $\alpha_{Mn}\approx[Mn]$，$\alpha_{FeO}\approx[FeO]$，故式(4-51)可表示为

$$w_{[FeO]}=\frac{\gamma_{MnO}w_{(MnO)}}{Kw_{[Mn]}} \tag{4-52}$$

根据式(4-52)，为提高脱氧效果需增加金属中的含 Mn 量，减少渣中的 MnO 含量；另外降低渣中 MnO 的活度系数 γ_{MnO} 也可促使 Mn 脱氧过程的进行。这与渣的酸碱性有关。在酸性渣中含有较多的酸性氧化物，如 SiO_2，它们能与脱氧产物 MnO 生成复合物，如 $MnO\cdot SiO_2$，从而使 γ_{MNO} 减小，有利于 Mn 的脱氧（如图 4-24 所示）。反之，在碱性渣中 γ_{MnO} 增大，不利于 Mn 的脱氧。

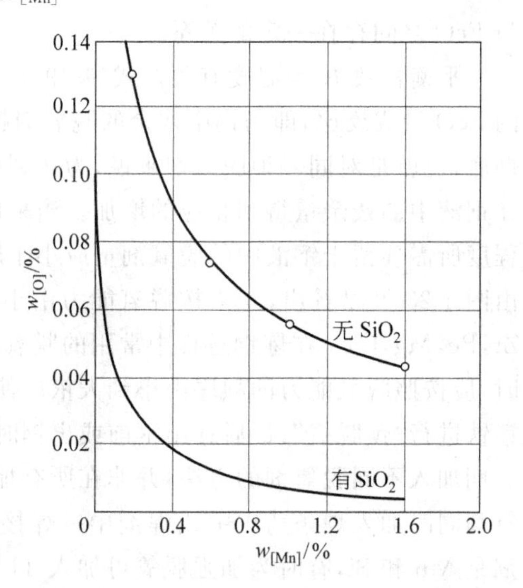

图 4-24　1600℃时 SiO_2 对锰脱氧的影响

在酸性渣中：

$$\lg\gamma_{MnO}=\frac{1813}{T}+0.0361 \tag{4-53}$$

在碱性渣中：

$$\lg\gamma_{MnO}=\frac{2273}{T}-1.092 \tag{4-54}$$

当 $T=2000$K 时，酸性渣和碱性渣的 γ_{MnO} 分别为 0.28 和 1.11。因此，在碱性渣中 Mn 的脱氧效果较差，而且碱度越大，Mn 的脱氧效果越差。因此，一般酸性焊条用锰铁作为脱氧剂，而碱性焊条不单独用锰铁作为脱氧剂。

2）硅脱氧反应

用 Si 脱氧时的反应为

$$[Si]+2[FeO]=\!=\!=2[Fe]+(SiO_2) \tag{4-55}$$

$$w_{[FeO]}=\sqrt{\frac{\gamma_{SiO_2}w_{(SiO_2)}}{Kw_{[Si]}}} \tag{4-56}$$

与 Mn 脱氧时类似，提高金属中的脱氧剂 Si 的含量、减少渣中脱氧产物 SiO_2 的含量以及降低渣中 SiO_2 的活度系数 γ_{SiO_2} 均能提高其脱氧的效果，但渣的酸碱度对 γ_{SiO_2} 的影响与 γ_{MnO} 相反，即酸性渣中的 γ_{SiO_2} 高于碱性渣中的 γ_{SiO_2}。如在 $CaO\text{-}SiO_2$ 二元渣系中，当 SiO_2 含量由 43%增至 57%时，活度系数 γ_{SiO_2} 由 1.5×10^4 增至 88×10^4。因此，提高渣的碱度对 Si 的脱氧有利。

对比 SiO_2 和 MnO 生成自由焓（见图 4-15），可以看出 Si 对氧的亲和力大于 Mn。因此，Si 的脱氧能力比 Mn 强（见图 4-23）。但其脱氧产物 SiO_2 的熔点高（1713℃），在钢液中常处

于固态，不易集聚和从钢液中浮出，易造成弥散夹杂物残留于金属中。因此焊接时一般不单独用 Si 脱氧，常采用锰硅联合脱氧的办法。

3）锰硅联合脱氧

锰硅联合脱氧就是将锰和硅按适当的比例加入钢液中进行联合脱氧，其目的是为了获得熔点较低的液态脱氧产物硅酸盐 $MnO \cdot SiO_2$，它的密度小，熔点低(1270℃)，容易聚合成半径大的质点(见表 4-4)排入渣中，这样可减少金属中的夹杂物，又可降低金属中的氧含量。

表 4-4 金属中[Mn]/[Si]对脱氧产物质点半径的影响

[Mn]/[Si]	1.25	1.98	2.78	3.60	4.18	8.70	15.90
最大质点半径/μm	7.5	14.5	126.0	128.5	183.5	19.5	6.0

在 CO_2 气体保护焊时，根据锰硅联合脱氧的原则，常在焊丝中加入适当比例的锰和硅，可减少焊缝中的夹杂物。目前实用的焊丝中 $w_{[Mn]}/w_{[Si]}$ 比值一般为 1.5～3。其他焊接材料也可利用锰硅联合脱氧的原则。例如，在碱性焊条的药皮中一般加入锰铁和硅铁进行联合脱氧，其脱氧效果较好。

4. 复合脱氧

金属熔炼时的脱氧方式主要是沉淀脱氧和扩散脱氧，其原理与焊接过程相似，但脱氧剂的加入过程不同。沉淀脱氧是将脱氧剂直接加入钢液中，使脱氧元素直接与钢液中的 FeO 发生作用而进行脱氧。这种方法的优点是脱氧过程快，但其缺点是脱氧产物 MnO、SiO_2、Al_2O_3 等容易留在钢液中，降低了钢的质量。扩散脱氧是将脱氧剂加在熔渣中，使脱氧元素与渣中的 FeO 发生反应而进行脱氧。当熔渣中的 FeO 含量减少时，钢液中的 FeO 就向熔渣扩散，这样就间接地达到了脱去钢液中 FeO 的目的。这种方法的优点是脱氧产物滞留在熔渣中，钢的质量高；其缺点是扩散过程进行得慢，脱氧的时间较长。

电炉炼钢一般都采用沉淀脱氧与扩散脱氧相结合的方法。即先用锰(或锰铁)进行沉淀脱氧，再在熔渣中加入碳粉和硅铁，采用还原性熔渣进行扩散脱氧，再用铝进行沉淀脱氧。这种沉淀和扩散相结合的脱氧方法既能保证钢的质量，又不会使冶炼的时间过长。

在电炉炼钢的脱氧过程中，扩散脱氧是重要环节。钢液的脱氧效果好坏与造还原渣脱氧的操作有重要的关系。脱氧的过程在渣中进行，如图 4-25 所示。

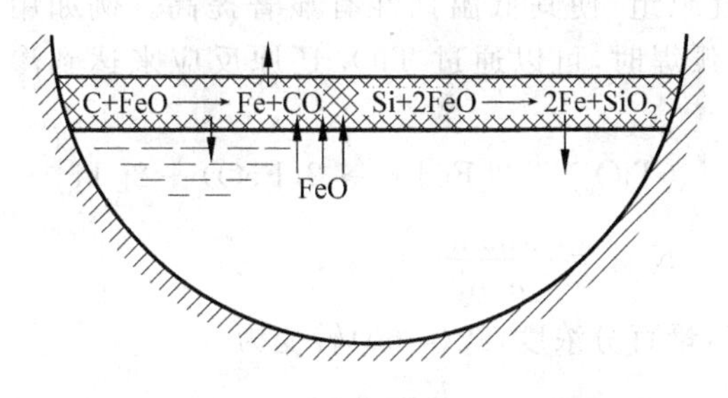

图 4-25 电炉炼钢脱氧过程示意图

前一阶段是碳起脱氧作用：

$$C + (FeO) \longrightarrow CO\uparrow + [Fe] \tag{4-57}$$

后一阶段是硅进行脱氧：

$$Si + 2(FeO) \longrightarrow (SiO_2) + 2[Fe] \tag{4-58}$$

生成的铁返回钢液中，SO_2 溶解在渣中，而 CO 则进入炉气中。随着还原过程的进行，熔渣中的 FeO 逐渐减少。这样就破坏了原来的平衡，于是钢液中的 FeO 就自动向熔渣扩散转移，即[FeO]→(FeO)，从而达到了脱氧的目的。

4.2.4 渗金属反应

液态金属在熔炼、铸造和熔焊等高温热加工过程中不仅本身被氧化，使金属增氧，而且其中的一些有益合金元素也会被氧化烧损。因此，除了需对金属进行脱氧外，还要对烧损的一些元素进行补充，有时还需加入一些新的合金元素来改善组织提高性能(如堆焊和激光表面合金化)。所以，往往在加工过程中还需解决金属的渗合金问题。渗合金常采用的方式有：

(1) 将合金元素(或中间合金)直接加入液体金属；

(2) 采用合金元素的化合物通过渗合金反应来获得，常用的办法是通过合金元素氧化物的还原反应来进行渗合金。

前面在阐述钢液中合金素 Si 与 Mn 的置换氧化反应时已提到，由于这些反应是放热反应，因此提高炉温能减少 Si 和 Mn 的烧损，而且当采用含 SiO_2 高的酸性渣时，还能使 Si 的置换反应朝着相反方向进行，即朝着渣中 SiO_2 被 Fe 还原的方向进行，其结果是钢液中的 Si 非但没有被氧化，而且还会渗 Si。在焊接过程中熔滴和熔池前半部都处于高温区，因此如果采用的焊接熔渣中含有高的 SiO_2 和 MnO，则可以通过 Fe 的置换反应使钢液渗 Si 和渗 Mn。根据反应式(4-27)和式(4-29)，影响渗 Si 和渗 Mn 的因素很多，主要有温度，渣中 SiO_2、MnO、FeO 含量及渣的碱度，钢液中原始含 Mn、Si 量以及钢液中的一些其他元素，如 Al、Ti 和 Cr 等。例如，对渗 Si 来说，渣中原始含 FeO 高、碱度高以及钢液中原始含 Si 较高等都对渗 Si 反应不利；渣中 SiO_2 含量高以及钢中含 Mn 较高或含有其他对氧亲和力比 Fe 强的合金元素(如 Al、Ti 和 Cr 等)都对渗 Si 反应有利。

上述渗合金还原反应不仅能用于一些稳定性较低的氧化物(如 SiO_2 和 MnO 等)，而且在一定条件下也能使一些稳定的氧化物如 TiO_2、B_2O_3 和稀土氧化物(REO)等进行渗合金还原反应。

实践证明，焊接低合金钢时在中性熔渣中通过上述稳定氧化物可向焊缝渗入微量 Ti、B、和 RE 等，细化了焊缝织组，使其低温韧性有显著提高。例如用 $CaO\text{-}Al_2O_3\text{-}CaF_2\text{-}TiO_2$ 渣系的熔炼焊剂进行埋弧焊时，可以通过 TiO_2 还原反应来达到渗 Ti 和使焊缝变质的目的。其反应为

$$(TiO_2) + 2[Fe] \longleftrightarrow 2(FeO) + 2[Ti] \tag{4-59}$$

$$K_{TiO_2} = \frac{\alpha_{Ti}\alpha_{FeO}^2}{\alpha_{TiO_2}} \tag{4-60}$$

将摩尔浓度 N_{Ti} 换算为质量百分浓度，式(4-60)转变为

$$w_{[Ti]} = 86\,\frac{K_{TiO_2}\alpha_{TiO_2}}{\gamma_{Ti}\alpha_{FeO}^2} \tag{4-61}$$

$$\lg K_{TiO_2} = -\frac{23210}{T} + 4.311\lg K_T \tag{4-62}$$

$$\lg\gamma_{Ti}=-\frac{2076}{T}+0.094 \tag{4-63}$$

不同温度下，计算平衡浓度[Ti]和焊缝中的实际含Ti量见图4-26，实际焊缝中的Ti含量接近于1900K时理论计算的平衡浓度。通过熔渣中氧化物的还原来进行渗合金的方法由于受到反应平衡条件的限制达不到高的合金化程度，而且还伴随着基本金属或其他合金元素的氧化；同时由于需要在熔渣中加入大量渗合金元素的氧化物而使渣的性能发生变化。因此，这种方法的应用受到了很大的限制；但在有些情况下，如纯元素难以加入或所需加入的量很少时采用这种渗合金反应的方式较为方便。

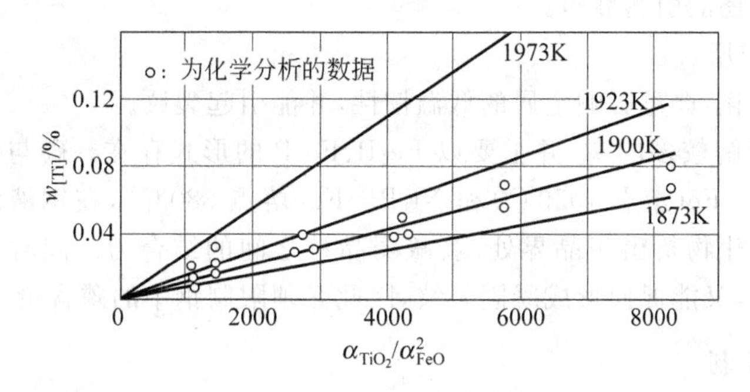

图4-26 钛的平衡浓度(实线)和它在焊缝中的含量与 $\alpha_{TiO_2}/\alpha_{FeO}^2$ 的关系

除了用氧化物进行还原渗合金外，也可采用其他化合物通过与金属反应来进行渗合金。例如Al合金的细化晶粒处理可以通过加入含Ti、B、Zr的盐与Al液进行反应来达到渗Ti、B和Zr等的效果。例如：

$$\frac{3}{2}K_2TiF_6+2Al=\!=\!=\frac{3}{2}Ti+2AlF_3+3KF \tag{4-64}$$

$$2KBF_4+3Al=\!=\!=AlB_2+2AlF_3+2KF \tag{4-65}$$

$$3K_2ZrF_6+4Al=\!=\!=3Zr+4AlF_3+6KF \tag{4-66}$$

4.2.5 脱硫与脱磷

1. 硫和磷的来源

硫和磷主要来自加工过程中所用的各种材料，如锻造所用的燃料、铸造时的炉料以及焊接时的焊条和焊剂等。用于锻件加热的燃气和燃油中的硫含量要控制在一定范围内，例如重油的含硫量不得超过0.5%，否则在加热过程中会引起渗硫，严重时会引起金属红脆。在铸造时，冲天炉中的铁液会从焦炭中吸收硫，使铁液渗硫。因此，铁液中的增硫量往往随焦铁比的提高而增多(见图4-27)。焊接时的硫和磷主要来自焊条药皮和埋弧焊焊剂中的一些原材料，如硫主要来自锰矿、赤铁矿、钛铁矿和锰铁等；磷主要来自锰矿和大理石等。因此，焊接熔敷金属中的硫和磷的含量，特别是含磷量往往高于原来焊丝中和含量。

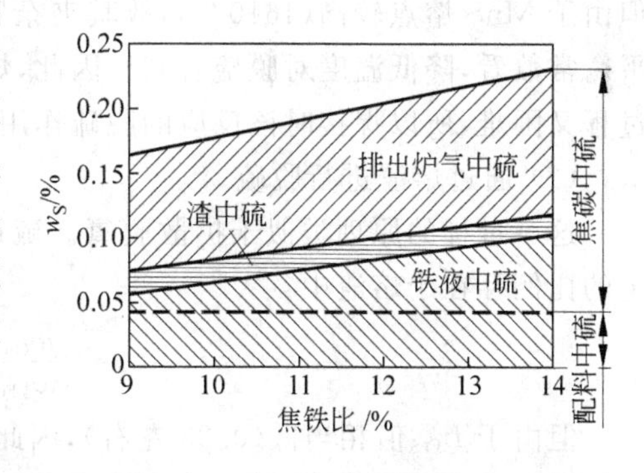

图4-27 冲天炉熔炼中硫的分配

2. 硫和磷对金属性能的影响

硫和磷在金属中一般都是作为有害杂质，需要加以严格控制。

1) 硫的有害作用

硫是钢中有害元素，它以 FeS-Fe 或 FeS-FeO 的共晶体形式，呈片状或链状存在于钢的晶粒边界，降低了钢的塑性和韧性以及抗腐蚀性。此外，由于硫共晶的熔点低(FeS-Fe 熔点为 985℃，FeS-FeO 熔点为 940℃)，容易形成凝固裂纹。对于高镍合金钢，硫的危害更为突出，因为镍与硫化镍会形成熔点更低的共晶 NiS-Ni(熔点为 644℃)，所以对凝固裂纹的影响更大。含硫量高时还能引起红脆。

2) 磷的有害作用

磷主要引起脆化，严重影响金属的低温韧性，并能引起裂纹。

铁液中可以溶解较多的磷，并主要以 Fe_2P、Fe_3P 的形式存在。磷与铁、镍可以形成低熔点共晶，如 Fe_3P+Fe(熔点 1050℃)和 Ni_3P+Fe(熔点 880℃)，在钢液的凝固过程中，最后以块状或条状磷化物析出于晶界处，会减弱晶粒之间的结合力。同时其本身既硬又脆。它既能增加冷脆性，又能促使形成凝固裂纹，因此必须限制钢中的磷含量。

3. 硫和磷的控制

为防止硫和磷对金属的污染，除了对加工过程中所用的材料要严格控制其硫和磷的含量外，还应采取一些冶金措施来进行脱硫和脱磷。但这些脱硫和脱磷的冶金措施在有些加工过程(如焊接)中是很难实现的，尤其是脱磷过程非常复杂。

1) 脱硫反应

(1) 采用对硫亲和力强的元素进行脱硫

由生成硫化物的自由焓可知，Ce、Ca 和 Mg 等元素在高温时对硫有很大的亲和力。但由于它们同时又是很强的脱氧剂，而且对氧的亲和力比对硫的亲和力还大，因此，在有氧的条件下，它们首先被氧化。这就限制了它们在脱硫中的应用。例如在焊接条件下就无法先加脱氧剂进行脱氧后，再进行脱硫。所以在焊接过程中常用对氧亲和力不是很强的 Mn 作脱硫剂。其反应为

$$[FeS]+[Mn]=\!=\!=(MnS)+[Fe] \tag{4-67}$$

$$\lg K=\frac{8220}{T}-1.86 \tag{4-68}$$

反应产物 MnS 实际上不溶于钢液中，主要进入渣中，少量以夹杂物形式存在于钢中。但由于 MnS 熔点较高(1610℃)，故其夹杂物呈点状弥散分布，危害较小。从式(4-68)中的平衡常数看，降低温度对脱硫有利。因此，焊接的高温区不利于脱硫，但在低温区时间很短，过程又困难，所以焊接时该反应的脱硫作用也不很充分。

(2) 通过熔渣进行脱硫

这一过程的原理类似于扩散脱氧。硫以硫化铁[FeS]形态存在于钢液中，同时也以一定的比例存在于熔渣中：

$$\frac{w_{(FeS)}}{w_{[FeS]}}=L_{FeS} \tag{4-69}$$

但由于 L_{FeS} 值相当低(0.33 左右)，因此仅靠这一扩散过程来显著降低硫在钢液中的含量是不可能的，所以还需要在渣中进行脱硫。渣中的碱性氧化物 MnO、CaO、MgO 等都具

有脱硫作用。如炼铁过程中，高炉渣中存在CaO时(用碱性渣时)则能进行下列脱硫反应：

$$(CaO)+(FeS)\longrightarrow(CaS)+(FeO) \tag{4-70}$$

当渣中的硫化铁减少后，根据分配定律，铁液中的硫化铁会自动往渣中扩散转移，即

$$[FeS]\longrightarrow(FeS) \tag{4-71}$$

通过式(4-70)和式(4-71)反应的不断进行，就能达到铁液脱硫的目的。从热力学角度考虑，由于CaO脱硫是吸热反应，故提高温度对脱硫有利。因此，铸造时采用预热送风的措施来提高碱性冲天炉对铁液的脱硫效果。另外，由反应式(4-70)可以看出提高渣的碱度、增加CaO含量和加强脱氧，以及降低FeO含量都对脱硫有利(如图4-28～图4-30所示)。

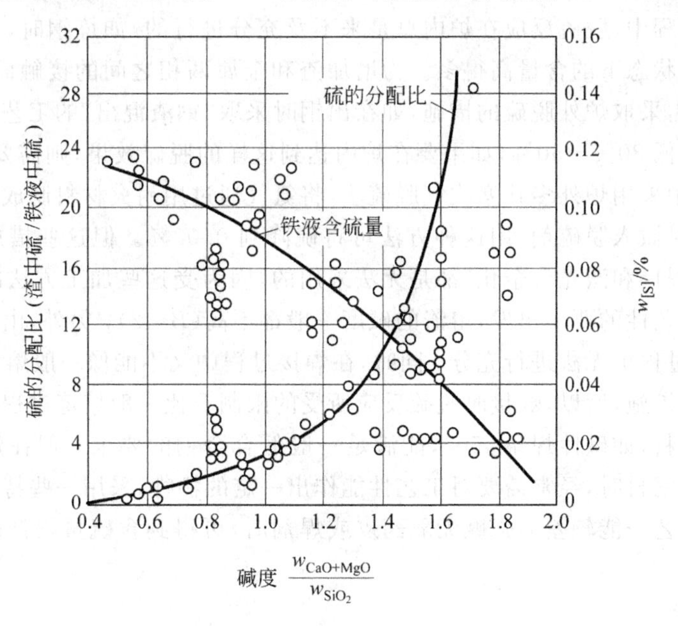

图4-28 硫的分配比及铁液含硫量与炉渣碱度的关系

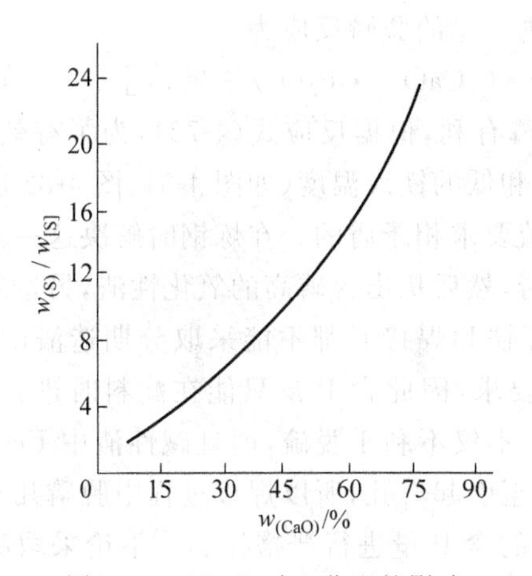

图4-29 (CaO)对S分配的影响

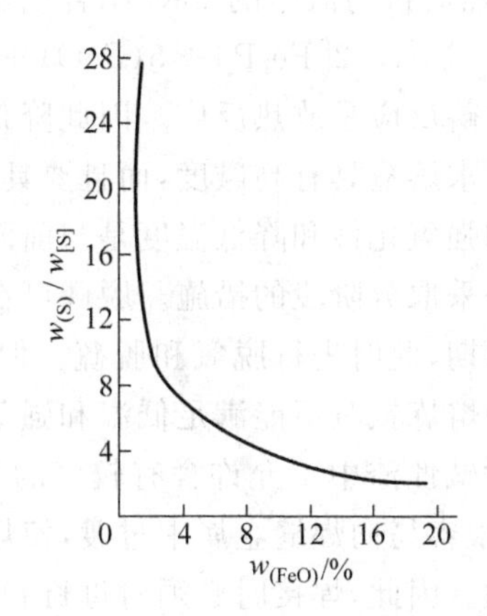

图4-30 (FeO)对S分配的影响

由于脱硫过程与扩散脱氧过程类似，也是发生于金属和熔渣两相之间，根据动力学分析，整个脱硫过程的控制环节也是扩散过程，而且主要是受硫化铁在渣中的扩散过程所控

制。因此，提高脱硫效率的关键在于提高硫化铁在渣中的扩散系数和增加渣与钢液的接触面积，这些都是加速脱硫过程的动力学条件。前面在分析脱硫反应式(4-70)的热力学条件时讲过，渣的碱度越高，CaO 含量越高，则对脱硫反应越有利。但由于在提高碱度的同时引起了渣的黏度也在提高，而渣的黏度越高则硫化铁在其中的扩散系数越低，扩散速度也越低。因此，从动力学出发，显然是渣的碱度越高越不利于脱硫过程的进行。为解决这一矛盾，常在碱性渣中加入稀释剂 CaF_2 来降低其熔点和黏度，从而改善硫化铁在其中的扩散条件，同时 CaF_2 本身还有一定的脱硫作用，因此，炼钢过程中脱硫是在还原期造渣时加入石灰(CaO)和萤石(CaF_2)来完成的。

实际熔炼过程中，脱硫反应在炉内总是来不及充分进行的，如炼钢时，出炉前钢液的含硫量总是比平衡状态下的含量高得多。为增加渣和金属两相之间的接触面积，创造有利的动力学条件，常需采取炉外脱硫的措施，如在出钢时采取“钢渣混出”的工艺方法可使钢液含硫量比出钢前降低 30%～50%，如果要在炉内达到这样的脱硫效果，则需要相当长的时间。另外，如在铸造中采用炉外多孔塞吹气脱硫法，将氮气通过用耐火材料制成的多孔塞吹入铁液形成旋流，同时撒入脱硫剂，用这种方法可将硫降到 0.02%。但这些措施在一些特殊的加工过程中(如焊接和激光合金化)都是无法采用的，因为受这些加工方法的工艺条件所限制。如从焊接工艺性的要求出发，熔渣的碱度一般都不高($B<2$)；另外，由于焊接过程非常迅速，因此脱硫过程更无法进行充分；同时，在焊接过程中又不能像一般熔炼过程那样采用附加的炉外脱硫措施，所以，焊接时脱硫反应所受的限制要比一般熔炼过程时大得多。采用普通碱性焊接材料，如碱性焊条 J507，能满足一般低合金钢的要求。但在焊接一些要求含硫量很低的精炼钢材时，经常需要对工艺性能作出一定的牺牲，采用一些特殊的高碱性焊接材料。如采用工艺性能较差的强碱无氧药皮或焊剂时，可得到含硫量很低的优质焊缝金属($S<0.006\%$)。

2) 脱磷反应

液态铁脱磷过程包括两部分，首先是铁液中的 Fe_2P(或 Fe_3P)与渣中的 FeO 化合生成 P_2O_5，然后再与渣中的 CaO 结合成稳定的磷酸钙。总的脱磷反应为

$$2[Fe_2P] + 5(FeO) + 4(CaO) = ((CaO)_4 \cdot P_2O_5) + 9[Fe] \qquad (4\text{-}72)$$

脱磷反应是放热反应。因此降低温度对脱磷有利，根据反应式(4-72)，为了有效脱磷，不仅要求熔渣具有高碱度，而且要具有强氧化性和低的铁液温度(如图 4-31、图 4-32 所示)。其中加强氧化性和降低温度是与前面讲过的脱硫要求相矛盾的。在炼钢时解决这一矛盾的办法是采取分阶段的措施。脱磷可在氧化期进行，然后扒出含磷高的氧化性渣，另造新渣进入还原期，此时进行脱氧和脱硫。但在冲天炉炼铁和焊接时都不能采取分期造渣的方法。冲天炉熔炼铁时不能满足低温和强氧化性渣的要求，因此含 P 量只能在配料时进行控制。焊接时碱性渣中不允许含有较多的 FeO，因为它不仅不利于脱硫，而且碱性渣中 FeO 的活度高，很容易向焊缝金属中过渡，使焊缝增氧，甚至引起气孔，所以焊接过程中脱磷几乎是不可能的。因此，焊接时必须对母材和焊接材料中的含 P 量进行严格控制。不论采取哪一类焊条都达不到脱磷的作用，但从控制焊缝含 P 量考虑，碱性焊条优于酸性焊条。

此外，根据动力学分析，发生于渣和钢液界面处的脱磷反应(4-72)在高温下很快就能达到平衡。为使反应继续进行，就必须伴随着两相间物质的迁移过程，使反应物由相应的两相内部不断向界面扩散，同时生成物不断由界面向有关相的内部扩散。由于高温下化学反应

的速度往往大于扩散速度，因此脱磷反应也受扩散过程控制，而且渣中的扩散速度低于钢液中的扩散速度，因此物质在渣中的扩散过程是整个脱磷过程中的控制环节。脱磷速度取决于氧化钙、氧化亚铁和磷酸钙在渣中的扩散速度。因此，从热力学角度考虑，增加渣中的 CaO 含量对脱磷反应有利；但从动力学出发，CaO 增加过多时，由于渣的熔点和黏度均提高，故使扩散过程变慢，反而不利于整个脱磷过程的进行，如图 4-32 中所示，$w_{(CaO)}=80\%$ 时，炉渣的脱磷效果反而低于 $w_{(CaO)}=60\%$ 和 40% 时的情况。

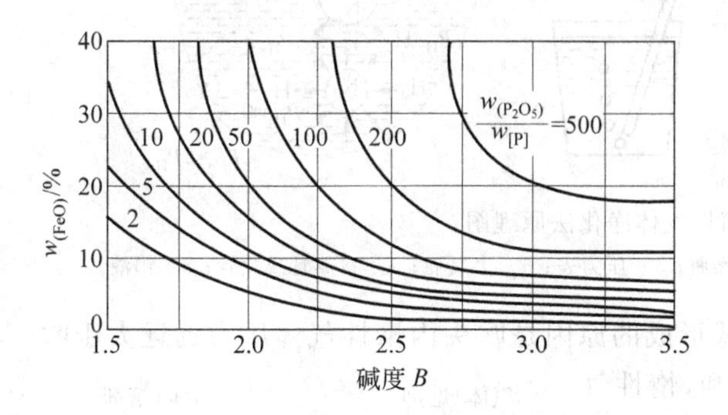

图 4-31 炉渣碱度和氧化铁含量对磷在渣及钢液中分配比的影响

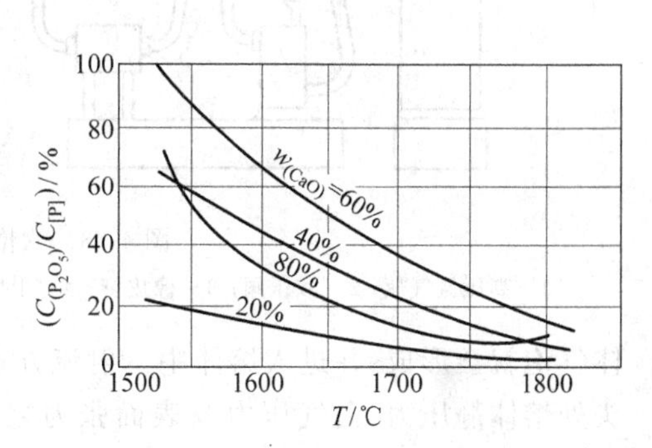

图 4-32 温度对脱磷效果的影响

4.3 液态金属的处理与保护

4.3.1 液态金属的净化处理

液态金属在加工过程中极易吸气和发生化学反应形成夹杂，这将大大降低合金的力学性能。因此必须对液态金属进行净化处理，以去除熔体中的气体、非金属夹杂物和其他有害元素，净化合金熔体，提高冶金质量。

下面以铝合金为例介绍金属熔体的净化方法。铝合金熔体的净化方法已有几十种，概括起来分为三大类，即非化学反应除气、化学反应除气和混合除气。非化学反应除气包括吹惰性气体、真空处理、气体的电迁移和超声处理等；化学反应除气主要指稀土除氢；混合除气主要包括气化溶剂、吹活性气体和吹活性溶剂等。

1. 吹惰性气体净化法

图 4-33 是单管吹气法原理图。系统由高压 N_2(或 Ar)气瓶、减压阀、吹气喷头和干燥剂等组成。其工艺过程是先将吹气喷头预热，去除其表面吸附的水分等，再根据插入熔体的深度调整好减压阀，打开气瓶开关，将气管内的空气排出干净，插入吹气喷头到达熔体的下部，惰性气体在管内压力的作用下，以气泡的形式进入熔体内。在气泡的上浮过程中，由于氢在气泡中的浓度很低，将扩散进入气泡，随气泡溢出而脱除。

气泡进入熔体有两种方式，即鼓泡方式和射流方式(图 4-34)。鼓泡方式形成的原因是吹头内惰性气体压力过低，使惰性气体压力小于吹头处熔体静压力、大气压力及表面张力之和，惰性气体无法吹出。这时气瓶中惰性气体仍然不断地向气管内排出，使气管内惰性气体压力不断上升，当其压力大于吹头处熔体静压力、大气压力及表面张力之和时，少量惰性气

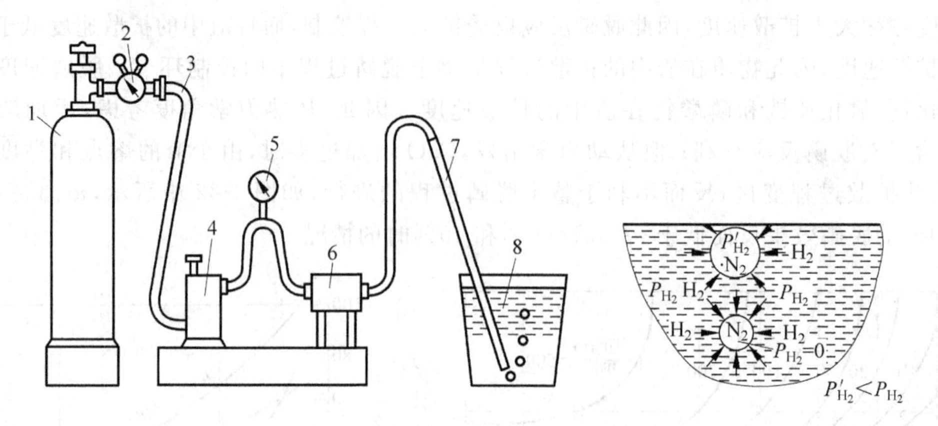

图 4-33 吹惰性气体净化法原理图

1—高压氮气瓶；2—减压阀；3—橡皮管；4—干燥瓶；5—压力表；6—去氧瓶；7—石英管或铁管；8—铝液

体气泡就会形成，并进入熔体中。射流方式形成的原因是吹头内惰性气体压力远远大于吹头处熔体静压力、大气压力及表面张力之和，惰性气体以相当高的速度喷射进入熔体中。

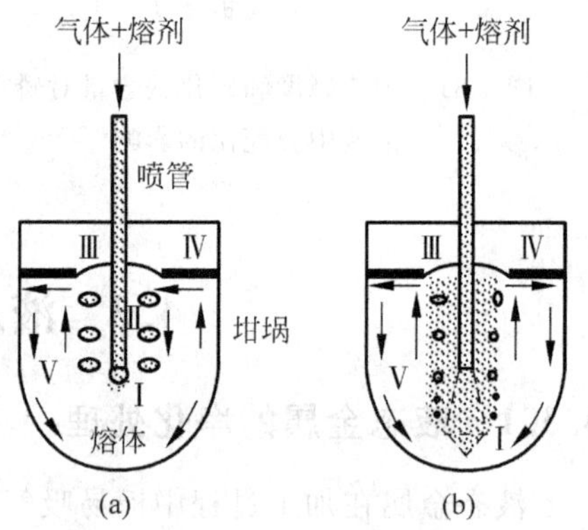

图 4-34 单管吹气法的吹气方式

(a) 鼓泡方式；(b) 射流方式

该方法的工艺要点如下：①应注意惰性气体的纯度。惰性气体中氧含量不超过 0.03%（体积分数），水分不超过 $3.0g \cdot L^{-1}$时，对一般合金来讲均可达到满意的除气效果。②惰性气体压力要合适。③吹头要尽量插入熔体的下部。④吹头要不断移动，使熔体中每个部位都有气泡。⑤吹头内径大小要合适。

单管吹气法的优点是设备简单，除气效果较好。缺点是除气效率低，气泡较大。为了克服单管吹气法作用面积小、气泡尺寸不易控制等缺点，可采用多孔吹头旋转吹气法。旋转吹气法吹头的结构可以多种多样，但目的只有一个，即在熔体中均匀地形成大量细小的气泡。该方法除气效果好，无污染，已在工业生产中得到广泛应用。

2. 溶剂净化法

溶剂净化法通常是向合金熔体中加入溶剂，利用溶剂反应产生的气泡净化熔体。以六氯乙烷（C_2Cl_6）净化铝合金熔体为例，C_2Cl_6 的精炼反应为

$$C_2Cl_6 = C_2Cl_4\uparrow + Cl_2\uparrow \tag{4-73}$$

C_2Cl_4 沸点为 121℃，成为精炼气泡，其中一部分分解：

$$C_2Cl_4 = 2C + 2Cl_2\uparrow \tag{4-74}$$

其中 C 分散在铝熔体中成为夹杂，氯气在铝熔体中可能产生两个反应，即

$$Cl_2 + 2[H] = 2HCl\uparrow \tag{4-75}$$

$$3Cl_2 + 2Al = 2AlCl_3\uparrow \tag{4-76}$$

上述反应产生的气泡即可起到净化的作用。

向液态金属中加入净化溶剂可以单独加入(如压入溶剂块),或者由惰性气体带入(图 4-34)。六氯乙烷是常用的净化溶剂,但产生的氯气既对坩埚和工具有腐蚀性,也会污染环境,用时须注意防护。

3. 夹杂物的去除

合金熔体中的夹杂物可以通过气泡捕捉、过滤等方式去除。

气泡捕捉夹杂的原理:合金熔体中悬浮的夹杂微粒受到搅动时,夹杂物相互碰撞、聚集和长大。当夹杂物长大到一定尺寸后,才能与上浮的气泡碰撞,被捕获而随气泡上浮到熔体表面。气泡捕捉夹杂物有两种方式,如图 4-35 所示。尺寸较大的夹杂物可能与气泡产生惯性碰撞捕获,如图 4-35(a)所示;尺寸较小的夹杂物很难与气泡产生惯性碰撞,但可能在气泡周围产生相切捕获,如图 4-35(b)所示,其捕获系数为

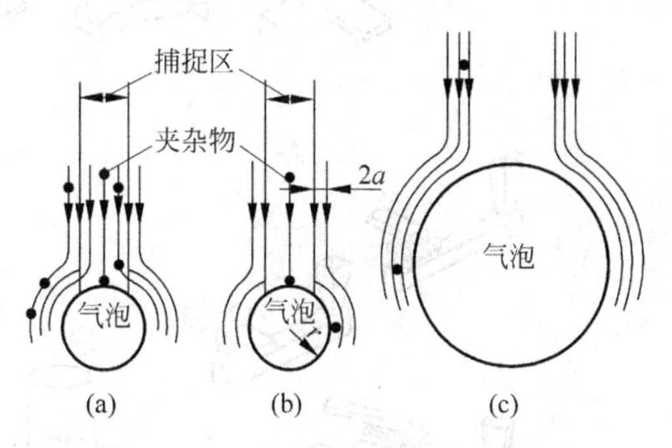

图 4-35 气泡捕捉夹杂物的方式

(a) 碰撞捕获;(b) 相切捕获;(c) 顺流线滑掉

$$E=\left(1+\frac{2a}{r}\right)^2-1 \tag{4-77}$$

式中,a 为夹杂物的半径,m;r 为气泡的半径,m。

若气泡的尺寸比夹杂物大得多,则夹杂物就会顺流线滑掉,如图 4-35(c)所示。

合金熔体中的夹杂物的另一种去除方式是过滤(图 4-36)。金属浇铸时,在浇注系统内设置过滤片(金属或陶瓷过滤网或泡沫陶瓷过滤器)。过滤是非常有效的金属净化方法。过滤片的安放位置是浇注系统设计需要解决的新问题。在直浇道底部安放过滤片可以稳定浇注系统的液流,防止液流在浇注系统中再卷入气体。在横浇道中安放过滤片可以滤除浇注系统中形成的夹杂,同时能稳定进入铸型的液流。

4.3.2 液态金属的细化处理

液态金属细化处理的实质是增加液态金属凝固时的晶核数量,对非铁合金,统称为晶粒细化处理,对铸铁则称为孕育处理,对钢则两个名称都使用。根据细化或孕育作用的产生途径,可以把细化处理分为以下三类。

1. 引入更有效的异质核心基底

异质形核基底主要有两种来源,一是在熔体中形成内生形核质点,包括快速凝固法、动力学方法(热对流、气体逸出、机械振动、声波和超声波、电磁振动、搅拌等)和成分过冷法等,二是向熔体中添加形核剂来增加外来形核质点。

目前,添加形核剂成为生产过程中最有效、最实用的方法。关键的问题是如何选择合适的形核剂。由非均质形核理论可知,一种好的形核剂首先应能保证结晶相在衬底物质上形成尽可能小的润湿角 θ;其次,形核剂产生的衬底物质还应在液态金属中尽可能保持稳定,并且具有最大的表面积和最佳的表面特征(如表面粗糙或有凹坑等)。但是,由于测试技术上的困难,人们迄今对高温熔体中两相间的润湿角 θ 的大小了解得很少。由异质形核模型

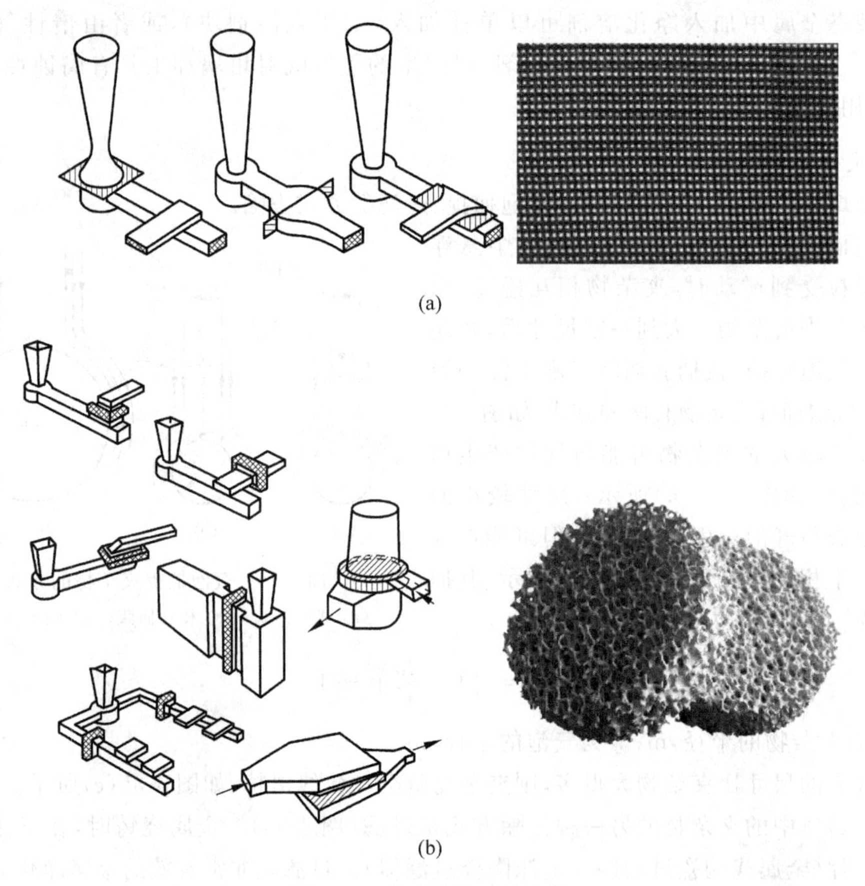

图 4-36 夹杂物的过滤去除

(a) 过滤网过滤；(b) 泡沫陶瓷过滤器过滤

可知，润湿角 θ 是由结晶相、液相和衬底物质之间的界面能决定的。若不考虑温度的影响，对于给定金属而言，σ_{LC} 是一定值，在一般情况下，σ_{LS} 与 σ_{LC} 也相近，故润湿角 θ 主要决定于 σ_{CS} 的大小。σ_{CS} 越小，衬底的非均质形核能力越强。因此，人们着重对 σ_{CS} 进行研究，在此基础上提出了选择有效形核剂的有关理论和相应准则。其中应用最广的是界面共格对应理论。

界面共格对应理论认为，在非均质形核过程中，衬底晶面总是力图与结晶相的某一最合适的晶面相结合，以便组成一个 σ_{CS} 最低的界面。因此界面两侧原子之间必然要呈现出某种规律性的联系，这种规律性的联系称为界面共格对应。研究指出，只有当衬底物质的某一个晶面与结晶相的某一个晶面上的原子排列方式相似，而其原子间距相近或在一定范围内成比例时，才能实现界面共格对应。这时，界面能主要来源于两侧点阵错配所引起的点阵畸变，并可用点阵错配度 δ 来衡量。当 $\delta \leqslant 0.05$ 时，通过点阵畸变过渡可以实现界面两侧原子之间的一一对应，这种界面称为完全共格界面，其界面能较低，衬底促进非均质形核的能力很强。当 $0.05 < \delta < 0.25$ 时，通过点阵畸变过程和位错网络调节，可以实现界面两侧原子之间的部分共格对应，这种界面称为部分共格界面，其界面能高，衬底具有一定的促进非均质形核的能力，但随 δ 的增大，衬底的促进非均质形核作用逐渐减弱，直至完全失去作用。图 4-37 是完全共格界面和部分共格界面上的原子排列情况。研究表明，在 δ 值较小的情况

下，非均质形核临界过冷度 ΔT_G^* 与 δ 之间的关系为

$$\Delta T_G^* \propto \delta^2 \tag{4-78}$$

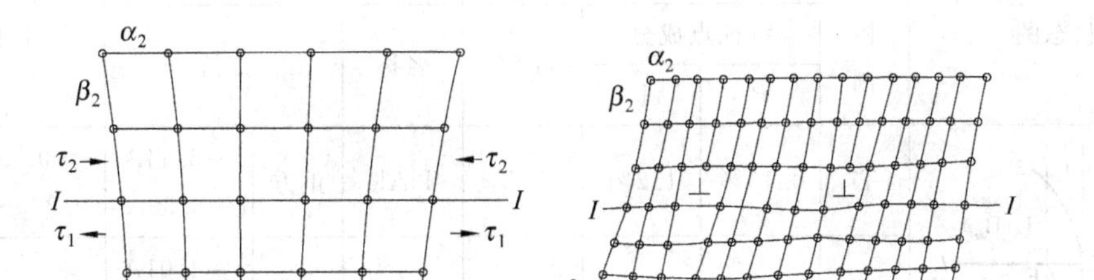

图 4-37 完全共格界面和部分共格界面上的原子排列

(a) 完全共格界面；(b) 部分共格界面

2. 形成先凝固的同质核心基底

这种细化作用机制是通过外加形核剂中的某种元素与熔体元素的作用形成化合物。这种化合物可以与熔体发生包晶或共晶反应。如果包晶或共晶反应的温度高于熔体的液相线温度，则在熔体冷却到液相线温度之前，就已经通过包晶或共晶反应形成了同质的凝固基底，不需要另行形核，因而大大减小形核所需的过冷度，促进形核。

1) 包晶反应机制

科学研究和生产实践都证明 Ti 是 Al 的有效细化元素。根据二元 Al-Ti 相图(见图 4-38)，在 665℃时，来自中间合金的铝化物 $TiAl_3$ 通过包晶反应使 α-Al 成核，即：L＋$TiAl_3$ ⟶ α-Al。

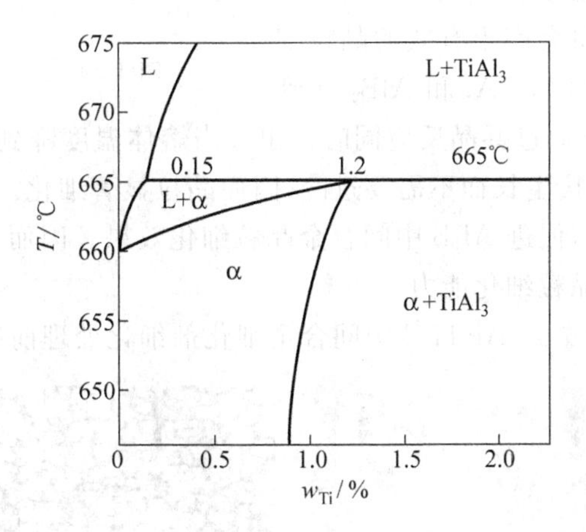

图 4-38 二元 Al-Ti 相图的富 Al 端

$TiAl_3$ 和 Al 晶面间存在良好的共格关系，铝原子可以在几个 $TiAl_3$ 晶面上同时外延生长，在 Al 的晶粒中心可以找到 $TiAl_3$ 粒子。冷却曲线也证明成核是包晶温度附近通过包晶反应实现的。显然，只要熔体中有 $TiAl_3$ 存在，包晶细化理论就可能成立。Zr 和 V 等元素对 Al 的细化作用机理与 Ti 类似，相关参数总结于表 4-5 中。

表 4-5 细化 α-Al 的常用形核剂

状态图	形核剂	状态图			B_nAl_m			工业用量
		特征点成分		T_P/℃	名称	点阵		
		P	F					
T/℃ L L+B_n P F T_P α 660 一般用量 Al w_B	Ti	0.15%	1.2%	665	$TiAl_3$	正方	a=5.44Å c=8.59Å	>0.05% 最好 0.2%~0.3%
	Zr	0.11%	0.28%	660.5	$ZrAl_3$	正方	a=4.01Å c=17.32Å	0.1%~0.2%
	V	0.10%	0.37%	661	VAl_{10}	面心立方	a=3.0Å	0.03%~0.05%

注：Ti0.5%+B0.03%~0.05%联合应用时细化作用更好。

2）共晶反应机制

$TiAl_3$ 在热力学上的稳定性比较差，包晶反应可能是纯 Al 细化的主要原因，而对 Al-Si 合金细化只起促进作用。对于 Al-Si 合金，B 的细化效果远高于 Ti 的细化效果。B 的细化机制与 Ti 不同，它是通过下面的共晶反应起作用的。根据二元 Al-B 相图（见图 4-39），Al-B 系在 B 的质量分数约为 0.022%、温度 659.7℃处有一个共晶反应：L ⟶ α-Al + AlB_2。

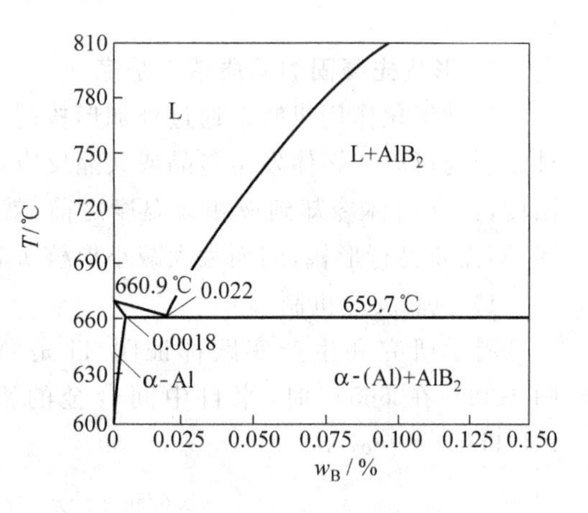

图 4-39 二元 Al-B 相图的富 Al 端

Al-Si 合金的液相线温度大多低于 659.7℃，因而包含这个共晶反应将会产生有效的晶粒细化。换言之，存在溶质 B 时，α-Al 和 AlB_2 在到达 Al-Si 合金液相线之前通过共晶反应同时析出。当熔体温度降到合金液相线时固相将在已预先存在的 α-Al 上直接生长而不需要过冷，因而晶粒显著细化。Si 还使共晶点成分向低 B 量位移，有效 B 量增多，促进 Al-B 中间合金晶粒细化效果。因而 Al-B 中间合金在很大 Si 量范围内都具有强大的晶粒细化能力。

图 4-40 是 Al-7Si 合金经 Al-Ti-B 中间合金细化剂细化处理前后的组织。

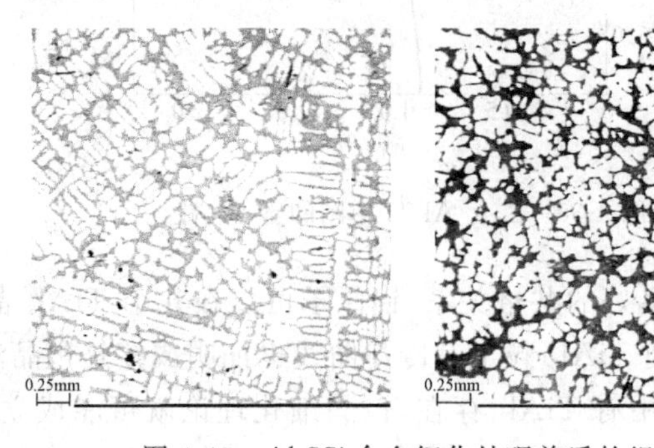

图 4-40 Al-7Si 合金细化处理前后的组织

3）形成瞬时局部形核条件

局域化学成分的不均匀性是讨论这种晶粒细化机理的基本条件。例如，在铸铁(Fe-C-Si合金)熔体中，加入以C、Si元素为主的生核剂，在生核剂的溶解过程及溶解后的一定时间内，在生核剂颗粒的周围及其溶解前的所在位置，形成生核剂的主要组成元素含量很高的局部区域，大大提高这种区域中的碳当量，迫使碳过饱和析出。铁液中本来就存在大量非金属夹杂物质点，它们在一定的条件下能作为石墨形核的异质核心。铁液中碳的过饱和度越大，能起有效核心作用的异质核心质点也就越多。孕育的作用就是使那些正常条件下不能起异质核心作用的质点成为有效的异质形核基底。由于这种局部高浓度区域会随时间的延长而扩散均匀化，因此孕育作用会衰退。图4-41示出了Fe-Si合金生核剂促进铸铁液中石墨形核的原理图。图4-42是铸铁经Fe-Si合金生核剂孕育处理前后的组织。

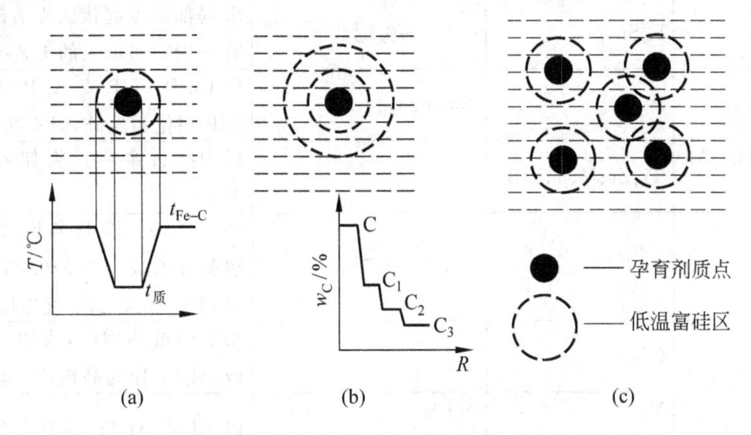

图4-41　Fe-Si合金生核剂促进铸铁液中石墨形核的原理

(a) 孕育剂质点附近温度分布；(b) 含硅量分布；(c) 石墨形核的最佳位置

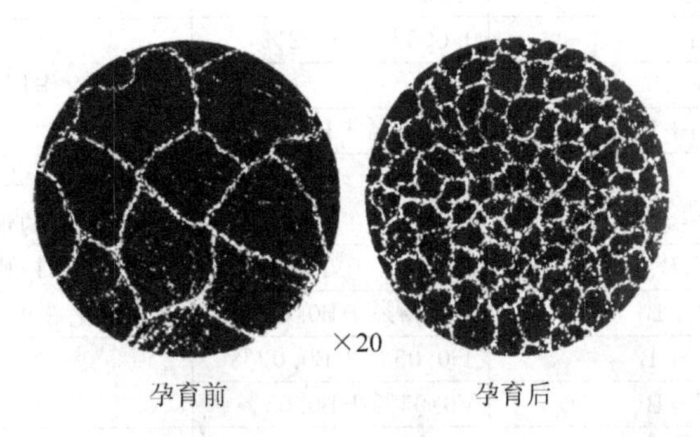

图4-42　铸铁经Fe-Si合金孕育处理前后的组织

这种形成局部形核条件的机理，在以引入更有效的异质核心基底为主要途径起作用的细化处理中同样存在。例如，用Ti作细化剂处理Al熔体，不需要Ti的加入量达到包晶点0.15%就能起作用，也就是这个道理。同样，用B处理铝合金，也不需要B的加入量达到共晶点0.022%。因此，实际发生的促进形核作用可能是几种机理的联合作用。表4-6列出了常用合金的生核剂及其作用机理。

表 4-6 常用合金的生核剂

合金类型	生核剂	一般用量(wt)	备注
碳钢及低合金钢	V	0.06%~0.3%	形成 TiN、TiC、VN、VC 为晶核
	Ti	0.1%~0.2%	
	B	0.005%~0.01%	可能是成分过冷作用
高锰钢	Ti,Zr,V,N	0.1%~0.3%	消除穿晶,细化晶粒
高铬钢	Ti	0.8%~1%	细化晶粒,减小脆性
硅钢(Si3%)	TiB_2 粉粒		溶解并析出 TiN、TiC
铸铁	石墨粉		增加石墨晶核,细化共晶团
	Ca、Sr、Ba	与 FeSi 配成复合形核剂	CaC_2、SrC_2、BaC_2 的(111)与石墨的(0001)对应,且能除 S、O 并增强 Si 的形核作用
	FeSi	0.1%~0.5%	Si 局部浓度起伏区提前析出石墨质点,宜采用瞬时加入的工艺
过共晶 Al-Si	P	>0.02%	以 Cu-P、Fe-P 或 Al-P 合金加入,形成 AlP 细化初生硅,但不细化共晶硅
铝、Al-Cu、Al-Mg、Al-Mn、Al-Si	Ti、Zr、V、Ti+B		以中间合金或盐类加入,明显细化 α 晶粒
Mg、Mg-Zn	Zr	0.3%~0.7%	800~850℃以 K_2ZrFe 加入,Mg-Zr 的包晶开始成分约 Zr0.58%。α_{Zr} 晶格与 Mg 同,但 Al 起干扰作用
Mg-Al	C		坩埚中过热增碳,或加入六氯乙烷,形成 Al_4C_3 作为晶核,Zr 起干扰作用
Mg-Al-Zn	V Ti+B	0.1% Ti0.05%+B0.01%	以 Al-V、Al-Ti、Al-B 合金加入
Mg-Zn	Ti 或 V	0.03%~0.1%	
	B 或 Zr	0.03%~0.05%	
铜	Li	0.005%~0.02%	成分过冷作用
	Bi	0.5%	
	Li+Bi	Li0.05%+Bi0.05%	
一般铜合金	Fe	>1%	包晶开始 Fe2.8%,γ_{Fe} 晶格与 Cu 一致,用于含 Fe 的铜合金
铝青铜(Cu-Al-Fe)	V、B、W、Zr、Ti	0.05%~0.1%	当存在碳时,碳化物质点起晶核作用,B 仅细化 β 相
	V+B	V0.05%+B0.02%	
Cu-Sn、Cu-Zn	Ti+B	Ti0.05%+B0.02%	
	V+B	V0.05%+B0.05%	
Cu-Zn-Pb(HPb59-1)	混合稀土	0.05%	消除柱状晶,细化晶粒
钛合金	B	0.05%~0.1%	硼化物和碳化物起晶核作用
	B+Zr	w_{B+Zr}=0.1%~0.15%	

4.3.3 液态金属的变质处理

变质处理的实质是影响液态金属凝固时的晶体生长条件,有机械的(如外加振动)、物理的(如外加电磁场)和化学的(外加化学添加剂)。其中以化学处理方法最有效,也最方便。

本书主要以铝硅合金的变质处理和铸铁(Fe-C-Si 合金)的球化处理为例,介绍液态金属变质处理基本原理。

1. 铝硅合金的变质处理

铝硅合金是目前应用最广、用量最大的铸造非铁合金。Al-Si 二元合金具有简单的共晶型相图。室温下只有 α-Al 和 β-Si 两种相。α-Al 相的性能与纯铝相似,β-Si 相的性能与纯硅相似。β-Si 相在自然生长条件下会长成块状或片状的脆性相,它严重地割裂基体,降低合金的强度和塑性,因而需要将它改变成有利的形态。变质处理就是要使共晶硅由粗大的片状变成细小纤维状或层片状,从而提高合金性能。Al-Si 合金的变质处理是向凝固前的合金熔体中加入少量的变质元素,改变共晶硅相的生长形态。在 20 世纪 70 年代之前,Na 是唯一应用的变质元素。而现在发现,碱金属中的 K、Na,碱土金属中的 Ca、Sr,稀土元素 Eu、La、Ce 和混合稀土,氮族元素 Sb、Bi,氧族元素 S、Te 等均具有变质作用。其中,Na、Sr 的效果最佳,可获得完全均匀的纤维状共晶硅,而 Sb、Te 等则只能得到层状共晶硅。因此,目前应用最广的是 Na 和 Sr 变质。

图 4-43 为硅含量和变质处理对 Al-Si 二元合金力学性能的影响。图 4-44 为变质前后 Al-7Si 二元合金的显微组织,可以看到共晶硅相形态的明显变化。

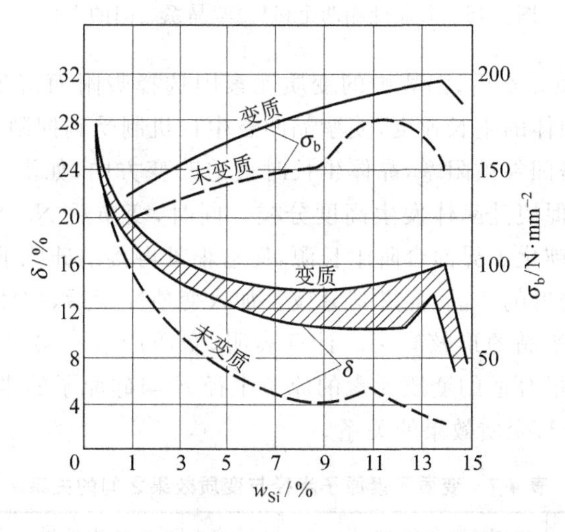

图 4-43 硅含量和变质处理对 Al-Si 二元合金力学性能的影响

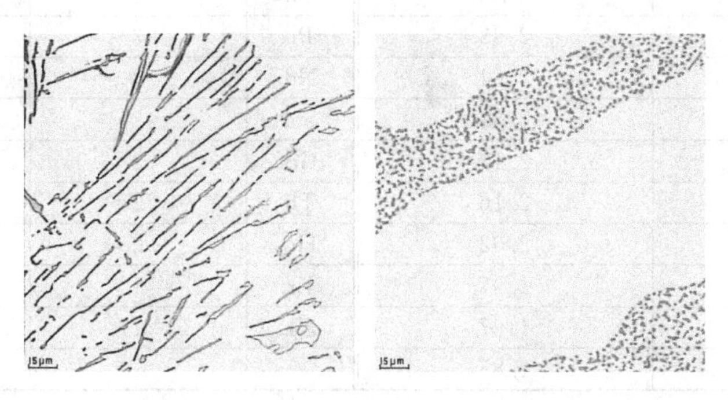

图 4-44 变质前后 Al-Si 二元合金的显微组织

不经变质处理，铝硅合金中的共晶硅相呈板片状生长，具有{111}惯习面，生长速度缓慢时有〈211〉择优生长方向。硅片的生长常出现大角度的分枝，这是由于{111}孪晶系的增殖引起的。每两个{111}孪晶系之间的夹角为70.53°，见图4-45。共晶硅的这种生长方式称为孪晶凹谷(twin plane reentrant edge，TPRE)生长，同时在硅的板片表面有作为外缺陷的固有生长台阶存在。

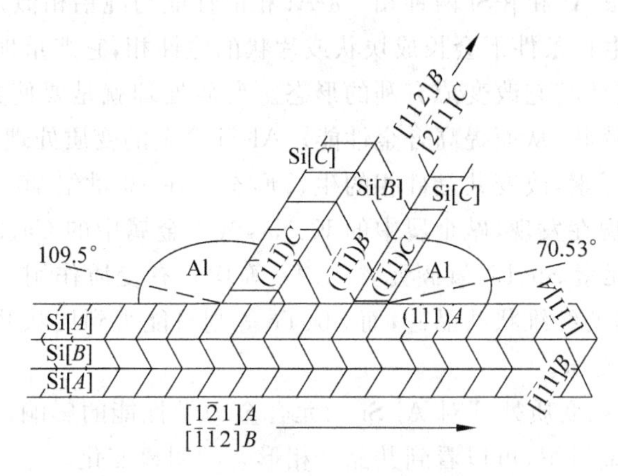

图4-45 共晶硅相两个{111}孪晶系之间的夹角

加入Na、Sr等变质元素后，铝液中的变质元素因选择吸附而富集在孪晶凹谷处，阻滞了硅原子或硅原子四面体的生长速度，使孪晶凹谷生长机制受到抑制，从而导致硅晶体生长形态的变化。其原因是凹谷被阻塞，晶体生长时被迫改变方向，如沿〈100〉、〈110〉、〈112〉等系列方向生长，同时也促使硅晶体发生高度分枝。同时，变质后Na、Sr等原子优先吸附于界面上的生长台阶处，钝化了界面台阶生长源，使它很难再接纳硅原子。Na、Sr等原子还在硅晶体表面诱发出高密度的孪晶，促进其分枝。加入变质元素后，熔体会出现较大的动力学过冷度，就与这种重复孪晶的形核有关。计算表明，变质产生一层$\{111\}_{Si}$孪晶坯要求变质元素具有一定的尺寸，最合适的变质元素的原子半径r_i与硅原子的半径r_{Si}之比为1.6475。表4-7示出了原子半径与变质效果的关系。

表4-7 变质元素原子半径与变质效果之间的关系

元素	变质效果	原子半径/10^{-10}m	元素	变质效果	原子半径/10^{-10}m
Si		1.175	Ce	4	1.83
Cs	2	2.63	Pr	3	1.82
Rb	3	2.64	Nd	3	1.82
K	4	2.31	Sm	2	1.81
Ba	4	2.18	Gd	2	1.79
Sr	5	2.16	Tb	2	1.77
Eu	5	2.02	Ho	2	1.76
Ca	4	1.97	Er	1	1.75
La	5	1.87	Li	1	1.52
Na	5	1.86			

注：5—强；4—较强；3—中等；2—弱；1—无。

2. 铸铁的球化处理

在铸铁液浇注凝固之前，在一定条件下(指一定的过热度，合适的化学成分，适宜的加入方法等)，向铁液中加入一定量的球化剂(主要是 Mg 或 RE 及其中间合金)，改变铁液凝固时石墨的生长方式，使之长成球状的冶金处理工艺，称为球化处理。

石墨的晶体结构如图 4-46 所示，是六方晶格结构。由于石墨具有这样的结构特点，从结晶学的晶体生长规律看，石墨的正常生长方式应是碳原子主要向棱面上堆砌，沿着基面择优生长，最后形成片状组织。

在实际的石墨晶体中存在多种缺陷，如旋转孪晶、螺旋位错及倾斜孪晶等，它们对石墨的生长过程及最终形态起决定性的影响。对铁液进行球化处理，就是要改变这些缺陷的存在状态。

石墨是非金属晶体。在纯 Fe-C-Si 合金熔体中，石墨的生长界面是光滑界面，无论是基面或棱面上，都要依靠二维形核的生长模式，这是非常困难的，需要很大的过冷度。但如果在基面上存在螺旋位错缺陷，则可为石墨的生长提供大量的台阶(图 4-47)，石墨沿这些台阶生长，看起来是沿着基面的 a 向生长，其实也包括向 c 向生长的作用。

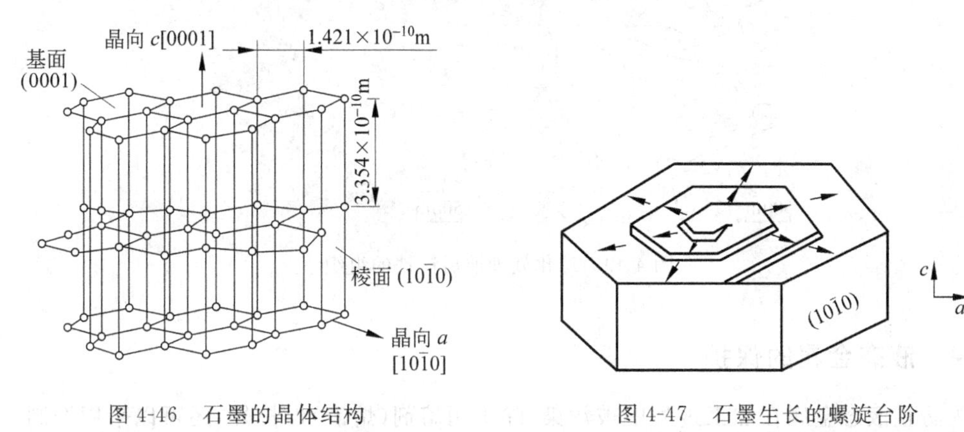

图 4-46 石墨的晶体结构

图 4-47 石墨生长的螺旋台阶

因此，若以 v_a 和 v_c 分别表示 a 向和 c 向的石墨生长速度，则依据 v_a/v_c 的比值，在铸铁中会出现不同形态的石墨。如 $v_a>v_c$，一般认为形成片状石墨；相反如 $v_a<v_c$，则会形成球状石墨。在未经球化处理的普通铸铁液中，由于硫、氧等活性元素吸附在石墨的棱面(10$\bar{1}$0)上，使这个原为光滑的界面变为粗糙的界面，而粗糙界面生长时只要较小的过冷度，生长速度快，因而使石墨棱面的生长速度加快，即 a 向生长占优势，此时 $v_a>v_c$，石墨最后长成片状。当向铁液中加入 Mg、RE 等球化剂后，它们首先与氧、硫发生反应，使液体中活性氧、硫的含量大大降低，抑制石墨沿 a 向的快速生长，同时，按螺旋位错缺陷方式生长则得以加强。因为，氧、硫等表面活性元素若吸附在螺旋台阶的旋出口处，它们将抑制这一螺旋晶体的生长。现在氧、硫被球化剂脱除后，这一抑制作用大大减弱，使得螺旋位错方式这一看起来沿[10$\bar{1}$0]方向堆砌、实际是沿[0001]生长的方式占优，最终使石墨长成球状(如图 4-48 所示)。

石墨长成球状之后，对铸铁基体的割裂作用大大减弱，从而使铸铁的强度大大提高。少量球化剂(只需残留 Mg 约 0.04%)加入铁液进行球化处理，就可以使铸铁的性能有如此大

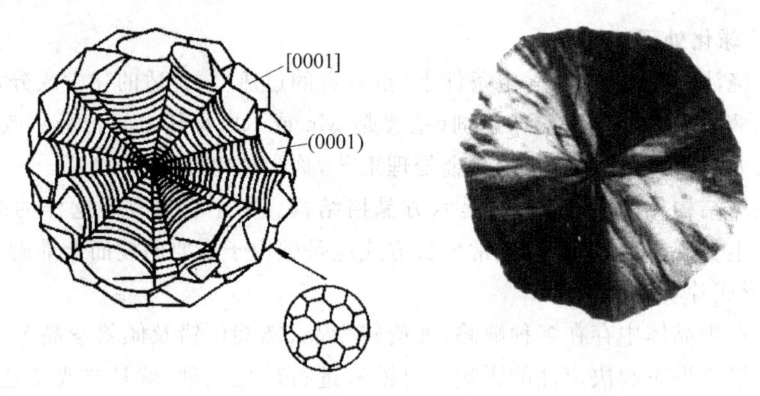

图 4-48 球状石墨的生长

的提高(使同样成分铸铁的强度提高 2～5 倍,延伸率从 0 提高到约 20%),无疑是铸铁冶金与加工史上的一次历史性革命。图 4-49 是球化处理前后铸铁的组织。

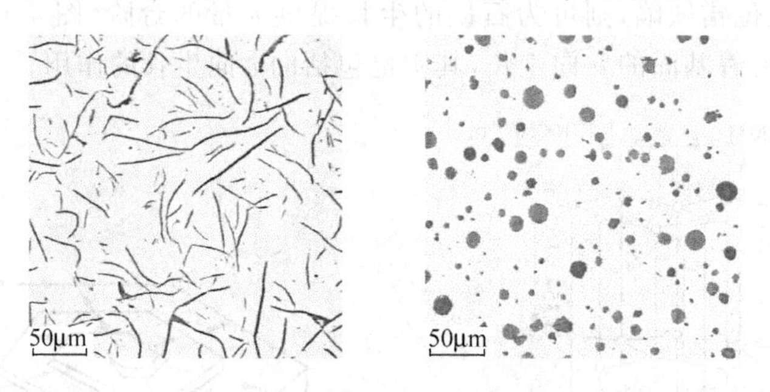

图 4-49 球化处理前后铸铁的组织

4.3.4 液态金属的保护

为防止液态金属在加工过程中被污染,除采用熔剂(熔渣)保护外,还可以采用控制气氛保护和真空保护等措施。

1. 控制气氛保护

1) 保护气体的分类及其应用

(1) 惰性气体

惰性保护气体主要是指 Ar、He 等气体。惰性气体是最理想的保护气体,它不与任何金属发生作用,能用于保护各种金属。但由于它的价格昂贵,因此一般只用于活性金属(如 Al、Ti、Zr 等)的加工。

(2) 活性气体

活性气体包括还原性气体(如 H_2)和氧化性气体(如 CO_2)。对于一些活性低的金属,除采用惰性气体保护外,在一定条件下也可以采用活性气体作为保护气体。为防止金属加热时的氧化,经常采用一些还原性气体作为保护介质(如氢气保护的加热炉)。有时采取一些措施后也可以用氧化性气体作为保护气体,例如焊接一般钢材时,常用廉价的 CO_2 气体作为保护气体,在用 CO_2 作为保护气体时,主要防止大气中的 N_2 对钢的有害作用。在焊接高温下,如果没有保护,则钢液会从空气中吸收大量的 N_2 和 O_2。O_2 与 N_2 不同,O_2 进入金属后可以通过脱氧处理来消除，如果脱氧充分，对金属性能不会有影响；而 N_2 进入金属后很难通过冶金方法从钢中去除，大量的氮化物残留在钢中会严重影响钢的性能，因此，隔离空气与液态金属的接触是防止氮有害作用的有效措施。CO_2 对钢来说虽然是活性气体，在焊接高温下它的氧化性并不亚于空气(大气中氧的分压 $p'_{O_2}=21.3$kPa，3000K 时 CO_2 分解出来的氧分压 $p_{O_2}=20.3$kPa)，但它可以保护金属不受 N_2 污染，而它引起的氧化完全可以通过在金属中加入脱氧剂的方法来消除。因此，在用 CO_2 作为保护气体进行低碳钢焊接时，必须同时配合采用含 Mn 和含 Si 量高的焊丝来进行脱氧。由表 4-8 可以看出 CO_2 气体保护焊的保护效果是比较好的。另外，从焊缝含氢量看，由于 CO_2 有除氢作用(如图 4-50 所示)，因此从除氢考虑，用 CO_2 活性气体作保护比用惰性气体更为有利。所以在焊接低合金钢时，为了改善工艺性能和降低焊缝含氢量，往往不采用纯氩气保护，而是采用 80%Ar+20%CO_2 的混合气体作保护。

表 4-8 用不同方法焊接低碳钢时的保护效果

焊接方法	焊缝金属中的气体含量/%			备注
	$w_{[N]}$	$w_{[O]}$	$w_{[H]}$	
光焊丝手弧焊	0.08～0.228	0.15～0.3	0.0002	
酸性焊条手弧焊	0.015	0.065	0.0009	
碱性焊条手弧焊	0.010	0.02～0.03	0.0005	
埋弧自动焊	0.002～0.007	0.03～0.05	0.00054	不锈钢焊缝中的[H]
CO_2 保护焊	0.008～0.015	0.02～0.07	0.00027	
熔化极氩弧焊	0.0068	0.0017	0.00045	

2) 保护气体的选择

在选择保护气体时必须根据具体的加工条件来考虑，例如 CO_2 保护焊接钢材时，主要目的是防止氮的有害作用，但在钢的退火加热时却可以用氮作为保护气体防止氧化。因为在退火温度下，氮对钢无有害作用，而主要是钢与空气中的氧作用。此外，由于氮基本上不溶于铜，因此在钎焊铜时可以在氮气保护的炉中进行，防止氧对铜的氧化。由于氢能使铜产生“氢病”，因此在钎焊普通纯铜时不能在氢炉中进行。而不锈钢和高温合金则在氢气保护的炉中进行钎焊时还能利用它的还原性去除金属表面的氧化膜。因此，在金属加工过程中，合理选择保护气体时应考虑具体的加热温度，以及在该温度下气体和金属之间的相互作用情况。

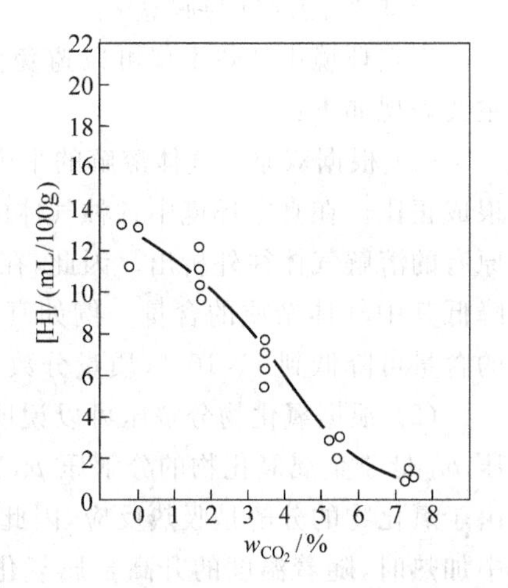

图 4-50 保护气体中 CO_2 含量对焊缝含氢量的影响

2. 真空保护

1) 真空的保护作用

在真空环境中加工金属可以使金属与大气更好地隔绝，完全排除了气体对金属的有害作用。不同真空度环境中的残余气体含量见表 4-9，与表 4-10 中高纯度惰性气体中的杂质含量相比，纯氩的纯度相当于 1Pa 真空度，极纯氩相当于 1×10^{-1}Pa 真空度，1×10^{-2}Pa 的真空度比最纯惰性气体的杂质含量低得多，因此真空的保护作用明显优于惰性气体。

表 4-9 不同压力下的气体含量

压力/Pa	含量				
	容积/%			杂质/vpm	
	总量	O_2	N_2	O_2	N_2
101300	100	20.1	79	201×10^3	790×10^3
133	0.13	0.0264	0.104	264	1040
13.3	0.013	0.00264	0.0104	26.4	104
1.33	0.0013	0.000264	0.00104	2.64	10.4
1.33×10^{-1}	0.00013	0.0000264	0.00010	0.264	1.04
1.33×10^{-2}	0.000013	0.000003	0.00001	0.026	0.10

注：1vpm 相当于百万分之一体积。

表 4-10 瓶装惰性气体的杂质含量

气体	杂质含量/vpm		
	O_2	N_2	H_2O
氦	<10	约 25	<10
极纯氦	≤1	≤2	2
纯氩	<5	约 20	<10
极纯氩	≤1	≤1	≤2

2）真空的除气与脱氧

真空环境中加热不仅可以避免液态金属吸收各种气体杂质，还有非常好的净化作用。主要表现如下：

(1) 根据双原子气体溶解的平方根定律，气体在液态金属中的溶解量与其分压的平方根成正比。在真空环境中各种气体的分压都近似于零，金属不仅不会吸气，而且还能使其中原有的溶解气体往外析出。因此，在冶炼中经常采用真空除气的方法来对金属进行提纯，以降低其中气体杂质的含量。例如真空感应炉炼钢时，当真空度达到 0.133Pa 时，钢液中氢的含量可降低到 1×10^{-6}（质量分数）以下。

(2) 根据氧化物分解压可以说明真空环境对氧化物的还原作用，因为当气氛中的氧分压 $p_{O_2'}$ 低于金属氧化物的分解压 p_{O_2} 时（即 $p_{O_2'}<p_{O_2}$），氧化物就会自动分解，并使金属还原。由于氧化物的分解是吸热反应，因此氧化物的分解压随着温度的升高而增加。因此，在真空中加热时，随着温度的升高金属氧化物的分解压在提高；同时随着真空度的提高气氛中的氧分压急剧下降，当氧化物的分解压高于真空中的氧分压时，氧化物就开始分解还原。这就是真空的一种提纯作用。例如根据实际生产中的一些资料，在 1150℃ 加热时，FeO 分解所要求的真空度为 10^{-1}Pa，而 Cr_2O_3 和 TiO_2 分解所需的真空度为 10^{-2}Pa。

(3) 根据氧化物的蒸气压，有些金属氧化物在高真空条件下加热时会引起蒸发而使金属净化。例如在 10^{-4} Pa 的真空条件下加热时，MoO_3 在 600℃、W_2O 在 800℃、NiO 在 1070℃、V_2O_5 和 MoO_2 在 1000～1200℃ 蒸发。

3) 真空环境加工金属的局限性

真空中加工金属是一种很理想的环境，不仅能起到很好的保护作用，而且还有很好的净化作用。但还是存在如下的局限性。

(1) 真空获得比较困难，且真空室大小与形状受到限制，导致加工用的设备和加工所需的费用都非常昂贵。目前主要用于一些活泼金属的加工以及一些纯度要求非常高的材料的加工(如真空熔炼、真空浇注、真空钎焊与扩散焊等)，且产品的尺寸因真空室的尺寸局限性也受限制。

(2) 不适合加工蒸气压较高的金属。在真空中能发生大量蒸发的金属及其合金不适合在真空环境中进行加工，因为真空加热将引起这类金属成分和性能的变化。一些元素在真空中发生显著蒸发的温度和真空度列于表 4-11。因此，在真空中尤其是高真空中加工的金属，必须避免含有大量高蒸气压的元素，如 Cd、Zn、Mg、Li、Mn 等。在真空感应炉中炼钢时，Mn 由于蒸发引起的损耗是非常显著的。另外，像一些含 Zn 量高的黄铜以及含 Mg 量高的铝合金都无法采用真空电子束焊接。

表 4-11 一些元素在真空中发生显著蒸发的温度和真空度

元素	熔点/℃	显著蒸发的温度/℃		元素	熔点/℃	显著蒸发的温度/℃	
		13.3Pa	1.33Pa			13.3Pa	1.33Pa
Ag	961	848	767	Mo	2622	2090	1923
Al	660	808	724	Ni	1453	1257	1157
B	2000	1140	1052	Pb	328	548	483
Cd	321	180	148	Pd	1555	1271	1156
Cr	1900	992	907	Pt	1774	1744	1606
Cu	1083	1035	946	Si	1410	1116	1024
Fe	1535	1195	1094	Sn	232	922	823
Mg	651	331	287	Ti	1665	1249	1134
Mn	1244	791	717	Zn	419	248	211

习 题

1. 简述氢、氮和氧与钢液的作用及其对钢性能的有害作用与预防措施。

2. 对比分析 Al、Cu、Mg 和 Fe 及其合金形成氢气孔的敏感性。

3. 简述硫和磷在钢中的存在形式及其对钢性能的影响。

4. 在电炉炼钢时为获得良好的脱氧效果，一般都采用沉淀脱氧与扩散脱氧相结合的方法。现拟采用的脱氧工艺为：先用铝进行沉淀脱氧，再在炉渣中加碳粉和硅铁粉进行扩散脱氧，最后再用锰铁进行沉淀脱氧。试分析这种脱氧顺序是否合理。

5. 试分析扩散脱氧的优缺点。扩散脱氧是否适用于所有金属(如常用的金属材料：铁、铝、铜等)和所有加工工艺方法(如铸造、焊接和激光表面合金化等)？为什么？

6. 试分析脱硫和脱磷有何矛盾？在炼钢过程中是如何解决这一矛盾的？为什么在冲天炉熔炼和焊接时不能脱磷？

7. 试分析下列两种炉渣的冶金特性(酸碱度与钢液之间的冶金反应以及对钢质量的影

响等)。两种炉渣的成分为:(1)40.4% SiO_2,1.3% TiO_2,7.1% Al_2O_3,22.7% FeO,19.3% MnO,1.3% CaO,4.6% MgO,1.8% Na_2O,1.5% K_2O;(2)24.1% SiO_2,7.0% TiO_2,3.7% Al_2O_3,4.0% FeO,3.5% MnO,35.8% CaO,0.8% Na_2O,0.8% K_2O,20.3% CaF_2。

8. 试分析 Cr18Ni8 不锈钢熔炼和焊接时会发生哪些主要氧化反应。为保证其加工后合金成分尽可能不变,应从习题 7 的两种熔渣中选择哪一种?选择何种脱氧剂?是否需要渗合金?采用何种方式渗合金?

9. 当钢中含有合金元素 Ti 以及炉渣中含有 FeO、MnO、SiO_2 和 CaO 时可能发生哪些冶金反应?为保证钢中 Ti 的含量不变,应采取哪些措施?

10. 试分析如果在熔炼过程中钢液被氢、氮、氧、硫、磷等污染后,采用真空处理能有何改善?为恢复其原有性能应采取什么措施?

11. 试分析比较酸性渣和碱性渣的冶金特性(对各种冶金反应的影响)及其对钢材质量的影响。

参考文献

[1] 李言祥,吴爱萍.材料加工原理[M].北京:清华大学出版社,2005.

[2] 刘全坤.材料成型基本原理[M].北京:机械工业出版社,2004.

[3] 陈玉喜,侯英玮,陈美玲.材料成型原理[M].北京:中国铁道出版社,2003.

[4] 陈平昌,朱六妹,李赞.材料成型原理[M].北京:机械工业出版社,2001.

[5] 徐洲,姚寿山.材料加工原理[M].北京:科学出版社,2003.

[6] 赵凯华,罗蔚茵.新概念物理教程:热学[M].北京:高等教育出版社,1998.

[7] 林柏年.魏尊杰.金属热态成型传输原理[M].哈尔滨:哈尔滨工业大学出版社,2000.

[8] 李庆春.铸件形成理论基础[M].北京:机械工业出版社,1982.

[9] 胡汉起.金属凝固原理[M].北京:冶金工业出版社,2000.

[10] 周尧和,胡壮麒,介万奇.凝固技术[M].北京:机械工业出版社,1999.

[11] 边秀房,刘相法,马家骥.铸造金属遗传学.[M].济南:山东科学技术出版社,1999.

[12] 郭景杰,傅恒志.合金熔体及其处理[M].北京:机械工业出版社,2005.

[13] KALPAKJIAN S. Manufacturing Engineering Technology[M]. Upper Saddle River: Addison-Wesley,1995.

[14] CREESE R C. Introduction to Manufacturing Processes and Materials[M]. New York: Marcel Dekker,1999.

5 凝固缺陷

金属从液态到固态的转变，不仅是一个凝固结晶的过程（组织形成），还伴随着体积的变化（凝固收缩）、溶质的再分配（成分偏析）、气孔和化合物的形成（气孔和夹杂物）、应力的形成和裂纹的产生等。偏析、气孔、夹杂、缩孔以及裂纹是凝固产品的常见缺陷。深入了解这些缺陷的形成机制及影响因素，是金属凝固及产品质量控制和性能保证的基础。

5.1 偏　析

凝固组织中各部位的成分偏离平均成分（凝固前熔体的成分）的现象称为偏析。当一处的成分高于平均成分时，称为正偏析，反之称为负偏析。根据偏析的分布特点可分为微观偏析和宏观偏析两大类。微观偏析是指小尺度范围（晶粒尺寸）内的成分不均匀现象。宏观偏析的成分不均匀现象发生在大尺度范围，甚至整个铸件的范围。微观偏析有可能通过均匀化扩散退火来消除，宏观偏析一旦产生就不能用热处理的方法来消除，只能在凝固过程中抑制其产生。

5.1.1 微观偏析

如果凝固过程中产生的成分不均匀发生在晶粒尺寸的范围内，这种偏析就称为微观偏析或微区偏析。根据形成过程和分布特点的不同，微观偏析又可分为枝晶偏析（晶内偏析）、晶界偏析和胞状偏析等。

1. 枝晶偏析

合金在冷却速度较高的条件下结晶时，其中的溶质原子扩散难以充分进行，使树枝状晶体（即一个晶粒）中先结晶的部分（主晶轴）含有较多的高熔点组元，而后结晶的分枝（次晶轴）以及枝间区域则含有较少的高熔点组元和较多的低熔点组元。这种树枝状晶体内部成分不均匀的现象称为枝晶偏析。图5-1为钢中枝晶偏析实例图。由于枝晶偏析处于一个晶粒（树枝晶）内部，故属于晶内偏析。

影响枝晶偏析的因素有：合金相图的形状、溶质原子的扩散能力以及凝固速度等。合金相图中液相线与固相线之间的水平距离（ΔC）和垂直距离（ΔT）越大，则枝晶偏析就越严重。其中，液相线与固相线之间的水平距离越大，达到平衡状态所需要的溶质原子扩散量就越大；而垂直距离越大，合金结晶从开始到结束的温度跨度就越大。结晶到最后阶段时的

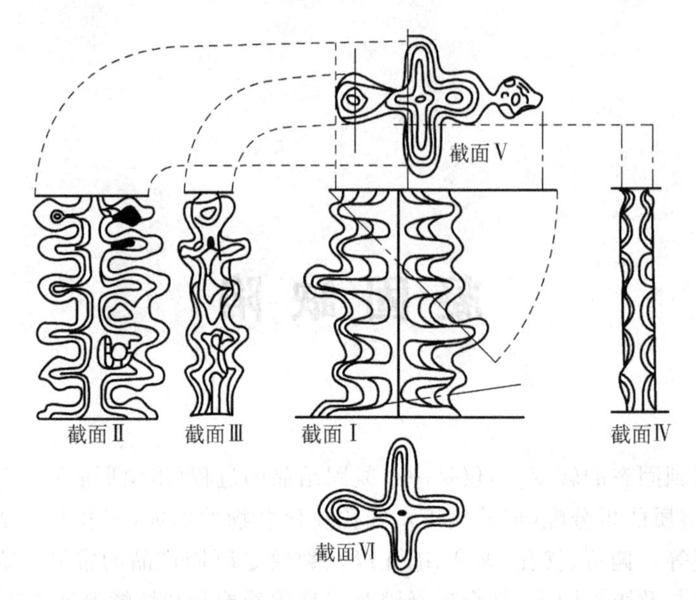

图 5-1 低合金钢柱状枝晶中的等溶度面

温度降低幅度越大，温度越低，溶质原子的扩散能力也就越弱，偏析自然越严重。而这两者之中垂直距离的影响更大。溶质元素的扩散能力越弱就越容易偏析。例如钢中 P 的扩散能力比 Si 弱，因此 P 更容易偏析。另外，一些元素在钢中的枝晶偏析程度还受碳元素含量的影响。元素的偏析程度可用偏析指数 S_e 或偏析比 S_R 来表示。$S_e=\frac{C_{max}-C_{min}}{C_0}$，$S_R=\frac{C_{max}}{C_{min}}$。其中，$C_{max}$、$C_{min}$ 及 C_0 分别为该元素的最大、最小及原始平均浓度。钢的含碳量对 S、P 的偏析程度均有显著影响，随着含碳量的增大，S、P 的偏析程度也显著增大。这可能与 C 改变了 S 和 P 在钢中的平衡分配系数与扩散系数有关。此外，冷却速度越大，过冷度就越大，开始结晶的温度就越低，溶质元素的扩散能力越弱，偏析就越严重。但当冷却速度大到一定程度后，枝晶偏析反而有所减弱。钢中 S、P 两元素偏析比在冷却速度较小时，随着冷却速度的增大，偏析比逐渐升高。但当冷却速度达到一定值后，偏析比则随着冷却速度继续增大而降低。这是因为冷却速度增大到某一临界值后，溶质元素的扩散过程不仅在固相中难以进行，而且在液相中的扩散也受到了抑制。

2. 晶界偏析

在非平衡凝固的条件下，不仅在树枝晶内部，即晶粒内部存在着成分不均匀（枝晶偏析），而且在树枝晶之间（晶粒与晶粒之间）最后凝固部分（即晶界区）积累了更多的低熔点组元和杂质元素，这种晶界区的成分与晶体内部不均匀的现象称为晶界偏析。晶界偏析的程度比晶内偏析更为严重，有时甚至在晶界上还会出现一些非平衡第二相，如低熔点共晶体，加剧了加工过程（如铸造、焊接等）中合金的热裂倾向。图 5-2 为晶界偏析形成的两种情况。一种是晶界与晶体生长方向平行，由于表面张力平衡的要求，在晶界与液面的接触区出现凹槽，此处不利于溶质扩散而有利于溶质富集，因而产生偏析，这种情况类似于胞状界面的生长（图 5-2(a)）。第二种情况如图 5-2(b)所示，两个晶粒相向生长，彼此相遇而形成晶界。两个晶粒生长时均排出溶质（$k<1$），最后在晶界上富集，形成偏析。

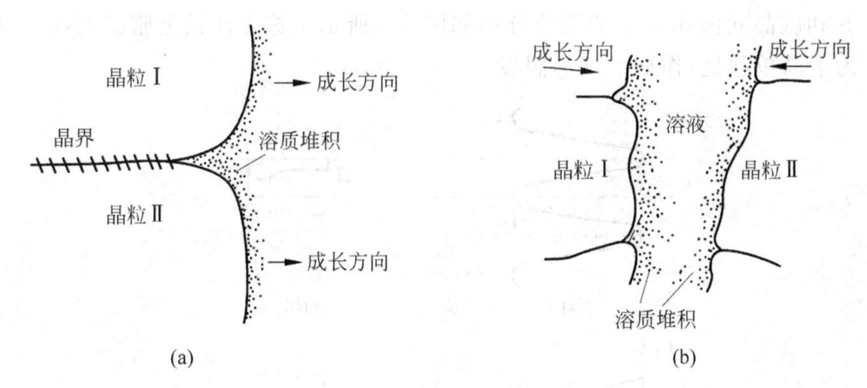

图 5-2　晶界偏析的两种情况

(a) 晶界与生长方向平行；(b) 晶粒相向生长形成碰触

晶界偏析与枝晶偏析形成的原因基本相同，都属于微观偏析，因此，其影响因素也基本一致。这类偏析除个别情况有益(如铸铁中的磷共晶等第二相具有良好的摩擦磨损性能)外，一般都有害，如降低金属力学性能，特别是塑性和冲击韧性，增大合金的热裂倾向，增加热加工工艺难度。此外，枝晶偏析和晶界偏析还会使材料耐腐蚀性能降低。消除这类微观偏析的较好方法是将工件加热到固相线以下 100～200℃进行较长时间的扩散退火(均匀化退火)。另外，热轧或热锻也有一定的改善作用。

3. 胞状偏析

胞状偏析类似于上面提到的晶界偏析的第一种情况，但胞状结构属于亚晶界，是单相合金在成分过冷度不大的情况下形成的一种特殊结构，如图 5-3 所示。

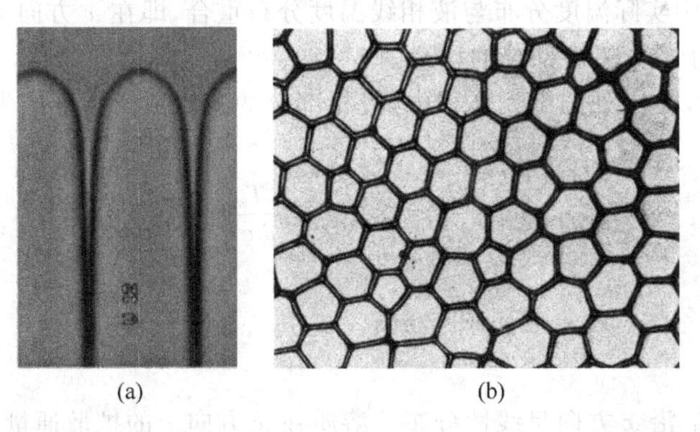

图 5-3　胞状偏析

(a) 偏析沟槽；(b) 六边形偏析

如第 3 章所述，如果结晶条件不允许保持平界面，则固液界面前必有一段距离(W)为固液共存区。如果固液共存区不太大时，凝固界面由平面状转变为胞状。通常胞晶以两种形式出现：正常胞晶和伸长型胞晶。实验证明，若在凝固过程中出现胞晶，那么凝固后铸件中的成分偏析就不会是生长方向上的宏观偏析，而是垂直于生长方向的微观偏析。对于 $k<1$ 的情形，所有胞晶的顶部溶质浓度低，根部(即低洼的部分)溶质浓度高。

3.2 节讨论的单相合金在不同条件下凝固时的溶质再分配规律是定量研究晶内微观偏析的理论基础。作为例子，下面分析伸长型胞晶的偏析特点。

胞晶 S 和胞晶间液体 L 中的溶质分布如图 5-4 所示。这是伸长型胞晶的任一纵向剖面的情况。为了简单起见，作如下基本假设：

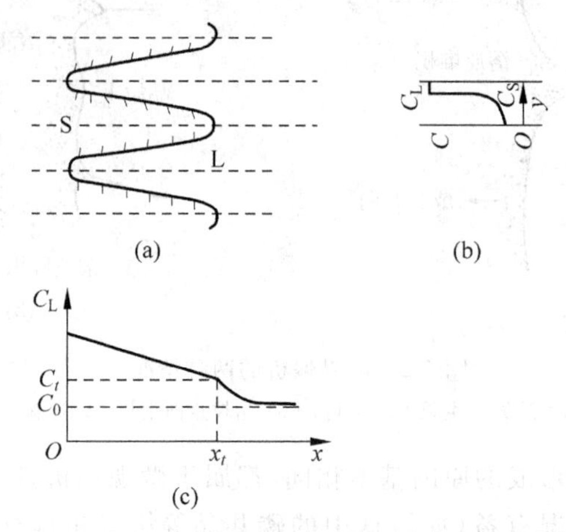

图 5-4　伸长型胞晶生长过程的溶质再分配

(a) 固液界面形态；(b) 横向溶质再分配；(c) 纵向溶质再分配

(1) 溶质在固相中无扩散。如果从胞晶中心至液相中心一段距离内取一微元体积，并忽略液体中沿 y 方向的浓度堆积(即认为在液相中溶质沿 y 方向充分扩散)，那么溶质在微元体积中沿 y 方向的分布，在固相中为 C_S，在液相中为直线 C_L，如图 5-4(b)所示。

(2) 在两相区域($0<x<x_t$)，液相中溶质浓度在 x 方向呈直线分布，而在细胞尖端以远($x\geqslant x_t$)处，浓度按指数曲线分布(参见 3.2 节)，如图 5-4(c)所示。

(3) 在两相区中实际温度分布与液相线温度分布重合，即在 x 方向上任一处都有 $T_L=T_a$(参见 3.2 节关于成分过冷部分的讨论图 3-13)。

根据上述假设，在 x 处的微元体积中，液相部分的溶质浓度梯度应为与 x 无关的常数，故有

$$m_L\frac{\partial C_L}{\partial x}=\frac{\partial T_L}{\partial x}=\frac{\partial T_a}{\partial x}=G$$

即

$$\frac{\partial C_L}{\partial x}=\frac{G}{m_L} \tag{5-1}$$

其中，$\frac{G}{m_L}$为常数，C_L 沿 x 方向呈线性分布。溶质在 x 方向上的扩散通量为

$$J_x=-D_L\frac{\partial C_L}{\partial x}=-\frac{D_L G}{m_L} \tag{5-2}$$

而扩散总量既是液相中的扩散总量，也是通过整个微元体积的扩散总量(因为溶质在固相中没有扩散)。设微元体积中液相体积分数为 f_L，则通过微元体积的平均扩散通量(按全部断面积计算)为

$$J_x^a=-\frac{D_L G}{m_L}f_L \tag{5-3}$$

假设所取微元体积的位置不变，则当胞晶向右生长时，整个胞晶保持原形向右推进(如图 5-4(a)所示)，而相应的溶质浓度分布曲线也保持原形(如图 5-4(b)所示)向右推进。

式(5-3)右端的$\frac{D_L G}{m_L}$为保持不变的常数,只有液相体积分数 f_L 随时间延长而减小(就像胞晶静止不动,而微元体积向左推进一样),所以,有

$$dJ_x^a = -\frac{D_L G}{m_L} df_L \tag{5-4}$$

根据扩散第二定律,即

$$-\frac{dJ_x^a}{dx} = \frac{dC^a}{dt} \tag{5-5}$$

故有

$$dJ_x^a = -\frac{dx}{dt} dC^a = -R dC^a \tag{5-6}$$

其中,C^a 为微元体积中的平均溶质浓度;R 为固液界面推进(即胞晶生长)速度。合并式(5-5)和式(5-6),得

$$dC^a = \frac{D_L G}{m_L R} df_L \tag{5-7}$$

令 $b=\frac{D_L G}{m_L R}$,则

$$dC^a = b df_L \tag{5-8}$$

另一方面,按照平均浓度的定义,应该有 $C^a = f_L C_L + f_S C_S$ 和 $dC^a = f_L dC_L + C_L df_L + f_S dC_S + C_S df_S$。因为 $f_S = 1 - f_L$,$df_S = -df_L$,$C_S = kC_L$;又因为固相中无扩散,故固相平均浓度的增加 dC_S 可以忽略不计。因此,得

$$dC^a = f_L dC_L + C_L(1-k)df_L \tag{5-9}$$

将式(5-8)和式(5-9)合并,整理后得

$$f_L dC_L = [C_L(1-k) - b] df_L$$

即

$$\frac{d[C_L(k-1)-b]}{C_L(k-1)-b} = (k-1)\frac{df_L}{f_L} \tag{5-10}$$

积分,得

$$\ln[C_L(k-1)-b] = \ln f_L^{(k-1)} + \ln A \tag{5-11}$$

其中,$\ln A$ 为积分常数。利用边界条件 $f_L=1$ 时,$C_L=C_t$,得:$A=C_t(k-1)-b$。但是,C_t 仍为未知数,必须利用 x_t 以远的一段浓度曲线求出 C_t 与 C_0 的关系。图 5-4(c)中 x_t 以远的溶质浓度分布曲线的微分方程为:$-D_L\frac{\partial^2 C_L}{\partial x^2}=R\frac{\partial C_L}{\partial x}$。注意到在 $x=x_t$ 处,$C_L=C_t$,该曲线的斜率为$\frac{\partial C_L}{\partial x}=\frac{G}{m_L}$;而无限远离细胞尖端处($x\to\infty$)的液体中,$C_L=C_0$,$\frac{\partial C_L}{\partial x}=0$。从而可对上式求积分:

$$\int_0^{\frac{G}{m_L}} \partial\left(\frac{\partial C_L}{\partial x}\right) = -\frac{R}{D_L}\int_{C_0}^{C_t} \partial C_L \tag{5-12}$$

故有,$\frac{G}{m_L}=-\frac{R}{D_L}(C_t-C_0)$,即 $C_t=C_0-\frac{GD_L}{m_L R}=C_0-b$。又因为 $A=C_t(k-1)-b$,所以 $A=C_0(k-1)-kb$。将 A 值代入式(5-11),整理后得

$$C_{\mathrm{L}} = \left(C_0 - \frac{kb}{k-1}\right) f_{\mathrm{L}}^{(k-1)} + \frac{b}{k-1} \tag{5-13}$$

式(5-13)即为 C_{L} 与 f_{L} 的关系式，也就是胞晶的溶质浓度再分配关系。

根据第 3 章 3.2 节的分析，在单相合金平界面凝固的条件下，如果溶质在固相无扩散，则最后在铸件中将产生宏观偏析，即对于 $k<1$ 的合金，先凝固部分的溶质浓度偏低，而后凝固部分的浓度偏高。以下将会看到，当平界面被破坏而出现胞晶时，最后在铸件中沿垂直于凝固方向将出现从胞晶中心至亚晶界之间的微观偏析，而不出现宏观偏析。

为了分析胞晶的微观偏析过程，采用如下方法：即令观测者随着微元体积沿 x 方向从胞晶尖端向其根部移动，于是观测者会看到在 y 方向上微元体积中的固相 f_{S} 逐渐增加，而液相则逐渐减小，如图 5-5 所示。

根据式(5-13)，可以求出固—液界面处的固相浓度为

$$C_{\mathrm{S}}^{*} = k\left(C_0 - \frac{kb}{k-1}\right) f_{\mathrm{L}}^{(k-1)} + \frac{kb}{k-1} \tag{5-14}$$

值得注意的是，当 $k<1$ 时，由于 $b<0$，故式(5-14)右端各项均为正值。若将 $f_{\mathrm{L}}^{(k-1)}$ 改写成 $f_{\mathrm{L}}^{-(1-k)}$，则容易看出 C_{S}^{*} 随 f_{L} 的增加而减小。当 $f_{\mathrm{L}}=1$ 时，$C_{\mathrm{S}}^{*}=k(C_0-b)=kC_{\mathrm{t}}$，即胞晶尖端的成分 C_{S}^{*} 达到最小值。越接近胞晶根部，其 C_{S}^{*} 值越大，如图 5-5 所示。当 C_{S}^{*} 达到最大浓度 C_{SM} 时，液相的成分达到共晶成分 C_{E}，此后，式(5-14)失效，剩余的液体将结晶成为共晶体。

在胞晶的凝固过程中，如果保持固—液共存区的各部分固相和液相分数不变，则如图 5-5 所示的固、液界面形貌保持不变地沿 x 方向向前推进。如果某一点在某一时刻处于胞晶尖端 a，则若干时间后此点将逐渐移动至胞晶根部的中心 b(见图 5-5)。如果固相中无扩散，则 a 点的成分为 kC_{t}，而该点沿 ab 线移动的过程中成分保持不变。同理，在固相中与 ab 线平行的各线沿途成分也保持各自不变，其相应的溶质浓度值随该线与 ab 线之间距离的增大而升高。也就是说，在胞晶中只有 y 方向上的微观偏析，而无 x 方向上的宏观偏析。这种偏析的情况如图 5-6 所示。图 5-6 与式(5-14)所表示的意义相同，只是将式(5-14)中固、液界面处的固相成分 C_{S}^{*} 改为固相成分 C_{S} 作为其中的纵坐标；将式(5-14)中的 f_{L} 改为 $1-y$($y=0$ 时，$f_{\mathrm{L}}=1$；$y=1$ 时，$f_{\mathrm{L}}=0$)，并且以 y 作为其中的横坐标。

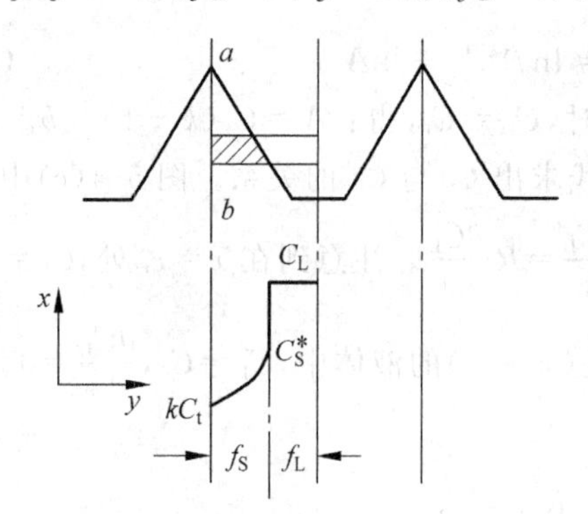

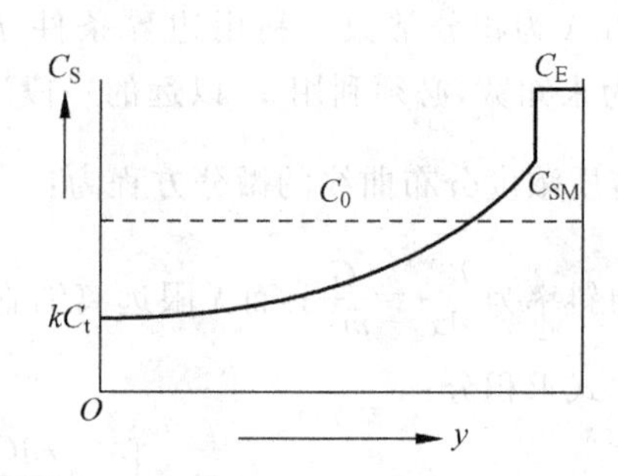

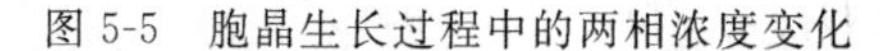
图 5-5 胞晶生长过程中的两相浓度变化

图5-6 半个胞晶中 y 方向上的微观偏析

胞晶凝固过程中最后一个有趣的现象是，在液相中只有 x 方向的浓度梯度，而在固相中只有 y 方向的浓度梯度。前者是一种接近实际的假设，而后者却是符合实际的。

图 5-6 是半个胞晶在纵断面上的二维浓度分布。至于溶质浓度的三维空间分布则随胞晶类型的不同而有所区别：对于伸长型胞晶，三维空间浓度场是以细胞中心面为中心，由许多平行的等浓度面所构成；而对于正常型的胞晶，则是由围绕胞晶中心线的许多平行等浓度圆柱面所构成。

如果观察者如前所述那样沿着 x 方向移动，则其所看到的微元体积中的微观凝固过程，就像是 3.2 节所描述的长条形铸件平面凝固过程一样，即凝固过程像是开始于胞晶中心而结束于胞晶之间的亚晶界上一样。由此就容易理解正常偏析的规律：当固相中扩散困难时，对于 $k<1$ 的合金，先凝固部分的浓度偏低，后凝固部分的浓度偏高。这同样也适用于其他类型的凝固过程，例如在多晶体的凝固过程中，溶质也容易向晶界偏析。

5.1.2 宏观偏析

宏观偏析属于长程偏析，表现为不同宏观区域之间的成分差异，所以又称为区域偏析。宏观偏析根据其表现特点，又可分为正常偏析(正偏析)、逆偏析(反偏析)、V 型偏析和逆 V 型偏析(A 型偏析)、比重偏析等。

1. 正常偏析

铸件的凝固总是由外层(与铸型之间的界面处)首先开始并逐渐向中心推进。对于分配系数 $k<1$ 的合金，先凝固的外层部分溶质元素含量较低，结晶前沿液体中的溶质元素含量较高。当冷却速度不太大，且凝固界面呈平面状时，溶质元素在液相中向前扩散，结晶前沿液体中的溶质元素不断向中心区域传输，使铸件中心液体中的溶质元素含量不断升高(根据 3.2 节的讨论，不同凝固条件下的溶质再分配如图 5-7 所示)。因此，铸件全部凝固后中心部位的溶质元素含量比外层高。这种外层和中心部分溶质元素含量差异所形成的区域偏析称为正常偏析。如果冷却速度较大，凝固界面呈枝晶状，液体中的溶质元素不会全部向前方传输，达到铸件的中心区域，而是部分被滞留在凝固中的树枝晶之间，从而降低了正常偏析程度。此时滞留在凝固过程中的树枝晶之间的溶质元素导致枝晶内部不同分枝之间的成分差异，形成上文讨论的枝晶偏析和晶界偏析。正常偏析造成铸件不同区域的成分不一致，一般会对铸件的性能产生显著影响。如果形成严重的正常偏析，甚至会在铸件中心出现一些非平衡组织，例如在某些高合金工具钢的铸锭中心出现的非平衡莱氏体。

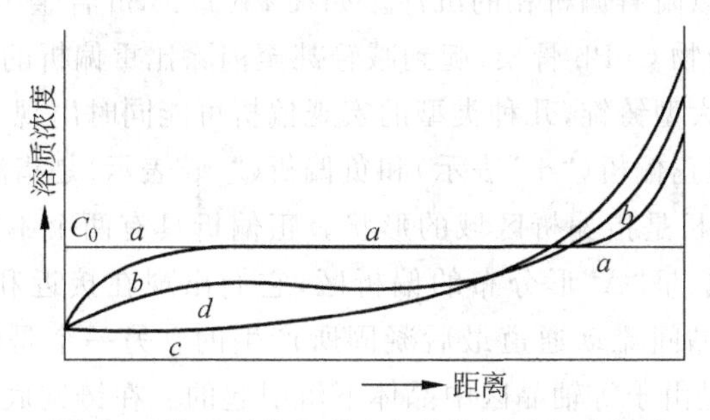

图 5-7 溶质再分配形成区域偏析过程示意图

a—平衡凝固；b—固相无扩散，液相有限扩散；c—固相无扩散，液相充分扩散；d—液相中有对流

正常偏析是由不同元素构成的合金凝固所产生的必然现象，导致铸件性能不均匀，严重时会使铸件在服役过程中突然破坏，因此，应该尽量减小这种偏析。另一方面，可以利用这

种偏析现象通过定向凝固进行铸锭金属的提纯。这种偏析不能通过扩散退火加以消除，只能采取一定的浇注工艺措施适当减轻其程度，如降低浇注温度、提高液体金属的冷却速度等。

2. 反偏析

反偏析与正常偏析相反，在平衡分配系数 $k<1$ 的合金铸件中，铸件外层溶质元素含量反而高于中心部位的溶质含量。这种偏析并不常见，一般容易发生在合金凝固温度区间宽、凝固收缩大、冷却缓慢、枝晶粗大、液体金属含气量较高等条件下。研究表明，反偏析的产生是由于铸件表层树枝晶间以及内部的低熔点液体在液体金属静压力和析出的气体压力作用下，通过树枝晶之间因凝固收缩而形成的空隙渗出到表面，在表面形成一种含有较多低熔点组元和杂质元素的偏析层。Al-Cu、Cu-Sn 是容易产生反偏析的两种典型合金。Cu-10%Sn 合金铸件表面 Sn 含量有时可高达 20%～25%。图 5-8 是急冷铸造条件下 Al-4.7%Cu 合金铸件中的反偏析情况。

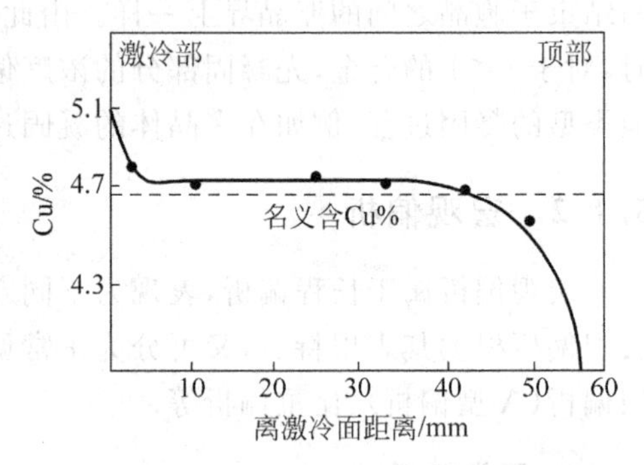

图 5-8 Al-4.7%Cu 合金铸件中的反偏析

3. 比重偏析

比重偏析是一种由于固相和液相之间的比重相差较大而引起的铸件中沿重力方向成分不一致的现象。在某些亚共晶或过共晶合金中，当初生相和液相的比重相差较大，且冷却速度较低时，初生相将下沉或上浮，导致比重偏析。例如过共晶成分铸铁中的石墨与 Pb-Sb 合金中富 Sb 初生相的上浮都属于比重偏析。此外，在个别的合金中还会出现因液相之间密度不同而导致液体分层的现象，如 Cu-Pb 合金液体中上部含 Cu 量高，下部含 Pb 量高，凝固之后形成相应的比重偏析。

比重偏析影响铸件的加工和使用，严重时甚至会引起剥离现象。为防止或减轻比重偏析，可以选择快速凝固，缩短不同部分因密度差异而产生分离的时间；也可以在合金中加入第三种能形成熔点较高、与液相密度接近且在凝固过程中首先析出的化合物相，这些先析出相形成树枝状骨架，可以阻碍偏析相的沉浮。如在 Pb-17%Sn 合金中加入 1.5%Cu，可以形成先析出的金属间化合物 CuPb 骨架，起到减轻甚至消除比重偏析的作用。

实际铸件，尤其是大型铸锭，几种类型的宏观偏析可能同时出现。图 5-9 是钢锭中的典型宏观偏析情况。这里正偏析（“+”表示）和负偏析（“−”表示）是指溶质浓度高于或低于平均成分，A 偏析和 V 偏析是指偏析区域的形状。正偏析具有两个不同形状特征的区域，一个是处于铸锭外部区域、呈“A”形分布的偏析区，它们出现在接近和平行于柱状晶区的末端，是由于柱状晶区枝晶间流动通道最后凝固所产生的。另一个是位于铸锭内部区域、呈“V”形分布的偏析区，是由于等轴晶区中晶体下沉引起的。在铸锭底部的负偏析区，则是由于先结晶的低溶质含量初晶下沉而形成的比重偏析。

宏观偏析的形成机理比较复杂。除了上面提到的溶质再分配、重力差导致的沉降外，凝固过程中液态金属在枝晶间的流动对宏观偏析的产生具有重要的影响。下面对其进行重点讨论。

假设在定向凝固中的两相共存区(mushy zone)如图 5-10 所示。该图只是示意地表明在 M 区有固相与液相共同存在。实际上固液共存区中的固相通常为树枝状,而液相则存在于树枝晶间的缝隙之中。f_S 和 f_L 分别代表固相和液相的体积分数。图 5-10 中的阴影区表示一个微观的凝固过程:在∂t 时间内固相增加了∂f_S,液相相应地减少了$\partial f_L = -\partial f_S$,整个 M 区向右推进了一个∂x 的距离。如果选择动坐标系(观察者随着 M 向右移动),本应该看不到 M 区域有任何变化。但是,实际上由于液固相变通常都伴随着体积收缩,故观察者应该看到一个朝向自己的补缩液体流。这样,M 区的物质量才能保持动态的平衡。

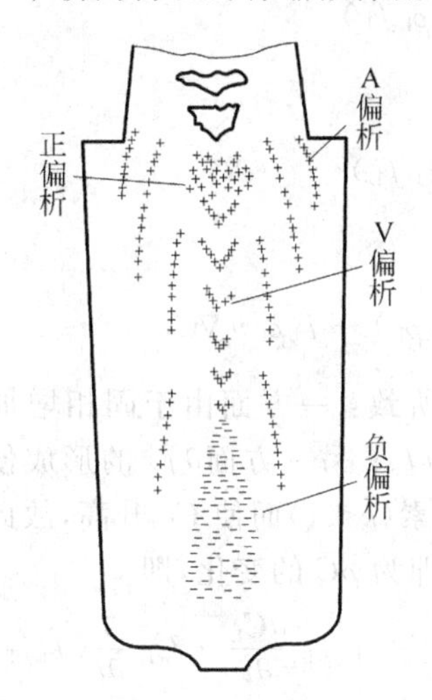

图 5-9 钢锭中的典型宏观偏析

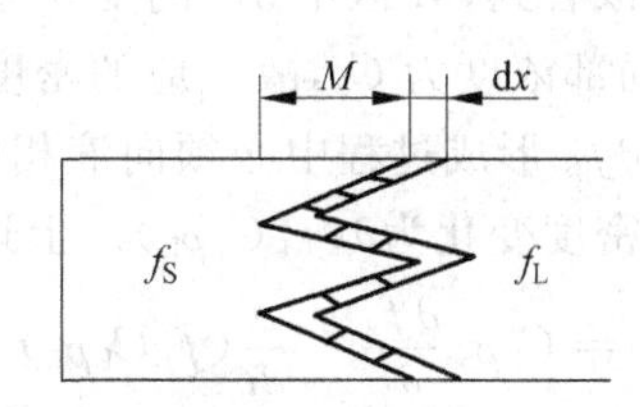

图 5-10 固液共存区示意图

设 M 区液固两相的平均密度为 $\bar{\rho}$,平均溶质浓度为 $\bar{C}$,则平均溶质密度(单位体积中所含的溶质质量)为 $\bar{\rho}\bar{C}$。如果相变收缩没有得到补偿,则溶质密度在单位时间中将发生 $\dfrac{\partial(\bar{\rho}\bar{C})}{\partial t}$的变化。设 v 为补缩流的速度,则 $\rho_L v$ 为流动通量(单位时间内穿过单位面积的物质质量),ρ_L 为液相的密度。不过,单位面积中只有 f_L 部分是液相,故实际的通量应为 $f_L\rho_L v$。而液体中只有 C_L 部分是溶质,故溶质的通量应为 $C_L f_L \rho_L v$。显然,这个流动通量是从右向左递减的(因为 f_L 从右向左递减)。在∂t 时间内 M 区前进的距离为∂x,故在单位长度距离上损失的通量为$\dfrac{\partial}{\partial x}(C_t f_L \rho_L v)$,它消耗在弥补溶质密度的降低上。故

$$\frac{\partial}{\partial t}(\bar{\rho}\bar{C}) = -\frac{\partial}{\partial x}(C_L f_L \rho_L v) \tag{5-15}$$

对于三维凝固问题,式(5-15)可以写成:

$$\frac{\partial}{\partial t}(\bar{\rho}\bar{C}) = -\nabla(C_L f_L \rho_L v) \tag{5-16}$$

将式(5-16)展开,得到

$$\frac{\partial}{\partial t}(\bar{\rho}\bar{C}) = -C_L \nabla(f_L \rho_L v) - f_L \rho_L v \nabla C_L \tag{5-17}$$

根据质量守恒原则,凝固体系中任一处的平均密度 $\bar{\rho}$ 在单位时间内的变化一定是由于该处的液流通量梯度所引起的(二者均因凝固而产生),故

$$\frac{\partial \bar{\rho}}{\partial t} = -\nabla(f_L \rho_L v) \tag{5-18}$$

其中，$f_L\rho_L v$ 即为液固共存区中的液体流动通量(kg/(s/m²))，ρ_L 应与空间位置无关。将式(5-18)代入式(5-17)，得

$$\frac{\partial}{\partial t}(\bar{\rho}\bar{C}) = C_L \frac{\partial \bar{\rho}}{\partial t} - f_L \rho_L v \nabla C_L \tag{5-19}$$

其中，平均密度 $\bar{\rho}=\rho_S f_S+\rho_L f_L$，又 $f_S=1-f_L$，所以

$$\frac{\partial \bar{\rho}}{\partial t} = \frac{\partial}{\partial t}(\rho_S - \rho_S f_L + \rho_L f_L) \tag{5-20}$$

将 ρ_S 视为常数，则

$$\frac{\partial \bar{\rho}}{\partial t} = -\rho_S \frac{\partial f_L}{\partial t} + \frac{\partial}{\partial t}(\rho_L f_L) \tag{5-21}$$

以式(5-21)代入式(5-19)，得

$$\frac{\partial}{\partial t}(\bar{\rho}\bar{C}) = -C_L \rho_S \frac{\partial f_L}{\partial t} + C_L \frac{\partial}{\partial t}(f_L \rho_L) - f_L \rho_L v \nabla C_L \tag{5-22}$$

同时应该看到，M 区中 $\bar{\rho}\bar{C}$ 的变化系两方面原因所致：一方面由于固相增加了∂f_S，其密度为 ρ_S，局部浓度为 C_S，故相应的密度变化为 $\rho_S C_S \partial f_S$；另一方面∂f_S 的形成使液相减少了∂f_L，并且∂f_S 形成过程中必须向液相中排放溶质元素($k<1$)而使 C_L 升高，故此时剩余液相中的溶质密度变化为$\partial(f_L C_L \rho_L)$。上述两方面之和即为 $\bar{\rho}\bar{C}$ 的变化，即

$$\frac{\partial}{\partial t}(\bar{\rho}\bar{C}) = C_S \rho_S \frac{\partial f_S}{\partial t} + \frac{\partial}{\partial t}(f_L C_L \rho_L) = -kC_L \rho_S \frac{\partial f_L}{\partial t} + f_L \rho_L \frac{\partial C_L}{\partial t} + C_L \frac{\partial}{\partial t}(f_L \rho_L) \tag{5-23}$$

合并式(5-22)和式(5-23)，并引入凝固收缩率 $\beta=\dfrac{\rho_S-\rho_L}{\rho_S}$，整理后得

$$\frac{\partial C_L}{\partial t} = -\frac{1-k}{1-\beta} \frac{C_L}{f_L} \frac{\partial f_L}{\partial t} - v \nabla C_L \tag{5-24}$$

然后，设法将式(5-24)右边最后一项中 C_L 与空间坐标的关系转换为 C_L 与时间的关系。

设固液共存区中的温度梯度为∇T，浓度梯度为∇C_L。这个向前移动的两相共存区的温度场始终是稳定的，即体系由于冷却所散失的热量恰好被凝固潜热所抵消，或者说某点位移 dl 所伴随的温度降低恰好被热源作同样位移所引起的温度升高所抵消。如果发生这个位移 dl 的时间是 dt，则

$$\frac{dl}{dt} \nabla T = -\frac{\partial T}{\partial t} \tag{5-25}$$

同样，对于液相区的浓度也有类似关系，即液体浓度的降低($k<1$，固液界面处液相中溶质富集)恰好被界面的移动(因而导致溶质发生源的移动)所抵消，即

$$\frac{dl}{dt} \nabla C_L = -\frac{\partial C_L}{\partial t} \tag{5-26}$$

假设冷却速度为 $\varepsilon=\dfrac{\partial T}{\partial t}$，合并式(5-25)和式(5-26)，得

$$\nabla C_L = \frac{\nabla T}{\varepsilon} \frac{\partial C_L}{\partial t} \tag{5-27}$$

将式(5-27)代入式(5-24)，整理后得

$$\frac{\partial f_L}{f_L} = -\left(\frac{1-\beta}{1-k}\right)\left(1+\frac{v \nabla T}{\varepsilon}\right)\frac{\partial C_L}{C_L} \tag{5-28}$$

对式(5-28)积分,并利用边界条件: $f_L=1$ 时 $C_L=C_0$,得

$$C_L = C_0 f_L^{-\mu} \tag{5-29}$$

其中,

$$\mu = \left(\frac{1-k}{1-\beta}\right)\left[\frac{1}{1+\dfrac{v\,\nabla T}{\varepsilon}}\right] \tag{5-30}$$

以固相浓度分布表达,则为

$$C_S = kC_0(1-f_S)^{-\mu} \tag{5-31}$$

由式(5-31)可以看出,对于 $k<1$ 的合金,$\mu>0$,所以 C_S 总是随着凝固过程的进行(f_L 减小而 f_S 增大)而增大。由于 $f_L<1$,故 C_S 随 μ 的增大而增大,这就意味着 C_S 将较早地达到合金系的最大固溶度,即偏析较严重。对比 3.2 节中的分析,其中 Sheil 方程所描述的固相偏析情况可以看作是式(5-31)的一个特例:即假设发生液固相变时没有收缩($\beta=0$),自然就不会有因固相收缩所导致的补缩液流($v=0$),式(5-30)成为 $\mu=1-k$,此时宏观偏析最小,也就是 Sheil 方程 $C_S=kC_0(1-f_S)^{k-1}$ 所表达的定向凝固单相合金的成分变化,适用于固相无扩散而液相充分扩散的平界面凝固过程。

根据上述分析,液态金属沿枝晶的流动对宏观偏析的产生有重要影响。在焊接过程中,熔池金属在动态过程中进行结晶,这一方面由于熔池中存在着强烈的搅拌作用,另一方面当熔池后面进行结晶时前方尚在熔化。熔化了的液体金属在电弧力的作用下不断被推向后方的凝固金属,使结晶前沿受到了新的液体金属的冲刷和补充。因此,焊缝金属不会像铸锭那样存在明显的区域偏析,只有在柱状晶的对生处会出现一些杂质集中的偏析区。从减小杂质偏析的影响出发,宽焊缝比窄焊缝有利。

5.2 气 孔

液态金属中存在的气泡如若在凝固过程中没能上浮逸出,将留在凝固的金属材料中成为气孔。气孔是一种常见的凝固缺陷,它的存在不仅减小金属构件的有效承载面积,同时还会带来应力集中,显著降低金属的强度和韧性,对动载强度和疲劳强度更为不利。材料加工过程中,必须设法减少或消除气孔的产生。

液态金属中存在的气泡,可以有多种不同的形成方式。第一种气泡是由于气体元素溶解在液态金属中,在液态金属降温和发生凝固时,因溶解度下降而发生过饱和析出。第二种气泡由溶体外部的气体侵入液态金属而形成。第三种气泡是由液态金属中的活性元素与相接触的铸型材料、熔渣中的元素或金属内部的特定元素发生化学反应而形成的。还可能是浇注过程中的金属液流所卷入的。不同类型气泡所形成的气孔,分别称为析出性气孔、浸入性气孔、反应性气孔和卷入性气孔。不同类型气孔的形成原因、形成条件、防治方法也不同,需要分别考虑。

5.2.1 析出性气孔

无论何种气体,在液体金属中形成气泡时都会经历形核、长大与上浮三个阶段。如果气泡在上浮过程中受到阻碍,就会被滞留在凝固后的金属内部成为气孔。

1. 气泡形核

液体金属中的气泡形核，同样可分成自发形核和非自发形核。类似于第1章关于金属凝固自发形核的分析，也可以求出气泡自发形核的自由能变化和临界形核半径，如式(5-32)、式(5-34)所示。

形成半径为 R 的气泡的自由能变化：

$$\Delta G = 4\pi R^2 \sigma_{LG} - \frac{4}{3}\pi R^3 P_b \tag{5-32}$$

其中

$$P_b = P_{at} + P_s + P_c = P_{at} + \rho_L gh + \frac{2\sigma_{LG}}{R} \tag{5-33}$$

临界气泡半径

$$R_c = \frac{2\sigma_{LG}/3}{P_{at} + \rho_L gh} \tag{5-34}$$

根据气泡形核所需的能量，在液体金属中自发形核非常困难，但在实际材料加工(如铸造和焊接)过程中，在凝固着的液体金属内存在大量的现成表面(如高熔点固相质点、熔渣或已凝固的枝晶等)可以作为气泡形核的衬底，形成非自发形核，如相邻枝晶间的凹陷处就是最容易形成气泡的部位。非自发形核的临界半径与自发形核相同，因此临界气泡的体积可比自发形核小得多(如图5-11所示)，大大减少形核的能量要求，使形核变得容易进行。实际上，正常凝固条件下，气泡只可能以非自发形核方式产生。

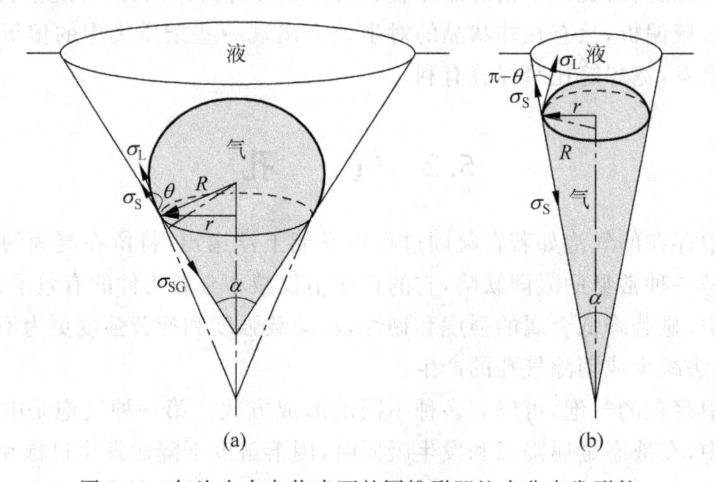

图5-11 气泡在夹杂物表面的圆锥形凹坑内非自发形核

(a) $\frac{\alpha}{2} > \pi-\theta$；(b) $\frac{\alpha}{2} < \pi-\theta$

2. 气泡长大

气泡形核后需要在一定条件下才能长大，即气泡内各种气体分压之和要大于气泡外部所受到的压力总和，即：$P_n > P_0$。

气泡内部的气体通常有 H_2、N_2、CO、H_2O 等，而具体情况下一般只有一种气体起主要作用，即：$P_n = P_{H_2} + P_{N_2} + P_{CO} + P_{H_2O} + \cdots$。

阻碍气泡长大的外界压力通常包括大气压、液体金属的静压力、因气体与液体金属之间的表面张力所形成的附加压力等，即：$P_0=P_{at}+P_s+P_c$。其中 P_{at} 为大气压力，P_s 为金属静压力，P_c 为由表面张力引起的附加压力。

一般情况下，液体金属的静压力相对较小，可以忽略不计。而表面张力引起的附加压力为 $P_c=\dfrac{2\sigma}{r}$，其中，σ 为金属与气体之间的表面张力；r 为气泡的曲率半径。当气泡很小时，附加压力 P_c 很大，气泡很难稳定和长大。但若气泡在某种现成的表面上形核时，气泡呈球冠形，具有较大的曲率半径，附加压力便明显减小，有利于气泡的长大。

3. 气泡上浮

当气泡形成并长大到一定程度后，就会脱离现成表面上浮，气泡脱离现成表面的过程如图 5-12 所示。由图 5-12 可见，气泡脱离现成表面的能力及过程主要取决于液体金属与现成表面之间的润湿角 θ，而 θ 则由液体金属、气泡和现成表面之间的表面张力所决定，即 $\cos\theta=\dfrac{\sigma_{1g}-\sigma_{12}}{\sigma_{2g}}$，其中，$\theta$ 为液体金属与现成表面之间的润湿角；σ_{1g}、σ_{12} 及 σ_{2g} 分别为现成表面与气泡、现成表面与液体金属及液体金属与气泡之间的表面张力。

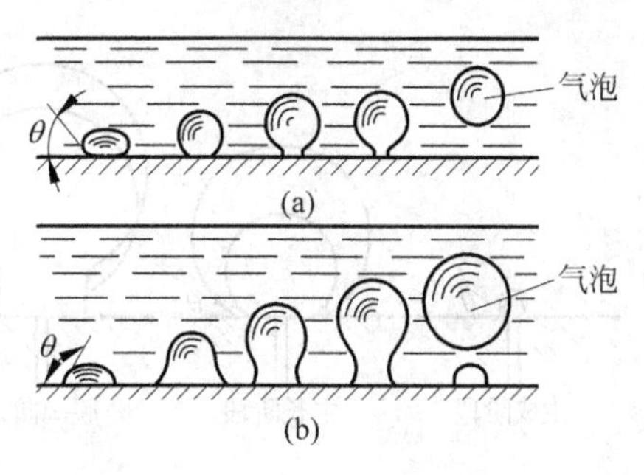

图 5-12 气孔形成过程示意图

(a) $\theta<90°$；(b) $\theta>90°$

如图 5-12 所示，当 $\theta<90°$ 时，有利于气泡脱离现成表面并上浮；而当 $\theta>90°$ 时，气泡先要长大到足以形成缩颈后才能脱离现成表面，继而上浮。因此，凡是能够减小 θ 值的因素都有利于气泡脱离现成表面和上浮。另一方面，气泡能否在液态金属完全凝固之前逸出，还取决于气泡的上浮速度 v_e 和液体金属的凝固速度 R。如果气泡的上浮速度小于液体金属凝固速度，气泡将被滞留在金属中成为气孔。v_e 由 Stocks 公式确定，即 $v_e=\dfrac{2(\rho_1-\rho_2)gr^2}{9\eta}$，其中，$\rho_1$、$\rho_2$ 分别为液体金属和气泡的密度；g 为重力加速度；r 为气泡半径；η 为液体金属的黏度。

根据以上所述，液体金属的凝固速度越快，越容易产生气孔；液体金属的黏度越大，气泡上浮速度越小，越容易产生气孔。一般地，气泡密度远小于液体金属密度，所以，液体金属密度越小，其与气泡的密度差也就越小，气泡上浮速度越慢，越容易产生气孔。这也是某些轻质合金中往往容易产生气孔的原因，如铝合金铸件和焊缝中都容易产生气孔。另外，气泡的尺寸越小，上浮速度也越慢，更容易产生气孔。

4. 析出性气孔的形成原因

一般来说，气体在金属中的溶解度随温度升高而显著增大，高温下的液体金属中会溶解较多的气体(如 H_2 和 N_2)。而气体在液体金属中的溶解度又远远高于其在固体金属中的溶解度。当液体金属冷却凝固时，其中气体的溶解度随温度下降而降低，气体析出形成气泡。特别是当温度降低至液固相变温度时，气体溶解度将发生大幅度的突然下降，如果析出气泡的上浮速度小于液体金属的凝固速度，就会形成气孔。凝固过程中气体溶解度陡降是导致这类气孔的根本原因，其溶解度随温度的变化特性是影响析出性气孔产生倾向的主要因素。例如，在平衡条件下冷却到凝固温度时，H_2 在铝中的溶解度由液态下的 0.69mL/100g 陡降至固态下的 0.036mL/100g，其差值约为固态下溶解度的 18 倍；而 H_2 在铁中的溶解度由液态下的 25mL/100g 陡降至固态下的 8mL/100g，其差值约为固态下溶解度的 2 倍。显然，在铝中比在钢中更容易产生气孔。

5.2.2 侵入性气孔

侵入性气孔主要是铸型或砂芯在液态金属的高温作用下产生的气体侵入金属液内部而形成的。气泡的侵入过程可分为气泡形成、气泡长大和气泡侵入三个阶段。液态金属与铸型或砂芯的润湿性对气泡侵入的三个阶段均会产生影响，气泡从小孔中侵入液态金属的过程如图 5-13 所示。当润湿角<90°时，气泡生长没有拉长阶段，气泡始终保持近球形；当润湿角>90°时，气泡生长阶段会拉长之后，才形成缩径，最后脱离型壁侵入金属液。

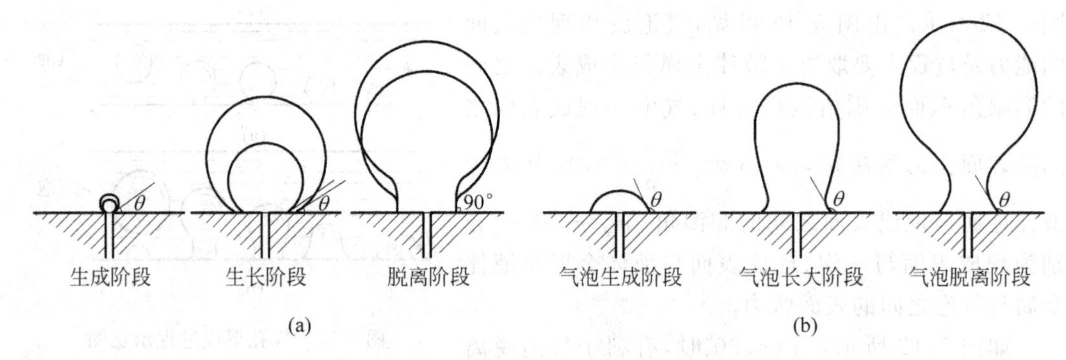

图 5-13 润湿性对侵入性气泡形成过程的影响

(a) 润湿角<90°；(b) 润湿角>90°

当气泡侵入已开始凝固的金属液时，会形成梨形气孔。气孔的大头部分位于铸件内部，其细小的部分朝向铸件表面。这是因为气泡侵入时铸件表面已温度较低和发生凝固，不易流动，而内部金属液温度较高，流动性好，侵入的气泡容易随着气体压力的增大而扩大，从而形成外小内大的梨形。梨形是侵入性气孔的一个明显特征。

5.2.3 反应性气孔

导致反应性气孔的气体系直接由液体金属中的冶金反应产生，而非由外部溶入。例如 CO 并不能溶于钢液中，但钢液中的氧或氧化物与碳反应后能生成大量的 CO，如：

$$[C]+[O]=CO$$

$$[FeO]+[C]=CO+[Fe]$$

$$[MnO]+[C]=CO+[Mn]$$

$$[SiO_2]+2[C]=2CO+[Si]$$

如果这些反应发生在高温液态金属中，则由于 CO 气泡来得及从液体金属中逸出，不会形成气孔。但在液体金属的冷却凝固过程中，在结晶前沿和枝晶间由于偏析造成氧化铁和碳的浓度局部偏高，二者之间发生上述反应所产生的大量 CO 气泡因凝固区金属黏度较大而难以长大并上浮逸出，就会被滞留在金属中形成 CO 气孔。又如，当铜在高温下溶解较多的 Cu_2O 和氢时，在冷却过程中会发生以下反应：

$$[Cu_2O]+2[H]=2[Cu]+H_2O(g)$$

此时反应生成的水蒸气不溶于铜，在快速凝固的条件下很容易生成水蒸气的反应性气孔。

5.2.4 气孔的有害作用及防止措施

气孔是在金属凝固过程中形成的一种缺陷，气孔不仅减少金属构件的有效承载面积，显著降低金属的强度和塑性，而且还有可能造成应力集中，诱发裂纹，严重地影响到动载强度和疲劳强度。此外，弥散分布的细小气孔虽然对强度不会有显著影响，但却会造成金属组织疏松，导致塑性、气密性和耐腐蚀等性能降低。

为了有效防止气孔的产生，应根据不同的气孔形成原因采取相应的措施。例如，氮主要来自大气，因此，加强保护是防止形成氮气孔的有效措施。氧不仅来自大气，也会来自原材料中的氧化物，因此不能仅靠加强保护来防止 CO 气孔，还必须采取相应的脱氧措施。氢主要来自吸附水、矿物和铁锈中的结晶水以及有机物等，因此除了需要对原材料进行烘烤外，为降低液体金属表面的氢分压，还必须采取除氢的冶金措施，将氢转变为不溶于液体金属的化合物。必须注意，通过熔渣的氧化性来降低金属的含氢量时，会同时引起金属含氧量增加，若控制不当可能形成 CO 气孔。酸性焊条药皮氧化性对气孔形成倾向有重要影响，氧化性强时易产生 CO 气孔，而脱氧充分时易产生氢气孔。此外，铸造铝合金时可以加入 C_2Cl_6，与氢反应生成不溶于金属的 HCl 气体。除采取以上冶金措施外，也可以根据产生气孔的具体条件，从工艺上采取有利于气体逸出(或反其道而行，采取能抑制气泡形核)的措施以防止产生气孔。例如，铜合金焊接时，可通过预热降低冷却速度，以利于气泡逸出，防止产生氢气孔；铝合金铸造时，提高冷却速度或增加合金凝固时的外部压力，有利于消除气孔。

5.3 非金属夹杂物

5.3.1 非金属夹杂物的来源和类型

非金属夹杂物是金属材料中常见的一种冶金缺陷，图 5-14 所示为钢铁中的非金属夹杂物及其形态。非金属夹杂物按来源不同可分为两类：一类为内生夹杂，主要来自金属熔化和凝固过程中的一些冶金反应产物，例如未及时排除的脱氧、脱硫产物及凝固过程中某些溶解于液体金属的杂质元素，如硫、氮和氧等。由于偏析造成局部浓度过饱和后以化合物或低熔点共晶体的形式析出形成夹杂。另一类为外来夹杂，例如金属熔炼时的一些耐火材料、铸造的造型材料以及焊接熔渣等偶然搅入液体金属所形成的夹杂，其特点是尺寸较大且无一定形状。

根据成分，钢铁中的非金属夹杂物主要分为三大类：①氧化物，如简单的氧化物 FeO、SiO_2、MnO、Al_2O_3 等；硅酸盐 MnO·SiO_2 和 FeO·SiO_2 等及一些尖晶石型的复杂氧化物 MnO·Al_2O_3、MnO·Fe_2O_3 和 FeO·Al_2O_3 等。②硫化物，如简单的硫化物 FeS、MnS 和稀土硫化物等，以及一些复杂的硫化物(Mn,Fe)S、(Mn,Fe)S·FeO 等。③氮化物，如 VN、NbN、TiN 和 AlN 等，极少情况下还有 Fe_4N。

5.3.2 非金属夹杂物的影响

非金属夹杂物使金属的均匀性和连续性受到破坏，因此严重地影响到金属材料力学性能、致密性和耐腐蚀性等。根据统计结果，汽车零件的断裂约 90%由非金属夹杂物诱发的疲劳裂纹所引起，而且夹杂物的尺寸越粗大，疲劳极限就越低。非金属夹杂物对金属性能的

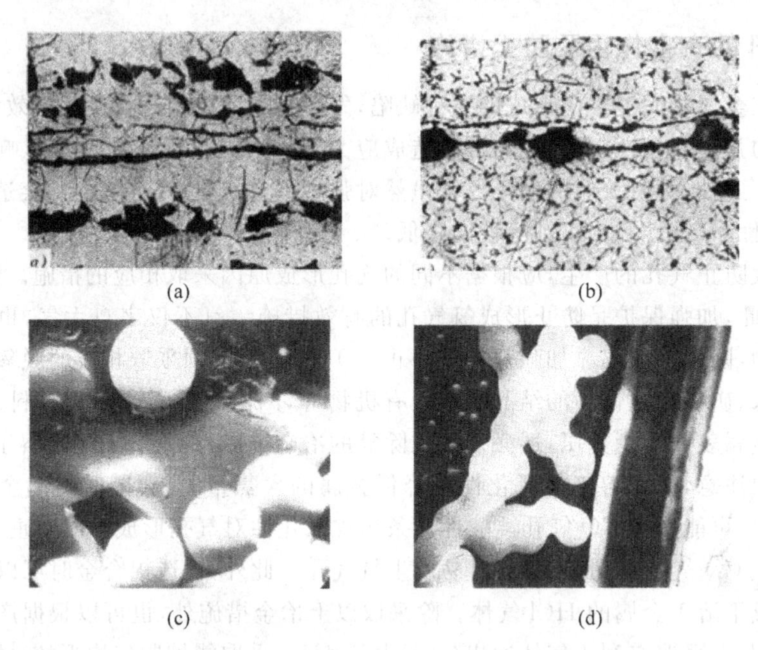

图 5-14 钢铁中的夹杂物形态
(a) 硫化物；(b) 铝酸盐；(c) 二氧化硅；(d) 硅酸盐

影响与其成分、性能、形状、大小、数量及分布等都有关系，硬脆的夹杂物对金属的塑性和韧性影响较大；夹杂物越近似球形对金属的力学性能影响越小；夹杂物呈针状或带有尖角时能引起应力集中，促生微裂纹；当夹杂物呈薄膜状分布于晶界时会导致金属严重脆化。当低熔点夹杂物(如熔点为 940℃的三元共晶 Fe-FeS-FeO)分布于晶界时，金属会具有红脆性，是铸件、焊缝和锻件产生热裂的主要原因。有些塑性较好的非金属夹杂物在铸态下呈球状，对力学性能影响较小，但经过轧制或锻压后形状改变，如 MnS 或硅酸盐夹杂经轧制后成为长条状或片状，对力学性能的影响加剧。钢中常见的枣核状夹杂物是由(Fe,Mn)S 和硅酸盐复合物在钢经过轧制后所形成的。这些变形后的夹杂物尖端容易引起应力集中，在随后的加工或使用过程中容易引起开裂并发展成为裂纹，如焊接一些含有大量条状硫化物夹杂的钢板时很容易出现层状撕裂。因此，同一种夹杂物在铸态和塑性加工状态下由于具有不同形态而对金属的力学性能有不同影响。

一般来说，一些分散的高熔点小颗粒夹杂物对金属性能的影响不大。当夹杂物颗粒非常细小时甚至对金属的组织和性能还会产生好的作用。例如一些存在于液体金属中的高熔点超显微夹杂物质点(如 Al_2O_3)在钢液凝固时还能作为非自发结晶核心细化一次组织。又如在含氮高强钢中，利用固态下析出的弥散氮化物(如钒和铌的氮化物)的沉淀强化作用以及正火对韧性的改善作用，可使这类钢具有良好的综合力学性能。因此，通过控制夹杂物的数量、大小、形态及分布可以消除或减轻其有害作用，甚至变害为宝。

5.3.3 控制非金属夹杂物的措施

(1) 控制原材料的纯度并加强加工过程中的保护(如要求高时可采用真空或保护性气氛)，尽量减少和防止金属熔化过程中杂质元素(如氮、氧、硫等)进入。

(2) 采取冶金措施去除已经进入液体金属的杂质元素，如对钢液进行脱氧、脱硫处理，还应注意同时清除这些冶金反应的产物，以免造成二次污染。例如，采用复合脱氧剂的效果明显优于单一脱氧剂，当采用铝、硅、锰复合脱氧后，钢中夹杂物含量可由采用单一脱氧剂时的 0.0265%减少到 0.007%。

(3) 从工艺和操作技术上避免熔渣和空气搅入液体金属，并为排渣创造有利条件。

(4) 对金属液进行净化处理。

5.4 缩孔与缩松

5.4.1 金属的收缩

金属在液态降温、凝固和固态冷却过程中，通常伴随着体积收缩。金属在降温和凝固过程中的体积收缩既是金属本身的物理性质，也是引起缩孔、缩松、应力、裂纹等凝固缺陷的根本原因。

液态金属从浇铸、凝固直至冷却到室温，会经历液态收缩、凝固收缩和固态收缩三种不同的收缩阶段。

1. 液态收缩

液态金属从浇注温度 $T_{浇}$ 冷却到液相线温度 T_L 过程中产生的体收缩，称为液态收缩。液态收缩的表现形式是金属液面的降低，其大小可用液态收缩率表示：

$$\varepsilon_{V液} = \alpha_{V液}(T_{浇} - T_L) \times 100\% \tag{5-35}$$

式中，$\varepsilon_{V液}$ 是金属的液态体收缩率，%；$\alpha_{V液}$ 是金属的液态体收缩系数，$℃^{-1}$；$T_{浇}$ 是液态金属的浇注温度，℃；T_L 是液相线温度，℃。

2. 凝固收缩

金属从液相线温度冷却到固相线温度(中间发生凝固)所产生的收缩，称为凝固收缩。对于纯金属或共晶合金，凝固收缩仅由状态改变引起，与温度无关，故具有一定值(纯金属凝固收缩的量与第 1 章介绍的金属熔化时的体积变化相同)。而对于有一定结晶温度范围的合金，其凝固收缩既与状态改变时的体积变化有关，也与合金的结晶温度范围有关。因此，合金的凝固收缩包括状态改变和温度降低引起的两个部分，可表示为

$$\varepsilon_{V凝} = \varepsilon_{V(L\to S)} + \alpha_{V(L\to S)}(T_L - T_S) \times 100\% \tag{5-36}$$

合金凝固收缩的表现形式分为两个阶段。当温度较高(近液相线)、结晶尚少时，已结晶的固相未形成相互搭接的骨架，固相和液相可以一起流动，收缩仍表现为液面的降低，与纯金属的收缩表现类似。当温度较低(近固相线)、结晶较多时，已结晶的固相形成了相互搭接的骨架，收缩整体表现为三维尺寸减小，即铸件产生线收缩，这已与下面要讨论的固态收缩的表现类似。晶体骨架之间残留的液体的收缩则还表现为液面下降。

3. 固态收缩

金属在固相线温度以下降温过程中产生的体积收缩，称为固态收缩。固态体收缩可表示为

$$\varepsilon_{V液} = \alpha_{V固}(T_S - T_0) \times 100\% \tag{5-37}$$

式中，$\varepsilon_{V固}$是金属的固态体收缩率，%；$\alpha_{V固}$是金属的固态体收缩系数，℃$^{-1}$；T_S是固相线温度，℃；T_0是室温，℃。

固态收缩的表现形式为三维尺寸同时缩小。因此，常用线收缩率ε_L表示固态收缩。

$$\varepsilon_L = \alpha_L(T_S - T_0) \times 100\% \tag{5-38}$$

式中，ε_L是金属的固态线收缩率，%，$\varepsilon_L \approx \varepsilon_{V固}/3$；$\alpha_L$是金属的固态线收缩系数，℃$^{-1}$，$\alpha_L \approx \alpha_{V固}/3$；固态线收缩系数数值上等于合金的热膨胀系数。当金属和合金具有固态相变时，α_L将发生突变，在不同的温度区段具有不同的值。

对于纯金属或共晶合金，线收缩在金属形成凝固壳时开始。对于有一定结晶温度范围的合金，线收缩在结晶形成晶体骨架后开始。

金属从浇注温度冷却到室温所产生的总体积收缩是液态收缩、凝固收缩和固态收缩的和，即

$$\varepsilon_{V总} = \varepsilon_{V液} + \varepsilon_{V凝} + \varepsilon_{V固} \tag{5-39}$$

其中，液态收缩和凝固收缩是产生缩孔和缩松的根本原因。$\varepsilon_{V液}+\varepsilon_{V凝}$越大，缩孔容积就越大。而金属的固态收缩是铸件产生尺寸变化、应力和裂纹的根本原因。ε_L或$\varepsilon_{V固}$越大，铸件产生尺寸变化、应力和裂纹的倾向越大。

4. 实际铸件的凝固收缩

某些合金(如 Bi-Sb 合金)在凝固过程中不仅不会产生体积收缩，反而发生体积膨胀，即其凝固收缩率$\varepsilon_{V凝}$是负值。铸铁(Fe-C 合金)凝固过程中，当 C 以石墨形式析出时(形成灰铸铁、球墨铸铁及蠕墨铸铁)，也会发生体积膨胀。

实际铸件发生凝固收缩时，还会受到外界阻力的影响。这些阻力包括热阻力(铸件温度分布不均导致，会产生内应力)、铸型表面摩擦力和机械阻力(铸型和型芯的阻碍作用)等。表面摩擦力和机械阻力均使实际铸件的凝固收缩量减小。

当铸件的凝固收缩所受到的阻力小，其影响可以忽略时，则称为自由收缩。否则称为受阻收缩。实际生产中需考虑各种阻力对收缩的影响。

5.4.2 缩孔与缩松的形成

液体金属在冷却凝固过程中，伴随着液态收缩和凝固收缩，往往在铸件最后凝固的部位形成孔洞。在液相区和凝固初期(固相尚处于分散游离状态)的区域，液体金属的流动不受约束，上述收缩可以及时得到液体金属的补充，最后形成容积大而且比较集中的孔洞，称为缩孔。而在凝固已经进行到一定程度、剩余的液体金属被业已形成发达骨架的固相所隔离的区域，这些分散液体金属最后凝固时的收缩无法得到充分补充，从而形成了细小而分散的孔洞，称为缩松。缩孔形状不规则，呈现液体金属凝固后的粗糙表面，甚至可以看到发达的树枝晶末端，这与气孔一般呈现出光滑表面的特征有明显区别。

缩孔的形成过程如图 5-15 所示。液体金属进入并充满铸型(图 5-15(a))，与铸型壁接触的部分液体金属首先凝固，形成固体外壳(图 5-15(b))，被固体外壳包围的液体金属继续凝固，所产生的收缩由于得不到补充而在上部形成空穴(图 5-15(c))，如果凝固过程以逐层方式进行，最终会在最后凝固的部位形成集中的空穴，即缩孔(图 5-15(d))。通过合理设置浇、冒口，可以很容易地将缩孔集中到浇、冒口中，从而消除铸件中的缩孔(图 5-15(e))。

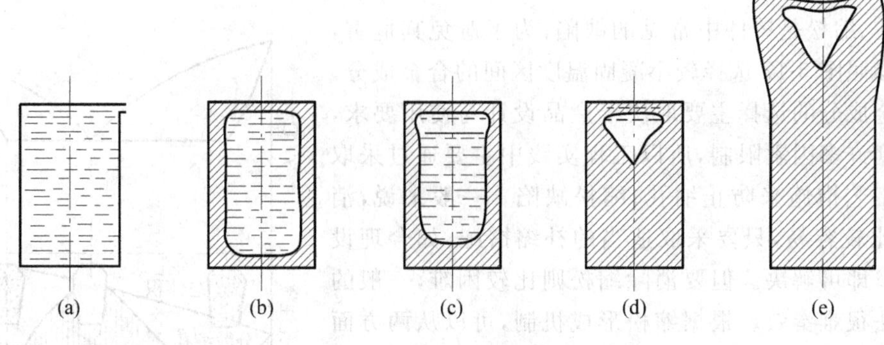

图 5-15 缩孔的形成过程

结晶温度范围较宽的合金，一般按照体积凝固的方式凝固，凝固区内的小晶体很容易发展成为发达的树枝晶。当固相达到一定数量形成晶体骨架时，尚未凝固的液态金属便被分割成一个个互不相通的小熔池。在随后的冷却过程中，小熔池内的液体将发生液态收缩和凝固收缩，已凝固的金属则发生固态收缩。由于熔池金属的液态收缩和凝固收缩之和大于其固态收缩，两者之差引起的细小孔洞又得不到外部液体的补充，便在相应部位形成了分散性的细小缩孔，即缩松。合金的凝固区域范围越宽，树枝晶越发达，树枝晶间微小空间的封闭程度越高，产生缩松的倾向就越大，通过液体金属补缩方式消除或抑制缩松也越困难。缩松常分布在缩孔附近或铸件厚壁的中心部位。图 5-16 是铸件热节处形成缩孔与缩松的示意图。

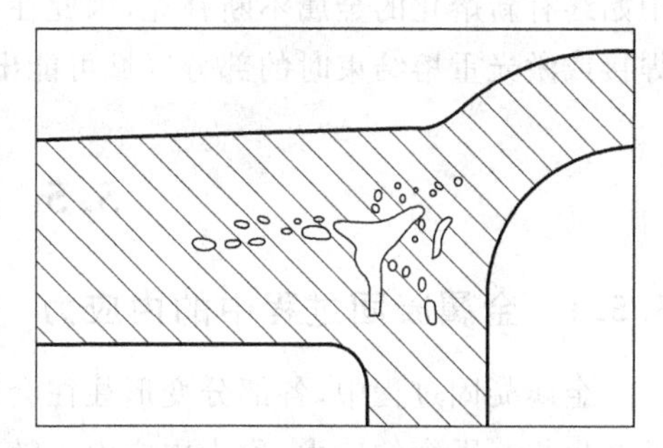
图 5-16 铸件热节处的缩孔与缩松

铸件中存在任何形态的缩孔与缩松，都会减小铸件的有效承载面积，在缩孔与缩松的尖角处产生应力集中，显著降低合金的力学性能。另外，缩孔与缩松还会降低铸件的气密性、耐腐蚀性等物理化学性能。铸钢件中残留的缩孔和缩松还会影响其加工性能，在塑性加工时诱发裂纹。因此，必须采取有效措施予以防止。

5.4.3 影响因素和防止措施

铸件在凝固过程中产生收缩是必然的，而收缩的结果是形成缩孔还是缩松，则主要取决于铸件的凝固方式。根据前述分析，铸件的凝固方式主要取决于两方面因素：其一为合金成分(如图 5-17 所示)；其二为铸件内的温度梯度。对于纯金属或者共晶成分合金，凝固发生在某一特定温度(熔点或共晶温度)，铸件中沿固液界面推进方向上的凝固区域(固、液相共存区)宽度为零，凝固以逐层方式进行。如果合金的结晶温度区间(相图上液、固相线之间的垂直距离)很小，或铸件中沿凝固方向上的温度梯度很大，都会导致凝固方向上的凝固区域很窄，凝固也以逐层方式进行。在上述几种窄凝固区的情况下，铸件中的收缩倾向于全部集中在最后凝固部位，形成缩孔。如果合金的凝固温度区间较宽，或凝固方向上的温度梯度较小，凝固过程中的固液共存区很宽，铸件倾向于以糊状方式凝固，形成缩松。合金的凝固温度区间越大，或铸件凝固方向上的温度梯度越小，则凝固区越宽，糊状凝固方式越突出，缩松就越严重。

缩孔、缩松是铸件中常见的缺陷，为了避免其危害，应尽量参照图 5-17 选择较小凝固温度区间的合金成分。由于合金成分的选择主要取决于产品设计与使用要求，往往受到许多因素限制，所以工程实践中主要通过采取适当的工艺措施来防止缩孔、缩松缺陷。一般来说，消除缩孔比较容易，只要采取适当的补缩措施，如合理设置浇冒口即可解决。但要消除缩松则比较困难，一般的补缩方法很难奏效。根据缩松形成机制，可以从两方面采取措施防止缩松产生：其一是增强铸型冷却能力，如采用金属铸型或合理设置冷铁等，增大铸件凝固方向上的温度梯度，减小固液共存区宽度，降低糊状凝固倾向；其二是增强补缩能力，如在高压条件下浇注和凝固，都可以有效减少缩松，提高铸件致密性。

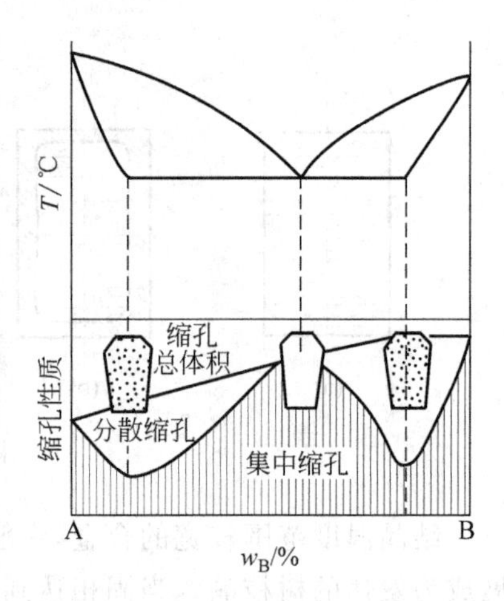

图 5-17　缩孔缩松倾向与成分的关系

应该指出，缩孔、缩松是铸造过程中的重要缺陷，但并非在所有涉及金属凝固的加工过程中都是严重的问题。例如焊接和激光表面重熔时，由于冷却速度很快、温度梯度很大、凝固区很窄，产生缩松的可能性很小。而焊接和激光表面重熔都是连续熔化和凝固过程，熔池中始终有新熔化的金属不断补充，因此在焊缝或激光重熔区中心也不会形成缩孔。只有在焊接或激光重熔结束时的部分区域可能出现缩孔，而这在整个加工区域中所占比例很小。

5.5　应力与裂纹

5.5.1　金属凝固过程中的内应力

金属凝固过程中，各部分变形往往会因为各种原因而不一致或不同步，由此导致金属内部产生相互平衡的应力，称为内应力。随着凝固过程的进行，引起变形不均匀的条件不断变化，内应力也相应发生变化。不同阶段的内应力称为瞬时或临时内应力。凝固过程结束后最终存在于金属内部的应力称为残余应力。凝固过程中引起材料内部产生应力主要有以下情况。

1）热应力

铸件在凝固和冷却过程中，不同部位由于不均衡收缩而引起的应力。影响热应力的有铸件金属的弹性模量 E、线收缩（膨胀）系数 α、铸件冷却时各部分的温度差等。热应力的大小与合金的弹性模量 E、线收缩（膨胀）系数 α 成正比，弹性模量越大，热应力也越大。如同样条件下，铸钢和球墨铸铁的热应力比灰铸铁大，就是因为铸钢和球墨铸铁具有比灰铸铁更大的弹性模量。铸件冷却时的温差越大，产生的热应力就越大。铸件壁厚差越大，冷却时厚薄部分温差就越大；合金的导热性越低，温差就越大，如合金钢的导热性比碳钢差，同样条件下其不同部分温差就比碳钢不同部分的温差更大；铸型的蓄热系数越大、浇注温度越低，铸件的冷却速度就越快，引起的温差也越大。

下面以应力框铸件为例，分析金属冷却凝固过程中的热应力变化。

应力框铸件如图5-18(a)所示，它由杆Ⅰ、杆Ⅱ和横梁Ⅲ组成，杆Ⅰ较粗，杆Ⅱ较细。为便于讨论，做如下假设：

(1) 液态金属充满铸型后，立即停止流动，杆Ⅰ和杆Ⅱ从同一温度T_L开始冷却，最后冷却到室温T_0。

(2) 合金线收缩开始温度为T_y，材料的收缩系数α不随温度变化。

(3) 在冷却过程中，不发生固态相变，铸件收缩不受铸型阻碍。

(4) 铸件不发生挠曲变形，横梁Ⅲ为刚体。

图5-18(b)所示为杆Ⅰ和杆Ⅱ的冷却曲线。由于杆Ⅰ较粗，冷却前期，杆Ⅰ的冷却速率比杆Ⅱ的小。因最终温度相同，所以冷却后期，杆Ⅰ的冷却速率比杆Ⅱ的大。在整个冷却凝固过程中，两杆的温差变化如图5-18(c)所示。当合金的温度低于液相线后，铸件产生变形(假定都是弹性变形)，所以铸件中会产生应力。杆Ⅰ和杆Ⅱ的应力变化如图5-18(d)所示。

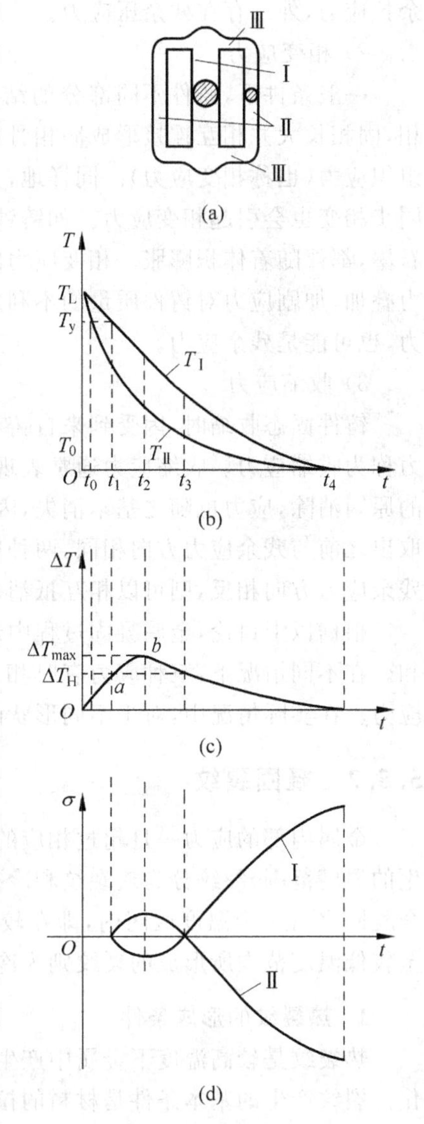

图5-18 应力框铸件在冷却凝固过程中的应力变化

(a) 应力框铸件；(b) 温度变化曲线；(c) 温差变化曲线；(d) 应力变化曲线

在$t_0 \sim t_1$时间内，$T_Ⅱ < T_y$，$T_Ⅰ > T_y$，杆Ⅱ开始线收缩，而杆Ⅰ还处于凝固初期，枝晶骨架尚未形成。此时铸件的变形由杆Ⅱ确定，杆Ⅱ带动杆Ⅰ一起收缩，到t_1时两杆具有同一长度，温差为ΔT_H，铸件内不产生热应力。

在$t_1 \sim t_2$时间内，两杆均发生线收缩，并且随着时间的推移，其温差逐渐增大。如果两杆能自由收缩，则杆Ⅱ的收缩量会比杆Ⅰ的大。但由于两杆彼此由刚性横梁相连，始终具有相同的长度，故杆Ⅱ被拉长，杆Ⅰ被压缩。因此，在杆Ⅱ内会产生拉应力，杆Ⅰ会产生压应力。在t_2时刻，两杆的温差达到最大值(ΔT_{max})，应力也达到极大值。

在$t_2 \sim t_3$时间内，两杆的温差逐渐减小，到t_3时，温差又减小到ΔT_H。在此阶段，杆Ⅰ的冷却速率比杆Ⅱ的大，即杆Ⅰ的自由线收缩速度比杆Ⅱ的大。从$t_2 \sim t_3$，两杆的自由收缩量相等。因为假定铸件只产生弹性变形，所以达到t_3时，两杆中的应力均为零。

在$t_3 \sim t_4$时间内，杆Ⅰ的冷却速率仍然比杆Ⅱ的大，即杆Ⅰ的自由线收缩速度比杆Ⅱ的大。因而，杆Ⅰ被拉长，产生拉应力。杆Ⅱ则相反，产生压应力。冷却到t_4(室温)时，铸件内部存在残余应力，杆Ⅱ内为压应力，杆Ⅰ内为拉应力。

对于圆柱型铸件，内外层的冷却条件不同，开始时外层冷却较快，后来则相反。因此，外层相当于应力框中的细杆，内部相当于粗杆。由上述分析可知，冷却到室温时，内部存在残余拉应力，外层存在残余压应力。

2）相变应力

一般条件下，铸件不同部分的结构及其冷却条件各不相同，进入凝固阶段开始析出固相，固相长大并相互连接形成固相骨架以至完全凝固，各个部分的凝固过程不同步导致产生组织应力（也称相变应力）。同样地，完全凝固以后继续冷却时若发生固态相变，各部分的不同步相变也会引起相变应力。如铸铁及钢的共析转变，由奥氏体转变为珠光体或铁素体加石墨，都伴随着体积膨胀。相变应力的方向可能与热应力方向相同，也可能相反，前者使应力叠加，加剧应力对铸件质量的不利影响，后者则减轻其不利影响。相变应力可能是瞬时应力，也可能是残余应力。

3）收缩应力

铸件固态收缩时，因受到来自铸型、砂芯、浇冒口及铸型砂箱等外力的阻碍而产生的应力称为收缩应力。收缩应力通常表现为拉应力或压应力。铸件自铸型中取出后，形成应力的原因消除，应力也随之基本消失，因此，收缩应力是一种临时应力。但若收缩应力在铸件取出之前与残余应力方向相同，两种应力相互叠加，有时会使铸件产生冷裂。若收缩应力与残余应力方向相反，则可以相互抵消。

根据以上讨论，金属凝固过程中形成的应力是热应力、相变应力和收缩应力三者的矢量和。在不同情况下，三种应力有时相互抵消，有时相互叠加；有时是临时应力，有时是残余应力。在实际情况中，对于不同形状的铸件，其应力的大小、分布是十分复杂的。

5.5.2 凝固裂纹

金属内部的应力一旦超过相应的强度极限，就会导致裂纹产生。根据金属内部裂纹产生的温度范围，裂纹分为热裂纹和冷裂纹。热裂纹是指在金属凝固开始形成固相骨架到完全凝固之后一定温度区间内，即在较高温度下所产生的裂纹；而金属完全凝固以后并冷却至较低温度范围所形成的裂纹则为冷裂纹。因此，凝固裂纹通常就是指热裂纹，简称热裂。

1. 热裂纹的形成条件

热裂纹是较高温度下金属中产生的一种沿晶裂纹，其形成的根本原因是金属的高温脆化。裂纹产生的基本条件是材料的拉伸变形量超过其塑性变形能力。金属在凝固过程中如果收缩受阻，就必然会导致产生拉伸变形。这种情况在凝固过程中很难避免，因此，产生凝固裂纹的倾向性主要取决于金属在凝固过程中的变形能力。

金属在冷却凝固过程中，会经历从纯液态到液—固态，再到固—液态，最后到全固态的转变，金属在不同状态的塑性变形能力变化很大，图 5-19 所示为金属冷却凝固过程中的塑性变化曲线。在温度较高的液—固阶段，晶体数量较少，相邻晶体间没有搭接，液态金属可以在晶体间自由流动，此时金属的变形主要由液体承担，已凝固的晶体只作少量的相互位移。随着温度的降低，晶体不断长大，数量增多。进入固—液阶段后，多数金属已凝固成晶体，此时塑性变形主要是晶体间的相互移动，晶体本身也会发生一些变形。随着温度的进一步降低，晶体相互连接形成枝晶骨架，残留的少量液体会以液膜形式存在于晶体之间，且难以自由流动。由于液膜的抗变形阻力小，形变会集中在液膜所在的晶体之间，使之成为薄弱环节。此时若存在大的拉应力，则在晶体发生塑性变形之前，液膜所在的晶界就会先开裂，形成凝固裂纹。

金属凝固区间的塑性变化特点与裂纹形成条件如图 5-20 所示。图中 δ 表示脆性温度区 T_B 内金属的塑性，随温度的变化而变化，在某一瞬时出现最小值 δ_{min}。ε 表示在单位拉伸应力作用下金属的应变，它也是温度的函数，故可用应变增长率 $\frac{\partial\varepsilon}{\partial T}$ 表示其随温度变化的情况。由图 5-20 可知，凝固裂纹的形成，除了与反映金属本身特性的脆性温度区间 T_B 及其相应的塑性变形能力 δ_{min} 有关外，还取决于金属在此温度区间内随温度下降的应变增长率 $\frac{\partial\varepsilon}{\partial T}$（如图 5-20 中直线 1、2、3 所对应的斜率）。脆性温度区间 T_B 和塑性变形能力 δ_{min} 为诱发裂纹的冶金因素，而应变增长率 $\frac{\partial\varepsilon}{\partial T}$ 为力学因素。例如，当金属在脆性温度区间内的应变以直线 1 的斜率增长时，其内应变量 $\varepsilon<\delta_{min}$，不会产生裂纹。如果应变以直线 2 的斜率增长，则 $\varepsilon=\delta_{min}$，而这正是产生凝固裂纹的临界条件，此时的应变增长率（直线 2 的斜率）称为形成凝固裂纹的临界应变增长率，以 CST 表示。

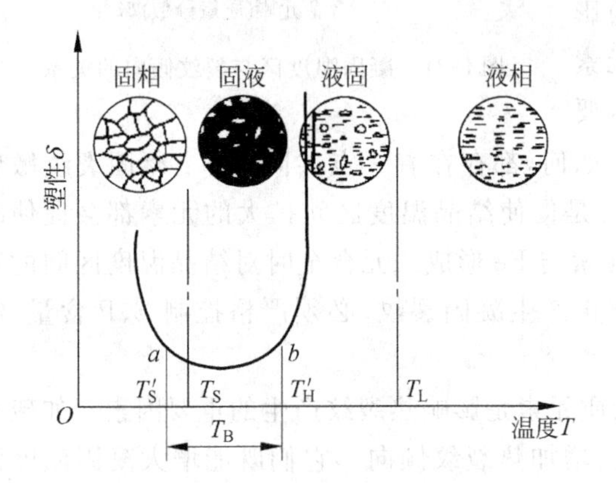

图 5-19 金属冷却凝固过程中的塑性变化

T_L—液相线；T_S—固相线；T_B—脆性温度区

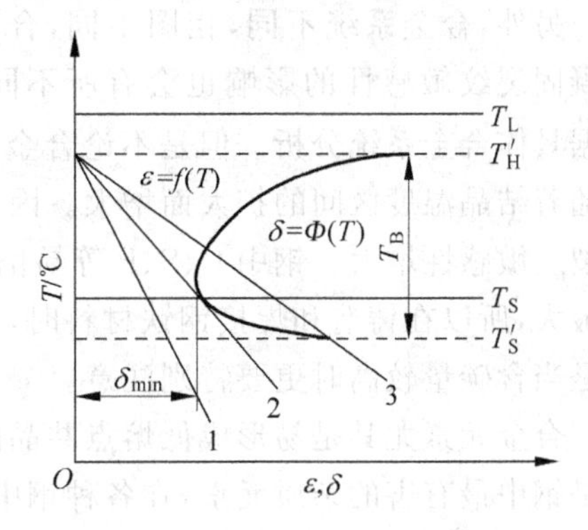

图 5-20 产生凝固裂纹的条件

CST 与材料特性（T_B、δ_{min}）有关，综合反映了材料的凝固裂纹敏感性。例如，当 T_B 一定时，δ_{min} 越小，则 CST 越小，材料的凝固裂纹敏感性就越大；当 δ_{min} 一定时，T_B 越小，则 CST 越大，材料的凝固裂纹敏感性就越小。因此，用 CST 表示金属凝固裂纹敏感性比用 T_B 和 δ_{min} 更为方便，因为 T_B 或 δ_{min} 都不能单独用以反映凝固裂纹敏感性。

根据上述分析，脆性温度区间 T_B、塑性变形能力 δ_{min} 及拉伸应变率 $\frac{\partial\varepsilon}{\partial T}$ 对凝固裂纹的产生起着决定性作用。因此，凡是影响这些参数的因素都会影响到凝固裂纹的形成，而适当控制这些因素，就可以防止凝固裂纹的产生。

2. 热裂纹形成的影响因素

凝固热裂纹形成的影响因素主要包括以下四个方面。

1）相图凝固区间与合金成分

形成凝固热裂纹的倾向随凝固温度区间的增大而增大，如图 5-21 所示。随着合金元素的增加，结晶温度区间以及脆性温度区间（图 5-21 中阴影区域的垂直高度）先是逐渐增大，到 S 点达到最大值，此时的凝固裂纹敏感性最强。然后随着合金元素的继续增加，结晶温度区间、脆性温度区间均逐步减小，凝固裂纹敏感性相应逐渐减小。由于实际金属凝固往往以偏离平衡状态的方式进行，因此，实际结晶温度区间和脆性温度区间均应根据图 5-21 中的虚线位置计算。

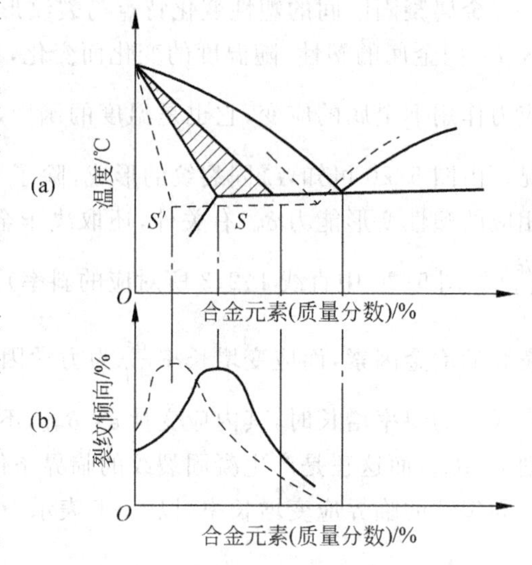

图 5-21 凝固温度区与裂纹倾向的关系

合金元素对凝固裂纹的影响并不是孤立的，而是与其所处的合金系统有关。同一元素在不同的合金系统中作用不同，甚至可能完全相反。例如 Si 在 18-8 型奥氏体钢中对防止凝固裂纹有利，而在 25-20 型高镍奥氏体钢中则促进凝固裂纹发生，成为有害元素。根据合金元素对其相图上结晶温度区间的影响，可以判断其对脆性温度区间和凝固裂纹敏感性的影响。另外，合金系统不同，相图不同，合金元素对凝固裂纹敏感性的影响也会有所不同，需要根据具体合金系统分析。但是不论合金系统如何，都存在着一点共同规律：凝固裂纹敏感性随着结晶温度区间的扩大而增大。因此，凡是促使结晶温度区间扩大的元素都会促使凝固裂纹敏感性增大。钢中 C、S、P 等易偏析元素与 Fe 形成二元合金时对结晶温度区间的影响最大，所以在铸造和焊接钢铁材料时，为防止产生凝固裂纹，必须严格控制 S、P 含量，特别是当含碳量较高时更要特别注意。

合金元素尤其是易形成低熔点共晶的杂质元素是影响热裂纹产生的重要因素。如硫和磷是钢中最有害的杂质元素，在各种钢中都会增加热裂纹倾向。它们既能增大凝固温度区间，与其他元素形成多种低熔点共晶（表 5-1），又是钢中极易偏析的元素。对于奥氏体钢，由于镍含量高，硫和磷的有害作用将显著增强，特别是磷的有害作用将更为突出。

表 5-1 部分元素二元共晶成分与共晶温度

合金系	共晶成分(质量分数)/%	共晶温度/℃
Fe-S	Fe，FeS(S31)	988
Fe-P	Fe，Fe_3P(P10.5)	1050
	Fe_3P，FeP(P27)	1260
Fe-Si	Fe_3Si，FeSi(Si20.5)	1200
Fe-Sn	Fe，FeSn(Fe_2Sn_2，FeSn) (Sn48.9)	1120
Fe-Ti	Fe，$TiFe_2$(Ti16)	1340
Ni-S	Ni，Ni_3S_2(S21.5)	645
Ni-P	Ni，Ni_3P(P11)	880
	Ni_3P，Ni_2P(P20)	1106
Ni-B	Ni，Ni_2B(B4)	1140
	Ni_3B_2，NiB(B12)	990
Ni-Al	γ-Ni，Ni_3Al(Ni89)	1385
Ni-Zr	Zr，Zr_2Ni(Ni17)	961
Ni-Mg	Ni，Ni_2Mg(Ni11)	1095

含碳量是钢中影响热裂纹倾向的主要元素，并能加剧硫、磷及其他元素的有害作用。碳能明显增加结晶温度区间，并且随着碳含量的增加，初生相可以从δ相转变为γ相。而硫和磷在γ相中的溶解度比在δ相中低得多。如果初生相为γ相，则析出的硫和磷会富集在晶界处，增加凝固裂纹倾向。

锰具有脱硫作用，可将 FeS 置换成 MnS，同时可改变硫化物的形态，从薄膜状转变成球状，从而提高钢的抗裂性能。

硅是从δ相形成元素，有利于减小裂纹倾向。但在单相奥氏体中，硅的偏析比较严重，有可能形成低熔点共晶，从而增加裂纹倾向。

总之，合金元素对凝固裂纹倾向的影响既重要又复杂，需要仔细分析。

2）一次结晶组织及其形态

初生相的结构会影响到杂质的偏析和晶间组织的性质。例如当钢中的初生相为δ时就能比γ时溶解更多的 S 和 P（S、P 在δ中的最大溶解度分别为 0.18%S 和 2.8%P；而在γ中的最大溶解度分别为 0.05%S 和 0.25%P），因此，初生相为γ的钢就比初生相为δ的钢更容易产生凝固裂纹。

此外，初生相的晶粒大小、形态和位向也都会影响到凝固裂纹形成倾向。例如当初生相为方向性很强的粗大柱状晶时，就会在晶界上聚集较多的低熔点杂质，并形成连续的弱面，加剧了裂纹形成倾向（如图 5-22(a)所示）。

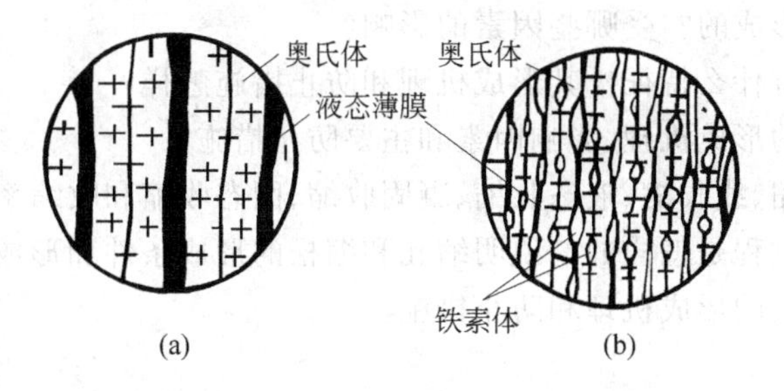

图 5-22 δ相在奥氏体基底上的分布

(a) 单相奥氏体；(b) δ+γ

当对金属进行细化晶粒的变质处理后，不仅打乱了柱状晶的方向性，同时也增加了晶界，减少了杂质的聚集程度，有效降低了凝固裂纹形成倾向。如在钢中加入 Ti、在 Al-4.5%Mg 合金中加入少量（0.10%～0.15%）变质剂 Zr 或 Ti+B 都会细化晶粒，降低凝固裂纹倾向。除采用变质处理外，铸造过程中也有利用超声振动和电磁搅拌等方法细化晶粒。另外，利用凝固过程中析出第二相来减少杂质含量，细化一次凝固组织，也可以起到降低凝固裂纹形成倾向的作用。如在单相铬镍奥氏体钢的凝固过程中析出一定数量的一次铁素体（δ相），有利于减少 S、P 偏析，细化一次组织，打乱单一方向排列的粗大奥氏体柱状晶。因此，若铬镍奥氏体钢焊缝中含有 3%～5%δ相，就能够有效降低其凝固裂纹倾向，这是防止产生裂纹的一项重要措施。

3）凝固过程的工艺条件

凝固过程中液体金属的冷却速度、凝固区域的温度分布及外部环境对凝固金属的约束条件等都会影响到凝固裂纹的产生。冷却速度会影响到金属凝固过程中的凝固收缩、枝晶偏析程度以及金属变形速度等。一般来说,冷却速度越大,凝固区域内的温度梯度及相应的内应力就越大,枝晶偏析越严重,变形速度也越大,这些因素都会增大凝固裂纹的形成倾向。因此,适当降低金属凝固时的冷却速度,如焊接时对工件进行高温预热有利于防止凝固裂纹产生。

考虑到减少应变集中和杂质偏聚,应该尽量使凝固区域的温度分布均匀。当铸件各部分厚薄相差较大时,相应的冷却速度差异引起各处温度分布不均匀,应变和杂质都将集中到最后凝固的厚大部位,导致这些部位容易产生凝固裂纹。实践中需要采取必要的工艺措施,如在厚大部位设置冷铁以加速冷却,调节温度分布。而在某些局部加热的工艺过程(如焊接和激光重熔等)中,这种不均匀的温度分布难以避免,所以需要格外注意防止凝固裂纹。另外,凝固过程中的外部约束条件直接影响金属的收缩变形,从而引起拉伸应变。例如,铸造工艺中铸型和型芯的退让性不好、焊接时接头的过度拘束等都会加大金属的凝固裂纹倾向性。

习　题

1. 什么是正偏析、负偏析、枝晶偏析、晶界偏析、正常偏析、逆偏析、V型偏析、A型偏析、比重偏析?
2. 偏析是如何形成的?受哪些因素的影响?
3. 析出性气孔有什么特征?其形成机理和防止措施怎样?
4. 试述夹杂物的形成机理、影响因素和主要防止措施。
5. 什么是体收缩、线收缩、液态收缩、凝固收缩、固态收缩和收缩率?
6. 缩孔的形成过程是怎样的?说明缩孔和缩松的形成条件和形成原因的异同。
7. 简述凝固裂纹的形成机理和防止措施。

参考文献

[1] 李言祥,吴爱萍. 材料加工原理[M]. 北京:清华大学出版社,2005.
[2] 刘全坤,材料成型基本原理[M]. 北京:机械工业出版社,2004.
[3] 陈玉喜,侯英玮,陈美玲. 材料成型原理[M]. 北京:中国铁道出版社,2003.
[4] 陈平昌,朱六妹,李赞. 材料成型原理[M]. 北京:机械工业出版社,2002.
[5] 吴德海,任家烈,陈森灿. 近代材料加工原理[M]. 北京:清华大学出版社,1997.
[6] 张承甫,肖理明,黄志光. 凝固理论与凝固技术[M]. 武汉:华中科技大学出版社,1985.
[7] 李庆春. 铸件形成理论基础[M]. 哈尔滨:哈尔滨工业大学出版社,1980.
[8] FLEMINGS M C. Solidification Processing[M]. New York:McGraw-Hill,Inc,1974.

第2篇　基于气—固转变的材料加工

6 气—固转变基础

6.1 气体与固体

利用气相中发生的物理、化学过程，人工干预、控制的气相到固相的转变过程称为气相沉积技术，这是一个涉及气相的产生、输运以及反应的过程，获得的固相材料是薄膜状的，因此是一种基础的薄膜材料制备技术。气相沉积技术具有成膜耗材少、基板选择多样、成膜质量高、与基底附着力强等优点，广泛应用于封装、光学、微电子等领域，主要分为物理气相沉积和化学气相沉积两大类。为了得到相对纯净的固相成分，气相到固相转变的过程通常是在真空条件下进行的，因此掌握获得和保持真空环境的基本原理、气体与固体的相互作用机制是非常必要的。

6.1.1 气体分子运动论

对于实际气体的性质进行适当简化后建立的模型称为理想气体。在一般的温度和压力条件下，所有的气体都可以近似看作理想气体。理想气体分子之间除了相互碰撞的瞬间之外，完全不存在相互作用，即它们可以被看作相互独立的刚性球体；并且，这些气体分子的半径远远小于球与球之间的距离，即可视为质点；最后，气体分子之间、分子与容器壁之间的碰撞均为弹性碰撞。这种碰撞的结果之一，是气体分子速度 v 的分布服从麦克斯韦-玻耳兹曼(Maxwell-Boltzmann)定律：

$$\frac{\mathrm{d}N}{N\mathrm{d}v}=f(v)=4\pi\left(\frac{m}{2\pi kT}\right)^{\frac{3}{2}}\exp\left(-\frac{mv^2}{2kT}\right)\cdot v^2 \tag{6-1}$$

其中，m 为气体分子的质量，kg；T 为热力学温度，K；$k=1.38\times10^{-23}$ J/K，为玻耳兹曼常数；$\mathrm{d}N/N$ 表示速率在 $v\sim v+\mathrm{d}v$ 区间的分子数占总分子数的比例。麦克斯韦速率分布曲线如图 6-1 所示，图 6-1 也反映了气体分子速度分布随温度变化的情况。

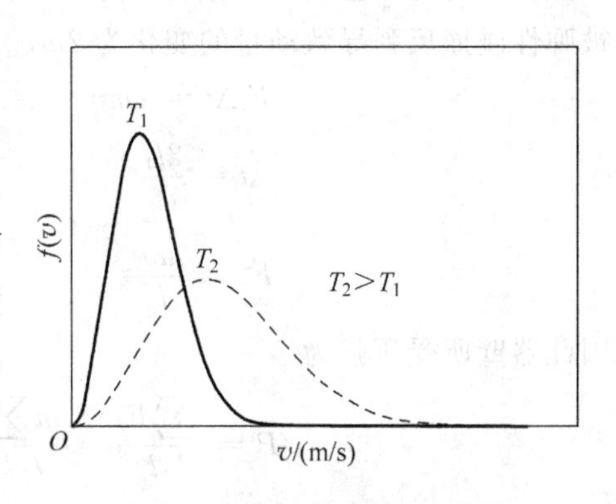

图 6-1 麦克斯韦速率分布曲线

根据这个规律，可以从理论上推算得到分子

速率分布具有极大值,即 $f'(v)=0$ 时的分子运动速率 v_{m},称为最可几速率,亦称最概然速率,其值为

$$v_{\mathrm{m}}=\sqrt{\frac{2kT}{m}}=1.41\sqrt{\frac{kT}{m}}=1.41\sqrt{\frac{RT}{\mu}} \tag{6-2}$$

其中,R 为气体常数,8.31J/mol·K;μ 为气体分子的摩尔质量,kg/mol。

气体分子的平均运动速度为

$$\bar{v}=\int_0^{\infty} v\cdot f(v)\mathrm{d}v=\sqrt{\frac{8kT}{\pi m}}=1.59\sqrt{\frac{kT}{m}} \tag{6-3}$$

气体分子的均方根速率为

$$v_{\mathrm{r}}=\sqrt{\overline{v^2}}=\int_0^{\infty} v^2\cdot f(v)\mathrm{d}v=\sqrt{\frac{3kT}{m}}\approx 1.73\sqrt{\frac{kT}{m}} \tag{6-4}$$

三种速率中,最可几速率 v_{m} 数值最小,通常用于讨论速率分布;平均速率 $\bar{v}$ 次之,用于计算分子运动的平均距离;均方根速率 v_{r} 最大,用于计算分子的平均动能。

气体分子的质量、速度、动量、能量等微观参量在宏观上表现为气体的体积、压强、温度等。描述理想气体平衡态时三个宏观参量之间关系的函数也叫理想气体状态方程:

$$P=\frac{1}{V}\frac{N}{N_{\mathrm{A}}}RT=nkT \tag{6-5}$$

其中,P、V、N 分别为理想气体的压强(Pa)、体积(m^3)和总的分子个数;$n=N/V$ 为单位体积内的气体分子个数;N_{A} 为阿伏伽德罗常数,6.023×10^{23}/mol。由式(6-5)可得

$$n=7.2\times10^{22}\frac{P}{T} \tag{6-6}$$

因此,在标准状态下,任何气体分子的密度都约为 3×10^{19} 个/cm^3。低于一个大气压(1.013×10^5Pa)的气体空间也叫真空。但是,即使在 $P=10^{-11}$Pa 的真空条件下,常温下的气体分子密度仍然有 2×10^3 个/cm^3。因此,没有任何气体分子存在的绝对真空是不存在的,通常的真空是一种相对的真空。描述真空度高低的参量有压强、气体分子密度、气体分子自由程、形成一个分子层所需时间等,下面逐一介绍。

1. 压强

理想气体分子与器壁之间的作用如图 6-2 所示。考虑一个容积为 $V=l_1l_2l_3$ 的容器,内有 N 个气体分子,第 i 个分子沿 x 方向的运动速度为 v_{ix},其碰撞器壁时与器壁间相互作用力为 F_i,作用时间为 Δt,分子被弹性碰撞反弹导致动量的变化为 $2mv_{ix}$,则

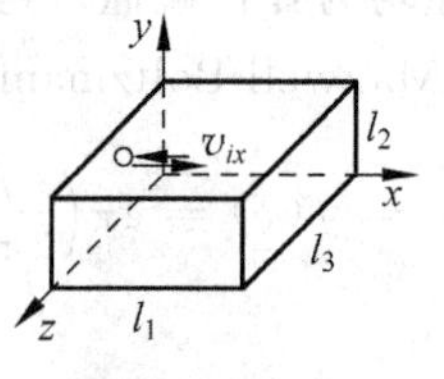

$$F_i\Delta t=2mv_{ix}$$

$$\Delta t=\frac{2l_1}{v_{ix}}$$

$$F_i=\frac{mv_{ix}^2}{l_1}$$

图 6-2 理想气体分子与器壁作用的示意图

因此器壁所受压强为

$$P=\frac{\sum F_i}{l_2l_3}=\frac{m\sum v_{ix}^2}{l_1l_2l_3}=\frac{mN}{V}\frac{\sum v_{ix}^2}{N}=nm\,\overline{v_x^2} \tag{6-7}$$

其中，$\overline{v_x^2} = \dfrac{\sum v_{ix}^2}{N}$ 为所有气体分子 x 方向速度平方 v_x^2 的平均值。理想气体假设平衡态时气体分子的速度按方向的分布是各向均匀的，按位置的分布也是均匀的，由于假设分子都可近似认为是质点，因此只有 3 个自由度，根据能量均分定理，有

$$\overline{v_x^2} = \overline{v_y^2} = \overline{v_z^2} = \frac{1}{3}\overline{v^2} \tag{6-8}$$

所以压强与单个气体分子的平均动能 $\overline{\varepsilon_t}$ 有如下关系

$$P = \frac{1}{3}nm\overline{v^2} = \frac{2}{3}n\overline{\varepsilon_t} \tag{6-9}$$

由于分子对器壁的碰撞是断续的，且冲量有涨落，因此压强 P 是一个统计平均量。压强公式是统计规律，而不是力学规律。一个分子的平均动能为

$$\overline{\varepsilon_t} = \frac{1}{2}m\overline{v^2} = \frac{3}{2}kT \tag{6-10}$$

系统的内能 E 应为系统内动能与势能的总和。理想气体分子间除了瞬间的碰撞外没有作用力，因此系统只有动能

$$E = N \cdot \frac{3}{2}kT \tag{6-11}$$

式(6-11)表明，理想气体的内能仅与温度有关。温度是大量分子热运动的集体表现，是统计概念，只能用于大量分子，单个分子的温度是没有意义的。

2. 平均自由程

一个分子连续两次碰撞之间经历的平均距离称为平均自由程 $\bar{\lambda}$，一个分子在单位时间里受到的平均碰撞次数称为平均碰撞频率 $\bar{Z}$。显然

$$\bar{Z} = \frac{\bar{v}}{\bar{\lambda}} \tag{6-12}$$

假设分子 A 在半径为 d（即气体分子直径）的圆柱体内以平均速度 $\bar{u}$ 运动，由统计理论可得 $\bar{u} = \sqrt{2}\,\bar{v}$。假设圆柱体内的其他分子静止并且都与 A 碰撞，单位时间内分子经过的圆柱体体积为 $\pi\bar{u}d^2$，平均碰撞频率 $\bar{Z} = n(\pi\bar{u}d^2)$，平均自由程 $\bar{\lambda}$ 可由此计算得到

$$\bar{\lambda} = \frac{\bar{v}}{\bar{Z}} = \frac{1}{\sqrt{2}\pi d^2 n} = \frac{kT}{\sqrt{2}\pi d^2 P} \tag{6-13}$$

气体分子的平均自由程与气体分子的密度、气体分子直径的平方以及压强成反比，与温度成正比。显然，当气体种类和温度一定时，$\bar{\lambda} \cdot P$ 是常数。常温、常压下空气分子的平均自由程仅为约 60nm，每个空气分子每秒钟要经历超过 10^{10} 次碰撞，空气在固体表面上的碰撞频率约 $3\times10^{25}\,\text{cm}^{-2}\cdot\text{s}^{-1}$。然而当气体压力低于 0.1Pa 时，气体分子间的碰撞几率则很小，气体分子的碰撞主要是其与容器壁之间的碰撞。常用气体的平均速率 $\bar{v}$、分子直径 d 和平均自由程 $\bar{\lambda}$ 如表 6-1 所示。常温下气体分子的平均速率在 400～1700m/s 之间，比音速要高很多。

表 6-1 常用气体的性质(273K,100Pa)

气体	摩尔质量/(10^{-3}kg/mol)	分子质量/(10^{-26}kg)	平均速率$\bar{v}$/(10^2m/s)	分子直径 d/(10^{-10}m)	平均自由程 $\bar{\lambda}$/(10^{-6}m)
氢(H_2)	2.016	0.3347	16.932	2.75	112.13
氦(He)	4.003	0.6646	12.016	2.18	178.43
水蒸气(H_2O)	18.02	2.9919	5.663	4.68	38.72
氖(Ne)	20.18	3.3505	5.352	2.60	125.44
一氧化碳(CO)	28.01	4.6505	4.542	3.80	58.72
氮(N_2)	28.02	4.6522	4.542	3.78	59.35
空气	28.98	4.8116	4.466	3.74	60.62
氧(O_2)	32.00	5.3130	4.250	3.64	64.00
氩(Ar)	39.94	6.6312	3.804	3.67	62.96
二氧化碳(CO_2)	44.01	7.3070	3.624	4.65	39.22
氪(Kr)	83.70	13.896	2.628	4.15	49.24
氙(Xe)	131.3	21.799	2.098	4.91	35.17
汞(Hg)	200.6	33.305	1.697	5.11	32.47

3. 形成一个分子层所需时间

气体分子对于单位面积固体表面的碰撞频率即气体分子的通量：

$$\Phi = \frac{n\bar{v}}{4} \tag{6-14}$$

因子 1/4 是对气体分子的运动方向和速率分布进行数学平均时得到的一个系数。代入式(6-3)和式(6-5)可以得到

$$\Phi = \frac{P}{\sqrt{2\pi kmT}} = \frac{PN_A}{\sqrt{2\pi R\mu T}} \tag{6-15}$$

这说明气体分子的通量与气体的压力成正比,与其热力学温度及原子质量的平方根成反比。式(6-15)也称为克努森(Knudsen)方程,是薄膜技术中最常用的方程之一。

考虑一个完全洁净的固体表面,假设每个向表面运动来的气体分子都是杂质并都被该表面俘获,固体表面完全被一层杂质气体分子所覆盖的时间为

$$\tau = \frac{N_g}{\Phi} = \frac{N_g\sqrt{2\pi R\mu T}}{N_A P} \tag{6-16}$$

N_g 为表面的气体原子的面密度。根据式(6-16),常温常压下一个清洁表面被气体杂质完全覆盖所需要的时间约为 3.5×10^{-9}s；而在一个压强为 10^{-7}Pa 的真空腔内,这个时间可以延长至 1h。这个时间也是气体分子在固体表面的停留时间。因此,气相沉积过程中获得和保持一个适当的真空环境是十分必要的。常用气体的有关参数如表 6-2 所示。

表 6-2 常用气体参数(298K,1×10^{-3} Pa)

气体	碰撞频率/(10^{15}/(cm^2/s))	形成单分子层所需分子数目/(10^{15}/cm^2)①	形成单分子层所需时间/s②
氢气	10.7539	1.3223	0.1230
水蒸气	3.5969	0.4566	0.1269
一氧化碳	2.8851	0.6925	0.2400
氮	2.8845	0.6999	0.2426
空气	2.8364	0.7149	0.2521
氧气	2.6992	0.7547	0.2796
二氧化碳	2.3016	0.4625	0.2009

① 假定入射的气体分子全部被固体表面束缚的粗略计算[1/(分子直径)^2],实际由于固体结晶不同会有差异。
② 以(单分子层所需分子数)/(碰撞频率)计算得到。

为了应用方便,通常根据压强将真空度分为四个等级:粗真空、低真空、高真空和超高真空。

1) 粗真空($1\times10^2\sim1\times10^5$ Pa)

在粗真空状态下,真空空间内气体的特性和大气差异不大,分子密度较高,仍以热运动为主,分子之间碰撞频繁,气体分子的平均自由程很短。获得粗真空的主要目的是获得压力差,而不是改变空间的性质。工业电容器生产中采用的真空浸渍工艺所需的真空度对应的就是粗真空。

2) 低真空($1\times10^{-1}\sim1\times10^2$ Pa)

此时气体分子密度在 $10^{13}\sim10^{16}$/cm^3 量级,气体分子密度与大气有很大的差别,气体中的带电粒子在电场作用下,会产生气体导电现象。气体的流动也从黏稠滞流状态过渡到分子状态,气体分子的动力学性质明显,气体的对流现象基本消失。低真空条件下加热金属,可以基本避免金属与气体的化合作用,工业上的真空热处理一般都在低真空条件下进行。由于压强的降低,液体的沸点也大为降低,由此引发的剧烈蒸发是真空冷冻脱水技术的基本原理。此时气体分子的平均自由程可以与容器尺寸比拟。

3) 高真空($1\times10^{-6}\sim1\times10^{-1}$ Pa)

此时气体分子密度在 $10^8\sim10^{13}$/cm^3 量级,气体分子运动过程中相互间的碰撞已经很少,气体分子的平均自由程已经大于一般真空容器的尺寸,绝大多数的气体分子只与器壁碰撞。高真空条件下,蒸发的材料分子或原子将沿直线运动。由于较低的分子密度,容器中的任何物体与残留气体的化学作用也将十分微弱。此时气体的热传导和内摩擦已经与压强无关。

4) 超高真空($<1\times10^{-6}$ Pa)

此时气体分子密度低于 10^8/cm^3,分子间的碰撞极少,分子主要与器壁碰撞。超高真空的用途之一是获得纯净的气体,其二是获得纯净的固体表面。

气相沉积技术中,物理气相沉积通常需要低、高真空($10^{-3}\sim10$Pa),化学气相沉积通常需要粗、低真空($10\sim100$Pa)。用于表征薄膜特性的电子显微分析和其他表面分析技术则需要高真空和超高真空环境。

6.1.2 固体表面的特点

常温、常压以及有限的时间内,固体表面的状态和性质依赖于其本身的化学组成、形成条件和所处环境。固体在常温时的蒸气压很小,因此固体表面原子和分子的活动性极小。

例如钨原子的平均截面积约为0.06nm^2，25℃时的饱和蒸气压为10^{-35}Pa，用式(6-15)可计算得到1cm^{2}面积上每秒钟约有4×10^{-19}个钨原子撞到表面，表面原子的面密度为1.6×10^{15}/cm^2，因此每个气态钨原子在表面的停留时间为10^{26}年。也就是说正常情况下，固体表面上的原子和气相中的原子没有可觉察的交换。其次，由于固体中原子、分子或离子键的相互作用较强，受结合键的制约，固体中原子、分子和离子间的相互运动非常困难。例如，1000K时Cu原子在其表面移动10nm需要0.1s；而298K时Cu原子在其表面移动10nm需要10^{19}年。这两个因素导致固体表面具有不同于液体表面的一些特点。

由于固体原子在其表面的活动能力很小，刚形成新表面时，表面上的原子仍处于原来位置，原子的重排和达到平衡状态所需时间都较长，实际固体的表面通常处于非平衡状态。另外，固体有各向异性，不同晶面的表面能不同，如果表面不均匀，表面能甚至会随着区域的不同而改变。并且，固体可以在不改变表面原子数目的情况下，通过改变原子间距离来改变表面的大小。综合以上因素，讨论固体的表面能和表面张力时，通常使用表面能，而不用表面张力。单位面积的表面原子比同样数量的内部原子所多余的吉布斯自由能，称为比表面能，简称表面(自由)能。表面能的变化是所有表面物理及化学反应的基础。表6-3给出了一些固体的表面能。

表 6-3 一些固体的表面能

固体	表面能/(10^{-6}J/cm^2)	固体	表面能/(10^{-6}J/cm^2)
石蜡	2.6	碘化铅	13.0
聚四氟乙烯	2.0	硅	46.2
聚乙烯	2.6	银	80.0
聚丙烯	2.8	金	150
聚苯乙烯	4.4	氧化钙	130
聚乙烯醇	3.7	云母	450

通常人为界定表面能低于10×10^{-6}J/cm^{2}的表面为低能表面，高于10×10^{-6}J/cm^{2}的表面为高能表面。液体在固体表面自发铺展的基本条件是液体的表面张力小于固体的表面能。就是说，固体表面能越大，能使其润湿的液体越多，固体越容易吸附其他物质以降低表面能。这也是发生吸附的根本原因。

6.1.3 物理吸附和化学吸附

表面的出现破坏了固体原有的晶体结构，并伴随着出现大量原子或分子间结合键的中断、形成不饱和键，这种键具有吸引外来原子或分子的能力。气体分子在频繁碰撞固体表面的过程中，在固体表面处富集的现象称为吸附。吸附气体分子后固体的表面自由能降低，伴随吸附发生而释放的能量称为吸附能。根据气体与固体间作用力的不同可将吸附作用分为物理吸附和化学吸附。物理吸附通常是范德华力或静电力引起的，化学吸附是由剩余化学键力导致的。两者间在散热量方面有数量级的差别，因此，一般也可以根据发热量来区别。不论物理吸附还是化学吸附，固体和气体分子之间的相互作用都是由远程的吸引力和近程的排斥力组成的。固体和气体分子间的吸引力来自原子间瞬态的感生电偶极，与$-1/r^6$(r：原子间距离)成正比；排斥力来自电子云重叠引起的量子力学性质的排斥势能，与$1/r^{12}$

成正比。吸引力作用下气体分子和固体表面相互接近，随着距离减小，二者之间的斥力增大速率超过引力的增大速率，两者综合起来的势能变化趋势如图 6-3 中物理吸附曲线所示。当固体表面原子与气体分子间的引力大于气体内部分子间的引力时，气体分子就被吸附在固体表面上。当温度升高，气体分子的动能增加，这些吸附在固体表面的气体分子就不易滞留在固体表面上，而越来越多地进入到气体当中，这个过程称为脱附。物理吸附和化学吸附往往同时发生，通常是首先进行物理吸附，然后气体分子获得一定额外的能量越过 A 点，进而发生化学吸附并放出大量的热量。

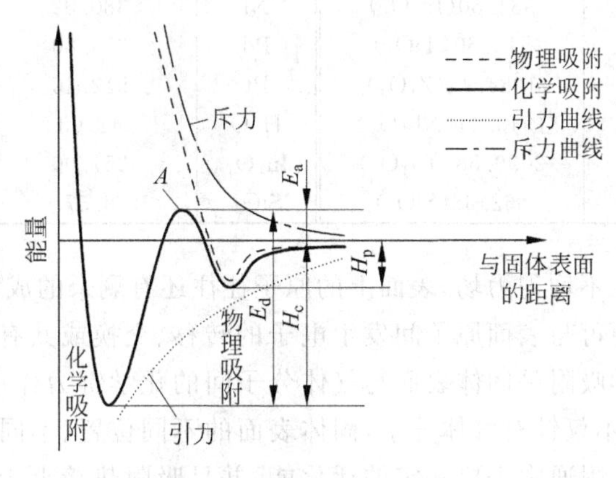

图 6-3 吸附的势能曲线

物理吸附的情况下，其势能曲线如图 6-3 中虚线所示。吸附分子落在势能曲线的谷底对应位置并在此附近作热运动。物理吸附过程类似于气体的液化，不需要活化能，因此吸附和脱附的速率都较快。任何气体在任何固体上只要温度适宜都可以发生物理吸附，没有选择性。由于已经被吸附的气体分子与气相中的气体分子间也有范德华力，因此可以继续吸附而形成多个吸附层。吸附过程中放出的热量 H_P 称为吸附热。固体表面与多数气体分子间的吸附热与气体的液化热 H_L 具有相同的数量级，但更大些。在第一层吸附气体上继续吸附新的气体分子的过程实质上已经转化为气体与同质的气体液化冷凝的过程了，此时的吸附热就与 H_L 相近了。因为掌握的 H_P 数据较少，一般就用 H_L 近似替代物理吸附热 H_P（表 6-4 和表 6-5）。物理吸附中，脱附前后的气体分子不发生任何化学变化，因此物理吸附也是一个可逆的过程。

表 6-4 物理吸附的吸附热 H_P[1-3] (kJ/mol)

材料	氦气	氢气	氖气	氮气	氩气	氪	二氧化碳	水	氧气	DOP
硼硅酸盐玻璃					10.21					94.08
多孔玻璃	2.86	8.27	6.47	17.89	15.88				17.18	
偏聚二氯乙烯活性炭	2.65	7.85	5.38	15.54	15.37					
炭黑	2.52		5.71		18.23					
氧化铝					11.76	14.53				
304 不锈钢				69.72			66.36	94.08	71.40	
钨					7.98	18.90				
液化热 H_L	0.084	0.903	1.810	5.628	6.544	9.064	12.688			

注：DOP(Di-2-ethyl-hexyl phthalate)油扩散泵用油。

表 6-5 液化热和生成热[4]

物质	液化热 H_L/(kJ/mol)	氧化物生成热/(kJ/mol)	物质	液化热 H_L/(kJ/mol)	氧化物生成热/(kJ/mol)
Cu	305.76	167.32(Cu_2O)	Sn	231.00	582.96(SnO_2)
Ag	255.02	30.70(Ag_2O)	Cr	306.47	1132.74(Cr_2O_3)
Au	311.68		Mo	0	757.38(MoO_3)
Al	285.18	1616.32(Al_2O_3)	W	0	1419.18(W_2O_5)
In	225.96	934.50(In_2O_3)	Ni	380.02	245.28(NiO)
Ti	424.20	915.60(TiO_2)	Pd	373.80	85.68(PdO)
Zr	420.00	1084.44(ZrO_2)	Pt	512.40	
Nb		1945.44(Nb_2O_5)	H_2O	41.03	286.94(液态)
Ta		2099.58(Ta_2O_5)	In_2O_3	357.00	
Si	298.20	862.68(SiO_2)	SiO_2	8.57	

固体表面一般存在不均匀力场,表面上的原子往往还有剩余的成键能力,当气体分子与固体表面原子碰撞时便可与表面原子间发生电子的转移、交换或共有,形成吸附化学键,并放出大量的能量。化学吸附是固体表面与气体分子间的化学键力作用的结果,是一种有选择性的吸附,这种选择不仅针对气体分子,固体表面的不同位置、不同晶型的表面具有的吸附能也不一样。化学吸附通常需要一定的活化能,并且吸附热接近于化学反应热。化学吸附的势能曲线如图 6-3 中实线所示。$E_d=H_c+E_a$ 称为化学吸附的脱附活化能(表 6-6),H_c 为化学吸附的吸附热(表 6-7),E_a 为产生化学吸附所需的活化能。由于吸附热与化合物的生成热相近,在没有吸附热数据时,常用生成热替代。由于发生了激烈的化学反应,化学吸附往往是不可逆的,脱附后的物质常因化学变化不再具有原有的性状。

表 6-6 τ_0 与脱附活化能 E_d[5]

气固组合	τ_0/s	E_d/(kJ/mol)	气固组合	τ_0/s	E_d/(kJ/mol)
Ar-玻璃	9.1×10^{-12}	10.21	Cu-W	3.0×10^{-14}	226.8
DOP-玻璃	1.1×10^{-16}	94.08	Cr-W	3.0×10^{-14}	399
C_2H_6-Pt	5.0×10^{-9}	11.97	Be-W	2.0×10^{-15}	399
C_2H_4-Pt	7.1×10^{-10}	14.28	Ni-W	6.0×10^{-15}	420
H_2-Ni	2.2×10^{-12}	48.30	Fe-W	3.0×10^{-18}	504
O_2-W	2.0×10^{-16}	680.40	Ti-W	3.0×10^{-12}	546

注:τ_0,绝对零度时的吸附时间。

表 6-7 化学吸附热和化合物生成热[4,6]

气固组合	吸附热/(kJ/mol)	化合物	生成热/(kJ/mol)
W-O_2	814.8	WO_2	562.8
W-N_2	357	W_2N	144.48
Mo-O_2	722.4	MoO_2	588
Ni-O_2	483	NiO	483
Ni-N_2	42	Ni_3N	1.68
Ge-O_2	554.4	GeO_2	541.8
Si-O_2	966	SiO_2	882

要想获得良好的真空条件,希望真空容器中的气体与容器壁的吸附是较弱的物理吸附。成膜时,则希望固体薄膜具有较强的附着能力,因此希望固体基板与形成薄膜的气体分子之间是较强的化学吸附。吸附分子在表面上扩散所需要的功是否大于脱附所需要的功决定了吸附的气体分子能否在固体表面自由移动,这对成膜的性质有很大的影响。

6.1.4 吸附几率、吸附(弛豫)时间和吸附等温线

与表面碰撞的气体分子,可能被反射回空间,也可能失去动能而落在图 6-3 所示的势能谷底被吸附住。被吸附的分子与固体之间进行能量的再分配而最终落在某个能级上。被吸附的分子在表面停留期间,如果获得脱附的活化能,会离开表面回到空间。

1. 吸附几率

与表面碰撞后的气体分子被物理吸附的几率称为冷凝系数;被化学吸附的几率称为附着几率。两者统称为吸附几率。冷凝系数与附着几率在概念上能够区别,但实际上很难区分。表 6-8 给出了部分气体的冷凝系数,虽然表面温度较高时的数据不多,但是多数气体的冷凝系数在 0.1～1 之间。化学吸附对表面结构十分敏感,测试数据多来自高真空加热到高温的金属清洁表面的测定结果,如表 6-9 所示。清洁金属表面的附着几率分布在 0.1～1 之间,温度越高,其数值越小。

表 6-8 300K 时气体的冷凝系数[7]

气体	表面温度/K	冷凝系数	气体	表面温度/K	冷凝系数
Ar	10	0.68	O_2	20	0.86
Ar	20	0.66	CO_2	10	0.75
N_2	10	0.65	CO_2	77	0.63
N_2	20	0.60	H_2O	77	0.92
CO	10	0.90	SO_2	77	0.74
CO	20	0.85	NH_3	77	0.45

表 6-9 氮在钨表面的附着几率[8]

测定者	样品形状	附着几率	测定者	样品形状	附着几率
Becker and Hartman(1953)	线	0.55	Nasini & Ricca(1963)	板	0.1
Ehrlich(1956)	线	0.11	Oguri(1963)	线	0.2
Eisinger(1958)	带	0.3	Ustinov & Ionov	线	0.22
Schlier(1958)	带	0.42	Ricca & Saini	膜	0.5
Kisliuk(1959)	带	0.3	Hill(1966)	带	0.05～0.1
Ehrlich(1961)	线	0.33	Haywar	膜	0.75
Jones and Pethica	带	0.035			

2. 吸附时间

气体分子一旦被吸附,能在表面停留多久,可用平均吸附时间 τ(从被表面吸附到脱附的平均时间)来表示。平均吸附时间与脱附活化能 E_d 有如下关系

$$\tau = \tau_0 \exp\left(\frac{E_d}{RT}\right) = \frac{1}{v_0}\exp\left(\frac{E_d}{RT}\right) \tag{6-17}$$

其中，v_0 是吸附原子沿固体表面垂直方向的振动频率。实际应用时大多假定 τ_0 在 10^{-13}～10^{-12}s 之间(表 6-6)。多数时候，E_d 对 τ 的影响更显著一些，假设 τ_0 为 10^{-13}s，以 E_d 为参数，τ 与 T 之间的关系如图 6-4 所示。如果气体分子脱附活化能 E_d 非常大，则 τ 接近∞，从吸附的角度即可将其视为表面物质了。表 6-6 中 Ar-玻璃的组合中，E_d 很小，相应的 τ 非常小，因此 Ar 仍然是气体。

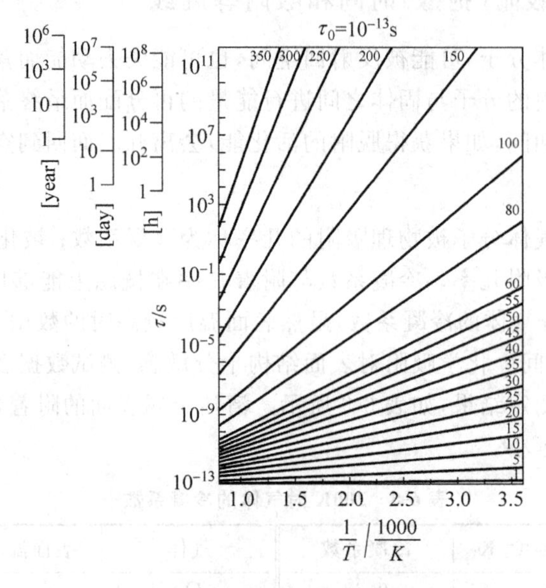

图 6-4　脱附活化能与脱附时间之间的关系

3. 吸附等温线

固体的单位表面积上吸附的气体分子数量称为吸附量(γ)，是由温度、气体平衡压力、气体分子与固体表面本身的特性共同决定的。对于特定的固体和气体来说，吸附量只是温度和压力的函数。吸附量、温度、压力这三个参量中，固定温度或压力考察吸附量与另外一个参量的关系所获得的曲线称为吸附曲线。恒定温度，吸附量与平衡压力的关系曲线称为吸附等温线。图 6-5 展示了几种典型的吸附等温线。由实测吸附等温线的形状可以获得气体与固体表面相互作用、固体比表面积和孔径分布等信息。

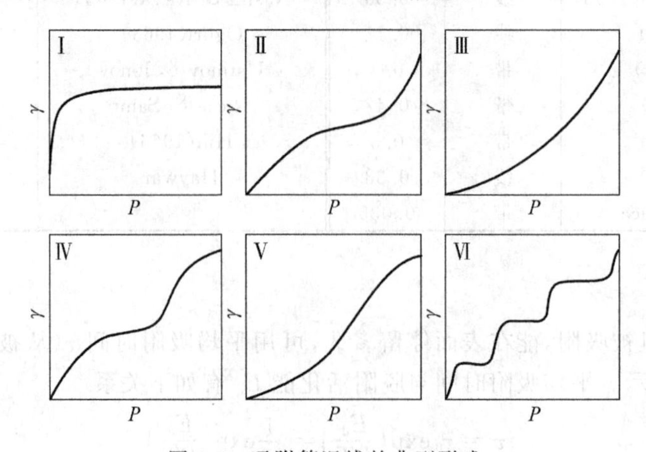

图 6-5　吸附等温线的典型形式

Ⅰ型等温线(Langmuir 单分子层吸附模型)的特点是低压部分为很陡的直线,适用于单分子层吸附和微孔吸附。吸附量γ与压力P之间有$\gamma=\gamma_m\dfrac{(bP)^{\frac{1}{n}}}{1+(bP)^{\frac{1}{n}}}$的关系,由实验数据可以推算出$\gamma_m$和$b$的数值,$\gamma_m$辅以吸附分子的截面积可以计算固体的比表面积,$b$可用于推算吸附热。

Ⅱ和Ⅲ型等温吸附线(BET 多分子层吸附模型)是非孔性固体表面发生多层吸附的结果。Ⅱ型表示气体与固体有较大的亲和力(第一层吸附热较大);Ⅲ型表示气体和固体的亲和力较小(例如疏水性固体表面对极性蒸气的吸附),当压力接近饱和蒸气压时($P/P_0\approx 1$)吸附量急剧增大。虽然 BET 理论基于固体表面是均匀的、吸附层数可以很大而被吸附分子横向之间无相互作用等不合理的假设,但是经过多次修正后也有充分的实验数据支持,因此至今仍被认为是最可靠的测试固体比表面积的方法。

Ⅳ和Ⅴ型吸附等温线低压部分与Ⅱ、Ⅲ型相似,是苏联科学家 Dubinin 和 Radushkevich 基于吸附势能建立的模型,吸附量与压强的关系表达为$\ln\gamma=C-D\left(\ln\dfrac{P}{P_0}\right)^2$,其中$C$和$D$是常数,也称为 D-R 公式。具有这类吸附等温线的固体表面通常有孔径分布不宽的孔,$P/P_0\approx 1$时吸附体积与孔的总体积近似相等。常见于多孔固体或粉体的缝隙中发生蒸气凝结的过程中,也属于多层吸附模型。

Ⅵ为阶梯状等温线,是均匀固体表面逐层发生多层吸附过程的典型吸附等温线。

6.2 薄膜的生长模式

薄膜的形成与生长有三种模式:①岛状生长;②层状生长;③层岛结合。岛状生长模式发生在被沉积物质与固体衬底之间浸润性较差的条件下,被沉积物质更倾向于自身原子相互键合起来形成三维的小岛,而不是与衬底原子发生键合。许多金属在非金属上沉积都是这种情况。层状生长模式的典型例子是外延生长,一般发生在被沉积物质与衬底之间的浸润性很好时,被沉积的原子更倾向于与衬底原子键合。岛状生长模式通常可以获得表面粗糙的多晶薄膜。层状模式下以单原子或单分子层一层一层地堆积成膜,常出现在同质外延薄膜生长过程中,目前比较流行的一种特殊的化学气相沉积方法——原子层沉积技术(atomic layer deposition)就是采用这种模式制备薄膜的。层状生长模式下没有明显的形核阶段出现,首先要求薄膜材料与衬底材料的浸润角很小(最好为零),其次要求成膜物质与固体衬底的化学性质近似,成膜物质原子之间的凝聚力与其和固体衬底原子的结合力相近,或者成膜物质与固体衬底物质的晶格常数接近。这样为了降低系统的总能量,每一层原子都会自发地平铺于衬底或薄膜的表面。层岛结合形式指初期的1～2个原子层按照层状生长模式生长,之后薄膜生长由层状模式转化为岛状模式。导致这种变化的原因可能是沉积物质与衬底晶体间晶格常数不匹配造成的应力累积、被沉积原子与衬底原子键合后剩余一个同轨道的电子对而导致的继续键合能力低下、衬底原子处于表面能较高的晶面导致薄膜自发向低表面能晶面转变等。

此处仅以岛状生长模式为例介绍薄膜的生长过程。

岛状生长模式下形成的薄膜生长过程可分为凝结、形核与连续生长三个阶段。凝结和形核的物理过程可用图 6-6 说明。气相原子以高于音速的速度入射到固体表面,高能原子会被反射出去,其中的较高能原子可能再蒸发进入气相,而多数能量不够高的原子会停留在固体表面附近,通过物理吸附或化学吸附作用在固体表面产生浓集。一般情况下,它们在将热量传给固体表面的同时,仍然具有在表面移动的能力,其中一部分原子会与其他的原子结成原子对或原子团,此过程称为凝结。凝结后的原子对或原子团容易在比一般表面处更容易被捕获的位置(如表面的凹坑、台阶等缺陷处)被捕获而形成核。这样的核与持续到来的原子或邻近的核合并而不断长大,达到某个临界值以后就变得稳定下来(临界晶核,一般由 10 个以上的原子构成)。核相互接触、合并形成岛状结构,此时薄膜平均厚度 8nm 左右。岛继续长大后与其他的岛连成一片,形成迷津结构(片与片之间仍有海岬状的沟道),此时薄膜厚度为 10～15nm。继续沉积后沟道消失,形成连续的薄膜(厚度＞22nm)。

6.2.1 核形成与生长

形核过程分为自发形核和非自发形核两种。自发形核指的是整个形核过程的驱动力完全来自相变过程所引起的自由能降低,无须固体衬底的作用。一般发生在薄膜与衬底之间浸润性很差的情况下,讨论时假设核心的形状是球形。自发形核一般只发生在精心控制的过程中,不是常见情况,不做详细介绍。多数形核过程都是非自发形核,即新的核心首先出现在那些对降低系统能量比较有利的位置处,一般发生在薄膜与衬底之间有一定浸润性的情况下,讨论时假设核心的形状是图 6-7 所示的球帽形。下面以非自发形核为例来介绍核形成与长大的机理。

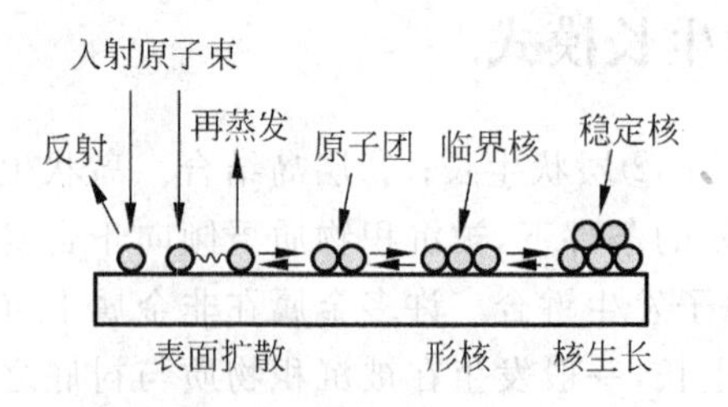

图 6-6 核形成与生长的物理过程

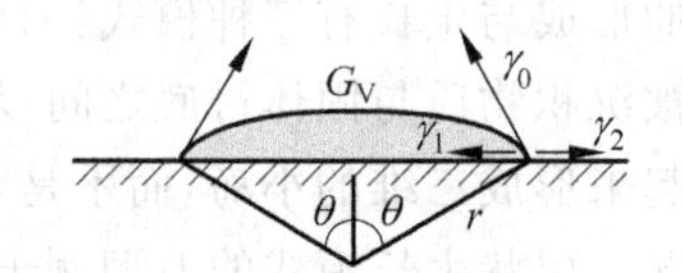

图 6-7 固体表面形成的球帽核示意图

核形成的原理主要包括核形成的条件和核生长的速度。在式(6-17)表达的吸附时间内,原子可能与其他吸附原子相互作用形成原子团;也可能从物理吸附转化为化学吸附。如果没有发生上述两种反应,则固体表面上吸附的原子达到一定数量以后,就处于平衡状态,即单位时间内从固体表面上再蒸发离开的气体分子数目等于新被吸附的气体分子数目。

1. 临界核尺寸

凝结过程中,原子团不停地与其他吸附原子碰撞结合或者释放一个单原子,这个过程反复进行,直到原子团中的原子数超过某一临界值,原子团将进一步与其他吸附原子碰撞结合,向着长大方向发展形成稳定的原子团。具有临界原子数的原子团称为临界晶核,临界晶核是可以稳定存在的最小晶核。假定固体表面形成的核是图 6-7 所示的球帽形微滴,核的曲率半径是 r,核与固体表面的湿润角为 θ,核的单位体积自由能为 G_V,核与气相界面的单位面积自由能为 γ_0,核与固体表面界面的单位面积自由能为 γ_1,固体表面与气相界面单位面积自由能为 γ_2。核与气相界面的面积为 $2\pi r^2(1-\cos\theta)$,核与固体表面的界面面积为

$\pi r^2 \sin^2\theta$,因此核表面的总自由能变化为

$$\Delta G_S = 2\pi r^2(1-\cos\theta)\gamma_0 + \pi r^2 \sin^2\theta(\gamma_1 - \gamma_2) \tag{6-18}$$

热平衡状态下

$$\gamma_0 \cos\theta + \gamma_1 = \gamma_2 \tag{6-19}$$

可得

$$\Delta G_S = 4\pi r^2 \cdot \gamma_0 \cdot \left(\frac{2-3\cos\theta+\cos^3\theta}{4}\right) = 4\pi r^2 \cdot \gamma_0 \cdot f(\theta) \tag{6-20}$$

其中 $f(\theta)=\dfrac{2-3\cos\theta+\cos^3\theta}{4}$称为几何形状因子。原子团的体积为 $4\pi r^3 f(\theta)/3$,则体积自由能变化为

$$\Delta G_V = g_V \cdot \frac{4}{3}\pi r^3 \cdot f(\theta) \tag{6-21}$$

其中,g_V 是单位体积的固相在凝结过程中的相变自由能,对于凝结导致自由能降低的过程,$g_V<0$。原子团的总自由能为

$$\Delta G = \Delta G_S + \Delta G_V \tag{6-22}$$

对 r 求导并令其为零,可得到临界晶核的半径 r^* 为

$$r^* = -\frac{2\gamma_0}{g_V} \tag{6-23}$$

此时总自由能变化值为

$$\Delta G^* = \frac{16\pi \cdot \gamma_0^3 \cdot f(\theta)}{3g_V^2} \tag{6-24}$$

核的总自由能变化与半径之间的关系如图 6-8 所示。

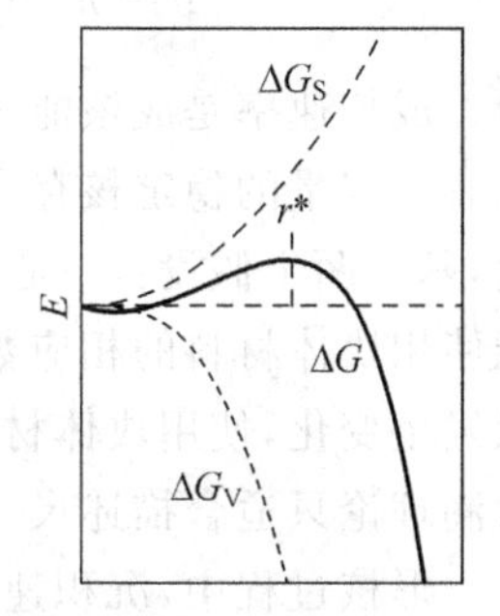

图 6-8 总自由能变化与核半径的关系

尺寸小于临界晶核的晶核,其长大过程是自由能升高的过程,因此不是自发过程,需要外部能量输入,这种外部能量输入来自于系统的能量起伏。相同尺寸的异质形核与自发形核相比,异质形核过程中的晶核包含的原子数目较少,避免了表面自由能的大幅升高,所需的外部能量输入较少,因此更容易实现。尺寸大于临界晶核的晶核继续长大就是自由能减小的过程了,不需要输入外部能量,因此是自发过程。临界核的总自由能变化最大,因此它是最不稳定的原子团。尺寸小于临界晶核的原子团有可能稳定长大。所以,晶核按照大小可以区分为亚稳晶核(小于临界晶核)、临界晶核和稳定晶核(尺寸大于临界晶核)。

2. 成核速率

包括临界核在内的各种原子团在成核过程中始终处于局部的动态平衡,不断地有原子加入到原子团中来,也不断地有原子蒸发离开。临界核形成的同时,固体表面的其他地方也有临界核在分解,因此沉积过程中由所有表面原子团构成的系统一直处于动态过程中,整个系统达到动态平衡时,单位固体表面上的临界核数目为定值。成核速率定义为单位时间内在单位固体表面产生的稳定核数目。

入射原子直接碰撞结合和吸附原子表面迁徙时发生碰撞的结合都可能造成临界核长大,但后一种情况占主导地位。因此,临界核长成稳定核的速率取决于单位面积上的临界核

数目、单个临界核的捕获范围以及所有吸附原子向临界核运动的总速度。

假设单位固体表面面积上的吸附点数量为 n_0（$10^{15}/\mathrm{cm}^2$ 量级），吸附原子与原子团处于动态平衡态时，临界核密度表达为

$$n^* = Z \cdot n_0 \cdot \exp\left(-\frac{\Delta G^*}{RT}\right) \tag{6-25}$$

其中，Z 是泽尔多维奇(Zeldovich)修正因子，表示实际状态与平衡态的偏离，数值在 10^{-2} 量级。每个临界核的捕获范围为

$$A = 2\pi r^* \sin\theta \tag{6-26}$$

固体表面吸附的原子密度为

$$n_1 = N_D \cdot \tau \tag{6-27}$$

其中，N_D 为单位时间内在单位固体表面沉积的原子数，也叫沉积速率；τ 为平均吸附时间，由式(6-17)给出。每个吸附原子的表面迁移速度为

$$v = a_0 v_1 \exp\left(-\frac{E_{PX}}{RT}\right) \tag{6-28}$$

其中，a_0 是吸附点间的距离，v_1 是吸附原子在固体表面水平方向的震动频率，E_{PX}是原子在固体表面的迁移活化能。因此，所有吸附原子向临界核运动的总速度

$$V = n_1 \cdot v = a_0 N_D \frac{v_1}{v_0} \exp\left(\frac{E_d - E_{PX}}{RT}\right) \tag{6-29}$$

将临界核密度、每个核的捕获范围、吸附原子向临界核运动的总速度相乘即得到成核速率，表达如下

$$I = n^* AV = ZN_D n_0 a_0 (2\pi r^* \sin\theta) \frac{v_1}{v_0} \exp\left(\frac{E_d - E_{PX} - \Delta G^*}{RT}\right) \tag{6-30}$$

成核速率是成核能量和成膜参数的强函数，无论沉积速率怎样低，成核率都不会为零，总有一定量的稳定核存在，但是其数目可能很小，以至测不出来。这个成核理论也叫微滴理论，基于两个假设：一是微滴大小发生变化时其形状不变；二是微滴的表面能和体积自由能使用块体材料的相应数值。但是严格来说，表面能和体积自由能都随着微滴的大小和形状发生变化，使用块体材料的参数，对于尺寸很小的临界核形成过程的描述会有偏差，因此微滴理论只适合描述尺寸较大的临界核形成过程。

形核过程中，沉积速率 N_d 和固体基板的温度 T 是两个主要的控制量。下面讨论这两个因素对整个形核过程和薄膜组织的影响。首先，固相从气相凝结出来时的相变驱动力(固相体积自由能变化)为

$$g_V = -\frac{kT}{\Omega} \ln\left(\frac{N_D}{N_V}\right) \tag{6-31}$$

其中，N_V 是凝结材料在温度 T 时的平衡蒸发速率；N_D 为实际的沉积速率；Ω 是气体原子体积。当沉积速率与蒸发速率相等时，气相与固相处于平衡状态，此时 $g_V = 0$。当 $N_D > N_V$ 时，$g_V < 0$，由式(6-23)和式(6-31)可得

$$\left(\frac{\partial r^*}{\partial N_D}\right)_T = \left(\frac{\partial r^*}{\partial g_V}\right)\left(\frac{\partial g_V}{\partial N_D}\right) = \frac{r^* kT}{g_V \Omega N_D} < 0 \tag{6-32}$$

由式(6-24)和式(6-31)可以得出

$$\left(\frac{\partial \Delta G^*}{\partial N_D}\right)_T = \left(\frac{\partial \Delta G^*}{\partial g_V}\right)\left(\frac{\partial g_V}{\partial N_D}\right) = \frac{2\Delta G^* kT}{g_V \Omega N_D} < 0 \tag{6-33}$$

式(6-32)和式(6-33)说明,随着沉积速率 N_D 的提高,薄膜的临界核心半径与临界核自由能均降低,即较高的沉积速率会导致较高的形核速率和细密的薄膜组织。由式(6-23)和式(6-24)的物理意义可知,薄膜的临界核心半径 r^* 和临界形核自由能变化 ΔG^* 都将随着薄膜制备条件下相变过冷度的增加而减小。因此,随着衬底温度的提高,两者都将增大,即随着固体基板温度的提高,新核的形成将变得困难。

提高衬底的温度,临界核的尺寸将变大,形核的临界自由能势垒升高,临界核数量减少,薄膜更容易形成粗大的岛状组织。低温时,临界形核自由能下降,形成的核数目增加,有利于形成晶粒细小而连续的薄膜。增加沉积速率,会导致临界核尺寸减小,有利于得到细晶粒的薄膜组织。要得到大晶粒甚至是单晶的薄膜,必要条件往往是提高沉积温度并降低沉积速率。

6.2.2 连续薄膜的生长

成膜初期的孤立核心将随着时间推移和沉积原子的继续入射而逐渐长大成为小岛,这个过程除了涉及气相原子在表面的吸附和迁移之外,还涉及核心的相互吞并和联合的过程。下面讨论三种可能的核心相互吞并的机制。

1. 奥斯瓦尔多(Ostwald)吞并

图 6-9(a)是奥斯瓦尔多吞并的示意图。假设固体表面存在大小不同的两个岛状核心,近似认为是球形,其半径分别为 r_1 和 r_2,两个球的表面自由能分别为 $G_S=4\pi r_i^2\gamma_0$,分别含有的原子数 n 为 $\frac{4}{3}\pi r_i^3 D_i$,这里 D_i 代表单位体积内的原子个数($i=1,2$)。因此每增加一个原子带来的表面能增量为

$$\mu=\frac{\mathrm{d}G_S}{\mathrm{d}n}=\frac{2\gamma_0}{D_i r_i} \tag{6-34}$$

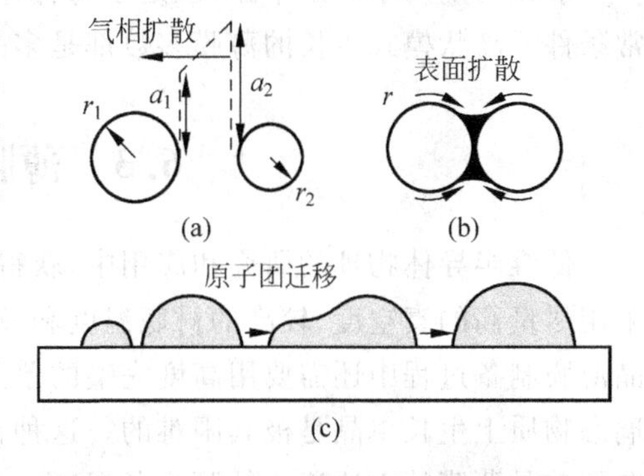

图 6-9 核心的长大机制

(a) 奥斯瓦尔多吞并;(b) 熔结;(c) 原子团迁移

每种物质的自由能都可以表达为

$$G=G_0+RT\ln a \tag{6-35}$$

其中,G_0 为标准状态下的自由能,一般指一个大气压、273K 时的纯物质的自由能;a 为物质的活度,相当于其有效浓度。所以每个原子的自由能可以由式(6-35)类推为

$$\mu=\mu_0+kT\ln a \tag{6-36}$$

由式(6-34)和式(6-36)可以推导出吉布斯-汤姆森(Gibbs-Thomson)关系:

$$a=a_\infty \exp\left(\frac{2\gamma_0}{D_i rkT}\right) \tag{6-37}$$

其中,a_∞ 相当于无穷大原子团中原子的活度。式(6-37)表明,较小的核心中的原子具有较高的活度,其平衡蒸气压也较高。因此,当两个尺寸不同的核心互相靠近的时候,尺寸较小的核心中的原子会有自发蒸发的倾向并因此逐渐消失,而较大的核心则会因为其平衡蒸气压较低而吸收原子进而长大,相当于较小的核心为较大的核心所吞并,即奥斯瓦尔多吞并。奥斯瓦尔多吞并的结果是最终薄膜由尺寸较为相近的岛状结构构成,也称迷津结构。

2. 熔结

熔结是两个相互接触的核互相吞并的过程，如图 6-9(b)所示。假设尺寸一样的两个球形液滴熔结后仍然保持球形，容易得到熔结后的球滴面积约是原来两个球滴面积的 80%。因此，表面能降低是熔结过程发生的主要驱动力。

3. 原子团迁移

在薄膜生长的初期，衬底上的原子还有很强的活动能力，其行为类似于平板上的小液珠。电子显微镜的观察结果支持了这个理论。此时，原子团的迁移是由热激活过程驱使的，其激活能与液滴的尺寸有关。原子团越小，激活能越低。原子团运动导致的原子团之间的碰撞和合并如图 6-9(c)所示。

在核相互吞并长成小岛的过程中，它变圆的倾向减小，综合受制于表面能和界面能等因素，小岛并不会无限长高，而是有一个能量最低的高径比。此后，小岛除了边缘处与其他小岛熔结，不会有剧烈的变形。因此，小岛逐渐连接成网状结构的薄膜，其中遍布随机走向的不规则窄长沟道，这就到达了薄膜形成的迷津结构阶段。随着沉积的继续进行，沟道中发生二次或三次成核。这些核长大到与沟道边缘接触时，就连接到薄膜上。最终，大多数沟道被填充，薄膜生长为连续的结构。

形核初期的小岛是单晶，但是小岛合并后就形成许多小晶体集合在一起的状态，因此通常条件下岛状模式生长的薄膜多数都是多晶膜。

6.3 薄膜的外延生长

低维半导体物理的研究和应用中，获得单晶薄膜是极其重要的。前文提到沉积过程中采用尽量高的真空度、较高的衬底温度和较低的沉积速率有利于获得单晶薄膜。实际的单晶薄膜制备过程中还需要用高度完整的单晶基板作为薄膜非自发形核时的衬底，因为在玻璃态物质上生长单晶是极其困难的。这种在完整的单晶衬底上延续生长晶格有特定生长方向的单晶薄膜的方法称为外延生长(Epitaxy)。外延生长是把加热的原子束入射到固体衬底表面，并与衬底表面进行反应的过程。外延生长过程包括被沉积物质分子吸附于固体表面、吸附分子在固体表面解离成原子并迁移、解离原子与附近的衬底原子键合并外延形成单晶薄膜、多余的吸附原子脱附进入气相四个步骤。单晶外延可分为两类：同质外延(homo-epitaxy)和异质外延(hetero-epitaxy)。例如 p 型掺杂的单晶 Si 衬底上生长 n 型掺杂的单晶 Si 薄膜属于同质外延，而 GaAs 单晶上生长 AlAs 单晶膜则属于异质外延。

6.3.1 晶格匹配与外延缺陷

外延生长要求薄膜与衬底材料之间实现点阵的连续过渡。如图 6-10(a)所示，同质外延因为没有点阵类型和晶格常数的变化，在薄膜沉积的界面上一般没有晶格应变。异质外延时薄膜与衬底材料的晶格常数不可能完全一样，当晶格常数差别不大时，界面处可能发生如图 6-10(b)所示的应变，获得的外延薄膜具有与衬底材料完全一致的配位关系，界面两侧的晶体点阵都出现应变。当薄膜与衬底材料晶格常数差别较大时，单靠应变已经不能完成界面两侧的连续过渡了，界面处可能出现平行于界面的刃型位错(错配位错)，如图 6-10(c)所

示。薄膜与衬底间晶格常数的差别被称为错配度 f,表示为

$$f = \frac{|a_S - a_E|}{a_S} \times 100\% \tag{6-38}$$

式中,a_S 和 a_E 分别代表衬底和薄膜材料的晶格常数。

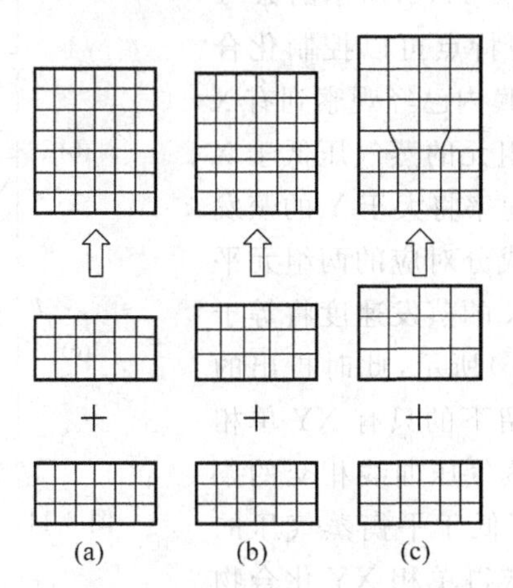

图 6-10 晶格失配对外延薄膜与衬底间界面状态的影响
(a) 匹配;(b) 应变;(c) 松弛

由于衬底厚度比薄膜厚度大得多,应变集中在薄膜之中,衬底的应变可以忽略。若薄膜厚度为 h,错配度为 f,弹性各向同性的薄膜单位面积内的应变能为

$$E_\varepsilon = 2\mu_e \left[\frac{1+\nu}{1-\nu}\right] h f^2 \tag{6-39}$$

其中,μ_e 和 ν 分别是外延薄膜的切变模量和泊松比。式(6-39)表明,使薄膜应变能迅速增大的主要因素是错配度,其次是薄膜厚度。因此人们理所当然地认为零失配最利于外延生长单晶薄膜,实际结果证实 Si 上外延单晶 Al 薄膜也能够成功,虽然它们的失配度达到了25%。经验表明,衬底与薄膜材料的晶格常数为整数比(例如 Al 与 Si 的晶格常数之比为3∶4)的情况下比较容易实现外延生长。

6.3.2 外延薄膜的成分控制

当沉积薄膜由多种元素构成时,薄膜的成分控制就显得十分重要,特别是外延生长化合物薄膜的情况下,成分的准确控制是决定外延薄膜质量的首要因素。多数情况下,参与沉积的化学基团与薄膜成分不完全一致,例如沉积过程中的高温导致沉积分子的分解、沉积基团来自多个气相源等,当两组元沉积速率不同时,常发生过剩组元的单相析出。考虑二元化合物 XY 薄膜沉积的过程,X、Y 分别是金属和非金属,它们具有图 6-11(a)所示的二元相图。将图 6-11(a)放大,总能发现一个 XY 单相区,如图 6-11(b)所示。如果这个单相区的成分范围非常窄,比如只有 10^{-4} 数量级时,要想获得单相化合物薄膜是很困难的,需要采取成分控制技术。

图 6-11(c)给出了 X、Y 两组元在某个温度下的平衡蒸气压曲线。随着化合物中某一组元的含量增加,该组元的平衡蒸气压也不断上升,而另一组元的平衡蒸气压则会不断下降。在单相区的边界处,两组元的平衡蒸气压分别达到某个恒定值。如图 6-11(b)、(c)中富 X

的一侧，X组元的平衡蒸气压既是化合物XY中X组元的平衡蒸气压，也是单质X的平衡蒸气压。此时Y的蒸气压较低，因为XY组元间的键合将抑制Y的蒸发。利用图6-11(c)所示的X、Y组元的平衡蒸气压有交叉的特点可以控制化合物XY的合成。假设XY薄膜内已经观察到有X单质析出，则沉积时调整X组元的蒸气压低于X的平衡蒸气压，则X的蒸发速率将大于Y的蒸发速率，保持此状态至化合物成分对应的两组元平衡蒸气压相等时为止，此后X的蒸发速度将等于Y的蒸发速度。如图6-11(c)所示，此时析出的单质X将完全蒸发为气相，留下的只有XY单相化合物。因此，在满足平衡蒸气压曲线相交的条件下可以通过使组元的分压低于平衡蒸气压的方法提高其蒸发速度，达到获得单相XY化合物的目的。另外，不同组元的平衡蒸气压随温度变化幅度不同，适当调节沉积温度也可以实现调节蒸气压与平衡蒸气压相对高低的调控。对于平衡蒸气压较高的元素，例如Zn、Cd、Hg等，保持沉积通量超过实际沉积化合物薄膜的需要但同时蒸气压低于平衡蒸气压就可以相对容易地获得单相化合物沉积。

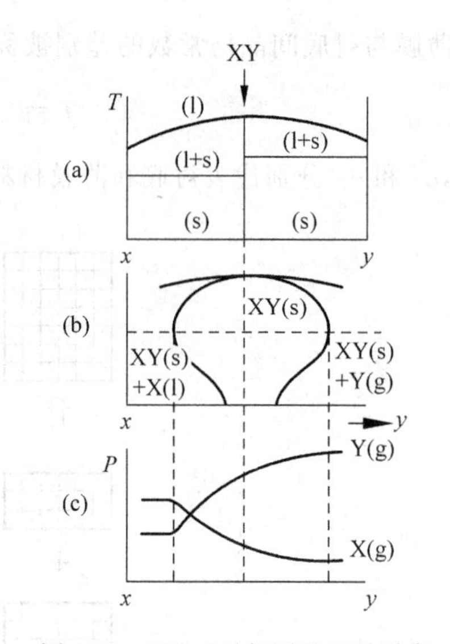

图6-11 XY二元相图及组元平衡蒸气压曲线

(a) X-Y二元相图；(b) X-Y二元相图局部放大；(c) X、Y的平衡蒸气压曲线

温度较低、表面原子扩散不充分时，薄膜表面生成的缺陷会被沉积过程冻结在薄膜中，并且沉积过程的统计性涨落会导致薄膜粗糙化。为了进一步提高外延膜质量，又发展了被称为原子层外延(atomic layer epitary, ALE)的技术。ALE过程中脉冲式地交替开启两个沉积元中的一个，每个沉积脉冲只沉积一种组元，使其分压小于平衡蒸气压即可保证表面没有单质组元析出，同时保证沉积温度合适、沉积后间歇的时间足够长，即可保证该组元在薄膜表面与异类组元的充分键合，大幅降低缺陷密度、精确控制组元配比。

6.3.3 外延生长的特点

晶格匹配的界面称为相干界面。在相干界面上成核称为相干成核，在错配界面上成核称为半相干成核。关于外延生长还有以下几点说明：

(1) 外延生长不要求必须是相干成核，仅要求特殊取向具有较低的界面自由能和比任何其他取向都高得多的成核速率。

(2) 仅在沉积组元具有较高的过饱和度时才有可能发生相干成核。因此当沉积速度一定时，适当降低沉积温度有利于相干成核。

(3) 足够高的过饱和度下，很多晶体取向上都可能出现可观的成核速率，将不利于获得单晶薄膜。更高的过饱和度下，很多取向可能同时快速生长。

(4) 外延薄膜可以在单晶衬底上生长，也可以在再结晶的沉积薄膜上生长。

(5) 存在某一转变温度，如表6-10、表6-11和表6-12所示，低于该转变温度将不能建立有利于单晶薄膜生长的取向，这个温度与衬底材料、真空度等条件都有关系。

因此高的衬底温度和低的过饱和度有利于外延单晶薄膜的生长。

表 6-10 卤化钾晶体上生长金属膜的优先方向与衬底温度的关系

金属	衬底	优先方向 温度/℃ |0 |100 |200 |300
Au	KCl	-------(111)$_S$ (001)$_W$———(001)———
	KI	-----(111)$_S$ (001)$_W$|———(001)———
Ag	KCl	———————(001)———
	KI	———————(001)———
Cu	KCl	-------(001)----------------|———(001)———
	KI	-------(001)-----------------|———(001)———
Pd	KCl	-----(001)----|———(001)—————————
	KI	----(001)-----(001)$_S$-----------------(111)$_W$-------------------------|—(001)
Ni	KCl	———————(111)———————|——(001)
	KI	————————————(001)
Al	KCl	=====(111)=====|—(111),(001)
	KI	===========(111)===========

注：① ---(hkl)---：(hkl)斑点图形和 Debye 环混合的结构；

② —(hkl)—：单晶；

③ ==(hkl)===：纤维结构(晶粒具有择优取向的薄膜)；

④ S：强；W：弱。

表 6-11 NaCl 解理面上金属膜生长的优先方向与衬底温度的关系

金属	蒸发时的真空	解理	优先方向 温度/℃ |0 |100 |200 |300 |400
Au	高真空	空气中	---------(111)$_S$ (001)$_W$-------|——(001)—
		真空中	(111)$_S$ (111)$_W$------|——(001)——
	超高真空	空气中	========(111) ======
		真空中	========(111) ======
Ag	高真空	空气中	----------(001)----|———(001)———
		真空中	————————(001)—————
	超高真空	空气中	--------(111)$_S$ (001)$_W$
		真空中	--------(111)$_S$ (001)$_W$
Cu	高真空	空气中	————————(001)———————|——(001)——
		真空中	---(001)----|———(001)————
	超高真空	空气中	------(001)$_S$ (111)$_W$---------
		真空中	------(001)$_S$ (111)$_W$---------
Al	高真空	空气中	-------------(111)$_S$ (001)$_W$ -----------
		真空中	==(111)=|——(111)————|--(111)$_S$ (001)$_W$
	超高真空	空气中	----(111)$_S$-(001)$_W$-----------|———(111)———
		真空中	==(111)==|————————(111)———

注：记号含义同表 6-10。

表 6-12　不同衬底材料上外延薄膜的生长温度

薄膜	衬底	f	外延温度/℃	薄膜	衬底	f	外延温度/℃
Au	云母	44	400	Ge	CaF		225
	MoS_2	9	180		Si(100)	0	25
	Ag(100)F		−100			0	380
	MgO		−190		Si(111)	0	450
Cu	Ag(100)F		0			0	550
Ag	LiF		340		云母	44	400
	Ag(100)F	0	−196	GaAs	GaAs	0	700～850

6.4　非晶薄膜

非晶态是指与玻璃类似的不具有结晶构造的固体。从原子排列来看它在近程(2～3 个原子大小的距离内)是有序的结构，超过这个距离原子就是杂乱排列的，这种结构也称为玻璃态，不具备晶体的性质。由于不具有结晶结构，也就不存在晶界带来的问题，在宏观上看性能均一，相比于单晶、多晶，非晶态物质常常具有更优良的电、磁、力学和化学性能。相对于块体材料，制备薄膜的时候更容易获得非晶结构。

获得非晶薄膜的两个因素之一是较高的过冷度和吸附原子较低的表面迁移速率，可以通过快速降低沉积薄膜时的衬底温度，同时提高沉积速率实现上述高过冷度和低迁移率。熔体从高温冷却下来，它的体积 V、熵 S 和焓 H 不断下降，温度达到熔点 T_m 时，体积、熵和焓急剧下降，材料成为晶态，晶态材料的体积、熵和焓继续随温度下降而缓慢下降。如果熔体的冷却速度足够快，可以使过冷熔体保持到熔点以下，再在玻璃化温度 T_g 转变为玻璃态，玻璃化温度的经验公式是

$$T_g = 2T_m/3 \tag{6-40}$$

如图 6-12 所示，b 过程的冷却速度大于 a 过程的冷却速度，实际玻璃化转变温度 T_{00} 高于 T_{ga}，提高冷却速度会使实际玻璃化转变强度升高。

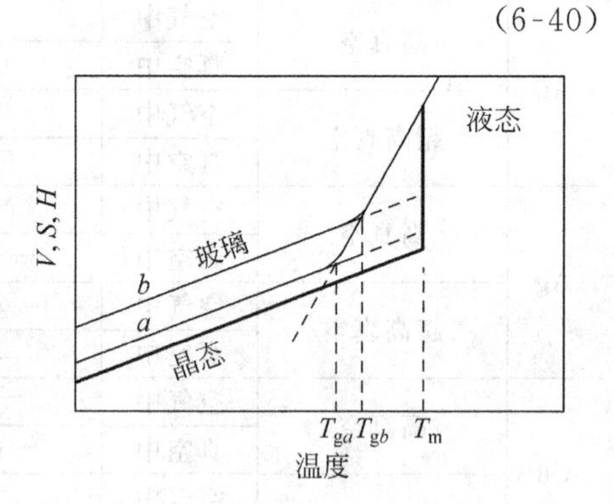

图 6-12　材料冷却时的 V、S 和 H 的变化

另外一个易得非晶薄膜的因素是使用某些易非晶化的合金以及化合物制备薄膜。一般来说金属单质不容易获得非晶结构，因为金属原子间的键合不存在方向性，抑制金属原子间形成有序排列需要的过冷度很大。合金或者化合物形成非晶态的倾向明显高于纯物质，因为化合物的结构复杂，组元间的晶体结构、化学性质、点阵常数等方面有一定差别，不同组元间的相互作用也会大大抑制原子的扩散。易于获得非晶的合金成分有 Au-Si、Pd-Si、$Cu_{40}Zr_{60}$、成为 $Fe_{80}B_{20}$ 的铁系合金、成为 $Co_{90}Zr_{10}$ 的 Co 系合金以及 $Ni_{78}Si_{10}B_{12}$ 的镍系合金。与金属相比，半导体材料更容易获得非晶态。容易形成非晶态的元素有 B、C、Si、Ge、P、As、Sb、S、Se、Te 等，容易形成非晶态化合物的元素是这些元素加上 H、Zn、Cd、Hg、Al、Ga、Sn、N、Bi、F、I 等。金属、半导体及高分子非晶态材料的结构可以分别用混乱密度模型、无规则

网络结构和无规则线团模型描述。半导体非晶态材料又可分为琉态材料(二配位或三配位，如 SiO_2)和非琉态材料(四配位，如非晶 Si)。二者区别在于，琉态材料的能量比它们的晶态高得不多，因此玻璃化温度低于晶化温度 T_c，易形成相对稳定的无规则网络结构。非琉态材料中原子都是四配位的，其能量比晶态高很多，因此它们的非晶态很不稳定，容易在较低的温度下晶化。图 6-13 所示为琉态材料和非琉态材料的玻璃化温度(晶化温度)和熔点的关系。琉态材料的玻璃化温度满足式(6-40)，而非琉态材料的晶化温度比式(6-40)对应的温度低得多。

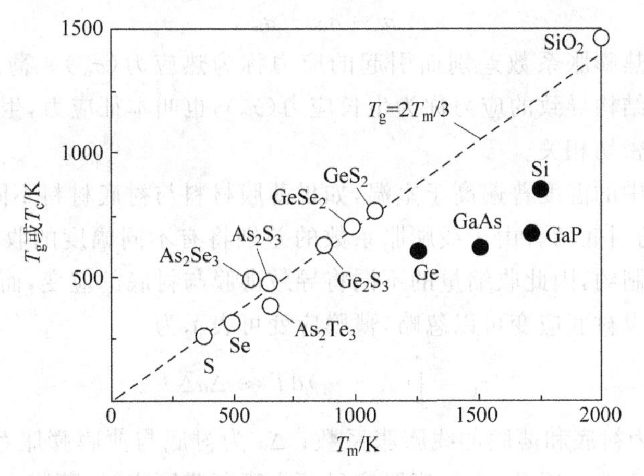

图 6-13 琉态和非琉态材料的玻璃化温度(晶化温度)

○琉态材料的玻璃化温度；●非琉态材料的晶化温度

用高能粒子注入进行表面处理的过程中，有时也会发生晶态薄膜向非晶态薄膜转化的现象，一方面借助离子注入所产生的热峰作用(类似于急冷，冷却速率达 10^{15} K/s)；另一方面由于离子轰击产生极高的应力密度和位错密度，使晶态薄膜呈现无序状态。注入的离子对这种无序结构有结点稳定的作用。需要注意的是，并不是所有的注入都能形成非晶相，例如用自身离子注入就不能形成非晶相。注入离子与薄膜中的点阵原子碰撞过程中交换的最大能量为

$$E_m = \frac{4M_1M_2}{(M_1+M_2)^2}E \tag{6-41}$$

式中，M_1 是注入离子的质量，M_2 是薄膜中原子的质量，E 是入射离子的动能。当 E_m 大于薄膜原子的离位阈能 E_D 时，点阵原子才能离开正常位置，产生一个空位和一个间隙原子。当 $E_m \gg E_D$ 时，离位原子具有较大的动能，可以与薄膜中的其他原子碰撞并继续产生离位原子。

6.5 薄膜的内部应力与附着强度

常用的块体材料多数是在热平衡状态下制造出来的，仍然有相当的内部应力残留。与之相比，气相沉积得到的薄膜是在非热平衡状态下得到的，并且薄膜与衬底一般具有不同的成分，因此气相沉积得到的薄膜必然有内部应力残留。薄膜单位长度上的应力称为全应力 S，将全应力 S 除以膜厚 d 得到薄膜单位截面积上的平均应力 σ，称为平均应力。若平均

应力为拉应力，足够大时将引起薄膜的断裂；若应力为压应力，足够大时可引起薄膜皱起。薄膜应力的数值可以达到 10^3 MPa 的数量级，即使没有达到破坏薄膜的程度，也会对薄膜与衬底间的附着力、晶体缺陷密度、物理学性能产生影响，经常成为薄膜应用的限制性环节。

6.5.1　热应力和生长应力

依据薄膜应力产生的根源，一般将薄膜应力视为两类应力之和：

$$\sigma = \sigma_{th} + \sigma_{in} \tag{6-42}$$

因薄膜与衬底之间热膨胀系数差别而引起的应力称为热应力(σ_{th})。薄膜生长过程的非平衡性或薄膜的微观结构导致的应力称为生长应力(σ_{in})，也叫本征应力，生长应力与薄膜的制备方法和工艺过程密切相关。

薄膜沉积过程中的温度普遍高于室温，如果薄膜材料与衬底材料不同，在沉积后的温度下降过程中，薄膜与衬底两者由于线膨胀系数的差别将有不同幅度的收缩量。由于薄膜与衬底在界面处相互制约，因此收缩量的不同将导致薄膜与衬底的应变，而应变将在薄膜内产生相应的应力。假设衬底应变可以忽略，薄膜应变可表示为

$$\varepsilon_f = \int(\alpha_s - \alpha_f)\mathrm{d}T \approx \Delta\alpha\Delta T \tag{6-43}$$

式中，α_s 和 α_f 分别为衬底和薄膜的线膨胀系数；$\Delta\alpha$ 为衬底与薄膜膨胀系数之差；ΔT 为沉积温度与使用温度之差。因此，在衬底厚度显著大于薄膜厚度时，薄膜内的热应力将等于

$$\sigma_{th} = \frac{\Delta\alpha\Delta T E_f}{1-\nu_f} \tag{6-44}$$

式中，E_f 和 ν_f 为薄膜的杨氏模量和泊松比。温度的变化和膨胀系数的差别是薄膜产生热应力的原因，并且，不只是沉积过程结束后的降温，任何时候的温度变化都会导致热应力的产生。在薄膜与衬底材料性质差别较大时，单纯的热应力就可能会导致薄膜的破坏。图 6-14 展示了拉应力(图 6-14(a))和压应力(图 6-14(b))作用下薄膜从衬底表面脱落的情况。

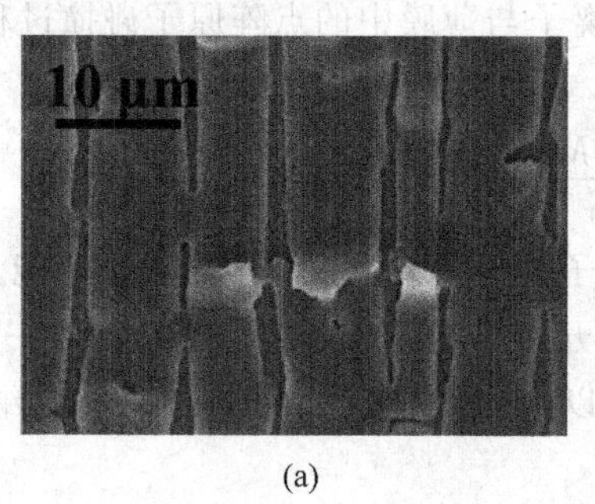

(a)

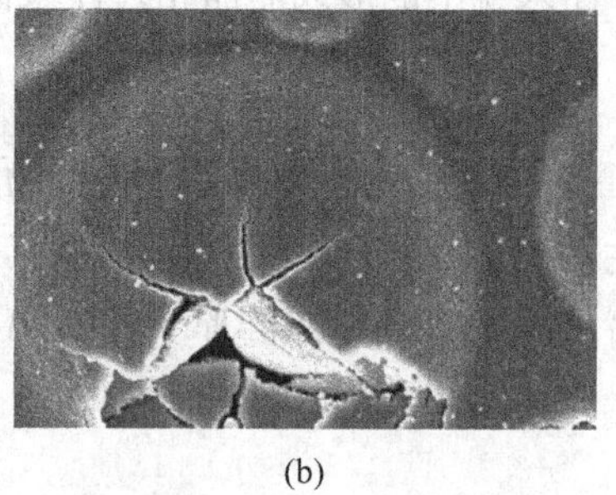

(b)

图 6-14　应力造成的薄膜从衬底表面脱离

(a) 拉应力；(b) 压应力

生长应力是由于薄膜结构的非平衡性导致的薄膜内应力。薄膜生长过程中涉及的某些非平衡过程，例如低温下的薄膜沉积、高能粒子轰击、气体和杂质原子夹杂、大量缺陷和空洞、亚稳相或非晶态相等，都会造成薄膜材料的组织偏离平衡状态，并使薄膜中产生应力。实际测量生长应力是比较困难的，一般认为薄膜的总应力中除去热应力部分后剩余应力总

和即为生长应力。其成因可归纳为三个方面：

(1) 化学成分 薄膜生长过程中，伴随某些化学反应过程引起薄膜成分变化进而导致原子排列密度改变而产生的应力，例如沉积过程中不断有原子进入(溢出)薄膜时将产生压应力(拉应力)。

(2) 微观结构 薄膜生长过程中，薄膜内部原子存在扩散所导致的亚稳态结构发生相变、有序化或再结晶等过程有可能导致薄膜体积的变化，进而产生应力。沉积过程初期的岛状晶核合并过程中，晶核原子相互吸引也会产生应力。另外，薄膜与衬底间的晶格失配也会在界面处引发晶格畸变和相应的应力。

(3) 粒子轰击 薄膜受到较高能量粒子的持续轰击时，碰撞过程中的动量传递会导致薄膜内产生注入缺陷和间隙原子、空隙减少、薄膜内原子间距减小、组织致密化等结果，进而产生应力。因此，多数溅射方法获得的薄膜中都有压应力，较高的溅射功率、过低的溅射气压、较低原子量的溅射气体、较高原子量的薄膜原子、过低的沉积速率都有可能使生长应力增大。

6.5.2 附着力

薄膜附着力反映薄膜对衬底的粘着能力及薄膜与衬底间在化学键合力或物理咬合力作用下的结合强度。其大小一般等同为单位面积的薄膜从衬底上脱离需要做的功，也就是薄膜与衬底间的界面能减去薄膜剥离后生成的薄膜与衬底的表面能，即

$$W = \gamma_{fs} - \gamma_f - \gamma_s \tag{6-45}$$

式中，γ_f、γ_s、γ_{fs}分别是薄膜、衬底的表面能以及薄膜与衬底之间的界面能。一般情况下薄膜与衬底间的附着力将按照以下顺序依次增大：①具有不同化学键类型、相容性较低的两种物质，如金属与高聚物；②具有化学相容性的两种物质，如性质相近的两种金属；③同一种物质形成的界面。

依据薄膜与衬底材质、衬底的表面状态、元素是否扩散、界面两侧物质的相互作用以及薄膜形核过程，可以将薄膜与衬底间的界面分为如图 6-15 所示的四种类型：平界面、形成化合物的界面、合金扩散的界面以及机械咬合界面。

根据界面形态，附着力可能涉及的机理有三种：

(1) 机械结合 如图 6-15(a)和(d)所示，依靠衬底和薄膜表面的粗糙度形成微观尺度上的交错咬合的界面。单纯依靠机械结合的薄膜附着力会较低。

(2) 物理结合 如图 6-15(c)所示，薄膜与衬底之间靠范德华引力结合在一起，虽然原子间的吸引力只有 0.1eV 的量级，仍然可以形成较强的薄膜附着力。

(3) 化学键合 如图 6-15(b)所示，界面两侧原子形成化学键，可大大提高薄膜的附着力，此时薄膜附着力可能达到每对原子 1～10eV 的量级。

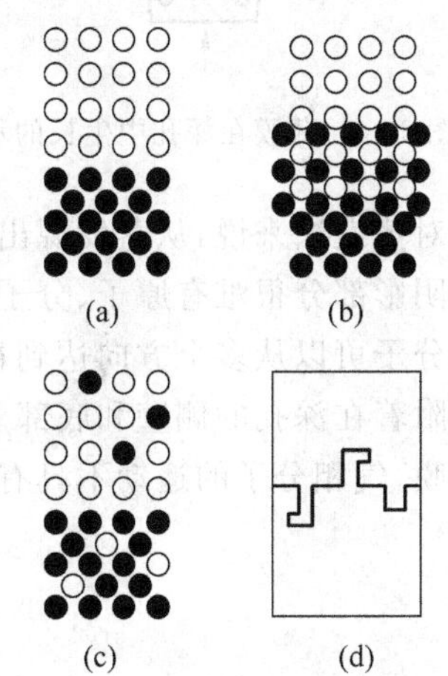

图 6-15 四类界面形态的示意图

(a) 平界面；(b) 形成化合物的界面；(c) 合金扩散的界面；(d) 机械咬合界面

上述三种机理共同决定着薄膜与衬底之间附着力的大小。如何利用上述三种机理获得附着力强的薄膜不能一概而论，但是以下几种方法对增强附着力至少是有

利的：

(1) 设计时考虑薄膜和衬底的匹配，尽量获得形成化合物的界面；

(2) 尽量使用清洁的基板(或预处理基板)，有利于形成合金扩散的界面；

(3) 成膜前用电子、离子轰击以及基板预加热，除去衬底表面的吸附气体；

(4) 成膜时基板加热，促进化学键合的形成；

(5) 金属膜和氧化物衬底之间加入过渡金属(如 Cr、Ni、Ti、Ta、Mo、W 等)层，有利于金属薄膜与过渡金属层间形成冶金结合的界面，同时过渡金属与氧化物间可以形成 M-O 键(M 为过渡金属)，也可大大提高薄膜的附着力。

6.6 台阶覆盖率

在集成电路的制备中，有很多需要在带有陡峭台阶、孔洞直径很小却很深的衬底上制备薄膜或在孔洞中埋入金属。但是物质从源到衬底的迁移过程中，物质原子或分子的运动具有明显的方向性，在遇到台阶或深孔时常因遮蔽效应而导致厚度不均匀。

图 6-16 示意了一个深孔中生长薄膜的情形。台阶覆盖率的定义有两种：一种称为绕进率，定义为 $\gamma=\frac{c}{b}\times100\%$；另一种称为底部覆盖率 $\beta=\frac{a}{b}\times100\%$。

台阶覆盖性是半导体薄膜工艺中一个非常重要的问题，最具挑战的就是在小通孔中实现保形的阶梯覆盖。保形覆盖即衬底上所有部位沉积的薄膜厚度相同，也称共性覆盖，理想的保形覆盖如图 6-17(a)所示，而图 6-17(b)所示为非均匀覆盖。

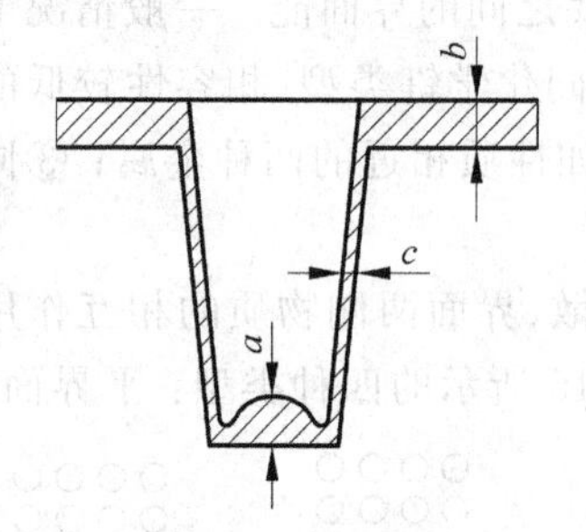

图 6-16 薄膜在深孔中生长的示意图

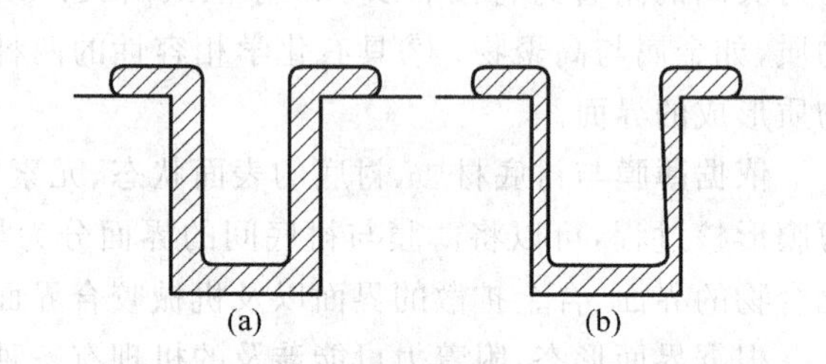

图 6-17 保形覆盖与非均匀覆盖

对蒸发法来说，从蒸发源出发的原子、分子遵从点源规律，直线前进，类似于几何光学那样的阴影部分很难有原子、分子附着，因此台阶覆盖性较差。溅射法采用的是面源，沉积原子和分子可以从多个方向达到衬底，阴影问题较小，但是即便这样原子和分子也很难保证均匀地附着在深孔的侧壁和底部。而化学沉积方法利用气相在衬底表面上发生的化学反应制备薄膜，气相分子的运动不具有方向性，因此是保证台阶覆盖率最好的方法。

习　题

1. 理想气体中速度绝对值在 v 到 $v+\mathrm{d}v$ 之间的分子数量表达为

$$\frac{\mathrm{d}V}{N}=f(v)\mathrm{d}v=4\pi\left(\frac{m}{2\pi kT}\right)^{\frac{3}{2}}\exp\left(-\frac{mv^2}{2kT}\right)v^2\cdot\mathrm{d}v$$

求证：

(1) 算术平均速度$\bar{v}=\sqrt{\frac{8kT}{\pi m}}$；

(2) 最可几速率 $v_m=\sqrt{\frac{2kT}{m}}$；

(3) 均方根速率 $v_f=\sqrt{\frac{3kT}{m}}$。

2. 计算 25℃、1 个大气压条件下，空气分子的平均速度、最可几速率、均方根速率和平均自由程。计算中取空气的摩尔质量为 29g，空气分子的平均直径为 3.74×10^{-10}m。

3. 简述物理吸附与化学吸附的不同点。

4. 证明假如核与气相界面的单位面积自由能为 γ_0，单位体积的固相在凝结过程中的相变自由能是 g_V，则非自发形核过程中临界核尺寸为 $r^*=-\frac{2\gamma_0}{g_V}$。

参考文献

[1] EHRLIC H G. Modern methods in surface kenetics: Flash desorption, field emission microscopy, and ultrahigh vacuum techniques[J]. Advances in Catalysis, 1963, 14: 255-427.

[2] HOBSON J P. Pumping at solid surfaces[J]. British Journal of Applied Physics, 1963, 14(9): 544-554.

[3] GRAY D E. American Institute of Physics Handbook[M]. New York: McGraw-Hill, 1957.

[4] BARKE W. Handbook of Chemistry and Physics 1968—1969[M]. 49th edition. Cleveland: The Chemical Rubber Company, 1968.

[5] TOMINAGA G. Mean adsorption time of oil molecules measured by non-stationary flow method[J]. Japanese Journal of Applied Physics, 1965, 4(2): 129-137.

[6] EHRLICH G. An atomic view of adsorption[J]. British Journal of Applied Physics, 1964, 15(4): 349-364.

[7] DAWSON J P, HAYGOOD J D. Cryopumping[J]. Cryogenics, 1965, 5(2): 57-67.

[8] HAYWARD D O, KING D A, TOMPKINS F C. Sticking probabilities, heats of adsorption and redistribution processes of nitrogen on tungsten films at 195 and 290 K[J]. Proceedings of the Royal Society A, 1967, 297(1450): 305-320.

7 物理气相沉积Ⅰ——真空蒸发镀膜

物理气相沉积(physical vapor deposition,PVD)是一类通过高温加热金属或化合物蒸发成气相,或者通过电子、离子、光子等荷能粒子的能量使金属或化合物靶材溅射出相应的原子、离子、分子(气态),并且在固体衬底上沉积成固相膜的过程。物理气相沉积原本指不涉及到物质的化学反应(分解或化合)的沉积方法,但是随着技术的发展和应用,物理沉积有时也伴随着化学反应,例如在物理沉积过程中引入反应气体,在固体表面发生化学反应,生成新的合成产物固体薄膜,称为反应镀。今天,讨论物理气相沉积与化学气相沉积的不同点,只剩下镀膜物料形态的区别,前者利用固相(液相)物质,后者利用易挥发性化合物或气态物质。根据镀膜物料形成气相的原理不同,物理气相沉积可以分为真空蒸发和溅射两种方法。

相比于溅射镀膜,真空蒸发法具有设备简单、沉积速率高、薄膜纯度高、薄膜生长机理简单等优点。同时也有一定的局限性,例如不容易获得晶体结构的薄膜、薄膜与衬底附着力小、工艺重复性不好等。本章介绍真空蒸发镀膜技术的原理、蒸发特性、膜厚控制、蒸发源类型以及几种特殊的真空蒸发。

7.1 真空蒸发原理

真空蒸发是在真空条件下,加热试料使其原子或分子从表面汽化逸出,蒸发粒子流直接射向基片并在基片上沉积形成固态薄膜的过程。真空蒸发镀膜有三个条件:①热的蒸发源:一般要使蒸镀材料的蒸气压达到1Pa左右,温度要达到蒸发源材料熔点或升华温度以上。②冷的衬底:衬底温度低于蒸发源材料的熔点或升华温度。③真空环境:通常要求至少达到10^{-2}Pa量级的真空度,其作用首先是防止高温下空气分子和蒸发源反应,生成化合物而劣化蒸发源;其次防止因蒸发物质在镀膜室中与空气分子碰撞而阻碍蒸发分子到达衬底表面,形成不连续的薄膜;最后,防止成膜过程中空气分子作为杂质混入膜内或在薄膜中形成化合物。真空蒸发镀膜原理如图7-1所示。

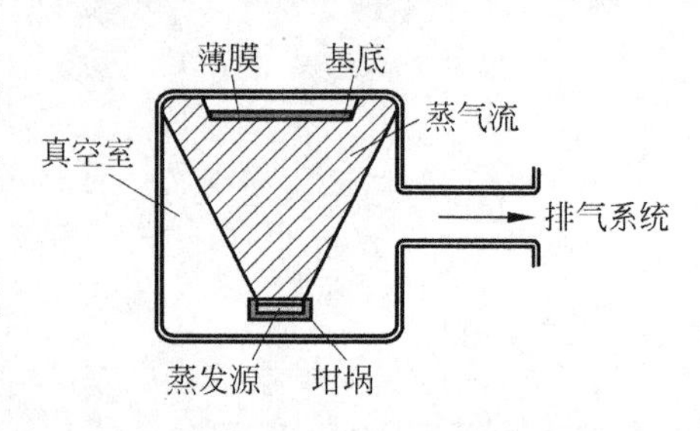

图7-1 真空蒸发镀膜原理示意图

7.1.1 真空蒸发物理过程

真空蒸发镀膜从物料蒸发到沉积成膜，经历的物理过程有：

(1) 加热蒸发 包括由凝聚相转变为气相的相变过程。采用各种能源方式转换成热能，加热镀料使其蒸发或升华，成为具有一定能量(0.1～0.3eV)的气态粒子(原子、分子或原子团簇)。每种物质在不同温度下有不同的饱和蒸气压，蒸发化合物时，其组分之间发生化学反应，其中有些组分以气态或蒸汽形式进入蒸发空间。

(2) 气相输运 离开蒸镀源，具有一定能量的气态粒子以基本无碰撞的直线飞行输运到衬底表面。蒸发源到衬底之间的距离常称为源-基距。

(3) 固相凝结 到达衬底表面的气态粒子凝聚、成核、生长成固态薄膜。由于衬底温度远低于蒸发源温度，因此，沉积物分子在衬底表面将直接发生从气相到固相的相变过程。

(4) 原子重排 组成薄膜的原子重新排列或产生化学键。

7.1.2 蒸发热力学

液相或固相的原子或分子必须获得足够的热能才有足够激烈的热运动，当其垂直于固体表面的速度分量产生的动能足以克服原子或分子间相互吸引的能量时，才可能逸出表面，形成蒸发或升华。显然，蒸发过程中，需要不断给镀料补充热能，才能维持蒸发。加热温度越高，蒸发的粒子量就越多。因此，描述蒸发过程的主要参数——蒸发速率与蒸气压均与镀料受热有密切关系。

(1) 平衡状态 分子不断从液相或固相的表面蒸发，同时有相同数量的分子与液相或固相表面碰撞而返回到液相或固相中。

(2) 饱和蒸气压(P_V) 特定温度下，蒸发材料的蒸汽在与固相分子处于平衡状态下所呈现的压力，称为饱和蒸气压。

在特定温度下各种物质的饱和蒸气压均不相同，同一物质在不同温度下的饱和蒸气压也不相同。通常，物质在饱和蒸气压为 10^{-2} Torr(～1.3Pa)时的温度称为该物质的蒸发温度。饱和蒸气压 P_V 与温度 T 之间的关系可从克拉伯龙-克劳修斯(Clapeylon-Clausins)方程推导出来

$$\frac{dP_V}{dT}=\frac{\Delta H_V}{T(V_G-V_S)} \tag{7-1}$$

式中，ΔH_V 为摩尔蒸发热，J/mol；V_G、V_S 分别为气相和固相或液相的摩尔体积，m^3；T 为绝对温度，K。因为 $V_G \gg V_S$，则有 $V_G-V_S \approx V_G$。假设在低气压下蒸汽分子符合理想气体状态方程，有

$$V_G=\frac{RT}{P_V} \tag{7-2}$$

式中，R 为气体常数，8.31J/(mol·K)。则式(7-1)可以写成

$$\frac{1}{P_V}\cdot\frac{dP_V}{dT}=\frac{\Delta H_V}{RT^2} \tag{7-3}$$

或

$$\frac{d(\ln P_V)}{d(1/T)}=-\frac{\Delta H_V}{R} \tag{7-4}$$

在 $T=10\sim10^3$ K 范围内，蒸发热 ΔH_V 的变化很小，可以近似看作是常数，于是，把 P_V 的对数与 $1/T$ 的关系作图应该得到一条直线。由式(7-4)积分得

$$\ln P_V = C - \frac{\Delta H_V}{RT} \tag{7-5}$$

式中，C 为积分常数。将式(7-5)表达为常用对数形式，即

$$\lg P_V = A - \frac{B}{T} \tag{7-6}$$

式中，A、B 为常数，$A=\frac{C}{2.3}$，$B=\frac{\Delta H_V}{2.3R}$，$A$、$B$ 数值可由实验测得。实际上，P_V 与 T 之间的关系多由实验确定。式(7-6)比较精确地表达了蒸气压小于 10^2 Pa 时蒸发材料的饱和蒸气压与温度之间的关系，而当蒸气压大于 10^2 Pa 时，式(7-6)的误差增大。各种元素的平衡蒸气压数据可以在相关手册[1]中找到。表 7-1 给出了一些常见金属的蒸发特性参数。

表 7-1 常用元素的蒸发特性

元素	熔点/K	蒸发温度/K	蒸发热/(kJ/mol)	元素	熔点/K	蒸发温度/K	蒸发热/(kJ/mol)
Ag	1235	1303	255	Mg	923	713	128
Al	933	1493	293	Mn	1519	1213	220
As	1090	573	32.4	Na	371	563	97.7
Au	1337	1673	330	Nd	1297	1618	285
B	2349	2273	507	Ni	1728	1803	378
Cd	594	538	100	Pb	601	988	178
Co	1768	1793	375	Pd	1828	1733	380
Cr	2180	1673	339	Pt	2041	2373	490
Cu	1358	1533	300	Rb	312	446	72
Fe	1811	1753	347	Rh	2237	2313	495
Ga	303	1403	256	Se	494	513	26
Ge	1211	1673	334	Si	1687	1623	359
In	430	1223	230	Sn	505	1523	290
K	337	481	76.9	Ti	1941	2023	425
La	1193	1972	400	U	1405	2171	420
Li	454	813	147	Zn	693	618	119

(3) 相律与蒸气压　根据 Gibbs 相律，系统自由度数 f、相数 p_n 和组元数 c 之间有如下关系

$$f = c - p_n + 2 \tag{7-7}$$

在蒸发纯金属时，$c=1$，$p_n=2$，所以 $f=1$，意味着在给定温度下系统的压力为常数。

在 A、B 二元系统中，如果两种成分可以互溶成为单一液相，那么 $c=2$，$p_n=2$，因此 $f=2$，系统的压力取决于温度和组成。图 7-2 示意出一定温度下二组元溶液的压力与组分之间的关系，其中的实线为液相线，虚线为气相线。当压力处于液、气两相共存区时，成分 A 在液相中的浓度为 x_l，总压力用液相线

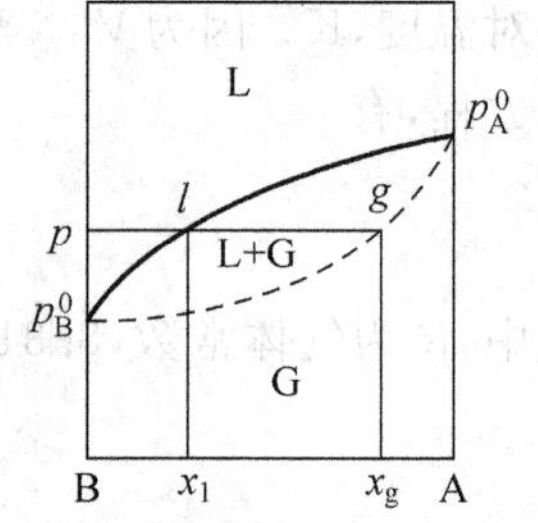

图 7-2 二组元溶液组成与蒸气压的关系

上的点 l 所对应的压力 p 表示。通过点 l 的水平线与气相线相交于 g。g 表示成分 A 在气相中的浓度为 x_g。在与液相平衡的蒸汽中,具有较高蒸气压的成分(此处为 A)所占组分就多。用这种系统进行真空蒸镀时,液相的组成会随时间发生变化,因此蒸气压并不保持恒定。

当二组元不能互相溶解时,则 $p_n=3$,因此 $f=1$,总压力仅由温度决定。如果是化合物分解,虽然是二组元系统,仍然有 $p_n=3$,因此 $f=1$,分解压力仍然仅由温度决定。

(4) 蒸发速率　单位时间内蒸发材料单位面积上蒸发出来的物质分子数或质量,称为蒸发速率。根据气体分子运动论,结合式(6-14)和式(6-15),处于热平衡时,压强为 P 的气体单位时间内碰撞单位面积蒸发源的分子数为

$$\Phi=\frac{1}{4}n\bar{v}=\frac{P}{\sqrt{2\pi mkT}}=\frac{PN_A}{\sqrt{2\pi RMT}} \tag{7-8}$$

假设碰撞到蒸发源表面的分子分数为 1,其中 a_e 部分被蒸发源反射至气相中,而其余的 $(1-a_e)$ 部分分子则被滞留在蒸发源。a_e 称为蒸发系数,通常 $0<a_e\leqslant 1$。当 $a_e=1$ 时,相当于蒸发源的分子一旦离开蒸发源表面就不再返回;当 $0<a_e<1$ 时,有部分分子返回蒸发源表面。a_e 取决于蒸发源的表面性质。

平衡蒸气压下蒸发速率 J_e(分子数/$\mathrm{cm^2/s}$)按照赫兹-克努森(Hertz-Knudsen)公式有

$$J_e=\frac{\mathrm{d}N}{A\mathrm{d}t}=a_e\frac{P_V-P_h}{\sqrt{2\pi mkT}} \tag{7-9}$$

式中,$\mathrm{d}N$ 为蒸发的分子数;A 为蒸发源面积;P_V 为平衡蒸气压;P_h 为蒸发分子对蒸发表面造成的静压力。当 $P_h=0$,$a_e=1$ 时,有最大蒸发速率(分子数/$\mathrm{cm^2/s}$):

$$J_e=\frac{P_V}{\sqrt{2\pi mkT}}=\frac{N_AP_V}{\sqrt{2\pi MRT}}\approx 2.64\times 10^{24}\frac{P_V}{\sqrt{MT}} \tag{7-10}$$

单位时间内单位面积上蒸发的物质质量为

$$J_m=mJ_e=P_V\sqrt{\frac{m}{2\pi kT}}=P_V\sqrt{\frac{M}{2\pi RT}}\approx 4.37\times 10^{-4}\sqrt{\frac{M}{T}}P_V \tag{7-11}$$

式(7-11)也称为朗缪尔(Langmuir)蒸发公式。式(7-10)和式(7-11)均使用国际标准单位,注意计算过程中 kg 与 g、m 与 cm 的换算,P_V 的单位是 Pa。它们是关于蒸发过程的重要公式,描述了最大蒸发速率、蒸气压和蒸发温度之间的关系。图 7-3 给出了一些元素的蒸发速率随蒸发温度的变化规律,接近指数关系。计算蒸发速率必须采用实验测得的蒸气压值。

(5) 合金的蒸发　两种或两种以上组元构成的合金蒸发时遵从拉乌尔(Raoult)定律:在合金溶液中,各组分的平衡蒸气压 P_i 与其摩尔分数 x_i 成正比,其比例常数为同温度下该组元单独存在时的平衡蒸气压 P_i^0,即

$$P_i=x_iP_i^0 \tag{7-12}$$

当合金溶液近似为理想溶液时,按照拉乌尔定律可计算总蒸气压为

$$P=\sum_i x_iP_i^0 \tag{7-13}$$

实际上合金溶液通常是非理想溶液,因此要把式(7-12)修正为

$$P_i=\gamma_i x_iP_i^0 \tag{7-14}$$

式中,γ_i 称为活度系数。对二元合金 AB,蒸发时 A 和 B 的蒸发速率比值为

$$\frac{J_{mA}}{J_{mB}}=\frac{\gamma_A x_A P_A^0}{\gamma_B x_B P_B^0}\sqrt{\frac{M_A}{M_B}} \tag{7-15}$$

式中，M_A 和 M_B 分别为 A 和 B 的摩尔原子质量。

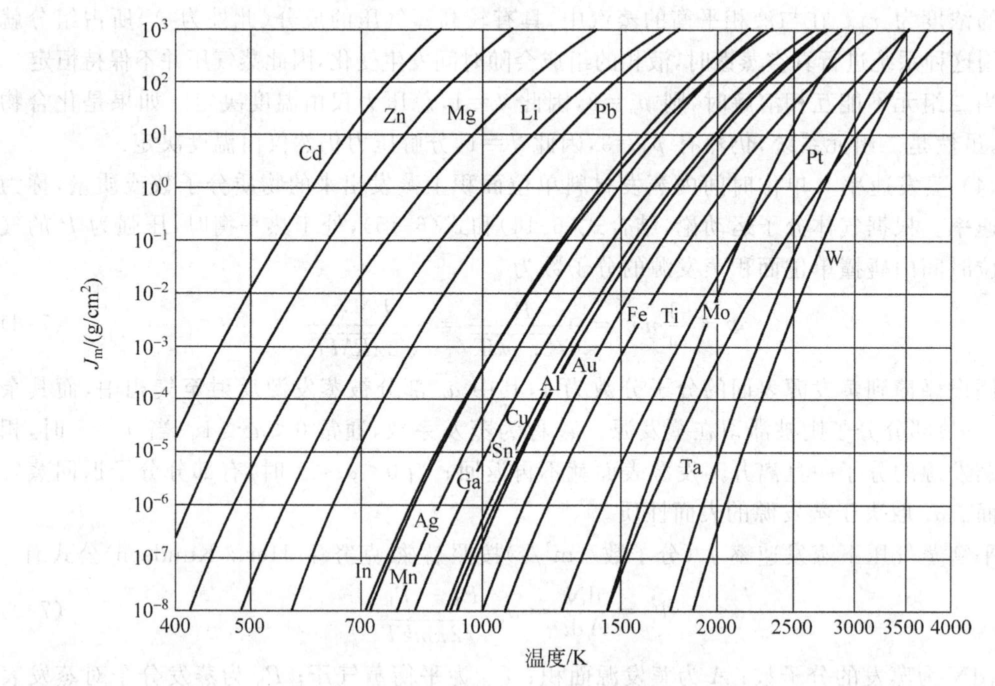

图 7-3　某些单质元素的蒸发速率与温度的关系

二元合金的蒸发过程在“(3)相律与蒸气压”中已经讨论过。随着蒸发的进行，合金溶液中容易挥发的组分(同一温度下蒸气压较高的组元)逐渐减少，溶液成分随时间不断变化，相应的膜层成分也呈现连续变化。并且，沉积得到的薄膜成分与溶液中的合金组成是不一致的。因此，要想得到成分精确的合金薄膜需要采用一些特殊的方法。

(6) 化合物的蒸发　多数化合物在蒸发过程中会分解，因此很难用简单的蒸镀技术得到组分符合化学计量比的薄膜。仅有少数化合物，例如氯化物、硫化物、硒化物和碲化物以及少数氧化物和聚合物可以采用蒸镀，因为它们很少分解，或者凝聚时各组分容易重新化合。

要想得到接近化学计量比的化合物薄膜，最有效的方法之一就是采用反应蒸镀，即在蒸发过程中导入反应气体与蒸镀的组元进行反应生成化合物。这种方法可以方便地制备氧化物、碳化物及氮化物薄膜。另外，可以直接蒸镀化合物制备化合物薄膜的有 SiO_2、B_2O_3、GeO、SnO、AlN、CaF_2、MgF_2 和 ZnS。

7.1.3　残余气体对蒸发过程的影响

1. 残余气体对蒸发粒子的散射

蒸发源表面释放的粒子以一定速度在空间沿直线运动，直到与其他粒子或者真空室壁碰撞为止。如 6.1.1 节所述，蒸发分子的平均自由程为

$$\lambda = \frac{1}{\sqrt{2}}\frac{kT}{\pi d_m^2 P} \tag{7-16}$$

式中，d_m 为残余气体的分子半径，m；P 为残余气体的压强，Pa；T 为残余气体的温度，K。在温度 25℃的空气中，$\lambda \approx \frac{0.662}{P}$(cm)，当压强为 10^{-2}～10^{-4} Pa 时，$\lambda = 60$～6000cm。一般

的真空腔尺寸在几十厘米左右，因此为了防止蒸发粒子被大量散射，残余气体的压强应小于 10^{-3} Pa。

假设 N_0 个蒸发粒子飞行距离 x 后，未受到残余气体分子碰撞的数目为：

$$N_x = N_0 \exp\left(-\frac{x}{\lambda}\right) \tag{7-17}$$

被碰撞的粒子所占比例称为散射百分率：

$$f = 1 - \frac{N_x}{N_0} = 1 - \exp\left(-\frac{x}{\lambda}\right) \tag{7-18}$$

图 7-4 是根据式(7-18)计算得到的蒸发粒子在蒸发源与衬底之间渡越或迁移途中，蒸发粒子的散射百分率与实际行程对平均自由程之比的关系曲线。当平均自由程与源基距(蒸发源与衬底之间的直线距离)相等时，有 63%的蒸发粒子被散射；如果平均自由程是源基距的 10 倍，散射几率将减小到 9%。因此，只有在平均自由程远大于源基距时，才会有效减少蒸发粒子的散射。常见气体分子直径及其在室温真空条件(压力：10^{-3} Pa)下的平均自由程见表 7-2。

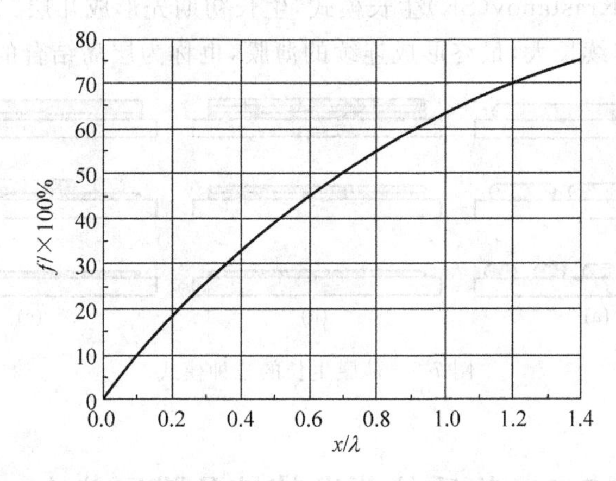

图 7-4 蒸发粒子的实际渡越距离 x 与平均自由程 λ 的比值对散射百分率的影响

表 7-2 常见气体分子直径及其在 25℃、1×10^{-3} Pa 时的平均自由程

气体分子	He	Ar	Hg	H_2	O_2	CO_2	空气
$d_m/10^{-8}$ cm	2.18	3.67	5.11	2.75	3.64	4.65	3.74
λ/cm	1.95	0.69	0.35	1.22	0.70	0.43	0.66

2. 残余气体对薄膜的污染

真空系统中的残余杂质气体(如 H_2O、CO_2、O_2、N_2)会和蒸发粒子一起被吸附或相互反应，污染薄膜成分。平衡状态下，单位面积衬底上吸附的残余气体分子个数(或称为衬底上吸附的残余气体分子浓度)N_g 是碰撞频率 Φ 和吸附分子的平均滞留时间 τ_g 的函数，即

$$N_g = \Phi\tau_g \tag{7-19}$$

式中，Φ 由式(7-8)给出，τ_g 按照统计力学表示为

$$\tau_g = \tau_0 \exp\left(\frac{E_a}{kT}\right) \tag{7-20}$$

式中，E_a 是残余气体分子的吸附能，eV；τ_0 是表征被吸附的分子沿衬底表面垂直方向振动

周期的常数，实验测得其数值在室温时约为 10^{-13} s。如果知道 E_a，则可以近似计算得到

$$N_g = 2.64 \times 10^{11} \frac{P}{\sqrt{MT}} \exp\left(\frac{1.16 \times 10^4 E_a}{T}\right) \tag{7-21}$$

式中，气体压强 P、分子质量 M 及温度 T 的单位分别为 Pa、g 和 K。根据式(7-21)，提高蒸发时的衬底温度，可以显著降低残余气体对薄膜的污染。

7.1.4 蒸发粒子在衬底的沉积

蒸发粒子到达衬底表面上沉积成膜的过程包括形核和生长两个阶段，在 6.1.1 节和 6.1.2 节已有详细介绍，这里不再赘述。薄膜的形成模式受到衬底表面性质、衬底温度、蒸镀速率和真空度等诸多因素的影响，初期阶段也可分为三种生长模式，如图 7-5 所示。图 7-5(a)为 Volmer-Weber(VW)生长模式，生长初期形成三维晶核，随着蒸镀量的增加，晶核长大合并，最终形成连续的薄膜，也称为岛状生长。图 7-5(b)为 Frank-Van der Merwe(FM)生长模式，蒸发粒子均匀覆盖衬底表面，形成二维单原子层，并逐层生长，也称为层状生长模式。图 7-5(c)为 Stranski-Krastanov(SK)生长模式，生长初期先形成几层二维膜层，然后在其上形成三维晶核，晶核继续长大，最终形成连续的薄膜，也称为层岛结合的生长模式。

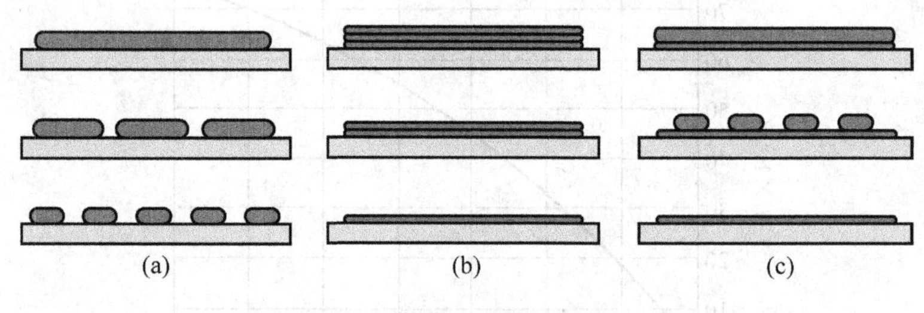

图 7-5 薄膜生长的三种模式

7.2 物质的蒸发特性及膜厚分布

真空蒸发镀膜过程中，由于蒸发粒子的运动具有明显的方向性，因此能否在衬底上获得厚度均匀的薄膜是制膜的关键问题。衬底上不同位置的膜厚取决于蒸发源的发射特性、衬底与蒸发源的几何形状、相对位置以及蒸发量等因素。为了对膜厚进行大致估算，找出其分布规律，需要对蒸发过程做如下几点假设以简化模型：①蒸发粒子与残余气体分子之间不发生碰撞；②蒸发源附近的蒸发粒子间不发生碰撞；③入射到衬底表面的蒸发粒子不再发生蒸发，全部沉积成膜。

对于在 10^{-3} Pa 或更低的压强下所进行的蒸发过程来说，上述假设与实际情况非常接近。蒸发源的种类很多，下面讨论蒸发源的几何形状以及蒸发源与衬底的相对位置等因素对薄膜厚度的影响。

7.2.1 点蒸发源

能够向各个方向蒸发等量材料的微小球状蒸发源称为点蒸发源(简称点源)，由点蒸发源 dS 向不同衬底 dS_1 和 dS_2 表面的蒸发过程如图 7-6 所示。假设一个微小球状蒸发源

dS，以蒸发速率 m(g/s)向各个方向蒸发，则在任何方向上，单位时间内通过图 7-6 所示立体角 $d\omega$ 的蒸发物质总量为 dm，θ 为蒸发源与衬底表面中心连线和衬底法线间的夹角。

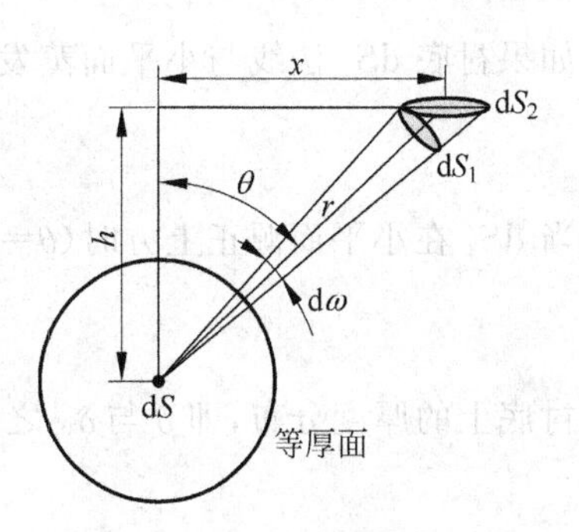

图 7-6 点蒸发源的示意图

$$dm = \frac{m}{4\pi} \cdot d\omega \tag{7-22}$$

由图 7-6 可知，

$$dS_1 = dS_2 \cdot \cos\theta$$

$$dS_1 = r^2 \cdot d\omega$$

$$d\omega = \frac{dS_2 \cdot \cos\theta}{r^2} = \frac{dS_2 \cdot \cos\theta}{h^2 + x^2}$$

因此，蒸发物质到达 dS_2 上的蒸发速率 dm 可写成

$$dm = \frac{m}{4\pi} \cdot \frac{\cos\theta}{r^2} \cdot dS_2 \tag{7-23}$$

如果薄膜材料的密度为 ρ，单位时间内沉积在 dS_2 上的膜厚为 δ，体积为 $\delta \cdot dS_2$，则

$$dm = \rho \cdot \delta \cdot dS_2 \tag{7-24}$$

整理后可得：

$$\delta = \frac{m\cos\theta}{4\pi\rho \cdot r^2} = \frac{m \cdot h}{4\pi\rho \cdot r^3} = \frac{mh}{4\pi\rho(h^2 + x^2)^{3/2}} \tag{7-25}$$

在点蒸发源的正上方，即 $\theta=0$ 处膜厚最大：

$$\delta_0 = \frac{m}{4\pi\rho h^2} \tag{7-26}$$

在衬底平面内膜厚的分布状况为

$$\frac{\delta}{\delta_0} = \frac{1}{[1 + (x/h)^2]^{3/2}} \tag{7-27}$$

7.2.2 小平面蒸发源

如图 7-7 所示的蒸发源在各个方向上的蒸发量与该方向和蒸发平面法线间的夹角 φ 的余弦成正比，并且当 $\varphi \geqslant \frac{\pi}{2}$ 时蒸发量为零，称为小平面蒸发源。φ 是平面蒸发源法线与衬底平面 dS_2 中心和平面源中心连线之间的夹角；θ 是 dS_2 法线与 dS_2 中心和平面源中心连线之间的夹角。蒸发粒子在单位时间内通过与蒸发源平面法线成 φ 角度方向的立体角 $d\omega$（即到达 dS_1 面上）的蒸发量 dm 表达为

$$dm = m \cdot \frac{d\omega}{\pi} \cdot \cos\varphi \tag{7-28}$$

那么，以到达 dS_2 的蒸发粒子质量表示，则为

$$dm = \frac{m\cos\varphi\cos\theta \cdot dS_2}{\pi r^2} \tag{7-29}$$

同理，将 $dm=\rho \cdot \delta \cdot dS_2$ 代入式(7-29)可得衬底上任意一点的厚度 δ 为

$$\delta = \frac{m}{\pi\rho} \cdot \frac{\cos\varphi\cos\theta}{r^2} \tag{7-30}$$

如果衬底 dS_2 法线与小平面蒸发源的法线平行，则有

$$\delta = \frac{mh^2}{\pi\rho(h^2 + x^2)^2} \tag{7-31}$$

当 dS_2 在小平面源正上方时（$\theta=0$；$\varphi=0$），厚度有最大值 δ_0：

$$\delta_0 = \frac{m}{\pi\rho h^2} \tag{7-32}$$

衬底上的厚度分布，即 δ 与 δ_0 之比为

$$\frac{\delta}{\delta_0} = \frac{1}{[1 + (x/h)^2]^2} \tag{7-33}$$

图 7-8 比较了点蒸发源与小平面蒸发源的相对厚度分布曲线。虽然分布曲线看起来很近似，但是比较式(7-26)和式(7-32)可以发现，在源基距相同的情况下，小平面源获得的最大厚度是点蒸发源的 4 倍。

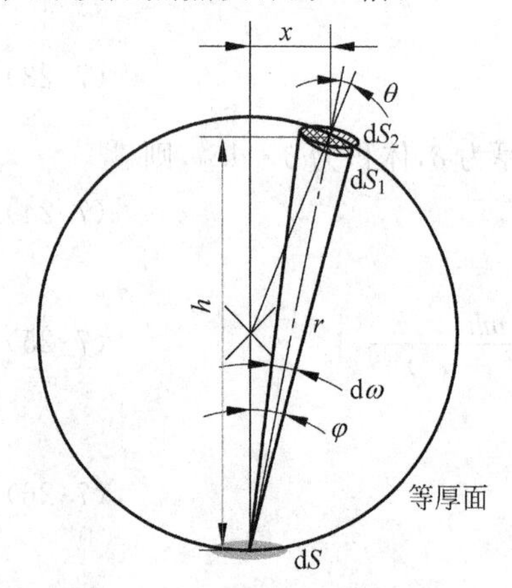

图 7-7　小平面蒸发源的示意图

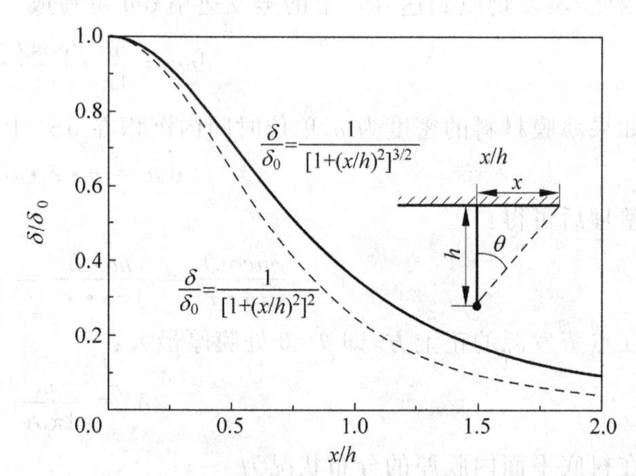

图 7-8　沉积膜厚在衬底架平面内的分布

7.2.3　细长平面蒸发源

细长平面蒸发源如图 7-9 所示。假设衬底平面相对长度为 l 的细长蒸发源平行放置，垂直距离为 h，蒸发源上的微小面积 dS 与中心点的距离为 S，衬底上任意一点 (x,y) 上的微小面积 $d\sigma$，dS 与 $d\sigma$ 之间相距 r，由几何关系有

$$\cos\theta = h/r$$
$$r^2 = (x - S)^2 + a^2$$
$$a^2 = h^2 + y^2$$

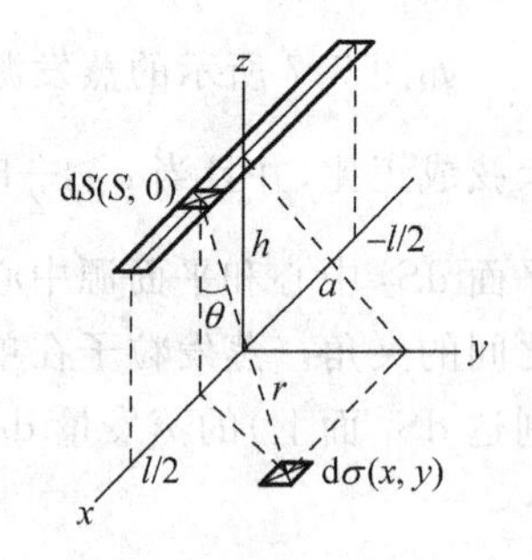

图 7-9　细长平面源示意图

如果质量为 m 的蒸发材料均匀分布在蒸发源内，则 dS 面积上的蒸发材料量 dm 可表达为

$$dm = \frac{m}{l}dS$$

这样可以视 dS 为小平面蒸发源，参照式(7-29)可得到达 $d\sigma$ 上的蒸发质量为

$$dm = \frac{\cos^2\theta \cdot d\sigma}{\pi r^2} \cdot \frac{m}{l} \cdot dS \tag{7-34}$$

如果蒸发物质的密度为 ρ,在短时间 $\mathrm{d}t$ 内沉积到 $\mathrm{d}\sigma$ 上的膜厚为 $\mathrm{d}\delta$,那么 $\mathrm{d}m=\rho\cdot\mathrm{d}\delta\cdot\mathrm{d}\sigma$,因此

$$\mathrm{d}\delta=\frac{m\cos^2\theta}{\pi\rho l r^2}\mathrm{d}S=\frac{mh^2}{\pi\rho l}\cdot\frac{\mathrm{d}S}{[(x-S)^2+a^2]^2} \tag{7-35}$$

积分后可得:

$$\begin{aligned}\delta&=\frac{mh^2}{\pi\rho l}\int_{-\frac{l}{2}}^{\frac{l}{2}}\frac{\mathrm{d}S}{[(x-S)^2+a^2]^2}\\&=\frac{mh^2}{\pi\rho l a^2}\left[\frac{\frac{l}{2}+x}{a^2+\left(x+\frac{l}{2}\right)^2}+\frac{\frac{l}{2}-x}{a^2-\left(\frac{l}{2}-x\right)^2}+\frac{1}{a}\arctan\left(\frac{\frac{l}{2}+x}{a}\right)+\frac{1}{a}\arctan\left(\frac{\frac{l}{2}-x}{a}\right)\right]\\&=\frac{mh^2}{\pi\rho l a^2}\left[\frac{l\left(a^2-x^2+\frac{l^2}{4}\right)}{(a^2+x^2)^2+(a^2-x^2)\frac{l^2}{2}+\frac{l^4}{16}}+\frac{1}{a}\arctan\left(\frac{\frac{l}{2}+x}{a}\right)+\frac{1}{a}\arctan\left(\frac{\frac{l}{2}-x}{a}\right)\right]\end{aligned} \tag{7-36}$$

在原点 O 处,$x=0$; $a=h$ 时有最大膜厚为

$$\delta_0=\frac{m}{\pi\rho l a^2}\left(\frac{l}{h^2+\frac{l^2}{4}}+\frac{1}{h}\arctan\frac{lh}{h^2+\frac{l^2}{4}}\right) \tag{7-37}$$

7.2.4 环状蒸发源

有时为了在大面积上获得更好的膜厚均匀性,也会采用如图 7-10 所示的环状蒸发源。实际沉积设备中常常采用的旋转衬底架,就与此情况类似。设蒸发源与衬底平行,并假定为细小平面环状蒸发源。在环上取一微小面积 $\mathrm{d}S_1$,那么单位时间蒸发到衬底内微小面积 $\mathrm{d}S_2$ 上的蒸发物质量为

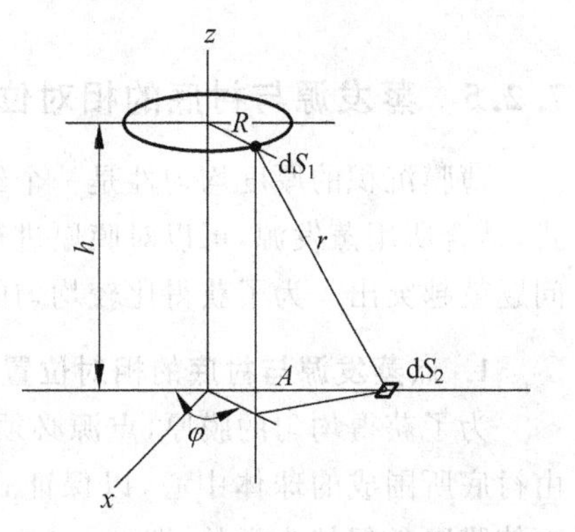

图 7-10 环状平面蒸发源示意图

$$\mathrm{d}m=\frac{m}{\pi}\mathrm{d}\varphi \tag{7-38}$$

由图 7-10 可得如下几何关系

$$\begin{aligned}r^2&=h^2+R^2+A^2-2AR\cos(\pi-\varphi)\\&=h^2+(R+A)^2-4RA\sin^2(\varphi/2)\end{aligned}$$

参照式(7-30)可求得 $\mathrm{d}S_2$ 平面上的薄膜厚度为

$$\mathrm{d}\delta=\frac{h^2\mathrm{d}m}{\pi\rho r^4}=\frac{m}{\rho\pi^2}\cdot\frac{h^2}{r^4}\mathrm{d}\varphi \tag{7-39}$$

积分可得

$$\begin{aligned}\delta&=\frac{mh^2}{\rho\pi^2}\int_0^{\pi}\frac{2\mathrm{d}\varphi}{[h^2+(R+A)^2-4RA\sin^2(\varphi/2)]^2}\\&=\frac{mh^2}{\rho\pi}\cdot\frac{2h^2+(A+R)^2+(A-R)^2}{[h^2+(A+R)^2]^{3/2}[h^2+(A-R)^2]^{3/2}}\end{aligned} \tag{7-40}$$

环形蒸发源中心的正下方原点处,膜厚为

$$\delta_0=\frac{2mh^2}{\pi\rho}\cdot\frac{1}{(R^2+h^2)^2} \tag{7-41}$$

距离原点为 A 处的相对膜厚为

$$\frac{\delta}{\delta_0}=\frac{(R^2+h^2)(h^2+A^2+R^2)}{(h^2+A^2+R^2+2RA)^{3/2}(h^2+A^2+R^2-2RA)^{3/2}} \tag{7-42}$$

环状平面蒸发源的膜厚分布如图 7-11 所示。选择适当的 R 与 h 比例，可以在相当大范围内的衬底上获得厚度均匀的薄膜。在 $R/h=0.7\sim0.8$ 时，膜厚分布比小平面蒸发源要均匀的多。

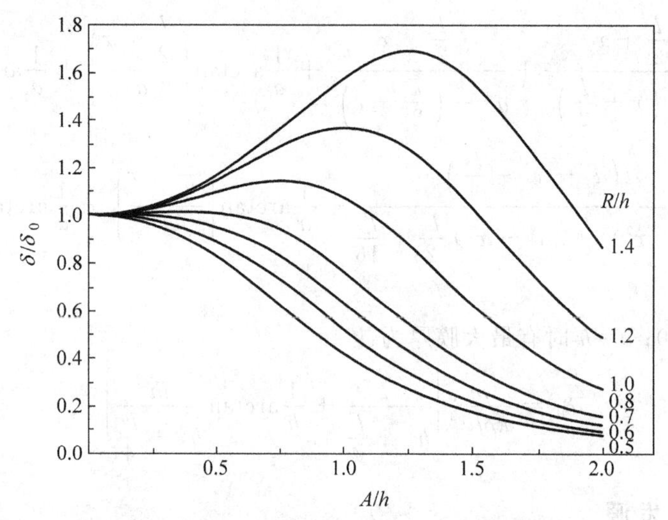

图 7-11　环状平面蒸发源的相对膜厚分布

7.2.5　蒸发源与衬底的相对位置

薄膜沉积的厚度均匀性是一个经常需要考虑的问题，利用上述几种蒸发膜厚的估算公式，结合所用蒸发源，可以对膜厚进行近似估算。需要同时沉积的薄膜面积越大，均匀性的问题就越突出。为了获得比较均匀的膜厚分布，还需要注意蒸发源和衬底的配置。

1. 点蒸发源与衬底的相对位置

为了获得均匀的膜厚，点源必须配置在如图 7-12 所示的由衬底所围成的球体中心，以保证式(7-25)中的 $\cos\theta=1$，从而使膜厚 δ 保持为常数，即

$$\delta=\frac{m}{4\pi\rho}\cdot\frac{1}{r^2} \tag{7-43}$$

此时，膜厚仅与蒸发材料的密度、球体半径以及蒸发总量有关，这种布置理论上可以保证膜厚的均匀性。图 7-12 中所示的球形工件架实际上是点蒸发源的等厚膜面，如果可以使用与球形工件架形状完全一致的衬底，则可以进一步提高膜厚的均匀性。

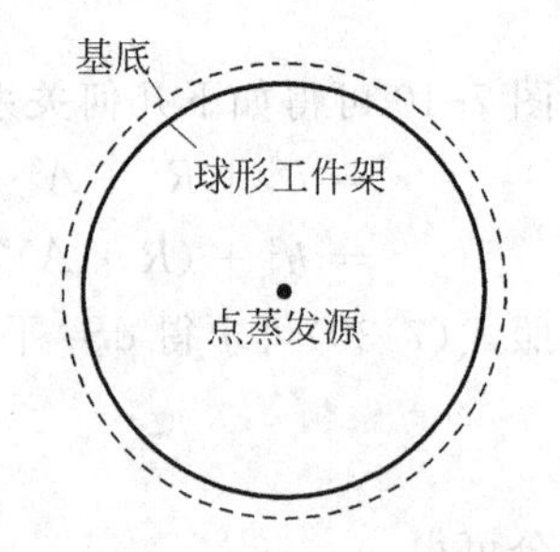

图 7-12　点蒸发源获取等厚薄膜的衬底布置

2. 小平面蒸发源与衬底的相对位置

当小平面蒸发源处于球形工件架的球面上，如图 7-13 所示，那么蒸发制备的薄膜在球体表面上的厚度分布是均匀的，因此，采用形状与球体一致的衬底可以保证膜厚的均匀性。

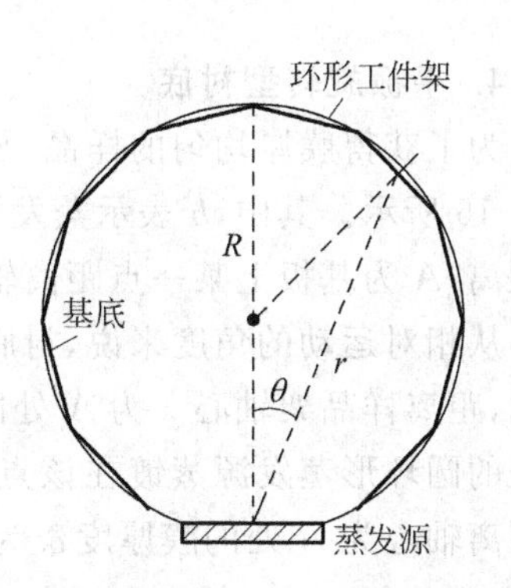

图 7-13 小平面蒸发源的等厚衬底布置

如果衬底是平面且面积较小，采用图 7-13 所示的配置仍然可以较好地保证膜厚均匀性。由式(7-30)可知，当 $\theta=\varphi$ 时，$\cos\theta=r/2R$，膜厚为

$$\delta=\frac{m}{4\pi\rho}\cdot\frac{1}{R^2} \tag{7-44}$$

此时，膜厚 δ 与 θ 无关，即与衬底的位置无关，仅取决于球形工件架的半径 R 和蒸发量 m，因此可以保证各衬底上的膜厚基本一致。

3. 多个分离的点蒸发源

为了在较大的平面内获得更均匀的薄膜，使用多个分离的点源来代替单一点源或小平面蒸发源是一种最简便的方法，这时膜厚的分布表达式如下

$$\varepsilon=\frac{\delta_{\max}-\delta_{\min}}{\delta_{\max}} \tag{7-45}$$

式中，ε 是衬底尺寸范围内的膜厚最大相对偏差；$\delta_{\max}$、$\delta_{\min}$ 分别是衬底尺寸范围内的最大和最小膜厚。图 7-14 给出了 4 种不同的点蒸发源配置对膜厚均匀性的影响，可见蒸发源的位置、蒸发速率对膜厚均有影响，设计配置时应注意。

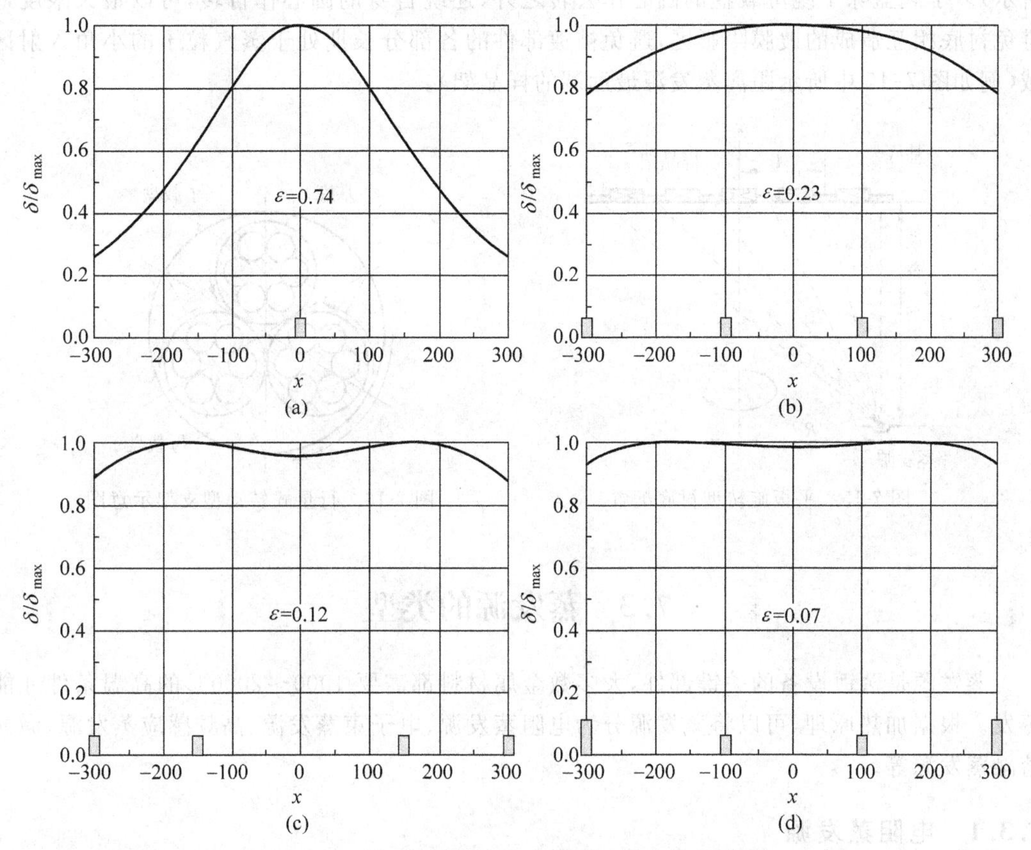

图 7-14 多个点蒸发源配置对膜厚均匀性的影响

(a) 1 个点蒸发源；(b) 等间隔、等蒸发速率的 4 个点蒸发源；(c) 不等间隔、等蒸发速率的 4 个点蒸发源；(d) 等间隔、不等蒸发速率的 4 个点蒸发源

4. 平板旋转型衬底

为了获得膜厚均匀的样品，旋转样品架也是一种比较简单易行的方法，其具体配置如图 7-15 所示。其中，h 表示蒸发源与平板样品架之间的垂直距离，R 为蒸发源偏离轴心 z 的距离，A 为基板上某一点距离轴心 z 的距离。

从相对运动的角度来说，衬底转动、蒸发源静止与衬底静止、蒸发源反向转动是等同的。因此，距离样品架轴心 z 为 A 处的膜厚应该等于此处衬底静止时，以转动轴为中心、以 R 为半径的圆环形蒸发源蒸镀在该点上的总膜厚，由类似于式(7-40)的推导过程可得，样品架上距离轴心为 A 处的膜厚度 δ 为

$$\delta=\frac{mh^2}{\rho\pi^2}\int_0^{\pi}\frac{2\mathrm{d}\varphi}{[h^2+(R+A)^2-4RA\sin^2(\varphi/2)]^2}$$

$$=\frac{mh^2}{\rho\pi}\cdot\frac{2h^2+(A+R)^2+(A-R)^2}{[h^2+(A+R)^2]^{3/2}[h^2+(A-R)^2]^{3/2}} \tag{7-46}$$

类似于式(7-41)可以得到样品架中心点处的膜厚为

$$\delta_0=\frac{mh^2}{\pi\rho}\cdot\frac{1}{(R^2+h^2)^2} \tag{7-47}$$

基于平板旋转型的衬底配置，能使膜厚均匀性更好的是行星式转动型样品架(如图 7-16 所示)。子载盘除了绕母载盘的圆心作公转之外，还绕自身的圆心作自转，可以最大限度地避免衬底相互造成的镀膜阴影区，避免被镀部件的各部分长期处于蒸汽粒子的小角入射区域(例如图 7-15 中所示距离蒸发源最远端的样品架)。

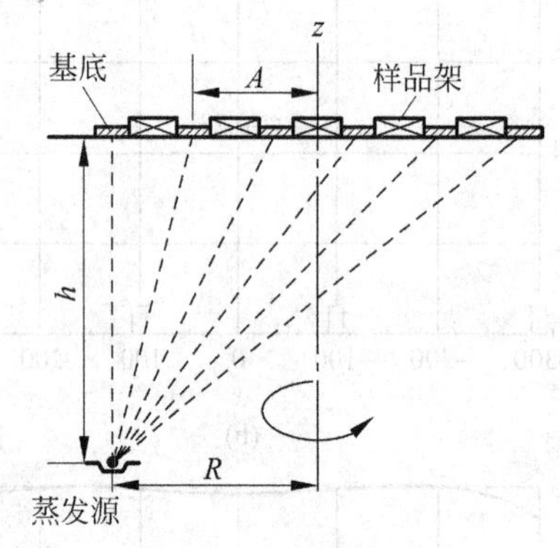

图 7-15 平板旋转型衬底配置

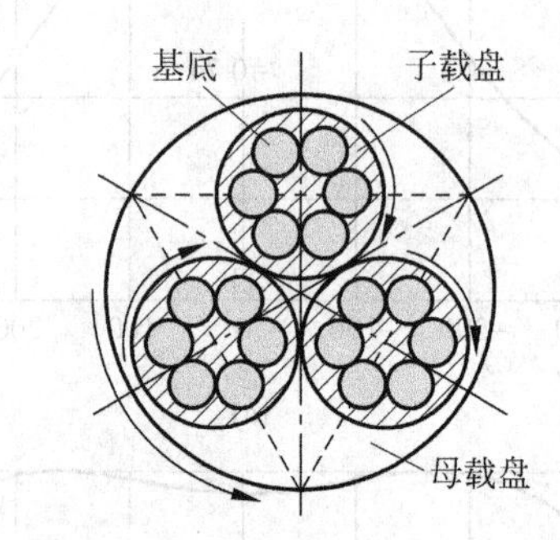

图 7-16 行星式转动型支架示意图

7.3 蒸发源的类型

蒸发源是蒸镀设备的关键部件，大多数金属材料都需要 1000～2000℃的高温条件才能蒸发。根据加热原理，可以将蒸发源分为电阻蒸发源、电子束蒸发源、高频感应蒸发源、激光熔融蒸发源等。

7.3.1 电阻蒸发源

电阻加热是利用大电流通过蒸发源所产生的热量来加热存放在蒸发源中的蒸发材料。电阻蒸发源通常由 Ta、Mo、W、石墨等高熔点导电材料制备，其结构简单、廉价易制、操作方

便,是一种比较普遍的蒸发源。图 7-17 所示为不同形状的电阻加热蒸发源,其中,(a)～(f)为直接加热蒸发源,(g)～(i)为间接加热蒸发源。

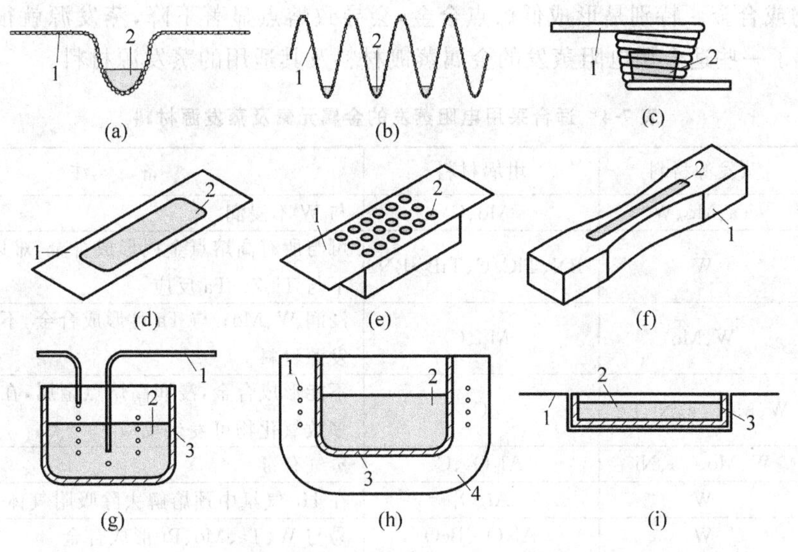

图 7-17 各类电阻加热蒸发源

(a) V形丝状;(b) 螺旋丝状;(c) 锥形丝状;(d) 凹形箔状;(e) 凹形箔状;
(f) 块状;(g) 坩埚状;(h) 坩埚状;(i) 坩埚状
1—加热体;2—蒸发物;3—坩埚;4—绝热材料

1. 蒸发源材料

通常对蒸发源材料有以下几个要求:

(1) 高熔点　由于蒸镀材料的蒸发温度多数在 1000～2000℃之间,蒸发源材料的熔点至少要高于这个温度。

(2) 饱和蒸气压低　这个特性可以防止或减少高温下蒸发源材料随着蒸镀材料一起蒸发而成为杂质进入薄膜中。只有饱和蒸气压低,才能保证蒸发源材料在蒸镀时的蒸发量较小。表 7-3 给出了常见电阻蒸发源材料的熔点和相应的平衡蒸气压所对应的平衡温度。为了尽量减少蒸发源材料的蒸发,应选择低于表 7-3 中蒸发源材料在平衡蒸气压为 10^{-6}Pa 时的平衡温度。在杂质较多的情况下,可采用与 10^{-3}Pa 所对应的平衡温度。

表 7-3　电阻蒸发源材料的熔点和对应的平衡蒸气压的温度

蒸发源材料	熔点/K	平衡温度/K		
		10^{-6}Pa	10^{-3}Pa	1Pa
W	3683	2390	2840	3500
Ta	3269	2230	2680	3330
Mo	2890	1866	2230	2800
Nb	2741	2035	2400	2930
Pt	2045	1565	1885	2180
Fe	1808	1165	1400	1750
Ni	1726	1200	1430	1800

(3) 化学性能稳定　高温下蒸发源材料不应与蒸镀材料发生反应。这是在电阻加热法中比较容易出现的问题，高温下某些蒸发源材料与蒸镀材料之间会产生反应或相互扩散而形成化合物或合金。特别是形成低熔点合金，会导致熔点显著下降，蒸发源就很容易烧断。表 7-4 推荐了一些适合用电阻蒸发的金属蒸镀材料及其适用的蒸发源材料。

表 7-4　适合采用电阻蒸发的金属元素及蒸发源材料

蒸镀材料	蒸发源材料	坩埚材料	备　注
Ag	Ta、Mo、W	Mo、C	与 W 不浸润
Al	W	BN、TiC/C、TiB_2-BN	可与所有高熔点金属形成合金，难以蒸发，高温下与 Ti、Zr、Ta 反应
Au	W、Mo	Mo、C	浸润 W、Mo；与 Ta 可形成合金，不宜选其作蒸发源材料
Ba	W、Mo、Ta、Ni、Fe	C	不能形成合金，浸润高熔点金属，在高温下与大多数氧化物可发生反应
Bi	W、Mo、Ta、Ni	Al_2O_3、C	蒸气有毒
Ca	W	Al_2O_3	在 He 气氛中预熔解去除吸附气体
Co	W	Al_2O_3、BeO	易与 W、Ta、Mo、Pt 形成合金
Cr	W	C	
Cu	Mo、Ta、Nb、W	Mo、C、Al_2O_3	不能直接浸润 Mo、W、Ta
Ge	W、Mo、Ta	C、Al_2O_3	对 W 溶解度小，浸润高熔点金属，不浸润 C
In	W、Mo	Mo、C	
Mg	W、Ta、Mo、Ni、Fe	Fe、C、Al_2O_3	
Mn	W、Mo、Ta	Al_2O_3、C	浸润高熔点金属
Ni	W	Al_2O_3、BeO	与 W、Mo、Ta 形成合金，宜采用电子束蒸发
Pb	Fe、Ni、Mo	Fe、Al_2O_3	不浸润高熔点金属
Pd	W(镀 Al_2O_3)	Al_2O_3	与高熔点金属形成合金
Ti	W、Ta	C、ThO_2	与 W 反应，不与 Ta 反应，熔化中有时 Ta 会断裂
V	W、Mo	Mo	浸润 Mo，但不形成合金；在 W 中的溶解度很小，与 Ta 形成合金
Zn	W、Ta、Mo	Al_2O_3、Fe、C、Mo	浸润高熔点合金，但不形成合金
Zr	W		浸润 W，溶解度很小

(4) 耐热性良好　热源变化时，功率密度变化较小。

(5) 原料丰富、经济耐用。

根据上述要求，常用的蒸发源材料有 W、Mo、Ta 等耐高温金属、耐高温的金属氧化物、陶瓷或石墨坩埚等。

2. 蒸发源材料与蒸镀材料的浸润性

蒸发源材料与蒸镀材料的浸润性是选择蒸发源材料时必须要考虑的问题之一。浸润性与蒸发材料的表面能有关。高温熔化的蒸镀材料在蒸发源上有扩展的倾向，被认为是容易浸润的；如果熔化的蒸镀材料有凝聚成球状液滴的倾向时，则被定义为难以浸润。图 7-18 所示为几种浸润的状态。

在浸润的情况下，蒸镀材料是从较大的表面上蒸发的，一般可认为是面蒸发源，并且与

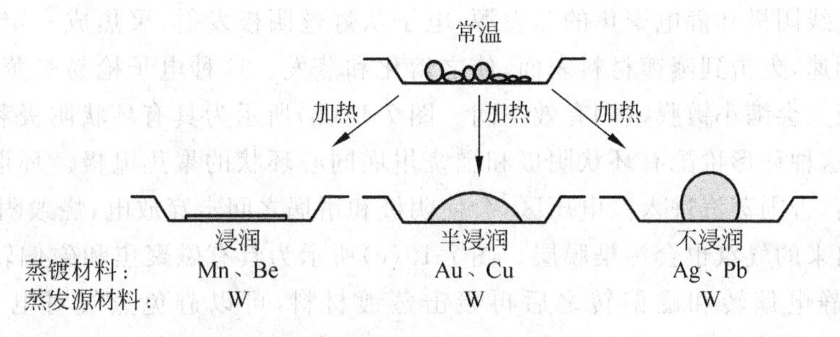

图 7-18 几种浸润的状态

蒸发源材料粘着良好，蒸发过程比较稳定。不浸润的情况下，一般认为是点蒸发源，蒸镀材料熔化后很容易从丝状的加热源材料上掉落，必须使用箔状加热体。半浸润情况介于上述二者之间，虽然在高温加热材料表面上不呈点状，但仅限于小区域内的扩展，蒸镀材料熔化后呈凸形分布。

3. 蒸发源材料的成形

W 作为蒸发源的制作是比较困难的。W 在经过高温退火后会发生再结晶，这种再结晶的 W 在 400℃左右才显示出较好的柔软性。因此制作 W 蒸发源，必须在高温下进行。Mo 即使在室温下也具有较好的柔软性，加工性良好。Ta 的柔软性最好，非常容易成形。

丝状蒸发源的线径一般为 0.5～1.0mm，特殊时为 1.5mm。螺旋丝状蒸发源常用于蒸发 Al，因为 Al 和 W 能相互浸润，但是 W 在熔融 Al 中有一定的溶解度，应注意。锥形丝状蒸发源一般用于蒸发块状或丝状的升华材料（例如 Cr）和不易与蒸发源浸润的材料。丝状蒸发源常采用多股丝，可以有效防止断线，还能增大蒸发表面和蒸发量。

箔状蒸发源的厚度常为 0.05～0.15mm。由于箔状蒸发源具有更大的加热表面，其功率消耗比同样界面的丝状蒸发源大 4～5 倍。用箔状蒸发源应避免造成过大的温度梯度，蒸镀材料与蒸发源材料之间要有良好的热接触，否则蒸镀材料容易形成局部过热点，不但容易引起材料分解，还容易造成蒸镀材料的喷溅。

7.3.2 电子束蒸发源

电子束蒸发源利用热阴极发射电子，在电场的作用下成为高能量密度的电子束，直接轰击蒸镀材料，电子束的动能转化为热能，使蒸镀材料加热气化。电子束蒸发源的核心部件是电子束枪（热阴极和等离子体电子）。电子束聚焦方式为静电聚焦和磁偏转聚焦。

电子束蒸发源的优点包括以下几个方面：①聚焦电子束的能量密度大，可以使蒸镀材料表面局域达到 3000～4000℃的高温，适用于蒸发高熔点金属、化合物材料和要求高速率蒸发的场合。②蒸镀材料置于水冷铜坩埚内，且电子束能量集中于蒸镀材料的表面局部区域，坩埚和非聚焦区的温度较低，可避免坩埚材料的污染，适合制备高纯薄膜。③电子束能量直接作用到蒸镀材料表面，热效率高、热传导和热辐射损失小。④改变聚焦电磁场可精确控制电子束在蒸镀材料表面的位置，可以边移动边加热，因此蒸镀材料的装料量较大，适用于工业生产。

电子束蒸发源由电子枪和坩埚两部分组成。许多情况下会将产生和控制电子束的装置以及坩埚设计成一个整体。电子束蒸发源主要有图 7-19 所示的几种结构形式。图 7-19(a)

所示为具有直线阴极和静电聚焦的蒸发源，电子从灯丝阴极发射，聚焦成一定直径的束流，经加速阳极加速，轰击到蒸镀材料表面，使之熔化和蒸发。这种电子枪易受蒸镀材料污染，对枪体的遮蔽又会缩小镀膜室的有效空间。图 7-19(b)所示为具有环状阴极和静电聚焦系统的蒸发源，这种环形枪配有环状阴极和围绕坩埚同心环状的聚焦电极。环形枪附近的蒸气压不可过高，否则蒸汽进入高电压区，会使阴极和坩埚之间击穿放电，烧毁阴极和坩埚，另外阴极蒸发出来的气氛也会污染膜层。图 7-19(c)所示为具有磁聚焦和磁偏转 180°的蒸发源，电子束经静电偏转和磁偏转之后再轰击蒸镀材料，可以避免蒸气对电子枪的污染。图 7-19(d)所示是图 7-19(c)的加强版本，磁偏转 270°，因为电子束流的轨道形状近似于字母 e，因此也称为 e 型枪。e 型枪进一步将电子束和蒸汽产生的区域隔离，可以更有效地避免阴极灯丝被坩埚中喷出的蒸镀材料污染。灯丝发射的热电子经阴极与阳极间 6～10kV 的高压电场加速并聚焦，再经磁场偏转到达蒸镀材料表面。在功率一定的条件下，e 型枪的运行宜选用低电压、高电流的工艺参数。

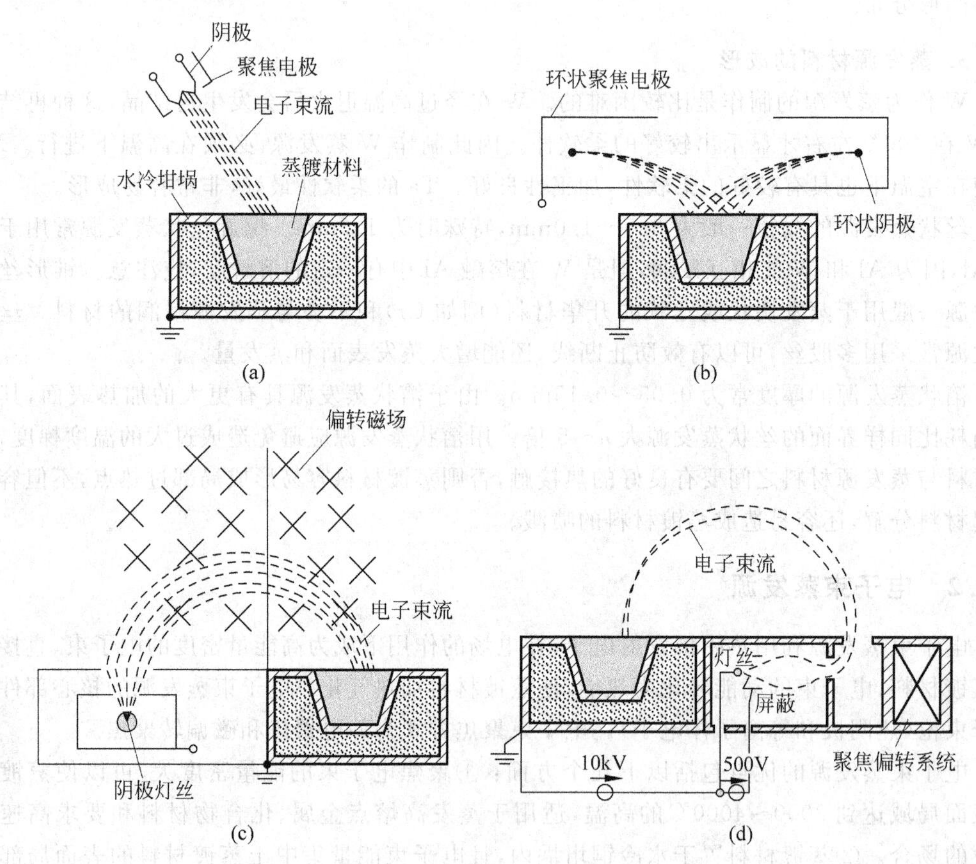

图 7-19 电子束蒸发源原理示意图

(a) 直线阴极、静电聚焦；(b) 环状阴极、静电聚焦；(c) 横向枪、180°磁偏转；(d) e 型枪

电子束加热蒸发源的缺点在于：①设备的结构比较复杂，价格昂贵。②如果蒸发源附近的蒸气密度高，电子束流和蒸气粒子之间会发生相互作用，电子的能量和轨道偏移，并且会引起蒸气和残余气体的电离，进而影响膜层质量。

7.3.3 高频感应蒸发源

高频感应蒸发源的工作原理如图 7-20 所示，一般由水冷螺旋线圈和耐高温的坩埚组成。蒸发材料在高频(一万～几十万赫兹)磁场的感应下因产生强大的涡流和磁滞损失而升温，直至气化蒸发。

高频感应蒸发源的优点是：①蒸发速率大，可比电阻蒸发源大 10 倍左右。②蒸发源的温度均匀，不易产生飞溅。③坩埚温度低，对膜层污染少。④温度控制比较容易，操作比较简单。

高频感应蒸发源的缺点是：①蒸发装置必须屏蔽，高频发生设备复杂、昂贵。②不能预除气，一旦线圈附近的压强超过 10^{-2} Pa，高频电场就会使气体电离，使功耗增大。③功率不能微调。

7.3.4 激光熔融蒸发源

激光熔融蒸发源是采用激光作为热源的一种蒸发装置，如图 7-21 所示。高能量的激光束透过真空腔的窗口，对蒸发材料进行加热使其蒸发，聚焦后的激光功率密度可达 10^6 W/m^2。

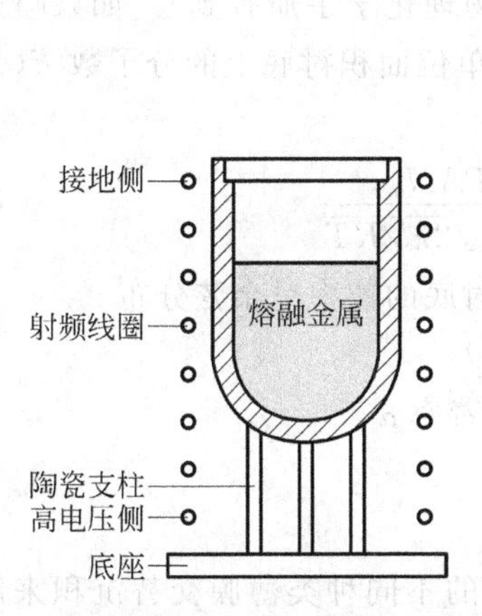

图 7-20 高频感应蒸发源的示意图

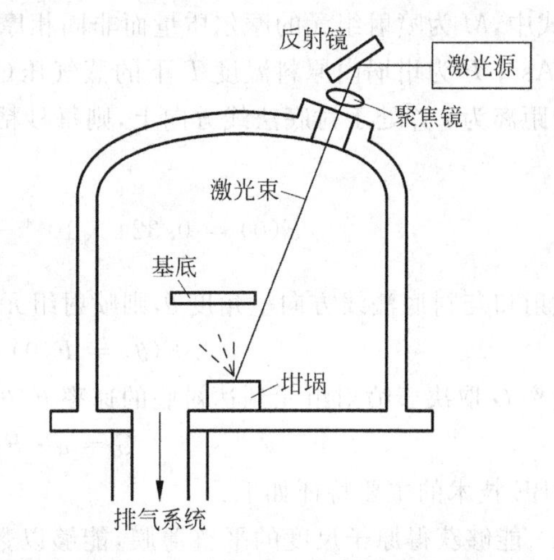

图 7-21 激光熔融蒸发装置示意图

激光熔融蒸发源的优点在于：①非接触式加热，可避免坩埚和热源材料对膜层的污染，适用于高真空下制备纯净薄膜。②容易实现同时或顺序多源蒸发。③可获得高功率密度的激光束，蒸发速率高。④比较适用于成分复杂的合金或化合物材料。⑤易于控制，不会引起蒸发材料带电。激光熔融蒸发源的缺点在于：①易产生颗粒喷溅，影响薄膜性能。②设备成本高、并非所有材料均适用。

7.4 特殊的真空蒸发

7.4.1 分子束外延法

分子束外延(molecular beam epitaxy，MBE)是在超高真空(10^{-8} Pa)条件下，一种或多种组元加热的原子束或分子束以一定速度喷射到加热的衬底表面，在适当的衬底与合适的条件下,沿衬底材料晶轴方向生长一层结晶结构完整的薄膜单晶的技术,新生单晶层叫外延层。外延薄膜与衬底属于同一物质的称“同质外延”,两者不同的称为“异质外延”。

MBE 把生长薄膜材料的厚度从微米量级推进到亚微米量级。外延层厚度达到原子层可控的水平,配合超晶格、量子阱、调制掺杂异质结构、带内及带间子带跃迁的物理新概念构成的“能带剪裁工程”,为材料生长、器件设计提供了更多的自由度。目前,这项技术被用于制备超高速计算机元件、高频工作元件和高性能光子元件等,已成为半导体领域的高新技术。

MBE 的过程包括:组元原子或分子吸附在衬底表面;吸附的分子在表面迁移和解离为原子;该原子与衬底的原子结合、成核并外延成单晶薄膜;高温下部分吸附在衬底上的原子脱附。

假设在装有原料的坩埚内,加热组元的气相和固相处于近似平衡状态,坩埚喷射口面积为 A,气体分子通量由式(6-15)给出,那么单位时间内从喷射口逸出的原子或分子总数为

$$\Gamma = A \cdot \Phi = \frac{PAN_{\mathrm{A}}}{\sqrt{2\pi MRT}} \tag{7-48}$$

注意,式中,M 为喷射组元的摩尔质量而非固相摩尔质量,例如 As_2(2 个 As 原子组成的团簇)或 As_4;P 为坩埚内原料温度 T 下的蒸气压(可由物理化学手册查到)。如果喷射口至衬底的距离为 l 并处于衬底法线方向上,则每秒粘附在单位面积衬底上的分子数 $F(0)$ 可表示为

$$F(0) = 0.324 \times 10^{-4} - \frac{PAN_{\mathrm{A}}}{l^2 \cdot \sqrt{2\pi MRT}} \tag{7-49}$$

如果喷射口与衬底法线方向呈角度 θ,则喷射组元到达衬底的速率呈余弦分布

$$F(\theta) = F(0) \cdot \cos^4\theta \tag{7-50}$$

生长速率 G 取决于喷射组元到达衬底的速率 $F(\theta)$ 和附着率 α

$$G = \alpha \cdot F(\theta) \tag{7-51}$$

MBE 技术的主要特征如下:

(1) 能够获得原子尺度的平整薄膜,能够以数纳米的不同种类薄膜交替沉积来制备单晶薄膜。

(2) 具有非常高的均匀性、重复性与可控性。在直径 4~6in(1in=0.0254m)的大面积基板上,能够获得厚度误差范围在 1%以内的均一外延薄膜。

(3) 生长速率高度可控。由于超高真空的保障,能够以极低的生长速率制备高质量的具有复杂构造的薄膜,而且薄膜生长过程中能够使用各种表面分析仪器来观察薄膜的生长过程。

(4) 薄膜成分精确。由于生长温度低,消除了体扩散对组分和掺杂浓度分布的干扰。

(5) 控制束源快门可以实现突然开始或终止分子束,因此对组元比和杂质的浓度可以精确控制。

(6) 由于是在非热平衡条件下生长的,可以生长不受固溶度限制的高浓度杂质或不互溶的多元系材料薄膜。

MBE 技术主要用于生长Ⅲ-Ⅴ族的 GaAs 和 GaAs 为主体的单晶薄膜。As 的附着率在有 Ga 时为 1,没有 Ga 时为 0。所以比 Ga 过量的 As 分子束喷射到 GaAs 表面上时,没有形

成 GaAs 的 As 将全部再蒸发。

MBE 系统可按照束源炉喷射方式分类：

（1）固态源分子束外延（SSMBE） 图 7-22 所示的固态源分子束外延系统是 MBE 技术的基础。其特点是Ⅲ族和Ⅴ族元素束源全部采用固态形式，生长时压强为 $10^{-3}\sim10^{-4}$ Pa。

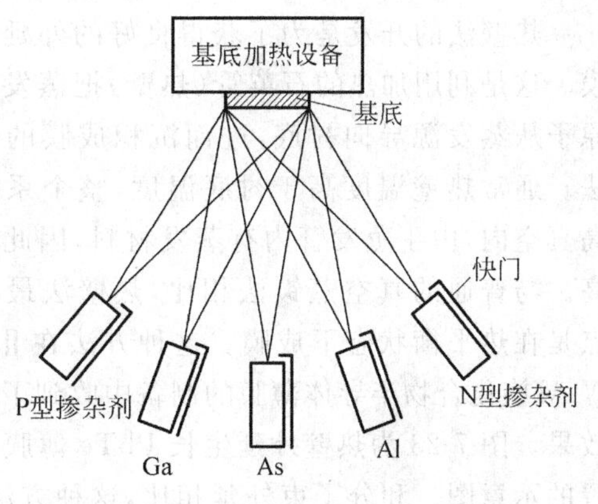

图 7-22 Ⅲ-Ⅴ族固态源分子束外延示意图

（2）气态源分子束外延（GSMBE） 由于红磷和白磷的蒸气压相差 10^5 量级，固态束源无法控制，为了生长重要的微波器件和光电器件 InP，20 世纪 80 年代开发了气态源分子束外延。用 AsH_3 和 PH_3 作为束源替代固态 As 和固态 P 源，Ⅲ族元素仍然用固态源，生长时系统压力～10^{-3} Pa。

（3）化学束外延（CBE） 化学束外延是在前两种分子束外延技术上发展起来的、除了用 AsH_3 和 PH_3 作为束源外、用金属有机化合物做Ⅲ族源的外延方法。生长时系统压力约为 10^{-2} Pa。

（4）金属有机物分子束外延（MOMBE） 是一种Ⅴ族源用固态 As 和 P、Ⅲ族源用金属有机化合物的外延技术。

（5）等离子体分子束外延（P-MBE） 是一种用于生长氮化镓基Ⅲ-Ⅴ族化合物的 MBE 技术。根据产生 N 原子等离子体方式的不同，分为直流等离子体 MBE（DCP-MBE）、电子回旋共振等离子体 MBE（ECRP-MBE）和射频等离子体 MBE（RF-MBE）。生长时压力～10^{-2} Pa。

上述 MBE 技术的特点归纳在表 7-5 中。

表 7-5 各种 MBE 技术特点

生长技术	Ⅲ族源	Ⅴ族源	生长压力×10^{-3} Pa	毒性
SSMBE	固态源	固态源	0.1～1	小
GSMBE	固态源	AsH_3、PH_3	1	极毒
CBE	金属有机物	AsH_3、PH_3	10	剧毒、易燃
MOMBE	金属有机物	固态源	1	易燃
P-MBE	固态源	N_2	1～10	小

7.4.2 电弧蒸发法

在普通的电阻加热蒸发中，常存在加热丝、坩埚与蒸发材料发生反应的问题，另外还可能发生蒸发源材料的原子混入薄膜以及难以蒸发高熔点材料的问题。这些问题可以通过采用电子束蒸发解决，但是电子束蒸发所用设备昂贵。电弧蒸发法是制备高熔点材料的一种比较简便的方法，采用高熔点材料构成两个棒状电极，在高真空下通电使其发生电弧放电，使接触部分达到高温进行蒸发。这是一种自加热蒸发法，可以蒸发包括高熔点金属在内的所有导电材料，可以简单快速地制备无污染的薄膜，并且不会引起衬底温度过高。这个方法的缺点在于蒸发速率很难控制，放电时会飞溅出微米级大小的电极材料颗粒，对薄膜造成损伤。

7.4.3 热壁法

热壁法的开发是为了获得良好的外延生长薄膜。这是利用加热的石英管(热壁)把蒸发分子或原子从蒸发源导向衬底,进而沉积成膜的一种方法。通常热壁温度高于衬底温度,整个系统处于高真空内,由于蒸发管内有蒸发材料,因此压强较高。与普通的真空蒸镀法相比,热壁法最大的特点是在热平衡状态下成膜。这种方法在Ⅱ-Ⅵ族、Ⅳ-Ⅵ族化合物半导体薄膜的制备中收到了良好的效果。图7-23为热壁外延生长PbTe薄膜所用装置的示意图。和分子束外延相比,这种方法简便、价格便宜,但是可控性和重复性较差。

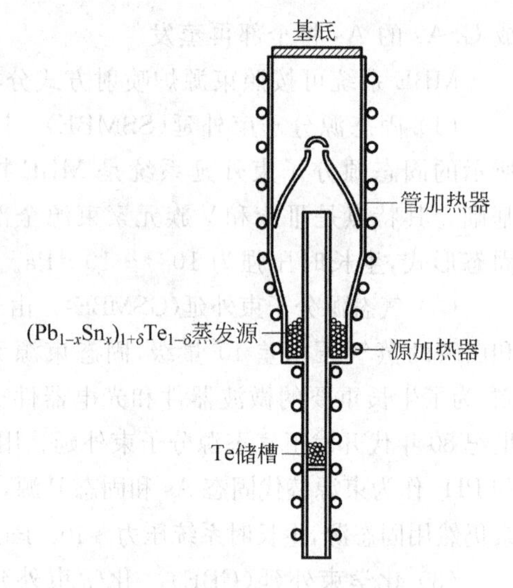

图7-23 热壁外延生长装置示意图

7.4.4 离子镀

离子镀是在制备薄膜时,使一部分蒸发材料在气相迁移过程中被离子化,加速其向衬底的运动,最终实现增大薄膜附着强度的方法。离子镀一般分为直流法、高频法、团簇离子束法和热阴极法四种方式,如图7-24所示。

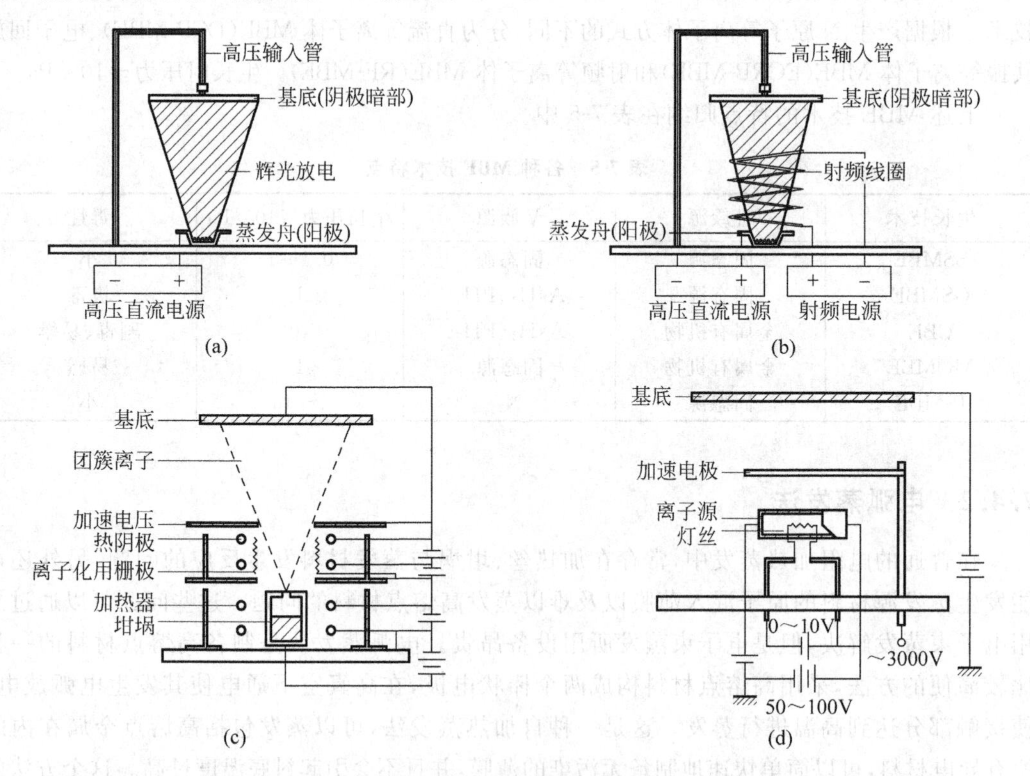

图7-24 各种离子镀方法示意图

(a) 直流法; (b) 高频法; (c) 团簇离子束法; (d) 热阴极法

图 7-24(a)所示为直流法，衬底上加负电压，离子轰击的同时，蒸发舟中的蒸发材料蒸镀成膜。工作压力通常在 1Pa 左右，衬底周围被辉光放电围绕，蒸发材料在通过等离子体时被离子化，变成正离子和衬底发生激烈碰撞。离子和衬底碰撞的时候陷入衬底，从而达到较强的附着强度。为了维持稳定的辉光放电，通常会通入氩气以保证工作气压的稳定。

高频法是指在直流法的衬底和蒸发源之间放入高频线圈，如图 7-24(b)所示。因此在 0.1Pa 以下的压强下也能持续放电，增大了气相蒸发材料的离子化率，使得高真空下也能进行离子辅助沉积。由于有了螺旋线圈，即使不通入氩气，仅用蒸发材料的蒸气也能维持稳定的等离子体，实现真正的高真空离子镀。

图 7-24(c)所示为团簇离子束法，采用具有小孔的坩埚蒸发，由于坩埚内部具有较高的压强，蒸发材料从小孔喷射出来时，近千个原子团簇在一起。团簇在其后的迁移中被栅极和热阴极离子化，加速冲向负电位的衬底并与之碰撞形成薄膜。

热阴极法(图 7-24(d))在本质上与团簇离子束法是一样的，区别在于蒸发材料不会形成团簇，而是原子或分子状态，也是一种可以在高真空中进行的离子镀。

在衬底前处理不够理想的条件下，离子镀对附着强度的提高效果明显，因为离子轰击过程会清洁衬底表面，这个作用在表面有微量的油残留或塑料衬底上尤其明显。与普通的蒸镀相比，离子镀过程中蒸发材料作为带正电荷的高能离子在高密度电场作用下以很高的速度注入到衬底表面，可以传入衬底很深，在衬底上形成一种附着牢固的扩散层。另外，离子镀有利于提高薄膜的结晶性能。例如在单晶 NaCl 上外延生长 Au 膜时用蒸镀法通常需要 300℃，但如果用高频离子镀则 120℃也能外延生长，Ag 膜更是在室温下也能实现外延生长。这主要是由于高能离子的轰击，使衬底温度有所提高。另外由于离子带电，比一般的中性原子或分子更容易结晶。再者，离子被加速后才到达衬底表面，具有更大的动能，因此在衬底表面更容易移动，有助于晶体的生长。由于蒸发粒子是以带电离子的形式在电场中沿着电力线方向运动，凡是有电场存在的部位，均能获得良好的镀层，因此，离子镀具有很强的绕镀能力，在衬底的背面和内孔中均能形成良好的镀层。

上述优点使得离子镀在航空领域的润滑镀层、耐热镀层和耐腐蚀镀层制备上均有广泛应用。

习　题

1. 饱和蒸气压的定义是什么？请由克劳修斯-克拉珀龙公式推导饱和蒸气压与温度的关系。

2. 推导点蒸发源和面蒸发源条件下，衬底上任意一点膜厚与蒸发源中心正对的衬底处膜厚的比例关系。

3. 简述对蒸发源材料的要求。

4. 简述分子束外延的定义和特点。

5. 为获得高质量的异质外延薄膜，应采取哪些措施？

参考文献

[1] 曲敬信，汪泓宏. 表面工程手册[M]. 北京：化学工业出版社，1998.

[2] 钱苗根. 材料表面技术及其应用手册[M]. 北京：机械工业出版社，1998.

[3] 杨邦朝,王文生.薄膜物理与技术[M].成都:电子科技大学出版社,1994.
[4] 麻莳立男.薄膜制备技术基础[M].陈国荣,刘晓萌,莫晓亮,译.北京:化学工业出版社,2009.
[5] 张而耕,吴雁.现代 PVD 表面工程技术及应用[M].北京:科学出版社,2013.
[6] 戴达煌,代明江,侯惠君,等.功能薄膜及其沉积制备技术[M].北京:冶金工业出版社,2013.
[7] 曲喜新.薄膜物理[M].上海:上海科学技术出版社,1986.
[8] 戴达煌,周克崧,袁镇海,等.现代材料表面技术科学[M].北京:冶金工业出版社,2004.

8 物理气相沉积Ⅱ——溅射镀膜

荷能粒子(多为电场加速的气体正离子)撞击固体表面,使固体原子(或分子)从表面射出的现象称为溅射。溅射过程射出的粒子大多数呈原子状态,称为溅射原子。溅射原子沉积在基底表面成膜的过程称为溅射镀膜。溅射现象除了用于镀膜,也可以用来做固体的离子清洁处理或溅射刻蚀。

与真空蒸发镀膜相比,溅射镀膜具有以下特点:

(1) 任何物质均可溅射,尤其是高熔点、低蒸气压元素和化合物。只要是固体,不论金属、半导体、绝缘体,还是化合物、混合物,都可以作为靶材。溅射绝缘材料和合金时,几乎不发生分解和分馏,薄膜成分与靶材组分非常接近。利用反应溅射还可以获得与靶材成分完全不同的化合物薄膜,如氧化物、氮化物和硅化物等。

(2) 溅射薄膜与基底的附着性好。溅射原子的能量比蒸发源子能量高1～2个数量级,溅射原子沉积在基底上发生能量转换,产生较高的热能,增强溅射原子与基底的附着力。而且,部分高能溅射原子将产生不同程度的注入现象,在基底上形成一层溅射原子与基底材料原子相互混溶的伪扩散层。此外,在溅射粒子的轰击过程中,基底处于一种被清洗和激活的状态,消除了附着不稳的沉积原子,净化且活化了基底表面。上述因素都会导致沉积薄膜具有更好的附着特性。

(3) 溅射镀膜密度高、针孔少,膜层纯度高,因为在溅射镀膜时不存在蒸发镀膜无法避免的坩埚污染。

(4) 膜厚可控性和重复性好。溅射镀膜的放电电流和靶电流可分别控制,通过控制靶电流可精确控制膜厚。此外,溅射镀膜可以在较大面积上获得厚度均匀的薄膜。

溅射镀膜的缺点在于:①设备复杂,需要高真空设备;②成膜速率低于蒸发镀膜,约0.01～0.5μm/min;③溅射过程中基底温度升高;④易受杂质气体影响。

8.1 溅射原理

8.1.1 溅射过程

荷能离子轰击固体表面产生相互作用,结果会发生如图8-1所示的一系列物理化学过程,主要包括三类现象:

(1) 产生表面粒子　溅射原子或分子、二次电子发射、正、负离子发射、溅射原子返回、解吸附气体原子、气体分子分解放出、光子辐射等。

（2）表面物化现象　加热、清洗、刻蚀、化学分解或合成。

（3）材料表面层现象　结构损伤（点缺陷、线缺陷）、热钉、碰撞级联、离子注入、扩散共混、非晶化和化合相。

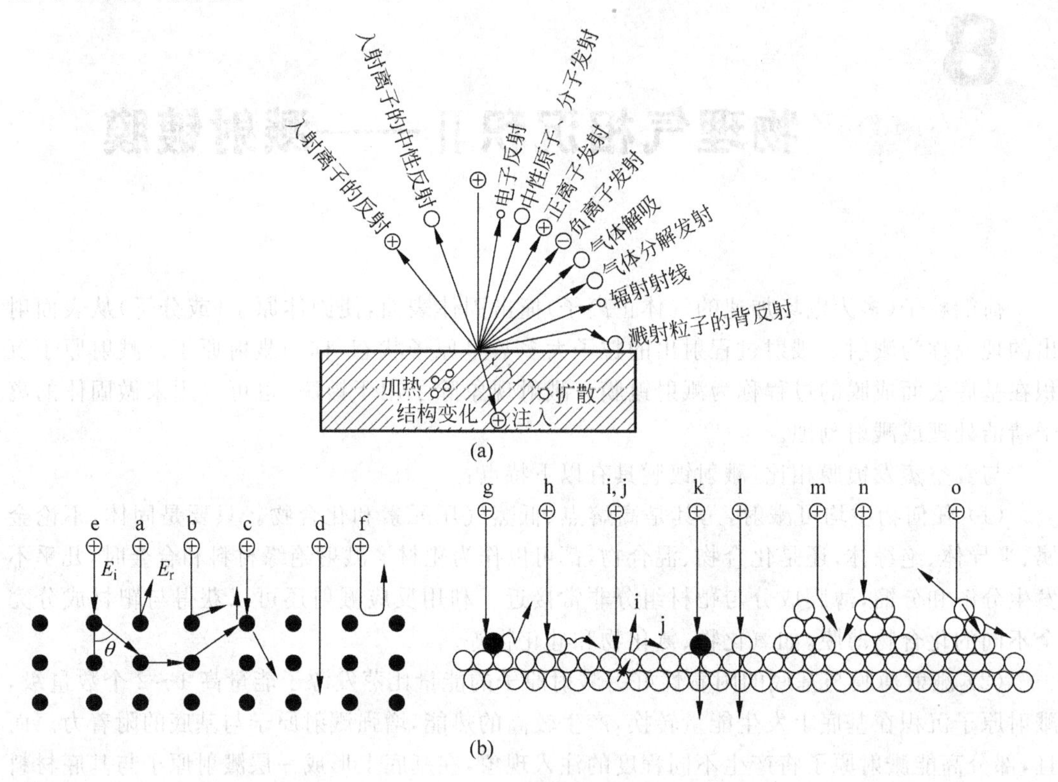

图 8-1　入射离子与靶面的相互作用

（a）荷能离子轰击下固体表面发生的物理过程；

（b）a、b—正向和大角度直接碰撞散射，c、d—碰撞和通道效应引起的离子注入，e—联级碰撞散射，f—表面多原子散射，g—表面吸附杂质的去除和表面活化，h—表面原子溅射位移，i、j—溅射和原子位移诱发空位，k—吸附杂质的注入，l—薄膜物质原子的自注入，m、n—表面扩散和溅射引起的空位填充，o—抑制岛状组织生长

当入射离子在与靶材的碰撞过程中，将能量传递给固体原子，使其获得的能量超过其结合能时，便可能使固体原子发生溅射，这是靶材在溅射镀膜过程中发生的主要过程。实际上，高能粒子轰击固体表面时，还有可能从固体表面反射，或者在轰击固体过程中捕获电子后成为中性原子或分子，再从表面反射；或者轰击固体表面逸出电子，即次级电子。离子深入固体表面产生注入效应，称为离子注入。此外离子进入固体内部后产生的能量传递会导致固体升温，进而导致结构和组分发生变化，以及固体表面吸附气体的解吸，或者产生辐射射线等。

除了最终沉积成为薄膜的中性原子或分子外，其他效应也会对溅射薄膜的生长产生很大的影响。由于基底表面也暴露于等离子体中，其表面相对于等离子体处于负电位时，图 8-1 所示的各种效应和现象，也会在基底表面发生。因此，调整基底相对等离子体的电位，可以获得不同程度的溅射效应，达到溅射镀膜、溅射清洗或溅射刻蚀等目的。

8.1.2 溅射机理

溅射过程是一个动量转移的过程。低能离子撞击靶材表面的原子，不能从固体表面直接溅射出原子，而是产生刚体弹性碰撞，它的动量传递给靶材表面的原子，该表面原子将获得的动量继续向靶材内部原子传递，经过一系列如图 8-2 所示的碰撞过程，即联级碰撞。碰撞在原子最紧密排列的点阵方向上传递最有效，因此，密排方向上晶体表面的原子从邻近原子那里得到的能量越来越大。如果其中某一个原子获得指向靶材表面外的动量，且同时具有足以克服表面势垒(结合能)的能量，它就会逸出靶材表面成为溅射原子。

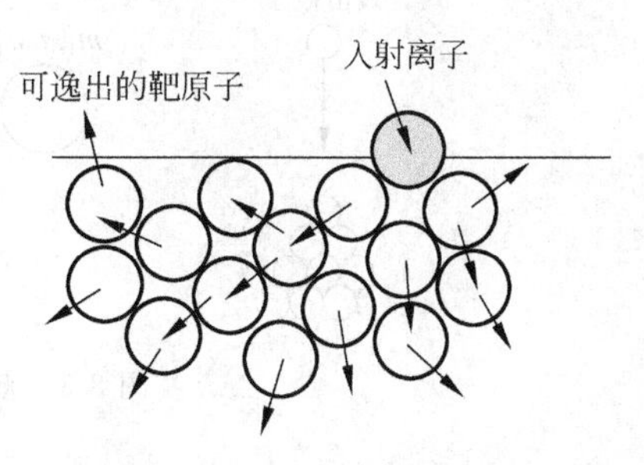

图 8-2 固体联级碰撞示意图

动量转移理论可以很好地解释溅射率与离子入射角度的关系以及溅射原子的角分布规律，但是，由于没有考虑原子之间的相互作用以及原子之间的碰撞性质随能量不同而存在差异等因素，并不能完全客观地反映溅射过程。尽管如此，当入射离子能量在 0.1～1keV 之间时，仍然可以采用动量转移理论近似地阐述溅射过程。下面简要介绍动量转移理论的模型和计算方法。

设两个球体的质量分别为 m_1、m_2，若 m_2 静止，m_1 以速度 v_0 沿两球中心连线方向与 m_2 碰撞，如图 8-3 所示。碰撞前 m_1 的能量为 E_0，碰撞后能量为 E_1，碰撞后 m_2 获得的能量为 E_2，则

$$\frac{1}{2}m_1 v_0^2 = \frac{1}{2}m_1 v_1^2 + \frac{1}{2}m_2 v_2^2$$

$$m_1 \overrightarrow{v_0} = m_1 \overrightarrow{v_1} + m_2 \overrightarrow{v_2} \tag{8-1}$$

其中，

$$E_0 = \frac{1}{2}m_1 v_0^2;\quad E_1 = \frac{1}{2}m_1 v_1^2;\quad E_2 = \frac{1}{2}m_2 v_2^2$$

令 $A=\dfrac{m_2}{m_1}$，由图 8-3 可以得到

$$E_1 = \frac{E_0}{(1+A)^2}\left(\cos\theta \pm \sqrt{A^2-\sin^2\theta}\right)^2 \tag{8-2}$$

$$E_2 = \frac{4m_1 m_2}{(m_1+m_2)^2}\cos^2\theta \cdot E_0 = \lambda \cdot E_0$$

式中，$\lambda=\dfrac{4m_1 m_2}{(m_1+m_2)^2}\cos^2\theta$ 称为能量转移函数。当 $m_1=m_2$ 并且 $\theta=0$ 时，$\lambda=1$，此时两个质量相同的粒子碰撞后，运动粒子的能量完全转移到静止的粒子上，即靶原子获得最大的能量。

若 $m_1 \ll m_2$，$\lambda=4\,\dfrac{m_1}{m_2} \ll 1$，即 $E_2 \ll E_1$。其物理意义是如果用电子等质量很轻的粒子作为轰击粒子的话，只有极少数的电子能量转移到靶原子上，所以电子不能产生溅射作用。另外一种极端情况是 $m_1 \gg m_2$，相应的 $\lambda \approx 4\,\dfrac{m_2}{m_1}$，代入式(8-2)可以得到

$$\frac{E_2}{E_0} = \frac{\frac{1}{2}m_2 v_2^2}{\frac{1}{2}m_1 v_0^2} \approx \frac{4m_2}{m_1}$$

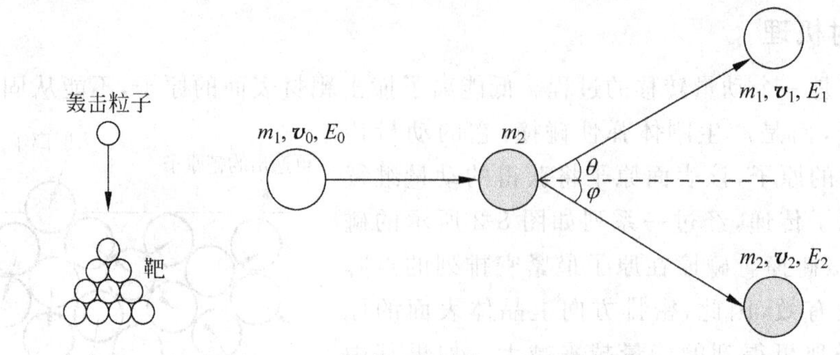

图 8-3 双体弹性碰撞模型的几何示意图

因此有

$$v_2 = 2v_0 \tag{8-3}$$

式(8-3)表明轻粒子被重粒子轰击后的速度约为碰撞前重粒子速度的 2 倍。

溅射过程即入射离子通过一系列碰撞进行能量交换的过程,溅射原子多数来自靶材表面小于 1nm 的浅表层,仅有 1%的入射离子能量可以转移到逸出的溅射原子上,大部分能量都通过联级碰撞而消耗在靶材的表层中,并转化为晶格的振动。

8.1.3 溅射特性

表征溅射特性的参数主要有溅射阈值、溅射率、溅射原子的能量和速度以及溅射原子的角度分布等。

1. 溅射阈值 E_r

溅射阈值是指使靶材原子发生溅射的入射离子所需的最小能量。溅射阈值的测量依赖于最低溅射率(溅射率为溅射原子个数与入射离子个数的比值)的测量精度,因此比较困难。表 8-1 是一些金属元素在不同入射离子轰击下的溅射阈值。可以看出,溅射阈值主要依赖于靶材材料,改变入射离子种类时同一元素的溅射阈值变化不大,而不同材料的溅射阈值变化比较明显。

表 8-1 一些金属元素的溅射阈值 eV

原子序数	元素	Ne^+	Ar^+	Kr^+	Xe^+	原子序数	元素	Ne^+	Ar^+	Kr^+	Xe^+
4	Be	12	15	15	15	41	Nb	27	25	26	22
11	Na	5	10	—	30	42	Mo	24	24	28	27
13	Al	13	13	15	18	45	Rh	25	24	25	25
22	Ti	22	20	17	18	46	Pd	20	20	20	15
23	V	21	23	25	28	47	Ag	12	15	15	17
24	Cr	22	15	18	20	51	Sb	—	3	—	—
26	Fe	22	20	25	23	73	Ta	25	26	30	30
27	Co	20	22	22	—	74	W	35	25	30	30
28	Ni	23	21	25	20	75	Re	35	35	25	30
29	Cu	17	17	16	15	78	Pt	27	25	22	22
30	Zn	—	3	—	—	79	Au	20	20	20	18
32	Ge	23	25	22	18	90	Th	20	24	25	25
40	Ze	23	22	18	26	92	U	20	23	25	22

2. 溅射率 *S*

荷能离子轰击靶材时，平均每个离子从靶材上打出的原子个数定义为溅射率 S，也称为溅射产额或溅射系数。溅射率与入射离子的种类、能量、角度以及靶材的种类、晶体结构、表面状态以及升华热等都有关系，单晶靶材的溅射率还与表面晶体取向有关。图 8-4 是用 Ar^+ 轰击不同靶材的溅射率，图 8-5 是不同的入射离子轰击 W 靶的溅射率。

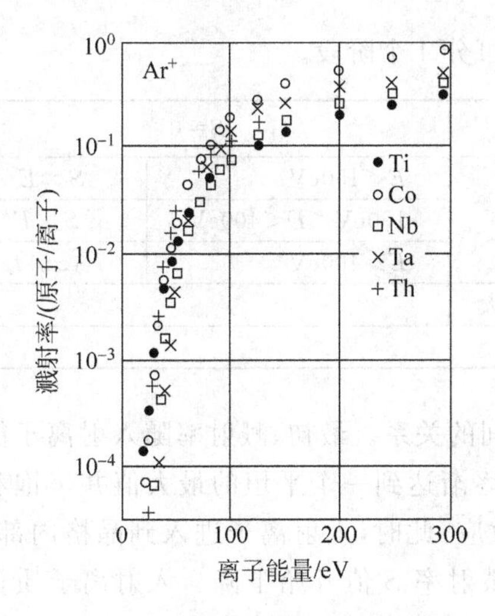

图 8-4 Ar^+ 轰击不同靶材的溅射率

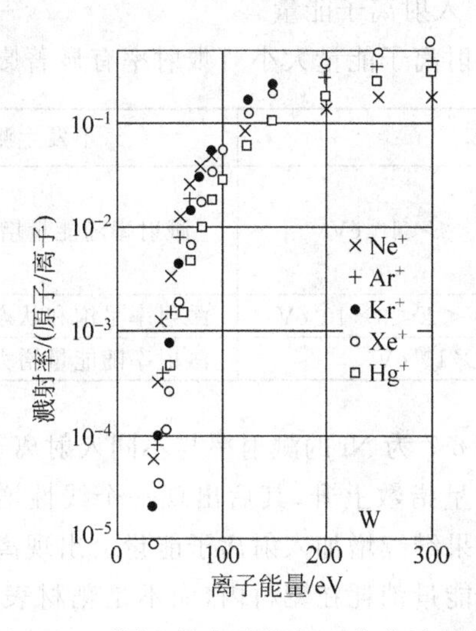

图 8-5 不同入射离子轰击 W 靶的溅射率

1）入射离子种类

溅射率依赖于入射离子的原子量，原子量越大，则溅射率越高。溅射率与入射离子的原子序数也有关，随着入射离子的原子序数提高呈周期性变化。如图 8-6 所示，在周期表的每

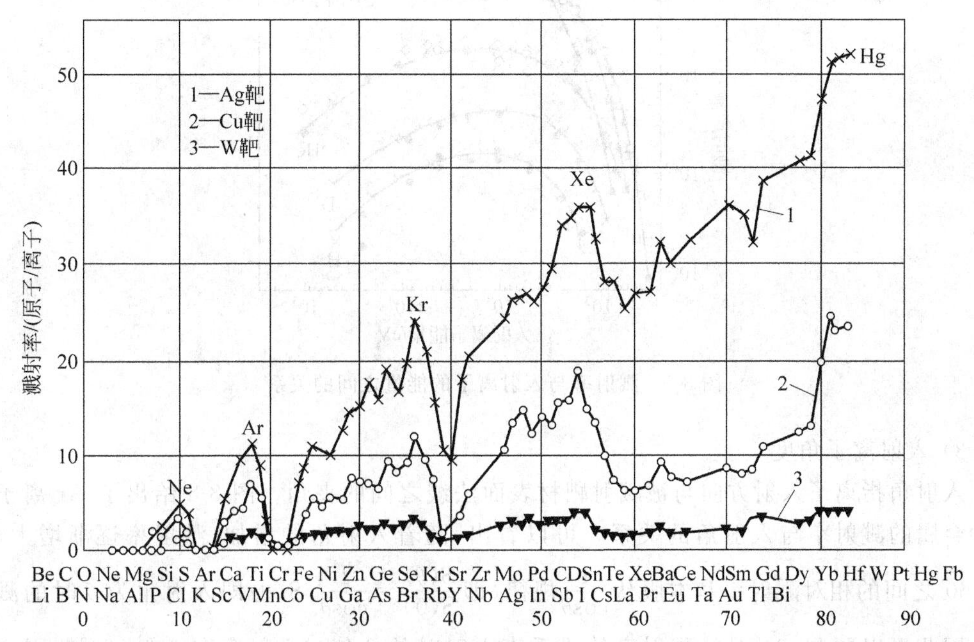

图 8-6 溅射率与入射离子的原子序数的关系

一周期中，电子壳层填满的元素具有最大的溅射率。因此，惰性气体的溅射率最高，而每一周期中间部位的元素溅射率最小，如 Au、Ti、Zr、Hf 等。因此，一般溅射离子都采用惰性气体元素。考虑到经济因素，最常见的入射离子元素是 Ar，入射元素如果是气态的话常称为工作气体。使用惰性气体还可以避免工作气体与靶材元素反应引起污染。在常用的入射离子能量范围(200～500eV)内，各种惰性气体的溅射率大体相同。

2) 入射离子能量

入射离子能量大小对溅射率有显著影响，大致可分 4 个阶段。

<table>
<tr><td>$E<E_r$</td><td>不发生溅射</td><td colspan="2">$S=0$</td></tr>
<tr><td rowspan="3">$10eV<E<10^4 eV$</td><td rowspan="3">溅射率随能量增大而增大</td><td>$E<150eV$</td><td>$S\propto E^2$</td></tr>
<tr><td>$150eV<E<400eV$</td><td>$S\propto E$</td></tr>
<tr><td>$E>400eV$</td><td>$S\propto \sqrt{E}$</td></tr>
<tr><td>$10^4 eV<E<3\times10^4 eV$</td><td>溅射率呈饱和状态不继续增大</td><td colspan="2"></td></tr>
<tr><td>$E>3\times10^4 eV$</td><td>溅射率随能量增大而下降</td><td colspan="2"></td></tr>
</table>

图 8-7 为 Ni 的溅射率与不同入射离子能量之间的关系。最初，溅射率随入射离子能量的增加呈指数上升，其后出现一个线性增大区，并逐渐达到一个平坦的最大值并呈饱和状态。如果继续增加入射离子能量会出现离子注入效应，此时，入射离子进入到晶格内部，将大部分能量消耗在靶材内，而不是靶材表面，因此溅射率 S 值开始下降。入射离子质量越大，出现这种下降趋势的能量就越高。

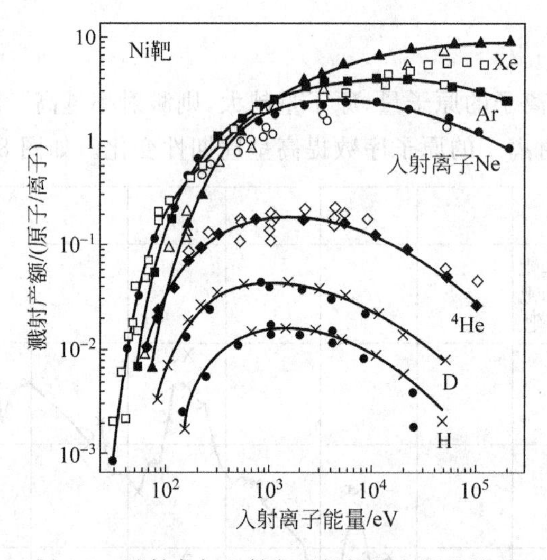

图 8-7 溅射率与入射离子的能量之间的关系

3) 入射离子角度

入射角指离子入射方向与被溅射靶材表面法线之间的夹角。图 8-8 给出了 Ar 离子对几种金属的溅射率与入射角的关系。可以看出，随着入射角的增加，溅射率逐渐增大，在 0°～60°之间的相对溅射率基本服从$\frac{1}{\cos\theta}$规律，即$\frac{S(\theta)}{S(0)}=\frac{1}{\cos\theta}$，$S(\theta)$即入射角为 θ 时的溅射率。因此可以预测，60°时的溅射率约为垂直入射时的 2 倍。入射角在 60°～80°范围之内时，溅射率最大。当入射角继续增加时，溅射率会急剧减小，当 $\theta=90°$ 时溅射率为零。这种变化的典型曲线如图 8-8 所示。对于不同元素构成的靶材，若想获得最大的溅射率 S，对应有一个最佳的入射角 θ_m。实验结果表明，入射角与溅射率的关系对 Au、Ag、Cu、Pt 等溅射率本来就很大的元素影响较小，而对 Al、Fe、Ti、Ta 等溅射率较小的金属影响较大。

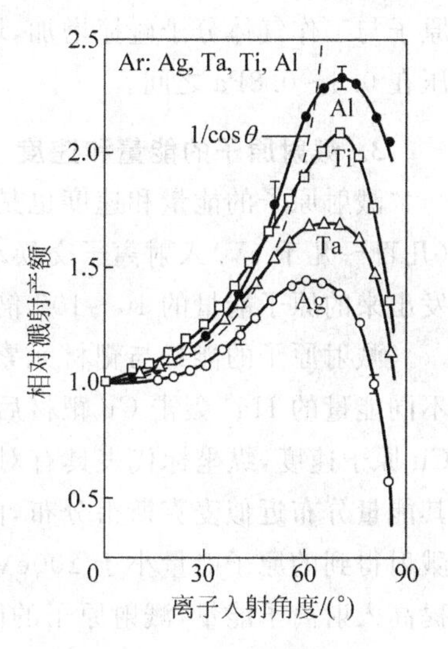

图 8-8 溅射率与入射角的关系

联级碰撞的扩展范围不仅与入射离子的能量有关，还与离子的入射角有关。当入射角较大时，联级碰撞主要集中在表层很浅的范围内，扩展范围很小。因此，低能量的反冲原子的生产率很低，表现为溅射率低下。其次，当入射离子以弹性反射的方式从靶材表面反射时，离子的反射角与入射角有关，反射离子对随后入射的离子的屏蔽阻挡作用与入射角有关，在入射角为 60°～80°时，屏蔽作用最小，此时有最大的溅射率 S。

4）靶材种类

溅射率与靶材种类的关系可以用靶材元素在周期表中的位置来说明。在相同能量的入射离子轰击下，不同元素的靶材溅射率如图 8-9 所示。可以看出，Cu、Ag、Au 的溅射率较大，C、Si、Ti、V、Zr、Nb、Ta、W 等元素的溅射率较小。此外，具有六方晶格结构（如 Mg、Zn、Ti）和表面易生产氧化层的金属比面心立方（如 Ni、Pt、Cu、Ag、Au、Al）和清洁表面的金属溅射率低；升华热大的金属比升华热小的金属溅射率低。这种规律来自原子的 3d、4d、5d 等电子壳层的填充程度。

5）靶材温度

溅射率与靶材温度的关系，主要是与靶材材料升华能相关的某温度值相关，如图 8-10 所示。在低于此温度的范围内溅射率几乎不变，当靶面温度超过这个温度，溅射率将急剧增加。因此溅射时应注意控制靶材温度，防止出现溅射率急剧增加。

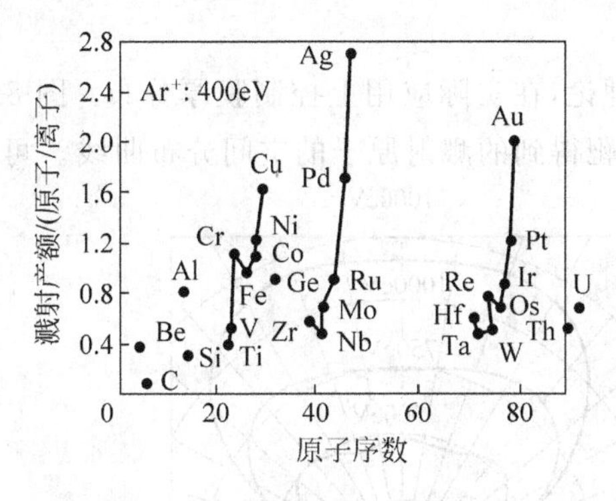

图 8-9 靶材元素种类对溅射率的影响

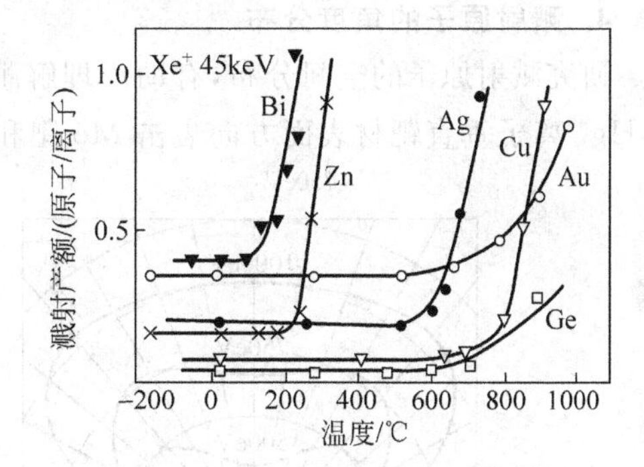

图 8-10 溅射率与靶材温度的关系

6）工作气体压强

图 8-11 展示了溅射率与工作气体压强的关系。在较低的工作压强下，溅射率不随压强变化；在较高工作压强下，溅射率随压强增大而减小。主要是因为工作气体压强高时，溅射

原子与工作气体分子碰撞增加，增加了溅射原子返回靶材表面的几率。实用的溅射工作气压在0.3～0.8Pa之间。

3. 溅射原子的能量和速度

溅射原子的能量和速度也是描述溅射特性的重要物理参数。由于溅射原子是与高能量(几百～几千 eV)入射离子交换动量而飞溅出来的，因此，溅射出来的原子具有的能量是蒸发出来的原子能量的10～100倍，为5～20eV。

溅射原子的能量与靶材元素、入射离子种类和能量以及溅射原子的方向性都有关系。不同能量的 Hg^+ 轰击Cu靶材后逸出的Cu原子能量分布如图8-12所示，横坐标是逸出的Cu原子速度，纵坐标代表具有对应速度的Cu原子数量，曲线代表了Cu原子的能量分布，其能量分布近似麦克斯韦分布，曲线间的差异是由入射 Hg^+ 离子能量不同造成的。大部分溅射得到的原子能量小于200eV，高能量部分有一个拖长的尾巴，平均能量为10～40eV。提高入射离子能量，溅射原子的能量范围增大，且原子数也增多。由于溅射原子能量较高，因此溅射镀膜比蒸发获得的膜层结合力更强、膜层也更加致密。

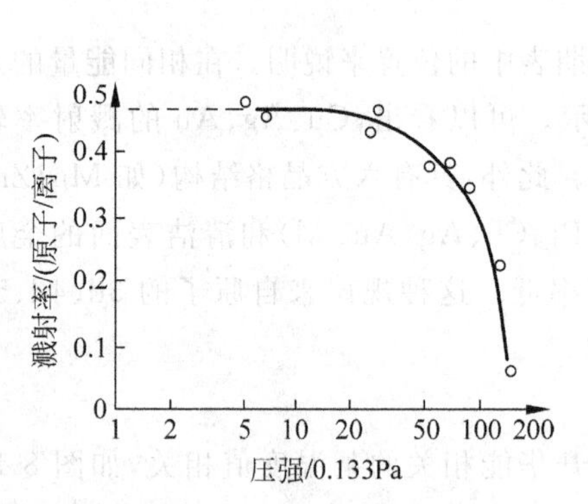

图8-11 溅射率与工作气体压强的关系

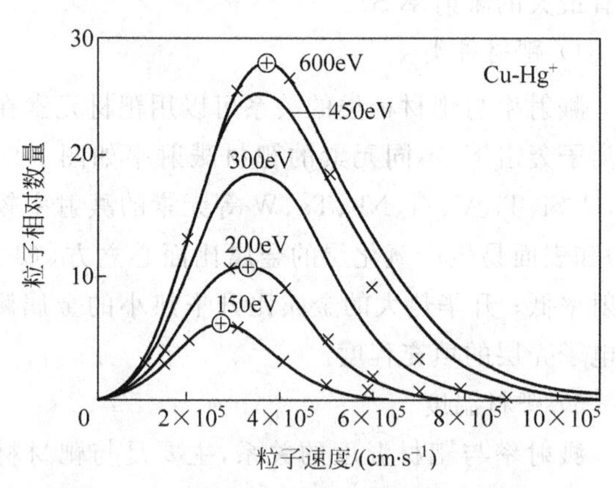

图8-12 溅射原子能量随入射离子能量的变化

4. 溅射原子的角度分布

研究溅射原子的空间分布，有助于理解溅射理论，在实际应用上控制膜厚分布。图8-13是 Hg^+ 离子垂直靶材表面方向轰击Mo靶和Fe靶得到的溅射原子的空间分布曲线。可以

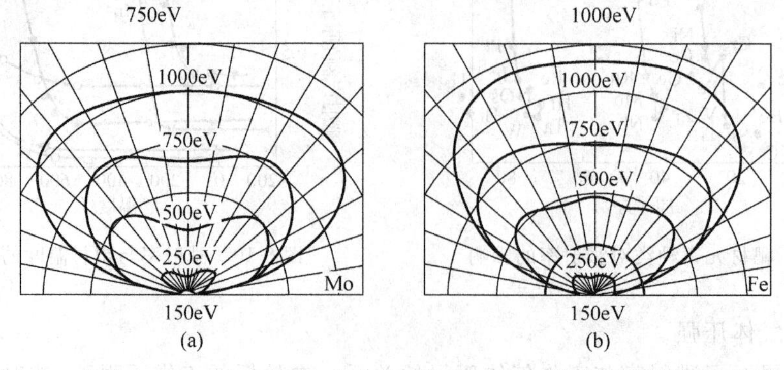

图8-13 能量100～1000eV的 Hg^+ 垂直轰击Mo和Fe靶时的溅射原子角度分布

(a) 轰击Mo靶；(b) 轰击Fe靶

看出垂直于靶材表面方向逸出的原子数明显少于按照余弦分布所应有的逸出原子数。不同靶材的角度分布与余弦分布所对应的逸出原子数偏差也不相同。

实验结果表明，溅射原子的逸出方向与晶体结构有关。对于单晶靶材，主要的逸出方向是原子排列最紧密的方向，其次是次紧密的方向。例如面心立方晶体，主要的逸出方向为[110]，其次为[100]、[111]方向。多晶靶材则观察不到明显的择优取向，差不多呈现一种余弦分布。

在入射离子倾斜入射的条件下，逸出原子的分布完全不符合余弦分布规则，溅射原子主要逸出方向是入射离子的反射方向，如图 8-14 中实线所示，与余弦分布的偏差明显大于垂直入射时的情形。

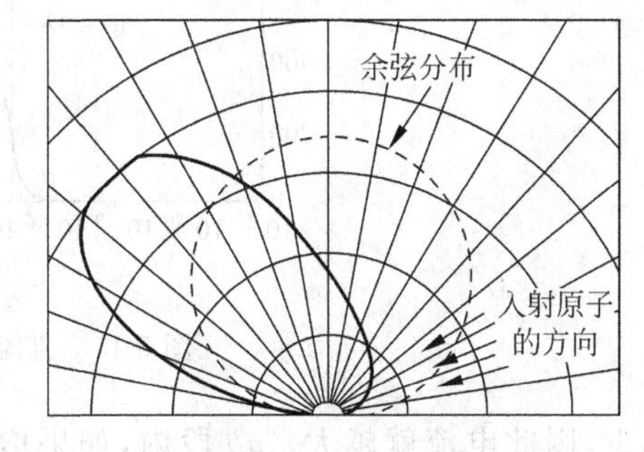

图 8-14 倾斜轰击时溅射原子的角度分布

5. 沉积速率 Q

沉积速率是指在单位时间内从靶材逸出的溅射原子沉积到基底上的厚度。沉积速率与溅射率 S 成正比：

$$Q = C \cdot I \cdot S \tag{8-4}$$

式中，C 是与溅射装置有关的特征常数，对于某一溅射装置和固定的工作气体，C 是定值；I 是等离子体电流；S 是溅射率。式(8-4)表明，提高沉积速率的有效办法是提高等离子体电流。不提高电压的条件下，增加等离子体电流的有效办法是提高工作气体压力。

8.1.4 辉光放电

溅射镀膜基于荷能粒子轰击靶材时的溅射效应，整个溅射过程都建立在辉光放电的基础上，荷能粒子都来源于气体放电。不同溅射技术的主要区别就在于其不同的辉光放电方式：直流溅射利用的是直流辉光放电；三极溅射是利用热阴极支持的辉光放电；射频溅射是利用射频辉光放电；磁控溅射是利用环状磁场控制辉光放电。

通常把电场作用下低压(1～10Pa)气体被击穿而导电的物理现象称为气体放电。由于高压放电现象在低气压状态下会产生辉光，此时也称辉光放电。按照所加电场频率不同，辉光放电可分为直流放电、低中频(1～100kHz)放电、高频(10～100MHz)放电、微波(>1GHz)放电等多种类型。脉冲放电属于高频放电。

1. 直流辉光放电

气体放电时，两电极间的电压和电流关系不能用简单的欧姆定律来描述，其形式和特点与放电条件有关。图 8-15 表示典型的直流气体放电伏安特性，图中内嵌有测试的线路示意图。

(1) 非自持暗放电区　图 8-15 中的 A、B 区称为非自持暗放电区。气体虽然是由中性原子(或分子)组成，但实际上在宇宙射线的辐射作用下会产生微弱的电离，因此残存有数量有限的游离离子和电子。如果没有电场，带电粒子只做热运动而无定向迁移运动，电流为零。如果在电极间加上电压，这些带电粒子就会定向迁移而形成电流。在 A 区，电压越高，电场强度越大，则迁移速度越大，带电粒子在空间停留的时间越短，带不同电荷的粒子复合

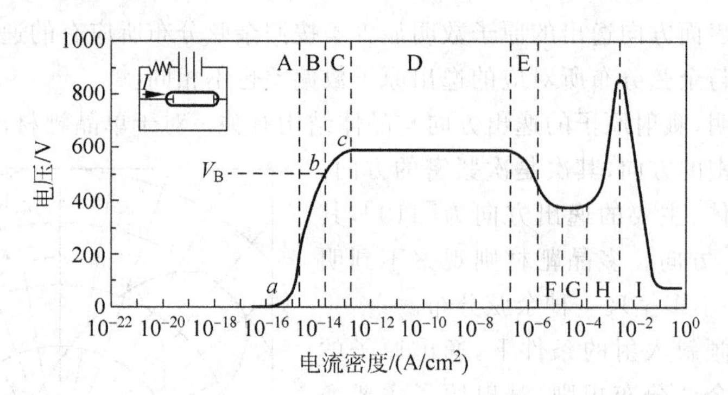

图 8-15　直流辉光放电伏安特性曲线

越少，因此电流就越大。ab 段内，如果增加电压，带电粒子来不及复合而全部迁移到电极上，电流趋向饱和。在 A、B 区间，载流子的存在依赖于外部辐射，如果除去外界辐射，则放电停止，因此叫非自持放电。该放电区电流值极小，一般小于 10^{-14} A，被激发的原子很少，无明显的发光，因此称暗放电。

(2) 自持暗放电区——汤森放电　当电压继续增加到临界值 V_B 时，带电粒子在电场中获得的能量增大。当它们与气体原子碰撞后可使后者电离，新产生的带电粒子又可以在电场中获得能量并碰撞原子，再产生电离，电离呈雪崩式增加，bc 段电流呈指数关系上升，此时气体被"击穿"，也称"着火"，该点对应的电压称为气体"击穿电压"或"着火电压"。此时，气体绝缘被破坏，电流可在电压不变的情况下仍然急剧上升，增大几个数量级，也就是图 8-15 所示 C、D 区，这个区域也叫汤森放电区。气体击穿之后，即使撤去外界辐射等引起电离的条件，也能靠自身内部的电离来继续维持放电，因此叫自持放电。

(3) 过渡区——电晕放电　由于气体击穿后绝缘破坏，内阻降低，迅速越过自持暗放电阶段后，立即出现极间电压减小的现象，并同时在电极周围产生昏暗的辉光，称为电晕放电。对应图 8-15 中 E 区。E 区内，随着电流的增加，空间电荷密度增大，影响极间电位分布。由于电子质量小，它飞向电极的速度比正离子快得多，因此空间电荷主要是正离子。此时空间某处电位甚至可能高于阳极电位，其结果是在飞向阳极的电子中，一些慢速电子被拉回到电位最高处附近，在此处形成了电子密度和正离子密度相等的"等离子区"。等离子区导电性很好，其电位与阳极电位近似一致，这样相当于阳极位置推前，称为虚阳极，这对电离更有利，虚阳极与阴极距离小于原来的两极距离，因此维持自持放电所需电压低于击穿电压。

(4) 正常辉光放电区　越过电晕放电区后，继续增加放电功率时，放电电流不断上升，辉光逐渐扩展到两电极之间的整个放电空间，光强也越来越强，这个现象叫辉光放电。辉光放电的过程分为前期辉光、正常辉光和异常辉光。图 8-15 中 G 区对应于辉光放电。其特点是放电电流随输入功率的增加而增大，极间电压几乎不变且明显低于击穿电压。由电晕放电(E 区)到正常辉光(G 区)称为前期辉光，对应图 8-15 中的 F 区。辉光放电是一种稳定的自持放电。

(5) 异常辉光放电　图 8-15 中 H 区称为异常辉光放电，一般电压在 400～800V，电流密度可达 0.1～5.0mA/cm^2。异常辉光放电阶段，轰击阴极的阳离子数量及单个阳离子的动能均增加，会导致严重的阴极溅射。

(6) 弧光放电　如果进一步增加异常辉光放电电流，达到一定数值后，伏安特性的极间电压会突然急剧下降，如图 8-15 中 I 区所示，而放电电流大增，放电机制从辉光放电过渡到弧光放电。弧光放电是一种稳定的放电形式，也称做热阴极自持弧光放电。其放电机制可能是热发射或场发射，电压降低到几十伏，但是电流可以从 0.1A 到数千安，弧光区发出非常强烈的光和热，产生电弧等离子体，属于热等离子体。

如图 8-15 G 区所示的正常辉光放电阶段，在一定电流密度范围内，放电电压维持不变，此时阴极的有效放电面积随电流增大而增大，从而使阴极有效区域内电流密度保持恒定。溅射电压 V、电流密度 J 和气体压强 P 有以下关系

$$V = E + \frac{F\sqrt{J}}{P} \tag{8-5}$$

其中，E 和 F 是取决于电极材料、尺寸和气体种类的常数。

此时，辉光放电的暗区、亮区以及对应的电位、场强、空间电荷和光强分布如图 8-16 所示。沿阴极到阳极方向可划分为明暗相间的 8 个区域，即阿斯顿暗区、阴极辉光区、阴极暗区、负辉区、法拉第暗区、正离子柱区、阳极暗区和阳极辉光区。这些区域的形成原因解释如下：从阴极发射的电子能量只有 1eV 左右，很少发生电离碰撞，因此在阴极附近形成阿斯顿暗区。接着电子在电场作用下加速导致其周围的气体进入激发状态，激发的气体分子发出固有频率的光，成为紧靠阿斯顿暗区的比较明亮的阴极辉光区。随着电子继续加速，获得了足够的动能，导致周围气体分子发生电离，这个区域中含有大量电离的离子和低速电子，这个几乎不发光的区域称为克鲁克斯暗区，也叫阴极暗区。克鲁克斯暗区中形成的低速电子加速后又具有能激发气体分子的能量，因此紧随克鲁克斯暗区的是负辉光区。克鲁克斯暗区中产生的大量正离子由于质量较大，向阴极移动的速度较慢，而电子已经快速移动走，所以此处正离子组成的空间电荷使该区域的电位升高，而与阴极形成了很大的电位差，此电位差常称为阴极辉光放电的阴极压降。由于克鲁克斯暗区中正离子浓度很大，高速电子经过后速度逐渐降低，在克鲁克斯暗区结束的区域由于电子能量降低，其与正离子的复合几率增多，复合的过程中放出光能，因此，克鲁克斯区结束的地方出现了负辉光区。经过负辉光区后，多数动能较大的电子都已经丧失了能量，只有少数电子经过负辉光区，因此再次出现了一个暗区，称为法拉第暗区。法拉第暗区后，少数电子加速并与气体分子碰撞而产生电离，由于电子数目较少，产生的正离子不会形成密集的空间电荷，所以在这一较大空间内，形成电子与正离子密度相等的区域，也就是图 8-16 中的正离子柱。由于空间电荷作用不存在，法拉第暗区和正离子柱区间内电压降很小，类似一个良导体，因此其电位近似等于阳极电位而成为虚阳极。

阿斯顿暗区、阴极辉光区、克鲁克斯暗区总称阴极位降区。除了阴极位降区外的其他区域可以简单地视为等离子体区，都有良好的导电性，因此，克鲁克斯暗区与负辉区之间的边界处电位与阳极基本一致。所以，阴极位降区内电位梯度很大，阴极附近电场很强，带电离子在阴极位降区内的主要运动是在电场作用下进行的迁移运动。

图 8-16 所示的放电区结构属于长间隙的情况，当维持两极间的电压不变而仅改变其距离时，阴极暗区和负辉区不受影响，而法拉第暗区和正离子柱区将缩短直至消失，这种情况称为短间隙辉光放电。溅射镀膜时的情况属于短间隙辉光放电，基底处于负辉区，阴极和基底之间的距离至少应该是克鲁克斯暗区宽度的 3～4 倍。

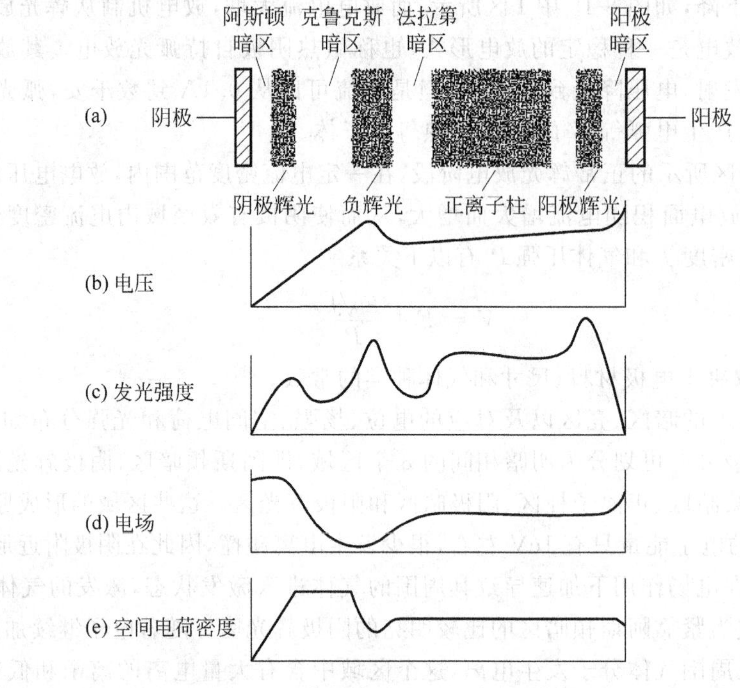

图 8-16 正常辉光放电光强分布及电学特性

2. 巴邢曲线

使气体自持放电的击穿电压或着火电压(V_B)是气体放电的重要参数。对于两个平行板电极系统,V_B 与阴极材料、气体种类、气压和极间距离的关系为

$$V_B = \frac{B(P \cdot d)}{\ln \frac{A(P \cdot d)}{\ln\left(1 + \frac{1}{\gamma}\right)}} \tag{8-6}$$

这就是著名的巴邢定律,其中,P 为气压,d 为极间距,γ 为汤森第二电离系数,A、B 均为由气体种类决定的常数。式(8-6)可看作是 V_B 与 $P \cdot d$ 间的函数关系,$V_B = f(P \cdot d)$ 叫做巴邢曲线。图 8-17 给出了几种常见气体与铁阴极的巴邢曲线。这个曲线有最低点,也就是说对于一种气体来说具有一个最低击穿电压。巴邢曲线的物理意义是,当 $P \cdot d$ 值太小,即气压太低时,两电极间气体粒子数目太少,相对气体粒子的自由程太大;或者极间距太小,电子在极间飞行过程中与气体粒子碰撞的几率很小,气体电离就很困难。所以,在这种条件下要击穿气体,必须提高极间电压,提高电子的能量,增大电子与气体粒子碰撞时的电离系数,从而增加电离的几率。当 $P \cdot d$ 值过大,即气压过高,极间气体粒子数目过多,其自由程很短,电子飞行时会与气体粒子频繁碰撞,导致大量气体粒子被激发,但都很难获得足够的能量电离;或者极间距离太大,在相同电压下电场强度太小,电子的能量不足。因此,不论 P 或 d 过大,都必须提高极间电压,提高电子能量,增加电离能力,才能实现击穿。

需要注意的是,巴邢曲线有一个适用范围,其两侧不能无限延伸,$P \cdot d$ 范围一般是 $10 \sim 10^4$ Pa·cm。如果 P 太小,例如低于 10^{-3} Pa,属于高真空击穿,与辉光放电完全不同;如果 d 太小,例如导致阴极前的电场强度达到 200～500kV/cm,将出现场致发射。如果

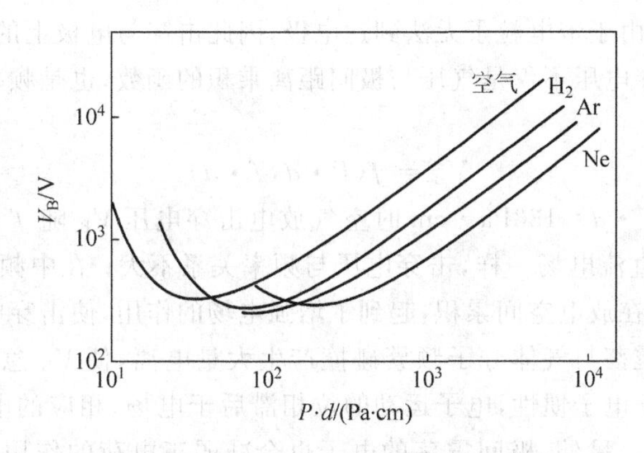

图 8-17 几种气体与铁阴极的巴邢曲线

$P \cdot d$ 太大，气体击穿后会过渡到火花放电，也将离开巴邢曲线预测的范围。

3. 异常辉光放电(弧光放电)

当整个阴极都成为有效放电区域后，进入图 8-15 所示的 H 区，增加阴极的电流密度才能增大电流，形成均匀而稳定的“异常辉光放电”，从而均匀地覆盖基底，这个放电区域就是溅射区域。此时溅射电压和电流密度与气体压强的关系仍然符合式(8-5)。如果增大电压，将有更多的正离子轰击阴极产生大量电子发射，同时克鲁克斯暗区随电压增加而收缩，此时

$$P \cdot d_k = C_1 + \frac{C_2 F}{V - E} \tag{8-7}$$

其中，d_k 为克鲁克斯暗区宽度，C_1、C_2 是与电极材料、尺寸和气体种类相关的常数。当电流密度达到 0.1A/cm^2 时，电压开始急剧降低，出现低压弧光放电，在溅射镀膜时应力求避免。克鲁克斯暗区从阴极向外扩展的距离是异常辉光放电时电压的函数，在设计溅射装置时，必须考虑这一点。

弧光放电的特征是低电压和大电流，属于自持放电。

4. 高频辉光放电过程与特性

高频放电一般是指放电电源频率在兆赫以上的气体放电形式。溅射技术中常用的频率是 13.56MHz，电场频率的变化会对放电现象、特征、条件和结果产生明显的影响。射频辉光放电是高频辉光放电的一种。

在交变电场中，如果需要放电不受频率的影响，电极间的带电粒子需要在 1/4 周期内完成放电进入电极，而不在两极间形成空间电荷，否则放电过程会受前一周期残留的空间电荷影响。如果交变电场的频率较低，例如 50Hz 的市电，击穿过程在 $10^{-8} \sim 10^{-6}$s 内完成，在击穿过程中电场变化很小，也就是说电场变化周期远大于电离和消电离所需的时间，因此，每半个周期都会经历击穿、维持、熄灭的过程。在此情况下，放电现象的本质与一个定期开闭的直流电源没有本质区别，只是正负电极的位置随电场周期性交替而已。但是，随着电场频率的提高，情况将逐渐发生改变，直到电场频率足够高以至于电极间的电子跟不上响应电场变化到达电极消失，而开始在电极间往返震荡。电子在放电空间的震荡增加了其与气体分子的碰撞次数，可以显著提高电离能力。正离子由于质量大，来不及响应电场的变化，形成很多空间电荷，对放电也起着显著的增强作用。如果电场强度适宜，会产生越来越多的电

离使气体击穿放电。由于带电粒子无法到达电极，因此击穿与电极上的电子发射过程无关。

高频电场中，击穿电压不仅是气压与极间距离乘积的函数，也是频率与极间距离乘积的函数：

$$V_B = f(P \cdot d, f \cdot d) \tag{8-8}$$

图 8-18 给出了 $P \cdot d = 133\text{Pa} \cdot \text{cm}$ 时空气放电击穿电压 V_B 随 $f \cdot d$ 的变化规律。在低频区域Ⅰ，几乎与直流电场一样，击穿电压与频率关系不大；在中频区域Ⅱ，正离子已经不能响应电场变化而在放电空间累积，起到了增强电场的作用，使击穿电压略有下降。到高频区域Ⅲ，电子往复震荡与气体分子频繁碰撞产生大量电离，使 V_B 急剧下降。$f \cdot d$ 进一步增加到Ⅳ区时，由于电子惯性，电子运动的位相滞后于电场，相应的电子因此不能再从电场获得足够多的能量。另外，极间震荡的电子也会减弱正电荷的作用，需提高电压才能补偿，因此击穿电压又有所升高。

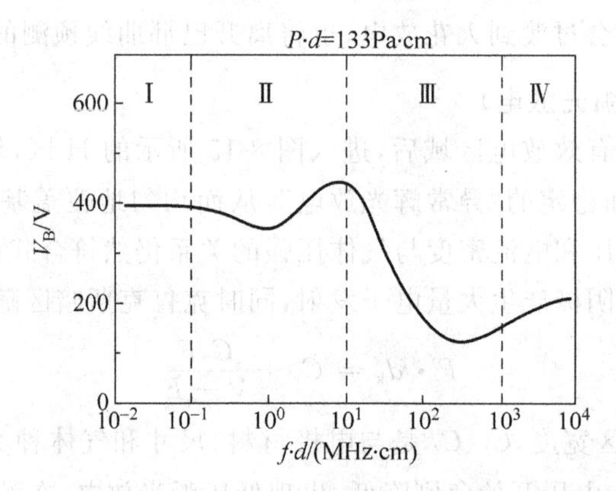

图 8-18　空气放电击穿电压随 $f \cdot d$ 变化的规律

8.2 溅射技术

1852 年，Grove 在气体辉光放电管中首次发现离子对阴极材料的溅射现象。1963 年，美国贝尔实验室和西屋电气公司实现了溅射镀膜的产业化，此后人们开发出了溅射效率较高的射频溅射、直流溅射和磁控溅射等溅射镀膜技术。射频溅射采用 13.56MHz 的高频交变电场使气体放电产生等离子体，常用于绝缘材料的溅射镀膜。磁控溅射通过在阴极靶面建立跑道磁场，利用其控制二次电子运动，延长其在靶面附近的行程，增加与气体碰撞的几率，提高等离子体的密度，最终提高溅射速率和沉积速率。由于具有较高的镀膜速率和良好的成膜质量，磁控溅射是工业中应用最为广泛的溅射镀膜技术。本节首先介绍最基本的二极直流溅射，以便于读者理解溅射过程，然后详细介绍射频溅射和磁控溅射这两种最常见的溅射技术。

8.2.1 二极直流溅射

被溅射的靶材（阴极）和成膜的基底与其固定架（阳极）构成了溅射装置的两个电极，因此称为二极溅射，其接头原理如图 8-19 所示。使用射频电源时称为射频二极溅射，使用直流电源则称为直流二极溅射,因为溅射过程发生在阴极,所以也称阴极溅射。靶材和基底都是平板形状的称为平面二极溅射,若二者是同轴圆柱则称为同轴二极溅射。

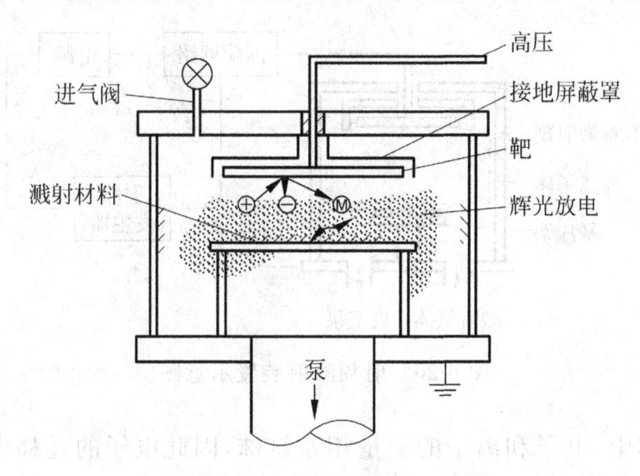

图 8-19 二极溅射过程示意图

首先将沉积材料制成靶材,并连接到负高压上,为了在辉光放电过程中保持靶材表面始终是可控的负高压,靶材材料必须是导体。工作时,首先将真空室压力降到高真空(～10^{-3}Pa),然后通入 Ar 气使腔内压力维持在 1～10Pa,接通电源,使阴极和阳极之间产生辉光放电并建立等离子区,其中带正电的 Ar^+ 受电场加速而轰击阴极靶材,从而使靶材溅射。

直流二极溅射放电所形成的回路,是依靠气体放电时产生的正离子飞向阴极靶材,一次电子飞向阳极而形成的。然而,放电是依靠正离子轰击阴极时所产生的二次电子经阴极暗区被加速后去补充被消耗的一次电子来维持的(自持放电过程)。因此,在溅射镀膜过程中,电离效应是必要条件。

为了提高沉积速率,在不影响辉光放电的前提下,基底应尽量靠近靶材。但是,从膜厚分布来看,靶材中心部分的膜厚最薄。综合考虑,阴极靶材与基底间的距离以大于阴极暗区的 3～4 倍为宜。

直流二极溅射的主要工艺参数包括溅射功率、工作气压、放电电压和电极间距离。溅射过程中主要控制工作气压、溅射功率和放电电压。直流二极溅射虽然设备结构简单,可获得大面积厚度均匀的薄膜,但是也存在以下缺点:①溅射参数不易独立控制,放电电流随电压和气压变化,工艺重复性差;②基底温升高、沉积速率低;③靶材必须是良导体。这些缺点可以采用以下办法克服:①加强靶材冷却,减少热辐射,同时减少靶材放出的高速电子对基底的加热作用;②优化入射离子能量。

8.2.2 射频溅射

直流溅射过程中,溅射靶材上施加负电压,因此只能溅射导体材料。溅射绝缘靶材时,正离子轰击靶材后电荷不能导走,造成靶材表面正电荷累积,靶面电位不断上升,最后正离子不能到达靶面进行溅射,也不能保持等离子体继续放电,所以不能保持稳定的溅射状态。因此,沉积绝缘材料需要采用射频溅射技术。

射频溅射装置如图 8-20 所示,相当于直流溅射装置中的电源部分同时使用了射频发生器、匹配网络和电源。电子在射频电场中震荡、吸收射频电场的能量,与 Ar 原子碰撞产生碰撞电离而获得等离子体。射频电源的频率规定采用 13.56MHz。在靶材和基底之间，射频等离子体中的正离子和电子交替轰击绝缘靶材而产生溅射。

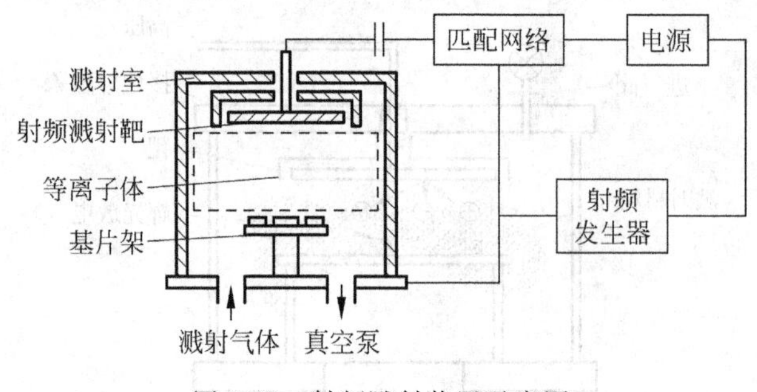

图 8-20 射频溅射装置示意图

在射频等离子体中，电子和离子的质量相差悬殊，因此电子的迁移率远高于离子的迁移率。在任何时刻到达电极的电子数目都远远超过离子数目。负电荷累积在电极上使电极电位降低而排斥后到电子，当达到动态平衡，即净电荷为零时，电极保持低于等离子体的某一负电位。如果靶材和基底完全对称，则两极的负电位相等，正离子轰击靶材和基底的几率相同，即使溅射粒子附着在基底上，逆溅射的时候也会被打下来，不能沉积薄膜。因此，实际采用的都是不对称的电极结构，基底与机壳连接并且接地，是一个面积很大的电极，而靶材面积很小。这样在基底产生的负电位很低，可以近似认为等于等离子体电位，相当于二极溅射中的阳极，而靶材产生的负电位很高，可以产生溅射效应。两电极的面积和电位有如下关系

$$\frac{V_1}{V_2}=\left(\frac{A_2}{A_1}\right)^4 \tag{8-9}$$

其中，A_1、A_2 分别为靶材面积、基底与机壳等接地部分的面积；V_1、V_2 分别为靶材与基底的阴极位降。这样，大大减弱了正离子轰击基底的能量。同时，基底和接地部分大多数是导电的，带电量很少，面积也大，进一步减弱了轰击基底的正离子能量，因而，逆溅射大大减少，才能实现射频溅射镀膜。

射频溅射的工作气体压强可以比二极溅射低一个数量级，可以避免溅射原子被大量散射，提高沉积速率。同时，溅射原子飞行过程中碰撞几率小，能量损失少，达到基片时能量较高，有利于提高结合强度和薄膜致密性。

射频溅射的缺点在于电源昂贵，并且射频辐射泄漏对人体有害，因此，目前射频电源功率不能很大。

8.2.3 磁控溅射

为了提高二极溅射的溅射率、减弱二次电子撞击基底发热的不利影响，发展了磁控溅射技术。磁控溅射技术是在二极溅射的靶材表面建立一个环形的封闭磁场，该磁场由靶材背面的磁体产生，具有平行于靶材表面的横向磁场分量。该横向磁场与垂直于靶材表面的电场构成正交的电磁场，成为一个平行于靶材表面的约束二次电子的电子捕集阱。在溅射过程中，靶材表面产生的二次电子在阴极位降区被加速，获得能量成为高能电子。这些电子落入正交电磁场中，不能直接飞向阳极，而是在正交电磁场中做回旋运动，使二次电子到达阳极前的行程大大增长，增加碰撞电离几率。二极溅射时仅有 0.3%～0.5%的气体分子被电

离，磁控溅射可以使电离化率提高到5%～6%，因此溅射速率比阴极溅射提高10倍左右。电子经多次碰撞后，耗失能量成为低能电子后才会落在基底上，因此对基底的加热作用很弱。另外，磁控溅射装置的阳极就在阴极附近，基底不在阳极上，而在靶材对面的悬浮基片架上，所以极大地缓解了二次电子轰击基底导致基底发热的问题。

1. 电子在静电场和静磁场中的运动

为了说明磁控溅射靶面上二次电子的行为，首先了解正交电场中电子的运动。一个电荷为q，质量为m，速度为$\boldsymbol{v}$的电子在电场$\boldsymbol{E}$和磁场$\boldsymbol{B}$内的运动方程为

$$\frac{\mathrm{d}\boldsymbol{v}}{\mathrm{d}t}=\frac{q}{m}(\boldsymbol{E}+\boldsymbol{v}\times\boldsymbol{B}) \tag{8-10}$$

当磁场$\boldsymbol{B}$为均匀场，而$\boldsymbol{E}=0$时，则由$\boldsymbol{v}$垂直于$\boldsymbol{B}$的分量$\boldsymbol{v}_{\perp}$与$\boldsymbol{B}$所决定的洛伦兹力作用，使电子产生圆周运动，同时平行于$\boldsymbol{B}$的分量$\boldsymbol{v}_{/\!/}$使电子沿$\boldsymbol{B}$方向产生位移，最后合成为螺旋线运动。如图8-21(a)所示，其回旋频率ω_{q}(rad/s)为

$$\omega_{\mathrm{q}}=1.8\times10^{11}B \tag{8-11}$$

回旋半径r_{q}(cm)为

$$r_{\mathrm{q}}=2.4\times10^{-4}\frac{\sqrt{T_{\mathrm{q}}}}{B} \tag{8-12}$$

其中，B为磁场强度，T；T_{q}为电子能量，eV。

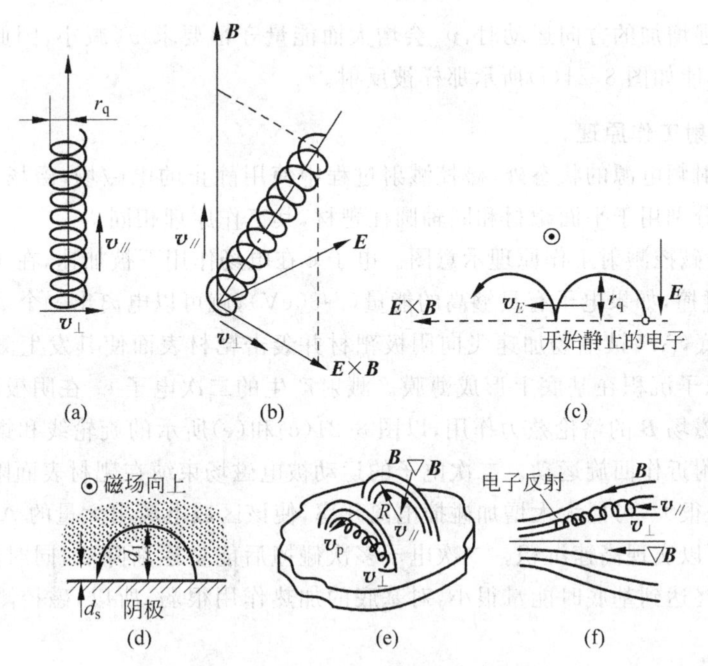

图8-21 电子在静电场和静磁场中的运动

当$\boldsymbol{B}$和$\boldsymbol{E}$都是均匀场，且$\boldsymbol{E}/\!/\boldsymbol{B}$时，电子被沿$\boldsymbol{E}$方向加速，电子回旋螺距将连续增大。当$\boldsymbol{E}$的垂直于$\boldsymbol{B}$的分量$\boldsymbol{E}_{\perp}$不为零时，电子具有既垂直于$\boldsymbol{B}$，同时又垂直于$\boldsymbol{E}_{\perp}$的运动，称为$\boldsymbol{E}\times\boldsymbol{B}$漂移，漂移速率为$v_E$(cm/s)：

$$v_E=10^3\frac{E_{\perp}}{B} \tag{8-13}$$

电子运动总漂移方向是$\boldsymbol{v}_{\perp}$与$\boldsymbol{v}_{//}$合成的方向，并在此方向上做回旋，如图 8-21(b)所示。

一个由静态开始运动的粒子，在均匀而相互垂直的$\boldsymbol{E}$及$\boldsymbol{B}$场中运动，其运动轨迹为一摆线，摆线半径为r_q，漂移速度为v_E，如图 8-21(c)所示。

对于一个平面阴极，电子运动到转折点的距离d(如图 8-21(d)所示)就是电子回旋半径r_q。在一般的溅射系统中，超过阴极鞘层厚度d_s，电子到达d_1获得电场给予的能量等于阴极暗区中的电压降。

在曲线磁场中，由于是不均匀磁场，存在磁场梯度，即向内的$\nabla\boldsymbol{B}$，这个磁场梯度基本与$\boldsymbol{B}$平行，在这个磁场中，具有速度$\boldsymbol{v}$的电子除了绕弯曲的磁力线做回旋运动外，同时有沿垂直于$\boldsymbol{B}$的分量$\boldsymbol{v}_{//}$的漂移，该电子还会产生一个$\nabla\boldsymbol{B}\times\boldsymbol{B}$的漂移，此漂移速度与$v_{\perp}^2$成正比，与沿弯曲磁力线的漂移$\boldsymbol{v}_{//}$合成后，环形磁力线总的漂移可以近似视为

$$v_p=\frac{v_{//}^2+\frac{1}{2}v_{\perp}^2}{\omega qR} \tag{8-14}$$

其中，R为磁场半径。

在环形磁力线进入阴极区时，有一个平行于$\boldsymbol{B}$的梯度$\nabla\boldsymbol{B}$，这时电子运动要求它们的磁矩μM守恒：

$$\mu M=\frac{mv_{\perp}^2}{B} \tag{8-15}$$

由于电子向场强增加的方向运动时，$v_{\perp}$会增大而能量守恒要求$v_{//}$减小，因此，$\boldsymbol{v}_{//}$方向的漂移减慢，电子可能如图 8-21(f)所示那样被反射。

2. 磁控溅射工作原理

除了使用射频电源的状态外，磁控溅射过程中使用静止的电磁场，磁场为曲线形，均匀电场和辐射场分别用于平面靶材和同轴圆柱靶材，其工作原理相同。

图 8-22 是磁控溅射工作原理示意图。电子 e 在电场作用下被加速，在飞向基底的过程中与 Ar 原子碰撞，如果电子有足够高的能量(～30eV)，就可以电离出一个Ar^+和一个电子 e，电子飞向基底，Ar^+被电场加速飞向阴极靶材并轰击靶材表面使其发生溅射。溅射粒子中，部分靶材原子沉积在基底上形成薄膜。溅射产生的二次电子e_1在阴极暗区被减速，飞向基底并受到磁场$\boldsymbol{B}$的洛伦兹力作用，以图 8-21(c)和(e)所示的旋轮线和螺旋形的复合形式在靶材表面附近作回旋运动。二次电子的运动被电磁场束缚在靶材表面附近的等离子体内，其运动行程很大，可以大大增加碰撞电离几率，使该区域电离出大量的Ar^+，Ar^+继续轰击靶材，因此可以实现高速沉积。二次电子多次碰撞后能量逐渐降低，同时远离靶材，低能的二次电子最终达到基底时能量很小，对基底的加热作用很弱，所以，磁控溅射同时具有低温的特点。

磁控溅射技术的关键在于建立有效的电子束缚阱。这要求建立正交的电磁场，并利用磁力线与阴极封闭等离子体，其中对平行靶材表面的分量$\boldsymbol{B}_{//}$的设计尤为重要。

(1) 磁控溅射的巴邢曲线　磁控溅射的巴邢曲线如图 8-23 所示，在阴极未装磁铁时为二极溅射，其巴邢曲线如虚线所示；装上永久磁铁后即为磁控溅射，其实测曲线如圆点所示。可以看出，磁控溅射比二极溅射有更高的击穿电压。这是由于起辉前电极之间不存在等离子体，电场均匀分布，此时二极溅射产生的二次电子可以被电场不断加速、直达阳极，而

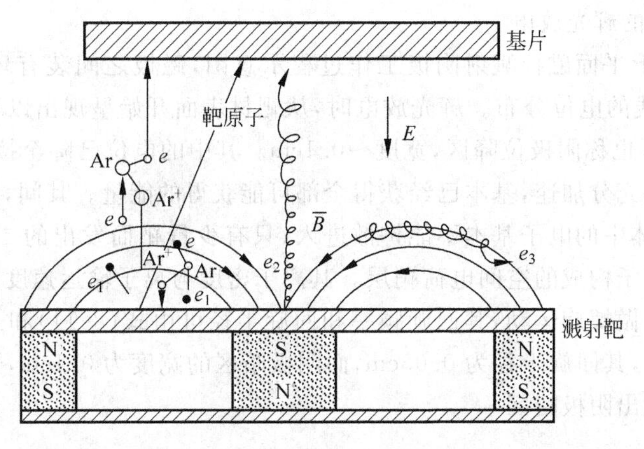

图 8-22 磁控溅射工作原理示意图

磁控溅射过程中二次电子被束缚在靶材附近，能量不能提高，于是起辉电压偏高。在巴邢曲线最低点的左侧，二极溅射的起辉电压明显高于磁控溅射，原因是二极溅射的二次电子受压力影响与气体分子的碰撞明显减少，而磁控溅射过程中几乎不存在这个问题，所以击穿电压只是稍有提高而已。

(2) 磁控溅射的伏安特性曲线

图 8-24 给出了不同溅射方法的辉光放电特性曲线。可以看出，磁控溅射的等离子体密度比二极溅射高一个数量级，可以简单地认为前者阻抗较低、接近恒压特性，可以实现低压大电流溅射（有助于快速沉积）。磁控溅射的伏安特性曲线符合以下经验公式：

$$J = K \cdot U^n \tag{8-16}$$

其中，K 为常数；J 为靶材电流密度；U 为靶材电压；指数 n 称为束缚效应系数。n 越大，则气体放电阻抗越低，电子束缚得越严密，磁控溅射的 n 值在 5～15 之间，二极溅射的 n 值为 1。

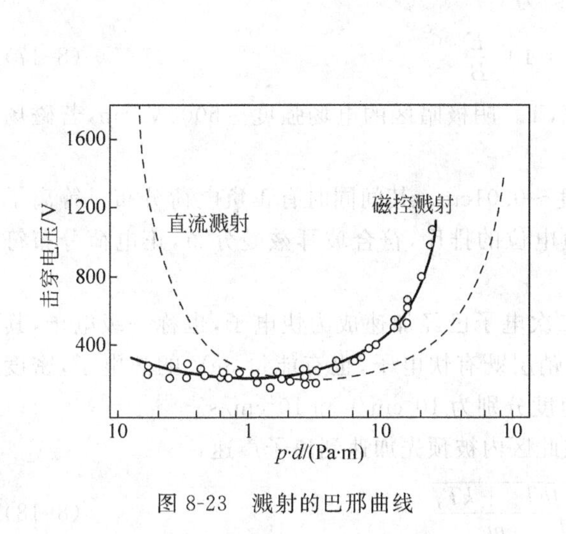

图 8-23 溅射的巴邢曲线

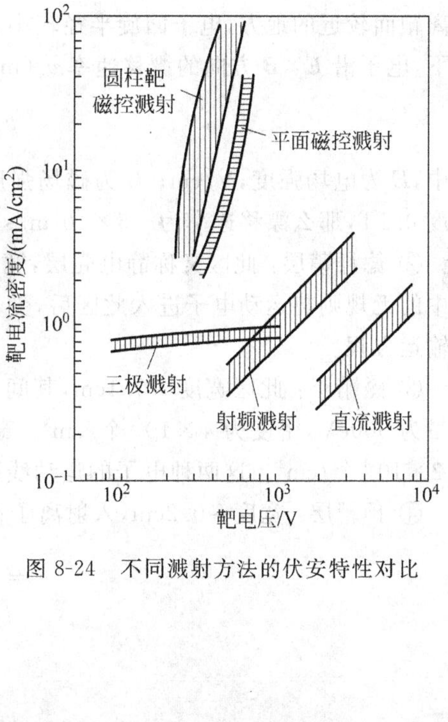

图 8-24 不同溅射方法的伏安特性对比

(3) 磁控溅射的辉光放电

图 8-25 是圆形平面磁控溅射阴极工作过程示意图，磁极之间装有环形靶材。图 8-26 是图 8-25 上 abc 线的电位分布。辉光放电时，从靶材表面开始呈现出以下各区：

① 阴极暗区：也称阴极位降区，宽度～0.1cm。其中的电位已降至接近靶材电压，二次电子在此区中受到充分加速，基本已经获得全部可能获得的能量。其间，由于阴极负电位的排斥作用，等离子体中的电子基本不能扩散进入，只有少量靶面发出的二次电子，可以近似认为是全部由正离子构成的空间电荷鞘层。其离子密度与离子输运速度的乘积为常数。二次电子逸出靶面后做螺旋运动，其回旋频率和回旋半径可由式(8-11)和式(8-12)预测。假设电子能量 500eV，其回旋半径为 0.05cm，而阴极暗区的宽度为 0.1cm，这说明二次电子最初的运动范围不超出阴极暗区。

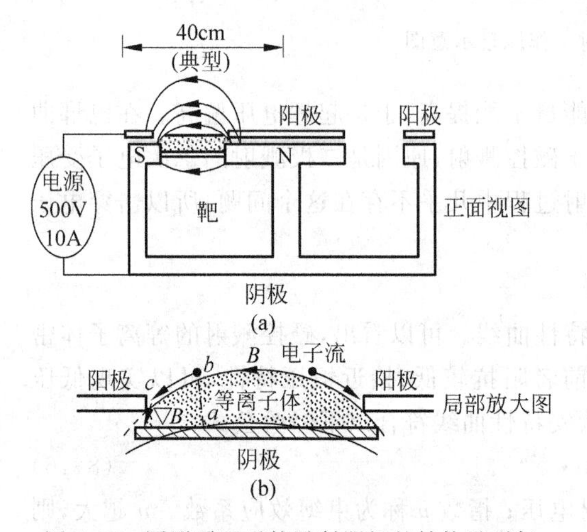

图 8-25 圆形平面磁控溅射阴极的结构及磁场

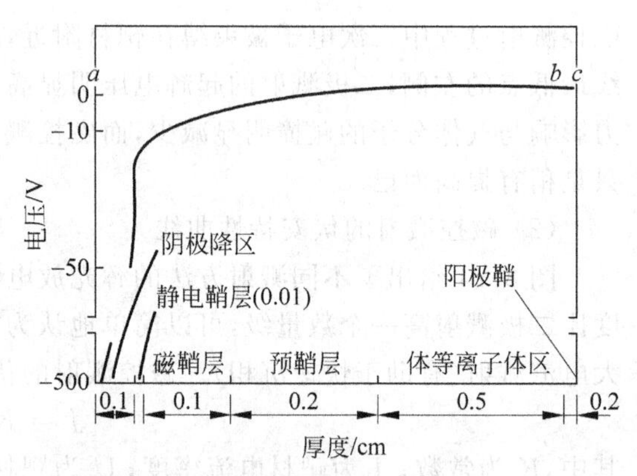

图 8-26 磁控溅射的辉光放电的电位分布

二次电子离开靶面后受到阴极电场加速，其能量和线速度随着行程延长而增大。因此距离靶面较近的地方，电子回旋半径较小，距靶面远处的电子回旋半径较大。在电磁场的作用下，电子沿 $\boldsymbol{E}\times\boldsymbol{B}$ 方向的漂移速率 v_q(m/s)为

$$v_q = 10^4 \frac{E}{B} \tag{8-17}$$

其中，E 为电场强度，V/cm；B 为磁场强度，T。阴极暗区的电场强度～5000V/cm，若磁场强度 0.1T，那么漂移速率为～5×10^8m/s。

② 德拜鞘层：此区又称静电壳层，宽度～0.01cm。其间同时有正负电荷分布。等离子体中的无规则热运动电子进入此区后，受负电位的排斥，符合玻耳兹曼分布，正电荷分布符合输运方程。

③ 磁鞘层：此区宽度～0.1cm，其间二次电子已经加速成为快电子，也称一级电子，其能量为 500eV，密度为 4×10^7 个/cm^3。磁鞘层既有快电子，也有能量 3eV 的热电子，密度为 2×10^{11}个/cm^3。这两种电子的运动线速度分别为 10^9cm/s 和 10^8cm/s。

④ 预鞘层：宽度～0.2cm，入射离子在此区内被预先加速到离子声速：

$$v = \sqrt{\frac{kT_e + kT_i}{m_i}} \tag{8-18}$$

其中，k 为玻耳兹曼常数；T_e 和 T_i 分别为电子和离子温度，m_i 为离子质量。

⑤ 负辉区：也称为等离子体区。如图 8-25 所示，通过 B 点的磁力线绕阴极曲线旋转而构成的曲面称为虚阳极面，是阳极区域的边界，也是负辉区的前沿。负辉区是辉光放电的实体区域，基本上不存在静电荷，电场强度低于预鞘层，没有 $\boldsymbol{E}\times\boldsymbol{B}$ 漂移。快电子和热电子沿磁力线的加速漂移和往复振荡导致产生大量电离，形成发出辉光的强等离子体区。

⑥ 正柱区：在阳极区域之外，为典型的等离子体区，基本上不存在电位差，电子在其间沿磁力线漂移，最终被阳极收集，仅产生少量电离。如果将阳极电位规定为零电位，则正柱区的等离子体电位为 5～20V。

⑦ 阳极鞘层：宽度～0.1cm，存在于阳极与正柱区之间，电位降 5～20V，可以忽略不计。可以认为正柱区与阳极直接相连，是阳极的延长。

(4) 磁控溅射的辉光放电自持状态

辉光放电的自持条件是等离子体中产生离子的速率与阴极收集离子的速率相等，即达到动态平衡。假设二次电子的产额为 γ，那么阴极产生的每个二次电子在到达阳极的过程中必须制造 $1/\gamma$ 次电离，产生 $1/\gamma$ 个离子。磁控溅射常用的靶材电压范围内，γ 约为 0.1。

(5) 磁控溅射的等离子体密度分布和离子能量

用朗缪尔探针可以测试磁控溅射阴极的等离子体特性。实验证实，等离子体密度与磁场强度相对应，在磁场对电子约束最强的区域(常称为跑道，即图 8-22 中两磁极之间，被磁力线笼罩的靶材部分)等离子体密度最高。图 8-27 是在直径 10cm 的磁控溅射靶材表面测得的等离子体密度的空间分布。

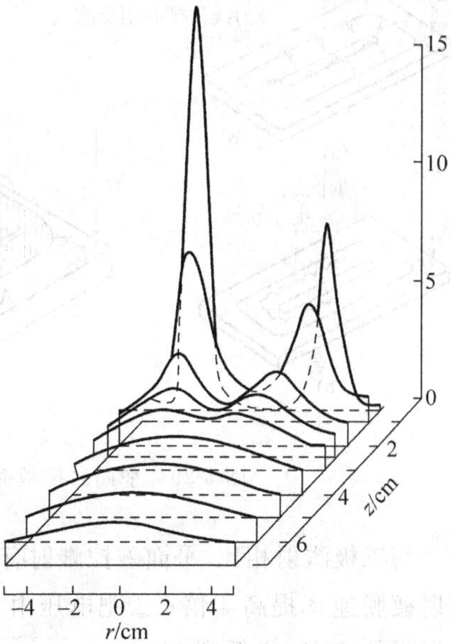

等离子体中的 Ar^+ 离子在阴极暗区获得能量，但离子在穿过阴极暗区时可能发生电荷转移碰撞，即被加速的高速 Ar^+(快)与热运动的慢速 Ar^0(慢)碰撞，结果是前者取得后者的电子而中和为快 Ar^0(快)而后者电离为慢离子 Ar^+(慢)。碰撞的结果是轰击靶材的 Ar 离子既有 Ar^+(快)，也有 Ar^+(慢)，平均能量低于 eU(U 为靶电压)。

图 8-27 等离子体的空间分布

3. 平面磁控溅射

平面磁控溅射靶材结构如图 8-28 所示。靶材的外沿布置永久磁体的 N 极，中心靶线上布置 S 极，并放置一导磁的纯铁背板连接永久磁体的另一端，构成产生跑道磁场的磁路。此时，靶面上形成一个如图 8-29 所示的封闭环形跑道磁场，其磁力线由跑道外圈穿出靶面，由内圈进入靶面，每条磁力线都贯穿跑道。沉积用材料的靶材厚度 3～10mm，其下是水冷通道。平面磁控溅射靶功率密度大，每平方厘米可达几十瓦，其中 55%～70%的功率转化为热，对靶材的冷却条件要求很高。

在静电磁场作用下，二次电子沿着跑道做跳栏式的运动，同时也会沿磁力线方向做螺旋形轨迹震荡，都可以在阴极暗区外侧产生丰富的电离。这种电离密集区域正处于阴极暗区的边缘，所以很容易被阴极负电位吸引而使大量正离子垂直入射到靶面上。因此，靶面上产生的溅射区域图形几乎完全与跑道轨迹的形状一致。

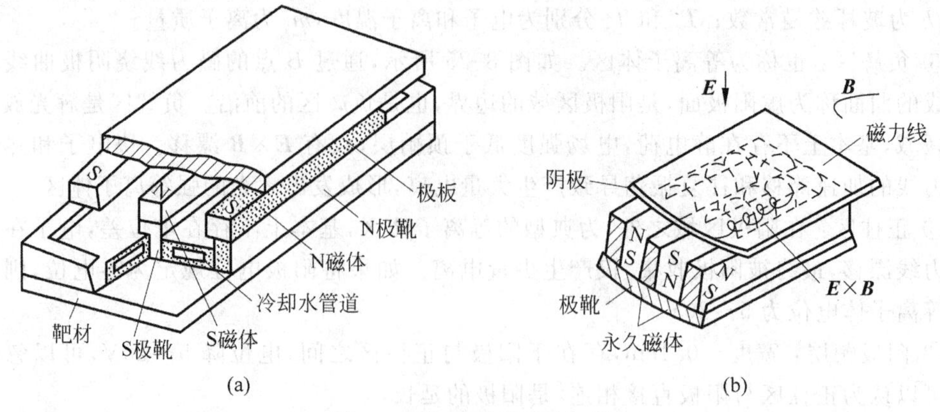

图 8-28 矩形平面磁控靶材

(a) 结构；(b) 磁力线

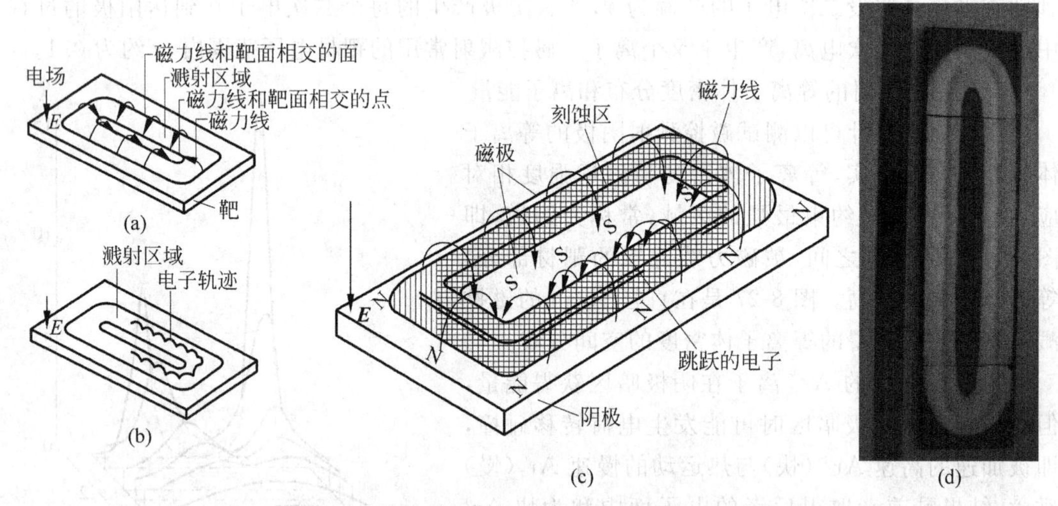

图 8-29 平面磁控溅射靶材的跑道及 ZnO 矩形靶材的跑道照片

与二极溅射相比，平面磁控溅射有如下优点：①靶功率密度由 $3W/cm^2$ 提高到 $12W/cm^2$，溅射镀膜速率提高 4 倍；②靶电压由 3000V 下降到 500V，提高了设备的安全性；③工作气体压强从 10Pa 降低到 1Pa。

平面磁控溅射的缺点是靶材仅在跑道区形成溅射沟道，整个靶面刻蚀不均匀，靶材利用率仅有 20%～30%。

4. 圆柱形磁控溅射

相比平面磁控溅射，圆柱形磁控溅射的靶材利用率更高，图 8-30 是一个典型的圆柱形磁控溅射靶的结构示意图。柱状靶的两端不可避免地有电子逸出放电区，影响端部放电和溅射均匀性，称为端部效应。圆柱状的磁控溅射靶材采用环状磁体，辉光放电等离子体区是环绕柱状阴极表面一圈的环状区域，相对应的柱状靶表面被刻蚀一圈。因此，整体上看，柱状靶被不均匀地刻蚀成糖葫芦状。大多数圆柱靶中的永磁体可以沿轴向整体上下往复运动，以提高靶材的利用率。

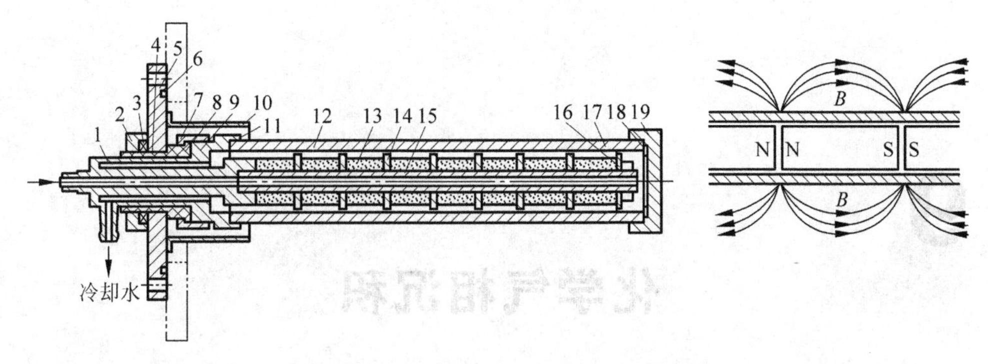

图 8-30　圆柱面磁控溅射靶的结构示意图

1—水嘴座；2—螺母；3—垫片；4—密封圈；5—法兰；6—密封圈；7—绝缘套；8—螺母；9—密封圈；10—屏蔽罩；11—密封圈；12—阴极靶；13—永磁体；14—垫片；15—管；16—支撑；17—螺母；18—密封圈；19—螺帽

习　题

1. 什么是溅射产额？影响溅射产额的因素有哪些？

2. 简述直流二极溅射的工作原理，并指出其主要工艺参数。

3. 正常辉光放电和异常辉光放电的特征？

4. 温度 300K 的电子在水平磁感应强度为 0.02T，垂直电场强度为 8000V/m 的条件下的回转角频率、回转半径和漂移速度分别是多少？

参考文献

[1]　曲敬信，汪泓宏. 表面工程手册[M]. 北京：化学工业出版社，1998.

[2]　钱苗根. 材料表面技术及其应用手册[M]. 北京：机械工业出版社，1998.

[3]　杨邦朝，王文生. 薄膜物理与技术[M]. 成都：电子科技大学出版社，1994.

[4]　麻莳立男. 薄膜制备技术基础[M]. 陈国荣，刘晓萌，莫晓亮，译. 北京：化学工业出版社，2009.

[5]　张而耕，吴雁. 现代 PVD 表面工程技术及应用[M]. 北京：科学出版社，2013.

[6]　戴达煌，代明江，侯惠君，等. 功能薄膜及其沉积制备技术[M]. 北京：冶金工业出版社，2013.

[7]　曲喜新. 薄膜物理[M]. 上海：上海科学技术出版社，1986.

[8]　戴达煌，周克崧，袁镇海，等. 现代材料表面技术科学[M]. 北京：冶金工业出版社，2004.

化学气相沉积

9.1 概　　述

化学气相沉积(chemical vapor deposition,CVD)是一种制备薄膜材料的气相生长方法,该方法把一种或几种含有薄膜组成元素的化合物、单质气体通入放置有基材的反应室,借助气相化学反应在基体表面上沉积固态功能性或装饰性薄膜。CVD是半导体行业中的常用技术,在表面工程领域的应用也十分广泛。

CVD技术历史悠久,早在1880年就已采用CVD碳补强白炽灯中的钨灯丝。进入20世纪以后,CVD被应用于Ti、Zr的提纯制备高纯金属。之后,对利用CVD法提高金属线或板的耐热性与耐磨损性进行了深入的研究,其成果于1950年开始应用于工业。20世纪60年代以后,CVD法不仅应用于宇航工业的特殊复合材料(如炭/炭复合材料)、原子反应堆材料、刀具、耐热耐腐蚀涂层制备等,还被应用于半导体工业领域,如用于硅、砷化镓材料的外延生长以及金属薄膜材料、表面绝缘层、硬化层制备等。也可用于一些氧化物、碳化物、金刚石和类金刚石等功能薄膜和超硬薄膜的制备。此外还可用于粉末、块状材料、纤维等的合成。CVD已经成为电子、机械等许多工业领域重要的材料合成方法。

CVD技术具有许多优点,如:①成膜温度远低于相应的基体材料熔点,因此衬底的热变形小,不易产生缺陷。②薄膜的成分精确可控、配比范围大;沉积膜结构完整、致密,具有良好的台阶覆盖能力,且与衬底附着性好。③设备简单,重复性好,沉积速率一般高于物理气相沉积(PVD);成膜厚度范围广,由几百埃至数毫米,易于规模化生产。在一定的真空条件下,甚至可以用来制备结构材料,如炭/炭、炭/碳化硅等复合材料。④CVD方法几乎可以沉积集成电路中所需要的各种薄膜,如掺杂或不掺杂的SiO_2、多晶硅、非晶硅、氮化硅、金属(钨、钼)等。但与PVD,如溅射、离子镀等工艺相比,CVD存在基底温度高、难以实现局部沉积等缺点。另一方面,CVD过程也不可避免地会产生尾气及副产物,容易对薄膜表面及环境造成污染。

对PVD技术而言,靶材是什么材料,沉积的膜就是什么材料,沉积过程中基本上不发生化学反应。CVD技术则可以制备各种单质、化合物、氧化物和氮化物甚至一些全新结构的薄膜,或形成不同薄膜组分,可以控制所得到薄膜的性质。表9-1为PVD与CVD薄膜制备方法比较,表9-2为几种具体的PVD与CVD工艺的比较。

表 9-1 PVD 与 CVD 薄膜制备方法比较

项　目	PVD	CVD
物质源	生成膜物质的蒸气、反应气体	含有生成膜元素的化合物蒸气、反应气体等
激活方法	消耗蒸发热、电离等	提供激活能、高温、化学自由能
制作温度/℃	250～2000(蒸发源) 25～合适温度(基体)	150～2000(基体)
成膜速率/($\mu m \cdot h^{-1}$)	25～250	25～1500
用途	装饰、电子材料、光学	材料提纯、装饰、表面保护、电子材料
可制作薄膜的材料	所有固体(C、Ta、W 困难)、卤化物和热稳定化合物	碱及碱土类以外的金属(Ag、Au 困难)、碳化物、氮化物、硼化物、氧化物、硫化物、硒化物、金属化合物、合金

表 9-2 几种 PVD 和 CVD 工艺的比较

项　目	PVD 法			CVD 法
	真空蒸镀	溅射镀	离子镀	
镀金属	可以	可以	可以	可以
镀合金	可以,但困难	可以	可以,但困难	可以
镀高熔点化合物	可以,但困难	可以	可以,但困难	可以
真空压力/Pa	10^{-3}	10^{-1}	10^{-3}～10^{-1}	常压～10^{-3}
基体沉积温度/℃	100(蒸发源烘烤)	50～250	≈500	800～1200
沉积粒子能量/eV	0.1～1.0	1～10	30～1000	
沉积速率/($\mu m \cdot min^{-1}$)	0.1～75.0	0.01～2.00	0.1～50	几～几十
沉积层密度	较低	高	高	高
孔隙	中	小	小	极小
基体与镀层的冶金结合	无	无	有	有
结合力	一般	较高	较高	高
均镀能力	不太均匀	均匀	均匀	均匀
镀覆机理	真空蒸发	辉光放电、溅射	辉光放电	化学反应

9.2 化学气相沉积基本原理

CVD 是利用气体物质在固体表面进行化学反应,从而在该固体表面生成固体沉积物的一种技术,根据化学反应的形式,化学气相沉积可分为以下三大类:

1) 热分解反应沉积

利用化合物加热分解的特性,在基体表面得到固态膜层。常用于制备金属、半导体和绝缘体等薄膜,是化学气相沉积的最简单形式,例如:

$$SiH_4(g) \xrightarrow{800\sim1200℃} Si(s) + 2H_2\uparrow \tag{9-1}$$

能用作热分解反应沉积的气态化合物原料主要有硼的氯化物、氢化物(H—H 键能小,热分解温度低,产物无腐蚀性)、第Ⅳ族大部分元素的氢化物和氯化物、ⅤB、ⅥB 族的氢化物和氯化物、铁、镍、钴的羰基化合物和羰基氯化物以及铁、镍、铬、铜、铝等金属的有机化合物等。如:

$$Ni(CO)_4(g) \xrightarrow{190 \sim 240℃} Ni(s) + 4CO\uparrow \tag{9-2}$$

$$Pt(CO)_2Cl_2 \xrightarrow{600℃} Pt + 2CO\uparrow + Cl_2\uparrow \tag{9-3}$$

$$CH_4(g) \xrightarrow{900 \sim 1200℃} C(s) + 2H_2\uparrow \tag{9-4}$$

$$TiI_4(g) \xrightarrow{加热} Ti(s) + 2I_2\uparrow \tag{9-5}$$

$$2Al(OC_3H_7)_3 \xrightarrow{420℃} Al_2O_3 + 6C_3H_6 + 3H_2O\uparrow \tag{9-6}$$

由于金属有机化合物的分解温度很低，基片产生热变形的可能性小，可以扩大基片选择范围。此外，还有一些气态络合物、复合物等也可以作为化学气相沉积的原料，如单氨络合物：

$$AlCl_3 \cdot NH_3 \xrightarrow{800 \sim 1000℃} AlN + 3HCl\uparrow \tag{9-7}$$

2）化学合成反应沉积

由两种或两种以上的气体物质在加热的基体表面上发生化学反应而沉积成固态膜层的技术。包括除热分解以外的其他化学反应，例如：

$$SiCl_4(g) + 2H_2(g) \xrightarrow{1200℃} Si(s) + 4HCl\uparrow \tag{9-8}$$

$$WF_6(g) + 3H_2(g) \xrightarrow{500 \sim 700℃} W(s) + 6HF\uparrow \tag{9-9}$$

$$2AlCl_3(g) + 3CO_2(g) + 3H_2(g) \longrightarrow Al_2O_3(s) + 6HCl\uparrow + 3CO(g)\uparrow \tag{9-10}$$

$$(CH_3)_3Ga(g) + AsH_3(g) \xrightarrow{630 \sim 675℃} GaAs(s) + 3CH_4(g)\uparrow \tag{9-11}$$

$$3SiH_4(g) + 4NH_3(g) \longrightarrow Si_3N_4(s) + 12H_2(g)\uparrow \tag{9-12}$$

$$SiH_4 + 2O_2 \xrightarrow{325 \sim 475℃} SiO_2 + 2H_2O\uparrow \tag{9-13}$$

$$Al(CH_3)_6 + 12O_2 \xrightarrow{450℃} Al_2O_3 + 9H_2O\uparrow + 6CO_2\uparrow \tag{9-14}$$

$$Cd(CH_3)_2 + H_2S \xrightarrow{475℃} CdS + 2CH_4\uparrow \tag{9-15}$$

$$3SiCl_4 + 4NH_4 \xrightarrow{850 \sim 900℃} Si_3N_4 + 12HCl\uparrow \tag{9-16}$$

$$SiH_4 + B_2H_6 + 5O_2 \xrightarrow{850 \sim 900℃} B_2O_3 \cdot SiO_2(硼硅玻璃) + 5H_2O\uparrow \tag{9-17}$$

3）化学输运反应

化学输运反应模式通常是将薄膜物质作为源物质（无挥发性物质），借助适当的气体介质与之反应而形成气态化合物，这种气态化合物经过化学迁移或物理输运到与源区温度不同的沉积区，在基片上再通过逆反应使源物质重新分解出来，这种反应过程称为化学输运反应。

设源为 A，输运剂为 B，输运反应通式为：

$$A + xB \underset{沉积区}{\overset{源区}{\rightleftharpoons}} AB_x \tag{9-18}$$

常见的输运反应如下：

$$Ge(s) + I_2(g) \underset{沉积区}{\overset{源区}{\rightleftharpoons}} GeI_2 \tag{9-19}$$

$$Zr(s) + I_2(g) \underset{沉积区}{\overset{源区}{\rightleftharpoons}} ZrI_2 \tag{9-20}$$

$$ZnS(s) + I_2(g) \underset{沉积区}{\overset{源区}{\rightleftharpoons}} ZnI_2 + \frac{1}{2}S_2 \tag{9-21}$$

要实现化学输运反应，合成和分解反应的温差不能太大，同时合成反应平衡常数 $\left(K_P=\frac{P_{AB_x}}{(P_B)^x}\right)$应接近于1。当然，首先必须根据热力学判据（$\Delta G_r<0$）选择化学反应系统，确定输运温度以及 $\log K_P$ 与温度的关系，选择 $\log K_P\approx 0$ 的反应体系。由 $\log K_P>0$ 确定合成反应温度 T_1、$\log K_P<0$ 确定分解反应温度 T_2。根据 T_1、T_2 确定合适的温度梯度。

不管对于上面哪种类型的化学气相沉积，其基本反应过程都可以分为四个阶段：①反应气体向基片表面扩散；②反应气体吸附于基片表面；③在基片表面发生化学反应；④在基片表面产生的气相副产物脱离表面，向空间扩散或被抽气系统抽走；基片表面留下不挥发的固相反应产物——薄膜。如在基体上沉积 TiC 膜（图 9-1），既有反应气体向基体的扩散，也有反应产物或尾气向相反方向的扩散过程。这几个阶段涉及到反应化学、热力学、动力学、转移机理、膜生长等，非常复杂。

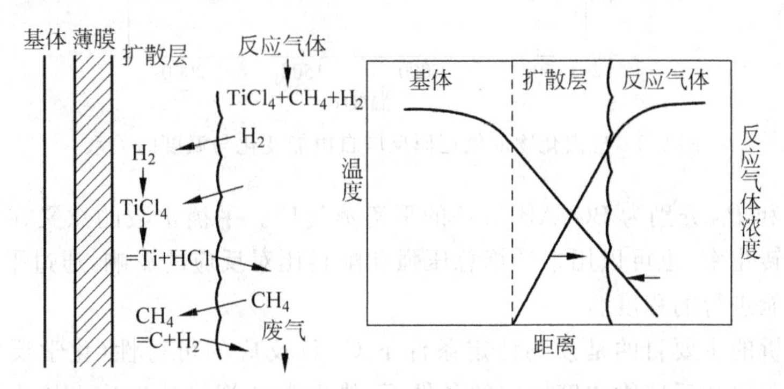

图 9-1 TiC 涂层的化学气相沉积过程示意图

化学气相沉积除了必须满足基本的热力学条件之外，从工艺的角度看，还必须满足如下基本要求：①在沉积温度下反应物有足够高的蒸气压；②生成物中，除了所需要的沉积物为固态外，其余都必须是气态；③沉积物本身的蒸气压应足够低，以保证整个沉积反应过程始终能保持在加热的基体上进行；④基体本身的蒸气压在沉积温度下也应足够低，不易挥发。

9.3 化学气相沉积热力学

根据热力学原理，化学反应的自由能变化 ΔG_r 可以用反应物和生成物的标准自由能 ΔG_f 来计算，即

$$\Delta G_r=\sum\Delta G_f(\text{生成物})-\sum\Delta G_f(\text{反应物}) \tag{9-22}$$

ΔG_r 与反应系统的化学平衡常数 K_P 有关，可用下式表示：

$$\Delta G_r=-2.3RT\log K_P \tag{9-23}$$

$$K_P=\prod_{i=1}^{n}P_i(\text{生成物})/\prod_{j=1}^{m}P_j(\text{反应物}) \tag{9-24}$$

硅卤化物的氢还原反应自由能变化与温度的关系如图 9-2 所示。

对于热分解反应：$AB(g)+C(g)\longrightarrow A(s)+BC(g)$，其平衡常数为

$$K_P=\frac{P_{BC}}{P_{AB}\cdot P_C} \tag{9-25}$$

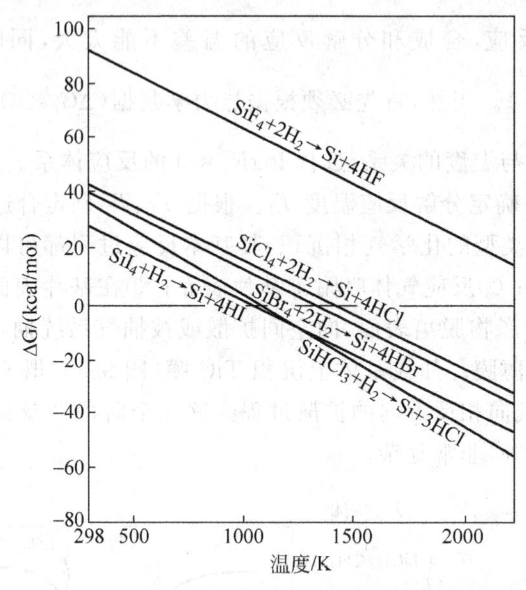

图 9-2 硅卤化物的氢还原反应自由能变化与温度的关系

其中，P_{BC}、P_{AB}和 P_C 分别为 BC、AB 和 C 的平衡蒸气压。平衡常数的意义在于其不仅可以用来计算理论转化率，也可以用来计算总压强和配料比对反应的影响，通过平衡常数可以确定系统反应可能进行的程度。

热力学分析的主要目的是预测特定条件下 CVD 反应的可行性（化学反应的方向和限度）。在温度、压强和反应物浓度给定的条件下，热力学计算能从理论上给出沉积薄膜的量和所有气体的分压，可作为确定 CVD 工艺的参考，但是不能给出沉积速率。

9.4 化学气相沉积动力学

通过热力学计算可以判断某个化学反应的可行性，但不能评估反应的快慢。而反应动力学则研究化学反应速度以及各种因素的影响。对于化学气相沉积来说，反应动力学不仅可以解决薄膜的生长速率，而且可以用以分析反应过程的控制机制，从而调整工艺参数，高效获得高品质薄膜。

首先考察原料气体进入反应室后的气流变化情况。由于 CVD 反应室的气压很高，气体可视为黏滞性的，气体分子的平均自由程远小于反应室的几何尺寸。黏滞性气体流过静止的硅片表面或者反应室的侧壁时，由于摩擦力的存在，使紧贴硅片表面或者侧壁的气流速度为零，在离表面或侧壁一定距离处，气流速度平滑地过渡到最大气流速度 U_m，即主气流速度。在主气流区域内的气体流速是均一的，即出口速度与进口速度相等，而在靠近硅片表面附近则存在一个气流速度受到扰动的薄层，其中在垂直气流方向存在很大的速度梯度。在理想状态下，沿主气流方向没有速度梯度，而沿垂直气流方向的流速呈抛物线型变化，气体从反应室左端以均匀柱形流进，并以展开的抛物线型流出，这就是著名的泊肃叶流（Poisseulle Flow），如图 9-3 所示。

化学气相沉积过程中，在垂直于气流的方向上，除了有速度梯度外，由于在基底表面有化学反应发生，这样在紧靠基底表面的区域，反应剂浓度降低，使得沿垂直气流方向还存在反应剂的浓度梯度，反应剂将以扩散形式从高浓度区向低浓度区运动。这种由于气流速度受到扰动并按抛物线型变化，同时还存在反应剂浓度梯度的薄层，称为边界层、附面层或滞流层(如图 9-4 所示)。

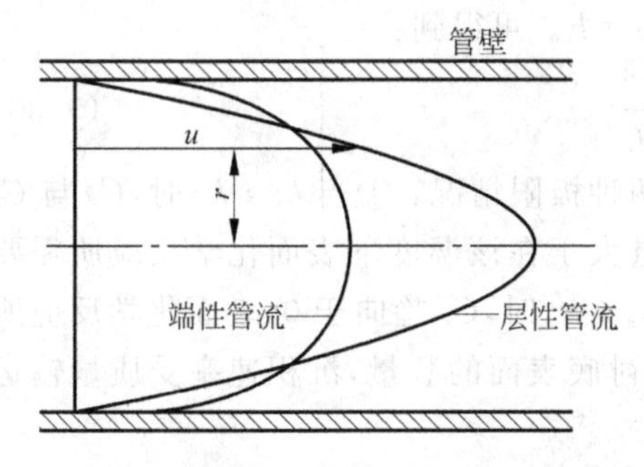

图 9-3 圆管中气流速度分布截面示意图

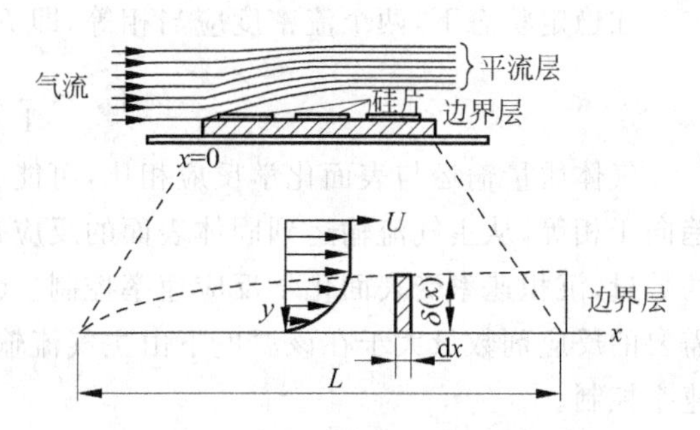

图 9-4 气流边界层示意图

通常将边界层厚度 $\delta(x)$ 定义为从速度为零的固体表面到气流速度达 $0.99U_{\mathrm{m}}$ 处之间的垂直距离。$\delta(x)$ 与气体流动方向的距离 x 之间的关系可以表示为

$$\delta(x)=\left(\frac{\mu x}{\rho U}\right)^{\frac{1}{2}} \tag{9-26}$$

其中，μ 是气体的黏滞系数，ρ 为气体的密度。图 9-4 中的虚线是气流速度 U 达到 $0.99U_{\mathrm{m}}$ 的位置沿 x 方向的变化轨迹，也就是边界层的边界位置。设 L 为基片的长度，边界层的平均厚度可以表示为

$$\bar{\delta}=\frac{1}{L}\int_0^L\delta(x)\,\mathrm{d}x=\frac{2}{3}L\left(\frac{\mu}{\rho UL}\right)^{\frac{1}{2}} \tag{9-27}$$

或

$$\bar{\delta}=\frac{2\mathrm{L}}{3\sqrt{Re}} \tag{9-28}$$

其中，$Re=\dfrac{\rho UL}{\mu}$为气体的雷诺数，该无量纲数表示流体运动中惯性效应与黏滞效应的比。对于较低的 Re 值(如小于 2300)，气流为平流型，即在反应室中沿各表面附近的气体流速足够慢。对于较高的 Re 值，气流的形式为湍流，会导致气相沉积不均匀，应当加以防止。在商用的 CVD 反应器中，雷诺数很低(低于 100)，气流几乎始终是平流。气流在反应器中的流动模式影响反应物质的扩散过程，从而影响薄膜的生长速率和品质。

1966 年，Grove 提出了描述化学气相沉积过程的 Grove 模型，认为控制薄膜沉积速率的两个重要环节分别是反应剂在边界层中的输运过程及反应剂在衬底表面上的化学反应过程(如图 9-5 所示)。其中，F_1 为反应剂从主气流到衬底表面的流密度，即单位时间内通过单位面积的原子或分子数；F_2 为反应剂在表面反应后沉积成固态薄膜的流密度。

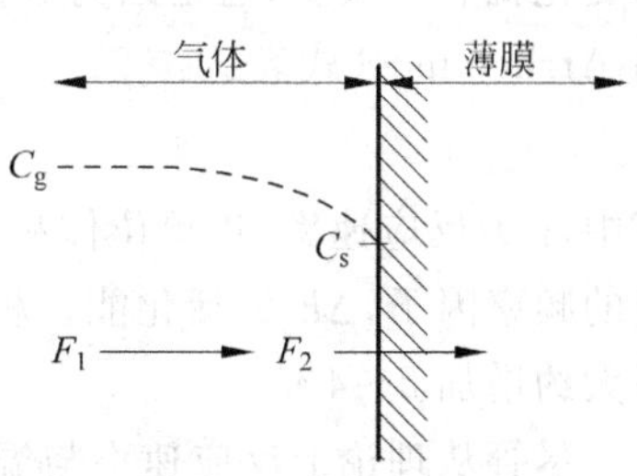

图 9-5 Grove 模型

假定流密度 F_1 正比于反应剂在主气流中的浓度 C_{g} 与在固体表面处的浓度 C_{s} 之差，则流密度 F_1 可表示为

$$F_1=h_{\mathrm{g}}(C_{\mathrm{g}}-C_{\mathrm{s}}) \tag{9-29}$$

其中，h_g 为气相质量输运（转移）系数。假定在固体表面经化学反应沉积成薄膜的速率正比于反应剂在表面的浓度 C_s，则流密度 F_2 可表示为 $F_2 = k_s C_s$，其中，k_s 为表面化学反应速率常数。

在稳定状态下，两个流密度应当相等，即 $F_1 = F_2 = F$。可得到：

$$C_s = \frac{C_g}{1 + k_s/h_g} \tag{9-30}$$

气体质量输运与表面化学反应相比，可能存在两种极限情况：①当 $h_g \gg k_s$ 时，C_s 与 C_g 趋向于相等，从主气流输运到固体表面的反应剂数量大于在该温度下表面化学反应所需要的数量，沉积速率受表面化学反应速率控制。②当 $h_g \ll k_s$ 时，C_s 趋向于 0，表面化学反应所需要的反应剂数量大于在该温度下由主气流输运到衬底表面的数量，沉积速率受质量输运速率控制。

如果用 N_1 表示形成一个单位体积薄膜所需要的原子数量（原子/cm^3），则在稳态情况下，即 $F = F_1 = F_2$ 时，薄膜沉积速率 G 就可表示为

$$G = \frac{F}{N_1} = \frac{k_s h_g}{k_s + h_g} \frac{C_g}{N_1} \tag{9-31}$$

在多数 CVD 过程中，反应剂被惰性气体稀释，气体中反应剂的浓度 C_g 定义为：$C_g = YC_T$。其中，Y 是气相中反应剂的摩尔百分比；C_T 是单位体积中气体分子数。由此可得到 Grove 模型的薄膜沉积速率的一般表达式：

$$G = \frac{k_s h_g}{k_s + h_g} \frac{C_T}{N_1} Y \tag{9-32}$$

式(9-31)和式(9-32)说明，沉积速率与反应剂浓度 C_g 或反应剂的摩尔百分比 Y 成正比。在反应剂浓度 C_g 或者摩尔百分比 Y 为常数时，根据式(9-32)，当 $h_g \gg k_s$ 时，薄膜沉积速率 G 可简化为

$$G = \frac{k_s C_T Y}{N_1} \tag{9-33}$$

此时，薄膜沉积速率由表面反应速率控制；而当 $h_g \ll k_s$ 时，薄膜沉积速率则由质量输运速率控制：

$$G = \frac{h_g C_T Y}{N_1} \tag{9-34}$$

综上所述，在反应剂浓度 C_g 或反应剂的摩尔百分比 Y 为常数，且表面化学反应速率 k_s 与气相质量输运速率 h_g 相差悬殊时，薄膜沉积速率由 k_s 和 h_g 中较小的一个决定。

如果薄膜沉积速率由表面化学反应速率控制，而化学反应为热激活，则沉积速率对温度的变化就非常敏感，这是因为表面化学反应受温度的影响很大。反应速率与温度的关系可用 Arrhenius 公式表达：

$$\tau = A \cdot e^{-\frac{\Delta E}{RT}} \tag{9-35}$$

其中，τ 为反应速率，指单位体积中物质（反应物或产物）质量随时间的变化率，A 为有效碰撞的频率因子，ΔE 为活化能。根据近似的 Van't Hoff 规则，反应温度每升高 10℃，反应速率大约增加 2～4 倍。

尽管从理论上反应速率与温度的关系可用 Arrhenius 表示，但在实际的化学气相沉积过程中，衬底温度较低时，τ 随温度按指数规律变化；但衬底温度较高时，反应物及副产物的

扩散速率才是决定反应速率的主要因素。当温度升高到一定程度时,由于反应速度加快,输运到表面的反应剂数量低于该温度下表面化学反应所需要的数量,这时的沉积速率将转为由质量输运控制,反应速率基本不再随温度变化而变化。因此,高温情况下,沉积速率通常为质量输运控制;而在较低温度情况下,沉积速率为表面化学反应控制(如图 9-6 所示)。

以硅膜沉积为例,在低温条件下,薄膜沉积速率与温度之间遵循指数关系,即薄膜生长速率与温度的倒数($1/T$)成线性关系,沉积速率随着温度的上升而加快。这是因为在低温下,气相质量输运(转移)系数 $h_g \gg k_s$,沉积速率由表面化学反应速率常数 k_s 控制,而 k_s 随着温度的升高而增大。图 9-7 为硅膜沉积速率与温度的关系。

当温度升高至一定程度之后,沉积速率趋于稳定,沉积速率由反应剂通过边界层向表面的输运速率所决定。

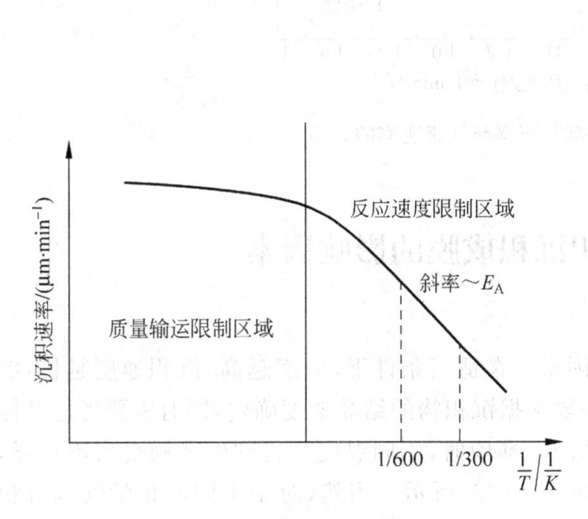

图 9-6 沉积速率与温度的关系

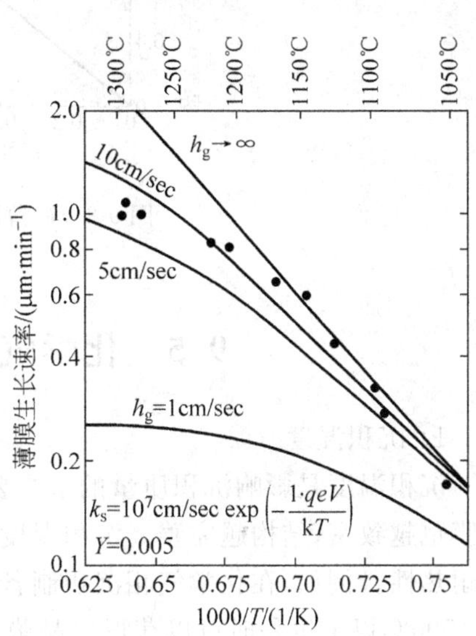

图 9-7 硅膜沉积速率与温度的关系

质量输运系数 h_g 值对温度不太敏感,而是依赖于气相参数,如气体流速和气体成分等。CVD 过程中气相输运对薄膜沉积的本质影响是气体分子以怎样的速率和形式穿过边界层到达衬底表面。实际输运过程是通过气相扩散完成的,扩散速度正比于反应剂的扩散系数 D_g 和边界层内的浓度梯度,气相输运速度受温度的影响比较小。根据菲克第一定律,流密度 F_1 可用下式表示:

$$F_1 = D_g \frac{C_g - C_s}{\delta_s} \tag{9-36}$$

其中,D_g 是气态反应剂的扩散系数,$(C_g - C_s)/\delta_s$ 是气态反应剂在边界层内的浓度梯度。同时,由式(9-29)可知:$F_1 = h_g(C_g - C_s)$,$h_g = F_1/(C_g - C_s)$,如果用平均边界层厚度 $\bar{\delta}$ 来代替 δ_s,则质量输运系数 h_g 可以表示为

$$h_g = \frac{F_1}{C_g - C_s} = \frac{D_g}{\bar{\delta}} = \frac{3D_g}{2L}\sqrt{Re} \tag{9-37}$$

其中,$Re = \frac{\rho UL}{\mu}$,U 为气流速度。

由式(9-36)、式(9-37)可见,由质量输运速率控制的薄膜沉积速率与气流速度 U 的平方根成正比。因此,增加气流速率可以提高沉积速率。但如果气流速率持续上升,薄膜沉积速率最终会达到一个极大值,之后与气流速率无关(如图 9-8 所示)。这是因为气流速率大到一定程度时,沉积速率转受表面化学反应速率控制。另外,随着气流速率的增加,气体的雷诺数也随之增大。当气流速率增大到一定程度时,将会导致湍流的发生,这时薄膜就不能均匀生长了。

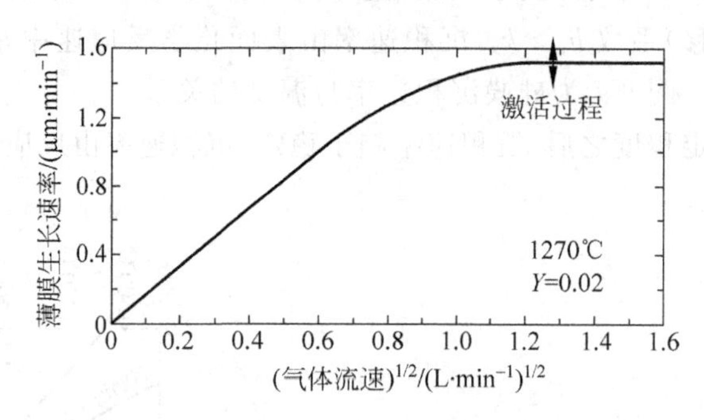

图 9-8 硅薄膜沉积速率与气流速率的关系

9.5 化学气相沉积成膜的影响因素

1) 沉积温度

沉积温度是影响沉积质量的最主要因素。在适当条件下,温度越高,沉积速度越快,沉积膜也越致密,结构越完善。沉积温度需要根据沉积物的结晶温度确定,同时需要考虑基体的耐热性。例如,在化学气相沉积制备 Al_2O_3 薄膜时,不同温度下得到的薄膜也大不一样,在 1500℃以上沉积时可以获得单晶膜,如式(9-38)所示。当然,对于不同的化学气相沉积工艺,沉积温度的影响规律也不尽相同,需具体分析。

$$AlCl_3 + CO_2 + H_2 \xrightarrow{<1100℃,反应不完全} \gamma\text{-}Al_2O_3$$
$$\xrightarrow{>1150℃} \alpha\text{-}Al_2O_3(多晶) \xrightarrow{1500\sim1550℃} \alpha\text{-}Al_2O_3(单晶膜) \qquad (9\text{-}38)$$

2) 反应气体的比例及浓度

对于一个普通的化学反应,各反应物及产物之间具有确定的理论配比,而在化学气相沉积过程中,由于反应条件(如温度、压力等)、加热模式(如电阻加热、激光或等离子加热等)及薄膜生长条件(形核基体)的差异,原材料的配比往往偏离理论配比,应通过实验来确定。例如,利用三氯化硼和氨反应沉积氮化硼膜时,理论上反应物 BCl_3 与 NH_3 的流量配比应为 1∶1,如式(9-39)所示。

$$BCl_3(g) + NH_3 \rightleftharpoons BN(s) + 3HCl(g) \qquad (9\text{-}39)$$

但在实际沉积过程中,在 1200℃的沉积温度下,当 NH_3 与 BCl_3 的摩尔比小于 2 时,沉积速率很低;而 NH_3 与 BCl_3 的摩尔比大于 4 时,反应生成物又会出现 NH_4Cl 一类的中间产物。为了得到较高的沉积速率和高质量的 BN 薄膜,必须通过实验来确定各物质间的最佳流量比。

另外,反应物的浓度对沉积产物的速率及质量也有重要影响。例如,采用化学气相沉积法制备金刚石薄膜时,碳源浓度不仅影响到金刚石的成核及生长,而且也会影响到产物的纯度。碳源浓度太低,形核无法进行;而过高的碳源浓度则会导致大量生成石墨和非晶碳,影响金刚石薄膜的品质。只有采用适中的碳源浓度才能获得高的形核密度和成膜质量。同时也必须注意,沉积方法不同,浓度对薄膜品质的影响也有差异。

3) 基体

除了原料物质及其流量、反应温度等重要参数外,要得到优质的沉积膜,基体材料也必须满足以下基本条件:①与沉积膜层材料之间有强的亲和力;②与沉积膜层的结晶结构相似;③与沉积膜层材料有相近的热膨胀系数。

以沉积金刚石薄膜为例,以天然金刚石为基体,其表面形核势垒最小,结构匹配,最易实现金刚石薄膜的形核与生长。还有一些金属,如 Ti、W、Mo、Ta 等强碳化物形成元素作为基底时,通常会在这类基底上形成碳化物,金刚石需要在这层碳化物上形核并长大。而对于一些不能形成碳化物的基底,则需要预先在基底上形成一层"碳膜",如非晶碳、石墨类过渡层,金刚石再在其上形核,但形核难度则要大很多。

基体材料具有与沉积膜层材料相近的热膨胀系数有利于提高薄膜的抗热震性。这主要与材料自身的性能相关。通过前处理,如在金刚石薄膜的沉积过程之前先对基底进行"划痕处理",不仅增加了表面的形核中心,可大大提高形核密度,而且可以提升膜层和基底的结合力,从而提高薄膜的抗热震性。

9.6 常用化学气相沉积工艺简介

总体而言,CVD 工艺既可制作金属、非金属薄膜,还可制作多组分合金薄膜。成膜速率高,可以在常压或低真空进行,绕射性能好。所得薄膜纯度高、表面平滑、致密性好、残余应力小、结晶良好。但也有一些不足,如对基片进行局部镀膜时就不如 PVD 方便,反应温度也高于 PVD 工艺,尤其是反应源和尾气的安全性及环保方面的要求较高,不同化学气相沉积工艺的适应性也有差别。以下分别介绍常用的 CVD 技术。

9.6.1 常压和低压化学气相沉积

早期 CVD 技术以开口系统为主,即化学反应在常压下进行(atmosphere pressure CVD, APCVD)。开口体系是 CVD 反应器中最常用的类型,一般由气体净化系统、气体测量和控制部分、反应器、尾气处理系统和真空系统等部分组成,图 9-9 为开口体系 CVD 设备示意图。在室温下,进行化学气相沉积的原料不一定都是气体。如果源物质有液态原料,需加热形成蒸气或与气态反应剂反应,形成气态物质导入沉积区,由载流气体携带入炉。如果源物质有固体原料,一般是通过一定的气体与之发生气—固反应形成适当的气态组分,将产生的气态组分输送入反应室。在这些反应物载入沉积区之前,一般不希望它们之间相互反应,因此,在低温下互相可能发生反应的物质在进入沉积区之前应隔开。

开口体系 CVD 工艺具有以下特点:

(1) 物料的运输一般靠外加且不参与反应的惰性气体来实现。

(2) 至少有一种反应产物可以连续地从反应区排出,使沉积反应总是处于不平衡状态,有利于形成沉积层。

(3) 大多在大气压或稍高于一个大气压的压力下进行,有利于废气的排除。也可以在

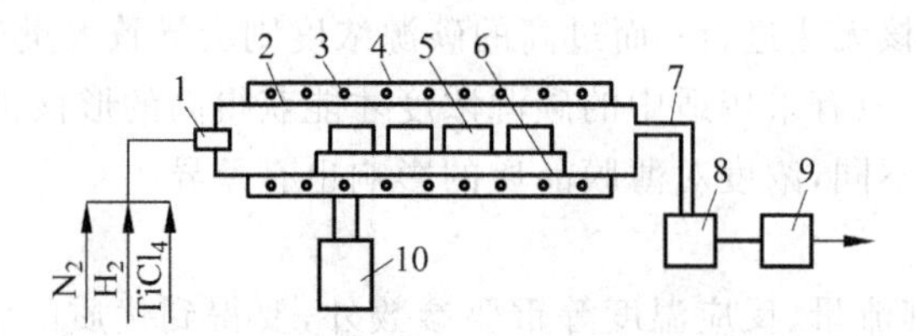

图 9-9 开口体系 CVD 设备示意图

1—进气系统；2—反应器；3—加热炉丝；4—加热炉体；5—工件；6—工件卡具；
7—排气管；8—机械泵；9—尾气处理系统；10—加热炉电源及测量仪表

真空下以连续的脉冲供气及不断地抽出副产物，有利于沉积层的均匀性。

(4) 沉积工件易于取放，工艺易于控制，结果易于重现，且同一装置可以重复使用，成本低。

开口体系有两个最主要的优点：一是沉积反应的热力学条件容易满足；二是有的原料可装在气瓶中，可以广泛地选择反应物或反应条件。

低压 CVD(LPCVD)是近年来新发展的技术。LPCVD 原理与 APCVD 基本相同，二者的主要差别是低压下气体扩散系数增大，使气态反应物和副产物的质量传输速率加快，形成薄膜的反应速率增大。LPCVD 设备如图 9-10 所示。与 APCVD 相比，LPCVD 具有以下优点：①低气压下气态分子的平均自由程增大，反应装置内可以快速达到浓度均一，消除了由气相浓度梯度带来的薄膜不均匀性；②薄膜质量高：薄膜台阶覆盖良好、结构完整性好、针孔较少；③沉积速率高；④卧式 LPCVD 装片密度高，生产效率高，生产成本低；⑤工艺重复性好。

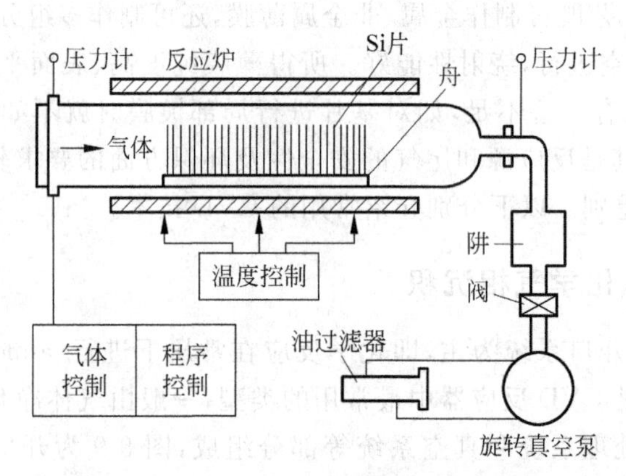

图 9-10 LPCVD 设备示意图

LPCVD 的沉积过程主要由表面反应速率控制，对温度变化极为敏感，所以，需要特别注意控制温度变化。

LPCVD 在微电子领域获得了广泛应用，如用于沉积掺杂或不掺杂的氧化硅、氮化硅、多晶硅、硅化物薄膜，Ⅲ-Ⅴ族化合物薄膜以及钨、钼、钽、钛等难熔金属薄膜。事实上，基于负压下反应气体更强的扩散性，利用 LPCVD 可以制备三维结构材料，如碳纤维增强碳基复合材料。将编织好的碳纤维骨架置于负压下进行碳源气体的裂解和炭沉积，由于低压下碳源气体具有良好的渗透性，可以填充碳纤维坯体中的孔隙，从而获得较为致密的可用作结构材料的三维炭/炭复合材料。

9.6.2 等离子体化学气相沉积

等离子体化学气相沉积(PECVD)是指利用辉光放电的物理作用来激活化学气相沉积反应的CVD技术,既包括化学气相沉积,也有辉光放电的增强作用;既有热化学反应,又有等离子体化学反应。PECVD被广泛应用于微电子学、光电子学、太阳能等领域。

在普通CVD过程中,产生沉积反应所需要的能量是由各种方式(如电阻或激光)加热的衬底和反应气体所提供。而PECVD则是由等离子体提供活化能,使沉积原子越过反应势垒(如图9-11所示)形成沉积原子。普通CVD的沉积温度一般较高(多数在900~1000℃),容易引起基板变形和组织结构变化,降低基板材料的力学性能。基板材料与膜层材料在高温下会相互扩散,可能形成某些脆性相,降低两者之间的结合力。而PECVD除热能外,还借助外部所加电场的作用引起放电,使原料气体处于等离子体态。等离子体中有高密度的电子($10^9 \sim 10^{12}cm^{-3}$),电子气温度比普通气体分子温度高出10~100倍,反应物气体变为非常活泼的激发分子、原子、离子和原子团等,降低了反应温度和基体温度,同时加速了反应物在表面的扩散,促进化学反应,提高成膜速率。甚至使通常难以发生的反应变为可能,可以开发出不同组成比的新材料。此外,等离子体对基片和薄膜具有溅射清洗作用,溅射掉结合不牢的粒子,从而提高薄膜和基片的附着力。

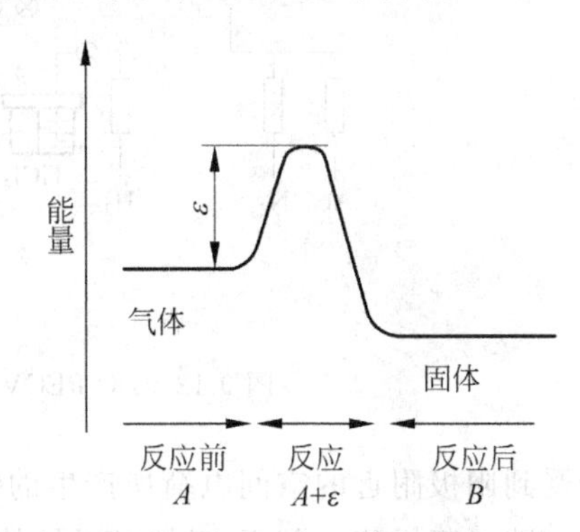

图 9-11 化学气相沉积过程能量变化示意图

ε—活化能;可能来源于热、光、等离子体等

PECVD的成膜温度通常为300~350℃,对基片影响小,避免了高温带来的膜层晶粒粗大及膜层和基片间脆性相的形成。由于PECVD通常在低压下形成薄膜,膜厚及成分较均匀,针孔少,膜层致密,内应力小,不易产生裂纹。尤其是PECVD扩大了CVD的应用范围,可在不同基片上制备金属薄膜、非晶态无机薄膜、有机聚合物薄膜等。PECVD也有不足,如:化学反应过程复杂,影响薄膜质量的因素较多;工作频率、功率、压力、基板温度、反应气体分压、反应器的几何形状、电极空间、电极材料和抽速等相互影响,参数很难控制;另外,PECVD的反应机理、反应动力学等还不十分清楚。

按照产生辉光放电等离子体的方式,PECVD可以分为以下主要类型:直流辉光放电(DC-PECVD)、射频辉光放电(RF-PECVD)、微波(MW-PECVD)和电子回旋共振等离子体化学气相沉积(ECR-PECVD)等。辉光放电装置结构简单,主要包括反应器、真空系统、配气系统、电源系统等。

1) 直流等离子体化学气相沉积(DC-PECVD)

图9-12为DC-PECVD装置示意图。镀膜室接电源正极,基板接负极,基板负偏压1~2kV。其工作过程(以氮化钛沉积为例)为:首先用机械泵抽至真空度10Pa;通入氢气和氮气,接通电源后产生辉光放电;产生的氢离子和氮离子轰击基板,进行预轰击清洗净化并使基板升温;温度达到500℃以后,通入$TiCl_4$,气压调至$10^2 \sim 10^3$Pa,进行氮化钛等离子体化学气相沉积。

反应器(即镀膜室)一般用不锈钢制作。阴极输电装置与离子镀、磁控溅射等相同,TiN

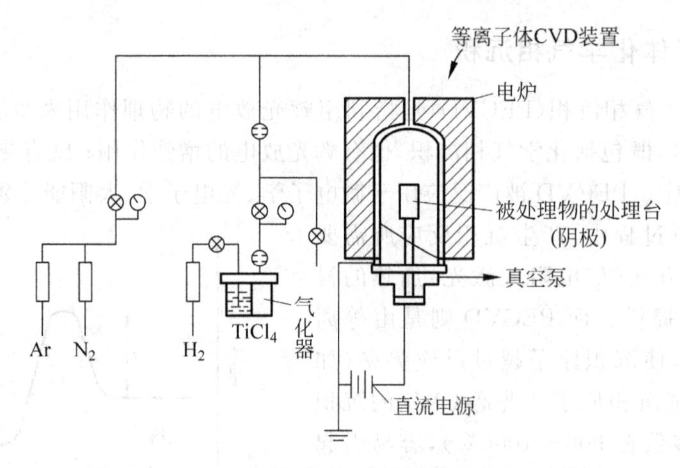

图 9-12 DC-PECVD 装置(含辅助外热装置)示意图

膜会受到阳极附近的空间电荷所产生的强磁场影响。为了避免发生这种情况,必须要有可靠的间隙屏蔽措施。基板-工件可以吊挂,也可以采用托盘。配气系统中通入 $TiCl_4$ 的容器与负压反应器相通,$TiCl_4$ 液体很容易汽化,所以 $TiCl_4$ 容器不需要加热。由于采用的源物质和产物中多含有还原性很强的卤族元素或其氢化物(HCl 等)气体,且沉积气压为 10^2～10^3 Pa,故真空系统只需要选用机械泵即可。由于排放腐蚀性较强的气体,因此在抽气管路上应设置冷阱,使腐蚀气体冷凝,以减少对环境的污染。

DC-PECVD 的缺点是不能应用于非金属基体或薄膜,因为在阴极上电荷产生积累,会造成积累放电,破坏正常的反应。

2) 射频等离子体化学气相沉积

以射频辉光放电的方法产生等离子体的化学气相沉积技术,称为射频等离子体化学气相沉积(RF-PECVD)。一般射频放电分为电感耦合与电容耦合两种,在选用管式反应腔体时,这两种耦合电极均可置于管式反应腔体外。在放电过程中,电极不会发生腐蚀,也没有杂质污染,但往往需要调整电极和基片的位置。电极结构简单,造价较低,不宜用于大面积基片的均匀沉积和工业化生产。比较普遍的是在反应室内采用平行圆板形的电容耦合方式,可获得比较均匀的电场分布。

图 9-13 是平板形反应室示意图。在平板形的电容耦合系统中,反应室的外壳一般用不锈钢制作,直径也可做得比较大。反应室圆板电极可选用铝合金,其直径比外壳略小。基片台为接地电极,两极间距离较小,仅几厘米,这与输入射频功率大小有关。一般来说,极间距只要大于离子鞘层,即暗区厚度的五倍,能保证充分放电即可。基片台可用红外加热,下电极可旋转,以便于改善膜厚的均匀性。底盘上开有进气、抽气、测温等孔道。电源通常采用功率为 50W 至几百瓦、频率为 450kHz 或 13.56MHz 的射频电源。

目前,RF-PECVD 可用于半导体器件工业化生产中 SiN 和 SiO_2 薄膜的沉积。

3) 微波等离子体化学气相沉积

用微波放电产生等离子体进行化学气相沉积的技术,称为微波等离子体化学气相沉积(MW-PECVD)。

微波放电具有放电电压范围宽、无放电电极、能量转换率高、可产生高密度的等离子体等优点。在微波等离子体中,不仅含有高密度的电子和离子,还含有各种活性基团(粒子),因此,MW-PECVD 可以完成气相沉积、聚合和刻蚀等各种任务,是一种先进的现代表面技术。

MW-PECVD 装置一般由微波发生器、波导系统(包括环行器、定向耦合器、调配器等)、发射天线、模式转换器、真空系统与供气系统、电控系统与反应腔体等组成。图 9-14 是一种典型的 MW-PECVD 装置示意图。从微波发生器(微波源)产生的频率 2.45GHz 的微波能量耦合到发射天线,再经过模式转换器,最后在反应腔体中激发流经反应腔体的低压气体形成均匀的等离子体。微波放电非常稳定,所产生的等离子体不与反应容器壁接触,对制备高质量的薄膜极为有利。然而微波等离子体放电空间有限,难以实现大面积均匀放电,制备大面积均匀优质薄膜尚有困难。

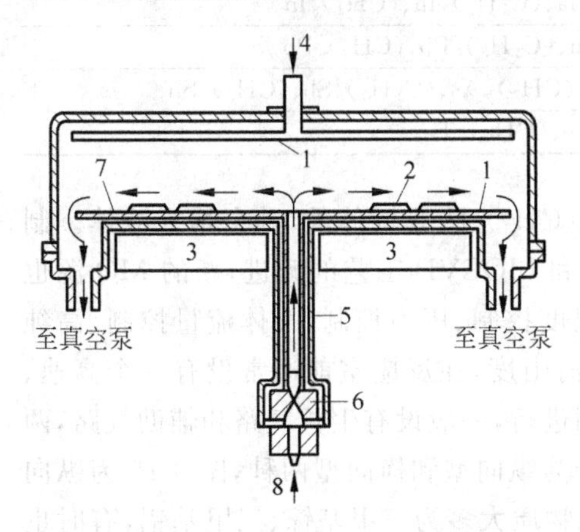

图 9-13 平板形反应室的截面图

1—圆板电极;2—基片台;3—加热器;4—RF 输入;5—转轴;6—磁转动装置;7—旋转基座;8—气体入口

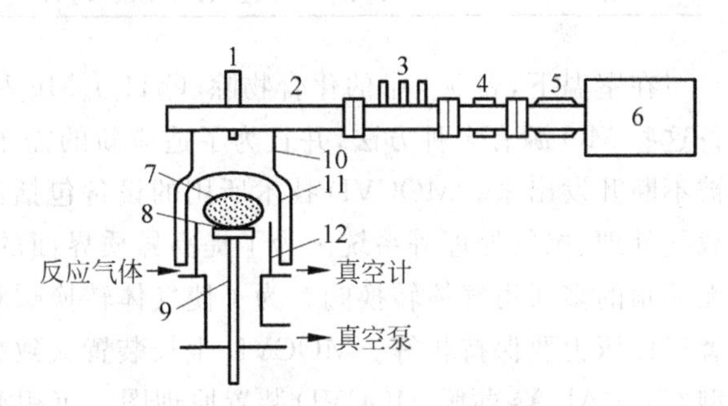

图 9-14 微波等离子体 CVD 装置示意图

1—发射天线;2—矩形波导;3—三螺钉调配器;4—定向耦合器;5—环形器;6—微波发生器;7—等离子体球;8—衬底;9—样品台;10—模式转换器;11—石英钟罩;12—均流罩

以 Si_3N_4 薄膜制备为例的几种 CVD 工艺对比如表 9-3 所示。

表 9-3 Si_3N_4 薄膜制备工艺对比

工艺参数	APCVD	LPCVD	PECVD
反应压力	101325Pa	133.3Pa	133.3Pa
反应温度	~800℃	~800℃	~300℃
生产能力	10 片/批次	100 片/批次	10 片/批次
反应气源	SiH_4+NH_3	SiH_4+NH_3 或 $SiH_2Cl_2+NH_3$	SiH_4+N_2 或 SiH_4+NH_3
沉积速率	~150Å/min	~40Å/min	~300Å/min
膜厚均匀性	±10%	±5%	±10%
薄膜成分	符合化学计量比(Si_3N_4)	符合化学计量比(Si_3N_4)	符合化学计量比(Si_xN_y)

9.6.3 金属有机化合物气相沉积

金属有机化合物化学气相沉积(MOCVD)是一种利用金属有机化合物热分解反应进行气相外延生长的方法,即把含有外延材料组分的金属有机化合物通过载气输运到反应室,在一定温度下进行外延生长。该方法主要用于化学半导体气相生长，由于其组分及界面控制精度高，广泛应用于Ⅱ～Ⅵ族化合物半导体超晶格量子阱等低维材料的生长。

金属有机化合物是一类含有碳-金属键的物质。适用于 MOCVD 的金属有机化合物应该具有以下特点：易于合成和提纯、在室温下为液体并有适当的蒸气压、较低的热分解温度、对沉积薄膜沾污小和毒性小等。目前常用于 MOCVD 的金属有机化合物（通常称为 MO 源）主要是Ⅱ～Ⅵ族的烷基衍生物，如表 9-4 所示。

表 9-4　常用于 MOCVD 的金属有机化合物

族	金属有机化合物
Ⅱ	$(C_2H_5)_2Be$、$(C_2H_5)_2Mg$、$(CH_3)_2Zn$、$(C_2H_5)_2Zn$、$(CH_3)_2Cd$、$(CH_3)_2Hg$
Ⅲ	$(C_2H_5)_3Al$、$(CH_3)_3Al$、$(CH_3)_3Ga$、$(C_2H_5)_3In$、$(CH_3)_3In$
Ⅳ	$(CH_3)_4Ge$、$(C_2H_5)_4Sn$、$(CH_3)_4Sn$、$(C_2H_5)_4Pb$、$(CH_3)_4Pb$
Ⅴ	$(CH_3)_3N$、$(CH_3)_3P$、$(C_2H_5)_3As$、$(CH_3)_3As$、$(C_2H_5)_3Sb$、$(CH_3)_3Sb$
Ⅵ	$(C_2H_5)_2Se$、$(CH_3)_2Se$、$(C_2H_5)_2Te$、$(CH_3)_2Te$

在室温下，表 9-4 中的化合物除 $(C_2H_5)_2Mg$ 和 $(CH_3)_3In$ 是固体外，其余均为液体。制备这些 MO 源有多种方法，并且为了适应新的需求和 MOCVD 工艺的改进，新的 MO 源也被不断开发出来。MOCVD 技术所用的设备包括温度控制、压力控制、气体流量控制、高纯载气处理、尾气处理等系统。为了提高异质界面的清晰度，在反应室前通常设有一个高速、无死角的多通道气体转换阀。为了使气体转换顺利进行，一般设有生长气路和辅助气路，两者气体压力要保持相等。MOCVD 生长装置大致分为纵向型和横向型两种，图 9-15 为纵向型 $Ga_{1-x}Al_xAs$ 薄膜 MOCVD 装置原理图。沉积源物质大多为三甲基镓、三甲基铝，有时也使用三乙烷基镓（TEG）和三乙烷基铝（TEA）。P 型掺杂源使用充入到不锈钢发泡器中的二乙烷基锌 $(C_2H_5)_2Zn$（DEZ）。掺杂源为 AsH_3 气体和 H_2Se 气体，用高纯度氢分别稀释到 5%～10%甚至 10^{-5}～10^{-4} 数量级，充入到高压器瓶中供使用。

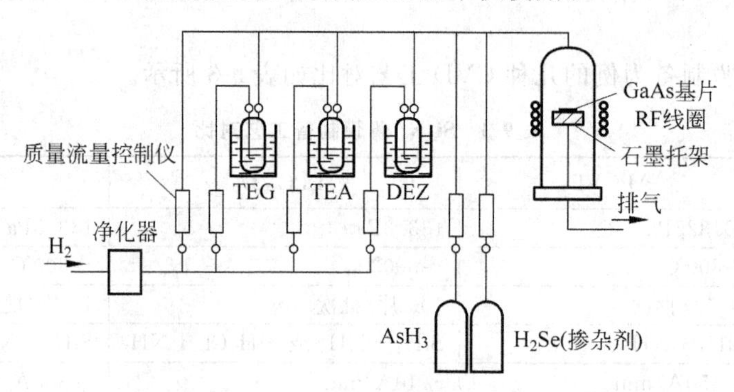

图 9-15　$Ga_{1-x}Al_xAs$ 的 MOCVD 装置原理图

在晶体生长时，TEG、TEA 和 DEZ 等通过与净化预处理后的氢气混合而制成饱和蒸气导入反应室内。反应室采用石英制造，内部设置石墨托架（试样加热架）。导入的气体在被石墨架加热至高温的 GaAs 基片表面上发生热分解反应，沉积成含有 P 型掺杂的 $Ga_{1-x}Al_xAs$ 膜层。因为在气态下发生的反应会阻碍外延生长，所以需要控制气流的流速，以防止在气相状态下发生反应。反应生成的气体从反应室下部排入废气回收装置，以消除废气的危害。反应室的压力约为10Pa。

与其他CVD方法相比，MOCVD具有以下优点：①反应装置容易设计，较气相外延法简单；生长温度范围较宽，适合于工业化大批量生产。②由于原料能以气体或蒸气状态进入反应室，所以容易实现导入气体量的精确控制，并可分别改变原料各组分量值；膜厚和电学性质具有较好的再现性，能在较宽范围内实现控制。③能在蓝宝石、尖晶石等基片上实现外延生长。④只改变原料就能容易地生长出各种成分的化合物晶体。MOCVD技术还存在以下问题：原料的纯度难以满足要求，其稳定性较差，对反应机理尚未充分了解，工艺监测方法及反应室结构设计有待改进和完善。

MOCVD广泛应用于微波和光电子器件、先进的激光器（如双异质结构、量子阱激光器）、双极场效应晶体管、红外线探测器和太阳能电池等制备。MOCVD在表面技术中的应用主要包括涂层、化合物半导体材料制备以及细线和图形的描绘。

9.6.4　激光（诱导）化学气相沉积

激光（诱导）化学气相沉积（LCVD）是一种利用激光束的光子能量激发和促进化学反应的薄膜沉积方法，其沉积过程是激光光子与反应主体或衬底材料表面分子相互作用的过程。

LCVD装置主要由激光器、导光聚焦系统、真空系统、送气系统和沉积反应室等部件组成，其结构和导光设备分别如图9-16、图9-17所示。激光器一般用CO_2或准分子激光器，沉积反应室由带水冷的不锈钢制成，内设有温度可控的样品工作台及通入气体和通光的窗口，与真空分子泵相连，能使沉积反应室的真空度高于10^{-4}Pa，气源系统装有气体质量流量计，沉积过程中工作总炉压通过安装在沉积反应室与机械泵之间的阀门调节，通过压力表进行测量。

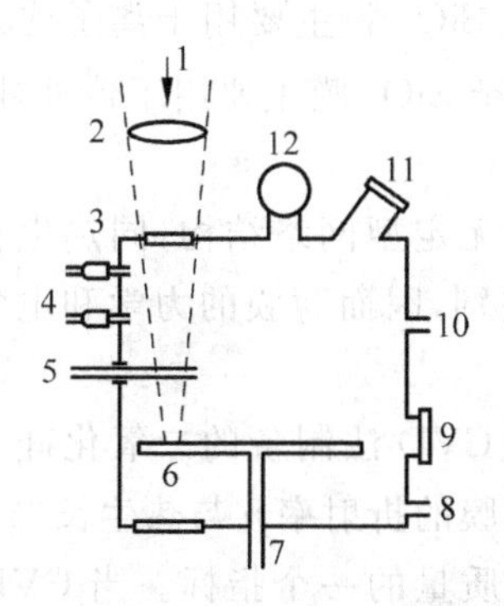

图9-16　LCVD设备结构示意图

1—激光；2—透镜；3—窗口；4—反应气进入管；5—水平工作台；6—试样；7—垂直工作台；8—真空泵；9—测温加热电控；10—复合真空计；11—观察窗；12—真空泵

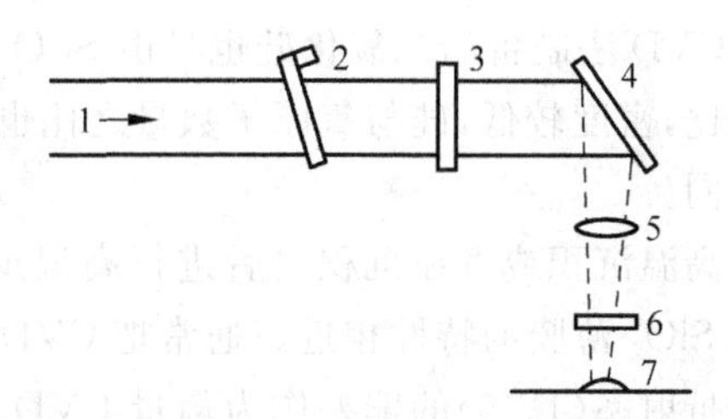

图9-17　LCVD设备导光系统示意图

1—激光；2—光刀马达；3—折光器；4—全反镜；5—透镜；6—窗口；7—试样

LCVD按激光作用机制分为激光热解和激光光解沉积。在激光热解沉积中，激光波长的选择要求反应物质对激光是透明的，无吸收，而基体是吸收体。这就可在基体上产生局部加热点，以在该点产生沉积，其沉积机制如图9-18所示。而激光光解沉积（如图9-19所示）要求气相有高的吸收截面，基体对激光束透明与否均可。化学反应由光子激发，不需加热，沉积可在室温下进行。这种沉积方法的致命弱点是速度太慢，大大限制了它的应用。若能开发出高功率的廉价准分子激光器，激光光解沉积就可与传统CVD、激光热解沉积相竞争。特别在诸多关键的半导体器件加工技术应用上，降低沉积温度至关重要。

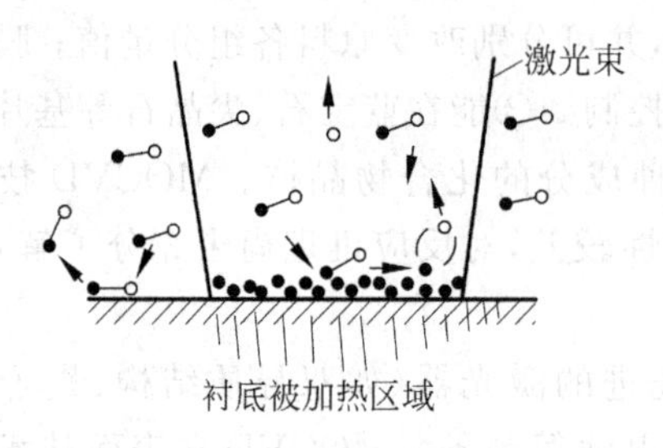

图 9-18 激光热解机制示意图

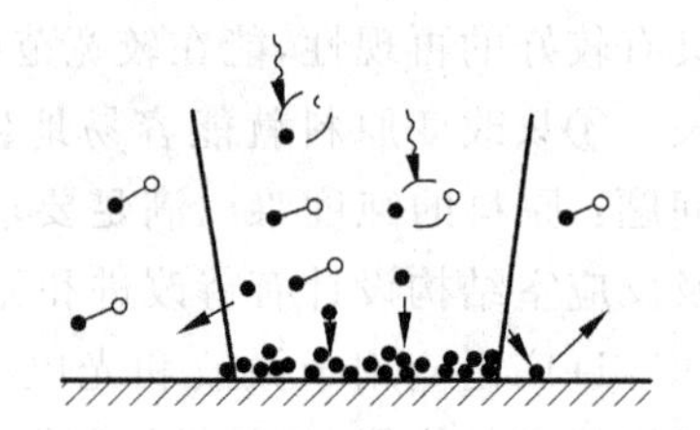

图 9-19 激光光解机制示意图

和一般的CVD工艺相比，LCVD具有独特的优点，如可局部加热选区沉积，膜层成分灵活，可形成高纯膜、多层膜，也可获得快速非平衡结构的膜层，可实现低温沉积（基体温度200℃左右），还可方便地实现表面改性的复合处理。

LCVD是近几年迅速发展的先进技术，在太阳能电池、超大规模集成电路、特殊的功能膜及光学膜、硬膜及超硬膜等制备方面都有重要的应用，前景广阔。

9.7 几种常用薄膜的制备

9.7.1 二氧化硅(SiO_2)薄膜

二氧化硅薄膜包括非掺杂和掺杂 SiO_2，其中非掺杂 SiO_2 膜主要用于离子注入或扩散的掩蔽膜，多层金属化层之间的绝缘、场区氧化层等；掺杂 SiO_2 膜主要用于器件钝化、磷硅玻璃回流，将掺磷、硼或砷的氧化物用作扩散源。

CVD法制备的二氧化硅也是由Si-O四面体组成的无定型网络结构，同热生长二氧化硅相比，密度较低，硅与氧原子数量之比也存在轻微的差别，因而薄膜的力学和电学特性有所不同。

高温沉积或者在沉积之后进行高温退火，都可以使CVD法制备的二氧化硅薄膜与热生长 SiO_2 薄膜的特性相近。通常把CVD法二氧化硅薄膜的折射率 n 与热生长二氧化硅薄膜的折射率(1.46)的偏差作为衡量CVD二氧化硅薄膜质量的一个指标。当CVD二氧化硅薄膜的折射率 $n>1.46$ 时，表明该薄膜富硅；当 $n<1.46$ 时，表明是低密度多孔薄膜。

一般采用低温CVD法制备 SiO_2 薄膜，以硅烷为源，将由大量氮气稀释的 SiH_4 与过量的氧气混合，在加热到250～450℃的硅片表面上，硅烷和氧气反应生成 SiO_2 并沉积在硅片表面，同时发生硅烷的气相分解：

$$SiH_4(g) + O_2 \longrightarrow SiO_2(s) + 2H_2(g) \tag{9-40}$$

这个反应可以在APCVD、LPCVD或PECVD系统中实现。在310～450℃之间，沉积速率随着温度的升高而缓慢增加。当升高到某个温度时，表面吸附或者气相扩散将限制沉积过程。在恒定的温度下，可以通过增加氧气对硅烷的比率来提高沉积速率。当氧气超过一定的比例，衬底表面存在过量的氧会阻止硅烷的吸附和分解，导致沉积速率下降。

当沉积温度升高时，氧气对硅烷的比例需要相应增加，以获得最大的沉积速率。如在325℃时，摩尔比 $O_2:SiH_4=3:1$；而在475℃时，摩尔比 $O_2:SiH_4=23:1$。低温沉积二氧化硅薄膜的密度低于热生长二氧化硅，其折射率大约为1.44，在HF溶液中也比热生长二氧化硅有更快的腐蚀速率。对低温沉积的二氧化硅薄膜可在700～1000℃范围内进行热处理，提高薄膜的致密度。

也可以利用硅烷和 N_2O 反应，在PECVD系统中实现低温二氧化硅薄膜的沉积，反应式如下：

$$SiH_4(g)+2N_2O(g)\longrightarrow SiO_2(s)+2N_2(g)+2H_2(g) \tag{9-41}$$

当 $N_2O:SiH_4$ 的摩尔比较低时，形成富硅薄膜，而且二氧化硅中含有大量的氮，使薄膜的折射率增大。另外，还需要较低的沉积温度、较高的射频功率以及较大的气体流速来抑制气相成核所带来的颗粒污染问题。

由于硅烷接触到空气就会燃烧，存在安全隐患，所以工业上一般采用正硅酸乙酯 $Si(OC_2H_5)_4$（TEOS）替代硅烷。TEOS室温下是液体，化学性质不活泼，可以采用氮气携带（鼓泡瓶），在一定的温度下分解形成二氧化硅。如以TEOS为源的PECVD沉积 SiO_2，沉积温度为250～425℃、气压为266.6～1333Pa，反应如下：

$$Si(OC_2H_5)_4+O_2\longrightarrow SiO_2+\text{副产物} \tag{9-42}$$

TEOS也可以直接分解成 SiO_2：

$$Si(OC_2H_5)_4\xrightarrow{650\sim750℃}SiO_2+4C_2H_4+2H_2 \tag{9-43}$$

也可以用臭氧（O_3）代替式(9-42)中的 O_2，由于臭氧包含三个氧原子，比氧气有更强的反应活性，因此，可以不用等离子体，在低温（如400℃）、常压或亚常压（0.79个大气压）下即可使TEOS分解。这是通过降低反应所需激活能使得低温下反应即可进行，因此常用在集成电路制造后段工艺中。

以TEOS为源，低温下沉积的 SiO_2 薄膜，同低温下以硅烷为源沉积的 SiO_2 相比，具有更好的台阶覆盖和间隙填充特性。还可以通过加入硼酸三甲酯（TMB）和磷酸三甲酯（TMP）以实现B和P的掺杂。

9.7.2 氮化硅（Si_3N_4）薄膜

氮化硅薄膜在集成电路中主要有三个方面的应用：①用作硅选择氧化和等平面氧化的氧化掩膜；②钝化膜；③电容介质。氮化硅尤其适合作为钝化层，是因为它具有非常强的掩蔽能力，尤其是钠和水汽在氮化硅中扩散速度非常慢。通过PECVD可以制备出具有较低压应力和很少针孔的氮化硅薄膜，能够对底层金属实现保形覆盖。

氮化硅薄膜可以采用中等温度（780～820℃）的LPCVD或低温（300℃）PECVD方法制备。LPCVD制备 Si_3N_4 薄膜主要通过硅烷或二氯二氢硅与氨在700～800℃温度范围内发生反应：

$$3SiH_2Cl_2+7NH_3\longrightarrow Si_3N_4\downarrow+3NH_4Cl\downarrow+3HCl+6H_2 \tag{9-44}$$

Si_3N_4 薄膜用作最终的钝化层时，有时为了与低熔点金属（如Al）兼容，氮化硅的沉积必须在低温下进行，因此，必须采用PECVD。反应剂通常为硅烷和氨气，或者为硅烷和氮气，反应温度在200～400℃之间。反应式如下：

$$SiH_4(g)+NH_3(\text{或 }N_2)(g)\longrightarrow Si_xN_yH_z(s)+H_2(g) \tag{9-45}$$

NH_3 在总气体中的比例对 PECVD 氮化硅薄膜的沉积速率、质量密度及原子组分等都有一定的影响，有关实验结果如图 9-20 所示。可见在 Si/N 原子比为 0.75 处薄膜密度最大，该处所对应的原子组分即为 Si_3N_4 薄膜的最佳化学配比。

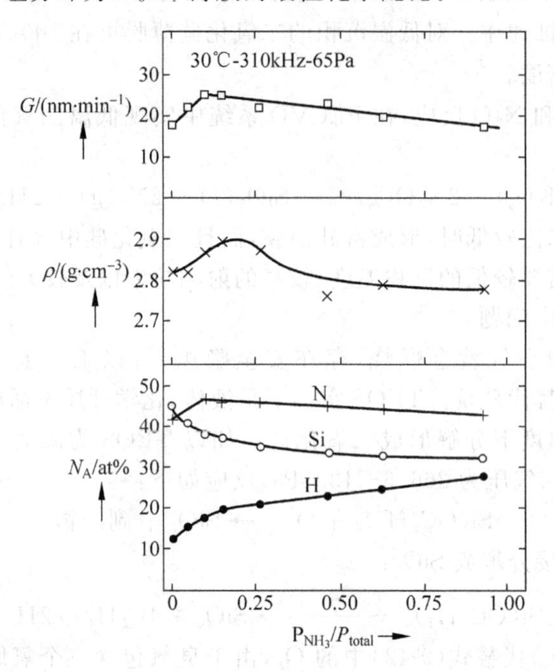

图 9-20 PECVD 法 Si_3N_4 薄膜的沉积速率、质量密度和化学配比

9.7.3 氮化钛(TiN)薄膜

在超大规模集成互连系统中，使用铝合金、铜、钨等金属作为互连线或者填充接触孔和通孔，在这层金属下面要先沉积一层薄膜，一般采用 TiN 薄膜。这层薄膜的作用是：①对于铝合金层，它作为扩散阻挡层防止在金属互连层之间形成接触点；②对于钨或铜的覆盖层，它既作为扩散阻挡层，又作为附着层，称为衬垫；③防止底层的 Ti(接触层)与 WF_6 接触发生反应：$WF_6 + 3Ti \longrightarrow 2W + 3TiF_4$。若集成互连系统中拐角处的 TiN 因高应力被 WF_6 腐蚀，就会导致底层的 Ti 与 WF_6 反应，首先会引起 TiN 的翘起(图 9-21(a)，(b))，随着反应的进行，会在 TiN 翘起处形成 W 的凸起(图 9-21(c))。拐角不受破坏时，沉积的 W 则相对平整(图 9-21(d))。

通常采用如下两种常压或低压 CVD 工艺制备 TiN 薄膜：

(1) $TiCl_4$ 和 NH_3 反应：

$$6TiCl_4(g) + 8NH_3(g) \longrightarrow 6TiN(s) + 24HCl(g) + N_2(g) \tag{9-46}$$

该工艺的缺点是沉积温度高(600℃以上)，超过了 Al 能承受的范围，只能用于接触孔的沉积。另外，沉积的薄膜中含有 Cl，对与 TiN 接触的 Al 有腐蚀作用，所以，应限制薄膜中的 Cl 在 1%以内。

(2) 四二乙基氨基钛 $Ti[N(CH_2CH_3)_2]_4$ 或四二甲基氨基钛 $Ti[N(CH_3)_2]_4$ 与 NH_3 反应：

$$6Ti[N(CH_3)_2]_4(g) + 8NH_3(g) \longrightarrow 6TiN(s) + 24HN(CH_3)_2(g) + N_2(g) \tag{9-47}$$

该工艺的优点是沉积温度低(400℃以下)，在接触孔和通孔中都能使用，而且没有 Cl 的混入。

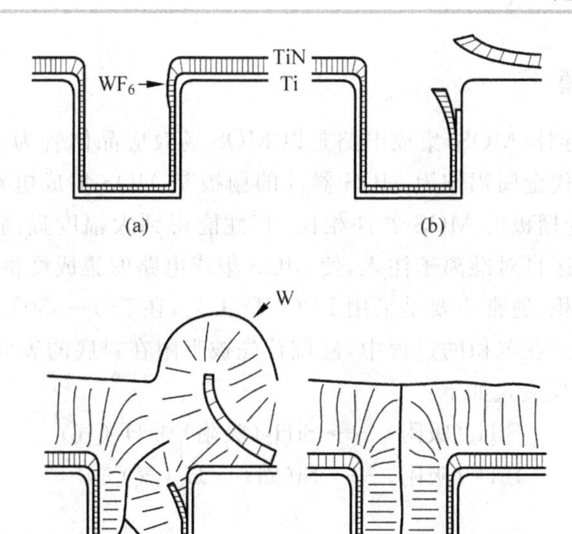

图 9-21 TiN 翘起或 W 凸起引起的失效

(a) 拐角处的 TiN 因高应力而易被 WF_6 腐蚀；(b) TiN 被腐蚀后，WF_6 与 Ti 反应而使 TiN 翘起；(c) TiN 翘起导致淀积 W 的突起；(d) 拐角不受破坏时接触孔的填充结果

9.7.4 硅化钨(WSi_x)薄膜

CVD 法制备的硅化钨薄膜在多晶硅/难熔金属硅化物多层栅结构中广泛应用(图 9-22)，WSi_x 以覆盖方式沉积在掺杂的多晶硅薄膜上，然后被刻蚀形成多晶硅栅结构。WSi_x 中的 x 值大约在 2.6～2.8，此时电阻率约 700～900Ω·cm，为降低电阻率，通常还需要经过退火处理。

(1) 沉积 WSi_x 薄膜的化学反应式：

$$WF_6(g) + 2SiH_4(g) \longrightarrow WSi(s) + 6HF(g) + H_2(g) \tag{9-48}$$

需要足够的 SiH_4 流量以保证沉积的是 WSi_x 而不是 W。在 WSi 沉积的同时也会伴随过量的 Si 聚集在晶粒间界，所以用 WSi_x 来表示。如果 $x<2.0$，在后面的高温过程中，WSi_x 容易从多晶硅上碎裂剥离。实际生产中，控制 SiH_4/WF_6 流量比使 x 值在 2.2～2.6 范围内。

(2) 使用 SiH_2Cl_2(DCS)代替 SiH_4 进行化学气相沉积：

$$WF_6(g) + \frac{7}{2}SiH_2Cl_2(g) \longrightarrow WSi_2(s) + \frac{3}{2}SiCl_4(g) + 6HF(g) + HCl(g) \tag{9-49}$$

采用 DCS 和 WF_6 反应制备 WSi_x 薄膜的台阶覆盖能力更好，且不易碎裂剥落，因而常用 DCS 取代 SiH_4 进行 CVD 硅化钨薄膜沉积。

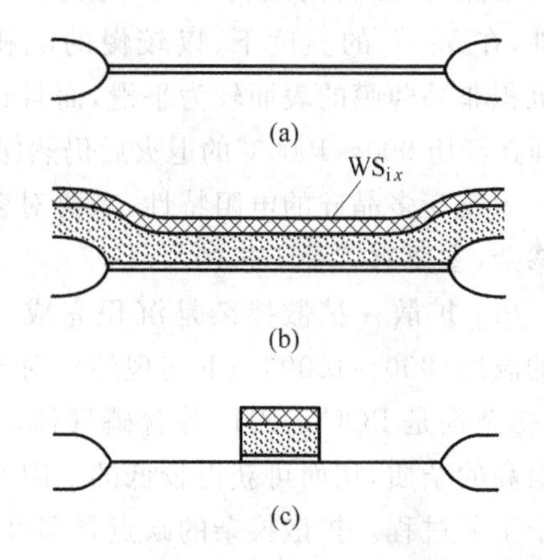

图 9-22 WSi_x 金属多晶硅化物制备工艺

(a) 生长栅氧化层；(b) CVD 淀积多晶硅和 WSi_x；(c) 在金属多晶硅化物上形成图形

9.7.5 多晶硅薄膜

金属-氧化物-半导体(MOS)集成电路是以MOS场效应晶体管为主要元件构成的集成电路。利用多晶硅替代金属铝作为MOS器件的栅极是MOS集成电路技术的重大突破之一,与利用金属铝作为栅极的MOS器件相比,其性能得到大幅度提高。另外,采用多晶硅栅技术可以实现源漏区自对准离子注入,使MOS集成电路的集成度也显著提高。

多晶硅薄膜的沉积,通常主要是采用LPCVD工艺,在580~650℃、低压热壁式反应室中热分解硅烷实现的。在沉积的过程中,硅烷首先被吸附在衬底的表面上并受热分解,中间产物是SiH_2和H_2。反应式如下:

$$SiH_4(吸附) \longrightarrow SiH_2(吸附) + H_2(气) \tag{9-50a}$$

$$SiH_2(吸附) \longrightarrow Si(固) + H_2(气) \tag{9-50b}$$

总体反应为

$$SiH_4(吸附) \longrightarrow Si(固) + 2H_2(气) \tag{9-51}$$

要形成致密、无缺陷的多晶硅薄膜,分解反应应该在基片表面进行。如果硅烷在气相中发生分解反应,将在气相中凝聚成核并长大。当这些颗粒到达基片表面时,比较容易形成粗糙的多孔硅层。当气体中硅烷的浓度很大时,硅烷容易发生气相分解反应,为了避免出现这种情况,就需要使用稀释气体。因为氢气是反应生成物中的一种,所以用氢气稀释能抑制分解反应的进行。可采用分布式气体入口通入氢气稀释气体。图9-23为一定温度范围内多晶硅沉积速率与压力的关系。

在温度低于580℃时沉积的薄膜基本是非晶态,而在高于580℃时沉积的薄膜基本是多晶的。其择优晶向也与沉积温度有关:在625℃左右,⟨110⟩晶向的晶粒占主导;而在675℃左右,⟨100⟩晶向的晶粒占主导。

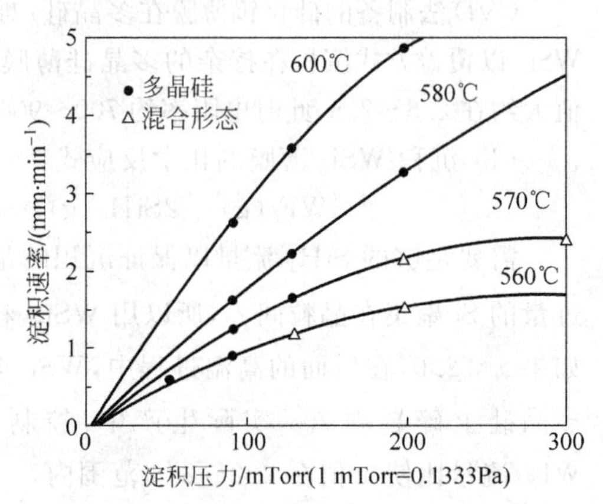

图9-23 在一定的温度范围内多晶硅沉积速率与压力的关系

低温下沉积的非晶态薄膜在900~1000℃重新晶化时,晶粒更倾向于⟨111⟩的晶向结构,而且再结晶时,晶粒的结构与尺寸重复性非常好。此外,在580℃的温度下、以较慢的沉积速率直接沉积非晶薄膜的表面较为平滑,而且这种平滑表面在经历900~1000℃的退火后仍然保持平整。

为改变多晶硅的电阻特性,需要对多晶硅进行掺杂,主要有三种工艺:

(1) 扩散 扩散掺杂是沉积完成之后在较高的温度(900~1000℃)下实现的。对于N型掺杂,掺杂剂是$POCl_3$、PH_3等含磷气体。这种方法的好处在于能够在多晶硅薄膜中掺入浓度很高的杂质,从而可获得较低的电阻率。因扩散掺杂的温度较高,可一步完成掺杂和退火两个工艺过程。扩散掺杂的缺点是温度较高导致的薄膜表面粗糙。

(2) 离子注入 这种方法的优点是可以精确控制掺入杂质的数量。离子注入形成的高掺杂多晶硅电阻率大约是扩散掺杂多晶硅电阻率的10倍,适合于制备不需要太高掺杂的多晶硅薄膜。然后选用快速热退火(RTP)工艺进行退火和杂质激活,在1150℃下不到30s的时间内，通过 RTP 工艺就可以实现多晶硅的退火和杂质激活。RTP 的优点是持续时间短，避免了单晶硅衬底中的杂质重新分布。

(3) 原位掺杂 原位掺杂是指杂质原子在薄膜沉积的同时被结合到薄膜中，也就是说一步完成薄膜沉积和对薄膜的掺杂。要实现原位掺杂，在向反应室输入沉积薄膜所需反应气体的同时，还要输入沉积杂质的反应气体。原位掺杂虽然比较简单，但薄膜厚度的控制、掺杂的均匀性以及沉积速率都随着掺杂气体的加入变得相当复杂。原位掺杂也会影响到薄膜的物理特性，加入磷化物会影响多晶硅结构、晶粒的大小以及晶向对温度的依赖关系。对多晶硅进行原位砷或磷掺杂时，在退火之前，必须先沉积或者热生长一层氧化物覆盖层，以避免在退火过程中杂质通过表面逸散。

实践中大多通过扩散或者离子注入实现掺杂。

9.7.6 金属薄膜

1) 钨膜

在半导体集成电路行业，钨薄膜常作为上下金属层间的连接物，称为"插塞钨"。通常采用 LPCVD 制备，制备钨膜的气源主要有 WF_6、WCl_6 和 $W(CO)_6$，其中，WF_6 的沸点仅 17℃，汽化温度低，气体输送方便，又可以精确控制流量，因此，WF_6 是相对理想的钨源。WF_6 的缺点是价格较高，整个气体管道都需要加热以防止 WF_6 凝聚。

可以采用硅或氢气将 WF_6 还原，也可以采用硅烷与 WF_6 反应，分别如下式所示：

$$2WF_6(g) + 3Si(s) \longrightarrow 2W(s) + 3SiF_4(g) \tag{9-52}$$

$$WF_6(g) + 3H_2(g) \longrightarrow W(s) + 6HF(g) \tag{9-53}$$

$$WF_6(g) + SiH_4(g) \longrightarrow W(s) + SiF_4(g) + 2HF(g) + H_2(g) \tag{9-54}$$

如果是金属层和硅之间的连接钨膜，可利用式(9-52)制备，否则利用式(9-53)制备钨膜。式(9-54)是在整个表面进行钨的沉积，又称"覆盖式钨沉积"。在较高气压下进行氢气还原反应可明显提高台阶覆盖的质量，接触孔和通孔没有空洞，如图 9-24 所示。

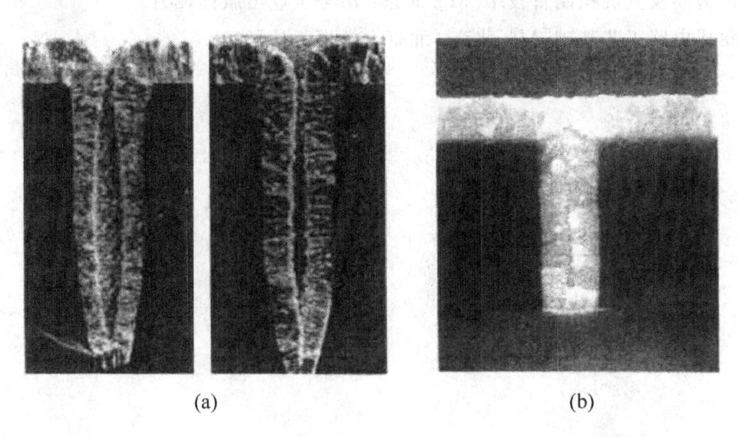

图 9-24 采用不同还原气体所获得钨覆盖效果

(a) 以硅烷为还原气体时，CVD 钨在填充沟槽时产生空洞；(b) 以氢气为还原气体时，CVD 钨覆盖沟槽没有产生空洞

2) 铝膜

在集成电路中用于填充孔道时，CVD 铝与 CVD 钨相比，CVD 铝对接触孔不仅有很好

的填充性，而且有较低的电阻率，可以一次完成填充和互连。但覆盖式 CVD 铝膜的表面粗糙，会给光刻工艺带来困难。可以通过热分解三丁基铝($Al(C_4H_9)_3$，TIBA)沉积铝膜，在较好的成核层上进行沉积，可以减轻表面粗糙，通过这种方法可以很好地填充 0.4μm 大小的连线孔。以下是三种常用 CVD 铝的有机金属化合物源：①三甲基铝双聚体($Al_2[CH_3]_6$，TMA)；②氢化二甲基铝($AlH(CH_3)_2$，DMAH)；③二甲基乙基胺铝烷($[CH_3]_2C_2H_5N[AlH_3]$，DMEAA)。这些有机金属化合物存在的共同问题是有毒、易燃、接触水会爆炸，必须密封低温保存，合理操作，由于 CVD 铝抗电迁移能力差，需与铜制备复合层(CVD 铝＋PVD 铝铜)。

习　题

1. 化学气相沉积与物理气相沉积的区别是什么？
2. 影响化学气相沉积的因素有哪些？
3. 试用 Grove 模型推导薄膜沉积速率的一般公式。
4. 列举几种典型的化学气相沉积工艺并简述其工业应用。
5. 列举几种常见薄膜并简述相应的制备方法。

参考文献

[1] 戴达煌，周克崧，袁镇海，等. 现代材料表面技术科学[M]. 北京：冶金工业出版社，2004.

[2] 周健，傅文斌，袁润章. 微波等离子体化学气相沉积金刚石膜[M]. 北京：中国建材工业出版社，2002.

[3] 张伟刚. 化学气相沉积：从烃类气体到固体碳[M]. 北京：科学出版社，2007.

[4] 徐滨士，刘世参，等. 表面工程[M]. 北京：机械工业出版社，2000.

[5] 刘新田. 表面工程[M]. 开封：河南大学出版社，2000.

[6] 宣天鹏. 表面工程技术的设计与选择[M]. 北京：机械工业出版社，2011.

[7] 戴达煌. 功能薄膜及其沉积制备技术[M]. 北京：冶金工业出版社，2013.

[8] 关旭东. 硅集成电路工艺基础[M]. 北京：北京大学出版社，2003.

第 3 篇　基于固态转变的材料加工

10 塑性成形的物理基础

利用材料的塑性，使其在外力作用下改变形状并获得一定的力学性能，这种加工方法称为塑性加工或塑性成形。塑性成形工艺一般可分为体积成形和板料成形两大类，还可以按照加工温度分为热塑性成形（加工温度高于再结晶温度）、冷塑性成形（加工温度低于再结晶温度）。体积成形主要以热加工为主，如热锻、热轧、热挤；也有冷加工，如冷轧、冷拔、冷挤压。板料成形以冷加工为主，如冷冲压。介于冷热加工之间的是温热成形，如温锻、温挤压等。塑性加工工艺过程所依赖的塑性成形原理涉及到物理学和力学两大内容。本章主要介绍塑性成形的物理基础，即塑性成形的物理本质与变形特征，包括：冷塑性成形、热塑性成形、超塑性成形、塑性与变形抗力的影响因素。

10.1 冷塑性成形

金属材料无论是纯金属还是合金，根据其晶体结构可分为单晶体（单一晶粒）和多晶体（存在多个晶粒和大量晶界），如图 10-1 所示。多晶体中每个晶粒的大小、形态、结构、成分、结晶学取向（位向）不同，因此其变形不均匀，各晶粒变形需相互协调，而晶粒间的晶界则表现出许多与晶粒内部不同的性质：能量高、原子扩散快、熔点低、易腐蚀、室温强度/硬度高、相反高温强度/硬度低。因此，晶粒和晶界的性质不同，其变形特征亦不同，要研究晶体材料的塑性成形机理，就需要分别研究晶粒内部的变形（即晶内变形或单晶体塑性变形）和晶界的变形（即晶间变形或多晶体塑性变形）。

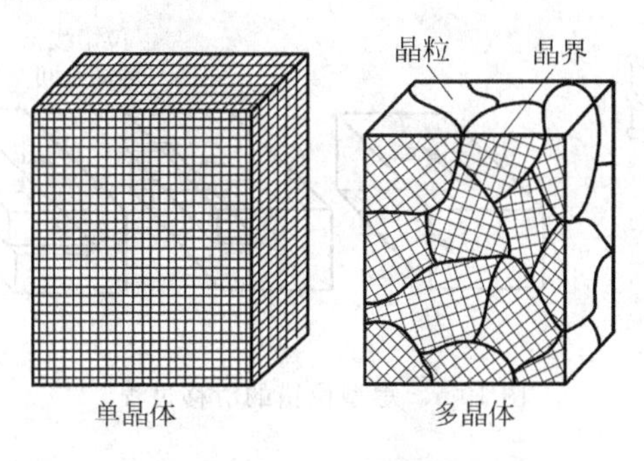

图 10-1　晶体类型

10.1.1 单晶体的塑性变形机理

单晶体塑性变形即晶内变形的主要方式有滑移和孪生，如图 10-2 所示。其中，滑移是主要的。

1. 滑移

滑移是指在切应力作用下晶体的一部分沿一定晶面（称为滑移面）和晶向（称为滑移方向）相对于另一部分发生相对移动，如图 10-3 所示。

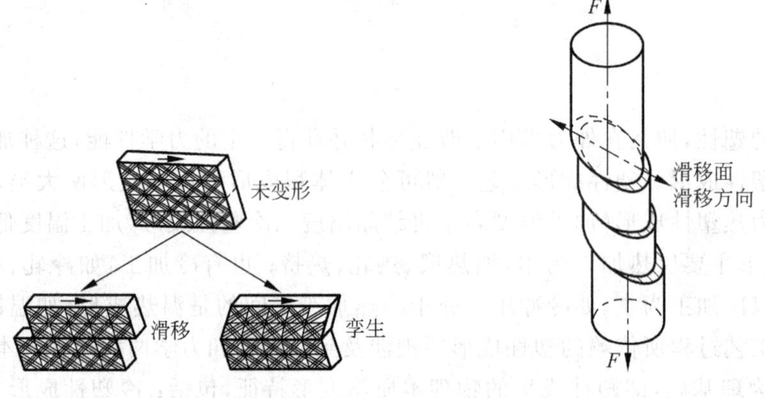

图 10-2 塑性变形机理　　图 10-3 滑移面和滑移方向

滑移是通过切应力下位错（多余半原子面）的运动来实现的，并非是晶体两部分沿滑移面作整体相对滑动。图 10-4 所示为刃型位错的滑移过程，图 10-5 所示为螺型位错的滑移过程。滑移结果使大量原子逐步迁移而产生宏观塑性变形。

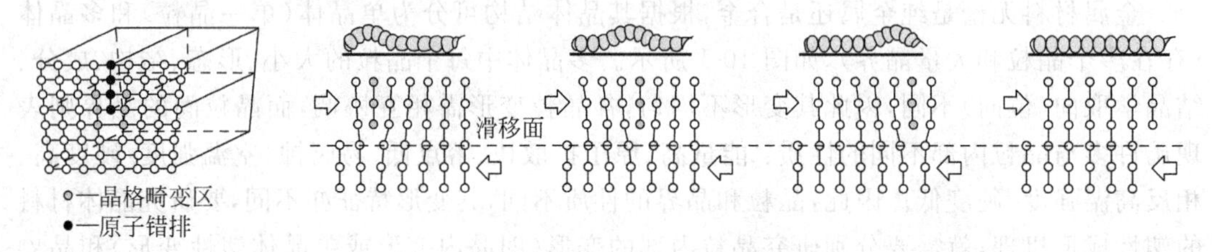

图 10-4 刃型位错的滑移过程

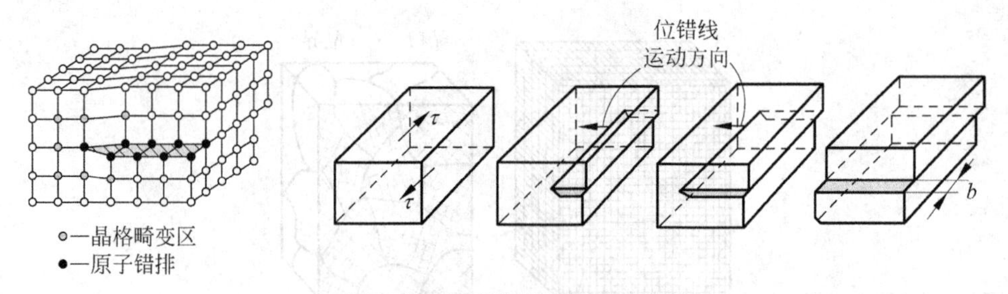

图 10-5 螺型位错的滑移过程

滑移总是沿原子密度最大的晶面（密排面）和晶向（密排方向）发生。因为密排晶面内原子间距小，结合力强；晶面之间距离大，结合力弱，滑移阻力小。一个滑移面和该面上的一个滑移方向构成一个滑移系。不同类型的晶体具有不同的滑移系，如图 10-6 所示。面心立方晶体 fcc 具有{111} 4 个面、⟨110⟩3 个方向共 12 个滑移系，体心立方晶体 bcc 具有{110} 6 个面、⟨111⟩2 个方向共 12 个滑移系，密排六方晶体 hcp 具有{0001}1 个面、⟨1120⟩ 3 个方向共 3 个滑移系。滑移系越多，塑性变形能力越好，而滑移方向所起的作用比滑移面大，因此塑性变形能力 fcc>bcc>hcp。

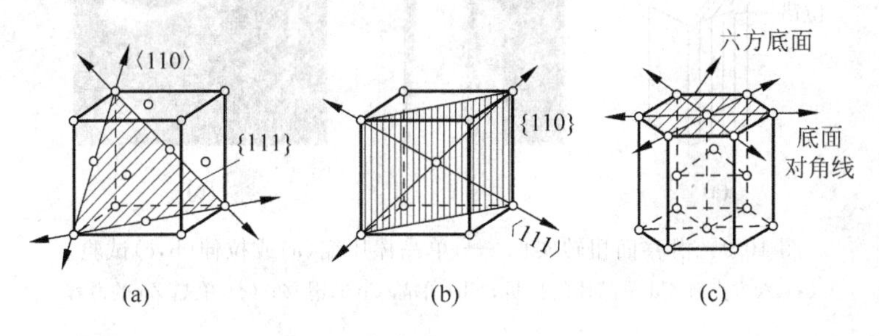

图 10-6 不同类型晶体的滑移系

(a) fcc; (b) bcc; (c) hcp

滑移面与晶体表面的交线称为滑移线，滑移部分的晶体与晶体表面形成的台阶称为滑移台阶，由数目不等的滑移线或滑移台阶组成的条带称为滑移带。如图 10-7 所示。

单晶体拉伸时受夹头限制、不同滑移带交叉、随变形增加而发生的多系滑移同时开动等，多晶体中由于各晶粒取向不同而使晶内滑移不仅受晶界阻碍还受周围难滑移相邻晶粒制约，多相合金中两相变形不协调等，在上述情况下，滑移面和滑移方向还会发生扭折（扭转、弯曲等），如图 10-8 和图 10-9 所示，在密排六方点阵金属或滑移系少的晶体中尤为常见。多晶体中滑移转动的结果会使各晶粒取向趋于一致。

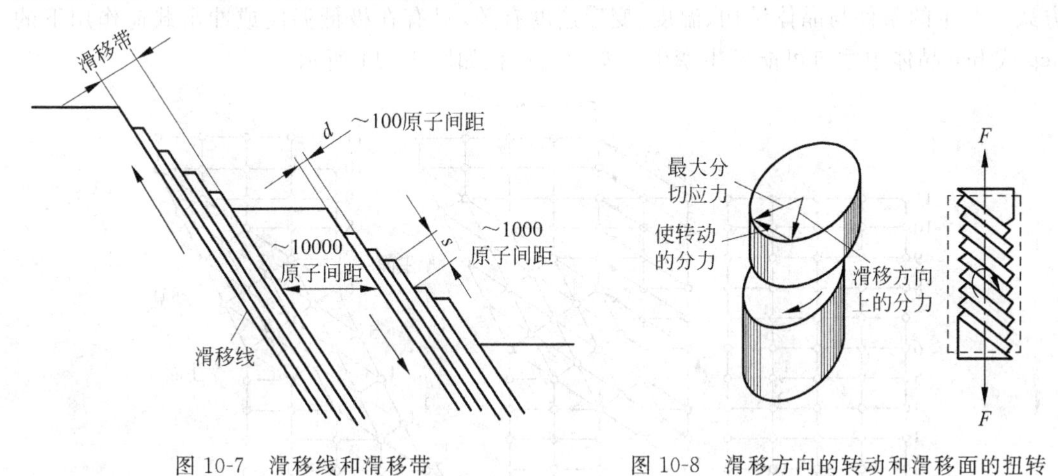

图 10-7 滑移线和滑移带

图 10-8 滑移方向的转动和滑移面的扭转

2. 孪生

孪生是指在切应力作用下晶体的变形部分（孪晶）与未变形部分呈以孪晶面为分界的镜面对称位向关系。如图 10-10 所示。

孪生是通过晶体切变实现的，需要达到一定的临界切应力值方可发生。孪生的变形量小，所需临界切应力（常温）却大于滑移的临界切应力，因此孪生变形是极其次要的补充变形

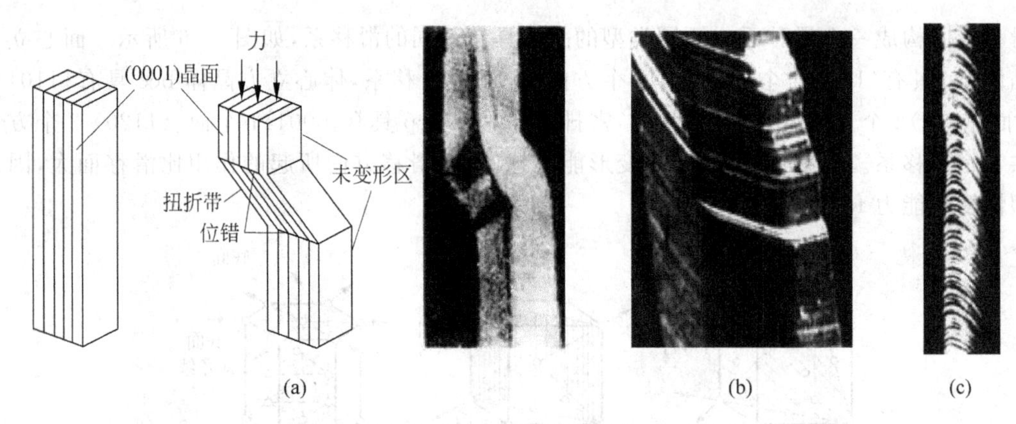

图 10-9 滑移面扭转实例——单晶棒压缩(a)或拉伸(b,c)试验

(a) 六方点阵 Cd 单晶棒的扭折；(b) 单晶 Co 的滑移；(c) 单晶 Zn 的滑移

图 10-10 孪晶结构

(a) 黄铁矿；(b) 石英；(c) Mg-Li 挤拉；(d) 纯 Fe 形变；(e) 纯 Cu；(f) Cu-Al 疲劳

方式。孪生的条件与晶体结构、温度、变形速度有关，只有在极低温度或冲击载荷作用下的 hcp 或 bcc 晶体中才有可能发生孪生。孪生的过程如图 10-11 所示。

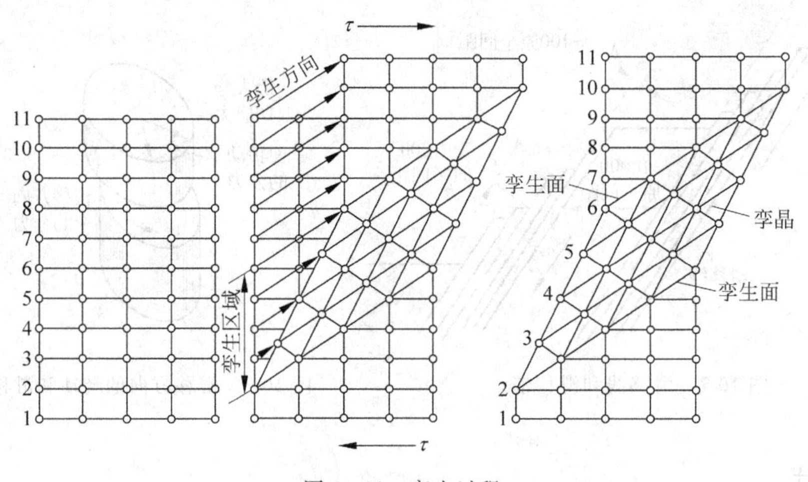

图 10-11 孪生过程

10.1.2 多晶体的塑性变形机理

多晶体塑性变形即晶间变形的主要方式是：晶粒之间发生相互滑动和转动。

1. 晶间变形方式

在外力作用下，当沿晶界处产生的切应力足以克服晶粒间相对滑动的阻力时，晶粒间发生相互滑动，促使具有一定厚度的晶界处产生切变形。由于各晶粒所处位向不同，产生相对滑动的难易程度不同，相邻晶粒间产生一对力偶，从而造成晶粒间的相互转动。如图 10-12 所示。晶粒间相对转动的结果是使已发生滑移的晶粒逐渐转到位向不利的位置而停止滑移，而使另外一些晶粒转至有利位向发生滑移。

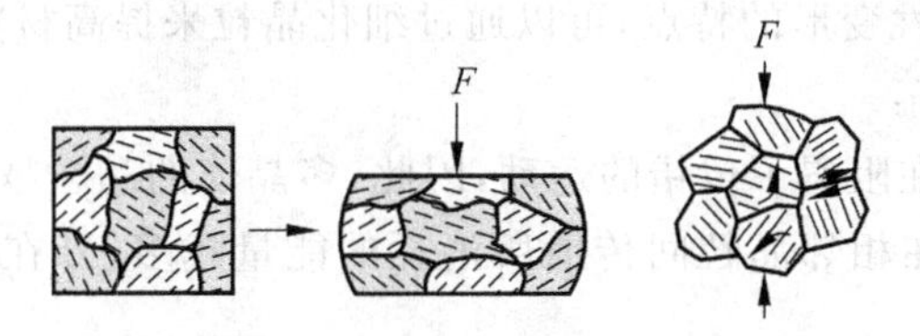

图 10-12　晶粒间的相对滑动与转动

2. 晶间变形的过程

在外力作用下，那些位向有利的晶粒中取向因子最大的滑移系上分切应力首先达到临界应力而先滑移；位错沿滑移面运动到晶界；相邻晶粒的位向不同，滑移系也不同，位错难以逾越晶界而在晶界附近形成塞积，如图 10-13 所示；滑移面两端符号相反的位错塞积群会形成强应力场，越过晶界作用到相邻晶粒；该附加应力与外加应力一起，使取向相对有利但取向因子较小的滑移系的位错源开动参与滑移；于是越来越多的晶粒参与，塑性变形越来越大。

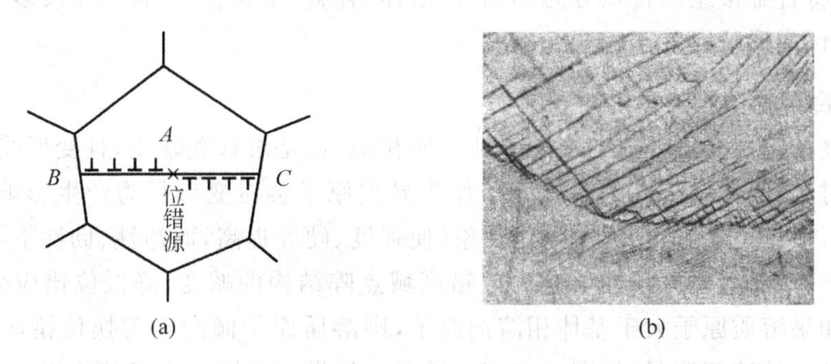

图 10-13　多晶体的滑移及位错在晶界的塞积

(a) 多晶体的滑移；(b) Ni_3Al+0.1%B 合金拉伸变形时滑移带终止于晶界

3. 晶间变形的特点

(1) 各晶粒变形的不同时性　在外力的作用下，多晶体的晶粒是分批地、逐步地变形。

(2) 晶粒间变形的相互协调性　多晶体中任何一个晶粒的变形必然受到相邻晶粒的约束，需要相邻晶粒的配合变形，否则无法保持晶粒之间的连续性。此外还需要多系滑移，每个晶粒除了在取向有利的滑移系中进行滑移外，还要求其他取向相对有利的滑移系也参与滑移。由于 fcc 和 bcc 的滑移系多，各晶粒变形容易协调，因此表现出良好塑性；而 hcp 的滑移系少，晶粒间变形协调比较困难，所表现出的塑性就差。

(3) 变形的不均匀性　由于发生滑移的条件不同，各晶粒的变形量不同，体现了晶内变形的不均匀性。而晶界的结构和性能也不尽相同，使得晶界变形亦存在不均匀性。并且由于晶界处原子排列不规则且聚集较多杂质原子，使滑移受阻，因此晶界变形不如晶内变形容易；相邻晶粒位向突变，晶界处结构和性能不连续，各晶粒相互制约。为了维持整体变形的一致性，晶界一方面要抑制那些容易变形的晶粒变形，另一方面又要促进那些不利于变形的晶粒进行变形，由此体现了晶内变形和晶界变形的不均匀性。

4. 晶间变形的作用

利用多晶体晶间塑性变形的特点，可以通过细化晶粒来提高材料的综合力学性能，实现细晶强化作用，原因如下：

(1) 由于晶界的存在阻碍了位错的运动，因此，多晶体的晶粒越细，晶界越多，阻碍位错运动的作用越强，滑移在相邻晶粒间传播所消耗的能量越多，外在表现为塑性变形抗力越大，强度越高。

(2) 晶粒越细小，位向有利的晶粒越多，变形能够比较均匀地分散在各个晶粒上，塑性越好。

(3) 细晶粒不容易发生裂纹，发生裂纹后也不容易扩展，因为断裂过程中要吸收消耗更多的能量，外力要作更大的功，所以韧性较高。

10.1.3 合金的塑性变形

通过合金化可以使金属材料的力学性能在很大程度上和很大范围内发生改变，使得合金具有比纯金属更优的力学性能和特殊的物理、化学性能。合金的相结构有固溶体、化合物。由此，可将合金按组织特点分为单相(固溶体)合金、多相合金(含两相及多于两相)两大类，它们的塑性变形特点各不相同。

1. 单相合金的塑性变形

单相合金的塑性变形方式与多晶体纯金属相似，也是滑移和孪生，且变形受相邻晶粒的影响。但同时，固溶体中溶入的溶质原子作为异类原子会对变形行为产生影响：一方面溶质原子会阻碍位错运动，产生固溶强化现象(使强度、硬度提高，而塑性、韧性下降，加工硬化率增大)；另一方面溶质原子能够减少位错区域点阵结构的畸变，降低位错应变能，使位错更趋稳定。如果溶质原子大于基体相溶剂原子，则溶质原子倾向于置换位错区域晶格伸长部分(拉应力区)的溶剂原子，如图10-14(a)所示。如果溶质原子小于基体相溶剂原子，则溶质原子倾向于置换位错区域晶格受压缩部分(压应力区)的溶剂原子，如图10-14(b)所示，或者力图占据位错区域晶格受拉伸长部分溶剂原子的间隙位置，如图10-14(c)所示。溶质原子在位错区域的聚集分布，称为溶质气团、柯垂尔气团(Cottrell atmosphere)或柯氏气团，可降低位错能，使位错趋于稳定，即对位错起到"钉扎"作用，产生强化效应。为使位错脱离柯垂尔气团而移动，就需要加大作用在位错上的力，在材料性能上表现为更高的屈服强度。

2. 多相合金的塑性变形

单相合金的固溶强化效果有限，多相合金需要利用第二相进一步强化。多相合金的基体相一般为固溶体，属塑性相(或韧性相)，塑性好；第二相一般为金属间化合物，属脆性相，硬而脆，难变形，是主要的强化相(第二相强化)。因此，合金的塑性变形在很大程度上取决于第二相的数量、形状、大小、分布。但多相合金的变形机理仍然是滑移和孪生。

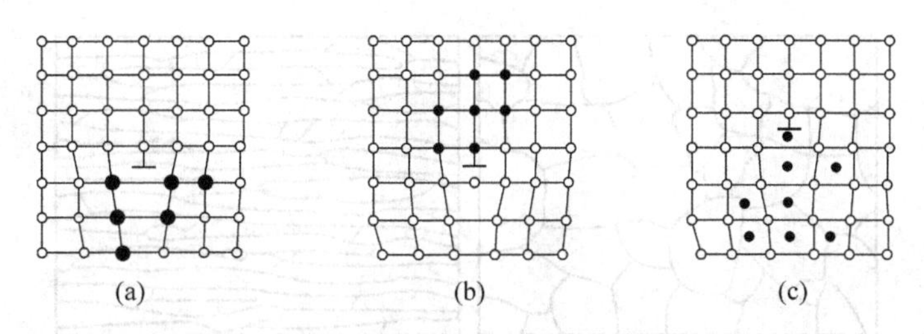

图 10-14 柯垂尔溶质气团对位错的“钉扎”作用

(a) 置换型(溶质原子大)；(b) 置换型(溶质原子小)；(c) 间隙型(溶质原子小)

当第二相粒子尺寸与基体相晶粒尺寸属同一数量级时，称为聚合型两相合金。如图 10-15(a)所示。若第二相呈片状和球状分布，则阻碍位错运动，起到强化作用；若第二相数量很多且以连续网状分布于晶界，则削弱各晶粒之间的结合力，使晶内变形受阻，将会降低塑性和强度。

当第二相以细小质点微粒弥散均匀分布于基体中(可由过饱和固溶体时效沉淀析出(沉淀强化或时效强化)，或用粉末冶金法获得)时，称为弥散型两相合金。如图 10-15(b)所示，弥散型第二相粒子能阻碍和钉扎位错运动，产生显著强化作用。如图 10-16 所示，当位错线与不可变形的微粒相遇时，受粒子阻挡，位错线弯曲，进而形成包围微粒的位错环，位错线的其余部分则越过粒子继续前行。为使位错不断向前运动，需要不断增加外加应力，每个位错越过粒子时都将留下一个位错环，使相界面积显著增多并使周围晶格显著畸变，使滑移阻力增加，产生显著强化作用(弥散强化或第二相强化)而对塑性、韧性影响较小。粒子越细小、弥散分布越均匀，强化效果越好。

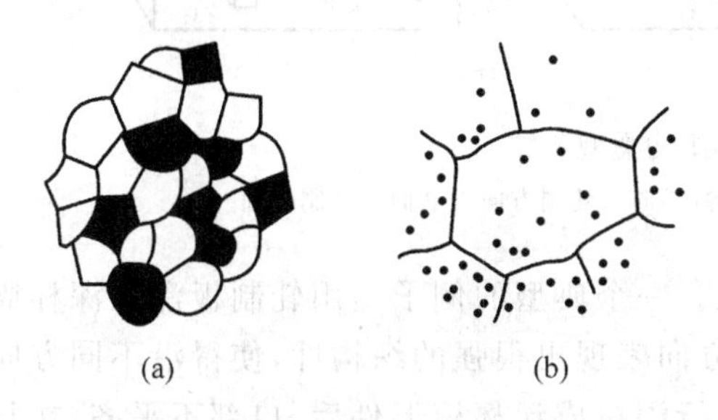

图 10-15 两相合金显微组织中第二相的类型

(a) 聚合型；(b) 弥散型

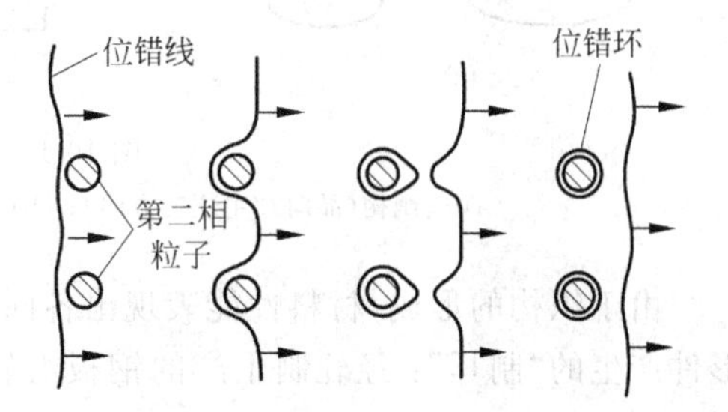

图 10-16 位错绕过第二相粒子

10.1.4 冷塑性变形对组织性能的影响

塑性变形会对显微组织产生影响，进而影响材料的性能。

1. 冷塑性变形对组织结构的影响

(1) 晶粒内部出现滑移带和孪生带。

(2) 晶粒形状改变 沿变形方向晶粒被拉长，当变形量很大时形成纤维状组织，如图 10-17 所示。第二相质点或夹杂物也会被拉成细带状(塑性杂质)或被碾成链状(脆性杂质)。

(3) 晶粒位向改变 晶粒在变形的同时也发生转动，使得各晶粒的取向逐渐趋于一致，

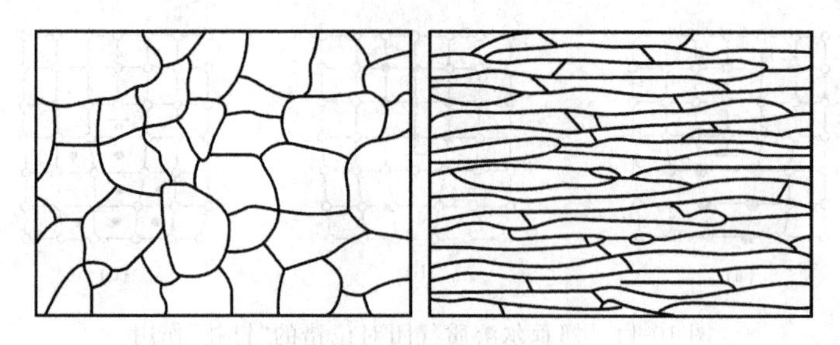

图 10-17 变形前后的晶粒形状

形成择优取向的组织，称为变形织构。随变形程度增加，趋向于择优取向的晶粒越多，织构特征也就越明显。

不同的加工方式会产生不同类型的织构。拉拔和挤压加工是轴对称变形，其主应变是一向拉伸、两向压缩，变形后有一个共同的晶向与最大主应变方向趋于一致，形成丝织构，如图 10-18(a)所示。轧制加工使各个晶粒的某一晶向趋向于与轧制方向平行、而某一晶面趋向于与轧制平面平行，形成板织构，如图 10-18(b)所示。

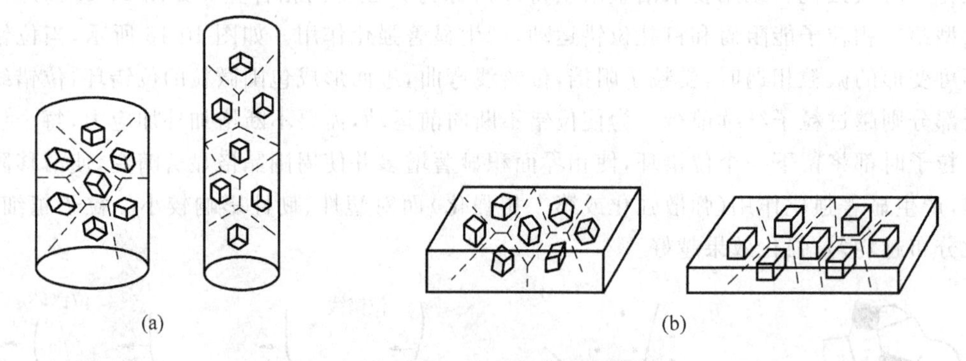

图 10-18 变形织构类型

(a) 丝织构(晶向//主应变方向)；(b) 板织构(晶向//轧制方向＋晶面//轧制平面)

由于织构的形成，材料性能表现出各向异性。一个典型的例子是用轧制板深拉深杯筒形件产生的“制耳”：经轧制生产的钢板沿轧制方向表现出很强的织构性，使得沿不同方向有不同的伸长率，用这种板材下料的圆形毛坯进行深拉成深杯筒形件后，口部不平齐，在与轧制方向成 45°方向上形成明显的“制耳”，如图 10-19 所示。

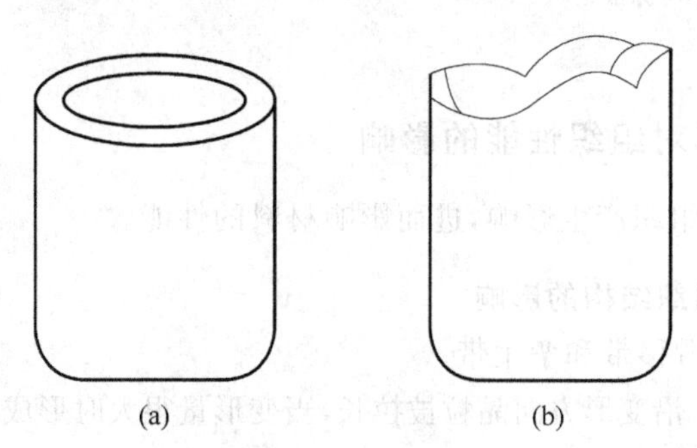

图 10-19 织构对深拉深杯筒形件的影响

(a) 无织构；(b) 有织构，产生制耳

2. 冷塑性变形对性能的影响

塑性变形改变了材料内部的组织结构,因而会改变材料的力学性能:随着变形程度的增加,强度、硬度增加,而塑性、韧性下降,即产生了加工硬化,如图 10-20 所示。

常温下材料的流动应力随变形程度增加而上升,为使变形继续下去,就需要增加变形外力或变形功。这种现象称为加工硬化。其起因是:塑性变形引起位错密度增大,位错间交互作用增强,大量形成缠结、不动位错等障碍,形成高密度"位错林",使其余位错运动阻力增大,变形抗力提高,强度随之提高,如图 10-21 所示。可动位错难以越过位错林的障碍而被限制在一定区域内运动,只有不断增加外力,才能克服位错间强大交互作用力而继续前行。

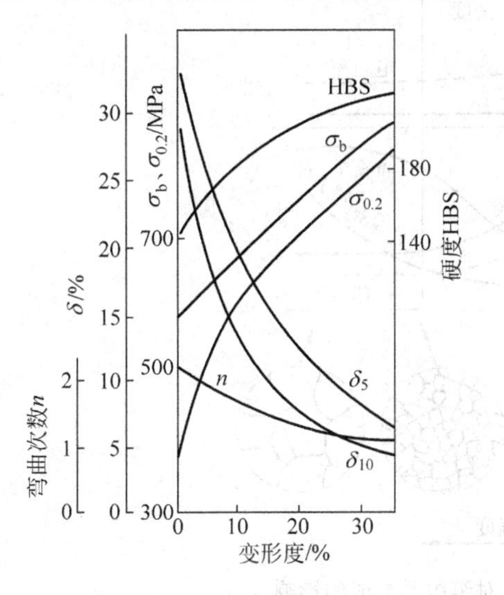

图 10-20 冷拔 45#钢力学性能与变形程度的关系

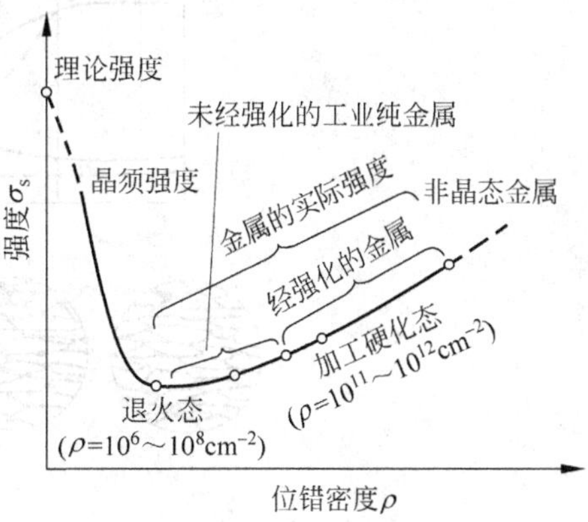

图 10-21 位错密度与性能的关系

3. 加工硬化的两面性

加工硬化既是塑性变形的特征,也是重要的强化手段,即加工硬化具有两面性。一方面,能提高强度,改善纤维分布,可作为强化材料的一种手段(形变强化或冷变形强化),尤其适于加热无相变不能进行热处理强化的材料;还可以改善冷加工性能,使塑性变形较均匀地分布于整个工件。另一方面,却增加了变形困难,提高了变形抗力,甚至降低了塑性。多道次加工时需要在中间变形阶段进行再结晶软化退火来消除加工硬化。

10.2 热塑性成形

在再结晶温度以上进行的变形加工,称为热塑性成形。如热锻、热轧、热挤压等。在热塑性成形过程中加工硬化不断被同时发生的软化(回复、再结晶)所抵消,材料处于高塑性、低变形抗力的软化状态,变形能够继续。在实际生产中,为保证再结晶过程的顺利进行,热塑性加工的变形温度通常远高于再结晶温度。

从热力学角度看,变形引起加工硬化,晶体缺陷增多,畸变内能增加,原子处于不稳定的高自由能状态,具有向低自由能状态转变的趋势。当加热升温时,原子扩散能力增强,自发地向低自由能状态转变,这一过程称为回复和再结晶,伴随有晶粒长大。回复往往发生在较低温度、较早阶段，而再结晶则发生在较高温度、较晚阶段。回复、再结晶、晶粒长大阶段发生的材料组织和性能的变化如图 10-22 所示。

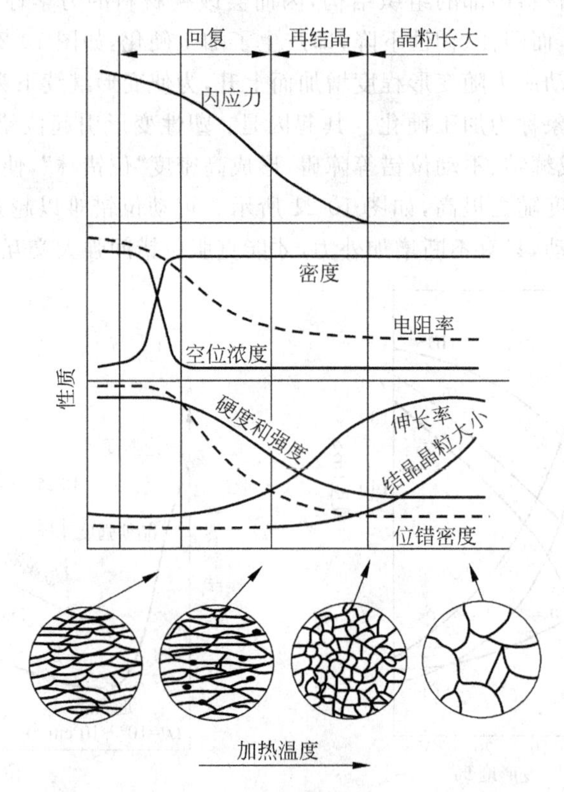

图 10-22 回复、再结晶对组织和性能的影响

10.2.1 软化

热塑性变形时的软化过程比较复杂，与变形温度、应变速率、变形程度、材料本身性质有关。主要有静态回复、静态再结晶、动态回复、动态再结晶、亚动态再结晶等。

1. 静态回复

在回复阶段，强度、硬度有所下降，塑性、韧性有所提高，显微组织无明显变化。原子只在晶内作短程扩散，使点缺陷、位错发生运动，改变数量和状态分布。

(1) 低温回复(0.1～0.3T_m)　回复的机理是点缺陷运动和互相结合，使点缺陷浓度下降。

(2) 中温回复(0.3～0.5T_m)　位错发团内部位错重新组合和调整，位错运动和异号位错互毁，导致位错发团厚度变薄，位错网络清晰，晶界位错密度下降，亚晶缓慢长大。

(3) 高温回复(>0.5T_m)　此时发生位错攀移、亚晶合并、多边形化现象。位错攀移是一个缓慢扩散的过程，与滑移相结合，可使不同滑移面上的异号位错相抵消，位错重新调整和排列，并趋于稳定。在更高的回复温度下，通过原子扩散和位错运动，使亚晶界上的位错自动撤出或就地消失，实现亚晶合并。通过滑移、攀移、交滑移等多种运动形式，使晶粒中紊乱分散分布的位错在滑移面上由水平塞积渐变为垂直排列，形成位错壁，分割晶体成近似多边形的小晶块,这一过程称为多边形化。多边形化的结果是形成回复亚晶(回复时形成的亚晶),并趋向长大和合并,以减少晶界面积,降低晶界能量,保持稳定。

2. 静态再结晶

冷变形金属材料加热到一定温度后,会发生再结晶,用新的无畸变等轴晶取代冷变形组织,彻底改变或改组显微组织,使性能发生很大变化,如强度、硬度显著降低,塑性大大提高,加工硬化和内应力完全消除,物理化学性能得到恢复等。

再结晶并不是简单地使组织恢复到变形前状态的过程,而是可以通过控制变形和再结晶条件,调整再结晶晶粒大小和再结晶的体积分数,来改善和控制材料的组织和性能。

再结晶形核后,再结晶晶核(畸变能低)与周围变形基体(畸变能高)间的畸变能差使晶界发生迁移、促使晶粒长大。再结晶晶粒长大至互相接触时,晶界两侧畸变能差变为零,晶界迁移停止,再结晶过程结束。如图 10-23 所示。

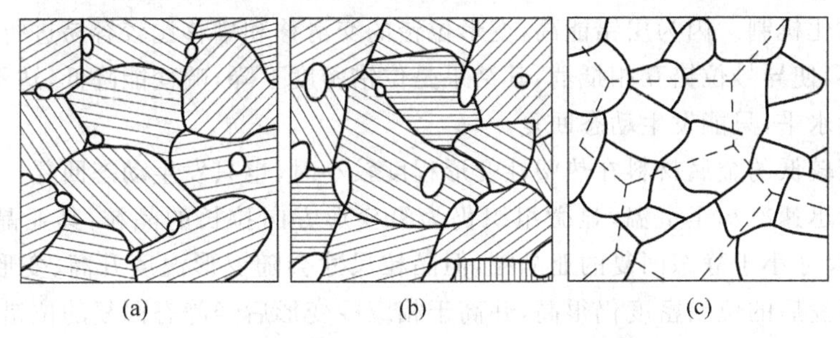

图 10-23 再结晶过程示意图

(a) 晶核形成;(b) 晶核长大;(c) 再结晶完成

再结晶过程结束以后,细小晶粒合并粗化长大,以减小晶界面积,降低晶面能,组织趋于稳定。若温度升高、加热时间延长,晶粒还会继续长大。如图 10-24 所示。

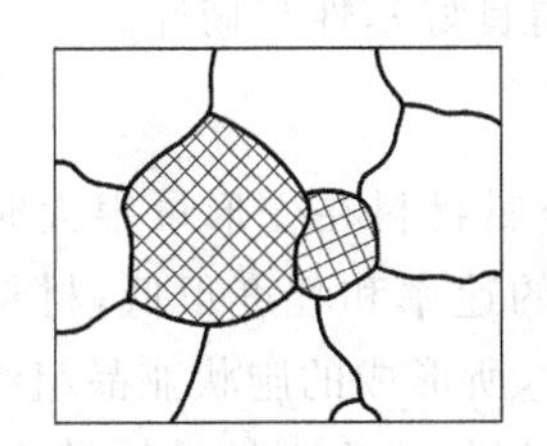
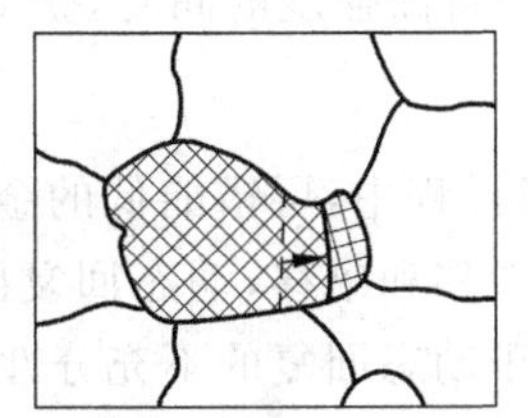
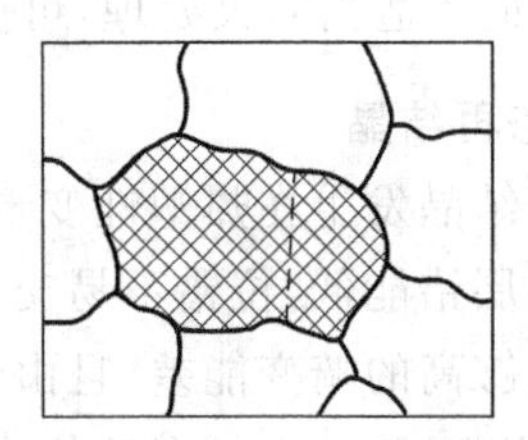

图 10-24 晶粒合并粗化长大

上述的回复、再结晶、晶粒长大的特点汇总成表 10-1 所示。

表 10-1 回复、再结晶、晶粒长大的特点及应用

对比项	回 复	再 结 晶	晶 粒 长 大
发生温度	较低温度,较早阶段	较高温度,较晚阶段	更高温度
转变机制	原子活动能量小,只在晶内短程扩散,空位移动使晶格扭曲恢复。位错短程移动,适当集中形成规则排列	原子扩散能力大,新晶粒在严重畸变组织中形核和生长,直至畸变晶粒完全消失,但无晶格类型转变	新生晶粒中大晶粒吞并小晶粒,晶界位移
组织变化	金相显微镜下观察组织无明显变化。宏观和微观残余内应力有较大下降	形成新的等轴晶粒,有时还产生再结晶织构,位错密度大大下降	晶粒明显长大

续表

对比项	回　　复	再　结　晶	晶粒长大
性能变化	强度、硬度略有下降，塑性、韧性略有上升，电阻率明显下降	强度、硬度明显下降，加工硬化基本消除，塑性、韧性上升	使性能恶化，塑性明显下降
应用说明	去应力退火工艺，一般只有回复转变，以降低残余内应力，保留加工硬化效果	再结晶退火可消除加工硬化效果，消除组织各向异性	应在工艺处理过程中防止产生

3. 动态回复

动态回复发生在热塑性变形过程中，对软化材料起重要作用。主要通过位错攀移、交滑移来实现。

动态回复是层错能高的金属材料（如铁素体钢，铝及铝合金，hcp 锌和镁等）在热变形过程中唯一的软化机制。因为层错能高，变形位错的交滑移和攀移比较容易进行，位错容易在滑移面间转移，使异号位错互相抵消，其结果是位错密度下降，畸变能降低，达不到动态再结晶所需的能量水平，只能发生动态回复。

而层错能较低的金属材料在热塑性变形程度较小时，也只发生动态回复。

热变形后迅速冷却至室温，显微组织仍为沿变形方向拉长的晶粒，其亚晶粒保持等轴状，亚晶粒的尺寸小于静态回复的亚晶粒，但晶粒尺寸会随变形温度升高、变形速度降低而增大。动态回复后的位错密度仍很高，并高于相应冷变形后经静态回复的位错密度。

利用动态回复的组织仍为亚晶状组织且位错密度还很高的特点，可进行高温形变（淬火）热处理，即将热变形和热处理相结合，以获得变形强化和热处理强化的双重效果，获得更好的综合力学性能。比如，钢的高温变形，控制热变形温度、应变速率、变形程度，使其只发生动态回复；随后淬火，获得的马氏体组织继承了动态回复中奥氏体的亚晶状组织，从而细化了晶粒；最后适当回火处理，可保持高强度的同时，获得良好塑性与韧性。

4. 动态再结晶

动态再结晶发生在热塑性变形过程中，层错能低的金属材料在变形量很大时才有可能发生。因为层错能低，位错不易交滑移和攀移，动态回复的速率和程度很低，材料的局部区域会积聚足够高的畸变能差，且由于动态回复的不充分性，所形成的胞状亚晶组织的尺寸较小，晶界不规整，胞壁有较多的位错缠结，这种不完整的亚组织成为再结晶的晶核，促进了动态再结晶的发生。

动态再结晶需要一定的驱动力，只有畸变能差积累到一定水平时才能启动，否则只能发生动态回复。只有当变形程度远高于静态再结晶所需的临界变形程度时，动态再结晶才会发生。

动态再结晶的能力除与材料的层错能高低有关外，还与晶界迁移的难易程度有关。金属越纯，发生动态再结晶的能力越强。溶质原子固溶于基体、弥散的第二相粒子，都会严重阻碍晶界迁移，减缓或遏止动态再结晶的进行。

动态再结晶的晶粒度大小与变形温度、应变速率、变形程度有关。降低变形温度、提高应变速率和变形程度，会使动态再结晶后的晶粒变细，而细小的晶粒组织具有更高的变形抗力。因此可通过控制变形温度、速率、程度来调节晶粒组织的粗细和力学性能。

动态回复与动态再结晶是在热加工变形的同时一边变形一边发生的，是一种动态软化过程，变形加工硬化随时被动态软化所抵消，材料始终处于高塑性，可以进行持续大变形量的塑性加工。由变形引起的硬化和由动态再结晶引起的软化相平衡时，真实应力趋于稳定。

5. 亚动态再结晶

在热变形过程中形成的但尚未长大的动态再结晶晶核，以及虽已长大但中途被遗留下来的再结晶晶粒，在热变形的间隙或变形终止后而温度又足够高时，利用高温余热，这些晶核和晶粒会继续快速长大，这一过程称为亚动态再结晶。这类再结晶过程不需要形核时间，也不需要孕育期，因此进行得非常迅速。由于速度快，亚动态再结晶晶粒总比动态再结晶晶粒大。

除了亚动态再结晶，在热变形后仍处于高温状态时，一般还会发生另外两种软化过程：静态回复、静态再结晶。这种在热塑性变形后冷却时发生的静态回复、静态再结晶的机理与冷变形后加热时发生的静态回复、静态再结晶的机理一样。热变形时所形成的亚晶组织，处于热力学不稳定状态，需要释放内能。若热变形程度不大，在变形停止后，会发生静态回复；若热变形程度较大，并且变形停止后温度仍处于再结晶温度以上，将发生静态再结晶，这一过程比较缓慢，需要有一定的孕育期，在孕育期内则发生静态回复。上述三种软化过程均与热变形时的变形温度、应变速率、变形程度、材料成分和层错能高低有关。控制材料热变形后的冷却速度，就是抑制静态软化过程，可以有目的地控制材料的力学性能。

6. 静、动态回复/再结晶的区别

静态回复/再结晶是在热变形各道次之间以及热变形完毕后冷却（高温余热）或冷变形完毕后加热时发生的，是在变形停止后无负荷作用下发生的。高温变形后迅速冷却可抑止静态回复与静态再结晶。动态回复/再结晶是在热变形过程中发生的，是变形时在温度和负荷联合作用下发生的。

图 10-25 所示为热轧和热挤压时的动、静态回复/再结晶过程。根据层错能高低和变形量大小分为如下 4 种情形：

(1) 高层错能、小变形量（如图 10-25(a)所示） 变形时只发生动态回复，脱离变形区后发生静态回复。

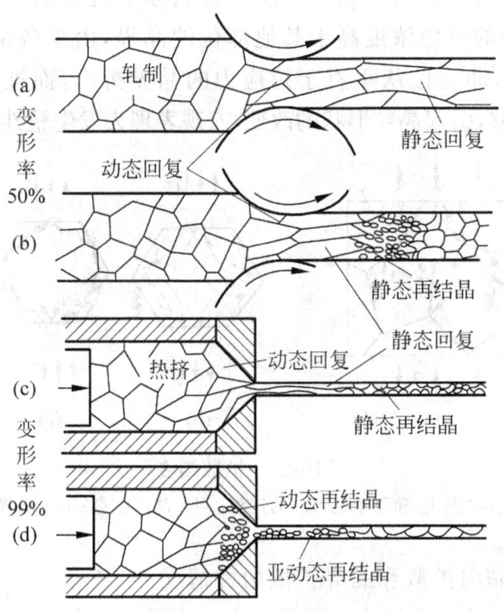

图 10-25 静、动态回复/再结晶过程示意图

(2) 低层错能、小变形量(如图 10-25(b)所示)　变形时只发生动态回复,脱离变形区后发生静态回复及静态再结晶,使晶粒细化。

(3) 高层错能、大变形量(如图 10-25(c)所示)　变形区只发生动态回复,离开模口后发生静态回复及静态再结晶。

(4) 低层错能、大变形量(如图 10-25(d)所示)　变形区发生动态再结晶,离开变形区后发生亚动态再结晶。

10.2.2　热塑性变形机理

热塑性变形的机理主要有:晶内滑移、晶内孪生、晶界滑移、扩散蠕变。其中,晶内滑移是最主要的变形方式;晶内孪生多发生在高温高速变形时;晶界滑移和扩散蠕变只发生在高温变形的时候。

(1) 晶内滑移　晶内滑移是热变形的主要机理。高温时原子间距加大,原子热振动和扩散速度加快,位错活动变得活跃,滑移、攀移、交滑移、位错结点脱锚比低温时容易;滑移系增多,改善了各晶粒(一般晶粒尺寸>10μm)之间的变形协调性;同时,在热变形状态下,晶界对位错运动的阻碍作用减弱,位错有可能进入晶界。

(2) 晶内孪生　晶内孪生多发生在高温下高速变形的时候,是较为次要的变形方式。

(3) 晶界滑移　晶界滑移只发生在高温变形时。热塑性变形时,晶界强度较低,晶界滑动变得容易进行,晶界滑动变形量比冷变形时的晶界滑动量大得多。当改变变形条件,如降低应变速率和减小晶粒尺寸时,有利于增大晶界滑动量。三向压应力状态有利于修复高温晶界滑动所产生的裂缝,扩大晶界变形。但是,在常规条件下,晶界滑移相对于晶内滑移变形量较小。

(4) 扩散蠕变　扩散蠕变只发生在高温变形时,是在应力场作用下由空位的定向移动引起。一定温度下晶体中总存在一定数量的空位。空位旁边的原子容易跳入空位,相应地在原子占据的节点上出现新的空位,这相当于空位朝原子迁移的相反方向迁移。在应力场作用下,受拉应力的晶界的空位浓度高于其他部位的晶界,由于各部位空位的化学势能差,而引起空位的定向转移,即空位从垂直于拉应力的晶界析出,而被平行于拉应力的晶界吸收。空位/原子的定向转移,引起晶粒形状的改变,宏观表现为发生塑性变形。如图 10-26 所示。

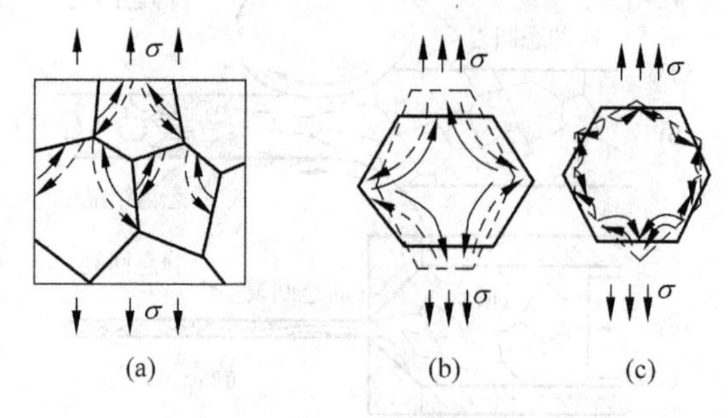

图 10-26　扩散蠕变

(a) 空位(虚线)和原子(实线)的迁移;(b) 晶内扩散;(c) 晶界扩散

扩散蠕变可以分为晶内扩散和晶界扩散两种情况:

(1) 晶内扩散　引起晶粒在拉应力方向上的伸长变形,或在压应力方向上的压缩变形,也称晶格扩散或 N-H 型扩散性蠕变。

(2) 晶界扩散　引起晶粒转动,也称 C 型扩散性蠕变。

扩散蠕变是在应力场诱导下发生的,即使是在低应力诱导下,也会随时间的推移而缓慢发生。温度越高(能量大)、晶粒越细/晶界越多(扩散路径多、路程短)、应变速率越低(时间多、扩散充分),则扩散蠕变的作用越大。在回复温度下的塑性变形,扩散蠕变所起的作用不甚明显;而在高温下的塑性变形,扩散蠕变加快,其影响和作用就不可忽视。利用扩散蠕变作用与晶界滑动联合,可以获得理想塑性变形如超塑性变形。

10.2.3　合金的热塑性变形

由于第二相的存在,以及高温条件下热力学因素的影响,合金的热塑性变形变得复杂。

1. 弥散型双相合金

第二相粒子会影响基体相的变形和合金的再结晶行为,从而对热塑性变形产生影响。

第二相附近容易产生位错塞积,位错密度加大,分布不均,有利于再结晶形核。但如果弥散状第二相粒子的直径和间距较小,则位错分布较为均匀,在热变形中不易重新排列和形成大角度晶界,因而不利于再结晶形核。

弥散的第二相粒子对晶界具有机械阻碍的钉扎作用,降低了晶界可动性,限制了高温下动态再结晶、静态再结晶的晶粒长大。如碳钢中的第二相粒子 MnS、Al_2O_3、TiN、W、V、Zr 等。

2. 聚合型双相合金

各相的性能和体积分数不同会影响合金热变形的再结晶行为。由于再结晶形核地点发生在位错数量多且分布密集的区域,所以两相中变形小的相,再结晶的晶核只能在相界旁形成;而变形大的相,再结晶的晶核既可以在相界旁形成,也可以在相内完成。两相中的形核几率、再结晶晶粒大小均不相同,由此造成的后果是:热变形时,金属质点流动不均匀,产生较大的内应力,也降低了合金的塑性变形能力。

合金热变形时,在较高变形温度、较低应变速率下,第二相粒子可能发生粗化。在亚共析钢和共析钢中还能发生第二相球化。在较大的变形条件下,还可将第二相打碎,改变其分布,使第二相呈带状、线状或链状。例如,在两相区热锻低碳钢时会形成铁素体带状组织。当第二相为低熔点纯金属相或共晶体且分布于晶界时,第二相会发生局部熔化,形成热脆现象,在热锻、热轧时沿晶界开裂,产生缺陷。

10.2.4　热塑性变形对组织性能的影响

热塑性变形对材料组织和性能的影响主要表现在以下几点:

1. 改善晶粒组织

经热塑性变形可获得均匀细小晶粒的再结晶组织,由铸态的粗大树枝晶变成等轴细晶,可获得较好的综合机械性能(强度高、塑性好、韧性好)。对于无固态相变、不能通过热处理来改善晶粒度的材料(如奥氏体不锈钢、铁素体不锈钢等)意义重大,可通过控制塑性变形再结晶晶粒度来改善组织、提高力学性能。

热塑性加工后的晶粒大小取决于热塑性变形时的动态回复、动态再结晶的组织状态,以及随后发生的静态回复、静态再结晶、亚动态再结晶三种软化机理的作用,与材料的性质、变形温度、应变速率、变形程度、变形后的冷却速度等有关。如果热塑性变形程度过大、温度很高、冷速过慢，则会出现二次再结晶现象，即再结晶晶粒相互吞并继续长大而变得异常粗大。因此要制定合理的锻造工艺规程，始锻温度不能太高以避免晶粒急剧长大，而终锻温度又不能太低以保证变形引起的加工硬化能够被再结晶软化消除。

以固溶或弥散微粒出现的合金元素，有利于提高再结晶形核率和降低晶界迁移速度，显著降低再结晶速度，细化再结晶晶粒，如碳钢中添加微量 Nb。

2. 锻合内部缺陷

铸态材料中的内部缺陷如疏松、空隙、微裂纹等，经过锻造后被压实，致密度得到提高。内部缺陷的锻合效果与变形温度、变形程度、三向压应力状态等因素有关。宏观缺陷的锻合要先后经历闭合阶段(缺陷区发生塑性变形，空隙两壁靠拢)、焊合阶段(空隙两壁材料焊合成一体)，需要三向压应力和足够大的变形程度；微观缺陷的锻合只需要有足够大的三向压应力即可。

3. 形成纤维状组织

随变形程度增加，粗大树枝晶沿主变形方向伸长，晶间富集的杂质和非金属夹杂物也逐渐趋于与主变形方向一致(脆性夹杂物被破碎呈链状分布；塑性夹杂物被拉长成条带状、线状或薄片状)，顺主变形方向形成一条条断断续续的细线，这种流线状组织称为纤维组织。图 10-27 表示了随变形程度的增大在钢锭中纤维组织逐渐形成的过程。这种热变形中形成的纤维组织与冷变形中晶粒被拉长而形成的纤维组织不同。

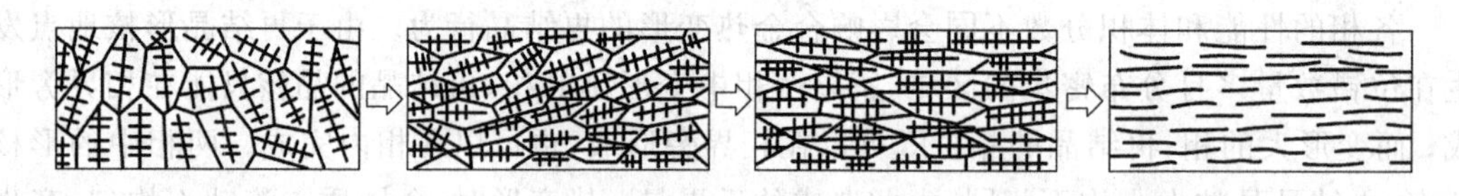

图 10-27 热锻造纤维组织形成过程示意图

纤维组织的形成对力学性能影响明显，沿纤维方向的性能(塑性、韧性)明显好于垂直于纤维方向，如图 10-28 所示。因此，应根据零件的服役条件，制定合理的热加工工艺，掌握正确的锻造方法，控制使流线分布与外形相符(比如立柱、曲轴类零件等)，使流线方向与最大拉应力方向一致并与工作表面平行(易疲劳剥损零件如轴承套圈、热锻模等)，避免用切割方法破坏流线。对于性能无方向性要求的复杂受力零件(如发电机主轴、锤头等)，则不希望锻件有明显流线分布，可采用镦粗和拔长相结合的方法成形，合理控制总锻造比。

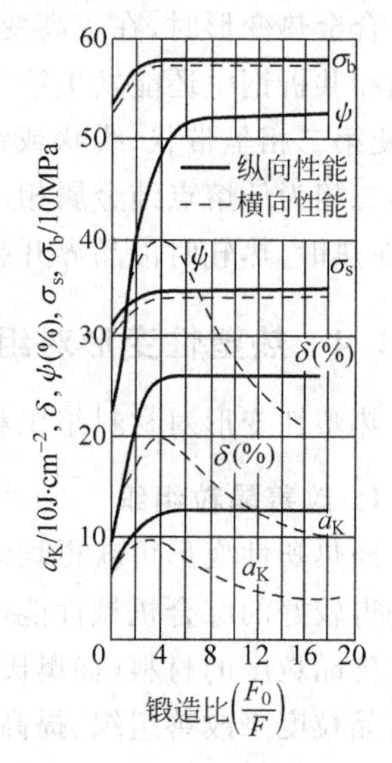

图 10-28 不同锻造比对 45 钢锭力学性能的影响

4. 改善碳化物和夹杂物分布

热塑性变形(比如锻造)可使包围在晶粒周围的呈粗大鱼骨状或网状的碳化物(高速钢、高铬工具钢、高碳工具钢中含有大量碳化物)和各种非金属夹杂物(破坏基体连续性，引起应力集中，萌生裂纹，加速疲劳破坏，十分有害)被变形或击碎,并均匀分布在基体中,大大削弱其对基体的割裂破坏作用,同时使后续热处理的硬度分布均匀。

合理的锻造工艺如"变向锻造"(沿毛坯的三个方向反复镦粗和拔长),可使碳化物和夹杂物被充分击碎并达到均匀分布。

5. 改善偏析

在热塑性变形中,通过枝晶破碎和原子扩散,可使铸态材料的偏析略有改善,铸件的力学性能得到提高。

10.3 超塑性成形

工程用金属材料室温下的伸长率 δ,黑色金属一般不超过 40%,有色金属一般不超过 60%,即便在高温状态下也难达到 100%。然而在一些特定条件下,如一定的化学成分、特定的显微组织(≤10μm 细等轴晶粒,变形中保持稳定不显著长大)、特定的变形温度($0.5\sim0.7T_m$)和应变速率(0.01～0.0001mm/(mm・s))等,材料会表现出异乎寻常的高塑性状态,即所谓超常的塑性变形行为,具有均匀变形能力,其伸长率可达百分之几百($\delta>200\%$)、甚至百分之几千,这就是超塑性。

10.3.1 超塑性变形的特点

与一般的变形情况相比,超塑性变形表现为以下几个特点:

1) 大伸长率

单向拉伸时伸长率(δ 值)非常高,可高达百分之几千,变形稳定性好,材料成形性能得到大大改善,使形状复杂或难以成形的材料变得容易成形。

2) 宏观均匀变形、无缩颈

一般材料变形能力差的原因是宏观均匀变形能力差,容易颈缩导致早期断裂。而超塑性材料的宏观均匀变形能力极好,拉伸过程中能够抑制颈缩的发生。因此,超塑性变形时断面均匀缩小,断面收缩率可接近 100%,几乎无缩颈发生。

3) 低流动应力、易成形

超塑性变形具有非常低的流动应力,仅几个或几十个 MPa(例如,Zn-22Al 合金只有 2MPa,轴承钢 GCr15 只有 30MPa),对成形设备吨位要求很低。

超塑性变形过程中基本没有或只发生很小的应变硬化现象,流动性和充填性极好,因而极易成形,能加工出复杂精确的零件。又由于超塑性成形是宏观均匀变形,所以变形后的制品表面光滑,没有起皱、微裂、滑移痕迹等现象。

4) 对应变速率的敏感性

超塑性变形对应变速率很敏感,只在一定速度范围内才表现出超塑性。

超塑性变形的重要力学特征是流动应力对变形速率极其敏感。用贝克芬(W. A. Backofen,美国学者,1964 年提出)公式表征:

$$\boldsymbol{\sigma} = \boldsymbol{K}\dot{\boldsymbol{\varepsilon}}^m \tag{10-1}$$

其中,σ 为流动应力(真实应力),K 为决定于试验条件的材料常数,$\dot{\boldsymbol{\varepsilon}}$ 为应变速率,m 为应变速率敏感指数。m 值大,流动应力会随应变速率增大而急速增大。

m 是表征超塑性的重要指标。$m=1$ 时，上式成为牛顿黏性流动定律公式，K 就是黏性系数。普通金属 $m=0.02\sim0.2$，超塑性金属 $m=0.3\sim1.0$。m 值越大，伸长率越大。

5）组织维持等轴细晶无变化、晶界变形作用大

在金相组织上，当原始材料是等轴细晶组织时，变形后几乎仍是等轴细晶组织，看不到晶粒被拉长。

从变形机制上，超塑性变形的晶界行为起主要作用，如晶粒转动、晶界滑动、晶粒换位等，与一般的滑移、孪生等塑性变形行为有明显区别。

10.3.2 超塑性变形的类型

根据超塑性变形的特点，可将超塑性分为细晶超塑性、相变超塑性两大类。

1. 细晶超塑性

细晶超塑性是在一定的恒定温度（$0.5\sim0.7T_m$）、应变速率（$10^{-1}\sim10^{-5}$ mm/(mm·s)）、晶粒度（超细化（细晶或超细晶≤10μm）、等轴化、稳定化（成形期间保持稳定））条件下，在整个变形过程中，表现出低应力水平、无缩颈、大延伸状态、流动应力对变形速率极其敏感，即呈现出超塑性。由于这种超塑性需要先使材料经过必要的组织结构准备，又是在特定恒温条件下出现的，因此又称结构超塑性或恒温超塑性。

细晶超塑性的优点是恒温下易操作，故研究和应用较多，大量用于超塑性成形。但因为晶粒的超细化、等轴化、稳定化受材料限制，并非所有合金都能达到。

细晶超塑性的主要影响因素：应变速率、变形温度、组织（晶粒大小、晶粒形状）等。这些因素大都直接影响 m 值的大小。

1）应变速率

如图 10-29 所示为反映超塑性变形力学特征的典型曲线，大致可分成三个区间：应变速率极低时的区间Ⅰ，流动应力 σ 很低，m 值亦较小，属于蠕变速度范围；应变速率中等时的区间Ⅱ，流动应力 σ 随应变速率增加而迅速增加，m 值增大并出现峰值，属超塑性应变速率范围；应变速率较高时的区间Ⅲ，流动应力 σ 趋近最大值，m 值下降，属常规应变速率范围。上述三个速度区间的界限不是很严格，会随晶粒大小和变形温度而变化。可以看出，细晶超塑性具有高度的应变速率敏感性，应变速率的变化对流动应力 σ 和 m 值的影响很显著。应变速率控制在区间Ⅱ范围内时才能获得超塑性。

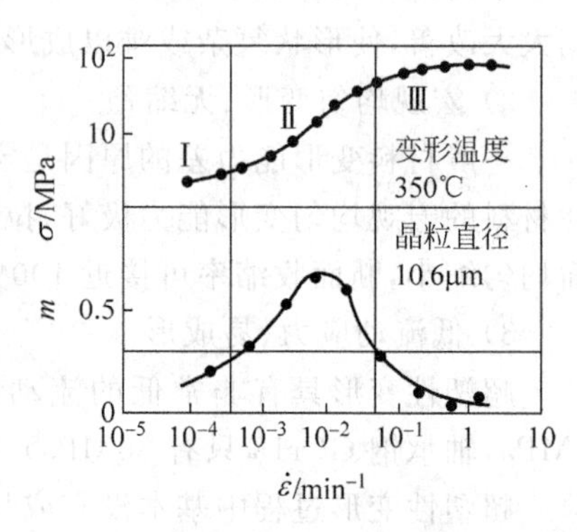

图 10-29 Al-Mg 共晶合金应变速率和流动应力 σ 与 m 值的关系

2）变形温度

变形温度对超塑性的影响非常明显，当低于或超过某一温度范围时，就不会出现超塑性现象。超塑性变形温度大约在 $0.5T_m$ 左右，不同的材料有所差别。从图 10-30 可以看出，只有在 250～270℃温度范围内，Zn-22wt%Al 合金才能获得最大的伸长率和 m 值，低于或高于此温度范围，伸长率和 m 值都急剧下降。

需要指出，由于超塑性和 m 值还受到变形速率的显著影响，因此只有当应变速率和变形温度的综合作用有利于获得最大 m 值时，合金才会表现出最佳超塑性，如图 10-31 所示。

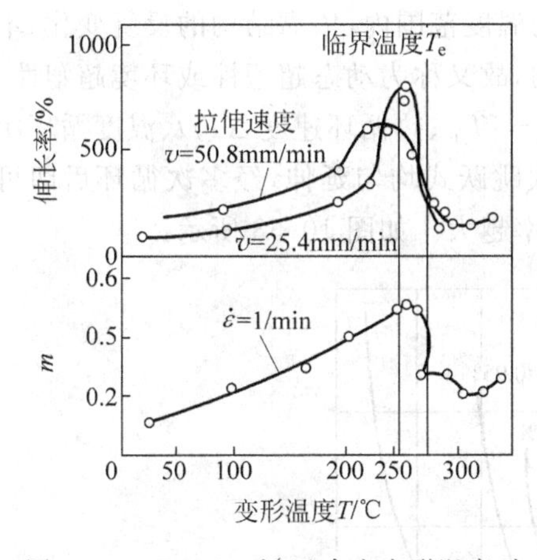

图 10-30 Zn-22wt%Al 合金变形温度对伸长率和 m 值的影响

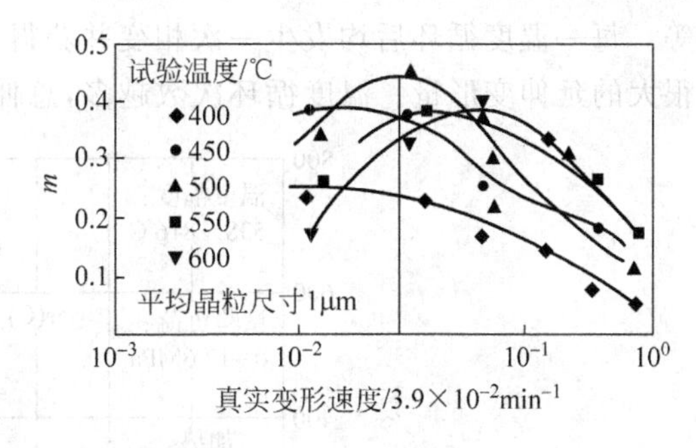

图 10-31 弥散铜(95wt%Cu+2.8wt%Al+1.8wt%Si+0.4wt%Co)变形速率、温度对 m 值的影响

3) 组织

细晶超塑性要求材料具有超细、等轴、稳定、双相的晶粒。之所以要求双相,是因为第二相和母相能彼此阻止晶粒长大。所谓稳定,是指变形过程中晶粒长大速度缓慢,以便在保持细晶条件下有充分的热变形持续时间。又由于晶界滑动和扩散蠕变在超塑性变形中起重要作用,所以要求晶粒细小、等轴,以便有数量多且短而平坦的晶界。一般认为直径大于 10μm 的晶粒组织难以实现超塑性。

由图 10-32 可知,晶粒越小,流动应力越低,这与前述细晶强化时晶粒小晶界多变形抗力大恰好相反。另外,晶粒越小,m 的峰值增大且移向高应变速率区,使提高成形加工速度成为可能,对超塑性成形有利。

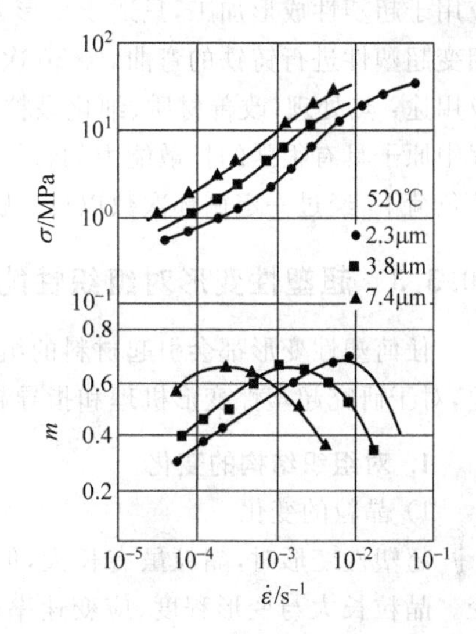

图 10-32 Al-Cu 共晶合金晶粒尺寸对流动应力 σ 和 m 值的影响

除了晶粒大小,晶粒的形态也很重要。例如,Pb-Sn 共晶合金,铸态组织为层片状两相晶粒,经轧制后形成等轴状两相晶粒,两者的平均晶粒尺寸都约为 2μm,但在超塑性变形条件下,前者伸长率只有 50%(m<0.15),而后者可达 1600%(m=0.59)。可见,要实现超塑性,不但晶粒尺寸要小,而且要求晶粒呈等轴状。

通过以上分析不难理解为什么超塑性材料多为共晶或共析合金,因为这类合金有利于获得两相稳定的超细晶粒组织。不过,有研究表明在弥散合金和单相合金中也发现有超塑性,从而扩大了超塑性材料的范围。

2. 相变超塑性

相变超塑性不要求有超细晶粒组织,但要求材料有固态相变或同素异构转变特性。在一定外力作用下,使材料在一定相变温度附近循环加热和冷却,经过一定的循环次数以后,就可能诱发产生反复的组织结构变化,使原子发生剧烈运动而呈现超塑性,宏观上获得很大的伸长率。由于这种超塑性是在一个温度变动频繁的温度范围内,依靠结构的反复变化,不断使材料组织从一种状态转变到另一种状态而获得的,故又称为动态超塑性或环境超塑性。

相变超塑性的主要影响因素:温度幅度 $\Delta T=T_{上}-T_{下}$、热循环速度 $\Delta T/t$、温度循环次数 n 等。每一温度循环后均发生一次相变并获得依次跳跃式均匀延伸,经多次循环后即可累积很大的延伸变形量。温度循环次数越多,总伸长率越大。如图 10-33 所示。

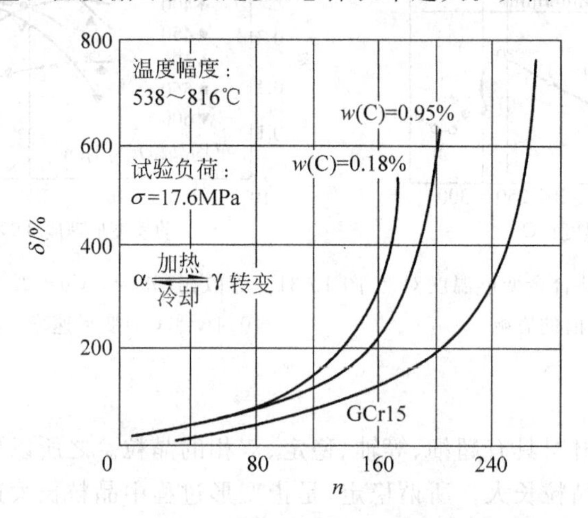

图 10-33 碳钢和轴承钢伸长率 δ 与温度循环次数 n 之间的关系

相变超塑性不要求材料组织的预处理,但必须给予动态热循环作用,操作较麻烦,难以应用于超塑性成形加工,只适于变形方式简单的成形场合(如镦粗、弯曲等,有研究者曾利用相变超塑性进行铸铁的弯曲,经 50 次温度循环后可弯至 45°不断裂)。相变超塑性的主要工业用途:热处理(改善材质、细化晶粒、表面处理等)、超塑性焊接(利用在反复加热和冷却过程中原子具有很强的扩散能力的特性,使两块具有相变或同素异构转变的材料贴合,在很小的负荷下,经过一定循环次数以后,就能完全粘合在一起)。

10.3.3 超塑性变形对组织性能的影响

任何塑性变形都会引起材料的组织和性能的变化,超塑性变形也不例外。了解这些问题,对于研究超塑性变形机理和指导超塑性加工生产均具有重要意义。

1. 对组织结构的变化

1) 晶粒的变化

超塑性变形时,晶粒虽有长大,但等轴度基本不变。晶粒长大与变形程度、应变速率、变形温度密切相关。低应变速率、大变形程度时,晶粒长大较明显,如图 10-34 所示。极低应变速率时晶粒除了长大还可能在拉伸变形方向上被拉长(例如 Zn-0.4wt% Al 合金在 2.5×10^{-5}mm/(mm·s)应变速率下拉伸时,当伸长率 $\delta=50\%$时晶粒出现拉长现象,当 $\delta=200\%$时晶粒长短轴比值平均可达 10.3)。但在最佳应变速率范围内时,晶粒随应变速率降低而增大并

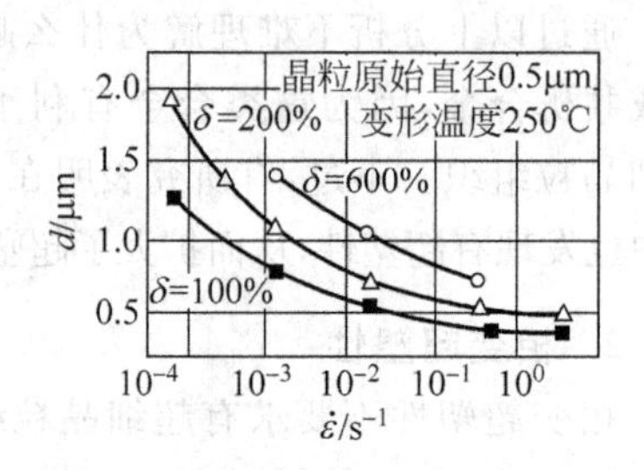

图 10-34 拉伸应变速率对 Zn-22wt%Al 淬火合金晶粒尺寸的影响

不明显，并且晶粒未变形拉长仍保持等轴状。

晶粒长大的原因是因为超塑性变形是在持续高温下发生的，且变形使晶格缺陷、空位和位错密度增加，从而大大促进了扩散过程，结果使晶粒长大。但在某些试验中却有相反现象即晶粒细化发生（例如，HPb59-1 黄铜在 620℃下压缩，变形后晶粒比变形前细小，且随压缩变形程度增大显著细化）。低速变形时晶粒被拉长的原因主要是扩散蠕变所致，也可能与滑移沿某一单一晶面进行有关。

2）显微组织发生变化

在最佳应变速率范围内，不形成亚结构，TEM 未发现晶内位错，在试样抛光表面上不出现滑移线即没有位错运动。但若提高应变速率，则位错数量和密度增加，甚至出现位错塞积和亚结构。

3）出现空洞

许多合金在超塑性拉伸时会伴生空洞。空洞与变形程度、变形速率、变形温度、晶粒尺寸、相的性质等有关。细晶组织、高应变速率易产生空洞，且空洞沿拉伸变形方向被拉长；变形温度的影响，不同合金的表现不一。但不是所有合金在超塑性变形时都会形成空洞；有的合金在拉伸变形时形成空洞，而在压缩试验时却不产生空洞，成因情况比较复杂。关于空洞形成的原因，有人认为是由空位在变形期间向晶界处汇集的结果；也有人认为是由于晶界滑移未能充分相互协调所致。

总之，超塑性变形对合金组织的影响表现出以下典型特征：晶粒虽有不同程度长大，但基本保持等轴晶；变形后的微观组织中几乎看不到位错，不显示晶内滑移的痕迹，不形成亚结构，但有显著的晶界滑移和晶粒回转痕迹；许多情况下在晶界或相界处出现空洞。

2. 对力学性能的影响

（1）无各向异性　超塑性变形后合金仍保持均匀细小的等轴晶组织，不存在织构，所以不产生各向异性，且具有较高的抗应力腐蚀能力。例如，钛合金 Ti-6Al-4V 涡轮盘超塑性等温模锻，锻件各部位均为细小等轴晶，不同部位、不同取向试样的室温拉伸性能也相当接近。对于耐热材料，为提高高温抗蠕变性能，超塑性成形后可通过热处理粗化晶粒到所需晶粒度。

（2）无应力残余　由于变形温度稳定、变形速率缓慢，所以超塑性成形时零件内部不存在弹性畸变能，变形后没有残余应力。

（3）加工软化　某些超塑性合金（如 Zn-22wt% Al 共析合金）存在加工软化现象，即硬度随压缩率的增加而降低。如图 10-35 所示。

（4）高疲劳强度　高 Cr 高 Ni 不锈钢经超塑性变形后，形成细微的双相混合组织，具有很高的抗疲劳强度，疲劳强度与抗拉强度之比可达 60%～62.5%。

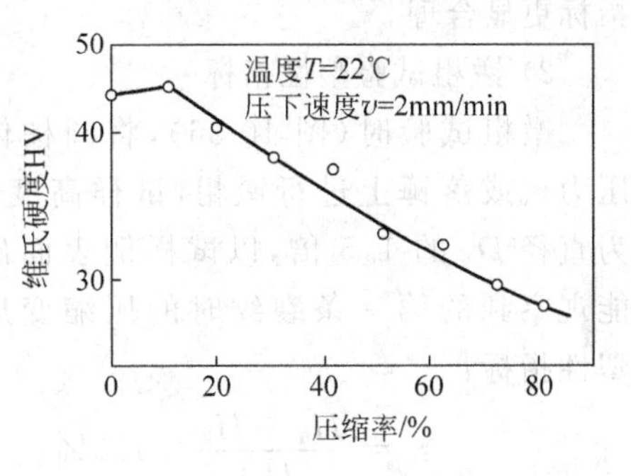

图 10-35　Zn-22wt% Al 共析合金压缩率与硬度的关系

10.3.4 超塑性变形机理

由于超塑性变形行为很复杂，自 1945 年提出“超塑性”概念之后至今，对其物理本质和变形机理尚无统一认识，仍在研究探索之中。

目前有如下几种解释：①晶界滑移理论；②扩散蠕变理论；③动态回复和动态再结晶理论；④溶解-沉淀理论；⑤亚稳态理论；⑥位错运动调节的晶界滑移理论；⑦扩散蠕变与晶界滑移联合作用理论等。但是无法完全用上述一种理论对所有超塑性现象独立作出完美解释。

10.4 塑性和变形抗力的影响因素

材料能进行塑性成形加工的条件是具有良好的塑性。塑性是材料在外力作用下发生永久变形而不破坏其完整性的能力。塑性反映了材料产生和承受塑性变形的能力，不同的材料具有不同的塑性。塑性不是固定不变的，同一种材料在不同的变形条件下会表现出不同的塑性。塑性主要受化学成分、晶格类型、组织结构等内在因素，以及变形温度、变形速度、受力状态等外部条件的影响。通过创造合适的内外部条件，就有可能改善材料的塑性行为。

10.4.1 塑性指标和塑性图

1. 塑性指标

为了衡量塑性的高低而确定的一种可以量化的指标，称为塑性指标。一般以材料发生破坏时的塑性变形量来表示。可借助于各种试验方法来测定，如拉伸试验、压缩（镦粗）试验、扭转试验等。

1）拉伸试验塑性指标

拉伸试验在材料万能试验机上进行，拉伸速度通常在10mm/s以下，对应的应变速率为$10^{-1}\sim10^{-3}\ s^{-1}$，相当于一般液压机的速度范围，高速试验机的拉伸速度为3.8～4.5m/s，相当于锻锤变形速度的下限。单向拉伸试验条件下可确定延伸率（或伸长率）δ(%)和断面收缩率ψ(%)两个塑性指标。

两指标越高，说明材料的塑性越好。两指标反映的是单向拉应力状态下的均匀变形阶段和三向拉应力状态下的颈缩阶段的塑性总和。由于伸长率的大小与试样原始标距长度有关，而断面收缩率的大小与试样原始标距长度无关，因此，在塑性材料中用ψ(%)作为塑性指标更显合理。

2）镦粗试验塑性指标

镦粗试验时（图10-36），将圆柱体试样在压力机或落锤上进行镦粗，试样高度H_0一般为直径D_0的1.5倍，以试样侧表面出现肉眼能观察到的第一条裂纹时的压缩变形程度为塑性指标：

$$\varepsilon_c=\frac{H_0-H_k}{H_0}\times100\% \qquad (10\text{-}2)$$

式中，H_0、H_k分别为试样原始高度和表面出现第一条裂纹时的高度。

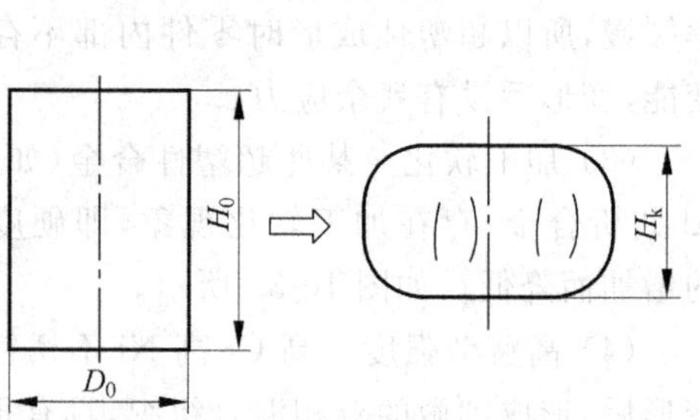

图10-36 镦粗试验

(a) 圆柱体原试样；(b) 出现裂纹后的试样

镦粗时由于接触面摩擦的影响，圆柱体试样会出现鼓形，侧表面出现切向拉应力，内部处于三向压应力状态。由于工具与试样接触表面的摩擦力、散热条件、试样原始尺寸等条件不同，影响到附加拉应力大小，因此，同一材料的塑性指标可能不完全相同,为便于比较,应制定相应规程,给出测定试验条件。

根据镦粗的塑性指标,当压缩程度$\varepsilon_c \geqslant 60\% \sim 80\%$时为高塑性材料;$\varepsilon_c = 40\% \sim 60\%$时为中塑性材料;$\varepsilon_c = 20\% \sim 40\%$时为低塑性材料;$\varepsilon_c < 20\%$时为难以进行塑性加工材料。

3)扭转试验塑性指标

扭转试验在专门的扭转试验机上进行,材料的塑性指标用试样破断前的扭转角或扭转圈数表示。由于扭转时的应力状态接近于静水压力,且试样沿其整个长度上的塑性变形均匀,不像拉伸试验时出现颈缩和镦粗试验时出现鼓形,从而排除了变形不均匀性的影响,这对塑性理论的研究无疑是很重要的。

2. 塑性图

塑性指标是在特定的试验受力条件、变形条件下得出的,仅具有相对比较的意义。仅表明,某种材料在哪种变形条件下塑性高、哪种变形条件下塑性低;或者在同样某种受力和变形条件下,哪种材料的塑性高,哪种材料的塑性低。然而这对于正确选材,选择变形温度、变形速度、变形量,还是具有重要参考意义的。

如果在不同的变形速度下,以不同温度时的各种塑性指标(拉伸时的拉伸强度σ_b、伸长率δ、断面收缩率ψ、压缩时的压缩变形程度ε、扭转时的扭转角或转数、冲击韧度a_k等)为纵坐标,以温度为横坐标,绘制成塑性-温度曲线图,称为塑性图。如图10-37所示。塑性图是拟定塑性加工工艺规范,即选择变形温度、变形速度、变形程度等的重要依据。

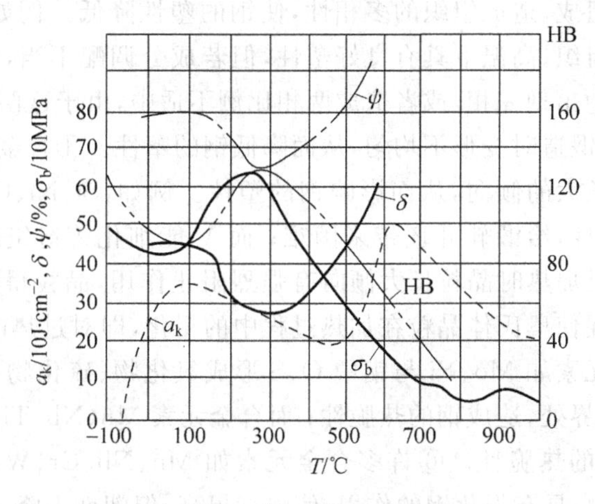

图10-37 碳钢塑性图

10.4.2 塑性的影响因素

对材料塑性的影响因素是多方面的,主要可分为两类:①内部因素:化学成分(主元素、合金元素、杂质元素),组织结构(晶格类型、晶粒度、相组成、铸造组织)等;②外部因素:变形温度,应变速率,应力状态等。

1. 化学成分对塑性的影响

金属的塑性随其纯度的提高而增加,如纯Al在99.96%纯度时伸长率为45%,98%纯度时伸长率为30%。

合金元素和杂质元素的特性、数量、存在状态、分布情况、元素之间的相互作用等对金属的塑性均会产生影响。

化学元素的种类繁多,在金属材料中的含量及比例各不相同,对塑性的影响非常明显却十分复杂。以钢(碳钢和合金钢)为例,除基本元素 Fe、C 之外,还含有合金元素 Si、Mn、Ni、Nb/Cr/W/Mo/V/Ti、Sn/Bi/Pb/Sb/As、RE 等,以及杂质元素 P、S、N、H、O 等。

1) C 的影响

C 对钢性能的影响最大。C 能固溶于 Fe 形成单相固溶体——铁素体(bcc)和奥氏体(fcc),具有良好的塑性。当 Fe 中 C 含量超过其溶 C 能力时,多余 C 便与 Fe 形成脆性化合物过剩相——渗碳体 Fe_3C,具有很高硬度,而塑性几乎为零。Fe_3C 阻碍基体的塑性变形,使钢的塑性降低。含 C 量越高,Fe_3C 数量越多,钢的塑性也越差。因此,冷加工用钢,含 C 量应尽量低。热加工用钢,虽然 C 能溶于奥氏体中,但 C 量过高时,钢的熔化温度较低,则锻造温度区间较窄,奥氏体晶粒长大倾向较大,再结晶速度减慢,不利于热加工成形。

2) 合金元素对塑性的影响

合金元素影响主要表现为塑性降低、变形抗力提高。因为:①合金元素都能不同程度地溶入 Fe 中形成固溶体,使 Fe 原子的晶格点阵发生不同程度的畸变,从而使钢的变形抗力提高,塑性有不同程度降低。②合金元素因阻碍原子扩散和新晶粒生长时的晶界推移而一般都使钢的再结晶温度提高、再结晶速度降低,使钢的硬化倾向增加,塑性降低。③合金元素会改变钢中相的组成,造成组织的多相性,使钢的塑性降低。例如,铁素体不锈钢和奥氏体不锈钢均为单相组织,高温下具有良好塑性,但若成分调配不当,则会在铁素体钢中出现 γ 相或在奥氏体钢中出现 α 相,或者造成两相比例不适中,由于这两相的高温性能和再结晶速度差别很大,引起锻造时变形不均匀,从而降低钢的塑性。④合金元素还会影响钢的铸造组织和加热时晶粒长大的倾向,从而影响钢的塑性。例如,Si、Ni、Cr 等会促使钢中柱状晶的成长,降低钢的塑性,给锻轧开坯带来困难;而 V 能细化铸造组织,对提高塑性有利;Ti、V、W 等元素对钢材加热时晶粒长大倾向有强烈阻止作用,晶粒得以细化而使高温塑性提高;而 Mn、Si 等会促使奥氏体晶粒在加热过程中的粗化,即对过热的敏感性很大,因而降低钢的塑性。⑤合金元素如 Mo、Ni 与钢中 O、S 形成氧化物、硫化物夹杂以及形成低熔点易熔共晶体,分布于晶界处,造成钢的热脆性;而合金元素 Mn、Nb、Ti 与 S 形成的硫化物熔点远高于 FeS,降低钢的热脆性。⑥许多合金元素如 Mn、Nb、Cr、W、Mo、Ti、V 等与钢中 C 形成硬而脆的碳化物,具有强化钢的作用,使强度提高,但塑性下降。虽然热塑性变形时,大量碳化物可溶入奥氏体,但对于含有大量合金元素的高合金钢(如高速钢、Cr12 工具钢等),并非全部碳化物都能溶入奥氏体中(共晶碳化物则完全不溶解),加上此时大量合金元素溶入奥氏体所引起的固溶强化作用,使高温抗力比同碳分的碳钢高出许多,塑性明显降低,给热成形加工带来一定困难。

3) 杂质元素对塑性的影响

(1) P 的影响——冷脆

P 是钢中的有害杂质,在钢中有很大溶解度,易溶于铁素体,使钢的强度、硬度提高而塑性、韧性降低,在低温冷变形时更为严重,这种现象称为“冷脆”。含 P 量>0.1wt%时,冷脆性就相当明显;含 P 量>0.3wt%时,钢已完全变脆。因此对冷变形钢(如冷镦钢、冷冲压钢板等)影响较大,应严格控制 P 含量。但在热变形时含 P 量<1.5wt%时对钢的塑性影响不

大，因为 P 能全部固溶于 Fe 中。此外，P 有极大的偏析倾向，能促使奥氏体晶粒长大。

(2) S 的影响——热脆

S 是钢中的有害杂质，S 很少固溶于 Fe 中，主要与 Fe 形成 FeS(熔点 1190℃)，以及与其他元素形成硫化物，这些硫化物除 NiS 外，一般熔点都较高，但当硫化物组成共晶体时，熔点就降得很低(例如 Fe-FeS 共晶体，熔点 985℃)。硫化物及其易熔共晶体通常分布于晶界上，温度达到其熔点时就会熔化，在钢的锻造温度范围内(800～1220℃)会发生变形开裂，即"热脆"现象。由于 Mn 和 S 的亲和力大于 Fe 和 S 的亲和力，因此钢中加入适量 Mn 可脱 S，生成 MnS 及其共晶体，熔点高于钢的锻、轧温度，不会产生热脆性，从而消除 S 的危害。

(3) N 的影响——时效脆化

N 在钢中除少量固溶外主要以氮化物 Fe_4N 形式存在。当氮化物含量较小(0.002%～0.015%)时，对钢的塑性无明显影响；但当氮化物含量逐渐增加时，钢的塑性下降，使钢变脆。N 在 Fe 中溶解度在高温和低温时相差很大，含 N 量较高的钢从高温快冷至低温时，α-Fe 过饱和，随后以 Fe_4N 形式析出，使钢的塑性、韧性大大下降，这种现象称为时效脆性。若在 300℃左右(150～350℃)加工，则会出现"蓝脆"现象——C 和 N 间隙原子的形变时效，锚定已开动的位错形成柯垂尔气团，引起位错密度增高，导致强度/硬度升高、韧性降低。加入强碳化物、氮化物形成元素 Nb/Ti/V，固定 C、N 原子，并加 Al 脱氧脱氮(AlN)，可减少蓝脆倾向。

(4) H 的影响——氢脆和氢白点

H 以离子或原子形式溶于固态钢中，形成间隙固溶体，溶解度随温度的降低而减小。如图 10-38 所示。H 是钢中的有害元素，表现在两个方面：一是 H 溶于钢中会使钢的塑性、韧性下降，造成所谓"氢脆"。二是当含 H 量较高时，经锻造、轧制后快冷，从固溶体中析出的 H 原子来不及向钢坯表面扩散逸出，而聚集在显微缺陷处(如晶界、亚晶界、显微空隙等)，形成氢分子，产生局部高压，与钢中存在的组织应力或温度应力共同作用，产生细微裂纹，即所谓"白点"(沿纵向断口呈表面光滑的圆形或椭圆形银色白斑，横向截面上则呈发丝状裂纹)。虽对钢的强度影响不大，但会显著降低塑性和韧性。由于白点处会造成高度的应力集中，导致工件在淬火时开裂和使用过程中突然断裂，因此大型锻件锻造中一旦出现白点必须报废。

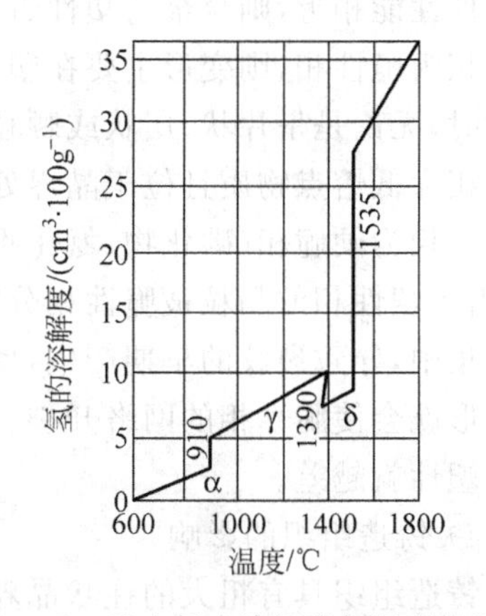

图 10-38 H 在钢中溶解度与温度的关系

(5) O 的影响——氧化物夹杂物

O 在钢中溶解度很小，主要以 Fe_3O_4、FeO、Al_2O_3、SiO_2 等氧化物夹杂的形式出现，并多以杂乱、零散的点状分布于晶界处，起着空穴和微裂纹的作用，降低钢的塑性。这些氧化物夹杂还会与其他夹杂物形成易熔共晶体(FeO-FeS，熔点 910℃；Fe_3O_4-FeS，溶点 980℃)，分布于晶界处，造成钢的热脆性。

2. 组织结构对塑性的影响

当材料的化学成分一定时，组织结构的不同对材料的塑性亦有很大的影响。

1）晶格类型的影响

面心立方晶格 fcc 拥有 12 个滑移系，同一滑移面上有 3 个滑移方向，塑性最好，如 Al、Cu、Ni 等。体心立方晶格 bcc 也有 12 个滑移系，但同一滑移面上只有 2 个滑移方向，塑性较好，如 V、W、Mo 等。密排六方晶格 hcp 仅有 3 个滑移系，塑性最差，如 Mg、Zn、Ca 等。

2）晶粒度的影响

晶粒越细小，一定体积内的晶粒数目就越多，位向有利于滑移的晶粒也越多，同样变形量下变形能够分散在更多的晶粒内进行，塑性越高；晶粒越细小且尺寸越均匀，晶粒中部的应变和靠近晶界处的应变的差异就越小，每个晶粒内的变形就会比较均匀，因变形不均引起的应力集中就较小，塑性也越高。晶粒大小相差悬殊时，各晶粒间的变形难易程度不同，造成变形和应力分布不均匀，会降低塑性。

3）相组成的影响

合金元素以单相固溶体形式存在的单相组织塑性较高；合金元素以过剩相存在的多相组织塑性较低。多相组织由于各相性能不同，变形难易程度不同，导致变形和内应力的不均匀分布，因而降低塑性。例如，碳钢在高温时为塑性很好的奥氏体单相组织，在 800℃左右转变为奥氏体和铁素体双相组织，塑性明显降低。因此对于有固态相变的金属，在单相区内进行成形加工显然是有利的。

两相组织中第二相的性质、形状、大小、数量、分布都对变形和塑性有一定影响。若两相的变形性能相近，则合金的塑性近似介于两相之间；若两相性能差别很大，一相为塑性相，另一相为脆性相，则变形主要在塑性相内进行，脆性相对变形起阻碍作用。当第二相存在于晶内时，无论是呈片状、层状或颗粒状分布，均不影响基体的连续性，对塑性的影响较小；当第二相为低熔点物质且位于晶界处时，塑性会很低。当第二相为软相时，对塑性影响较小；当第二相为硬脆相（碳化物、氮化物、金属间化合物）并在晶间形成连续或不连续的网状分布时，由于塑性相的晶粒被脆性相分割包围，使其变形能力无从发挥，变形时易在晶界处产生应力集中，导致裂纹的早期产生，使塑性大大下降，很小的变形就会使脆性相的网络开裂。脆性相数目越多，合金的塑性就越差。

4）铸造组织的影响

铸造组织具有粗大的柱状晶粒，还具有偏析、夹杂、气泡、缩松等缺陷，因而塑性较差。为保证塑性加工的顺利进行和获得优质的锻件，有必要采用先进的冶炼浇注方法来提高铸锭的质量。自由锻钢锭变形前需进行高温扩散均匀化退火；合金钢锻造时用轻锻快打使粗大柱状晶的铸造组织充分打碎转变成细晶的锻造组织后再加大变形量，以使变形尽可能均匀；高速钢等高合金钢经预锻改善组织后再轧制可防止直接轧制时的开裂。图 10-39 所示给出了铸钢和锻钢的塑性差别。

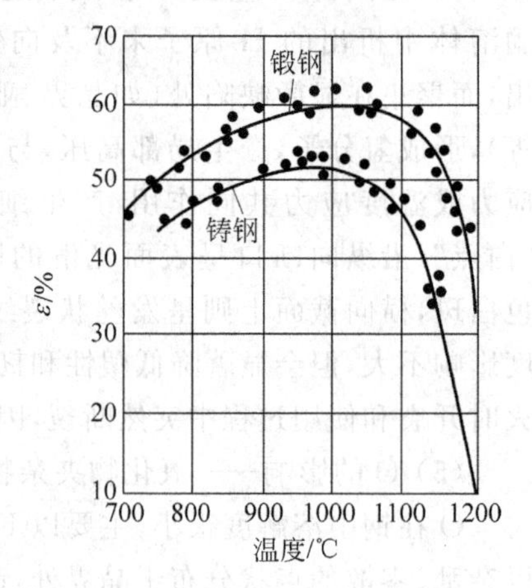

图 10-39 Cr-Ni-Mo 钢铸造组织和锻造组织的塑性差别

3. 变形温度对塑性的影响

对大多数材料而言，总的趋势是随温度升高，塑性增加。原因主要有：

（1）发生回复与再结晶　回复使材料得到一定程度的软化，再结晶则消除了加工硬化。

(2) 原子动能增加 使位错活动加剧,出现新的滑移系,滑移系增多,改善了晶粒之间变形的协调性。

(3) 组织、结构变化 可能使多相组织转变为单相组织;也可能改变晶格的结构,使之对塑性有利。例如碳钢在950～1250℃温度范围内塑性最好,与此时处于单相奥氏体组织有密切关系。又如Ti在室温时呈hcp的α-Ti,塑性低,温度高于882℃时转变为bcc的β-Ti,塑性明显提高。

(4) 晶间滑移作用增强 晶界切变抗力显著降低,使晶间滑移易于进行;又由于扩散作用加强而及时消除了晶界滑移引起的微裂纹,使晶间滑移量增大;此外,晶间滑移能松弛相邻晶粒间由于不均匀变形所引起的应力集中。这些都促使高温塑性增加。

(5) 扩散蠕变机理起作用 应力场作用下由空位定向移动引起的扩散蠕变按扩散途径不同可分为晶内扩散和晶界扩散,晶内扩散引起晶粒在拉(压)应力方向上伸长(缩短)变形,晶界扩散引起晶粒转动。扩散蠕变不仅对塑性变形直接作贡献,还对变形起协调作用,因此使塑性增加,特别是高温低速条件下细晶组织金属的塑性变形,其发挥的作用更大。

上述的塑性随变形温度升高而增加并不是简单线性上升,而是非线性的:在加热过程的某些温度区间,由于相态或晶界状态的变化而出现脆性区,使塑性降低。如图10-40所示,碳钢在升温过程中,在低温区、中温区和高温区都出现明显的脆性区。

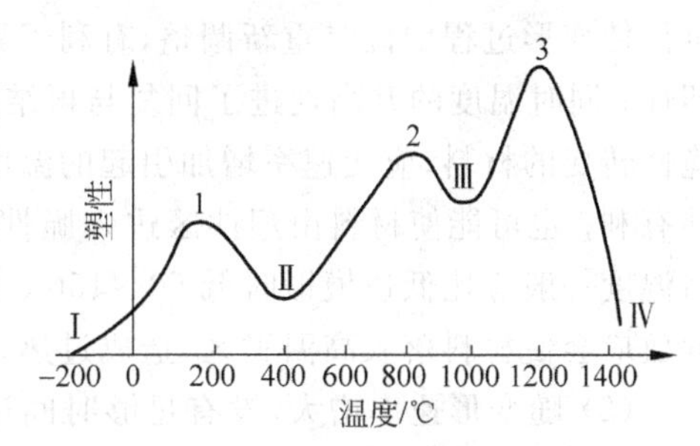

图10-40 碳钢的塑性随温度的变化曲线

(1) 低温脆性区Ⅰ 在0℃以下,塑性极低,在－200℃时塑性几乎完全丧失。可能是原子热振动能力极低,也有可能与晶界组成物脆化有关。

(2) 中温脆性区Ⅱ 大致出现在200～400℃温度范围内,由于氧化物、氮化物以沉淀形式在晶界、滑移面上析出而引起塑性下降,因断口呈蓝色而称此温度区间为蓝脆区。

(3) 高温脆性区Ⅲ 出现在800～950℃温度范围内,称为热脆区,原因与相变有关,珠光体转变为奥氏体,使得铁素体和奥氏体两相共存,另外,还可能与晶界处析出FeS-FeO低熔点共晶体(熔点910℃)有关。

(4) 高温脆性区Ⅳ 出现在加热温度＞1250℃后,由于过热、过烧,晶粒粗大,晶界出现氧化物和低熔点物质的局部熔化,塑性急剧下降,称为高温脆区。

为了保证工件质量,塑性加工时要尽量避开上述各种脆性区。例如,金属温挤时要避免蓝脆区;钢坯锻造时要避免形成过烧的高温脆区;合金钢锻造温度区间很小,制定工艺规程时要特别注意始锻温度和终锻温度。

4. 应变速率对塑性的影响

现有塑性成形设备的工作速度差别很大(水压机1～10cm/s,机械压力机30～100cm/s,通用锻锤500～900cm/s),工件应变速率必然也不同。应变速率对塑性的影响比较复杂。

1) 热效应和温度效应

从能量观点看,塑性变形时材料所吸收的能量绝大部分转化为热能,这种现象称为热效应。例如20℃塑性压缩Mg、Al、Cu、Fe等金属,塑性变形热能约占变形体所吸收能量的85%～90%,上述金属的合金约占75%～85%。塑性变形能除一部分散失到周围介质中外，其余使变形体温度升高，这种由于塑性变形过程中所产生的热量而使变形体温度升高的现象，称为温度效应。显然，温度效应与下列因素有关：

（1）变形温度　温度越高，变形抗力及单位体积变形功就越小，转化为热的那部分能量也越少，而且高温下热量往往容易散失，所以热变形时的温度效应较小；反之，冷变形时的温度效应较大。例如机械压力机下冷挤压钢工件表面温度有时会高达 220～300℃。

（2）变形程度　变形程度越大，所作的单位体积变形功也越大，转化为热的能量必然就越多，因而温度效应也越大。

（3）应变速率　应变速率越大，变形抗力及单位体积的变形功也越大，转化为热的那部分能量就越多。另外，由于变形时间越短，热量的散失也越少，因此温度效应也越大。常常可以看到这种现象：在空气锤下快速连击毛坯的温度不降反升。

此外，变形体与周围介质的温差及接触表面的导热情况等，对温度效应亦有影响。

2）应变速率对塑性的影响机理

（1）随变形速率的增加，在一定程度上使材料的温度升高，温度效应增加。温度的升高可促使变形过程中位错重新调整，有利于异号位错合并和位错密度的降低，从而有利于提高塑性；同时温度的升高促进了回复与再结晶，有利于修复微裂纹，也提高塑性。但对于具有脆性转变的材料，应变速率增加引起的温度升高可能使材料由脆性区进入塑性区，对提高塑性有利；也可能使材料由塑性区进入脆性区，反而导致塑性下降。例如：高速锤锻时的锻造温度一般应比低速模锻时低 50～150℃，因为高速锤头打击速度可高达 12～18m/s，其温度效应会使材料落入高温脆区，造成过热、过烧。

（2）随变形速率增大，没有足够时间进行回复或再结晶，软化过程不能充分进行，使塑性降低。

（3）增加应变速率会使真实应力升高。因为晶体位错的运动、滑移面由不利位向向有利位向的转动、晶界滑移、扩散蠕变等这些塑性变形的复杂机理要开动起来都需要时间，使得塑性变形的进行需要有一定的时间。如果应变速率大，则塑性变形不能在变形体内充分地扩展和完成，而弹性变形由于仅是原子离开平衡位置增大或缩小原子间距故其扩展速度很快，这样就会更多地表现为弹性变形，而根据胡克定律，弹性变形量越大，应力就越大，也即意味着真实应力的增大。而应变速率对断裂抗力的影响极小，因为断裂抗力归根结底取决于原子间的结合力，基本上不随变形的快慢而发生变化。既然真实应力随应变速率增加而升高，而断裂抗力却变化不大，那么，随应变速率增加，材料就会较早达到断裂阶段，即塑性降低。如图 10-41 所示高速下断裂时的变形程度显然小于低速时的。

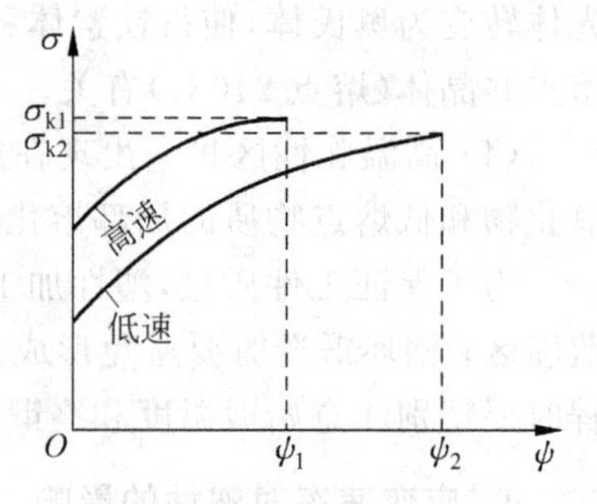

图 10-41　不同应变速率时真实应力-应变曲线示意

综上分析，应变速率的增加，既有使塑性降低的一面，又有使塑性增加的一面，两方面因素综合作用的结果最终决定了塑性的变化。总的说来，热变形时应变速率对塑性的影响较冷变形时大，同时，变形温度不同时应变速率对塑性影响各机理所起的作用不同，因此应将应变速率与变形温度二者联系起来分析对塑性的影响。

3）应变速率对工艺性能的影响

从工艺性能角度看，提高应变速率会在以下几个方面起有利作用：

（1）提高应变速率可以降低摩擦系数，从而降低流动阻力、改善材料的充填性。

（2）提高应变速率还可以一方面减少热成形时的热量损失，减少毛坯温度下降和温度分布的不均匀性；另一方面缩短变形时间使热量来不及散失，使材料保持良好流动性，从而改善型腔复杂部分的充填效果，有利于具有薄壁、高筋等形状复杂的工件成形。

（3）高速成形（例如，爆炸成形的介质速度为 1200～7000m/s，电液成形为 6000m/s，电磁成形为 3000～6000m/s）时产生“惯性流动效应”，大大提高材料的塑性变形能力，可获得高精度、高表面质量的工件，有利于薄辐板类齿轮、叶片等的模锻成形以及塑性较差的难成形材料的塑性加工。

5. 应力状态对塑性的影响

应力状态对材料的塑性有很大影响。同一材料在不同的受力条件下所表现出的塑性是不同的，比如压缩比拉伸时塑性要好些，挤压比拉拔变形时材料能发挥更大塑性。

为了表征应力状态，自变形体中某一点取一立方微单元体，用箭头表示作用在该微元体三个面上的主应力，称为主应力图。主应力图只表示出了应力的个数和方向，并不表示应力的大小，因此可定性表示变形体内该点的应力状态。

根据变形体的受力条件，可能的主应力图有 9 种，如图 10-42 所示。其中：单向主应力图有 2 种（单向受拉 5，单向受压 3），两向主应力图有 3 种（两向受拉 6，两向受压 2，一向受拉一向受压 4），三向主应力图有 4 种（三向受拉 7，三向受压 1，两向受拉一向受压 5a，两向受压一向受拉 3a）。

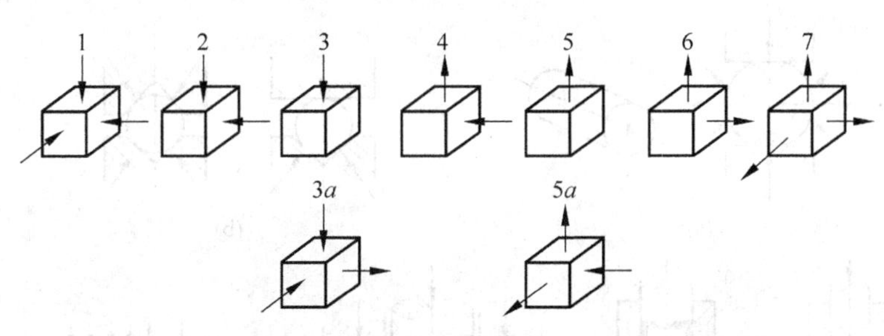

图 10-42　9 种主应力图（按塑性发挥的有利顺序排列）

塑性大小与所受压应力数目的多少和（静水压力）大小有关。主应力图中压应力个数越多、数值越大，则塑性越高；反之，拉应力个数越多、数值越大，则塑性越低。挤压时为三向压应力状态，拉拔时为一向受拉两向受压应力状态，因此挤压变形比拉拔变形的塑性要好。其原因是：

（1）拉应力会促进晶间变形，加速晶界破坏，因而塑性较差；而压应力能阻止或减小晶间变形，静水压力越大，晶间变形越困难，因而提高了塑性。

（2）三向压应力有利于愈合塑性变形过程中产生的各种损伤和内部缺陷，而拉应力则相反，它使各种损伤发展扩大。例如，图 10-43 所示在某晶粒的滑移面上由于滑移变形而产生一显微缺陷，若此时滑移面上作用着拉应力，则会促使原子层的彼此分离，加速晶粒的破坏；反之若作用着压应力，则有利于该缺陷的闭合和消除。

(3) 三向压应力能够抑制变形体内原先存在的对塑性不利的杂质、液态相或组织缺陷等的发展,全部或部分地消除这些缺陷的危害;反之,拉应力作用下将在缺陷处产生应力集中,促进材料的破坏。

(4) 增大静水压力能够抵消由于不均匀变形引起的附加拉应力,从而减轻其所造成的拉裂作用。

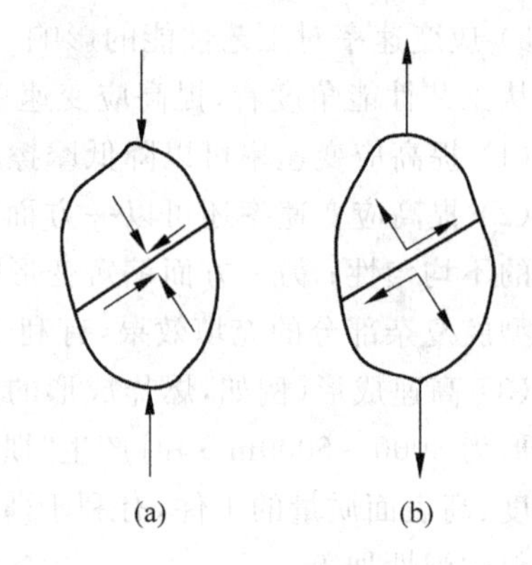

图 10-43 滑移面上显微缺陷受拉应力和压应力作用示意图

(a) 受压应力;(b) 受拉应力

在塑性加工中,可以通过改变应力状态,增大变形时的静水压力来提高材料的塑性。例如,合金钢在平砧上拔长时,容易在毛坯心部产生微裂纹,如图 10-44(a)所示;改用 V 形砧后,由于工具侧面的压力作用,减小了毛坯心部的拉应力作用,可避免中心裂纹的发生,如图 10-44(b)所示。某些有色合金和耐热合金,由于塑性差需采用挤压方式开坯或成形,但即使这样仍不能避免毛坯挤出端的开裂,为此可采用加反压力的挤压(见图 10-44(c))或包套挤压(见图 10-44(d))等方法,来进一步提高静水压力,防止裂纹产生。在板料冲裁和棒料切断工序中,由于剪裂纹的产生而降低了剪切面的质量,若对毛坯或剪切区施加强大的压应力,则可提高材料塑性,抑制剪裂纹的产生,使塑性剪变形能够延续到剪切的全过程,从而获得光滑的剪切面,比如依据这一原理的具有强大齿圈压板的精密冲裁(见图 10-44(e))、施加轴向压力的棒料精密剪切(见图 10-44(f))等。

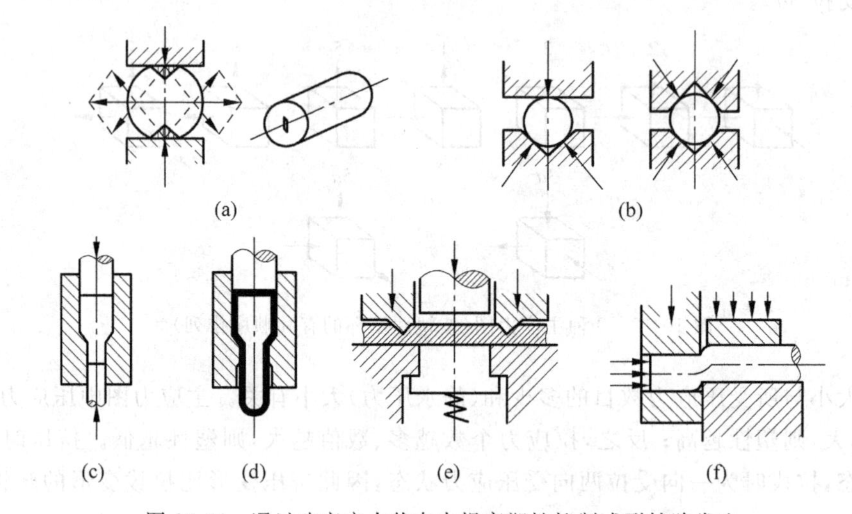

图 10-44 通过改变应力状态来提高塑性抑制成形缺陷发生

(a) 平砧拔长圆断面坯料受力和中心裂纹的发生;(b) V 形砧拔长圆断面毛坯;
(c) 加反压力挤压;(d) 包套挤压;(e) 压板精密冲裁;(f) 轴向加压精密剪切

6. 其他因素对塑性的影响

1) 不连续变形

实践表明,在不连续变形(即多次分散变形)情况下,塑性得到提高,特别是低塑性材料热变形时更为明显。如图 10-45(a)所示的 Cr13 钢不连续扭转试验数据，当每次扭转的转数越小(即变形的分散程度越大)时，材料断裂前所能获得的总扭转数就越多。

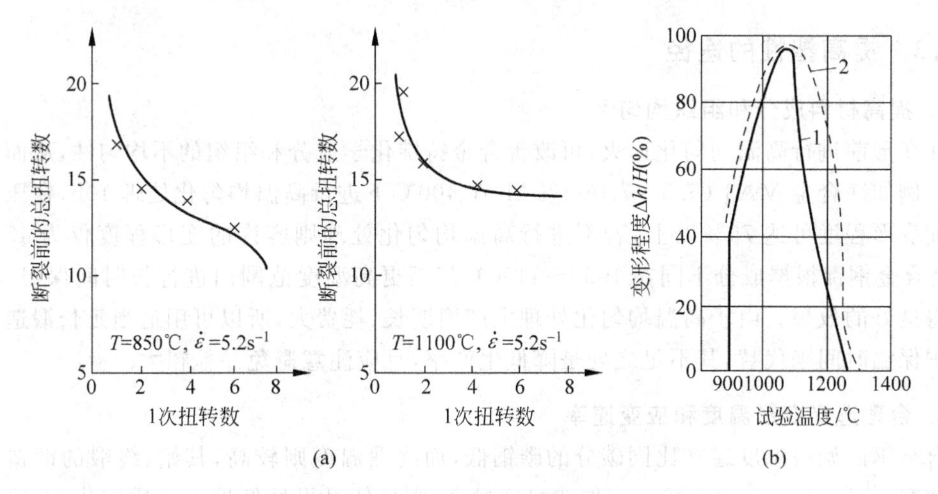

图 10-45 不连续变形对塑性的影响

(a) Cr13 钢不连续扭转试验结果；(b) 铸态 CrNi77TiAl 合金的塑性图

1—一次连续变形；2—多次分散变形

不连续热变形使塑性提高的原因主要有：分散变形中每次的变形量较小，远低于塑性极限，在材料内部所产生的应力较小，不足以引起材料的断裂；同时，在各次变形的间隙时间内能更充分地进行软化过程，使塑性在一定程度上得到恢复；此外，分散变形的铸态组织结构和致密程度一次次得到改善。所有这些都为后续的分散变形创造有利条件，累积的结果使断裂前所能获得的总变形程度较一次性连续变形时的最大变形程度大大提高。

对于容易过热过烧的钢和合金，高温时采用分散小变形(如轻锻)有利于防止锻裂。从图 10-45(b)所示的铸态 CrNi77TiAl 合金塑性图可以看出，虽然一次连续变形和多次分散变形时塑性最好的温度都在 1100℃左右，但稍高于此温度时，一次连续变形的塑性急剧下降，而多次分散变形的塑性降低较缓慢。出现这种现象的原因除一次连续大变形产生较大的应力外，主要还由于变形功转化的热量多，以致使钢锭局部温度升高到过热过烧温度。相反，多次分散小变形时产生的应力小，热效应和温度效应也小，相同试验温度下钢锭的实际温度不易达到过热过烧温度。

2) 尺寸(体积)因素

实践表明，变形体的尺寸(体积)会影响塑性。尺寸越大，塑性越低；但当尺寸达到某一临界值时，塑性将不再随尺寸的增大而降低。尺寸因素与塑性之间的关系可大致用图 10-46 表示。

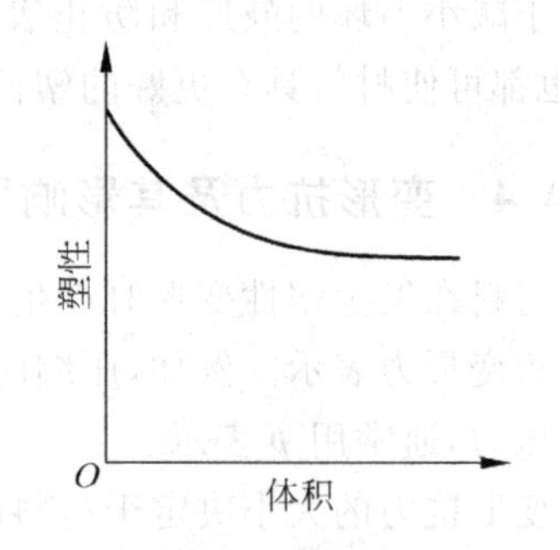

图 10-46 变形体尺寸(体积)对塑性的影响示意图

尺寸因素影响塑性的原因如下：尺寸越大的变形体其化学成分和组织越不均匀，且内部缺陷也越多，因而导致塑性降低；其次，大变形体比几何相似的小变形体具有较小的相对接触表面积，因而由外摩擦引起的三向压应力状态就较弱，导致塑性有所降低。尺寸因素对变形抗力也有类似的影响，大试样比小试样具有较低的变形抗力。因此，在由小试样或小锭料所获得的试验结果和数据用于生产实际时应考虑尺寸因素对塑性的影响。

10.4.3 提高塑性的途径

1. 提高材料成分和组织均匀性

在变形前进行高温均匀化退火，可改善合金铸锭化学成分和组织的不均匀性，从而提高塑性。例如镁合金 MA3（5.5～7.0wt%Al）在 400℃下进行高温均匀化处理 10h，在压力机上压缩变形程度可达 75%以上，若不进行高温均匀化处理则容许的变形程度仅为 45%左右；高合金钢锭根据成分不同在 1050～1150℃甚至更高温度范围内进行长时间保温，同样可获得良好的效果。由于高温均匀化处理生产周期长、耗费大，所以可用适当延长锻造加热时出炉保温时间来代替，其不足之处是降低生产率，且应注意避免晶粒粗大。

2. 合理选择变形温度和应变速率

合金钢的始锻温度通常比同碳分的碳钢低，而终锻温度则较高，其始、终锻的锻造温度范围较窄，一般仅 100～200℃。若加热温度过高，则易使晶界处低熔点物质熔化，有些奥氏体钢会形成 δ 相，有些铁素体钢其晶粒有过分长大的危险(因铁素体再结晶温度低、再结晶速度大)。若变形温度过低，则回复再结晶不充分，加工硬化严重。这一切都会造成塑性降低，导致锻造时开裂。因此必须合理选择变形温度，并保证毛坯温度均匀分布，避免局部区域与工具接触时间过长而使实际温度过分降低，或因温度效应显著而使实际温度过分升高。

对于具有速度敏感性的材料，要注意合理选择应变速率。例如上述镁合金 MA3，适于在压力机上塑性成形，如果要在锤上模锻，最好开始时轻击，随着模膛的充满，再逐渐加大每锤的变形程度。

3. 选择三向压缩性较强的变形方式

挤压变形时的塑性一般高于开式模锻，而开式模锻又比自由锻更有利于塑性的发挥。在锻造低塑性材料时，可采用一些能增强三向压应力状态的措施，以防止锻件的开裂。

4. 减小变形的不均匀性

不均匀变形会引起附加应力，促使裂纹产生。合理的操作规范、良好的润滑、合适的工模具形状等都能减小变形的不均匀性。例如，选择合适的拔长比，可避免毛坯心部锻不透而引起内部横向裂纹的产生；镦粗时采用铆镦、叠锻，或在接触表面上施加良好的润滑等，都有利于减小毛坯的鼓形和防止表面纵向裂纹的产生；合理的挤压凹模入口角和拉拔模锥角，也都可使材料具有更好的塑性流动条件。

10.4.4 变形抗力及其影响因素

材料在发生塑性变形时产生抵抗变形的能力，称为变形抗力。一般用接触面上平均单位面积变形力表示。例如，压缩时，变形抗力为作用于工具表面的单位面积压力，亦称单位流动压力，通常用 p 表示。

变形抗力的大小决定于材料的真实/流动应力，同时也取决于塑性加工时的应力状态、接触摩擦状态、变形体的尺寸等因素。流动应力通常在一定的变形条件下(单向拉伸或压缩，一定的变形温度、变形速度、变形程度等)测得，作为反映材料变形抗力的指标。实际的变形抗力与真实应力是有区别的,因为变形抗力与加工方法、加工条件密切相关。只有在单向应力状态下,材料的变形抗力才等于其在该变形条件下的真实应力。变形力与变形抗力数值相等而方向相反。影响材料变形抗力的主要因素如下:

1) 化学成分的影响

化学成分对变形抗力的影响比较复杂。对于纯金属,纯度越高,变形抗力越小。对于合金,主要取决于合金元素原子与基体原子间相互作用的特性、原子体积大小、合金原子在基体中的分布等因素。合金元素引起基体点阵畸变程度越大,变形抗力也越大。

杂质的含量、性质及其在基体中的分布特性也会影响变形抗力。杂质成分越多,容易引起基体组元点阵畸变,变形抗力增加越显著;杂质元素在周期表中离基体元素越远,硬化作用越强烈,变形抗力提高越多;当杂质元素以脆性网状夹杂物分布于晶界时,变形抗力下降。

2) 组织结构的影响

(1) 结构变化　组织状态不同,变形抗力也不同。退火态下变形抗力大大降低。组织结构变化(例如发生相变),变形抗力也发生变化。

(2) 晶粒大小　晶粒越细小,同一体积内的晶界越多,由于室温下晶界强度高于晶内,所以变形抗力就高。

(3) 单相和多相组织　单相组织中合金元素含量越高,晶格畸变越严重,变形抗力越大。单相组织比多相组织的变形抗力小。多相组织中第二相的性质、形状、大小、数量、分布状况对变形抗力都有影响。一般来说,硬而脆的第二相在基体相晶粒内呈颗粒状弥散分布时,变形抗力高;且第二相越细,分布越均匀,数量越多,变形抗力就越大。例如 Ti、V 等合金元素的碳化物,在钢中形成高度弥散的细小颗粒,弥散强化作用很强,使钢的变形抗力显著提高。

3) 变形温度的影响

几乎所有的金属和合金,其变形抗力都随温度的升高而降低。因为温度升高,原子间结合力降低,滑移的切应力也就降低了。但当金属和合金随着温度的变化而发生物理-化学变化和相变时,会出现相反的情况。例如钢在加热过程中发生的蓝脆和热脆现象。

4) 变形程度的影响

随变形程度增加,回复和再结晶来不及进行,必然产生加工硬化,使继续变形发生困难,因而变形抗力增加。但当变形程度较高时,晶格畸变能增加,促进了回复与再结晶过程的发生与发展,变形热效应的作用加强,使变形抗力的增加变得比较缓慢。

5) 变形速度的影响

一方面,变形速度提高,单位时间内的发热率增加,使变形抗力降低。另一方面,变形速度提高缩短了变形时间,使位错运动的发展时间不足(滑移来不及进行),促使变形抗力增加。一般情况下,随变形速度增加,真实应力提高,特别是热变形时真实应力明显增大,使变形抗力提高。

6) 应力状态的影响

应力状态对变形抗力有很大影响。应力状态不同,变形抗力也不同。例如吉布金用铜试样在同一副模具里进行拉拔和挤压试验,如图 10-47 所示,结果发现,挤压时的变形抗力(35.3kN)远比拉拔时变形抗力(10.5kN)大。原因是两者的应力状态不同,挤压时金属处于三向压应力状态,拉拔时金属处于一向受拉二向受压的应力状态。

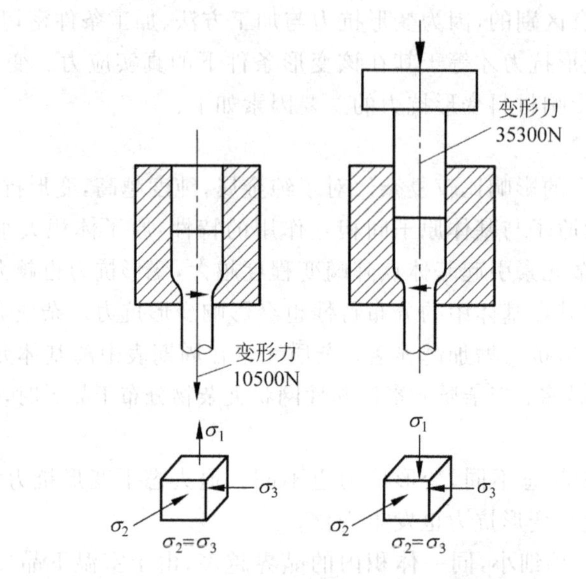

图 10-47 拉拔和挤压时不同的应力状态和变形抗力

习　题

1. 简述滑移和孪生两种塑性变形机理的区别。
2. 试分析多晶体塑性变形的特点。
3. 合金塑性变形有何特点？
4. 冷塑性变形对组织和性能有何影响？
5. 试述加工硬化产生的原因。对塑性和塑性加工有何影响？
6. 什么是动态回复？金属热塑性变形的主要软化机制是什么？
7. 什么是动态再结晶？影响动态再结晶的主要因素有哪些？
8. 什么是扩散蠕变？它的作用机理是什么？
9. 什么是塑性？什么是塑性指标？为什么说塑性指标只具有相对意义？
10. 钢锭经热加工变形后的组织和性能发生什么变化？
11. 举例说明杂质元素和合金元素对钢的塑性有何影响？
12. 组织状态、变形温度、应变速率对塑性有何影响？
13. 试分析单相与多相组织、细晶与粗晶组织、锻造组织与铸造组织对塑性的影响。
14. 什么是温度效应？冷变形和热变形时变形速度对塑性的影响有何不同？
15. 试分析晶粒大小对塑性和变形抗力的影响？
16. 化学成分、组织状态、变形温度、变形程度对变形抗力有何影响？
17. 试说明应力状态对塑性和变形抗力有何影响？
18. 什么是超塑性？与常规的塑性变形相比，超塑性变形有什么特征？
19. 什么是细晶超塑性？什么是相变超塑性？
20. 解释超塑性变形的机理。

21. 什么是晶界滑动和扩散蠕变联合机理(A-V 机理)？试用该机理解释一些超塑性现象。

22. 设有一简单立方结构的双晶体，如图 10-48 所示，如果该金属的滑移系是{100}〈100〉，试问在应力作用下，该双晶体中哪一个晶体首先发生滑移？为什么？

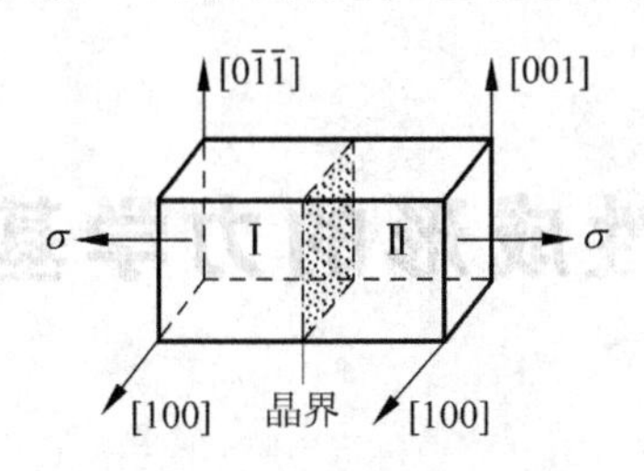

图 10-48 立方结构的双晶体

参考文献

[1] 刘全坤. 材料成型基本原理[M]. 北京：机械工业出版社，2004.
[2] 陈平昌，朱六妹，李赞. 材料成型原理[M]. 北京：机械工业出版社，2002.
[3] 汪大年. 金属塑性成型原理[M]. 北京：机械工业出版社，1982.

11 塑性成形的力学基础

力和变形是塑性成形的必要条件。但由于材料性能随热加工温度的大范围变化而显著变化，力和变形之间又多呈非线性关系，且存在多种变形形式，因此应力状态复杂、力学行为复杂。进行应力与应变状态分析以及掌握复杂应力状态下的屈服准则与变形规律是材料塑性成形力学过程的基础。本章主要介绍应力状态分析、应变状态分析、常用屈服准则、常用的塑性变形流动理论及其本构关系，并简要介绍应用塑性理论求解金属塑性成形问题的主应力法。

11.1 基本假设

要对物体的变形进行分析，必须了解变形体内任意一点的应力、应变状态。为了简化塑性成形过程中的力学分析，需作出如下假设：

(1) 连续性假设　变形体是连续介质，物质填满整个体积。物理量可用坐标的连续函数表示。

(2) 均匀性假设和各向同性假设　变形体均匀均质且各向同性。所有部分每一点各个方向物理性质相同。

(3) 小变形假设　受力后物体内位移、变形很微小，各点位移远小于物体原始尺寸，应变远小于1。小变形假设可以带来两方面好处：一方面可以简化平衡条件，即可不考虑因变形引起的力作用线方向的改变，可用变形前尺寸代替变形后尺寸；另一方面可简化几何方程，可忽略相关二次及以上高阶微量，从而使力平衡条件与变形几何条件线性化。

(4) 无初始应力假设　未受载荷之前处于无应力、无应变的初始自然状态。

(5) 力平衡假设　在变形的任一瞬间，力的作用是平衡的。

(6) 无体积力假设　在一般情况下，忽略体积力的影响。

(7) 平均正应力(即静水压力)不影响屈服条件和加载条件。

(8) 体积不可压缩假设　体积的变化是弹性的。

(9) 在材料塑性变形过程中不考虑时间因素的影响(非流变学)。

塑性成形力学分析所用的方法有：

(1) 静力学方法　根据静力学平衡条件导出应力分量之间的关系式——平衡方程。

(2) 几何学方法　根据变形体的连续性和均匀性，导出应变与位移分量之间的关系式——几何方程。

(3) 物理学方法　根据实验与假设导出应变与应力分量之间的关系式——物理方程或本构方程。

(4) 建立变形体在塑性状态下应力分量与材料性能之间的关系——屈服准则或塑性条件。

11.2 应力分析

11.2.1 外力、内力、应力和点的应力状态

1) 外力

外力是由外部施加于物体的作用力，分为表面力和体积力两类：

(1) 表面力　表面力又叫面力或接触力，是作用于物体表面的力，与表面积成正比。如风力、液体压力、正压力、摩擦力。表面力又可细分为分布力(载荷)和集中力。

(2) 体积力　体积力又叫体力或质量力，是作用在物体每个质点上的力，与质量成正比。如重力、磁力、惯性力(高速成形时不可忽略)。在塑性成形中体积力比表面力小得多，一般可忽略。

2) 内力

内力是在外力作用下物体内各质点之间产生的相互作用力。

3) 应力

应力是单位面积上的内力，用来表示内力的强度，与位置、方向有关。

4) 点的应力状态

通过物体内一点的各个截面(无限多)上的应力状况，简称为一点的应力状态。可以全面表示一点的应力情况。

5) 截面法分析应力

把受一组外力系 $F_1 \cdots F_n$ 作用平衡的物体用任一平面 A(法线 N)分为两部分(如图 11-1 所示)，如果移去虚线部分，则其对余下部分的内力作用可用分布在断面上的外力来代替。围绕 A 面内任一点 Q 取一很小微元面积 ΔA，作用在其上的合力为 ΔF，则应力的数学定义式为

$$S = \lim_{\Delta A \to 0} \frac{\Delta F}{\Delta A} = \frac{dF}{dA} \tag{11-1}$$

应力 S 为截面 A 上 Q 点的全应力，是矢量，可分解成两个分量：沿外法线方向垂直于截面的正应力 σ、平行于截面的切应力 τ，且有

$$S^2 = \sigma^2 + \tau^2 \tag{11-2}$$

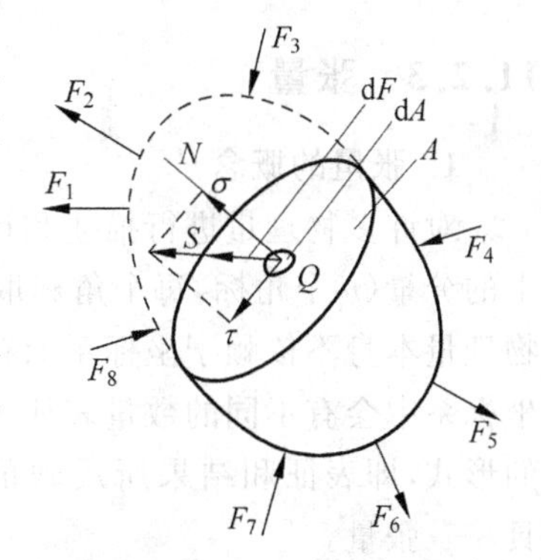

图 11-1　物体受力分析示意图

注意：过 Q 点可以作无限多的切面，在不同方向的切面

上,Q点的应力不同。仅用某一切面的应力不足以全面表示该点的应力情况。需要用点的应力状态的概念来全面表示一点的应力情况。

11.2.2 直角坐标系中一点的应力状态

设在直角坐标系 $Oxyz$ 中有一承受外力作用的物体,围绕物体内任一点 Q 切取一无限小正六面体(六面体的棱边平行于三个坐标轴)作为单元体或体素,如图 11-2 所示。一般情况下,单元体各微分面上均有应力矢量且都可以沿坐标轴分解成 1 个正应力和 2 个切应力分量,于是三个互相垂直的微分面上就有 3 个正应力和 6 个切应力共 9 个应力分量,可以完整描述一点的应力状态。

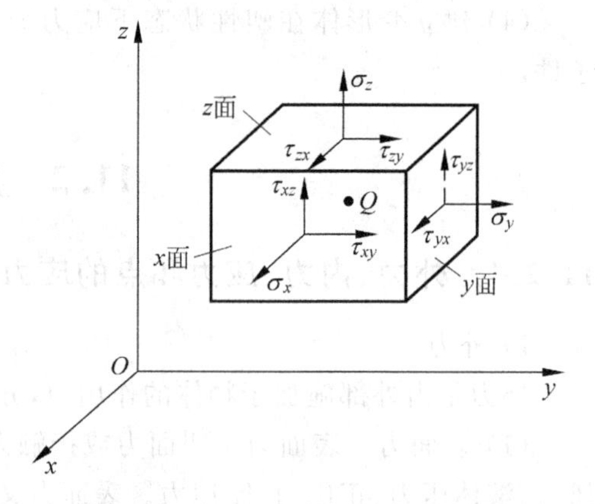

图 11-2 单元体上的应力状态

应力分量的符号带有两个下角标:第一个表示应力分量作用面的法线方向,第二个表示作用方向。两下角标相同为正应力分量 σ_{ii}($i=x,y,z$),简写为一个下角标 σ_i;两下角标不同为切应力分量 τ_{ij}($i,j=x,y,z$)。例如 τ_{xy} 表示 x 面上平行于 y 轴的切应力分量。

应力分量的正负号规定:

(1) 外法线指向坐标轴正向的微分面叫做正面,反之为负面。

(2) 正面上指向坐标轴正向的应力分量取正号,指向负向的取负号。负面上的应力分量则相反。

按此规定:正应力以拉为正,以压为负;切应力与坐标轴同向为正,反向为负。

由于处于静力平衡状态的单元体绕各轴的合力矩必为零。由此可导出切应力互等定理:

$$\tau_{xy}=\tau_{yx};\quad \tau_{yz}=\tau_{zy};\quad \tau_{zx}=\tau_{xz} \tag{11-3}$$

因此,表示一点应力状态的 9 个应力分量中只有 6 个是独立的分量,组成一个二阶对称应力张量,写成矩阵形式为:

$$\sigma_{ij}=\begin{bmatrix}\sigma_x & \tau_{yx} & \tau_{zx}\\ \tau_{xy} & \sigma_y & \tau_{zy}\\ \tau_{xz} & \tau_{yz} & \sigma_z\end{bmatrix}=\begin{bmatrix}\sigma_x & \tau_{yx} & \tau_{zx}\\ * & \sigma_y & \tau_{zy}\\ * & * & \sigma_z\end{bmatrix} \tag{11-4}$$

11.2.3 张量

1. 张量的概念

对许多物理量进行描述和计算时必须引进坐标系,并用角标符号表示物理量在坐标系中的分量(n 个角标,每个角标取 m 个值,则该角标符号代表 m^n 个元素)与坐标系的关系。物理量本身不依赖于坐标系而存在,但坐标系的选择带有一定的任意性,同一物理量在不同坐标系中会有不同的数量表征。为了得到数量表征和解析结果在任何坐标系下都具有不变的形式,即表征和结果所反映的物理事实与坐标系的选择无关,就需要选择一种数学工具——张量。

张量是矢量的推广,可定义为由若干个当坐标系改变时满足坐标系转换关系的所有分量组成的集合。

分量个数用阶数 n 表示，三维空间中张量分量的个数为 3^n。如应力、应变是二阶张量，有 $3^2=9$ 个分量；矢量（如位移、速度、力等）是一阶张量，有 $3^1=3$ 个分量；标量（如距离、时间、温度等）是零阶张量，有 $3^0=1$ 个分量。

张量的重要特征是在不同坐标系中分量之间可用一定的线性关系换算。

2. 张量的基本性质

（1）张量不变量　张量的分量一定可以组成某些其函数值与坐标轴无关从而不随坐标改变的函数，叫张量不变量。二阶张量存在 3 个独立的不变量。

（2）张量可以叠加和分解　几个同阶张量各对应的分量之和或差定义为另一个同阶张量。两个相同张量之差定义为零张量。

（3）张量可分为对称张量、非对称张量、反对称张量　$\sigma_{ij}=\sigma_{ji}$ 为对称张量；$\sigma_{ij}=-\sigma_{ji}$ 且 $\sigma_{ii}=0$ 为反对称张量；$\sigma_{ij}\neq\sigma_{ji}$ 为非对称张量。任意非对称张量可分解为一个对称张量和一个反对称张量。

（4）二阶对称张量存在 3 个主轴和 3 个主值　如果以主轴为坐标轴，则两个下角标不同的分量均为零，只留下两个下角标相同的三个分量，叫主值。

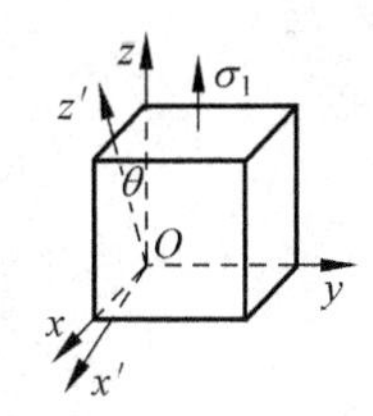

图 11-3　单向拉伸时的应力状态

例题 11-1：单向拉伸时，拉应力 σ_1。坐标系如图 11-3 所示。xz 面绕 y 轴旋转角度 $\theta=30°$。

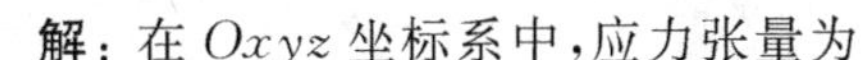

解：在 $Oxyz$ 坐标系中，应力张量为

$$\sigma_{ij}=\begin{bmatrix}0&0&0\\0&0&0\\0&0&\sigma_1\end{bmatrix}$$

坐标变换矩阵为

$$T=\begin{bmatrix}\cos\theta&0&\sin\theta\\0&0&0\\-\sin\theta&0&\cos\theta\end{bmatrix}=\begin{bmatrix}\sqrt{3}/2&0&1/2\\0&0&0\\-1/2&0&\sqrt{3}/2\end{bmatrix}$$

则在 $Ox'yz'$ 新坐标系中，根据线性代数中的相似变换，得到应力张量为

$$\sigma'_{ij}=T^{\mathrm{T}}\sigma_{ij}T=\begin{bmatrix}\sigma_1\sin^2\theta&0&-\sigma_1\sin\theta\cos\theta\\0&0&0\\-\sigma_1\sin\theta\cos\theta&0&\sigma_1\cos^2\theta\end{bmatrix}=\begin{bmatrix}\dfrac{1}{4}\sigma_1&0&\dfrac{-\sqrt{3}}{4}\sigma_1\\0&0&0\\\dfrac{-\sqrt{3}}{4}\sigma_1&0&\dfrac{3}{4}\sigma_1\end{bmatrix}$$

可见，应力张量的分量数值与坐标系的选择有关，但该点的应力状态（单向拉伸状态）并没有因坐标系的选择而改变。

11.2.4　任意斜面上的应力

若已知某点 6 个独立的直角应力分量（相当于已知作用在三个相互垂直平面上的 9 个应力分量），则可以求出通过该点的任意斜面上的应力，即该点的应力状态可完全确定。

如果单元体上的 9 个应力分量已知，则与其斜切的任意斜面上的应力分量亦可求出。如图 11-4 所示，设面积为 dA 的斜面 ABC 的法线 N 的方向余弦为

$$l=\cos(N,x),\quad m=\cos(N,y),\quad n=\cos(N,z) \tag{11-5}$$

由解析几何可知，方向余弦之间必须保持如下关系：

$$l^2+m^2+n^2=1 \tag{11-6}$$

则微分面积：

$$\mathrm{d}A_x=l\mathrm{d}A,\quad \mathrm{d}A_y=m\mathrm{d}A,\quad \mathrm{d}A_z=n\mathrm{d}A \tag{11-7}$$

全应力 S 在 x,y,z 方向上的分量依次为 S_x,S_y,S_z。

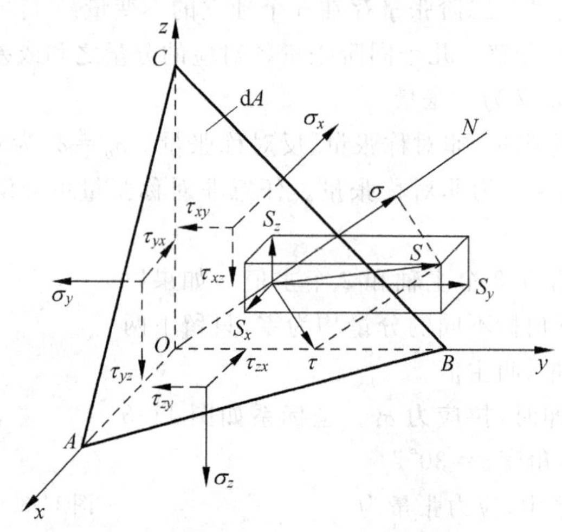

图 11-4 任意斜面上的应力

由静力平衡条件：

$$\sum F_x=0,\quad \sum F_y=0,\quad \sum F_z=0 \tag{11-8}$$

可得：

$$\left.\begin{aligned}S_x\mathrm{d}A-\sigma_x\mathrm{d}A\cdot l-\tau_{yx}\mathrm{d}A\cdot m-\tau_{zx}\mathrm{d}A\cdot n=0\\S_y\mathrm{d}A-\tau_{xy}\mathrm{d}A\cdot l-\sigma_y\mathrm{d}A\cdot m-\tau_{zy}\mathrm{d}A\cdot n=0\\S_z\mathrm{d}A-\tau_{xz}\mathrm{d}A\cdot l-\tau_{yz}\mathrm{d}A\cdot m-\sigma_z\mathrm{d}A\cdot n=0\end{aligned}\right\} \tag{11-9}$$

化简得到：

$$\left.\begin{aligned}S_x=\sigma_x l+\tau_{yx}m+\tau_{zx}n\\S_y=\tau_{xy}l+\sigma_y m+\tau_{zy}n\\S_z=\tau_{xz}l+\tau_{yz}m+\sigma_z n\end{aligned}\right\} \tag{11-10}$$

并且有

$$S^2=S_x^2+S_y^2+S_z^2 \tag{11-11}$$

将 S 沿斜面的法向、切向分解为正应力 σ、切应力 τ：

$$\begin{aligned}\sigma&=S\cdot N=|S|\cdot\cos(S,N)=S_x l+S_y m+S_z n\\&=\sigma_x l^2+\sigma_y m^2+\sigma_z n^2+2(\tau_{xy}lm+\tau_{yz}mn+\tau_{zx}nl)\\&=[l\quad m\quad n]\times\begin{bmatrix}\sigma_x&\tau_{yx}&\tau_{zx}\\\tau_{xy}&\sigma_y&\tau_{zy}\\\tau_{xz}&\tau_{yz}&\sigma_z\end{bmatrix}\times\begin{bmatrix}l\\m\\n\end{bmatrix}\end{aligned} \tag{11-12}$$

$$\tau^2 = S^2 - \sigma^2 \tag{11-13}$$

例题 11-2：已知某点应力张量为

$$\sigma_{ij} = \begin{bmatrix} 1 & 2 & 3 \\ 2 & 3 & 2 \\ 3 & 2 & 1 \end{bmatrix} \text{MPa}$$

求过该点与三个坐标轴等倾角的斜面上的正应力 σ 值。

解：由于斜面与三个坐标轴等倾角，所以有

$$l = m = n = \frac{1}{\sqrt{3}}$$

则等倾面上的正应力为

$$\sigma = T^T \sigma_{ij} T = [l \quad m \quad m] \times \sigma_{ij} \times \begin{bmatrix} l \\ m \\ n \end{bmatrix}$$

$$= \frac{1}{\sqrt{3}} [1 \quad 1 \quad 1] \times \begin{bmatrix} 1 & 2 & 3 \\ 2 & 3 & 2 \\ 3 & 2 & 1 \end{bmatrix} \times \frac{1}{\sqrt{3}} \begin{bmatrix} 1 \\ 1 \\ 1 \end{bmatrix} = \frac{19}{3}$$

$$\approx 6.3(\text{MPa})$$

11.2.5 主应力及应力张量不变量

如果点的应力状态已定，则过该点任意斜面上的正、切应力将随斜面法线方向余弦而变化。可以证明，必然存在唯一的三个相互垂直的方向，与之相垂直的微分面上切应力为零，只存在正应力。这种特殊的微分面叫主平面($\tau=0$)。作用在主平面上的正应力称为主应力(其数值有时也可能为零)。主平面的法线方向称为应力主方向或应力主轴。

若选取三个主应力方向为坐标轴，则应力张量的 6 个切应力分量都将为零，可使问题大为简化。

对于任一点，一定存在 3 个主方向、3 个主平面、3 个主应力。这是张量的基本性质和重要特征。

那么如何由已知的应力张量求主应力和主方向？

假定图 11-4 中法线方向余弦为 l,m,n 的斜切微分面 ABC 就是待求的主平面，如果已知 σ_{ij}，由于 $\tau=0$，则正应力即为全应力 $S=\sigma$。于是主应力 σ 在三个坐标轴方向上的投影分别为

$$S_x = \sigma l, \quad S_y = \sigma m, \quad S_z = \sigma n \tag{11-14}$$

将上列诸式代入式(11-10)经整理后可得

$$\left.\begin{aligned} (\sigma_x - \sigma)l + \tau_{yx}m + \tau_{zx}n = 0 \\ \tau_{xy}l + (\sigma_y - \sigma)m + \tau_{zy}n = 0 \\ \tau_{xz}l + \tau_{yz}m + (\sigma_z - \sigma)n = 0 \end{aligned}\right\} \tag{11-15}$$

上式是以 l,m,n 为未知数的齐次线性方程组，其解就是主应力的方向余弦。此方程组的一组解为 $l=m=n=0$，但由解析几何可知方向余弦之间必须满足式(11-6)即 $l^2+m^2+n^2=1$，因此 l,m,n 不能同时为零，必须寻求非零解。存在非零解的条件是方程组的系数行列式等

于0,即

$$\begin{vmatrix} \sigma_x-\sigma & \tau_{yx} & \tau_{zx} \\ \tau_{xy} & \sigma_y-\sigma & \tau_{zy} \\ \tau_{xz} & \tau_{yz} & \sigma_z-\sigma \end{vmatrix}=0 \tag{11-16}$$

展开行列式,整理后得到:

$$\sigma^3-(\sigma_x+\sigma_y+\sigma_z)\sigma^2-[-(\sigma_x\sigma_y+\sigma_y\sigma_z+\sigma_z\sigma_x)+(\tau_{xy}^2+\tau_{yz}^2+\tau_{zx}^2)]\sigma \\ -[\sigma_x\sigma_y\sigma_z+2\tau_{xy}\tau_{yz}\tau_{zx}-(\sigma_x\tau_{yz}^2+\sigma_y\tau_{zx}^2+\sigma_z\tau_{xy}^2)]=0$$

令:

$$\left.\begin{aligned} &I_1=\sigma_x+\sigma_y+\sigma_z \\ &I_2=-(\sigma_x\sigma_y+\sigma_y\sigma_z+\sigma_z\sigma_x)+(\tau_{xy}^2+\tau_{yz}^2+\tau_{zx}^2) \\ &I_3=\sigma_x\sigma_y\sigma_z+2\tau_{xy}\tau_{yz}\tau_{zx}-(\sigma_x\tau_{yz}^2+\sigma_y\tau_{zx}^2+\sigma_z\tau_{xy}^2)=\begin{vmatrix} \sigma_x & \tau_{yx} & \tau_{zx} \\ \tau_{xy} & \sigma_y & \tau_{zy} \\ \tau_{xz} & \tau_{yz} & \sigma_z \end{vmatrix} \end{aligned}\right\} \tag{11-17}$$

于是可得

$$\sigma^3-I_1\sigma^2-I_2\sigma-I_3=0 \tag{11-18}$$

上式是一个以σ为未知数的三次方程式,叫做应力状态的特征方程,可以证明,必然存在唯一的三个实根,即三个主应力$\sigma_1,\sigma_2,\sigma_3$。将解得的每一个主应力代入式(11-15)并与式(11-6)联立求解,即可求得该主应力的方向余弦,这样便可最终可求出三个正交主方向。

对于一个确定的应力状态,主应力只有一组值,即三个主应力$\sigma_1,\sigma_2,\sigma_3$是唯一的,具有单值性,因此上述特征方程的系数$I_1,I_2,I_3$也应该是单值的,不随坐标而变。由此可以得出如下重要结论:尽管应力分量σ_{ij}会随坐标转动而变化,但组合而成的函数I_1,I_2,I_3数值不变,所以被称为应力张量的第一、第二、第三不变量。存在三个不变量是应力张量的基本特性。

当判别两个应力状态是否相同时时,可以通过比较两个应力状态的三个应力张量不变量是否对应相等来确定,若相等则这两个应力状态相同。因此,应力张量的三个不变量表示了一个确定的应力状态其应力分量之间的确定关系。

由于点的应力状态也可以通过三个主方向上的主应力来表示,人们常根据主应力的特点来区分各种应力状态,如:

(1) 单向应力状态　两个主应力为零(如单向拉伸)。

(2) 平面应力状态　只有一个主应力为零(如板料成形)。

(3) 三向应力状态　三个主应力都不为零(所有的体积成形工艺)。

(4) 轴对称应力状态　三个主应力中有两个相等。

如果取三个主方向为坐标轴组成主轴坐标系,并用1,2,3代替x,y,z,这时应力张量可写为

$$\sigma_{ij}=\begin{bmatrix} \sigma_1 & 0 & 0 \\ 0 & \sigma_2 & 0 \\ 0 & 0 & \sigma_3 \end{bmatrix} \tag{11-19}$$

则主轴坐标系中用主应力表示的应力张量的三个不变量为

$$\left.\begin{aligned}I_1 &= \sigma_1+\sigma_2+\sigma_3\\ I_2 &= -(\sigma_1\sigma_2+\sigma_2\sigma_3+\sigma_3\sigma_1)\\ I_3 &= \sigma_1\sigma_2\sigma_3 = |\sigma_{ij}|\end{aligned}\right\}\tag{11-20}$$

例题 11-3：判断在例题 11-1 中，单向拉伸应力 σ_1，如图 11-3 所示，xz 面绕 y 轴旋转角度 θ 前后的两个应力张量是否代表同一应力状态，并判断新坐标系下主应力是否仍为单向拉伸应力。

解：$Oxyz$ 原坐标系中，应力张量为

$$\sigma_{ij}=\begin{bmatrix}0&0&0\\0&0&0\\0&0&\sigma_1\end{bmatrix}$$

应力张量不变量为

$$I_1=\sigma_1,\quad I_2=0,\quad I_3=0$$

$Ox'yz'$新坐标系中，应力张量为

$$\sigma'_{ij}=T^T\sigma_{ij}T=\begin{bmatrix}\sigma_1\sin^2\theta&0&-\sigma_1\sin\theta\cos\theta\\0&0&0\\-\sigma_1\sin\theta\cos\theta&0&\sigma_1\cos^2\theta\end{bmatrix}$$

其中 T 为坐标变换矩阵：

$$T=\begin{bmatrix}\cos\theta&0&\sin\theta\\0&0&0\\-\sin\theta&0&\cos\theta\end{bmatrix}$$

应力张量不变量为

$$\begin{cases}I_1=\sigma_1\sin^2\theta+0+\sigma_1\cos^2\theta=\sigma_1\\ I_2=-(\sigma_1\sin^2\theta)\times(\sigma_1\cos^2\theta)+(-\sigma_1\sin\theta\cos\theta)^2=0\\ I_3=0\end{cases}$$

可见坐标轴旋转前后两个应力张量的不变量对应相等，故而所描述的两个应力状态相同。

则由式(11-18)可得

$$\sigma^3-\sigma_1\sigma^2=0\Rightarrow\sigma^2(\sigma-\sigma_1)=0$$

方程的根即三个主应力为 σ_1，0，0，三个主应力中有两个为零，因此坐标轴旋转之后仍为单向拉伸应力状态。

例题 11-4：某点应力张量为

$$\sigma_{ij}=\begin{bmatrix}-5&3&2\\3&-6&3\\2&3&-5\end{bmatrix}\text{MPa}$$

试求该点的三个主应力值。

解：根据式(11-17)计算得到三个应力张量不变量为

$$\begin{cases}I_1=(-5)+(-6)+(-5)=-16\\ I_2=-[(-5)\times(-6)+(-6)\times(-5)+(-5)\times(-5)]+3^2+3^2+2^2=-63\\ I_3=(-5)\times(-6)\times(-5)+2\times3\times3\times2-[(-5)\times3^2+(-6)\times2^2+(-5)\times3^2]\\ \quad=0\end{cases}$$

由式(11-18)得到特征方程为

$$\sigma^3+16\sigma^2+63\sigma=0 \Rightarrow \sigma(\sigma+7)(\sigma+9)=0$$

解出三个主应力为

$$\sigma_1=0, \quad \sigma_2=-7\text{MPa}, \quad \sigma_3=-9\text{MPa}$$

11.2.6 主切应力和最大切应力

与斜微分面上的正应力一样，切应力也随斜微分面的方位而改变。使切应力数值达到极大值的斜切面称为主切应力平面。三个主切应力平面也互相正交。作用在主切应力平面上的切应力叫主切应力或主剪应力。主切应力中最大的那个切应力，也是所有切应力中最大的，被称为最大切应力。

物体的塑性变形是由切应力产生的。当主切应力达到某一临界值时(屈服准则)，物体便由弹性状态进入塑性(屈服)状态，即塑性材料开始屈服。

那么如何由点的应力状态求切应力的极值呢?

以三个主方向为坐标轴的主坐标系(主轴空间)中，应力张量为

$$\sigma_{ij}=\begin{bmatrix}\sigma_1 & 0 & 0\\ 0 & \sigma_2 & 0\\ 0 & 0 & \sigma_3\end{bmatrix}$$

在主轴坐标系中斜切面上的正应力和切应力为

$$\sigma=\sigma_1 l^2+\sigma_2 m^2+\sigma_3 n^2 \tag{11-21}$$

$$\begin{aligned}\tau^2&=S^2-\sigma^2=(S_x^2+S_y^2+S_z^2)-(\sigma_1 l^2+\sigma_2 m^2+\sigma_3 n^2)^2\\&=(\sigma_1^2 l^2+\sigma_2^2 m^2+\sigma_3^2 n^2)-(\sigma_1 l^2+\sigma_2 m^2+\sigma_3 n^2)^2\end{aligned} \tag{11-22}$$

由于：

$$l^2+m^2+n^2=1 \Rightarrow n^2=1-l^2-m^2 \tag{11-23}$$

代入式(11-22)消去 n 得

$$\begin{aligned}\tau^2=&(\sigma_1^2-\sigma_3^2)l^2+(\sigma_2^2-\sigma_3^2)m^2+\sigma_3^2\\&-[(\sigma_1-\sigma_3)l^2+(\sigma_2-\sigma_3)m^2+\sigma_3]^2\end{aligned} \tag{11-24}$$

为求极值，将上式分别对 l,m 求偏导数并使之等于零即 $\partial f/\partial l=0, \partial f/\partial m=0$ 得

$$\left.\begin{aligned}(\sigma_1^2-\sigma_3^2)l-2[(\sigma_1-\sigma_3)l^2+(\sigma_2-\sigma_3)m^2+\sigma_3](\sigma_1-\sigma_3)l=0\\(\sigma_2^2-\sigma_3^2)m-2[(\sigma_1-\sigma_3)l^2+(\sigma_2-\sigma_3)m^2+\sigma_3](\sigma_2-\sigma_3)m=0\end{aligned}\right\} \tag{11-25}$$

如 $\sigma_1\neq\sigma_2\neq\sigma_3$，可将方程组第一式除以 $(\sigma_1-\sigma_3)$，第二式除以 $(\sigma_2-\sigma_3)$，整理后得

$$\left.\begin{aligned}[(\sigma_1-\sigma_3)-2(\sigma_1-\sigma_3)l^2-2(\sigma_2-\sigma_3)m^2]l=0\\ [(\sigma_2-\sigma_3)-2(\sigma_1-\sigma_3)l^2-2(\sigma_2-\sigma_3)m^2]m=0\end{aligned}\right\} \tag{11-26}$$

满足上述方程组的解有四种情况：

(1) $l=m=0$，这时 $n=\pm1$，是主平面，切应力为零，不是所需的解。

(2) $l=0, m\neq0$，斜切微分面平行于 l 轴(如图 11-5(a))，由式(11-26)的第二式求出解为

$$l=0, \quad m=\pm\frac{1}{\sqrt{2}}, \quad n=\pm\frac{1}{\sqrt{2}} \tag{11-27}$$

(3) $m=0, l\neq0$，斜切微分面平行于 m 轴，由式(11-26)的第一式求出解为

$$l=\pm\frac{1}{\sqrt{2}},\quad m=0,\quad n=\pm\frac{1}{\sqrt{2}} \tag{11-28}$$

(4) $n=0$,斜切微分面平行于 n 轴,解为

$$l=\pm\frac{1}{\sqrt{2}},\quad m=\pm\frac{1}{\sqrt{2}},\quad n=0 \tag{11-29}$$

上列的三组解各表示一对相互垂直的主切应力平面,且分别垂直于一个主平面而与另两个主平面成45°夹角,如图11-5(b),(c),(d)所示。每对主切应力平面上的主切应力都相等。

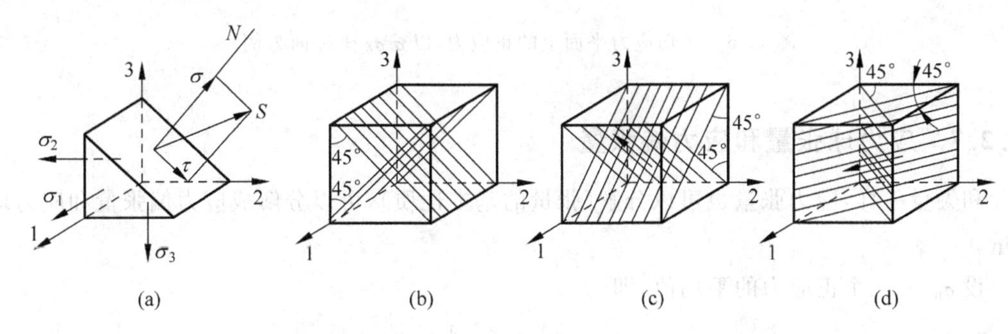

图11-5 主切应力平面

将上列三组方向余弦值代入式(11-22)即可求得三个主切应力:

$$\tau_{12}=\pm\frac{\sigma_1-\sigma_2}{2},\quad \tau_{23}=\pm\frac{\sigma_2-\sigma_3}{2},\quad \tau_{31}=\pm\frac{\sigma_3-\sigma_1}{2} \tag{11-30}$$

主切应力角标表示与主切应力平面呈45°相交的两主平面的编号。三个主切应力平面也互相正交。

主切应力具有如下性质:

(1) 若 $\sigma_1=\sigma_2=\sigma_3=\pm\sigma$,即变形体处于三向等拉或三向等压的应力状态(即球应力状态)时,主切应力为零,即 $\tau_{12}=\tau_{23}=\tau_{31}=0$。

(2) 若三个主应力同时增加或减少一个相同的值 $\Delta\sigma$ 时,主切应力值将保持不变。

假设三个主应力的关系为 $\sigma_1>\sigma_2>\sigma_3$,则最大切应力为

$$\tau_{\max}=\frac{\sigma_1-\sigma_3}{2} \tag{11-31}$$

将上列三组方向余弦值代入式(11-21)即可求得主切应力平面上的三个正应力:

$$\sigma_{23}=\frac{\sigma_2+\sigma_3}{2},\quad \sigma_{31}=\frac{\sigma_3+\sigma_1}{2},\quad \sigma_{12}=\frac{\sigma_1+\sigma_2}{2} \tag{11-32}$$

每对主切应力平面上的正应力也都相等,图11-6为 $\sigma_1\sigma_2$ 坐标平面上的例子。

综上,主切应力平面上的正应力、切应力为

$$\left.\begin{aligned}\sigma_{12}&=\frac{\sigma_1+\sigma_2}{2},\quad \tau_{12}=\pm\frac{\sigma_1-\sigma_2}{2}\\ \sigma_{23}&=\frac{\sigma_2+\sigma_3}{2},\quad \tau_{23}=\pm\frac{\sigma_2-\sigma_3}{2}\\ \sigma_{31}&=\frac{\sigma_3+\sigma_1}{2},\quad \tau_{31}=\pm\frac{\sigma_3-\sigma_1}{2}\end{aligned}\right\} \tag{11-33}$$

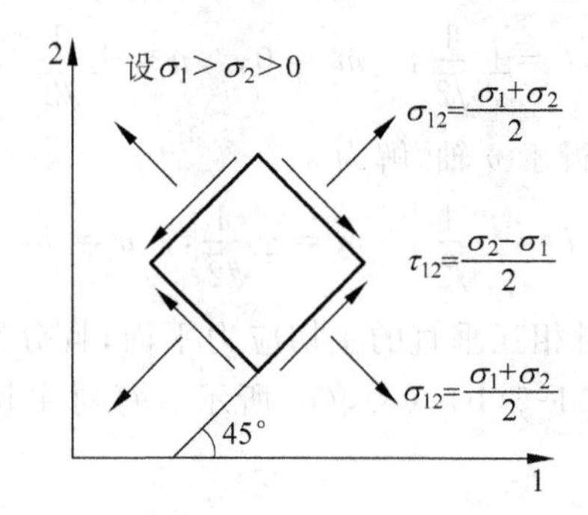

图 11-6 主切应力平面上的正应力(以 $\sigma_1\sigma_2$ 坐标面为例)

11.2.7 应力球张量和应力偏张量

和矢量一样,应力张量也可以分解(张量的基本性质),可以分解成应力偏张量和应力球张量。

设 σ_m 为三个正应力的平均值,即

$$\sigma_m=\frac{1}{3}(\sigma_x+\sigma_y+\sigma_z)=\frac{1}{3}I_1=\frac{1}{3}(\sigma_1+\sigma_2+\sigma_3)=\text{const} \tag{11-34}$$

σ_m 一般叫做平均应力或静水压力,是不变量,与所取坐标无关,对于一个确定的应力状态 σ_m 是单值的。

根据张量的性质,可将应力张量分解成两个张量之和:

$$\begin{aligned}\sigma_{ij}&=\begin{bmatrix}\sigma_x & \tau_{xy} & \tau_{xz}\\ \tau_{yx} & \sigma_y & \tau_{yz}\\ \tau_{zx} & \tau_{zy} & \sigma_z\end{bmatrix}=\begin{bmatrix}\sigma'_x+\sigma_m & \tau_{xy} & \tau_{xz}\\ \tau_{yx} & \sigma'_y+\sigma_m & \tau_{yz}\\ \tau_{zx} & \tau_{zy} & \sigma'_z+\sigma_m\end{bmatrix}\\ &=\begin{bmatrix}\sigma'_x & \tau_{xy} & \tau_{xz}\\ \tau_{yx} & \sigma'_y & \tau_{yz}\\ \tau_{zx} & \tau_{zy} & \sigma'_z\end{bmatrix}+\begin{bmatrix}\sigma_m & 0 & 0\\ 0 & \sigma_m & 0\\ 0 & 0 & \sigma_m\end{bmatrix}\\ &=\begin{bmatrix}\sigma_x-\sigma_m & \tau_{xy} & \tau_{xz}\\ \tau_{yx} & \sigma_y-\sigma_m & \tau_{yz}\\ \tau_{zx} & \tau_{zy} & \sigma_z-\sigma_m\end{bmatrix}+\begin{bmatrix}\sigma_m & 0 & 0\\ 0 & \sigma_m & 0\\ 0 & 0 & \sigma_m\end{bmatrix}\end{aligned} \tag{11-35}$$

其中:

$$\left.\begin{aligned}\sigma_x&=\sigma'_x+\sigma_m\\ \sigma_y&=\sigma'_y+\sigma_m\\ \sigma_z&=\sigma'_z+\sigma_m\end{aligned}\right\}\Leftrightarrow\left\{\begin{aligned}\sigma'_x&=\sigma_x-\sigma_m\\ \sigma'_y&=\sigma_y-\sigma_m\\ \sigma'_z&=\sigma_z-\sigma_m\end{aligned}\right. \tag{11-36}$$

记:

$$\sigma'_{ij}=\begin{bmatrix}\sigma'_x & \tau_{xy} & \tau_{xz}\\ \tau_{yx} & \sigma'_y & \tau_{yz}\\ \tau_{zx} & \tau_{zy} & \sigma'_z\end{bmatrix} \tag{11-37}$$

并利用克氏符号 δ_{ij},也称单位张量,当 $i=j$ 时 $\delta_{ij}=1$,当 $i\neq j$ 时 $\delta_{ij}=0$,即

$$\delta_{ij}=\begin{bmatrix}1&0&0\\0&1&0\\0&0&1\end{bmatrix} \tag{11-38}$$

则式(11-35)可写作：

$$\sigma_{ij}=\sigma'_{ij}+\begin{bmatrix}1&0&0\\0&1&0\\0&0&1\end{bmatrix}\sigma_{\mathrm{m}}=\sigma'_{ij}+\delta_{ij}\sigma_{\mathrm{m}} \tag{11-39}$$

上式右边第二个张量 $\delta_{ij}\sigma_{\mathrm{m}}$ 表示各向均匀的受力状态(球应力状态，也称静水压力状态)，称为球形应力张量或应力球张量。过该点的任意方向均为主方向，且各方向的主应力相等，均为平均应力 σ_{m}。球应力状态的特点是在任何切面上都没有切应力，所以应力球张量的作用与静水压力作用相同，只能引起物体的体积变化(弹性变形)，而不能引起物体的形状变化(塑性变形)。

上式右边第一个张量 σ'_{ij} 称为应力偏张量，它是由原应力张量 σ_{ij} 减去应力球张量 $\delta_{ij}\sigma_{\mathrm{m}}$ 后得到的。因其平均应力为零，故在应力偏张量中不再包含各向等应力的成分。而其切应力成分与整个应力张量中的切应力成分完全相等，也就是说应力偏张量完全包括了应力张量作用下的形状变化因素。因此，应力偏张量只能引起物体的形状变化(塑性变形)，而不能引起物体的体积变化(弹性变形)。

归纳起来，物体在应力张量作用下所发生的变形，包括体积变化和形状变化两部分，前者体积变化(弹性变形)取决于应力张量中的应力球张量，而后者形状变化(塑性变形)取决于应力偏张量。体积变形只能是弹性的，当应力去除后，体积变化便消失。当应力偏张量满足一定的数量关系时，物体发生塑性变形。

应力偏张量是二阶对称张量，同样存在三个不变量，分别用 I'_1,I'_2,I'_3 表示。将应力偏张量的分量代入式(11-17)可得：

$$\left.\begin{aligned}
I'_1&=\sigma'_x+\sigma'_y+\sigma'_z=(\sigma_x-\sigma_{\mathrm{m}})+(\sigma_y-\sigma_{\mathrm{m}})+(\sigma_z-\sigma_{\mathrm{m}})=0\\
I'_2&=\frac{1}{6}[(\sigma_x-\sigma_y)^2+(\sigma_y-\sigma_z)^2+(\sigma_z-\sigma_x)^2]+(\tau_{xy}^2+\tau_{yz}^2+\tau_{zx}^2)\\
I'_3&=\begin{vmatrix}\sigma_x-\sigma_{\mathrm{m}}&\tau_{xy}&\tau_{xz}\\\tau_{yx}&\sigma_y-\sigma_{\mathrm{m}}&\tau_{yz}\\\tau_{zx}&\tau_{zy}&\sigma_z-\sigma_{\mathrm{m}}\end{vmatrix}\\
&=\sigma'_x\sigma'_y\sigma'_z+2\tau_{xy}\tau_{yz}\tau_{zx}-(\sigma'_x\tau_{yz}^2+\sigma'_y\tau_{zx}^2+\sigma'_z\tau_{xy}^2)
\end{aligned}\right\} \tag{11-40}$$

对于主轴坐标系，用主应力形式表示不变量：

$$\left.\begin{aligned}
I'_1&=\sigma'_1+\sigma'_2+\sigma'_3=(\sigma_1-\sigma_{\mathrm{m}})+(\sigma_2-\sigma_{\mathrm{m}})+(\sigma_3-\sigma_{\mathrm{m}})=0\\
I'_2&=\frac{1}{6}[(\sigma_1-\sigma_2)^2+(\sigma_2-\sigma_3)^2+(\sigma_3-\sigma_1)^2]\\
I'_3&=\sigma'_1\sigma'_2\sigma'_3=(\sigma_1-\sigma_{\mathrm{m}})(\sigma_2-\sigma_{\mathrm{m}})(\sigma_3-\sigma_{\mathrm{m}})
\end{aligned}\right\} \tag{11-41}$$

应力偏张量的第二不变量 I'_2 十分重要，被作为塑性变形的判据，与屈服准则有关。还可以简化八面体(等倾面)切应力的表达式，因为存在如下关系式：

$$I'_2=\frac{1}{3}I_1^2+I_2 \tag{11-42}$$

应力偏张量的第三不变量 I_3' 决定了应变的类型：

$I_3'>0$ 属伸长应变；$I_3'=0$ 属平面应变；$I_3'<0$ 属压缩应变。

例题 11-5：设某点的应力状态为

$$\sigma_{ij}=\begin{bmatrix}1 & 3 & 5\\ 3 & 2 & 4\\ 5 & 4 & 6\end{bmatrix}\text{MPa}$$

试写出其应力偏张量 σ_{ij}'。

解：平均应力为

$$\sigma_{\mathrm{m}}=\frac{1}{3}(\sigma_x+\sigma_y+\sigma_z)=\frac{1+2+6}{3}=3(\text{MPa})$$

则应力偏张量为

$$\sigma_{ij}'=\sigma_{ij}-\delta_{ij}\cdot\sigma_{\mathrm{m}}=\begin{bmatrix}-2 & 3 & 5\\ 3 & -1 & 4\\ 5 & 4 & 3\end{bmatrix}\text{MPa}$$

11.2.8 八面体应力和等效应力

1. 八面体应力

上述的平均应力 σ_{m}，正好是与三个应力主轴等倾角的平面（等倾面或八面体平面）上的正应力 σ_8。

取八面体的第一象限部分可得到一个四面体（如图 11-7 所示），与主平面相一致的三个坐标面上作用着主应力 $\sigma_1,\sigma_2,\sigma_3$，而为斜面的八面体平面是等倾面，其法线与三根坐标轴的夹角都相等，即

$$|l|=|m|=|n|=\frac{1}{\sqrt{3}} \tag{11-43}$$

由式(11-12)和式(11-13)可计算出八面体平面上的正应力 σ_8、切应力 τ_8 分别为

$$\sigma_8=\sigma_1 l^2+\sigma_2 m^2+\sigma_3 n^2=\frac{1}{3}(\sigma_1+\sigma_2+\sigma_3)=\sigma_{\mathrm{m}}=\frac{1}{3}I_1 \tag{11-44}$$

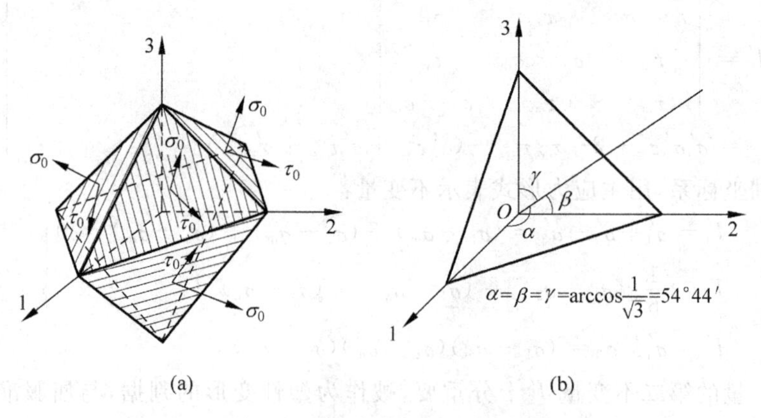

图 11-7 八面体及四面体单元(1/8 八面体)

(a) 八面体；(b) 四面体单元

$$\tau_8^2 = S^2 - \sigma_8^2 = (\sigma_1^2 l^2 + \sigma_2^2 m^2 + \sigma_3^2 n^2) - \sigma_8^2$$
$$= \frac{1}{3}(\sigma_1^2 + \sigma_2^2 + \sigma_3^2) - \frac{1}{9}(\sigma_1 + \sigma_2 + \sigma_3)^2$$
$$= \frac{1}{9}[(\sigma_1 - \sigma_2)^2 + (\sigma_2 - \sigma_3)^2 + (\sigma_3 - \sigma_1)^2]$$
$$\Rightarrow \tau_8 = \pm \frac{1}{3}\sqrt{(\sigma_1 - \sigma_2)^2 + (\sigma_2 - \sigma_3)^2 + (\sigma_3 - \sigma_1)^2}$$
$$= \pm\sqrt{\frac{2}{3}I_2'} = \pm\frac{1}{3}\sqrt{2I_1^2 + 6I_2} = \pm\frac{\sqrt{2}}{3}\sqrt{I_1^2 + 3I_2} \tag{11-45}$$

由上可见，八面体正应力 σ_8 就是平均应力，是不变量；八面体切应力 τ_8 是与应力偏张量有关、而与应力球张量无关的不变量。对于一个确定的应力偏张量，八面体切应力 τ_8 是确定的。

将 I_1 和 I_2' 的一般函数式(11-17)、式(11-40)代入式(11-44)、式(11-45)，即可得到以任意坐标系应力分量表示的八面体应力：

$$\sigma_8 = \frac{1}{3}I_1 = \frac{1}{3}(\sigma_x + \sigma_y + \sigma_z) = \sigma_m \tag{11-46}$$

$$\tau_8 = \pm\sqrt{\frac{2}{3}I_2'} = \pm\frac{1}{3}\sqrt{2I_1^2 + 6I_2}$$
$$= \pm\frac{1}{3}\sqrt{(\sigma_x - \sigma_y)^2 + (\sigma_y - \sigma_z)^2 + (\sigma_z - \sigma_x)^2 + 6(\tau_{xy}^2 + \tau_{yz}^2 + \tau_{zx}^2)} \tag{11-47}$$

2. 等效应力

将八面体切应力 τ_8 取绝对值并乘以系数 $3/\sqrt{2}$，所得参量仍是不变量，叫“等效应力”，也称广义应力或应力强度，以 $\bar{\sigma}$ 表示。

主轴坐标系中等效应力表达式为

$$\bar{\sigma} = \frac{3}{\sqrt{2}}|\tau_8| = \sqrt{3I_2'} = \sqrt{I_1^2 + 3I_2}$$
$$= \sqrt{\frac{1}{2}[(\sigma_1 - \sigma_2)^2 + (\sigma_2 - \sigma_3)^2 + (\sigma_3 - \sigma_1)^2]} \tag{11-48}$$

任意坐标系中等效应力表达式为

$$\bar{\sigma} = \frac{3}{\sqrt{2}}|\tau_8| = \sqrt{3I_2'}$$
$$= \sqrt{\frac{1}{2}[(\sigma_x - \sigma_y)^2 + (\sigma_y - \sigma_z)^2 + (\sigma_z - \sigma_x)^2 + 6(\tau_{xy}^2 + \tau_{yz}^2 + \tau_{zx}^2)]} \tag{11-49}$$

应当指出，之前讨论的主应力、主切应力、八面体应力都是在某些特殊微分面上实际存在的应力，而等效应力不能在特定微分面上出现，但是可以在一定意义上“代表”整个应力状态中的偏张量部分，因此与材料的塑性变形密切相关。

等效应力等于单向均匀拉伸或压缩时的应力：

$$\bar{\sigma} = \sigma_1 \neq 0, \quad \sigma_2 = \sigma_3 = 0 \tag{11-50}$$

在塑性理论中，可以根据等效应力的变化来判断加载、卸载，即判断物体在变形过程中一点的应力状态的变化：

(1) 如果 $d\bar{\sigma}>0\Leftrightarrow\bar{\sigma}$ 增大,就叫加载。若其中各应力分量都按同一比例增加,则叫比例加载或简单加载;

(2) 如果 $d\bar{\sigma}=0\Leftrightarrow\bar{\sigma}$ 不变,就叫中性载荷。若各应力分量彼消此长而变化,也可叫中性变载;

(3) 如果 $d\bar{\sigma}<0\Leftrightarrow\bar{\sigma}$ 减小,就叫卸载。

11.2.9 应力莫尔圆

应力莫尔(Mohr)圆是应力状态的一种几何表达,可形象地表示出点的应力状态。尤其是平面应力莫尔圆在进行应力分析时非常有用,可利用应力莫尔圆通过图解法来确定该点任意方向上的应力。

设已知某应力状态的主应力,并且 $\sigma_1>\sigma_2>\sigma_3$。以应力主轴为坐标轴,作一斜切微分面,方向余弦为 l、m、n,斜切微分面上的正应力为 σ、切应力为 τ,则可得到如下三个熟悉的方程:

$$\left.\begin{aligned}&\sigma=\sigma_1 l^2+\sigma_2 m^2+\sigma_3 n^2\\&\tau^2=\sigma_1^2 l^2+\sigma_2^2 m^2+\sigma_3^2 n^2-(\sigma_1 l^2+\sigma_2 m^2+\sigma_3 n^2)^2\\&l^2+m^2+n^2=1\end{aligned}\right\}\tag{11-51}$$

上列三式可看成是以 l^2、m^2、n^2 为未知数的方程组。联立解此方程组可得:

$$\begin{cases}l^2=\dfrac{(\sigma-\sigma_2)(\sigma-\sigma_3)+\tau^2}{(\sigma_1-\sigma_2)(\sigma_1-\sigma_3)}\\[2ex]m^2=\dfrac{(\sigma-\sigma_3)(\sigma-\sigma_1)+\tau^2}{(\sigma_2-\sigma_3)(\sigma_2-\sigma_1)}\\[2ex]n^2=\dfrac{(\sigma-\sigma_1)(\sigma-\sigma_2)+\tau^2}{(\sigma_3-\sigma_1)(\sigma_3-\sigma_2)}\end{cases}\tag{11-52}$$

将上列各式分子中含 σ 的括号展开并对 σ 配方,整理后可得:

$$\begin{cases}\left(\sigma-\dfrac{\sigma_2+\sigma_3}{2}\right)^2+\tau^2=l^2(\sigma_1-\sigma_2)(\sigma_1-\sigma_3)+\left(\dfrac{\sigma_2-\sigma_3}{2}\right)^2\\[2ex]\left(\sigma-\dfrac{\sigma_3+\sigma_1}{2}\right)^2+\tau^2=m^2(\sigma_2-\sigma_3)(\sigma_2-\sigma_1)+\left(\dfrac{\sigma_3-\sigma_1}{2}\right)^2\\[2ex]\left(\sigma-\dfrac{\sigma_1+\sigma_2}{2}\right)^2+\tau^2=n^2(\sigma_3-\sigma_1)(\sigma_3-\sigma_2)+\left(\dfrac{\sigma_1-\sigma_2}{2}\right)^2\end{cases}\tag{11-53}$$

在 σ-τ 坐标平面上,上式表示三个圆,圆心都在 σ 轴上且距原点分别为 $(\sigma_2+\sigma_3)/2$,$(\sigma_3+\sigma_1)/2$,$(\sigma_1+\sigma_2)/2$,在数值上就是主切应力平面上的正应力 σ_{23}、σ_{31}、σ_{12},三个圆的半径随方向余弦而变。对于每一组 $|l|$、$|m|$、$|n|$,都将有如图 11-8 所示的三个圆。因为此三式中每个式子都只包含一个方向余弦,故而表示该方向余弦为定值而其他两个变化时 σ 和 τ 的变化规律。因此,对于一个确定的微分面,三个圆必然有共同的交点,交点 P 的坐标即为该面上的正应力和切应力。

1. 三向应力莫尔圆

根据 $l^2\geqslant0$,$m^2\geqslant0$,$n^2\geqslant0$ 及 $\sigma_1>\sigma_2>\sigma_3$ 的假设,由式(11-53)可推导出:

$$
\begin{cases}
\left(\sigma - \dfrac{\sigma_2 + \sigma_3}{2}\right)^2 + \tau^2 \geqslant \left(\dfrac{\sigma_2 - \sigma_3}{2}\right)^2 \\
\left(\sigma - \dfrac{\sigma_3 + \sigma_1}{2}\right)^2 + \tau^2 \leqslant \left(\dfrac{\sigma_3 - \sigma_1}{2}\right)^2 \\
\left(\sigma - \dfrac{\sigma_1 + \sigma_2}{2}\right)^2 + \tau^2 \geqslant \left(\dfrac{\sigma_1 - \sigma_2}{2}\right)^2
\end{cases}
\tag{11-54}
$$

表明任意斜切微分面上的正应力和切应力的取值范围应满足此三个不等式。三式取等号时的三个圆叫(三向)应力莫尔圆，即图 11-9 中的三个圆，分别对应 $l=0, m=0, n=0$。任意斜切面上的正应力和切应力必然落在三个莫尔圆之间，也即图 11-9 中画阴影线的部分 $(l \neq 0, m \neq 0, n \neq 0)$。

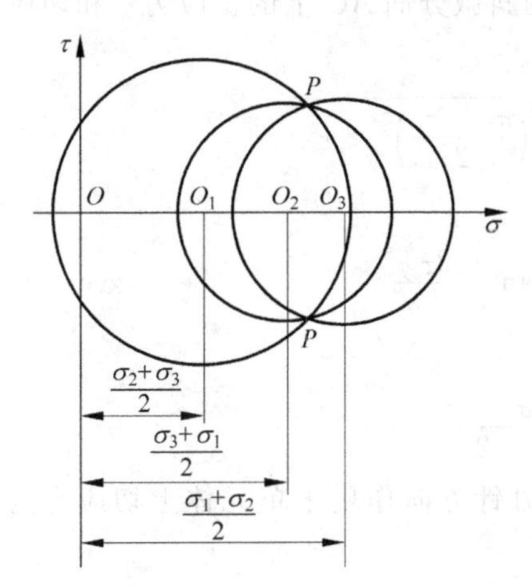

图 11-8　方向余弦 l、m、n 分别为定值时的 σ-τ 变化规律

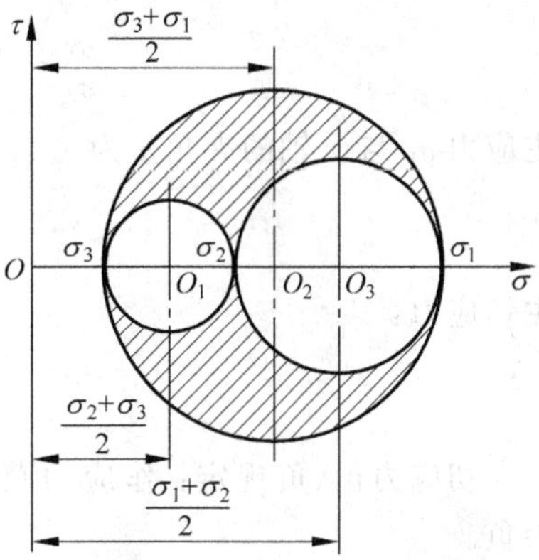

图 11-9　三向应力莫尔圆

此三莫尔圆位置与前述三圆相同(圆心距原点为主切应力平面上的三个正应力)，半径为三个主切应力，三圆两两相切点为三个主应力。最大切应力 $\tau_{\max} = \tau_{13}$ 或 τ_{31}。圆 O_1 表示 $l=0, m^2+n^2=1$ 时，即微分面平行于 σ_1 轴而法线 N 垂直于 σ_1 轴且在 $\sigma_2\ \sigma_3$ 平面上旋转时，$\sigma \sim \tau$ 的变化规律。圆 O_2，O_3 也可同样理解。

需要指出的是：应力莫尔圆上平面之间的夹角是实际物理平面之间夹角的两倍。

2. 平面应力莫尔圆

平面应力莫尔圆的用途：可用图解法求任意斜面上的应力(正应力、切应力)、主应力、主切应力等。

平面应力状态下，$\sigma_z = \tau_{yz} = \tau_{zy} = \tau_{zx} = \tau_{xz} = 0$，已知 σ_x，σ_y，$\tau_{xy} = \tau_{xy}$。与 x 轴成夹角 φ 的任一平面，如图 11-10(a)所示，其方向余弦 $l=\cos\varphi, m=\sin\varphi, n=0$。可计算出正应力 σ 和切应力 τ：

$$
\begin{aligned}
\sigma &= \sigma_x \cos^2\varphi + \sigma_y \sin^2\varphi + 2\tau_{xy}\cos\varphi\sin\varphi \\
&= \frac{1}{2}(\sigma_x + \sigma_y) + \frac{1}{2}(\sigma_x - \sigma_y)\cos2\varphi + \tau_{xy}\sin2\varphi
\end{aligned}
\tag{11-55}
$$

$$
\begin{aligned}
\tau^2 &= (\sigma_x\cos\varphi + \tau_{yx}\sin\varphi)^2 + (\tau_{xy}\cos\varphi + \sigma_y\sin\varphi)^2 - \sigma^2 \\
\Rightarrow \tau &= \frac{1}{2}(\sigma_x - \sigma_y)\sin2\varphi - \tau_{xy}\cos2\varphi
\end{aligned}
\tag{11-56}
$$

消去参数 φ 得到：

$$\left(\sigma-\frac{\sigma_x+\sigma_y}{2}\right)^2+\tau^2=\left(\frac{\sigma_x-\sigma_y}{2}\right)^2+\tau_{xy}^2 \tag{11-57}$$

在 σ-τ 坐标平面上，上式表示一圆：圆心 $\left(\frac{\sigma_x+\sigma_y}{2},0\right)$，半径 $R=\sqrt{\left(\frac{\sigma_x-\sigma_y}{2}\right)^2+\tau_{xy}^2}$，叫平面应力莫尔圆。如图 11-10(b)所示，纵坐标为切应力，横坐标为正应力。该圆可以描述任意微分面上 σ、τ 的变化规律，圆周上每一点代表一个物理平面上的应力。同样地，平面应力莫尔圆上平面之间的夹角也是实际物理平面之间夹角的两倍。

结合图 11-10(a)和(b)可知，在平面应力莫尔圆上由 x 面即 B 点(σ_x，τ_{xy})逆时针旋转 2φ 得 N 点(σ，τ)，即为与 x 轴成逆时针 φ 角的斜微分面 AC 上的正应力 σ 和切应力 τ。该圆与 σ 轴的两个交点即为主应力 σ_1，σ_2：

$$\begin{matrix}\sigma_1\\ \sigma_2\end{matrix}=\frac{\sigma_x+\sigma_y}{2}\pm\sqrt{\left(\frac{\sigma_x-\sigma_y}{2}\right)^2+\tau_{xy}^2} \tag{11-58}$$

主应力 σ_1 与 x 轴的夹角 α 为

$$\alpha=\frac{1}{2}\arctan\frac{-2\tau_{xy}}{\sigma_x-\sigma_y} \tag{11-59}$$

主切应力：

$$\tau_{12}=\pm\frac{\sigma_1-\sigma_2}{2} \tag{11-60}$$

切应力正、负规定：作应力莫尔圆时，顺时针方向作用于单元体上切应力为正，反之为负。

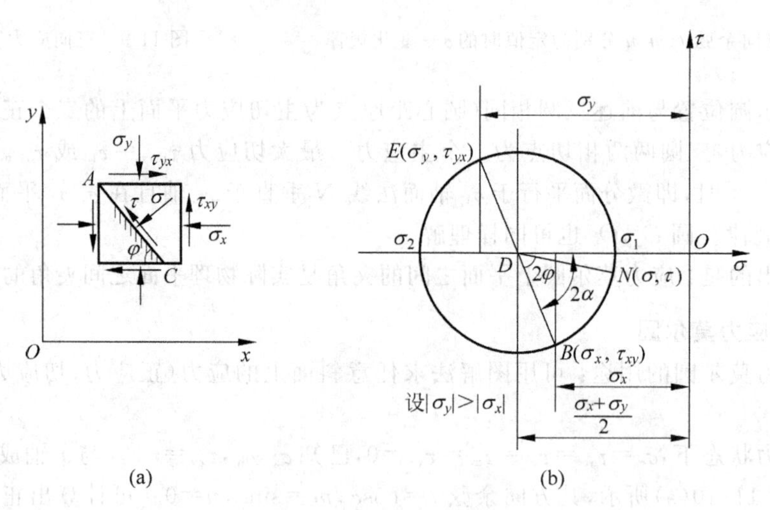

图 11-10 平面应力单元体和平面应力莫尔圆

(a) 平面应力单元体；(b) 平面应力莫尔圆

例题 11-6：在直角坐标系中，一点的应力状态表示成张量形式为

$$\sigma_{ij}=\begin{bmatrix}5 & 0 & -5\\ 0 & -5 & 0\\ -5 & 0 & 5\end{bmatrix}\text{MPa}$$

要求：(1)画出该点的应力单元体。(2)求该点的主应力和主方向。(3)画出该点的应力莫尔圆，并标出应力单元体的微分面(即 x,y,z 平面)。

解：(1) 应力单元体如图 11-11 所示。

(2) 将各应力分量代入应力张量不变量的式(11-17)，可得

$$\begin{cases} I_1 = 5 + (-5) + 5 = 5 \\ I_2 = -[5 \times (-5) + (-5) \times 5 + 5 \times 5] + 0^2 + 0^2 + (-5)^2 = 50 \\ I_3 = 5 \times (-5) \times 5 + 2 \times 0 \times 0 \times (-5) - [5 \times 0^2 + (-5) \times (-5)^2 + 5 \times 0^2] = 0 \end{cases}$$

由式(11-18)得特征方程为

$$\sigma^3 - 5\sigma^2 - 50\sigma = 0 \Rightarrow \sigma(\sigma + 5)(\sigma - 10) = 0$$

解得三个主应力为

$$\sigma_1 = 10\text{MPa}, \quad \sigma_2 = 0, \quad \sigma_3 = -5\text{MPa}$$

将各应力分量代入式(11-15)并与式(11-6)联合写成方程组：

$$\begin{cases} (5 - \sigma)l - 5n = 0 \\ (-5 - \sigma)m = 0 \\ -5l + (5 - \sigma)n = 0 \\ l^2 + m^2 + n^2 = 1 \end{cases}$$

将三个主应力值分别代入上述方程组的前三式中的任意两式，并与第四式联立求解，可求得三个主方向的方向余弦：

对于 σ_1：$l_1 = 1/\sqrt{2}$；$m_1 = 0$；$n_1 = -1/\sqrt{2}$

对于 σ_2：$l_2 = 1/\sqrt{2}$；$m_2 = 0$；$n_2 = 1/\sqrt{2}$

对于 σ_3：$l_3 = 0$；$m_3 = 1$；$n_3 = 0$

(3) 根据三个主应力值，求得三个应力莫尔圆的圆心分别为 $O_1(-2.5,0)$，$O_2(2.5,0)$，$O_3(5,0)$，三个圆的半径分别为：$R_1 = 2.5$，$R_2 = 7.5$，$R_3 = 5$。应力莫尔圆及应力单元体微分面在莫尔圆上的位置如图 11-12 所示。

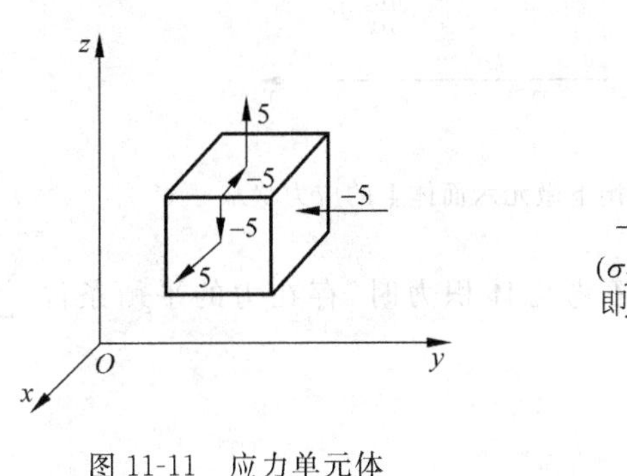

图 11-11 应力单元体

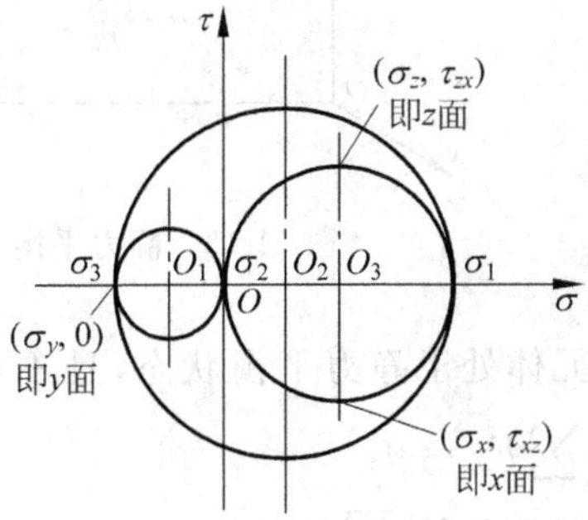

图 11-12 应力莫尔圆

11.2.10 应力平衡微分方程

一般情况下受力物体内各点的应力状态不同，下面讨论平衡情况下相邻各点之间的应力变化关系。

设物体内有一点 Q,坐标为(x,y,z),应力状态为 σ_{ij},是坐标的连续函数,x 面上正应力分量为$\sigma_x = f(x,y,z)$。以 Q 为顶点切取一个边长为 dx,dy,dz 的直角平行微六面体,其另一个顶点 Q'(距 Q 无限邻近)的坐标为$(x+dx,y+dy,z+dz)$。由于物体是连续的,应力的变化也是坐标的连续函数。坐标的微量变化使 Q' 点应力比 Q 点应力增加一个微量即 $\sigma_{ij}+d\sigma_{ij}$。则 Q'点的 x 面上因坐标变化了 dx,其正应力分量为

$$\begin{aligned}\sigma_{x+dx} &= \sigma_x + d\sigma_x = f(x+dx,y,z) \\ &= f(x,y,z) + \frac{\partial f}{\partial x}dx + \frac{1}{2}\frac{\partial^2 f}{\partial^2 x}dx^2 + \cdots \\ &\approx f(x,y,z) + \frac{\partial f}{\partial x}dx = \sigma_x + \frac{\partial \sigma_x}{\partial x}dx \end{aligned} \tag{11-61}$$

Q'点的其余 8 个应力分量可用同样方法推出。于是 Q'点的应力状态可以写为

$$\sigma_{ij} + d\sigma_{ij} = \begin{bmatrix} \sigma_x + \frac{\partial \sigma_x}{\partial x}dx & \tau_{xy} + \frac{\partial \tau_{xy}}{\partial x}dx & \tau_{xz} + \frac{\partial \tau_{xz}}{\partial x}dx \\ \tau_{yx} + \frac{\partial \tau_{yx}}{\partial y}dy & \sigma_y + \frac{\partial \sigma_y}{\partial y}dy & \tau_{yz} + \frac{\partial \tau_{yz}}{\partial y}dy \\ \tau_{zx} + \frac{\partial \tau_{zx}}{\partial z}dz & \tau_{zy} + \frac{\partial \tau_{zy}}{\partial z}dz & \sigma_z + \frac{\partial \sigma_z}{\partial z}dz \end{bmatrix} \tag{11-62}$$

单元体六个面上的 9 个应力分量,如图 11-13 所示。

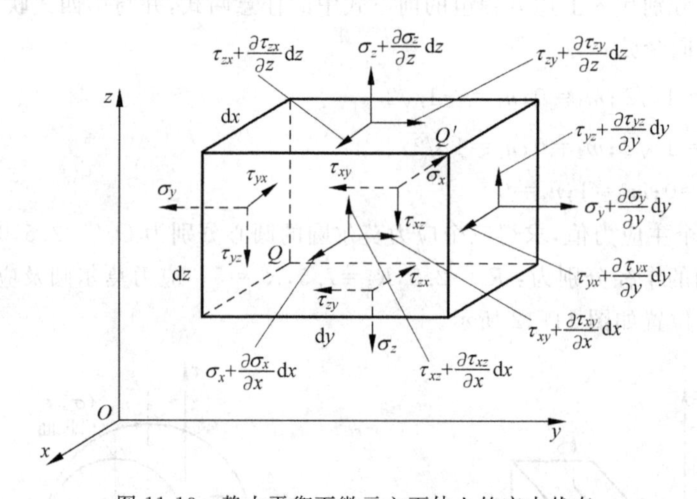

图 11-13 静力平衡下微元六面体上的应力状态

当该微元体处于静力平衡状态,且不考虑体积力时,存在力的平衡条件 $\sum F_x = 0$, $\sum F_y = 0$, $\sum F_z = 0$。

由静力平衡条件 $\sum F_x = 0$ 得

$$\left(\sigma_x + \frac{\partial \sigma_x}{\partial x}dx\right)dydz + \left(\tau_{yx} + \frac{\partial \tau_{yx}}{\partial y}dy\right)dzdx + \left(\tau_{zx} + \frac{\partial \tau_{zx}}{\partial z}dz\right)dxdy \\ - \sigma_x dydz - \tau_{yx} dzdx - \tau_{zx} dxdy = 0 \tag{11-63}$$

整理后得:

$$\frac{\partial \sigma_x}{\partial x} + \frac{\partial \tau_{xy}}{\partial y} + \frac{\partial \tau_{xz}}{\partial z} = 0 \tag{11-64}$$

同理根据 $\sum F_y = 0$ 和 $\sum F_z = 0$，还可推得另外两个公式，最后可得微元体的应力平衡微分方程为

$$\left.\begin{aligned}\frac{\partial \sigma_x}{\partial x}+\frac{\partial \tau_{xy}}{\partial y}+\frac{\partial \tau_{xz}}{\partial z}=0\\\frac{\partial \tau_{yx}}{\partial x}+\frac{\partial \sigma_y}{\partial y}+\frac{\partial \tau_{yz}}{\partial z}=0\\\frac{\partial \tau_{zx}}{\partial x}+\frac{\partial \tau_{zy}}{\partial y}+\frac{\partial \sigma_z}{\partial z}=0\end{aligned}\right\} \tag{11-65}$$

简记为

$$\frac{\partial \sigma_{ij}}{\partial x_j}=0 \tag{11-66}$$

上式是求解塑性成形问题的基本方程。但该方程组包含有 6 个未知数(切应力互等定理同样成立)，是超静定的。为使方程能解，还应从几何和物性方面寻找补充方程，或对方程作适当简化。

对于平面应力状态和平面应变状态，前者 $\sigma_z=\tau_{zx}=\tau_{zy}=0$，后者 $\tau_{zx}=\tau_{zy}=0$，且 σ_z 和 z 轴无关，故方程式(11-65)可简化成只含有 3 个未知数：

$$\left.\begin{aligned}\frac{\partial \sigma_x}{\partial x}+\frac{\partial \tau_{yx}}{\partial y}=0\\\frac{\partial \tau_{xy}}{\partial x}+\frac{\partial \sigma_y}{\partial y}=0\end{aligned}\right\} \tag{11-67}$$

11.3 应变分析

当一个连续体中任意两质点间的相对位置发生改变时，认为这个物体已发生变形即有应变产生。某一点产生位移不能表明物体产生了变形，有可能是刚性平移或刚性转动。

与点的应力状态类似，可以用点的应变状态来全面描述一点的变形情况，点的应变状态也是二阶对称张量，与应力张量有许多相似性质。应变分析主要是几何学、运动学问题，与物体中的位移场、速度场有密切联系。

对于小变形和大变形，其应变的表示方法不同；对于弹性变形和塑性变形，考虑的角度也不尽相同。解决弹性变形和塑性小变形(与物体几何尺寸相比非常小)问题主要用全量理论(全量应变)；解决塑性成形大变形问题主要用增量理论(应变增量或应变速率)和有限变形理论。小变形分析比较简单直观，而且大变形分析可以直接借用小变形分析的结果，故本章只介绍小变形分析。

应变状态分析的最主要目标是建立应变及应变速率的几何方程，为描述应力-应变关系作准备。

11.3.1 应变的概念

1. 定义(以单向均匀拉伸为例)

杆受单向均匀拉伸，变形前杆长为 l_0，变形后杆长为 l，如图 11-14 所示。

1）工程应变 ε

工程应变也称相对应变或条件应变，是工程上经常使用的应变指标。工程应变等于每单位原长的伸长量，即

$$\varepsilon=\frac{l-l_0}{l_0}=\frac{\Delta l}{l_0} \tag{11-68}$$

$$\mathrm{d}\varepsilon=\mathrm{d}\left(\frac{l-l_0}{l_0}\right)=\frac{\mathrm{d}l}{l_0} \tag{11-69}$$

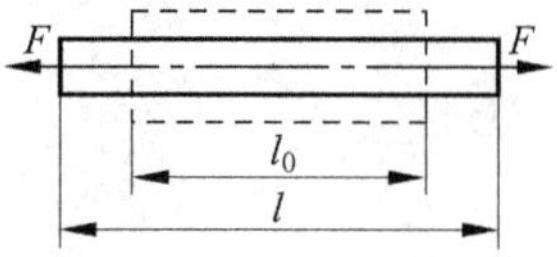

图 11-14　单向拉伸杆件

2）对数应变 ε^*

对数应变也称自然应变或真实应变，其物理意义是代表一尺寸的无限小增量与该变形瞬时尺寸的比值的积分。

设在单向拉伸时某试样的瞬时长度为 l，在下一个瞬时试样长度又伸长了 $\mathrm{d}l$，则其应变增量为

$$\mathrm{d}\varepsilon^*=\frac{\mathrm{d}l}{l} \tag{11-70}$$

试样从初始长度 l_0 到长度 l，如果变形过程中主轴不变，可沿拉伸方向对 $\mathrm{d}\varepsilon^*$ 进行积分，求出总应变：

$$\varepsilon^*=\int_{l_0}^{l}\left(\frac{\mathrm{d}l}{l}\right)=\ln\left(\frac{l}{l_0}\right)=\ln\left(\frac{l-l_0}{l_0}+1\right)=\ln(1+\varepsilon) \tag{11-71}$$

$$\mathrm{d}\varepsilon^*=\mathrm{d}\left[\ln\left(\frac{l}{l_0}\right)\right]=\frac{\mathrm{d}l}{l}=\mathrm{d}[\ln(1+\varepsilon)]=\frac{\mathrm{d}\varepsilon}{1+\varepsilon} \tag{11-72}$$

将对数应变以工程应变表示，并按 Taylor 级数展开为

$$\varepsilon^*=\varepsilon-\frac{\varepsilon^2}{2}+\frac{\varepsilon^3}{3}-\frac{\varepsilon^4}{4}+\cdots+(-1)^{n-1}\frac{\varepsilon^n}{n}+\cdots \tag{11-73}$$

当 $|\varepsilon|>1$ 时，该级数发散；当 $-1<\varepsilon\leqslant+1$ 时，该级数收敛。

2. 分析

工程应变与对数应变的区别和联系如下：

(1) 真实性　对数应变反映物体变形的实际情况；而工程应变不能表示变形的真实情况，且变形程度越大，误差也越大。

假设两质点相距 l_0，经变形后距离为 l_n，则其变形程度一般用工程应变 ε 表示为

$$\varepsilon=\frac{l_n-l_0}{l_0} \tag{11-74}$$

但在变形程度极大的情况下，上述表示方法不足以反映实际的变形情况。因为在实际变形过程中，长度 l_0 是经过无穷多个中间数值而逐渐变成 l_n 的，如 $l_0,l_1,l_2,\cdots,l_{n-1},l_n$，其中相邻两长度相差极其微小。由 l_0 至 l_n 的总变形程度，可以近似看做是各个阶段相对变形之和：

$$\varepsilon\approx\frac{l_1-l_0}{l_0}+\frac{l_2-l_1}{l_1}+\frac{l_3-l_2}{l_2}+\cdots+\frac{l_n-l_{n-1}}{l_{n-1}} \tag{11-75}$$

或用微分概念，设 $\mathrm{d}l$ 是每一变形阶段的长度增量，则物体的总变形程度为

$$\varepsilon^*=\int_{l_0}^{l_n}\left(\frac{\mathrm{d}l}{l}\right)=\ln\left(\frac{l_n}{l_0}\right) \tag{11-76}$$

上式即是对数应变，反映了物体瞬时变形的实际情况和变形的累积过程，表示了在应变主轴方向不变的情况下应变增量的总和，所以称之为自然应变或真实应变。

根据级数展开式(11-73)可知,只有当变形程度很小时,ε 才近似等于 ε^*,即微小变形时 $\varepsilon^* \approx \varepsilon$。如图 11-15 所示:当变形程度<10%,ε 与 ε^* 数值比较接近;当变形程度>10%,以工程应变表示实际应变的误差逐渐增加。因此,大变形问题只能用对数应变才能得出合理的结果。

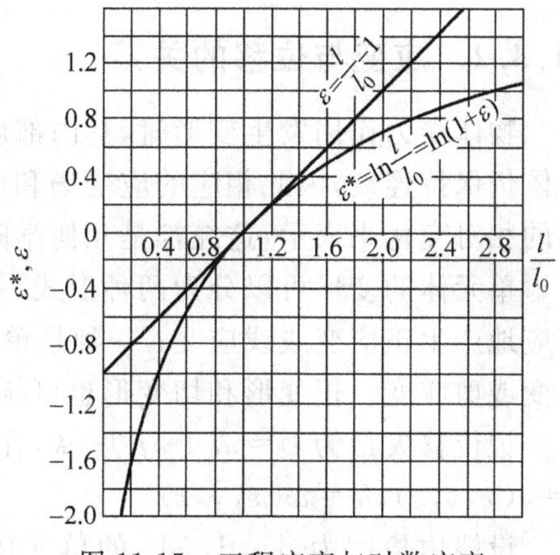

图 11-15 工程应变与对数应变

(2) 叠加性 对数应变可叠加(各阶段相对应变之和),工程应变不可叠加。

设某物体的原始长度为 l_0,已知其历经的变形过程:$l_0 \xrightarrow{\varepsilon_1} l_1 \xrightarrow{\varepsilon_2} l_2 \xrightarrow{\varepsilon_3} l_3$

则总的工程应变为

$$\begin{aligned}\varepsilon &= \frac{l_3 - l_0}{l_0} \neq \varepsilon_1 + \varepsilon_2 + \varepsilon_3 \\ &= \frac{l_1 - l_0}{l_0} + \frac{l_2 - l_1}{l_1} + \frac{l_3 - l_2}{l_2}\end{aligned} \tag{11-77}$$

可见总的工程应变不等于各阶段工程应变之和,即工程应变为不可加应变。

而总的对数应变为

$$\varepsilon^* = \ln\frac{l_3}{l_0} = \ln\frac{l_3 \cdot l_2 \cdot l_1}{l_2 \cdot l_1 \cdot l_0} = \ln\frac{l_3}{l_2} + \ln\frac{l_2}{l_1} + \ln\frac{l_1}{l_0} = \varepsilon_1^* + \varepsilon_2^* + \varepsilon_3^* \tag{11-78}$$

显然总的对数应变为各阶段对数应变之和,即对数应变为可加应变。

(3) 可比性 对数应变为可比应变,工程应变不可比应变。

假设将试样拉长一倍 $l_0 \to 2l_0$,再压缩一半 $2l_0 \to l_0$,则物体的变形程度相同。

伸长一倍时:

$$\varepsilon = \frac{2l_0 - l_0}{l_0} = 100\% \tag{11-79}$$

$$\varepsilon^* = \ln\frac{2l_0}{l_0} = \ln 2 = 69\% \tag{11-80}$$

缩短一半时:

$$\varepsilon = \frac{l_0 - 2l_0}{2l_0} = -50\% \tag{11-81}$$

$$\varepsilon^* = \ln\frac{l_0}{2l_0} = -\ln 2 = -69\% \tag{11-82}$$

伸长一倍与缩短一倍(负号),拉、压变形程度是一样。但工程应变数值相差悬殊,失去可比性;对数应变绝对值相同、符号不同,具有可比性。

(4) 适用性 工程应变计算简单,但其适用范围窄(微小变形)。对数应变计算复杂,但适用范围宽。

(5) 应变增量物理含义 工程应变的无限小增量表示单元长度变化与原长度之比;对数应变的无限小增量表示单元长度变化与瞬时长度之比。

$$d\varepsilon = d\left(\frac{l - l_0}{l_0}\right) = \frac{dl}{l_0} \tag{11-83}$$

$$d\varepsilon^* = d\left(\ln\frac{l}{l_0}\right) = \frac{dl}{l} \tag{11-84}$$

11.3.2 应变与位移的关系

物体受力作用发生变形时，其内部质点间将产生相对位移，并因此而产生应变。变形后物体仍保持连续，因此相应的应变场和位移场都应是空间坐标的连续函数。应变可以用位移的相对变化来表示，这纯粹是几何学问题，对弹性问题和塑形问题均适用。

单元体的变形可以分为两种形式，一种是线尺寸的伸长或缩短，叫做正变形或线变形，相应地产生正应变或线应变；一种是单元体发生偏斜，叫做切变形或角变形，相应地产生切应变或剪应变。正变形和切变形也可统称为“纯变形”。

记位移矢量为$U=u\boldsymbol{i}+v\boldsymbol{j}+w\boldsymbol{k}$，在三个坐标轴上的投影即位移分量为$u=u(x,y,z)$，$v=v(x,y,z)$，$w=w(x,y,z)$。

设棱边长度为$\mathrm{d}x,\mathrm{d}y,\mathrm{d}z$的单元体，在$xOy$平面上投影为$abdc$，变形后的投影移至$a_1b_1d_1c_1$，如图11-16所示。$a$点变形后移至$a_1$，所产生的位移分量为$u,v$。则$c$点、$b$点的位移增量为

$$\left.\begin{aligned}\delta u_c=\frac{\partial u}{\partial x}\mathrm{d}x,\quad \delta v_c=\frac{\partial v}{\partial x}\mathrm{d}x\\ \delta u_b=\frac{\partial u}{\partial y}\mathrm{d}y,\quad \delta v_b=\frac{\partial v}{\partial y}\mathrm{d}y\end{aligned}\right\}\tag{11-85}$$

由几何关系，可求出棱边ac $(\mathrm{d}x)$在x方向的线应变(单位长度的变化)：

$$\varepsilon_x=\frac{(u+\delta u_c)-u}{\mathrm{d}x}=\frac{\delta u_c}{\mathrm{d}x}=\frac{\partial u}{\partial x}\tag{11-86}$$

同样地，棱边ab $(\mathrm{d}y)$在y方向的线应变：

$$\varepsilon_y=\frac{(v+\delta v_b)-v}{\mathrm{d}y}=\frac{\delta v_b}{\mathrm{d}y}=\frac{\partial v}{\partial y}\tag{11-87}$$

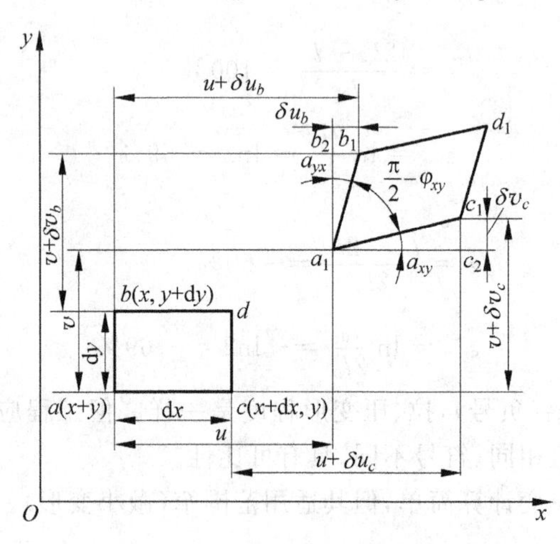

图11-16 位移分量与应变分量的关系

由图11-16中的几何关系可得：

$$\tan\alpha_{yx}=\frac{b_2b_1}{a_1b_2}=\frac{u+\delta u_b-u}{v+\delta v_b+\mathrm{d}y-v}=\frac{\dfrac{\partial u}{\partial y}\mathrm{d}y}{\left(1+\dfrac{\partial v}{\partial y}\right)\mathrm{d}y}=\frac{\dfrac{\partial u}{\partial y}}{1+\dfrac{\partial v}{\partial y}}\tag{11-88}$$

因为$\frac{\partial v}{\partial y}=\varepsilon_y \ll 1$，所以有

$$\tan\alpha_{yx} \approx \frac{\partial u}{\partial y} = \alpha_{yx} \tag{11-89}$$

同理得

$$\tan\alpha_{xy} \approx \frac{\partial v}{\partial x} = \alpha_{xy} \tag{11-90}$$

定义工程切应变为两棱边夹角的减小，即

$$\varphi_{xy} = \varphi_{yx} = \alpha_{xy} + \alpha_{yx} = \frac{\partial u}{\partial y} + \frac{\partial v}{\partial x} \tag{11-91}$$

一般情况下，角度 $\alpha_{xy} \neq \alpha_{yx}$。但若将发生了切应变的单元体加一刚性转动，使 $\gamma_{xy}=\gamma_{yx}=\frac{1}{2}\varphi_{xy}=\frac{1}{2}\gamma$，如图 11-17 所示，则切应变的大小不变，纯变形效果仍然相同。则定义切应变为

$$\gamma_{xy} = \gamma_{yx} = \frac{1}{2}\varphi_{xy} = \frac{1}{2}(\alpha_{xy} + \alpha_{yx}) = \frac{1}{2}\left(\frac{\partial u}{\partial y} + \frac{\partial v}{\partial x}\right) \tag{11-92}$$

其中，γ_{xy} 表示 x 方向的线元向 y 方向偏转的角度，γ_{yx} 表示 y 方向的线元向 x 方向偏转的角度。

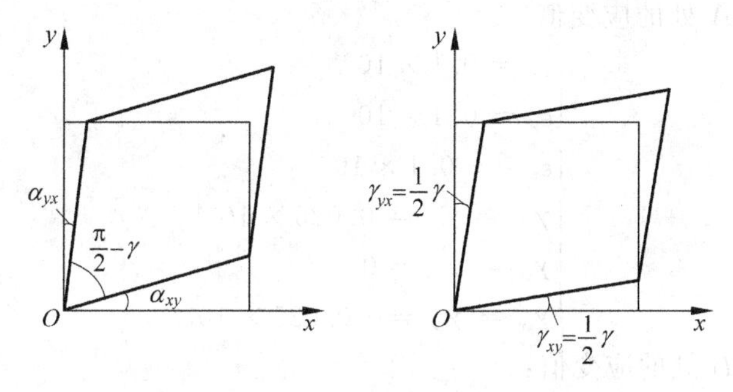

图 11-17　单元体在 xy 坐标平面内的纯变形

按照同样的方法，由单元体在 yOz、zOx 坐标平面上投影的几何关系，得其余应变分量与位移分量之间的关系式，综合在一起为

$$\left.\begin{aligned}
\varepsilon_x &= \frac{\partial u}{\partial x}, \quad \gamma_{xy} = \gamma_{yx} = \frac{1}{2}\left(\frac{\partial u}{\partial y} + \frac{\partial v}{\partial x}\right) \\
\varepsilon_y &= \frac{\partial v}{\partial y}, \quad \gamma_{yz} = \gamma_{zy} = \frac{1}{2}\left(\frac{\partial v}{\partial z} + \frac{\partial w}{\partial y}\right) \\
\varepsilon_z &= \frac{\partial w}{\partial z}, \quad \gamma_{zx} = \gamma_{xz} = \frac{1}{2}\left(\frac{\partial w}{\partial x} + \frac{\partial u}{\partial z}\right)
\end{aligned}\right\} \tag{11-93}$$

用角标符号简记为

$$\varepsilon_{ij} = \frac{1}{2}\left[\frac{\partial u_i}{\partial x_j} + \frac{\partial u_j}{\partial x_i}\right] \tag{11-94}$$

式(11-93)的 6 个方程表示小变形时位移分量和应变分量之间的关系，是由变形几何关系得到的，称为小变形几何方程，又叫柯西方程(Augustin Louis Cauchy，1789—1857)。如果物体中的位移场 u_i 已知，则可由上述柯西方程求得应变场，即应变状态 ε_{ij}。再根据应力-

应变关系(本构方程)求得应力状态 σ_{ij}。而当整个变形体的位移场、应变场、应力场确定后，可进一步分析变形体的流动情况、力能参数、工件内部质量等问题。

例题 11-7：设一物体在变形过程中某一极短时间内的位移为：$u=(10+0.1xy+0.05z)\times10^{-3}$，$v=(5-0.05x+0.1yz)\times10^{-3}$，$w=(10-0.1xyz)\times10^{-3}$。试求点 $A(1,1,1)$、点 $B(0.5,-1,0)$的应变值。

解：由几何方程得

$$\left.\begin{aligned}
\varepsilon_x &= \frac{\partial u}{\partial x} = 0.1\times10^{-3}y \\
\varepsilon_y &= \frac{\partial v}{\partial y} = 0.1\times10^{-3}z \\
\varepsilon_z &= \frac{\partial w}{\partial z} = -0.1\times10^{-3}xy \\
\gamma_{xy} &= \gamma_{yx} = \frac{1}{2}\left(\frac{\partial u}{\partial y}+\frac{\partial v}{\partial x}\right) = 0.05\times10^{-3}x-0.025\times10^{-3} \\
\gamma_{yz} &= \gamma_{zy} = \frac{1}{2}\left(\frac{\partial v}{\partial z}+\frac{\partial w}{\partial y}\right) = 0.05\times10^{-3}y-0.05\times10^{-3}xz \\
\gamma_{zx} &= \gamma_{xz} = \frac{1}{2}\left(\frac{\partial w}{\partial x}+\frac{\partial u}{\partial z}\right) = 0.025\times10^{-3}-0.05\times10^{-3}yz
\end{aligned}\right\}$$

代入 A 点坐标得点 A 处的应变值：

$$\begin{cases}
\varepsilon_x = 0.1\times10^{-3} \\
\varepsilon_y = 0.1\times10^{-3} \\
\varepsilon_z = -0.1\times10^{-3} \\
\gamma_{xy} = \gamma_{yx} = 0.025\times10^{-3} \\
\gamma_{yz} = \gamma_{zy} = 0 \\
\gamma_{zx} = \gamma_{xz} = -0.025\times10^{-3}
\end{cases}$$

代入 B 点坐标得点 B 处的应变值：

$$\begin{cases}
\varepsilon_x = -0.1\times10^{-3} \\
\varepsilon_y = 0 \\
\varepsilon_z = -0.05\times10^{-3} \\
\gamma_{xy} = \gamma_{yx} = 0 \\
\gamma_{yz} = \gamma_{zy} = -0.05\times10^{-3} \\
\gamma_{zx} = \gamma_{xz} = 0.025\times10^{-3}
\end{cases}$$

11.3.3 应变张量分析

在直角坐标系中切取一平行于坐标平面的微分直角平行六面体 $PABC\text{-}DEFG$，边长分别为 r_x, r_y, r_z，小变形后移至 $P_1A_1B_1C_1\text{-}D_1E_1F_1G_1$，变成斜平行六面体，如图 11-18 所示。此时单元体同时发生了线变形、切变形、刚性平移和刚性转动。

设单元体先平移至变形后的位置再发生变形，于是可将变形分解为

(1) 在 x,y,z 方向上线元的长度发生改变，如图 11-19(a)所示，产生线应变：

$$\varepsilon_x = \frac{\delta r_x}{r_x},\quad \varepsilon_y = \frac{\delta r_y}{r_y},\quad \varepsilon_z = \frac{\delta r_z}{r_z} \tag{11-95}$$

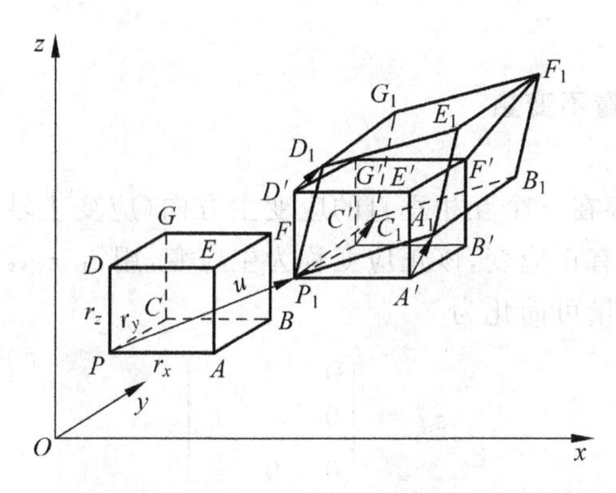

图 11-18 单元体的变形

(2) 在 z,x,y 面内单元体的角度发生偏转,产生切应变:

$$\gamma_{xy}=\gamma_{yx}=\frac{1}{2}\varphi_{xy},\quad \gamma_{yz}=\gamma_{zy}=\frac{1}{2}\varphi_{yz},\quad \gamma_{zx}=\gamma_{xz}=\frac{1}{2}\varphi_{zx} \tag{11-96}$$

其中,γ_{xy}表示 x 方向的线元向 y 方向偏转的角度。棱边线元 PC,PA 所夹直角缩小了 φ_{yx},如图 11-19(b)所示,相当于 C 点在垂直于 PC 方向偏移了 δr_τ,可以看成是线元 PC,PA 同时向内偏移相同角度 γ_{xy},γ_{yx} 而成,如图 11-19(c)所示。

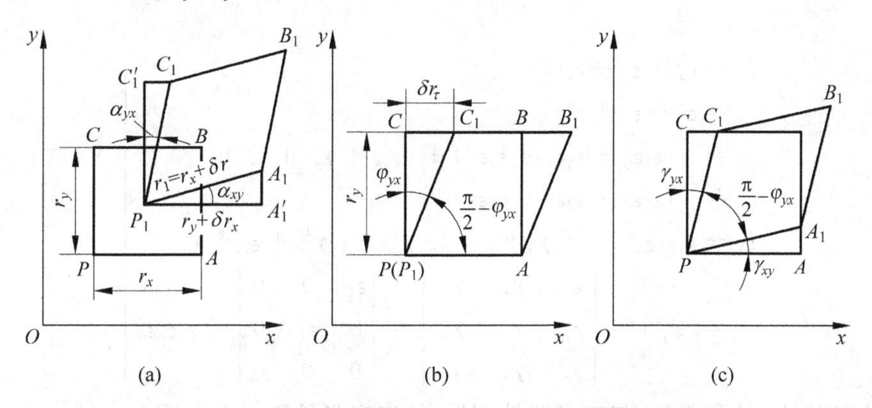

图 11-19 单元体在 xy 平面内的变形

(a) 拉伸小变形;(b) 切变形;(c) 切变形+刚性转动

应变张量:已知上两式的这 9 个应变分量,可求出给定任意方向上的应变,表明对应不同坐标系应变分量之间有确定的变换关系。这 9 个应变分量组成一个应变张量,是二阶对称张量(切应变互等定理 $\gamma_{ij}=\gamma_{ji}$),与应力张量类似。

点的应变状态:一点的三个互相垂直方向上的 9 个应变分量确定了该点的应变状态。应变状态的 9 个分量含有 3 个正应变、6 个切应变,其中有 6 个独立分量(切应变互等定理 $\gamma_{ij}=\gamma_{ji}$),因此应变状态是二阶对称张量,与点的应力状态类似。

$$\varepsilon_{ij}=\begin{bmatrix}\varepsilon_x & \gamma_{xy} & \gamma_{xz}\\ \gamma_{yx} & \varepsilon_y & \gamma_{yz}\\ \gamma_{zx} & \gamma_{zy} & \varepsilon_z\end{bmatrix}=\begin{bmatrix}\varepsilon_x & \gamma_{xy} & \gamma_{xz}\\ * & \varepsilon_y & \gamma_{yz}\\ * & * & \varepsilon_z\end{bmatrix} \tag{11-97}$$

应变张量与应力张量十分相似,应力分析中的某些结论和公式,可以类推于应变理论,

只要把 σ、τ 换成 ε、γ 即可。

1. 主应变及应变张量不变量

1）主应变（$\gamma=0$）

通过变形体内一点存在三个互相垂直的应变主方向（应变主轴），在主方向上的线元没有角度偏转（切应变），只有正应变，该正应变称为主应变，用 $\varepsilon_1,\varepsilon_2,\varepsilon_3$ 表示，是唯一的。取应变主轴为坐标轴，应变张量可简化为

$$\varepsilon_{ij}=\begin{bmatrix}\varepsilon_1 & 0 & 0\\ 0 & \varepsilon_2 & 0\\ 0 & 0 & \varepsilon_3\end{bmatrix} \tag{11-98}$$

小变形的应变主轴和应力主轴对应重合，且若主应力 $\sigma_1>\sigma_2>\sigma_3$，则主应变次序亦为 $\varepsilon_1>\varepsilon_2>\varepsilon_3$。

主应变也可由应变张量的特征方程：

$$\varepsilon^3-I_1\varepsilon^2-I_2\varepsilon-I_3=0 \tag{11-99}$$

求得。

2）应变张量不变量

对于一个确定的应变状态，三个主应变具有单值性，故上述应变特征方程中的系数 I_1，I_2，I_3 也具有单值性，分别称为应变张量的一、第二、第三不变量，也即存在三个应变张量不变量：

$$\left.\begin{aligned}
I_1&=\varepsilon_x+\varepsilon_y+\varepsilon_z\\
&=\varepsilon_1+\varepsilon_2+\varepsilon_3\\
I_2&=-(\varepsilon_x\varepsilon_y+\varepsilon_y\varepsilon_z+\varepsilon_z\varepsilon_x)+(\gamma_{xy}^2+\gamma_{yz}^2+\gamma_{zx}^2)\\
&=-(\varepsilon_1\varepsilon_2+\varepsilon_2\varepsilon_3+\varepsilon_3\varepsilon_1)\\
I_3&=\varepsilon_x\varepsilon_y\varepsilon_z+2\gamma_{xy}\gamma_{yz}\gamma_{zx}-(\varepsilon_x\gamma_{yz}^2+\varepsilon_y\gamma_{zx}^2+\varepsilon_z\gamma_{xy}^2)\\
&=|\varepsilon_{ij}|=\begin{vmatrix}\varepsilon_x & \gamma_{xy} & \gamma_{xz}\\ \gamma_{yx} & \varepsilon_y & \gamma_{yz}\\ \gamma_{zx} & \gamma_{zy} & \varepsilon_z\end{vmatrix}=\begin{vmatrix}\varepsilon_1 & 0 & 0\\ 0 & \varepsilon_2 & 0\\ 0 & 0 & \varepsilon_3\end{vmatrix}=\varepsilon_1\varepsilon_2\varepsilon_3
\end{aligned}\right\} \tag{11-100}$$

塑性变形时：体积不变，忽略了弹性变形，故应变张量第一不变量 $I_1=0$。

2. 主切应变和最大切应变

1）主切应变

在与应变主方向成 ±45°的方向上，存在三对各自互相垂直的线元，它们的切应变有极值，叫主切应变，其大小为

$$\gamma_{12}=\pm\frac{\varepsilon_1-\varepsilon_2}{2},\quad \gamma_{23}=\pm\frac{\varepsilon_2-\varepsilon_3}{2},\quad \gamma_{31}=\pm\frac{\varepsilon_3-\varepsilon_1}{2} \tag{11-101}$$

主切应变角标表示与主切应变平面呈 45°相交的两主平面的编号。三个主切应变平面也互相正交。

2）最大切应变

三个主切应变中最大者，称为最大切应变：

$$\gamma_{\max}=\max(\gamma_{12},\gamma_{23},\gamma_{31}) \tag{11-102}$$

若 $\varepsilon_1>\varepsilon_2>\varepsilon_3$，则最大切应变为

$$\gamma_{\max}=\pm\frac{\varepsilon_1-\varepsilon_3}{2} \tag{11-103}$$

主切应变平面上的正应变为

$$\varepsilon_{23}=\frac{\varepsilon_2+\varepsilon_3}{2},\quad \varepsilon_{31}=\frac{\varepsilon_3+\varepsilon_1}{2},\quad \varepsilon_{12}=\frac{\varepsilon_1+\varepsilon_2}{2} \tag{11-104}$$

3. 应变偏张量和应变球张量

1）平均应变

三个正应变分量的平均值叫平均应变：

$$\varepsilon_{\mathrm{m}}=\frac{1}{3}(\varepsilon_x+\varepsilon_y+\varepsilon_z)=\frac{1}{3}(\varepsilon_1+\varepsilon_2+\varepsilon_3)=\frac{1}{3}I_1 \tag{11-105}$$

2）应变张量分解

应变张量可以分解为应变球张量和应变偏张量：

$$\begin{aligned}\varepsilon_{ij}&=\begin{bmatrix}\varepsilon_x-\varepsilon_{\mathrm{m}} & \gamma_{xy} & \gamma_{xz}\\ \gamma_{yx} & \varepsilon_y-\varepsilon_{\mathrm{m}} & \gamma_{yz}\\ \gamma_{zx} & \gamma_{zy} & \varepsilon_z-\varepsilon_{\mathrm{m}}\end{bmatrix}+\begin{bmatrix}\varepsilon_{\mathrm{m}} & 0 & 0\\ 0 & \varepsilon_{\mathrm{m}} & 0\\ 0 & 0 & \varepsilon_{\mathrm{m}}\end{bmatrix}\\ &=\begin{bmatrix}\varepsilon_x' & \gamma_{xy} & \gamma_{xz}\\ \gamma_{yx} & \varepsilon_y' & \gamma_{yz}\\ \gamma_{zx} & \gamma_{zy} & \varepsilon_z'\end{bmatrix}+\begin{bmatrix}1 & 0 & 0\\ 0 & 1 & 0\\ 0 & 0 & 1\end{bmatrix}\cdot\varepsilon_{\mathrm{m}}\\ &=\varepsilon_{ij}'+\delta_{ij}\cdot\varepsilon_{\mathrm{m}}\end{aligned} \tag{11-106}$$

上式右边第一项为应变偏张量 ε_{ij}'，表示单元体的形状变化。第二项为应变球张量 $\delta_{ij}\,\varepsilon_{\mathrm{m}}$，表示单元体的体积变化。

塑性变形时：体积不变，$\varepsilon_{\mathrm{m}}=0$，应变球张量为 0，于是有：应变偏张量＝应变张量。因此相应地有：应变偏张量的不变量＝应变张量的不变量。

3）应变偏张量的不变量

应变偏张量也是二阶对称张量，同样存在三个不变量：

$$\left.\begin{aligned}I_1'&=\varepsilon_x'+\varepsilon_y'+\varepsilon_z'=(\varepsilon_x-\varepsilon_{\mathrm{m}})+(\varepsilon_y-\varepsilon_{\mathrm{m}})+(\varepsilon_z-\varepsilon_{\mathrm{m}})=0\\ I_2'&=\frac{1}{6}\left[(\varepsilon_x-\varepsilon_y)^2+(\varepsilon_y-\varepsilon_z)^2+(\varepsilon_z-\varepsilon_x)^2\right]+(\gamma_{xy}^2+\gamma_{yz}^2+\gamma_{zx}^2)\\ I_3'&=|\varepsilon_{ij}'|=\begin{vmatrix}\varepsilon_x' & \gamma_{xy} & \gamma_{xz}\\ \gamma_{yx} & \varepsilon_y' & \gamma_{yz}\\ \gamma_{zx} & \gamma_{zy} & \varepsilon_z'\end{vmatrix}=(\varepsilon_x-\varepsilon_{\mathrm{m}})(\varepsilon_y-\varepsilon_{\mathrm{m}})(\varepsilon_z-\varepsilon_{\mathrm{m}})\\ &\quad+2\gamma_{xy}\gamma_{yz}\gamma_{zx}-\left[(\varepsilon_x-\varepsilon_{\mathrm{m}})\gamma_{yz}^2+(\varepsilon_y-\varepsilon_{\mathrm{m}})\gamma_{zx}^2+(\varepsilon_z-\varepsilon_{\mathrm{m}})\gamma_{xy}^2\right]\end{aligned}\right\} \tag{11-107}$$

对于主轴坐标系，用主应变形式表示的应变偏张量的不变量为

$$\left.\begin{aligned}I_1'&=\varepsilon_1'+\varepsilon_2'+\varepsilon_3'\\ &=(\varepsilon_1-\varepsilon_{\mathrm{m}})+(\varepsilon_2-\varepsilon_{\mathrm{m}})+(\varepsilon_3-\varepsilon_{\mathrm{m}})=0\\ I_2'&=\frac{1}{6}\left[(\varepsilon_1-\varepsilon_2)^2+(\varepsilon_2-\varepsilon_3)^2+(\varepsilon_3-\varepsilon_1)^2\right]\\ I_3'&=|\varepsilon_{ij}'|=\begin{vmatrix}\varepsilon_1' & 0 & 0\\ 0 & \varepsilon_2' & 0\\ 0 & 0 & \varepsilon_3'\end{vmatrix}=\varepsilon_1'\varepsilon_2'\varepsilon_3'=(\varepsilon_1-\varepsilon_{\mathrm{m}})(\varepsilon_2-\varepsilon_{\mathrm{m}})(\varepsilon_3-\varepsilon_{\mathrm{m}})\end{aligned}\right\} \tag{11-108}$$

塑性变形时应变偏张量的不变量与应变张量的不变量之间有如下关系：

$$I_1' = 0 = I_1 \tag{11-109}$$

$$I_2' = \frac{1}{3}I_1^2 + I_2 = I_2 \tag{11-110}$$

$$I_3' = I_3 \tag{11-111}$$

即：应变偏张量的不变量=应变张量的不变量；因此相应地有：应变偏张量=应变张量。

4. 八面体应变和等效应变

1）八面体应变

以应变主轴为坐标轴，同样可作出八面体，八面体平面法线方向的线元的应变称为八面体应变：

$$\varepsilon_8 = \frac{1}{3}(\varepsilon_x + \varepsilon_y + \varepsilon_z) = \frac{1}{3}(\varepsilon_1 + \varepsilon_2 + \varepsilon_3) = \varepsilon_m \tag{11-112}$$

$$\begin{aligned}\gamma_8 &= \pm\frac{1}{3}\sqrt{(\varepsilon_x - \varepsilon_y)^2 + (\varepsilon_y - \varepsilon_z)^2 + (\varepsilon_z - \varepsilon_x)^2 + 6(\gamma_{xy}^2 + \gamma_{yz}^2 + \gamma_{zx}^2)} \\ &= \pm\frac{1}{3}\sqrt{(\varepsilon_1 - \varepsilon_2)^2 + (\varepsilon_2 - \varepsilon_3)^2 + (\varepsilon_3 - \varepsilon_1)^2}\end{aligned} \tag{11-113}$$

2）等效应变

将八面体切应变 γ_8 取绝对值乘以系数$\sqrt{2}$，所得参量叫等效应变，也称广义应变或应变强度。在屈服准则和强度分析中经常用到。

$$\begin{aligned}\bar{\varepsilon} &= \sqrt{2}\,|\gamma_8| \\ &= \frac{\sqrt{2}}{3}\sqrt{(\varepsilon_x - \varepsilon_y)^2 + (\varepsilon_y - \varepsilon_z)^2 + (\varepsilon_z - \varepsilon_x)^2 + 6(\gamma_{xy}^2 + \gamma_{yz}^2 + \gamma_{zx}^2)} \\ &= \frac{\sqrt{2}}{3}\sqrt{(\varepsilon_1 - \varepsilon_2)^2 + (\varepsilon_2 - \varepsilon_3)^2 + (\varepsilon_3 - \varepsilon_1)^2} \\ &= \frac{\sqrt{2}}{3}\sqrt{6I_2'} = \frac{2}{3}\sqrt{3I_2'} = \frac{2}{3}\sqrt{I_1^2 + 3I_2}\end{aligned} \tag{11-114}$$

单向应力状态时，主应变为 $\varepsilon_1 \neq 0, \varepsilon_2 = \varepsilon_3$。塑性变形时，体积不可压缩，$\varepsilon_1 + \varepsilon_2 + \varepsilon_3 = 0$，故有：$\varepsilon_2 = \varepsilon_3 = -\varepsilon_1/2 \neq 0$，代入上式得：$\bar{\varepsilon} = \varepsilon_1$。

等效应变是不变量，在数值上等于单向均匀拉伸或压缩方向上的线应变 ε（注意等效应变与等效应力的区别）。

$$\bar{\sigma} = \sigma_1 \neq 0, \quad \sigma_2 = \sigma_3 = 0$$

$$\bar{\sigma} = \frac{3}{\sqrt{2}}\,|\tau_8| = \sqrt{3I_2'} = \sqrt{I_1^2 + 3I_2} = \sqrt{\frac{1}{2}[(\sigma_1 - \sigma_2)^2 + (\sigma_2 - \sigma_3)^2 + (\sigma_3 - \sigma_1)^2]}$$

5. 应变莫尔圆

与应力莫尔圆一样，可以用应变莫尔圆表示一点的应变状态。

设已知某应变状态的主应变 $\varepsilon_1, \varepsilon_2, \varepsilon_3$ 的值，且 $\varepsilon_1 > \varepsilon_2 > \varepsilon_3$，以应变主轴为坐标轴，作一斜切微分面，方向余弦为 l, m, n，斜切微分面上的正应变为 ε、切应变为 γ，则有以下三个熟悉的方程：

$$\left.\begin{aligned}&\varepsilon=\varepsilon_1 l^2+\varepsilon_2 m^2+\varepsilon_3 n^2\\&\gamma^2=\varepsilon_1^2 l^2+\varepsilon_2^2 m^2+\varepsilon_3^2 n^2-(\varepsilon_1 l^2+\varepsilon_2 m^2+\varepsilon_3 n^2)^2\\&l^2+m^2+n^2=1\end{aligned}\right\}\tag{11-115}$$

上列三式可看成是以 l^2,m^2,n^2 为未知数的方程组。联立解此方程组可得

$$\begin{cases}l^2=\dfrac{(\varepsilon-\varepsilon_2)(\varepsilon-\varepsilon_3)+\gamma^2}{(\varepsilon_1-\varepsilon_2)(\varepsilon_1-\varepsilon_3)}\\m^2=\dfrac{(\varepsilon-\varepsilon_3)(\varepsilon-\varepsilon_1)+\gamma^2}{(\varepsilon_2-\varepsilon_3)(\varepsilon_2-\varepsilon_1)}\\n^2=\dfrac{(\varepsilon-\varepsilon_1)(\varepsilon-\varepsilon_2)+\gamma^2}{(\varepsilon_3-\varepsilon_1)(\varepsilon_3-\varepsilon_2)}\end{cases}\tag{11-116}$$

将上列各式分子中含 ε 的括号展开并对 ε 配方，整理后可得

$$\begin{cases}\left(\varepsilon-\dfrac{\varepsilon_2+\varepsilon_3}{2}\right)^2+\gamma^2=l^2(\varepsilon_1-\varepsilon_2)(\varepsilon_1-\varepsilon_3)+\left(\dfrac{\varepsilon_2-\varepsilon_3}{2}\right)^2\\\left(\varepsilon-\dfrac{\varepsilon_3+\varepsilon_1}{2}\right)^2+\gamma^2=m^2(\varepsilon_2-\varepsilon_3)(\varepsilon_2-\varepsilon_1)+\left(\dfrac{\varepsilon_3-\varepsilon_1}{2}\right)^2\\\left(\varepsilon-\dfrac{\varepsilon_1+\varepsilon_2}{2}\right)^2+\gamma^2=n^2(\varepsilon_3-\varepsilon_1)(\varepsilon_3-\varepsilon_2)+\left(\dfrac{\varepsilon_1-\varepsilon_2}{2}\right)^2\end{cases}\tag{11-117}$$

根据 $l^2\geqslant0,m^2\geqslant0,n^2\geqslant0$ 及 $\varepsilon_1>\varepsilon_2>\varepsilon_3$ 的假设，由上式可推导出：

$$\begin{cases}\left(\varepsilon-\dfrac{\varepsilon_2+\varepsilon_3}{2}\right)^2+\gamma^2\geqslant\left(\dfrac{\varepsilon_2-\varepsilon_3}{2}\right)^2\\\left(\varepsilon-\dfrac{\varepsilon_3+\varepsilon_1}{2}\right)^2+\gamma^2\leqslant\left(\dfrac{\varepsilon_3-\varepsilon_1}{2}\right)^2\\\left(\varepsilon-\dfrac{\varepsilon_1+\varepsilon_2}{2}\right)^2+\gamma^2\geqslant\left(\dfrac{\varepsilon_1-\varepsilon_2}{2}\right)^2\end{cases}\tag{11-118}$$

上述不等式取等号时可简记为

$$\begin{cases}(\varepsilon-\varepsilon_{23})^2+\gamma^2=\gamma_{23}^2\\(\varepsilon-\varepsilon_{31})^2+\gamma^2=\gamma_{31}^2\\(\varepsilon-\varepsilon_{12})^2+\gamma^2=\gamma_{12}^2\end{cases}\tag{11-119}$$

可以在 ε-γ 平面上，分别以 $O_1\left(\dfrac{\varepsilon_2+\varepsilon_3}{2},0\right)$，$O_2\left(\dfrac{\varepsilon_1+\varepsilon_3}{2},0\right)$，$O_3\left(\dfrac{\varepsilon_1+\varepsilon_2}{2},0\right)$ 为圆心，以 $r_1=\dfrac{\varepsilon_2-\varepsilon_3}{2}$，$r_2=\dfrac{\varepsilon_1-\varepsilon_3}{2}$，$r_3=\dfrac{\varepsilon_1-\varepsilon_2}{2}$ 为半径画三个圆，如图 11-20 所示，即为应变莫尔圆。所有可能的应变状态都落在阴影线范围内。由图可知，最大切应变为 $\gamma_{max}=(\varepsilon_1-\varepsilon_3)/2$。

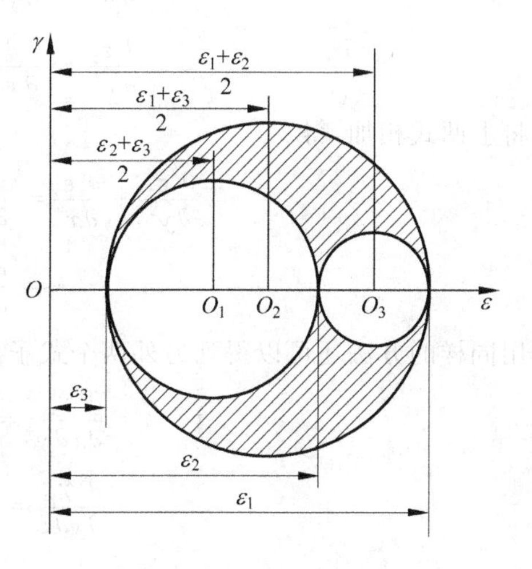

图 11-20 应变莫尔圆

6. 塑性变形的体积不变条件

设单元体的初始边长为 dx,dy,dz，变形前体积为 $V_0=dx\ dy\ dz$。小变形时，可以认为只有正应变引起边长和体积的变化，而切应变所引起的边长和体积的变化是高阶微量故可以忽略不计。因此变形后单元体的体积为

$$V_1=(1+\varepsilon_x)\mathrm{d}x\cdot(1+\varepsilon_y)\mathrm{d}y\cdot(1+\varepsilon_z)\mathrm{d}z\approx(1+\varepsilon_x+\varepsilon_y+\varepsilon_z)\mathrm{d}x\mathrm{d}y\mathrm{d}z \tag{11-120}$$

单元体体积的变化(单位体积变化率)为

$$\theta=\frac{V_1-V_0}{V_0}=\varepsilon_x+\varepsilon_y+\varepsilon_z \tag{11-121}$$

弹性变形时,体积变化率必须考虑。塑性变形时,虽然体积有微量变化,但与塑性应变相比很小,可以忽略不计。并且由于物体内部质点连续且致密,可以认为塑性变形时体积不发生变化,因此有

$$\theta=\varepsilon_x+\varepsilon_y+\varepsilon_z=\varepsilon_1+\varepsilon_2+\varepsilon_3=0 \tag{11-122}$$

此式称为塑性变形时的体积不变条件。它表明,塑性变形时三个正应变或主应变之和等于零,说明三个正应变分量或主应变分量不可能全部同号;而且如果已知其中两个分量,则可以确定第三个分量。并且还表明,塑性变形时应变球张量为零,应变偏张量即为应变张量,其张量不变量对应相等,且第一不变量均为零。该体积不变条件常作为对塑性成形过程进行力学分析的一种前提条件,也可用于工艺设计中计算原毛坯的体积。

11.3.4 应变协调方程

由小变形几何方程可知,3 个位移分量 u,v,w 对 x,y,z 的偏导数一经确定,6 个应变分量也就确定,显然,这 6 个应变分量不应是相互无关的任意函数。只有 6 个应变分量之间满足一定的关系,才能保证物体中的所有单元体在变形之后仍然可以连续地组合起来,即保持变形体的连续性。应变分量之间的关联关系称为变形连续方程或应变协调方程。

将柯西几何方程式(11-93)中的正应变 $\varepsilon_x,\varepsilon_y$ 分别对 y,x 求两次偏导数,可得如下两式:

$$\frac{\partial^2\varepsilon_x}{\partial y^2}=\frac{\partial^2}{\partial y\partial y}\left(\frac{\partial u}{\partial x}\right)=\frac{\partial^2}{\partial x\partial y}\left(\frac{\partial u}{\partial y}\right) \tag{11-123}$$

$$\frac{\partial^2\varepsilon_y}{\partial x^2}=\frac{\partial^2}{\partial x\partial x}\left(\frac{\partial v}{\partial y}\right)=\frac{\partial^2}{\partial x\partial y}\left(\frac{\partial v}{\partial x}\right) \tag{11-124}$$

将上两式相加,得

$$\frac{\partial^2\varepsilon_x}{\partial y^2}+\frac{\partial^2\varepsilon_y}{\partial x^2}=\frac{\partial^2}{\partial x\partial y}\left(\frac{\partial u}{\partial y}+\frac{\partial v}{\partial x}\right)=2\frac{\partial^2\gamma_{xy}}{\partial x\partial y}$$

$$\Rightarrow\frac{\partial^2\gamma_{xy}}{\partial x\partial y}=\frac{1}{2}\left(\frac{\partial^2\varepsilon_x}{\partial y^2}+\frac{\partial^2\varepsilon_y}{\partial x^2}\right) \tag{11-125}$$

用同样的方法还可以得到另外两个式子,连同上式综合在一起可得

$$\left.\begin{aligned}\frac{\partial^2\gamma_{xy}}{\partial x\partial y}&=\frac{1}{2}\left(\frac{\partial^2\varepsilon_x}{\partial y^2}+\frac{\partial^2\varepsilon_y}{\partial x^2}\right)\\\frac{\partial^2\gamma_{yz}}{\partial y\partial z}&=\frac{1}{2}\left(\frac{\partial^2\varepsilon_y}{\partial z^2}+\frac{\partial^2\varepsilon_z}{\partial y^2}\right)\\\frac{\partial^2\gamma_{zx}}{\partial z\partial x}&=\frac{1}{2}\left(\frac{\partial^2\varepsilon_z}{\partial x^2}+\frac{\partial^2\varepsilon_x}{\partial z^2}\right)\end{aligned}\right\} \tag{11-126}$$

此方程表明,在每个坐标平面内,两个正应变分量一经确定,则切应变分量也就确定。

将柯西几何方程式(11-93)中的三个切应变 $\gamma_{xy},\gamma_{yz},\gamma_{zx}$ 分别对 z,x,y 求偏导数,得:

$$
\left.\begin{aligned}
\frac{\partial \gamma_{xy}}{\partial z} &= \frac{1}{2}\left(\frac{\partial^2 u}{\partial y \partial z} + \frac{\partial^2 v}{\partial x \partial z}\right) \\
\frac{\partial \gamma_{yz}}{\partial x} &= \frac{1}{2}\left(\frac{\partial^2 v}{\partial z \partial x} + \frac{\partial^2 w}{\partial y \partial x}\right) \\
\frac{\partial \gamma_{zx}}{\partial y} &= \frac{1}{2}\left(\frac{\partial^2 w}{\partial x \partial y} + \frac{\partial^2 u}{\partial z \partial y}\right)
\end{aligned}\right\} \tag{11-127}
$$

将上面的前两式相加后减去第三式，得

$$
\frac{\partial \gamma_{xy}}{\partial z} + \frac{\partial \gamma_{yz}}{\partial x} - \frac{\partial \gamma_{zx}}{\partial y} = \frac{\partial^2 v}{\partial x \partial z} \tag{11-128}
$$

再对上式两边对 y 求偏导数，可得

$$
\frac{\partial}{\partial y}\left(\frac{\partial \gamma_{xy}}{\partial z} + \frac{\partial \gamma_{yz}}{\partial x} - \frac{\partial \gamma_{zx}}{\partial y}\right) = \frac{\partial}{\partial y}\left(\frac{\partial^2 v}{\partial x \partial z}\right) = \frac{\partial^2}{\partial z \partial x}\left(\frac{\partial v}{\partial y}\right) = \frac{\partial^2 \varepsilon_y}{\partial z \partial x} \tag{11-129}
$$

与另外两式组合得

$$
\left.\begin{aligned}
\frac{\partial}{\partial x}\left(\frac{\partial \gamma_{zx}}{\partial y} + \frac{\partial \gamma_{xy}}{\partial z} - \frac{\partial \gamma_{yz}}{\partial x}\right) &= \frac{\partial^2 \varepsilon_x}{\partial y \partial z} \\
\frac{\partial}{\partial y}\left(\frac{\partial \gamma_{xy}}{\partial z} + \frac{\partial \gamma_{yz}}{\partial x} - \frac{\partial \gamma_{zx}}{\partial y}\right) &= \frac{\partial^2 \varepsilon_y}{\partial z \partial x} \\
\frac{\partial}{\partial z}\left(\frac{\partial \gamma_{yz}}{\partial x} + \frac{\partial \gamma_{zx}}{\partial y} - \frac{\partial \gamma_{xy}}{\partial z}\right) &= \frac{\partial^2 \varepsilon_z}{\partial x \partial y}
\end{aligned}\right\} \tag{11-130}
$$

此方程表明，在物体的三维空间内的三个切应变分量一经确定，则正应变分量也就确定。

上述两组方程式(11-126)、(11-130)统称变形连续方程或应变协调方程。其物理意义表示：只有当应变分量之间满足一定的关系时，物体变形后才是连续的。否则，变形后会出现“撕裂”或“重叠”，变形体的连续性遭到破坏。

同时还应指出，如果已知一点的位移分量 u_i，则由几何方程求得的应变分量 ε_{ij} 自然满足连续方程。但如果先用其他方法求得应变分量，则只有同时满足上述连续方程，才能由几何方程求得正确的位移分量。也即：由位移确定应变时，应变协调方程自然满足；而由应变确定位移时，要加协调方程才能求解。

11.3.5 平面问题和轴对称问题

三维问题的求解十分繁难复杂，通常需要简化成比较容易求解的平面问题(平面应力问题、平面应变问题)或轴对称问题来处理。

1. 平面应力问题

平面应力状态：变形体内各质点在与某坐标轴垂直的平面上没有应力，且所有应力分量与该坐标轴无关。如图 11-21 所示，$\sigma_z = \tau_{zx} = \tau_{zy} = 0$，只有三个独立的应力分量 $\sigma_x, \sigma_y, \tau_{xy}$，且沿 z 方向均匀分布(即与 z 轴无关)。

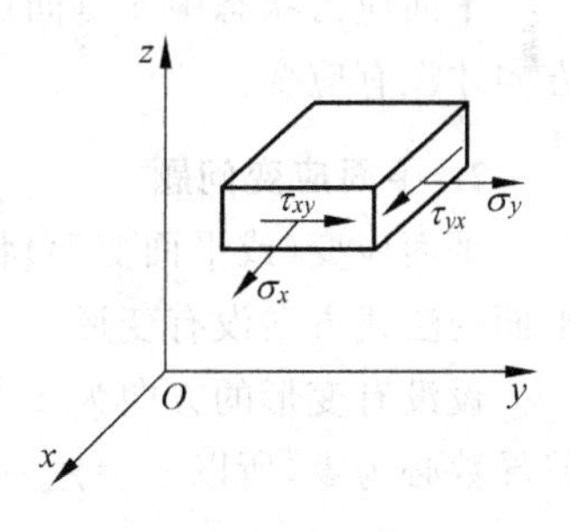

图 11-21 平面应力状态

工程中的薄壁容器承受内压、无压边板料拉伸、薄壁管扭转等，由于厚度方向应力很小可忽略，故均可简化为平面应力状态。

平面应力状态的应力张量为

$$\sigma_{ij}=\begin{bmatrix}\sigma_x & \tau_{xy} & 0\\ \tau_{yx} & \sigma_y & 0\\ 0 & 0 & 0\end{bmatrix} \quad 或 \quad \sigma_{ij}=\begin{bmatrix}\sigma_1 & 0 & 0\\ 0 & \sigma_2 & 0\\ 0 & 0 & 0\end{bmatrix} \tag{11-131}$$

由式(11-65)可得平面应力状态下的应力平衡微分方程，见式(11-67)。

平面应力状态下任意斜微分面(比如与 x 轴成夹角 φ 的任一平面，其方向余弦分别为 $l=\cos\varphi, m=\sin\varphi, n=0$)上的正应力、切应力、主应力以及主应力 σ_1 与 x 轴的夹角 α 可从式(11-55)、式(11-56)、式(11-58)和式(11-59)中求得。

由于 $\sigma_3=0$，所以平面应力状态下的主切应力为

$$\left.\begin{aligned}\tau_{12}&=\pm\frac{\sigma_1-\sigma_2}{2}=\pm\sqrt{\left(\frac{\sigma_x-\sigma_y}{2}\right)^2+\tau_{xy}^2}\\ \tau_{23}&=\pm\frac{\sigma_2}{2};\quad \tau_{31}=\pm\frac{\sigma_1}{2}\end{aligned}\right\} \tag{11-132}$$

纯切应力状态(即纯剪状态)是平面应力状态的特殊情况(如图 11-22 所示)：纯切应力 τ_1 等于最大切应力 τ_{12}，应力主轴与坐标轴成 45°，切应力在数值上等于主应力，$\tau_1=\sigma_1=-\sigma_2$。因此，若两个主应力数值相等，但符号相反，即为纯切应力状态。

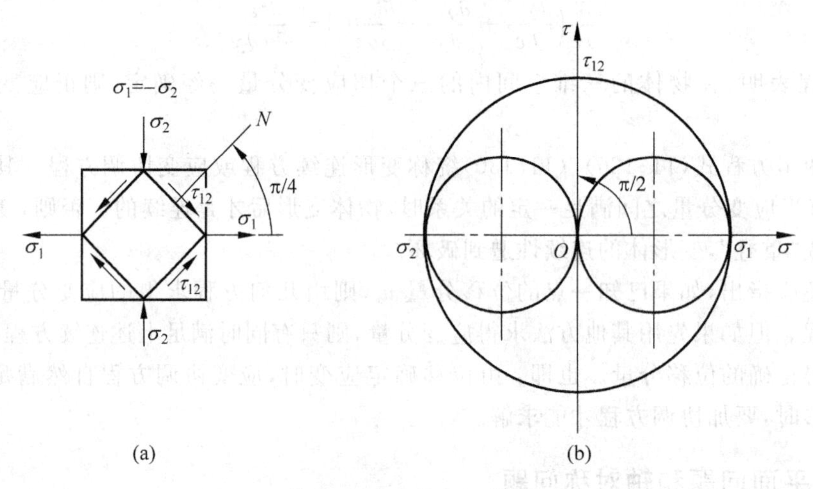

图 11-22 纯切应力状态及应力莫尔圆

(a) 应力状态；(b) 应力莫尔圆

平面应力状态中 z 方向虽然没有应力，但是有应变存在；只有在纯剪切时，没有应力的方向才没有应变。

2. 平面应变问题

平面应变(或平面变形)状态：物体内所有质点都只在同一坐标平面内发生变形，而该平面的法线方向没有变形。

设没有变形的方向为 z 方向，该方向上位移分量为零，其余两个方向的位移分量对 z 的偏导数必为零，所以 $\varepsilon_z=\gamma_{xz}=\gamma_{yz}=0$，则只有三个应变分量 $\varepsilon_x,\varepsilon_y,\gamma_{xy}$，且满足以下几何方程：

$$\varepsilon_x=\frac{\partial u}{\partial x},\quad \varepsilon_y=\frac{\partial v}{\partial y},\quad \gamma_{xy}=\gamma_{yx}=\frac{1}{2}\left(\frac{\partial u}{\partial y}+\frac{\partial v}{\partial x}\right) \tag{11-133}$$

根据塑性变形的体积不变条件有：$\varepsilon_x=-\varepsilon_y$。

平面应变状态下的应力状态有如下特点：

(1) 没有变形的 z 方向为应力主方向，该方向上的切应力为零；z 平面为主平面，σ_z 为中间主应力，且在塑性状态下等于平均应力，即

$$\sigma_z=\sigma_2=\frac{1}{2}(\sigma_x+\sigma_y)=\sigma_m \tag{11-134}$$

(2) 由于应力分量 $\sigma_x,\sigma_y,\tau_{xy}$ 沿 z 轴均匀分布，与 z 轴无关，所以平衡微分方程与平面应力问题相同。

(3) 发生变形的 z 平面即为塑性流动平面，平面塑性应变状态下的应力张量可写成：

$$\sigma_{ij}=\begin{bmatrix}\sigma_x & \tau_{xy} & 0\\ \tau_{yx} & \sigma_y & 0\\ 0 & 0 & \sigma_z\end{bmatrix}=\begin{bmatrix}\dfrac{\sigma_x-\sigma_y}{2} & \tau_{xy} & 0\\ \tau_{yx} & -\dfrac{\sigma_x-\sigma_y}{2} & 0\\ 0 & 0 & 0\end{bmatrix}+\begin{bmatrix}\sigma_m & 0 & 0\\ 0 & \sigma_m & 0\\ 0 & 0 & \sigma_m\end{bmatrix} \tag{11-135}$$

或

$$\sigma_{ij}=\begin{bmatrix}\sigma_1 & 0 & 0\\ 0 & \sigma_2 & 0\\ 0 & 0 & \dfrac{\sigma_1+\sigma_2}{2}\end{bmatrix}=\begin{bmatrix}\dfrac{\sigma_1-\sigma_2}{2} & 0 & 0\\ 0 & -\dfrac{\sigma_1-\sigma_2}{2} & 0\\ 0 & 0 & 0\end{bmatrix}+\begin{bmatrix}\sigma_m & 0 & 0\\ 0 & \sigma_m & 0\\ 0 & 0 & \sigma_m\end{bmatrix} \tag{11-136}$$

上式表明，平面塑性变形时的应力状态就是纯切应力状态叠加一个应力球张量。

3. 轴对称问题

轴对称应力状态指旋转体承受的外力对称于旋转轴分布时，变形体内质点所处的应力状态。塑性成形中的轴对称应力状态主要指每个子午面(通过旋转体轴线的平面)都始终保持平面，且子午面之间的夹角保持不变。

轴对称问题通常采用圆柱坐标系(ρ,θ,z)比较方便。当用圆柱坐标表示应力单元体时(如图 11-23 所示)，应力张量的表示形式为

$$\sigma_{ij}=\begin{bmatrix}\sigma_\rho & \tau_{\rho\theta} & \tau_{\rho z}\\ \tau_{\theta\rho} & \sigma_\theta & \tau_{\theta z}\\ \tau_{z\rho} & \tau_{z\theta} & \sigma_z\end{bmatrix}=\begin{bmatrix}\sigma_\rho & \tau_{\rho\theta} & \tau_{\rho z}\\ * & \sigma_\theta & \tau_{\theta z}\\ * & * & \sigma_z\end{bmatrix} \tag{11-137}$$

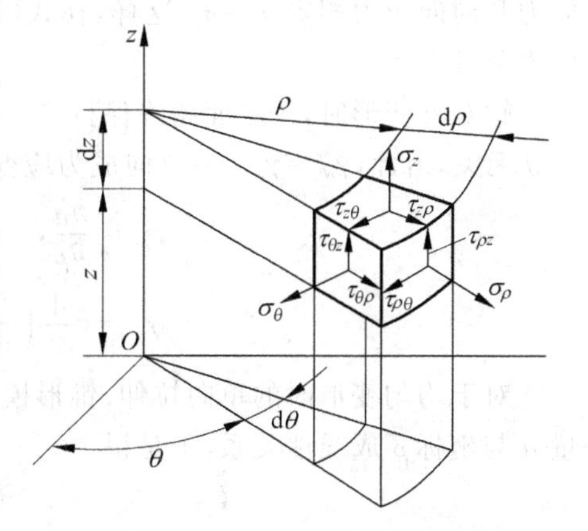

图 11-23 圆柱坐标系中的应力单元体

相应的应力平衡微分方程表示为

$$\left.\begin{aligned}&\frac{\partial\sigma_\rho}{\partial\rho}+\frac{1}{\rho}\frac{\partial\tau_{\theta\rho}}{\partial\theta}+\frac{\partial\tau_{z\rho}}{\partial z}+\frac{\sigma_\rho-\sigma_\theta}{\rho}=0\\ &\frac{\partial\tau_{\rho\theta}}{\partial\rho}+\frac{1}{\rho}\frac{\partial\sigma_\theta}{\partial\theta}+\frac{\partial\tau_{z\theta}}{\partial z}+\frac{2\tau_{\rho\theta}}{\rho}=0\\ &\frac{\partial\tau_{\rho z}}{\partial\rho}+\frac{1}{\rho}\frac{\partial\tau_{\theta z}}{\partial z}+\frac{\partial\sigma_z}{\partial z}+\frac{\tau_{\rho z}}{\rho}=0\end{aligned}\right\} \tag{11-138}$$

圆柱坐标系下的几何方程为

$$\left.\begin{aligned} \varepsilon_\rho &= \frac{\partial u}{\partial \rho}, & \gamma_{\rho\theta} &= \frac{1}{2}\left(\frac{\partial v}{\partial \rho} - \frac{v}{\rho} + \frac{1}{\rho}\frac{\partial u}{\partial \theta}\right) \\ \varepsilon_\theta &= \frac{1}{\rho}\left(\frac{\partial v}{\partial \theta} + u\right), & \gamma_{\theta z} &= \frac{1}{2}\left(\frac{\partial v}{\partial z} + \frac{1}{\rho}\frac{\partial w}{\partial \theta}\right) \\ \varepsilon_z &= \frac{\partial w}{\partial z}, & \gamma_{z\rho} &= \frac{1}{2}\left(\frac{\partial w}{\partial \rho} + \frac{\partial u}{\partial z}\right) \end{aligned}\right\} \tag{11-139}$$

轴对称应力状态时，如图 11-24 所示，由于子午面在变形中始终不会发生扭曲，并保持其对称性，所以轴对称应力状态具有以下特点：

(1) 在 θ 面上没有切应力，$\tau_{\theta\rho}=\tau_{\theta z}=0$，故应力张量只有 4 个独立的应力分量。用圆柱坐标表示轴对称应力状态的应力张量为

$$\sigma_{ij} = \begin{bmatrix} \sigma_\rho & 0 & \tau_{\rho z} \\ 0 & \sigma_\theta & 0 \\ \tau_{z\rho} & 0 & \sigma_z \end{bmatrix} \tag{11-140}$$

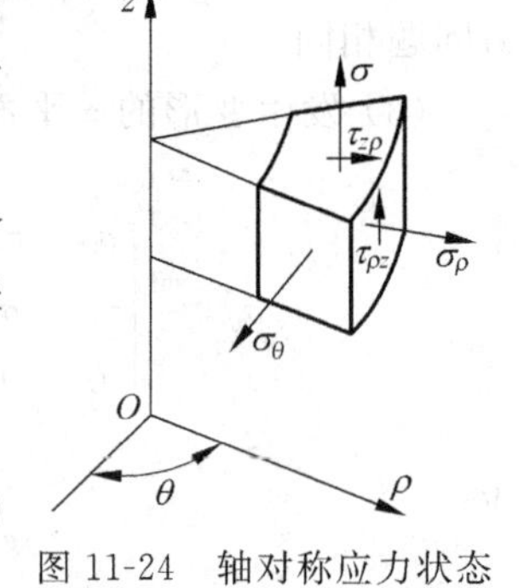

图 11-24 轴对称应力状态

(2) 各应力分量与 θ 坐标无关，对 θ 的偏导数为零。相应地，应力平衡微分方程为

$$\left.\begin{aligned} \frac{\partial \sigma_\rho}{\partial \rho} + \frac{\partial \tau_{z\rho}}{\partial z} + \frac{\sigma_\rho - \sigma_\theta}{\rho} &= 0 \\ \frac{\partial \tau_{\rho z}}{\partial \rho} + \frac{\partial \sigma_z}{\partial z} + \frac{\tau_{\rho z}}{\rho} &= 0 \end{aligned}\right\} \tag{11-141}$$

某些情况下，例如圆柱体在平砧间均匀镦粗、圆柱体坯料的均匀挤压和拉拔等，其径向应力和周向应力相等 $\sigma_\rho=\sigma_\theta$，这样，在式(11-140)的应力平衡微分方程中便只有 3 个独立的应力分量。

轴对称变形时，子午面始终保持平面，θ 向没有位移速度，位移分量 $u=0$，各位移分量均与 θ 无关，由此，$\gamma_{\rho\theta}=\gamma_{\theta z}=0$，$\theta$ 向成为应变主方向，这时，变形几何方程简化为

$$\left.\begin{aligned} \varepsilon_\rho = \frac{\partial u}{\partial \rho}, \quad \varepsilon_z = \frac{\partial w}{\partial z}, \quad \varepsilon_\theta = \frac{u}{\rho} \\ \gamma_{z\rho} = \frac{1}{2}\left(\frac{\partial w}{\partial \rho} + \frac{\partial u}{\partial z}\right) \end{aligned}\right\} \tag{11-142}$$

对于均匀变形时的单向拉伸、锥形模挤压和拉拔以及圆柱体平砧镦粗等，其径向位移分量 u 与坐标 ρ 成线性关系，于是得

$$\frac{\partial u}{\partial \rho} = \frac{u}{\rho} \tag{11-143}$$

所以，$\varepsilon_\rho=\varepsilon_\theta$，这时，径向正应力和周向正应力分量也相等，即：$\sigma_\rho=\sigma_\theta$。

11.3.6 应变增量和应变速率

前面讨论的是小应变，反映的是单元体在某一变形过程或变形过程中的某个阶段结束时的变形大小，亦称全量应变。

塑性变形一般是大变形，前面讨论的应变公式在大变形中不能直接应用。然而，大变形可以看成是由很多瞬间小变形累积而成的。考察大变形中的瞬间小变形的情况，需要引入

速度场与应变增量的概念。

1. 速度分量和速度场

在塑性变形过程中,物体内各质点以一定的速度运动,形成一个速度场。将质点在单位时间内的位移叫做位移速度,它在三个坐标轴方向的分量叫做位移速度分量,简称速度分量,即

$$\dot{u}=\frac{u}{t},\quad \dot{v}=\frac{v}{t},\quad \dot{w}=\frac{w}{t} \tag{11-144}$$

简记为

$$\dot{u}_i=\frac{u_i}{t} \tag{11-145}$$

位移速度既是坐标的连续函数,又是时间的函数,故:

$$\dot{u}_i=\dot{u}_i(x,y,z,t) \tag{11-146}$$

上式表示变形体内运动质点的速度场。若已知变形体内各点的速度分量,则物体中的速度场可以确定。

2. 位移增量和应变增量

在物体变形过程中某一极短的瞬时 dt,质点产生的位移改变量称为位移增量。

在图 11-25 中,设质点 P 在 dt 内沿路径 $PP'P_1$ 从 P' 移动无限小距离到达 P'',位移矢量 PP'' 与 PP' 之间的差即为位移增量,记为 du_i。这里 d 为增量符号,而不是微分符号。此时它的速度分量记为

$$\dot{u}=\frac{du}{dt},\quad \dot{v}=\frac{dv}{dt},\quad \dot{w}=\frac{dw}{dt} \tag{11-147}$$

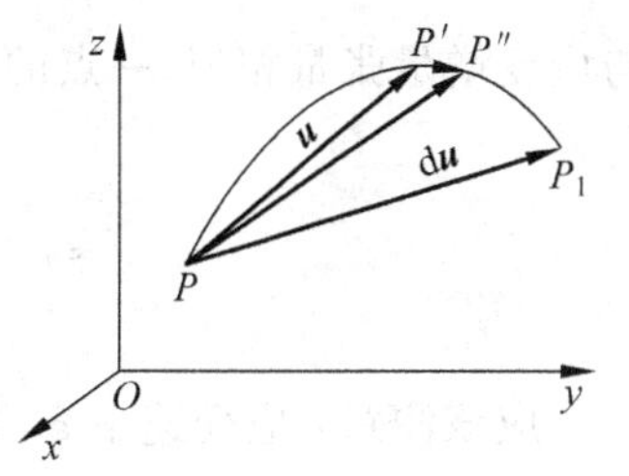

图 11-25 位移矢量和增量

简记为

$$\dot{u}_i=\frac{du_i}{dt} \tag{11-148}$$

此时的位移增量分量为

$$du_i=\dot{u}_i dt \tag{11-149}$$

产生位移增量以后,变形体内各质点就有了相应的无限小应变增量,用 $d\varepsilon_{ij}$ 表示。在此,瞬时产生的变形可视为小变形,仿照小变形几何方程可以写出应变增量的几何方程,只需用 du_i 代替 u_i、$d\varepsilon_{ij}$ 代替 ε_{ij} 即可:

$$\left.\begin{aligned}
d\varepsilon_x&=\frac{\partial(du)}{\partial x},\quad d\gamma_{xy}=d\gamma_{yx}=\frac{1}{2}\left[\frac{\partial(du)}{\partial y}+\frac{\partial(dv)}{\partial x}\right]\\
d\varepsilon_y&=\frac{\partial(dv)}{\partial y},\quad d\gamma_{yz}=d\gamma_{zy}=\frac{1}{2}\left[\frac{\partial(dv)}{\partial z}+\frac{\partial(dw)}{\partial y}\right]\\
d\varepsilon_z&=\frac{\partial(dw)}{\partial z},\quad d\gamma_{zx}=d\gamma_{xz}=\frac{1}{2}\left[\frac{\partial(dw)}{\partial x}+\frac{\partial(du)}{\partial z}\right]
\end{aligned}\right\} \tag{11-150}$$

简记为

$$d\varepsilon_{ij}=\frac{1}{2}\left[\frac{\partial(du_i)}{\partial x_j}+\frac{\partial(du_j)}{\partial x_i}\right] \tag{11-151}$$

一点的应变增量也是二阶对称张量,称为应变增量张量,记为

$$d\varepsilon_{ij}=\begin{bmatrix} d\varepsilon_x & d\gamma_{xy} & d\gamma_{xz} \\ * & d\varepsilon_y & d\gamma_{yz} \\ * & * & d\varepsilon_z \end{bmatrix} \tag{11-152}$$

切记：此处 $d\varepsilon_{ij}$ 中的 d 表示增量，而不是微分符号。

应变增量是塑性成形理论中最重要的概念之一。塑性变形是一个大变形过程，在变形的整个过程中，质点在某一瞬时的应力状态一般对应于该瞬时的应变增量。可以采用无限小的应变增量来描述某一瞬时的变形情况，而把整个变形过程看作是一系列瞬时应变增量的积累。

3. 应变速率张量

单位时间内的应变称为应变速率，又称变形速度，用 $\dot{\varepsilon}_{ij}$ 表示，单位为 s^{-1}。设在时间间隔 dt 内产生的应变增量为 $d\varepsilon_{ij}$，则应变速率为

$$\dot{\varepsilon}_{ij}=\frac{d\varepsilon_{ij}}{dt} \tag{11-153}$$

应变速率与应变增量相似，都是用来描述某瞬时的变形状态。

与式(11-151)类似，应变速率的几何方程为

$$\dot{\varepsilon}_{ij}=\frac{d\varepsilon_{ij}}{dt}=\frac{1}{2}\left(\frac{\partial \dot{u}_i}{\partial x_j}+\frac{\partial \dot{u}_j}{\partial x_i}\right) \tag{11-154}$$

与应变增量张量相似，一点的应变速率也是二阶对称张量，称为应变速率张量：

$$\dot{\varepsilon}_{ij}=\begin{bmatrix} \dot{\varepsilon}_x & \dot{\gamma}_{xy} & \dot{\gamma}_{xz} \\ \dot{\gamma}_{yx} & \dot{\varepsilon}_y & \dot{\gamma}_{yz} \\ \dot{\gamma}_{zx} & \dot{\gamma}_{zy} & \dot{\varepsilon}_z \end{bmatrix}=\begin{bmatrix} \dot{\varepsilon}_x & \dot{\gamma}_{xy} & \dot{\gamma}_{xz} \\ * & \dot{\varepsilon}_y & \dot{\gamma}_{yz} \\ * & * & \dot{\varepsilon}_z \end{bmatrix} \tag{11-155}$$

应该注意：应变速率 $\dot{\varepsilon}_{ij}$ 是应变增量 $d\varepsilon_{ij}$ 对时间的微商，通常并不是全量应变的微分。

11.3.7 有限变形

小变形时，因为假设位移及其导数很小，略去了二阶以上的高阶微量，故而前述推导出的小应变几何方程都是线性的，适用于小变形。但实际的塑性加工往往变形量较大，属于有限变形。此时，应变与位移导数间不再是线性关系，平衡方程必须考虑变形前后坐标的差别。

连续体的有限变形的应变有两种表述方法：

(1) 拉格朗日法　相对位移计算以变形前的坐标作为自变量。

(2) 欧拉法　相对位移计算以变形后的坐标作为自变量。

设变形前线段 ab 的长为 r，a 点的坐标为 x_i，则 b 点的坐标为 x_i+dx_i。变形后，线段 ab 变成 a_1b_1，长为 $r+\delta r$，a_1 点坐标为 (x_i+u_i)，b_1 点坐标为 $(x_i+dx_i+u_i+\delta u_i)$，其中，$x_i$ 的三个坐标分量表示成 x,y,z；而 u_i 的三个坐标分量表示成 u,v,w。

1. 拉格朗日法

点 a 和 b 之间的相对位移 u_i 沿 Ox,Oy,Oz 轴的投影记为 $\Delta u,\Delta v,\Delta w$。

$$\left.\begin{aligned} \Delta u &= (x+dx+u+\delta u)-(x+u)=dx+\delta u \\ \Delta v &= (y+dy+v+\delta v)-(y+v)=dy+\delta v \\ \Delta w &= (z+dz+w+\delta w)-(z+w)=dz+\delta w \end{aligned}\right\} \tag{11-156}$$

考虑到坐标轴的正交性，上式可改写为

$$\left.\begin{aligned}\Delta u &= \left(1+\frac{\partial u}{\partial x}\right)\mathrm{d}x+\frac{\partial u}{\partial y}\mathrm{d}y+\frac{\partial u}{\partial z}\mathrm{d}z\\ \Delta v &= \frac{\partial v}{\partial x}\mathrm{d}x+\left(1+\frac{\partial v}{\partial y}\right)\mathrm{d}y+\frac{\partial v}{\partial z}\mathrm{d}z\\ \Delta w &= \frac{\partial w}{\partial x}\mathrm{d}x+\frac{\partial v}{\partial y}\mathrm{d}y+\left(1+\frac{\partial w}{\partial z}\right)\mathrm{d}z\end{aligned}\right\} \tag{11-157}$$

记有限应变分量为

$$\left.\begin{aligned}e_x &= \frac{\partial u}{\partial x}+\frac{1}{2}\left[\left(\frac{\partial u}{\partial x}\right)^2+\left(\frac{\partial v}{\partial x}\right)^2+\left(\frac{\partial w}{\partial x}\right)^2\right]\\ e_y &= \frac{\partial v}{\partial y}+\frac{1}{2}\left[\left(\frac{\partial u}{\partial y}\right)^2+\left(\frac{\partial v}{\partial y}\right)^2+\left(\frac{\partial w}{\partial y}\right)^2\right]\\ e_z &= \frac{\partial w}{\partial z}+\frac{1}{2}\left[\left(\frac{\partial u}{\partial z}\right)^2+\left(\frac{\partial v}{\partial z}\right)^2+\left(\frac{\partial w}{\partial z}\right)^2\right]\\ e_{xy} &= \frac{1}{2}\left(\frac{\partial v}{\partial x}+\frac{\partial u}{\partial y}\right)+\frac{1}{2}\left(\frac{\partial u}{\partial x}\frac{\partial u}{\partial y}+\frac{\partial v}{\partial x}\frac{\partial v}{\partial y}+\frac{\partial w}{\partial x}\frac{\partial w}{\partial y}\right)\\ e_{yz} &= \frac{1}{2}\left(\frac{\partial w}{\partial y}+\frac{\partial v}{\partial z}\right)+\frac{1}{2}\left(\frac{\partial u}{\partial y}\frac{\partial u}{\partial z}+\frac{\partial v}{\partial y}\frac{\partial v}{\partial z}+\frac{\partial w}{\partial y}\frac{\partial w}{\partial z}\right)\\ e_{zx} &= \frac{1}{2}\left(\frac{\partial u}{\partial z}+\frac{\partial w}{\partial x}\right)+\frac{1}{2}\left(\frac{\partial u}{\partial z}\frac{\partial u}{\partial x}+\frac{\partial v}{\partial z}\frac{\partial v}{\partial x}+\frac{\partial w}{\partial z}\frac{\partial w}{\partial x}\right)\end{aligned}\right\} \tag{11-158}$$

简记为

$$e_{ij} = \frac{1}{2}\left(\frac{\partial u_i}{\partial x_j}+\frac{\partial u_j}{\partial x_i}+\frac{\partial u_k}{\partial x_i}\frac{\partial u_k}{\partial x_j}\right) \quad (i,j,k=x,y,z) \tag{11-159}$$

有限应变也是对称张量，由 9 个有限应变分量组成，称为有限应变张量，即

$$e_{ij} = \begin{bmatrix} e_x & e_{xy} & e_{xz}\\ e_{yx} & e_y & e_{yz}\\ e_{zx} & e_{zy} & e_z\end{bmatrix} = \begin{bmatrix} e_x & e_{xy} & e_{xz}\\ * & e_y & e_{yz}\\ * & * & e_z\end{bmatrix} \tag{11-160}$$

对于微小应变，位移 u,v,w 对坐标的导数是微小的，式(11-158)中可省略去它们的平方项和乘积项，则得：

$$\left.\begin{aligned}e_x &= \varepsilon_x\\ e_y &= \varepsilon_y\\ e_z &= \varepsilon_z\\ e_{xy} &= \frac{1}{2}\varphi_{xy} = \gamma_{xy}\\ e_{yz} &= \frac{1}{2}\varphi_{yz} = \gamma_{yz}\\ e_{zx} &= \frac{1}{2}\varphi_{zx} = \gamma_{zx}\end{aligned}\right\} \tag{11-161}$$

可见式中的 6 个有限应变分量在微小应变情况下与表示微应变分量的表达式是一致的。

2. 欧拉法

以变形后的坐标(x_1,y_1,z_1)作为自变量，表示有限应变分量：

$$\left.\begin{aligned}
e'_x &= \frac{\partial u}{\partial x_1} - \frac{1}{2}\left[\left(\frac{\partial u}{\partial x_1}\right)^2 + \left(\frac{\partial v}{\partial x_1}\right)^2 + \left(\frac{\partial w}{\partial x_1}\right)^2\right] \\
e'_y &= \frac{\partial v}{\partial y_1} - \frac{1}{2}\left[\left(\frac{\partial u}{\partial y_1}\right)^2 + \left(\frac{\partial v}{\partial y_1}\right)^2 + \left(\frac{\partial w}{\partial y_1}\right)^2\right] \\
e'_z &= \frac{\partial w}{\partial z_1} - \frac{1}{2}\left[\left(\frac{\partial u}{\partial z_1}\right)^2 + \left(\frac{\partial v}{\partial z_1}\right)^2 + \left(\frac{\partial w}{\partial z_1}\right)^2\right] \\
e'_{xy} &= \frac{1}{2}\left(\frac{\partial v}{\partial x_1} + \frac{\partial u}{\partial y_1}\right) - \frac{1}{2}\left(\frac{\partial u}{\partial x_1}\frac{\partial u}{\partial y_1} + \frac{\partial v}{\partial x_1}\frac{\partial v}{\partial y_1} + \frac{\partial w}{\partial x_1}\frac{\partial w}{\partial y_1}\right) \\
e'_{yz} &= \frac{1}{2}\left(\frac{\partial w}{\partial y_1} + \frac{\partial v}{\partial z_1}\right) - \frac{1}{2}\left(\frac{\partial u}{\partial y_1}\frac{\partial u}{\partial z_1} + \frac{\partial v}{\partial y_1}\frac{\partial v}{\partial z_1} + \frac{\partial w}{\partial y_1}\frac{\partial w}{\partial z_1}\right) \\
e'_{zx} &= \frac{1}{2}\left(\frac{\partial u}{\partial z_1} + \frac{\partial w}{\partial x_1}\right) - \frac{1}{2}\left(\frac{\partial u}{\partial z_1}\frac{\partial u}{\partial x_1} + \frac{\partial v}{\partial z_1}\frac{\partial v}{\partial x_1} + \frac{\partial w}{\partial z_1}\frac{\partial w}{\partial x_1}\right)
\end{aligned}\right\} \tag{11-162}$$

11.4 屈服准则

材料处于单向应力状态时(比如标准试样拉伸),只要该单向应力达到某一数值(屈服极限 σ_s),材料即行屈服进入塑性状态。但在复杂多向应力状态下,显然不能仅用其中某一两个应力分量的数值来判断材料是否进入塑性状态,而必须同时考虑所有的应力分量。材料进入塑性状态时各应力分量必须满足一定的关系,这种关系称为屈服准则,也称塑性条件或塑性方程。屈服准则的数学表达式(屈服函数)一般可表示为

$$f(\sigma_{ij}) = C \tag{11-163}$$

上式左边是应力分量的函数,右边 C 为与材料在给定变形条件下的力学性能有关而与应力状态无关的常数,可通过试验测得。

屈服准则是针对质点而言,塑性成形时,变形体或变形区内所有质点在整个塑性变形过程中都应符合屈服准则。

屈服准则是求解塑性成形问题的必要的补充方程,是塑性力学的基本方程之一,是判断材料从弹性状态进入塑性状态的判据。

历史上(从 19 世纪中叶开始)曾先后提出许多不同形式的屈服条件,如最大正应力条件(G. Galileo)、最大弹性应变条件(B. Saint-Venant)、弹性总能量条件(E. Beltrami)、最大剪应力条件(H. Tresca)、歪形能条件(R. VonMises)、Mohr 条件(O. Mohr)等。

对各向同性材料,经实践检验并被普遍接受的屈服准则有两个:Tresca(特雷斯卡)准则(最大切应力准则)和 Mises(密塞斯)准则(弹性形变能准则)。

11.4.1 Tresca 屈服准则

1864 年,法国工程师 Henri Edouard Tresca (1814—1885)根据法国科学家 Charles Augustin Coulomb(库伦(1736—1806),1773)在土力学中的研究结果,并从自己所做的金属挤压、冲压实验所观察到的滑移痕迹出发,提出材料的屈服与最大切应力有关,即当材料质点中最大切应力达到某一定值时,该质点就发生屈服。或者说,质点处于塑性状态时,其最大切应力是不变的定值,该定值取决于材料的性质,而与应力状态无关,也称为最大切应力准则或最大切应力不变条件。在材料力学中被称为第三强度理论。其表达式为

$$\tau_{\max} = C \tag{11-164}$$

设 $\sigma_1 > \sigma_2 > \sigma_3$，则最大切应力为

$$\tau_{\max} = \frac{1}{2}(\sigma_1 - \sigma_3) = C \tag{11-165}$$

由于 C 值与应力状态无关，因此常采用简单拉伸试验确定。

单向拉伸试样屈服时 $\sigma_1 = \sigma_s$（屈服强度），$\sigma_2 = \sigma_3 = 0$，代入上式得

$$C = \frac{1}{2}\sigma_s = \tau_{\max} \tag{11-166}$$

于是，Tresca 屈服准则的数学表达式为

$$\sigma_1 - \sigma_3 = \sigma_s \tag{11-167}$$

在不知道主应力大小次序时，Tresca 屈服准则的普遍表达式为

$$\left.\begin{aligned} |\sigma_1 - \sigma_2| &= \sigma_s \\ |\sigma_2 - \sigma_3| &= \sigma_s \\ |\sigma_3 - \sigma_1| &= \sigma_s \end{aligned}\right\} \tag{11-168}$$

只要其中任何一式得到满足，材料即发生屈服。

在薄壁管扭转时，即在纯切应力作用下，根据材料力学的结论，有 $\sigma_3 = -\sigma_1 = \tau$，屈服时 $\tau = K$（剪切强度极限）。将以上结论代入得到实用的 Tresca 屈服条件，即

$$\sigma_1 - \sigma_3 = 2K = \sigma_s \Rightarrow \tau = K = \frac{1}{2}\sigma_s \tag{11-169}$$

应当指出，Tresca 屈服条件表达式结构简单、计算方便，故较常用。但不足之处是未反映出中间主应力 σ_2 对变形的影响，会带来一定误差。

11.4.2 Mises 屈服准则

1913 年，德国力学家 Richard Von Mises (1883—1953)注意到 Tresca 屈服准则未考虑中间主应力的影响，且在主应力大小次序不明确的情况下难以正确选用，于是从纯数学的观点出发，建议采用如下的屈服准则，表达式为

$$\frac{1}{6}[(\sigma_x - \sigma_y)^2 + (\sigma_y - \sigma_z)^2 + (\sigma_z - \sigma_x)^2 + 6(\tau_{xy}^2 + \tau_{yz}^2 + \tau_{zx}^2)] = C_1 \tag{11-170}$$

若用主应力表示，则为

$$\frac{1}{6}[(\sigma_1 - \sigma_2)^2 + (\sigma_2 - \sigma_3)^2 + (\sigma_3 - \sigma_1)^2] = C_1 \tag{11-171}$$

式中，常数 C_1 值取决于材料的性质，而与应力状态无关。

单向拉伸试样屈服时 $\sigma_1 = \sigma_s$，$\sigma_2 = \sigma_3 = 0$，代入上式，得

$$C_1 = \frac{1}{3}\sigma_s^2 \tag{11-172}$$

于是，Mises 屈服准则的表达式为

$$(\sigma_x - \sigma_y)^2 + (\sigma_y - \sigma_z)^2 + (\sigma_z - \sigma_x)^2 + 6(\tau_{xy}^2 + \tau_{yz}^2 + \tau_{zx}^2) = 2\sigma_s^2 \tag{11-173}$$

用主应力表示的 Mises 屈服准则为

$$(\sigma_1 - \sigma_2)^2 + (\sigma_2 - \sigma_3)^2 + (\sigma_3 - \sigma_1)^2 = 2\sigma_s^2 \tag{11-174}$$

显然上述方程既考虑了中间主应力的影响，又无需事先区分主应力的大小次序。

Mises 在提出上述准则时并未考虑它所代表的物理意义。但实验结果表明该准则更符合塑性金属材料的实际。

德国工程师 Heinrich Hencky(汉基(1885—1951))为了说明 Mises 屈服准则的物理意义，将上式两边各乘以$(1+\mu)/(6E)$，其中 E 为弹性模量，μ 为泊松比，于是得

$$\frac{1+\mu}{6E}[(\sigma_1-\sigma_2)^2+(\sigma_2-\sigma_3)^2+(\sigma_3-\sigma_1)^2]=\frac{1+\mu}{3E}\sigma_s^2 \tag{11-175}$$

可以证明，上式等号左边项为材料单位体积弹性形变能(歪形能)，而右边项为单向拉伸屈服时单位体积的形变能(形状变化能)。

按照 Hencky 的上述分析，Mises 屈服准则的物理意义可表述为：材料质点屈服的条件是其单位体积的弹性形变能达到某个临界值；该临界值只取决于材料在变形条件下的性质，而与应力状态无关。故此，Mises 屈服准则又称为弹性形变能准则或能量准则。

匈牙利裔美国学者 Arpad L. Nadai(纳戴(1883—1963))对 Mises 方程作了另一种解释，他认为当八面体切应力 τ_8 达到某一常数时，材料即开始进入塑性状态。即

$$\tau_8=\frac{1}{3}\sqrt{(\sigma_1-\sigma_2)^2+(\sigma_2-\sigma_3)^2+(\sigma_3-\sigma_1)^2}=C=\frac{\sqrt{2}}{3}\sigma_s \tag{11-176}$$

此方程与 Mises 方程相同。

原苏联力学家 A. A. Ипьющин(伊留申)认为当等效应力(应力强度)$\bar{\sigma}$ 达到某一定值(单向拉伸的屈服极限 σ_s)时，材料质点发生屈服。或者说，材料处于塑性状态时，其等效应力是不变的定值，该定值取决于材料性质，而与应力状态无关。

$$\bar{\sigma}=\sqrt{\frac{1}{2}[(\sigma_1-\sigma_2)^2+(\sigma_2-\sigma_3)^2+(\sigma_3-\sigma_1)^2]}=\sigma_s \tag{11-177}$$

此方程也与 Mises 方程相同。

伊留申把复杂应力状态的应力强度与单向拉伸的屈服极限 σ_s 联系起来，对于建立小弹塑性变形理论，具有重要意义。

例题 11-8：一应力张量 σ_{ij} 施加于某物体上，$\sigma_{ij}=\begin{bmatrix}750 & 150 & 0\\150 & 150 & 0\\0 & 0 & 0\end{bmatrix}$ MPa，若在此应力张量作用下刚好引起屈服，问：(1)根据 Tresca 准则 σ_s 为多少？(2)根据 Mises 准则 σ_s 为多少？

解：平面应力状态：

$$\sigma_{1,2}=\frac{1}{2}(\sigma_x+\sigma_y)\pm\frac{1}{2}\sqrt{(\sigma_x-\sigma_y)^2+4\tau_{xy}^2}$$

求得主应力为

$$\sigma_1=\frac{1}{2}(750+150)+\frac{1}{2}\sqrt{(750-150)^2+4\times150^2}=785.4(\text{MPa})$$

$$\sigma_2=\frac{1}{2}(750+150)-\frac{1}{2}\sqrt{(750-150)^2+4\times150^2}=114.6(\text{MPa})$$

$$\sigma_3=0$$

(1) 根据 Tresca 准则：

$$\sigma_s=\sigma_1-\sigma_3=785.4(\text{MPa})$$

(2) 根据 Mises 准则：

$$\sigma_s = \sqrt{\frac{1}{2}[(\sigma_1-\sigma_2)^2+(\sigma_2-\sigma_3)^2+(\sigma_3-\sigma_1)^2]} = \sqrt{\sigma_1^2+\sigma_2^2-\sigma_1\sigma_2}$$
$$= 734.8(\text{MPa})$$

显然，按照不同屈服条件计算出的单向屈服应力并不相等。

11.4.3 屈服准则的几何表示

1. 主应力空间中的屈服表面

以 $\sigma_1,\sigma_2,\sigma_3$ 三个互相正交的主应力分量为坐标轴，构造一个直角坐标系空间即主应力空间，可用来描述变形物体内某一点的应力状态及屈服条件(因为 Tresca 准则、Mises 准则都是主应力的函数)。

如图 11-26(a)所示，用坐标矢量$\overrightarrow{OP}$描述任一点 $P(\sigma_1,\sigma_2,\sigma_3)$的应力状态。以 $\boldsymbol{i},\boldsymbol{j},\boldsymbol{k}$ 表示三坐标轴上的单位矢量，则：

$$\overrightarrow{OP} = \sigma_1\boldsymbol{i}+\sigma_2\boldsymbol{j}+\sigma_3\boldsymbol{k} \tag{11-178}$$

过原点 O 作等倾线 OH，其方向余弦 $l=m=n=1/\sqrt{3}$，其上任一点的三个坐标分量均相等，即 $\sigma_1=\sigma_2=\sigma_3$，因此其上各点均为球应力状态。从 P 点引一直线 $PN\perp OH$ 交 OH 于 N 点，则 $\overrightarrow{OP}$ 可分解为

$$\overrightarrow{OP} = \sigma_1'\boldsymbol{i}+\sigma_2'\boldsymbol{j}+\sigma_3'\boldsymbol{k}+(\sigma_m\boldsymbol{i}+\sigma_m\boldsymbol{j}+\sigma_m\boldsymbol{k}) = \overrightarrow{NP}+\overrightarrow{ON} \tag{11-179}$$

其中$\overrightarrow{NP}$为应力偏张量，$\overrightarrow{ON}$为应力球张量。

并且有

$$|\overrightarrow{OP}|^2 = \sigma_1^2+\sigma_2^2+\sigma_3^2 \tag{11-180}$$

$$|\overrightarrow{ON}|^2 = 3\sigma_m^2 = \frac{1}{3}(\sigma_1+\sigma_2+\sigma_3)^2 \tag{11-181}$$

于是：

$$|\overrightarrow{NP}|^2 = |\overrightarrow{OP}|^2-|\overrightarrow{ON}|^2$$
$$= \frac{1}{3}[(\sigma_1-\sigma_2)^2+(\sigma_2-\sigma_3)^2+(\sigma_3-\sigma_1)^2] = \frac{2}{3}\bar{\sigma}^2 \tag{11-182}$$

根据 Mises 屈服准则，当 $\bar{\sigma}=\sigma_s$ 时，材料就屈服。

因此 P 点进入屈服状态时有

$$|\overrightarrow{NP}| = \sqrt{\frac{2}{3}}\sigma_s \tag{11-183}$$

于是，Mises 屈服准则的几何表示为：

以 N 为圆心、$\sqrt{\frac{2}{3}}\sigma_s$ 为半径，垂直于等倾线 OH 的平面上作一圆，该圆上各点都进入屈服状态。由于球应力不影响屈服，所以以 OH 为轴线、$\sqrt{\frac{2}{3}}\sigma_s$ 为半径，作无限长倾斜圆柱面，即为 Mises 塑性曲面，如图 11-26(b)所示。

采用同样的分析方法，将 Tresca 屈服准则的数学表达式推广到主应力空间的一般情况，则有

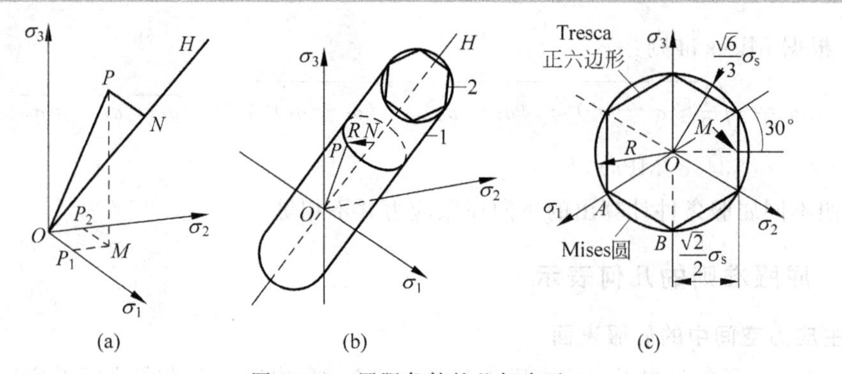

图 11-26 屈服条件的几何表示

(a) 主应力空间；(b) 塑性曲面；(c) π 平面

$$\left.\begin{aligned}\sigma_1-\sigma_2&=\pm 2K=\pm\sigma_s\\ \sigma_2-\sigma_3&=\pm 2K=\pm\sigma_s\\ \sigma_3-\sigma_1&=\perp 2K=\perp\sigma_s\end{aligned}\right\}\tag{11-184}$$

上式在主应力空间中表示一个由六个平面构成的与 σ_1，σ_2，σ_3 三轴等倾的正六棱柱面，即为 Tresca 塑性曲面，如图 11-26(b)所示。

屈服表面的几何意义：若主应力空间中一点的应力状态矢量的端点 P 位于屈服表面，则该端点处于塑性状态；若 P 点在屈服表面内部，则 P 点处于弹性状态。对于理想塑性材料，P 点不可能在屈服表面之外。

2. π 平面上的屈服轨迹

过坐标原点且垂直于等倾线 OH 的平面称为 π 平面。π 平面与两个屈服表面都垂直。在 π 平面上，Mises 屈服条件为：一半径为 $R=\sqrt{\frac{2}{3}}\sigma_s$ 的圆；Tresca 屈服条件为：与 Mises 圆内接的正六边形。Mises 圆和 Tresca 正六边形是两屈服表面(Mises 圆柱面、Tresca 正六棱柱面)在 π 平面上的投影，也就是 π 平面上的屈服轨迹，如图 11-26(c)所示。在纯剪切时的 M 点处(6 个)，二者差别最大，相差达：

$$\left(\sqrt{\frac{2}{3}}\sigma_s-\frac{\sqrt{2}}{2}\sigma_s\right)\Big/\left(\frac{\sqrt{2}}{2}\sigma_s\right)=15.5\%\tag{11-185}$$

两轨迹的六个交点处两屈服准则一致，表示两向主应力相等状态。

在 π 平面上平均正应力为零，即 $\sigma_1+\sigma_2+\sigma_3=3\sigma_m=0$。说明 π 面上任一点无应力球张量的影响，任一点的应力矢量均表示偏张量，故而 π 平面上的屈服轨迹能更清楚表示屈服准则的性质。例如，三根主应力轴在 π 平面上的投影互成 120°，如标出负向时，就把 π 平面及其面上的屈服轨迹等分成 60°的 6 个区间，每个区间内的应力大小次序互不相同。三根主应力轴上的点都表示单向应力状态(减去了球张量)。与主应力轴成 30°夹角线上的点则表示纯切应力状态。由于 6 个区间的轨迹是一样的，因此实际上只要用一个区间(如图 11-27 中的 $\sigma_1\geqslant\sigma_2\geqslant\sigma_3$)就可以表示出整个屈服轨迹的性质。

应该指出，若表示应力状态的点 $P(\sigma_1,\sigma_2,\sigma_3)$ 在柱面以内，则处于弹性状态；在柱面上则处于塑性状态。若塑性变形继续增加并产生加工硬化，当各向同性应变硬化(等向硬化)时，则随 σ_s 和 K 值的增加，柱面半径将加大，产生后续屈服(加载函数)，屈服轨迹的中心位置和形状保持不变，如图 11-28 所示。等效应力增加即 $d\bar{\sigma}>0$ 为加载，等效应力减小即 $d\bar{\sigma}<0$ 为卸载，等效应力维持即 $d\bar{\sigma}=0$ 为中性变载（既不产生塑性流动，也不产生弹性卸载）。可见此点必在柱面上，即实际应力状态不可能处于柱面之外。对于理想塑性材料，不存在 $d\bar{\sigma}>0$ 的情况，当 $d\bar{\sigma}=0$ 时，塑性流动继续进行，仍为加载。

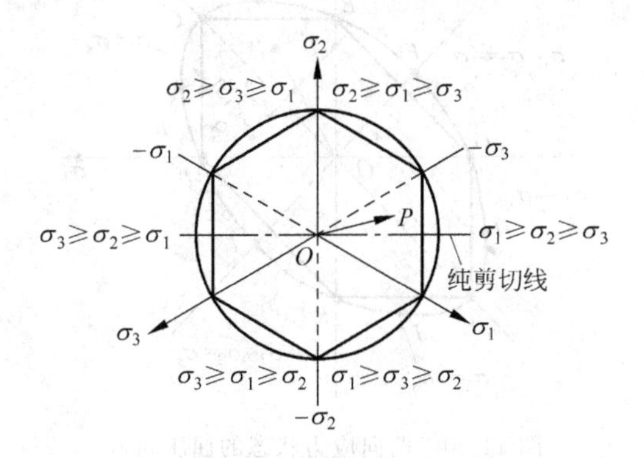

图 11-27 π 平面上的屈服轨迹

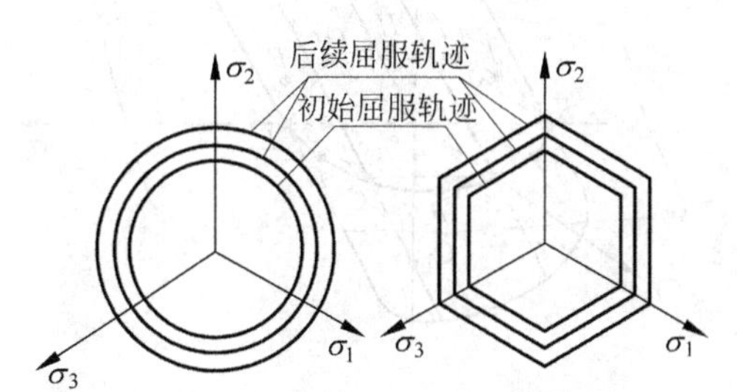

图 11-28 各向同性应变硬化材料的后续屈服

3. 平面应力状态的屈服轨迹

将 $\sigma_3=0$ 代入 Mises 屈服准则的表达式，得

$$(\sigma_1-\sigma_2)^2+(\sigma_2-\sigma_3)^2+(\sigma_3-\sigma_1)^2=2\sigma_s^2 \Rightarrow \sigma_1^2-\sigma_1\sigma_2+\sigma_2^2=\sigma_s^2 \tag{11-186}$$

上式是 σ_1-σ_2 坐标平面上的一个椭圆，如图 11-29 所示。为清楚起见，把坐标轴旋转 45°，如图 11-30 所示，则新老坐标的关系为

$$\left.\begin{aligned}\sigma_1&=\sigma_1'\cos45°-\sigma_2'\sin45°=\frac{\sqrt{2}}{2}(\sigma_1'-\sigma_2')\\ \sigma_2&=\sigma_1'\sin45°+\sigma_2'\cos45°=\frac{\sqrt{2}}{2}(\sigma_1'+\sigma_2')\end{aligned}\right\} \tag{11-187}$$

将上式中的 σ_1，σ_2 代入式(11-186)，整理后得

$$\frac{\sigma_1'^2}{(\sqrt{2}\sigma_s)^2}+\frac{\sigma_2'^2}{\left(\sqrt{\frac{2}{3}}\sigma_s\right)^2}=1 \tag{11-188}$$

上式是 σ_1'-σ_2' 坐标平面上的椭圆方程，椭圆长半轴为 $a=\sqrt{2}\sigma_s$，短半轴为 $b=\sqrt{\frac{2}{3}}\sigma_s$，与原坐标轴的截距为 $\pm\sigma_s$。这个椭圆就是平面应力状态的 Mises 屈服轨迹，称为 Mises 椭圆。

同样，将 $\sigma_3=0$ 代入 Tresca 屈服准则的表达式，得

$$\left.\begin{aligned}|\sigma_1-\sigma_2|&=\sigma_s\\ |\sigma_2|&=\sigma_s\\ |\sigma_1|&=\sigma_s\end{aligned}\right\} \tag{11-189}$$

上式中每一个式子表示两条互相平行且对称的直线，这些直线在 σ_1-σ_2 坐标平面上构成一个与 Mises 椭圆内接的非等角非等边的平行六边形，这就是平面应力状态的 Tresca 屈服轨迹，称为 Tresca 六边形。

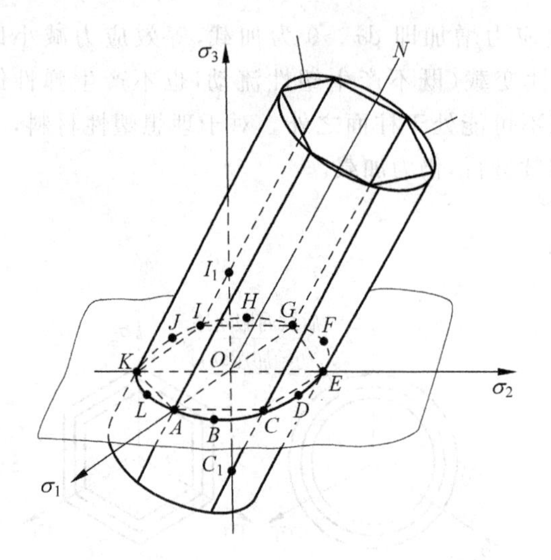

图 11-29 主应力空间中的屈服表面

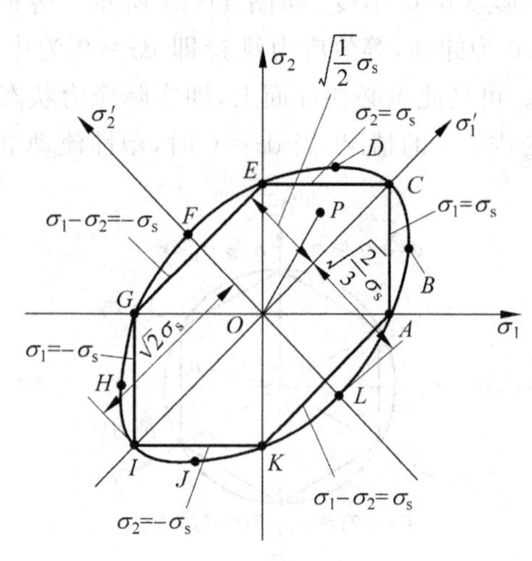

图 11-30 两向应力状态的屈服轨迹

由图 11-30 可知，两屈服轨迹有六个交点(A,C,E,G,I,K)，交点处两屈服准则一致，表示两向主应力相等的应力状态。其中与坐标轴相交的四个点 $A(\sigma_s,0)$，$E(0,\sigma_s)$，$G(-\sigma_s,0)$，$K(0,-\sigma_s)$表示单向应力状态，另与椭圆长轴相交的两个点是 $C(\sigma_s,\sigma_s)$，$I(-\sigma_s,-\sigma_s)$。

两屈服轨迹不相交的地方，Mises 椭圆上的点均在 Tresca 六边形之外，表示按 Mises 屈服需要较大的应力，两准则差别最大的有六个点(B,D,F,H,J,L)，它们的坐标可由式(11-186)分别对 σ_1，σ_2 求极值得到。其中两个点 $F(-\sigma_s/\sqrt{3},\sigma_s/\sqrt{3})$，$L(\sigma_s/\sqrt{3},-\sigma_s/\sqrt{3})$表示纯切应力状态，另四个点是 $B(2\sigma_s/\sqrt{3},\sigma_s/\sqrt{3})$，$D(\sigma_s/\sqrt{3},2\sigma_s/\sqrt{3})$，$H(-2\sigma_s/\sqrt{3},-\sigma_s/\sqrt{3})$，$J(-\sigma_s/\sqrt{3},-2\sigma_s/\sqrt{3})$。这 6 个点的中间应力等于平均应力，它们既表示平面应力状态又表示平面应变状态，两个屈服准则相差达到 15.5%。

11.4.4 两屈服准则的统一表达式

若已知三个主应力的大小顺序 $\sigma_1>\sigma_2>\sigma_3$，则 Tresca 屈服准则只需用线性式 $\sigma_1-\sigma_3=\sigma_s$ 就可以判断屈服。但该准则未考虑中间主应力 σ_2 的影响。而 Mises 屈服准则考虑了 σ_2 对质点屈服的影响。

为了评价 σ_2 对屈服的影响，引入罗德(Lode)应力参数：

$$\mu_\sigma=\frac{(\sigma_2-\sigma_3)-(\sigma_1-\sigma_2)}{\sigma_1-\sigma_3}=\frac{\sigma_2-\dfrac{\sigma_1+\sigma_3}{2}}{\dfrac{\sigma_1-\sigma_3}{2}} \tag{11-190}$$

上式中分子是三向应力莫尔圆中 σ_2 到大圆圆心的距离，分母是大圆半径，如图 11-31 所示。当 σ_2 在 $\sigma_3\sim\sigma_1$ 之间变化时，μ_σ 则在 $-1\sim1$ 之间变化。因此，μ_σ 实际上表示了 σ_2 在三向应力莫尔圆中的相对位置变化。

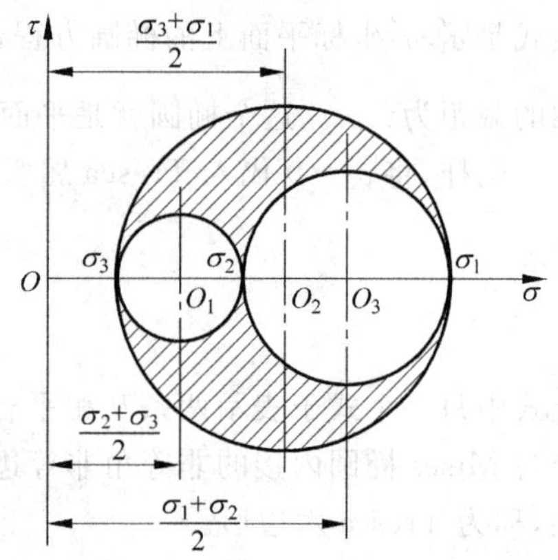

图 11-31 三向应力莫尔圆

由式(11-190)解出 σ_2 得

$$\sigma_2=\frac{\sigma_1+\sigma_3}{2}+\frac{\mu_\sigma(\sigma_1-\sigma_3)}{2} \tag{11-191}$$

代入到 Mises 屈服准则式，得

$$(\sigma_1-\sigma_2)^2+(\sigma_2-\sigma_3)^2+(\sigma_3-\sigma_1)^2=2\sigma_s^2$$

$$\Rightarrow\sigma_1-\sigma_3=\frac{2}{\sqrt{3+\mu_\sigma^2}}\sigma_s \tag{11-192}$$

令

$$\beta=\frac{2}{\sqrt{3+\mu_\sigma^2}} \tag{11-193}$$

式中，β 称为中间主应力影响系数或应力修正系数。则

$$\sigma_1-\sigma_3=\beta\sigma_s \tag{11-194}$$

所以 Mises 屈服准则与 Tresca 屈服准则在形式上仅差一个应力修正系数。并且：

(1) 当 $\mu_\sigma=\pm1,\beta=1$ 时：两准则一致，为两向主应力相等状态($\sigma_1=\sigma_2$ 或 $\sigma_2=\sigma_3$)。

(2) 当 $\mu_\sigma=0,\beta=1.155$ 时：两准则相差最大，为平面变形应力状态。

设 K 为屈服时的最大切应力，则

$$K=\frac{\sigma_1-\sigma_3}{2}=\frac{\beta}{2}\sigma_s \tag{11-195}$$

于是，两屈服准则的统一表达式为

$$\sigma_1-\sigma_3=2K \tag{11-196}$$

对于 Tresca 屈服准则，$K=0.5\sigma_s$；对于 Mises 屈服准则，$K=(0.5\sim0.577)\sigma_s$。

屈服准则最初都以假设形式提出，是否符合实际还需要通过试验来验证。验证方法有很多，复合拉、扭下的薄壁金属圆管的屈服试验是一较为简单的验证方法，也可用轴向拉力与内压力联合作用的屈服试验。大量试验表明，Tresca 屈服准则和 Mises 屈服准则都与试验值比较吻合，除了退火低碳钢外，一般金属材料的试验数据点更接近于 Mises 屈服准则。

例题 11-9：一个两端封闭的薄壁圆筒，半径为 r，壁厚为 t，受内压 p 的作用，如图 11-32 所示，设材料单向拉伸时的屈服应力为 σ_s，试求此圆筒产生屈服时的内压 p。

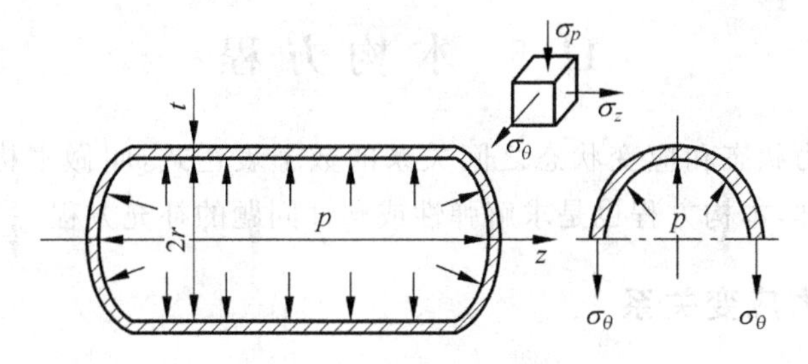

图 11-32 受内压的薄壁圆筒

解：在筒壁选取一单元体，采用圆柱坐标，单元体上的应力分量如图 11-32 所示。

根据静力平衡条件可求得应力分量为

$$\sigma_z=\frac{p\pi r^2}{2\pi rt}=\frac{pr}{2t}>0$$

$$\sigma_\theta = \frac{p2r}{2t} = \frac{pr}{t} > 0$$

σ_ρ 沿壁厚为线性分布，在内表面 $\sigma_\rho = -p$，在外表面 $\sigma_\rho = 0$。

圆筒的内表面首先产生屈服，然后向外层扩展，当外表面产生屈服时，整个圆筒就产生塑性变形，因此应研究圆筒外表面的屈服条件。显然，主应力为

$$\sigma_1 = \sigma_\theta = \frac{pr}{t}, \quad \sigma_2 = \sigma_z = \frac{pr}{2t}, \quad \sigma_3 = \sigma_\rho = 0$$

（1）由 Mises 屈服准则：

$$(\sigma_1 - \sigma_2)^2 + (\sigma_2 - \sigma_3)^2 + (\sigma_3 - \sigma_1)^2 = 2\sigma_s^2$$

$$\Rightarrow \left(\frac{pr}{t} - \frac{pr}{2t}\right)^2 + \left(\frac{pr}{2t}\right)^2 + \left(\frac{pr}{t}\right)^2 = 2\sigma_s^2$$

所以可求得：

$$p = \frac{2}{\sqrt{3}} \frac{t}{r} \sigma_s$$

（2）由 Tresca 屈服准则：

$$\sigma_1 - \sigma_3 = \sigma_s \Rightarrow \frac{pr}{t} - 0 = \sigma_s$$

所以可求得：

$$p = \frac{t}{r} \sigma_s$$

用同样的方法也可以求出内表面开始屈服时的内压 p，此时 $\sigma_3 = \sigma_\rho = -p$。

按 Mises 屈服准则：

$$p = \frac{2t}{\sqrt{3r^2 + 6rt + 4t^2}} \sigma_s$$

按 Tresca 屈服准则：

$$p = \frac{t}{r + t} \sigma_s$$

11.5 本构方程

塑性变形时应力状态和应变状态之间关系的数学表达式，叫做本构方程，也称物理方程。与屈服准则一样，本构方程也是求解弹性或塑性问题的补充方程。

11.5.1 塑性应力应变关系

1. 弹性变形的特点

（1）应力与应变成线性关系，可用广义胡克定律来描述；

（2）弹性变形是可逆的，应力应变之间是单值关系，一种应力状态总是对应一种应变状态，而与加载历史无关；

（3）应力主轴与应变主轴重合；

（4）应力球张量使物体产生弹性体积变化，所以泊松比 $\mu < 0.5$。

2. 塑性变形的特点

(1) 塑性变形时应力应变关系是非线性的；

(2) 塑性变形是不可逆的，不可恢复，应力与应变之间没有一般的单值对应关系，而是与加载历史或应变路线有关(即塑性应变状态和加载的历史过程相关)；

(3) 全量应变与应力主轴不一定重合；

(4) 塑性变形时可以认为体积不变，应力球张量为零，泊松比 $\mu=0.5$。

3. 简单加载状态

由于塑性应力应变关系与加载路线或加载历史有关，因此离开加载路线来建立应力与全量塑性应变之间的普遍关系是不可能的，一般只能建立应力与应变增量之间的关系，仅在简单加载下才可以建立全量关系。

所谓简单加载状态是指在加载过程中各应力分量始终保持比例关系(按同一比例增加)，且应力主轴的方向固定、顺序不变，则塑性应变分量也按比例增加，这时塑性应变全量与应力状态就有相对应的函数关系。

4. 塑性变形理论的分类

到目前为止，所有描述塑性应力应变关系的理论可以分为两大类：

(1) 增量理论　又称流动理论，描述材料在塑性状态下应力和应变增量(或应变速度)之间的关系。如 Levy-Mises(列维-密塞斯)理论、Prandtl-Reuss(普朗特-劳斯)理论。

(2) 全量理论　又称形变理论，描述材料在塑性状态下应力和应变全量之间的关系。如 Hencky(汉基)方程、ИпьющинH(伊留申)理论。

一般而言，全量理论在数学描述上比较简单，便于实际应用，但其应用范围有限，主要适用于简单加载及小塑性变形(弹、塑性变形处于同一量级)的情况；而增量理论则不受加载方式限制，然而由于所描述的是应力和应变增量(或应变速度)之间的关系，与变形的历史有关，故而在实际应用中需沿加载过程中的变形路径进行积分才能获得最后的结果，计算比较复杂。

11.5.2 弹性应力应变关系

单向应力状态下线弹性阶段的应力应变关系服从胡克定律：

$$\sigma = E\varepsilon, \quad \tau = 2G\gamma \tag{11-197}$$

将其推广到用来描述一般或复杂应力状态下各向同性材料的弹性变形应力应变关系，就叫广义胡克定律。即弹性变形的应力应变关系服从广义胡克定律：

$$\left.\begin{aligned}
\varepsilon_x &= \frac{1}{E}[\sigma_x - \mu(\sigma_y + \sigma_z)], \quad \gamma_{yz} = \frac{\tau_{yz}}{2G} \\
\varepsilon_y &= \frac{1}{E}[\sigma_y - \mu(\sigma_z + \sigma_x)], \quad \gamma_{zx} = \frac{\tau_{zx}}{2G} \\
\varepsilon_z &= \frac{1}{E}[\sigma_z - \mu(\sigma_x + \sigma_y)], \quad \gamma_{xy} = \frac{\tau_{xy}}{2G}
\end{aligned}\right\} \tag{11-198}$$

式中，E 为弹性模量，μ 为泊松比，G 为剪切模量，且此三个弹性常数之间有如下关系：

$$G=\frac{E}{2(1+\mu)} \tag{11-199}$$

将式(11-197)中的 $\varepsilon_x,\varepsilon_y,\varepsilon_z$ 三式相加，得

$$\varepsilon_x+\varepsilon_y+\varepsilon_z=\frac{1-2\mu}{E}\cdot(\sigma_x+\sigma_y+\sigma_z) \tag{11-200}$$

因为单位体积变化率 $\theta=\varepsilon_x+\varepsilon_y+\varepsilon_z=3\varepsilon_{\mathrm{m}}$，而 $\sigma_x+\sigma_y+\sigma_z=3\sigma_{\mathrm{m}}$，所以有

$$\varepsilon_{\mathrm{m}}=\frac{1-2\mu}{E}\sigma_{\mathrm{m}} \tag{11-201}$$

上式表明：弹性变形时的单位体积变化率 θ 与平均应力 σ_{m} 即三个正应力之和成正比，说明应力球张量使物体产生了弹性体积改变。

将式(11-198)中 $\varepsilon_x,\varepsilon_y,\varepsilon_z$ 分别减去 ε_{m}，即以应变偏量和应力偏量来表达：

$$\begin{aligned}\varepsilon'_x=\varepsilon_x-\varepsilon_{\mathrm{m}}&=\frac{1}{E}[\sigma_x-\mu(3\sigma_{\mathrm{m}}-\sigma_x)]-\frac{1-2\mu}{E}\sigma_{\mathrm{m}}\\&=\frac{1+\mu}{E}(\sigma_x-\sigma_{\mathrm{m}})=\frac{1}{2G}(\sigma_x-\sigma_{\mathrm{m}})=\frac{1}{2G}\sigma'_x=\frac{1+\mu}{E}\sigma'_x\end{aligned} \tag{11-202}$$

同理得 $\varepsilon'_y,\varepsilon'_z$，于是：

$$\left.\begin{aligned}\varepsilon'_x=\frac{1}{2G}\sigma'_x,\quad \gamma_{yz}=\frac{1}{2G}\tau_{yz}\\\varepsilon'_y=\frac{1}{2G}\sigma'_y,\quad \gamma_{zx}=\frac{1}{2G}\tau_{zx}\\\varepsilon'_z=\frac{1}{2G}\sigma'_z,\quad \gamma_{xy}=\frac{1}{2G}\tau_{xy}\end{aligned}\right\} \tag{11-203}$$

简记为

$$\varepsilon'_{ij}=\frac{1}{2G}\sigma'_{ij}=\frac{1+\mu}{E}\sigma'_{ij} \tag{11-204}$$

上式表示：应变偏张量与应力偏张量成正比，表明物体形状的改变只是由应力偏张量引起的，应力主轴和应变主轴是重合的。

由上式和式(11-201)可得，广义胡克定律的张量形式为

$$\varepsilon_{ij}=\varepsilon'_{ij}+\delta_{ij}\varepsilon_{\mathrm{m}}=\frac{1}{2G}\sigma'_{ij}+\frac{1-2\mu}{E}\delta_{ij}\sigma_{\mathrm{m}} \tag{11-205}$$

式中，δ_{ij} 为克氏符号。

广义胡克定律还可以写成比例及差比形式：

$$\frac{\varepsilon'_{ij}}{\sigma'_{ij}}=\frac{\varepsilon'_x}{\sigma'_x}=\frac{\varepsilon'_y}{\sigma'_y}=\frac{\varepsilon'_z}{\sigma'_z}=\frac{\gamma_{yz}}{\tau_{yz}}=\frac{\gamma_{zx}}{\tau_{zx}}=\frac{\gamma_{xy}}{\tau_{xy}}=\frac{1}{2G} \tag{11-206}$$

$$\frac{\varepsilon_x-\varepsilon_y}{\sigma_x-\sigma_y}=\frac{\varepsilon_y-\varepsilon_z}{\sigma_y-\sigma_z}=\frac{\varepsilon_z-\varepsilon_x}{\sigma_z-\sigma_x}=\frac{\gamma_{yz}}{\tau_{yz}}=\frac{\gamma_{zx}}{\tau_{zx}}=\frac{\gamma_{xy}}{\tau_{xy}}=\frac{1}{2G} \tag{11-207}$$

上两式表明：弹性阶段的应变莫尔圆与应力莫尔圆几何相似，且成正比。

11.5.3 塑性变形的增量理论

增量理论又称流动理论，是描述材料处于塑性状态时，其应力与应变增量或应变速率之间关系的理论。它针对加载过程的每一瞬间的应力状态确定该瞬间的应变增量，从而撇开加载历史的影响。

增量理论着重指出塑性应变增量与应力偏量之间的关系，建立起各瞬时应力与应变的关系，而整个变形过程可由各瞬时的变形累积而得。因此增量理论能表达加载过程的历史对变形的影响，能反映出复杂加载情况。上述理论仅适用于加载情况，而卸载时需按胡克定律进行计算。

增量理论在历史上发展较早，其中比较典型的增量理论有 Levy-Mises（列维-密塞斯）理论和 Prandtl-Reuss（普朗特-劳斯）理论。

1. Levy-Mises 理论

早在 1870 年 B. Saint-Venant（圣维南）就根据塑性力学中应力应变没有一一对应关系的特点，提出应力主轴与应变增量主轴相重合，而不是与全量应变主轴重合的假定。这个假定后来被理论和实验证实是正确的。Levy（1871）在此基础上进一步提出塑性变形过程中应变偏量分量的增量与相应的应力偏量成同一比例，但比例系数却随物体变形程度的大小而变化，从而最早建立了塑性力学中的本构关系。此后 Mises（1913）又发展了这个理论，从而形成了 Levy-Mises 理论。该理论建立在下述的四个基本假设之上：

（1）材料为理想刚塑性材料（弹性应变增量 $d\varepsilon_{ij}^{e}=0$，塑性应变增量 $d\varepsilon_{ij}^{p}=$ 总应变增量 $d\varepsilon_{ij}$）；

（2）材料服从 Mises 屈服准则（$\bar{\sigma}=\sigma_s$）；

（3）塑性变形时体积不变，即：$d\varepsilon_x+d\varepsilon_y+d\varepsilon_z=d\varepsilon_1+d\varepsilon_2+d\varepsilon_3=0=d\varepsilon_m$，则应变增量与应变偏量增量相等（$d\varepsilon_{ij}=d\varepsilon'_{ij}$）；

（4）应变增量主轴与应力主轴重合，应变偏量分量的增量与相应的应力偏量成正比，但比例系数随物体变形程度的大小而变化。

基于上述假设，应力应变有如下关系：

$$\frac{d\varepsilon'_x}{\sigma'_x}=\frac{d\varepsilon'_y}{\sigma'_y}=\frac{d\varepsilon'_z}{\sigma'_z}=\frac{d\gamma_{xy}}{\tau_{xy}}=\frac{d\gamma_{yz}}{\tau_{yz}}=\frac{d\gamma_{zx}}{\tau_{zx}}=d\lambda \tag{11-208}$$

简记为

$$d\varepsilon'_{ij}=\sigma'_{ij}\,d\lambda \tag{11-209}$$

式中，σ'_{ij} 为应力偏张量；$d\lambda$ 为正的瞬时比例系数，在加载的不同瞬间是变化的，卸载时 $d\lambda=0$。由于：

$$d\varepsilon_{ij}=d\varepsilon'_{ij} \tag{11-210}$$

则有

$$d\varepsilon_{ij}=\sigma'_{ij}\,d\lambda \tag{11-211}$$

上式称为 Levy-Mises 方程。表明：应变增量主轴与应力偏量主轴（即应力主轴）重合；应变增量与应力偏张量成正比。

Levy-Mises 方程可以写成比例和差比形式：

$$\frac{d\varepsilon_x}{\sigma'_x}=\frac{d\varepsilon_y}{\sigma'_y}=\frac{d\varepsilon_z}{\sigma'_z}=\frac{d\gamma_{yz}}{\tau_{yz}}=\frac{d\gamma_{zx}}{\tau_{zx}}=\frac{d\gamma_{xy}}{\tau_{xy}}=d\lambda \tag{11-212}$$

$$\frac{d\varepsilon_x}{\sigma_x-\sigma_m}=\frac{d\varepsilon_y}{\sigma_y-\sigma_m}=\frac{d\varepsilon_z}{\sigma_z-\sigma_m}=d\lambda$$

$$\Rightarrow\frac{d\varepsilon_x-d\varepsilon_y}{\sigma_x-\sigma_y}=\frac{d\varepsilon_y-d\varepsilon_z}{\sigma_y-\sigma_z}=\frac{d\varepsilon_z-d\varepsilon_x}{\sigma_z-\sigma_x}=d\lambda \tag{11-213}$$

或

$$\frac{d\varepsilon_1 - d\varepsilon_2}{\sigma_1 - \sigma_2} = \frac{d\varepsilon_2 - d\varepsilon_3}{\sigma_2 - \sigma_3} = \frac{d\varepsilon_3 - d\varepsilon_1}{\sigma_3 - \sigma_1} = d\lambda \tag{11-214}$$

根据式(11-48)，等效应力为

$$\bar{\sigma} = \frac{\sqrt{2}}{2}\sqrt{(\sigma_1 - \sigma_2)^2 + (\sigma_2 - \sigma_3)^2 + (\sigma_3 - \sigma_1)^2} \tag{11-215}$$

根据式(11-114)，等效应变为

$$\bar{\varepsilon} = \frac{\sqrt{2}}{3}\sqrt{(\varepsilon_1 - \varepsilon_2)^2 + (\varepsilon_2 - \varepsilon_3)^2 + (\varepsilon_3 - \varepsilon_1)^2} \tag{11-216}$$

可求得

$$d\lambda = \frac{3}{2}\frac{d\bar{\varepsilon}}{\bar{\sigma}} = \frac{3}{2}\frac{d\bar{\varepsilon}}{\sigma_s} \tag{11-217}$$

式中 $d\bar{\varepsilon}$ 为增量形式的等效应变，即等效应变增量。

将上式代入式(11-216)得：

$$d\varepsilon_{ij} = \frac{3}{2}\frac{d\bar{\varepsilon}}{\bar{\sigma}} \cdot \sigma'_{ij} \tag{11-218}$$

此即为 Levy-Mises 理论的张量表达式。

上式可以展开写成广义表达式：

$$\left.\begin{aligned}
d\varepsilon_x &= \frac{d\bar{\varepsilon}}{\bar{\sigma}}\left[\sigma_x - \frac{1}{2}(\sigma_y + \sigma_z)\right], \quad d\gamma_{xy} = \frac{3}{2} \cdot \frac{d\bar{\varepsilon}}{\bar{\sigma}}\tau_{xy} \\
d\varepsilon_y &= \frac{d\bar{\varepsilon}}{\bar{\sigma}}\left[\sigma_y - \frac{1}{2}(\sigma_z + \sigma_x)\right], \quad d\gamma_{yz} = \frac{3}{2} \cdot \frac{d\bar{\varepsilon}}{\bar{\sigma}}\tau_{yz} \\
d\varepsilon_z &= \frac{d\bar{\varepsilon}}{\bar{\sigma}}\left[\sigma_z - \frac{1}{2}(\sigma_x + \sigma_y)\right], \quad d\gamma_{zx} = \frac{3}{2} \cdot \frac{d\bar{\varepsilon}}{\bar{\sigma}}\tau_{zx}
\end{aligned}\right\} \tag{11-219}$$

前三个式子中的 1/2 即为体积不变时的泊松比。

Levis-Mises 方程仅适用于理想刚塑性材料，它只给出了应变增量与应力偏量之间的关系。由于 $d\varepsilon_m = 0$，因而不能确定应力球张量。因此，如果已知应变增量，只能求得应力偏量，一般求不出应力分量。另一方面，如果已知应力分量，则能求得应力偏量，但因为 $\bar{\sigma} = \sigma_s$ 为常数，而理想塑性材料屈服后，一定的应力状态可与无限多组应变状态相对应，其应变分量的增量和应力分量之间没有单值关系，使得 $d\bar{\varepsilon}$ 为不定值，因此不能求得应变增量的分量数值，只能求得应变增量各分量之间的比值。

由 Levy-Mises 方程式(11-211)及其广义表达式(11-219)可以证明平面变形和轴对称问题的一些结论：

(1) 平面塑性变形时，设 z 向没有变形，则有 $d\varepsilon_z = 0$，于是有

$$\sigma_z = \frac{1}{2}(\sigma_x + \sigma_y) = \sigma_m \tag{11-220}$$

或

$$\sigma_2 = \frac{1}{2}(\sigma_1 + \sigma_3) = \sigma_m \tag{11-221}$$

(2) 轴对称变形时，若两个正应变增量相等，则其对应的应力也相等。即

$$d\varepsilon_\rho = d\varepsilon_\theta \Rightarrow \sigma'_\rho = \sigma'_\theta \Rightarrow \sigma_\rho = \sigma_\theta \tag{11-222}$$

将 Levy-Mises 方程式(11-211)两边除以时间 dt，可得

$$\frac{d\varepsilon_{ij}}{dt}=\frac{d\lambda}{dt}\sigma'_{ij} \tag{11-223}$$

式中，$\frac{d\varepsilon_{ij}}{dt}=\dot{\varepsilon}_{ij}$为应变速率张量，$\frac{d\lambda}{dt}=\dot{\lambda}=\frac{3}{2}\frac{d\bar{\varepsilon}}{\bar{\sigma}dt}=\frac{3}{2}\frac{\dot{\bar{\varepsilon}}}{\bar{\sigma}}$，其中的$\dot{\bar{\varepsilon}}$为等效应变速率，则有：

$$\dot{\varepsilon}_{ij}=\dot{\lambda}\sigma'_{ij} \tag{11-224}$$

上式称为应力-应变速率方程，它同样可以写成比例形式和广义表达式。该式由 B. Saint-Venant（圣维南）于 1870 年提出，由于与牛顿黏性流体公式相似，故又称为圣维南塑性流体方程。如果不考虑应变速率对材料性能的影响，该式与 Levy-Mises 方程是一致的。

2. Prandtl-Reuss 理论

Prandtl-Reuss 理论是在 Levy-Mises 理论基础上进一步考虑弹性变形部分而发展起来的。这个理论认为对于变形较大的问题，忽略弹性应变是可以的；但当变形较小时，如当弹性应变与塑性应变部分相比属于同一量级时，略去弹性应变显然会带来较大误差，因而提出在塑性区应考虑弹性变形部分。实质上 Levy-Mises 理论是 Prandtl-Reuss 理论的特殊情况。因此 Prandtl-Reuss 理论与 Levy-Mises 理论的基本假设类似，区别在于考虑了总应变增量 $d\varepsilon_{ij}$ 由弹性应变增量 $d\varepsilon_{ij}^{e}$ 和塑性应变增量 $d\varepsilon_{ij}^{p}$ 两部分组成，即

$$d\varepsilon_{ij}=d\varepsilon_{ij}^{p}+d\varepsilon_{ij}^{e} \tag{11-225}$$

则应变偏量增量的表达式为

$$d\varepsilon'_{ij}=d\varepsilon'^{p}_{ij}+d\varepsilon'^{e}_{ij} \tag{11-226}$$

其中，塑性应变偏量增量 $d\varepsilon'^{p}_{ij}$ 与应力之间的关系和 Levy-Mises 理论相同，即

$$d\varepsilon_{ij}^{p}=d\varepsilon'^{p}_{ij}=d\lambda\cdot\sigma'_{ij}=\frac{3}{2}\frac{d\bar{\varepsilon}^{p}}{\bar{\sigma}}\sigma'_{ij} \tag{11-227}$$

而弹性应变偏量增量 $d\varepsilon'^{e}_{ij}$ 可由广义胡克定律张量式(11-205)微分得到，即

$$d\varepsilon_{ij}^{e}=\frac{1}{2G}d\sigma'_{ij}+\frac{1-2\mu}{E}\delta_{ij}\,d\sigma_{m}=\frac{1}{2G}d\sigma'_{ij}+\delta_{ij}\,d\varepsilon_{m}=d\varepsilon'^{e}_{ij}$$

$$\Rightarrow d\varepsilon'^{e}_{ij}=\frac{1}{2G}d\sigma'_{ij} \tag{11-228}$$

由以上三式得到 Prandtl-Reuss 方程：

$$d\varepsilon_{ij}=\left(\frac{3}{2}\frac{d\bar{\varepsilon}^{p}}{\bar{\sigma}}\right)\sigma'_{ij}+\frac{1}{2G}d\sigma'_{ij} \tag{11-229}$$

由上式可知，如果 $d\varepsilon_{ij}$ 已知，则应力张量 σ_{ij} 是确定的；但对于理想塑性材料，仍然不能由 σ_{ij} 求得确定的 $d\varepsilon_{ij}$ 值。而对于硬化材料，变形过程每一瞬时的 $d\lambda$ 是定值，因此 Prandtl-Reuss 方程中的 $d\varepsilon_{ij}$ 和 σ_{ij} 之间完全是单值关系。

显然 Prandtl-Reuss 理论要比 Levy-Mises 理论复杂得多，必须借助计算机来求解。

11.5.4 塑性变形的全量理论

在小变形的简单加载过程中应力主轴保持不变，由于各瞬时应变增量主轴和应力主轴重合，所以应变主轴也将保持不变。在这种情况下，对应变增量积分便可得到全量应变。在这种情况下建立塑性变形的全量应变与应力之间的关系称为全量理论，亦称为形变理论。全量理论最早由 H. Hencky（汉基）于 1924 年提出。

(1) 如果是刚塑性材料,且不考虑弹性变形,则可用全量应变 ε_{ij} 代替 Mises 方程中的应变增量,即

$$\varepsilon_{ij} = \lambda\sigma'_{ij} \tag{11-230}$$

也可以写成比例形式和差比形式,并进一步写成广义表达式,式中的

$$\lambda = \frac{3\bar{\varepsilon}^{\mathrm{p}}}{2\bar{\sigma}} \tag{11-231}$$

(2) 如果是弹塑性材料的小变形,则同时要考虑弹性变形。此时,Hencky 方程为

$$\varepsilon'_{ij} = \left(\lambda + \frac{1}{2G}\right)\sigma'_{ij},\quad \varepsilon_{\mathrm{m}} = \frac{1-2\mu}{E}\sigma_{\mathrm{m}} \tag{11-232}$$

其中,第一式表示形状变形,前一项是塑性应变,后一项是弹性应变;第二式表示弹性体积变形。

为便于与广义胡克定律式(11-204) $\varepsilon'_{ij}=\sigma'_{ij}/(2G)$进行比较,令 G' 为塑性切变模量,使得:

$$\frac{1}{2G'} = \lambda + \frac{1}{2G} \tag{11-233}$$

则上述式(11-232)中第一式可写成:

$$\varepsilon'_{ij} = \frac{1}{2G'}\sigma'_{ij} \tag{11-234}$$

这样便与广义胡克定律式(11-204)在形式上是一样的,区别仅在于 G 是材料常数,而 G' 是随变形过程而变的,且:

$$\frac{1}{2G'} = \frac{3}{2}\frac{\bar{\varepsilon}}{\bar{\sigma}},\quad \frac{1}{2G} = \frac{3}{2}\frac{\bar{\varepsilon}^{\mathrm{e}}}{\bar{\sigma}} \tag{11-235}$$

所以,可以把小变形全量理论看成是广义胡克定律在小塑性变形中的推广。

11.6 塑性成形问题求解方法

塑性成形力学解析的最精确的方法,是联立求解塑性应力状态和应变状态的基本方程。对于一般空间问题,在 3 个平衡微分方程和 1 个屈服准则中,共包含 6 个未知数 σ_{ij},属静不定问题。再利用 6 个应力应变关系式(本构方程)和 3 个变形连续性方程(几何条件),共得 13 个方程,包含 13 个未知数(6 个应力分量,6 个应变或应变速率分量,1 个塑性模量),方程式和未知数相等。但这种数学解析法只有在某些特殊情况下才能解,而对一般的空间问题,数学上的精确解极其困难。对于大量实际问题,需进行一些简化和假设来求解。根据简化方法的不同,塑性成形问题的求解方法有下列几种:

(1) 主应力法　从塑性变形体的应力边界条件出发,建立简化的平衡方程和屈服条件,并联立求解,得出边界上的正应力和变形的力能参数,但不考虑变形体内的应变状态。

(2) 滑移线法　假设材料为刚塑性体,在平面变形状态下,塑变区内任一点存在两族正交的滑移线族。根据这一原理结合边界条件可解出滑移线场和速度场,从而求出塑变区内的应力状态和瞬时流动状态,计算出力能参数。

(3) 上限法　从变形体的速度边界条件出发,对塑变区取较大单元,根据极值原理,求出塑变能极小时满足变形连续条件和体积不变条件的动可容速度场,计算出力能参数,但不考虑塑变区内的应力状态是否满足平衡方程。

（4）有限元法 将求解未知场变量的连续变形体划分为有限个单元，单元用节点连接，每个单元内用插值函数作为场变量，插值函数由节点值确定，单元之间的作用由节点传递，建立物理方程，并将全部单元的插值函数集合成整体场变量的方程组，然后进行数值计算，求出变形体内的速度、应变、应力和温度场及力能参数。随着计算机技术的发展，塑性有限元法能计算各种成形工步的各种工艺参数。

（5）板料成形理论 薄板的塑性成形问题常假设沿板的厚度方向的正应力很小，近于零，应力和应变沿厚度方向不变，简化成平面应力状态求解。

由于篇幅有限，本书只介绍主应力法及其应用。对塑性成形问题的其他求解方法感兴趣的读者可查阅相关文献和著作。

11.6.1 主应力法

1. 主应力法的概念

主应力法又称切块法、平截面法、初等解析法或工程法，是一种近似的解析法，它通过对物体应力状态所作的一些简化假设，建立以主应力表示的简化平衡方程和塑性条件，联立求解得接触面上的应力大小和分布。

2. 主应力法的基本要点

（1）把问题简化为轴对称问题或平面问题。对于形状复杂的变形体，必须将其分为几块，在每一块上可以按平面问题或轴对称问题处理。

（2）根据金属流动方向，沿变形体整个截面切取单元体，切面上的正应力假定为主应力且均匀分布，由此建立的该单元体的平衡方程为一常微分方程。

（3）在列出该单元体的塑性条件时，通常假设接触面上的正应力为主应力，即忽略了摩擦应力的影响，从而使塑性条件简化。

3. 主应力法的适用范围和特点

主应力法的数学演算比较简单。凡是可以简化为平面问题或轴对称问题的塑性成形问题都可以很方便地应用主应力法进行分析求解，通过求解接触面上的应力分布，进而求出变形力和变形功。除此之外，还可用来解决某些变形问题，如计算环形毛坯镦粗时和垫环间镦粗时的中性层位置等。从所得的数学表达式中，可以看出各有关参数（如摩擦系数、变形体几何尺寸、模孔角度等）的影响。

但主应力法只能确定接触面上的应力大小和分布。计算结果的准确性和所作假设与实际情况的接近程度有关。

11.6.2 主应力法的应用——长矩形板镦粗时的变形力和平均压力

假设矩形板长度 l 远大于高度 h 和宽度 a，故可近似地认为坯料沿长度方向的变形为零，即当作平面应变问题处理。

（1）在垂直于 x 轴方向上切取一单元体，厚度 $\mathrm{d}x$。假定两个切面上分别作用着均匀分布的主应力 σ_2 和 $\sigma_2+\mathrm{d}\sigma_2$，与工具接触的面上作用着主应力 σ_1。如图 11-33 所示。

（2）假定接触面上的切应力 τ 服从库仑摩擦定律，即

$$\tau = k\sigma_1 \tag{11-236}$$

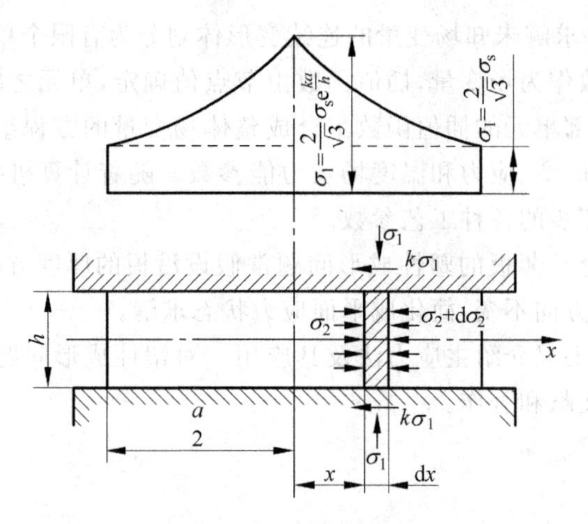

图 11-33 平面镦粗时作用在单元体上的应力分量

式中，k 为摩擦系数。

(3) 列出单元体的静力平衡方程式：

$$\sum F_x = \sigma_2 lh - (\sigma_2 + d\sigma_2)lh - 2k\sigma_1 l dx = 0 \tag{11-237}$$

整理后得

$$d\sigma_2 = -\frac{2k}{h}\sigma_1 dx \tag{11-238}$$

(4) 列出塑性条件。根据平面应变假设：

$$\varepsilon_z = \varepsilon_3 = 0 \tag{11-239}$$

可以推出：

$$\sigma_z = \sigma_3 = \frac{1}{2}(\sigma_1 + \sigma_2) \tag{11-240}$$

代入到 Mises 屈服准则中：

$$\sigma_s^2 = \frac{1}{2}[(\sigma_1 - \sigma_2)^2 + (\sigma_2 - \sigma_3)^2 + (\sigma_3 - \sigma_1)^2]$$

$$\Rightarrow \sigma_s^2 = \frac{3}{4}(\sigma_1 - \sigma_2)^2 \tag{11-241}$$

微分后得

$$d\sigma_s = 0 \Rightarrow d\sigma_2 = d\sigma_1 \tag{11-242}$$

(5) 联立解平衡方程式和塑性条件。将式(11-242)代入式(11-238)，得

$$\frac{d\sigma_1}{\sigma_1} = -\frac{2k}{h}dx \tag{11-243}$$

积分后得

$$\ln\sigma_1 = -\frac{2k}{h}x + \ln C \Rightarrow \sigma_1 = Ce^{\frac{-2k}{h}x} \tag{11-244}$$

(6) 利用边界条件确定积分常数 C。当 $x = a/2$ 时 $\sigma_2 = 0$(自由表面)，故由 Mises 屈服准则得

$$\sigma_1 = \frac{2}{\sqrt{3}}\sigma_s \tag{11-245}$$

代入式(11-244)得

$$C=\frac{2}{\sqrt{3}}\sigma_s e^{\frac{ka}{h}} \tag{11-246}$$

再将 C 值代回式(11-244)得

$$\sigma_1=\frac{2}{\sqrt{3}}\sigma_s e^{\frac{2k}{h}\left(\frac{a}{2}-x\right)} \tag{11-247}$$

至此就求出了接触面上压应力 σ_1 的分布,如图 11-33 所示。

(7) 求变形力 F 和单位流动压力(平均压力)p:

$$F=\int_A \sigma_1 \mathrm{d}A \tag{11-248}$$

$$p=\frac{F}{A}=\frac{\int_A \sigma_1 \mathrm{d}A}{la} \tag{11-249}$$

上述求解过程采用的是库仑摩擦条件。但实际塑性镦粗时接触面上的摩擦情况较为复杂,通常存在几种摩擦条件,因此求接触面上的压力分布时需分区考虑。

习　题

1. 设在物体中某一点的应力张量为 $\sigma_{ij}=\begin{bmatrix}0 & 10 & 20\\ 10 & 20 & 0\\ 20 & 0 & 10\end{bmatrix}$ MPa,求作用在此点的平面 $x+3y+z=1$ 上的应力向量(设外法线为离开原点的方向),求应力向量的法向与切向分量。

2. 物体中某一点的应力分量(相对于直角坐标系 $Oxyz$)为 $\sigma_{ij}=\begin{bmatrix}10 & 0 & 10\\ 0 & -10 & 0\\ -10 & 0 & 10\end{bmatrix}$ MPa,求不变量 I_1,I_2,I_3、主应力、应力偏量不变量 I_1',I_2',I_3'。

3. 已知物体中某一点的应力张量为 $\sigma_{ij}=\begin{bmatrix}100 & 0 & 150\\ 0 & 200 & -150\\ 150 & -150 & 0\end{bmatrix}$ MPa,试将其分解为球形张量和应力偏量,并计算应力偏量的第二不变量。

4. 已知薄壁圆筒受拉应力 $\sigma_z=\sigma_s/2$ 作用,若使用 Mises 屈服准则,试求屈服时扭转应力为多少?并求出此时塑性应变增量的表达式。

5. 单元体的应力状态如图 11-34 所示,若 $\sigma_x=100$MPa,$|\tau_{xy}|=50$MPa 已知,求主应力的大小及主平面的位置。

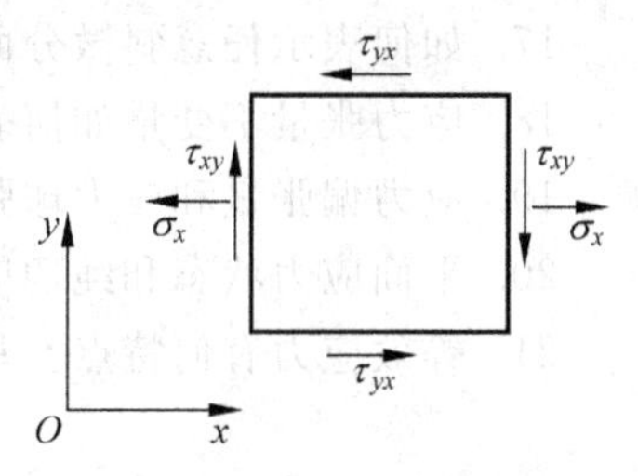

图 11-34 平面应力状态

6. 某点应力分量为 $\sigma_{ij}=\begin{bmatrix}100 & 40 & -20\\ 40 & 50 & 30\\ -20 & 30 & -10\end{bmatrix}$ MPa,试求该点中主应力的大小和方向,同时计算主切应力的大小。

7. 一点的应力分量 $\sigma_{ij}=\begin{bmatrix}10 & 10 & 0\\10 & 20 & 10\\0 & 10 & 10\end{bmatrix}$ MPa，求主应力。

8. 一点的应力分量 $\sigma_{ij}=\begin{bmatrix}30 & 0 & 0\\0 & 40 & 10\sqrt{3}\\0 & 10\sqrt{3} & 60\end{bmatrix}$ MPa，求主应力。

9. 平面应变 $\varepsilon_x=-140\times10^{-6}$，$\varepsilon_y=-500\times10^{-6}$，$\gamma_{xy}=-360\times10^{-6}$，求主应变及其方向，并画出应变莫尔圆及单元体示意图。

10. 已知如下两组位移分量：

$$\left.\begin{aligned}u&=a_1+a_2x+a_3y\\v&=a_4+a_5x+a_6y\\w&=0\end{aligned}\right\},\quad \left.\begin{aligned}u&=a_1+a_2x+a_3y+a_4x^2+a_5xy+a_6y^2\\v&=a_7+a_8x+a_9y+a_{10}x^2+a_{11}xy+a_{12}y^2\\w&=0\end{aligned}\right\}$$

式中，$a_i(i=1,2,\cdots,12)$均为常数，试求应变分量 ε_{ij}。

11. 某一应变状态的应变分量 $\gamma_{xy}=\gamma_{yz}=0$，此条件是否能说明 $\varepsilon_x,\varepsilon_y,\varepsilon_z$ 中之一为主应变？

12. 若物体内 x 方向的应变为 ε，y 方向的应变为 $-\varepsilon$，z 方向的应变为 0，试求与 x 轴成 $\pm45°$方向上的切应变。

13. 一薄壁圆管承受拉扭的复合载荷作用而屈服，如图 11-35 所示，管壁受均匀的拉应力 σ 和剪切应力 τ 的作用，试写出此情况下的 Tresca 和 Mises 屈服条件。

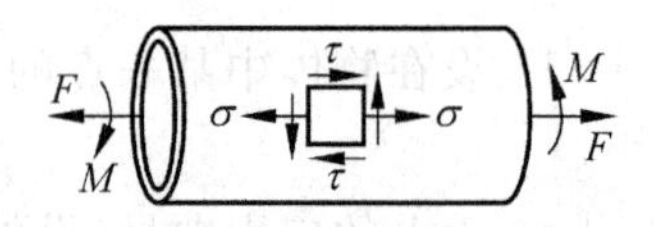

图 11-35 受拉扭复合作用的薄壁圆管

14. 已知半径为 50mm、厚为 3mm 的薄壁圆管，保持 $\tau_{r\theta}/\sigma_z=1$，材料拉伸屈服极限为 400MPa，试求此圆管屈服时的轴向载荷 P 和扭矩 M_s。

15. 已知三个主应力如下表所示情况时，试求塑性应变 $d\varepsilon_1^p,d\varepsilon_2^p,d\varepsilon_3^p$ 的表达式。

主应力 \ 情况	1	2	3	4	5	6	7
σ_1	2σ	σ	0	σ	0	0	σ
σ_2	σ	0	$-\sigma$	0	$-\sigma$	0	σ
σ_3	0	σ	-2σ	0	$-\sigma$	$-\sigma$	0

16. 什么叫张量？张量有什么性质？

17. 如何表示任意斜微分面上的应力？

18. 应力张量不变量如何表达？

19. 应力偏张量和应力球张量的物理意义是什么？

20. 平面应力状态和纯切应力状态有何特点？

21. 等效应力有何特点？写出其数学表达式。

22. 已知受力物体内一点的应力张量为 $\sigma_{ij}=\begin{bmatrix}50 & 50 & 80\\50 & 0 & -75\\80 & -75 & -30\end{bmatrix}$ MPa，试求外法线方向

余弦为 $l=m=\frac{1}{2}, n=\frac{1}{\sqrt{2}}$ 的斜切面上的全应力、正应力和切应力。

23. 已知受力体内一点的应力张量分别为

$$\sigma_{ij}=\begin{bmatrix}10 & 0 & -10\\ 0 & -10 & 0\\ -10 & 0 & 10\end{bmatrix}\text{MPa},\quad \sigma_{ij}=\begin{bmatrix}0 & 172 & 0\\ 172 & 0 & 0\\ 0 & 0 & 100\end{bmatrix}\text{MPa},$$

$$\sigma_{ij}=\begin{bmatrix}-7 & -4 & 0\\ -4 & -1 & 0\\ 0 & 0 & -4\end{bmatrix}\text{MPa},$$

(1) 画出该点的应力单元体。

(2) 求出该点的应力张量不变量、主应力及主方向、主切应力、最大切应力、等效应力、应力偏张量和应力球张量。

(3) 画出该点的应力莫尔圆。

24. 某受力物体内应力场为：$\sigma_x=-6xy^2+c_1x^3$，$\sigma_y=-3c_2xy^2/2$，$\tau_{xy}=-c_2y^3-c_3x^2y$，$\sigma_z=\tau_{yz}=\tau_{zx}=0$，试从满足平衡微分方程的条件中求系数 c_1，c_2，c_3。

25. 陈述下列术语的物理含义：位移、位移分量、线应变、工程切应变、对数应变、主应变、主切应变、最大切应变、应变张量不变量、等效应变、应变增量、应变速率、位移速度。

26. 如何完整地表示受力物体内一点的应变状态？

27. 应变偏张量和应变球张量代表什么物理意义？

28. 小应变几何方程和变形协调方程各如何表示？它们有何意义？

29. 速度分量、位移增量、应变增量和应变速率增量是如何定义的？

30. 对数应变有何特点？它与相对线应变有何关系？

31. 平面应变状态、轴对称应力状态各有什么特点？

32. 设一物体在变形过程中某一极短时间内的位移为 $u=(20+0.2xy+0.1z)\times10^{-3}$，$v=(10-0.1x+0.2yz)\times10^{-3}$，$w=(20-0.2xyz)\times10^{-3}$，试求：点 $A\ (1,1,-1)$ 的应变分量、应变球张量、应变偏张量、主应变、等效应变。

33. 试判断下列应变场能否存在？

(1) $\varepsilon_x=xy^2$，$\varepsilon_y=x^2y$，$\varepsilon_z=xy$，$\gamma_{xy}=0$，$\gamma_{yz}=0.5(z^2+y)$，$\gamma_{zx}=0.5(x^2+y^2)$；

(2) $\varepsilon_x=x^2+y^2$，$\varepsilon_y=y^2$，$\varepsilon_z=0$，$\gamma_{xy}=xy$，$\gamma_{yz}=\gamma_{zx}=0$。

34. 解释下列概念：条件应力、真实应力、Tresca 屈服准则、Mises 屈服准则、屈服轨迹、π 平面、等向强化。

35. 理想塑性材料两个常用的屈服准则的物理意义如何？中间主应力对屈服准则有何影响？

36. 某理想塑性材料的屈服点为 $\sigma_s=100$MPa，试分别用 Tresca 及 Mises 屈服准则判断下列应力状态处于什么状态(是否存在、弹性或塑性)？

$$\begin{bmatrix}100 & 0 & 0\\ 0 & 0 & 0\\ 0 & 0 & 100\end{bmatrix}\text{MPa},\ \begin{bmatrix}150 & 0 & 0\\ 0 & 50 & 0\\ 0 & 0 & 50\end{bmatrix}\text{MPa},\ \begin{bmatrix}120 & 0 & 0\\ 0 & 10 & 0\\ 0 & 0 & 0\end{bmatrix}\text{MPa},\ \begin{bmatrix}50 & 0 & 0\\ 0 & -50 & 0\\ 0 & 0 & 0\end{bmatrix}\text{MPa}。$$

37. 一薄壁管(参见图 11-32)，内径 $\phi80$mm，壁厚 4mm，承受内压 p，材料屈服点为 $\sigma_s=$

200MPa，现忽略管壁上的径向应力(即设 $\sigma_\rho=0$)。试用两个屈服准则分别求出下列情况下管子屈服时的 p：(1)管子两端自由；(2)管子两端封闭；(3)管子两端加 100kN 的压力。

38. 解释下列概念：简单加载、增量理论、全量理论。

39. 塑性应力应变曲线有何特点？为什么说塑性变形时应力和应变之间的关系与加载历史有关？

40. 已知塑性状态下某质点的应力张量为 $\sigma_{ij}=\begin{bmatrix}-50 & 0 & 5\\ 0 & -150 & 0\\ 5 & 0 & -350\end{bmatrix}$ MPa，应变增量 $d\varepsilon_x=0.1\delta$ (δ 为一无限小)。试求应变增量的其余分量。

41. 某塑性材料，屈服应力为 $\sigma_s=150$MPa，已知某质点的应变增量为 $d\varepsilon_{ij}=\begin{bmatrix}0.1 & 0.05 & -0.05\\ 0.05 & 0.1 & 0\\ -0.05 & 0 & -0.2\end{bmatrix}\delta$ (δ 为一无限小)，平均应力为 $\sigma_m=50$MPa，试求该点的应力状态。

42. 有一薄壁管，材料的屈服应力为 σ_s，承受拉力和扭矩的联合作用而屈服。现已知轴向正应力分量 $\sigma_z=\sigma_s/2$，试求切应力分量 $\tau_{z\theta}$ 以及应变增量各分量之间的比值。

43. 已知两端封闭的长薄壁管，半径为 r，壁厚为 t，受内压 p 作用而引起塑性变形，材料各向同性，忽略弹性变形，试求周向、轴向、径向应变增量之间的比值。

参考文献

[1] 李言祥，吴爱萍. 材料加工原理[M]. 北京：清华大学出版社，2005.
[2] 吴德海，任家烈，陈森灿. 近代材料加工原理[M]. 北京：清华大学出版社，1997.
[3] 刘全坤. 材料成型基本原理[M]. 2 版. 北京：机械工业出版社，2010.
[4] 陈平昌，朱六妹，李赞. 材料成型原理[M]. 北京：机械工业出版社，2002.
[5] 汪大年. 金属塑性成型原理[M]. 北京：机械工业出版社，1982.
[6] 陈金德. 材料成型工程[M]. 陕西：西安交通大学出版社，2000.
[7] 钟春生，韩静涛. 金属塑性变形力计算基础[M]. 北京：冶金工业出版社，1994.
[8] 杨雨甡，曹桂荣，阮中燕，等. 金属塑性成型力学原理[M]. 北京：北京工业大学出版社，1999.

12 粉末冶金原理

12.1 概　述

粉末冶金是由粉末制备、粉末成形、高温烧结以及加工热处理等过程组成的材料制备加工技术。实际上，在相关技术的背后有更多的热力学、力学及动力学的基本原理。粉末冶金法与生产陶瓷有相似的地方，因此也叫金属陶瓷法。事实上，早在公元前 3000 年，古埃及人就已学会使用铁粉；公元 300 年，印度人已采用还原铁粉制造“德里柱”，但与粉末冶金相关的系统工程技术则逐渐成熟于 18 世纪。近代粉末冶金的历史可追溯到 Coolidge 为爱迪生提供钨粉制造持久耐用的钨灯丝。到 19 世纪 40 年代，利用粉末冶金方法已可以制造出一些难熔金属及稀贵金属材料及合金。如今，粉末冶金技术已经拓展到了航空航天、交通运输、能源、化工及生物医疗等各个领域。如图 12-1 所示为几种典型的粉末冶金制品。

图 12-1　几种典型粉末冶金制品

从材料加工的角度看，粉末冶金技术具有其他技术不可替代的特性，图 12-2 表示了粉末冶金技术的独特优点。很多工业品形状复杂，不可能通过冷加工的方式成形，也很难通过铸造的方式成形，而通过粉末冶金途径则可实现异形产品的低成本量产。还有些特殊的材料如高熔点金属或合金、反应活性非常高的混合原料，无法在熔融温度下加工成形，但可以在较低温度下通过粉末冶金方法实现。此外，像自润滑轴承之类的多孔合金材料、依靠陶瓷粉末弥散强化的合金材料等这些具有独特特性的产品也只有通过粉末冶金工艺才能实现规模化生产。

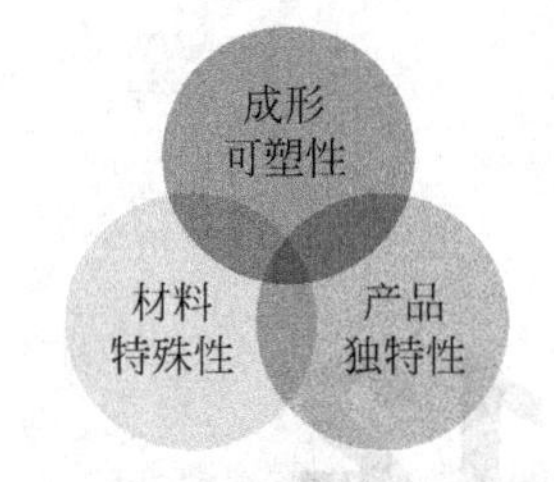

图 12-2 粉末冶金技术主要特点

传统的粉末冶金技术发展到今天，已经形成了较成熟的工艺流程(如图 12-3 所示)。从粉末的制备、成形、烧结及后处理都已具备了良好的工艺及理论基础。目前，国际上粉末冶金最大的市场应该是粉末冶金结构零件，而汽车制造行业又是粉末冶金结构零件的主要市场，所占比例达到 70%～80%。随着科技的发展，尤其是新材料加工技术如 3D 打印技术(增材制造)、新材料如非晶材料和各种纳米材料的出现，对粉末冶金技术的发展都提出了新的要求和挑战，但传统的粉末制备、成形及烧结的基本原理仍然是粉末冶金技术发展的基石。

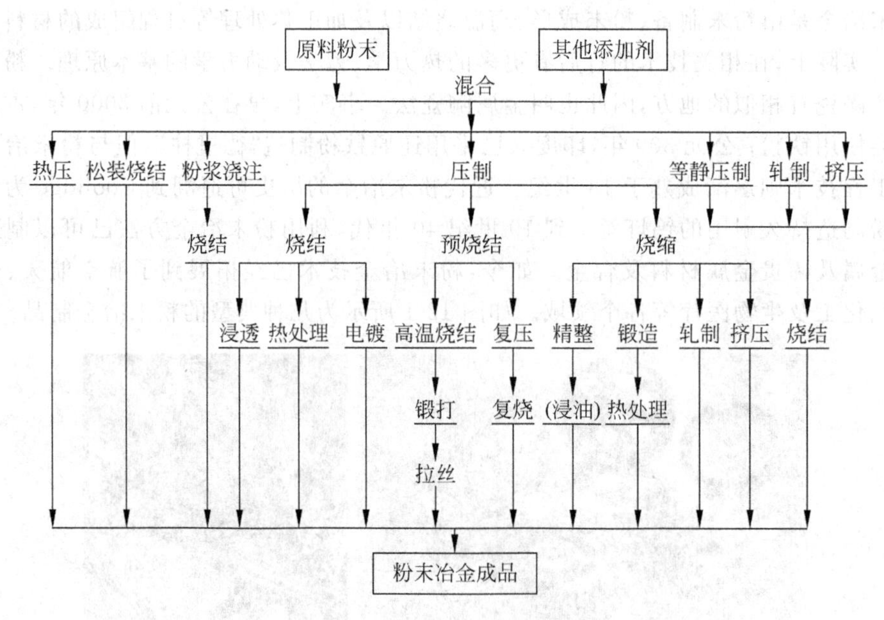

图 12-3 粉末冶金工艺典型流程

12.2 粉末的制备及表征

12.2.1 粉末的制备

几乎所有的粉末冶金过程都始于粉末，而目前几乎所有的材料都可以加工成粉末。粉末可以粗略定义为粒径在 1mm 以下的颗粒，不同的材料适于采用不同的方法制备粉体，但可以归纳为从气态到固态、从液态到固态及从固态到固态的转变，对应的制粉方法分别为：①基于气—固转变的方法，如蒸气冷凝法、热离解法、气相氢还原法及化学气相沉积法等；

②基于液—固转变的方法，如雾化法、置换法、溶液氢还原法、水溶液电解法、熔盐电解法等；③基于固—固转变的方法，如机械粉碎法、电化学腐蚀法、还原法、还原-化合法、高温反应合成法等。但从实际工业规模看，目前应用最广泛的还是机械粉碎法、金属氧化物还原法、雾化法和电解法等。

1）机械粉碎法

对于脆性材料，最常用的制粉方法即为机械粉碎法。它是依靠碾压、碰撞、冲击和磨削等作用，将粗颗粒金属或合金机械地粉碎成细小粉体颗粒的过程。影响机械粉碎的因素包括球磨筒的转速、装球量、球料比、球的大小/材质、研磨介质以及被研磨物料的性质等。相比之下，球磨筒转速是最重要的影响因素之一。

由图 12-4 可见，转速过低时物料和磨球不随球磨筒运动，上升至较低高度即泻落，物料和料筒之间只有轻度的摩擦，破碎效果有限。球磨筒转速达到某一速度即所谓临界速度时，磨球和物料随球磨筒同步运动，则失去了球磨粉碎作用。但在合适的转速下，球与物料一起随着球磨筒转动，升至一定高度时重力影响超过离心力，则球与物料一起抛落，此时除了磨球与物料之间的摩擦外，具有一定初速度的混合物与料筒之间有很强的冲击作用，这时破碎效果最好。因此，对采用球磨筒的机械破碎而言，临界转速是个重要参数。为简化起见，假设球磨筒内仅有一个磨球，磨球直径相对球磨筒可忽略且不考虑摩擦力及相对滑动。这样，当料筒转动时可将问题简化为重力 G 与离心力 P 之间的相互作用，如图 12-5 所示。假设 A 点为脱离点，即在 A 点重力与离心力达到平衡：

$$P = ma = \frac{G}{g} \cdot \frac{v^2}{R} = G\cos\alpha \tag{12-1}$$

其中，m 为磨球质量；a 为加速度；R 为球磨筒半径；v 为线速度。

$$v = \frac{2\pi Rn}{60} = \frac{\pi Rn}{30} \tag{12-2}$$

式中，n 为转速，r/min。

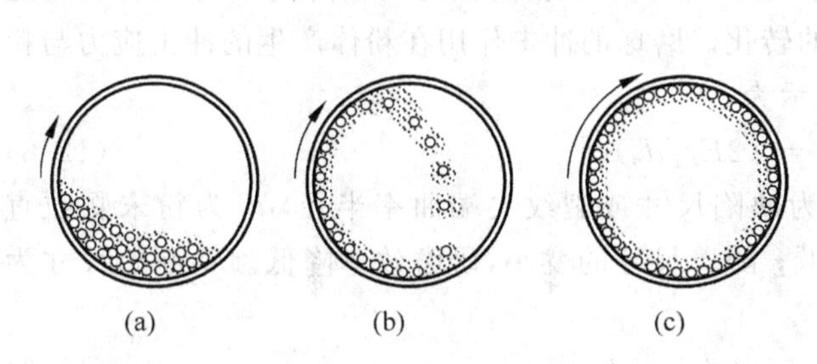

图 12-4 球磨筒不同转速下球和物料的典型状态

(a) 低转速；(b) 适宜转速；(c) 临界转速

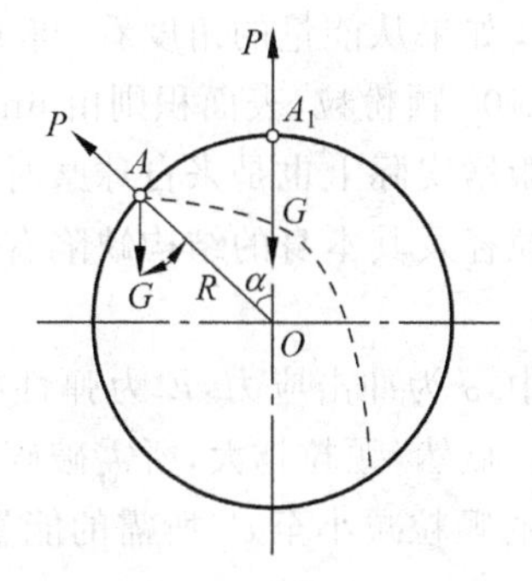

图 12-5 磨球受力示意图

由式(12-1)、式(12-2)可得

$$\cos\alpha = \frac{v^2}{gR} \tag{12-3}$$

即

$$\cos\alpha = \frac{\pi^2 R n^2}{g \cdot 30^2} \tag{12-4}$$

将 $g=9.8\text{m/s}^2$ 代入式(12-4)，即可得：

$$\cos\alpha \approx \frac{n^2 R}{900} \tag{12-5}$$

由式(12-5)可见，球上升的高度与转速 n 及球磨筒的半径 R 有关，而与球的质量无关，如果转速大到一定程度使 A 点移到 A_1 点，磨球将和料筒一起回转不再抛落，此时 $\alpha=0°$，则可得临界转速为

$$n_{临界} = \frac{30}{\sqrt{R}} = \frac{42.4}{\sqrt{D}}(转/分) \tag{12-6}$$

式中，D 为球磨筒直径，m；实际工作时，磨球在料筒中抛落时粉碎效果最好。实践证明，工作转速 $n_{工}=(0.70\sim0.75)n_{临界}$ 时，球体发生抛落为主，可以破碎较粗且性脆的物料；$n_{工}=0.60n_{临界}$ 时，球体以滚动为主，可以用来研磨较细的物料；$n_{工}<0.60n_{临界}$ 时，球体以滑动为主。

除了球磨筒的转速外，装球量也是一个重要影响因素。装球量的多少是随着球磨筒的容积而变化的，装球体积与球磨筒体积之比为装填系数。一般球磨机的装填系数以0.4～0.5为宜，随着转速的增大可略有增加。此时装料量应该以填满球间的间隙并稍微掩盖住球的表面为原则。为提高破碎效率，球的大小搭配也很重要，球的直径 d 按照一定的范围选择，即：$d\leqslant(1/18\sim1/24)D$。

被破碎物料的性质对研磨过程也有很大的影响，有研究指出物料的粉碎遵循如下规律：

$$\ln\frac{S_m - S_0}{S_m - S} = kt \tag{12-7}$$

式中，k 为分散速度常数，t 为研磨时间，S_m 为物料极限研磨后的比表面积，S_0 为研磨前的比表面积，S 为物料研磨后的比表面积。由于物料存在极限研磨大小，所以一般研磨时间不超过100h。当然，研磨介质在实际破碎过程中也需要考虑，可以根据物料需要采用惰性气体保护、可以采用液相介质如酒精、丙酮、水等，不仅可以提高破碎效果，还可以改善劳动环境。

如果从能量的角度看，将 1m^3 的金属变成 $1\mu\text{m}$ 的粉料，若粉料均为球形，则可以获得近 2×10^{18} 颗粉粒，表面积则由 6m^2 变成了约 $6\times10^6\text{m}^2$。表面积的大幅升高所对应的表面能的激增实际上也是来自球磨时机械能的转化。磨球的冲击作用在粉体产生的冲击应力与粉末粒径及其本身的结构缺陷有关，可表示为

$$\sigma = (2E\gamma/d_p)^{1/2} \tag{12-8}$$

式中，σ 为冲击应力，E 为弹性模量，γ 为缺陷尺寸或裂纹尖端曲率半径，d_p 为粉末颗粒直径。显然，颗粒越大，所需破碎应力越低；随着尺寸的变小，研磨效率降低。将原始尺寸为 d_{pi} 的颗粒减小至 d_{pf} 所需的能量 W 为

$$W = c(d_{pf}^{-a} - d_{pi}^{-a}) \tag{12-9}$$

式中，c 为与被研磨粉料、球体尺寸、球磨方式及球磨筒形状相关的常数，指数 a 在1～2之间。实际球磨过程中，只有少部分机械能转变为粉末表面能，研磨噪声和发热会消耗大量的能量，同时粉末本身也会发生加工硬化、冷焊、形状变化及引入杂质等现象。因此为提高机械破碎效率，在粉末冶金行业也开发了振动球磨、搅动球磨等强化研磨的方式。

2）雾化法

雾化法就是利用高速气流或高压水流打碎熔融流动的金属液获得细小液滴并凝固成固

体粉末的方法。尽管雾化法也属于机械制粉法，但其又不同于一般的固体机械破碎法，雾化法只需要克服液体金属原子间的键合力就能使之分散成粉末，因而其所消耗的能量远低于普通的固体机械破碎法。除了相对节能之外，雾化法的特点之一是可以生产较为规则的球形粉末，如制取铅、锡、锌、铜、镍、铁等金属粉末，还可以制备黄铜、青铜、高速钢、不锈钢等合金粉末。特点之二是可以通过调控冷却介质获得非平衡态的材料如非晶粉末。另一个特点是过程复杂性，因为高速气流或水流既是金属液流的破碎动力来源，也是冷却剂，因此与金属液之间既有动量交换，也有热量交换，有些还有化学反应发生，所以液体金属的黏度和表面张力在雾化和冷却过程中不断发生变化，很难实时跟踪研究。

雾化法包括：①二流雾化法，分气体雾化和水雾化(图 12-6)；②离心雾化法，分旋转水流雾化、旋转电极雾化和旋转坩埚雾化等；③其他雾化法，如转辊雾化法、真空雾化和油雾化等。

气雾化制备金属粉末的过程如图 12-7 所示。金属液流在气流作用下，可分为四个区域：①负压紊流区，在喷嘴中心孔下方形成负压紊流层，在气流的振动下金属液流以不稳定的波浪状向下流动，分散成很多细纤维束，细纤维束则有形成液滴的趋势。②原始液滴形成区，在气流的冲刷下，从金属液流柱或纤维束的表面不断分裂出很多液滴。③有效雾化区，可以视为环形气流的聚焦点位置，气流动能大，可以将原始液滴进一步强烈击碎成更小的液滴。④冷却凝固区，形成的液滴颗粒分散开，并最终凝结成粉末颗粒。

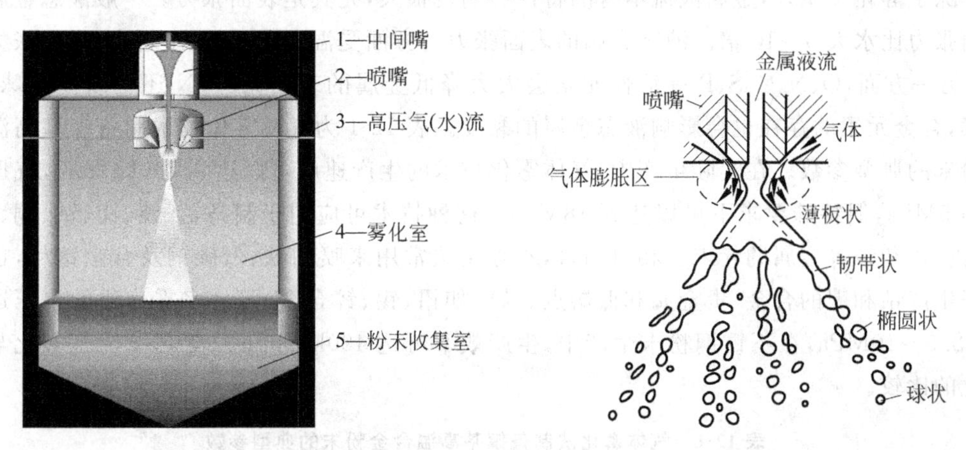

图 12-6 气体(或水)雾化法示意图　　图 12-7 气雾化时金属粉末形成过程示意图

雾化过程的影响因素很多，既取决于气流和金属之间的动力交互作用，也取决于金属液流本身的表面张力和运动黏度。当气流相对于金属液流的速度达到某一临界速度 $v'_{临}$ 时，破碎过程开始；当相对速度达到第二临界速度 $v''_{临}$ 时，液滴分开形成细小颗粒。基于流体力学原理，液滴破碎准数 D 与临界速度有一定关系(如式(12-10)所示)：

$$D=\frac{\rho v^2 d}{\gamma} \tag{12-10}$$

$$v'_{临}=\sqrt{\frac{10\gamma}{\rho d}} \tag{12-11}$$

$$v''_{临}=\sqrt{\frac{14\gamma}{\rho d}} \tag{12-12}$$

式中，ρ 为气体密度，g/cm^3；v 为气体对液滴的相对速度，单位为 m/s；d 为金属液滴的直径，μm；γ 为金属的表面张力，单位为 10^{-5}N/cm。已有研究表明，当 $D=10$、$D=14$ 时可分别得到第一、第二临界速度（如式(12-11)、式(12-12)）。而气体流动性本身又取决于雷诺数 Re，因此气流速度不仅受压力影响，也受喷嘴喷管的形状和尺寸影响，如式(12-13)所示。

$$Re=\frac{vd_{当量}}{\nu_{气}} \tag{12-13}$$

式中，v 为气流对液流的相对速度，m/s；$d_{当量}$ 为喷嘴环缝的当量直径，m；$\nu_{气}$ 为气体的运动黏度系数，m^2/s。

以制铜粉为例，要得到粒径约 300μm 的铜粉，气流的第二临界速度要达到 200m/s；要使粒径减小到 100μm，第二临界速度则要达到 245m/s。如需达到更高的速度，则需要结合喷嘴的设计如先收缩后扩张的拉瓦尔型喷嘴。同时还应控制气流温度，温度越高，所需的临界速度越高。

用水做雾化介质机理相似，但与气体相比有一些特点，如：水的比热容比气体大很多，对金属液滴的冷却能力强，这样液滴的表面张力来不及促使液滴成球，因此水雾化时多得到不规则颗粒；相反，气体雾化容易得到球形粉末。同时由于冷却速度快，粉末表面的氧化大大减少。

除了雾化介质外，金属液流本身的特性影响也很大，尤其是表面张力。一般液态金属的表面张力比水大 5～10 倍。液态金属的表面张力一方面受温度影响，温度越高，表面张力越低；另一方面，O、N、C、S、P 等活性元素会大大降低金属的表面张力，N 还可以促进球化。当然，合金元素的存在也会影响液态金属的黏度。表 12-1 为气体雾化技术制备镍基高温合金粉末的典型参数。在实际生产中，气体雾化技术的生产速度可以达到 100kg/min，气压一般为 5MPa，但特殊要求下可以达到 18MPa。这种技术可应用于制备铝、镍、镁、钴、铜、铁、金、锡、锌和铍等金属的粉末。相对而言，水雾化法常用来喷制铁、低碳钢及合金钢粉，也可用来生产钴和镍的合金、贵金属和低熔点金属（如铅、锡、锌合金）等。水雾化法的水压通常为 12.5～10MPa，在不锈钢粉末生产中，生产效率可达 400kg/min。表 12-2 为气雾化与水雾化的比较。

表 12-1 气体雾化法制备镍基高温合金粉末的典型参数

参数	条件
合金熔点	1400℃
熔化温度	1550℃
雾化气体	氩气
气体压力	2MPa
气体流动率	8m^3/min
气体喷出喷嘴速率	100m/s
气体与熔体冲击角度	40°
金属流动速率	20kg/min
粉末平均粒径	120μm

表 12-2 气雾化与水雾化法制粉比较

特　征	气雾化	水雾化
粒度/μm	100	150
颗粒形状	球形	不规则
团聚性	部分	轻度
视密度/%	55	35
冷却速率/(K/s)	10^4	10^5
偏析现象	轻微	可忽略
氧含量/10^{-6}	120	3000
流体压力/MPa	3	14
流体速度/(m/s)	100	100
生产效率	低	高

3）还原法

这里主要指还原金属氧化物以生产金属粉末的方法。采用固体炭或氢气还原可以制取铁、钨、钼、铜、钴、镍等粉末；采用钠、钙、镁等金属作为还原剂，可以制取钽、铌、钛、锆、铀等稀有金属粉末。若采用还原-化合法还可以制取碳化物、硼化物、硅化物、氮化物等难熔化合物粉末。用甲醛、水合肼可以还原水溶液中的铜、镍等金属离子，制取铜粉、镍粉或包覆粉末。

不同的金属氧化物采用何种物质还原须遵照热力学的基本规律。对于一般的还原反应，可以用下面的化学方程式表示：

$$MeO + X = Me + XO \tag{12-14}$$

式中，Me、MeO 为金属、金属氧化物；X、XO 为还原剂、还原剂氧化物。上述反应也可以拆解为金属氧化物和还原剂氧化物的生成-离解反应：

$$2Me + O_2 = 2MeO \tag{12-15}$$

$$2X + O_2 = 2XO \tag{12-16}$$

由于不同原子与氧原子之间的结合能不一样，生成的氧化物的稳定性也不大一样，可用氧化物标准生成自由能来衡量。上述反应的标准吉布斯自由能与平衡常数的关系为

$$\Delta G^{\ominus} = -RT\ln K_p \tag{12-17}$$

式中，K_p 为反应平衡常数，R 为气体常数，T 为温度。

根据热力学基本原理，化学反应在等温等压条件下，只有系统自由能减小的过程才能自动进行，假设金属、还原剂及其氧化物均为固体状态，则金属和还原剂的氧化物的生成自由能分别为：

$$\Delta G^{\ominus}_{MeO} = -RT\ln K_{p(MeO)} = -RT\ln(1/p_{O_2(MeO)}) = RT\ln p_{O_2(MeO)} \tag{12-18}$$

$$\Delta G^{\ominus}_{XO} = -RT\ln K_{p(XO)} = -RT\ln(1/p_{O_2(XO)}) = RT\ln p_{O_2(XO)} \tag{12-19}$$

式(12-14)可以看成(式(12-16)－式(12-15))/2 所得，因而式(12-14)的反应若能发生，则其吉布斯自由能变化可表示为

$$\Delta G^{\ominus} = [\Delta G^{\ominus}_{XO} - \Delta G^{\ominus}_{MeO}]/2 < 0 \tag{12-20}$$

即

$$\Delta G^{\ominus}_{XO} < \Delta G^{\ominus}_{MeO}, \quad p_{O_2(XO)} < p_{O_2(MeO)}$$

因此发生还原反应的必要条件为：金属氧化物的离解压 $p_{O_2(MeO)}$ 必须大于还原剂氧化

物的离解压 $p_{O_2(XO)}$，也即还原剂对氧的化学亲和力要大于金属对氧的化学亲和力，或还原剂的化学性质比被还原的金属活泼。如果以 1mol 氧气为基准，生成金属氧化物的吉布斯自由能 $\Delta G^{\ominus}$ 为纵坐标，以温度 T 为横坐标，将各种金属氧化物生成吉布斯自由能变化集中在图 12-8 中，则可以发现一些基本规律：

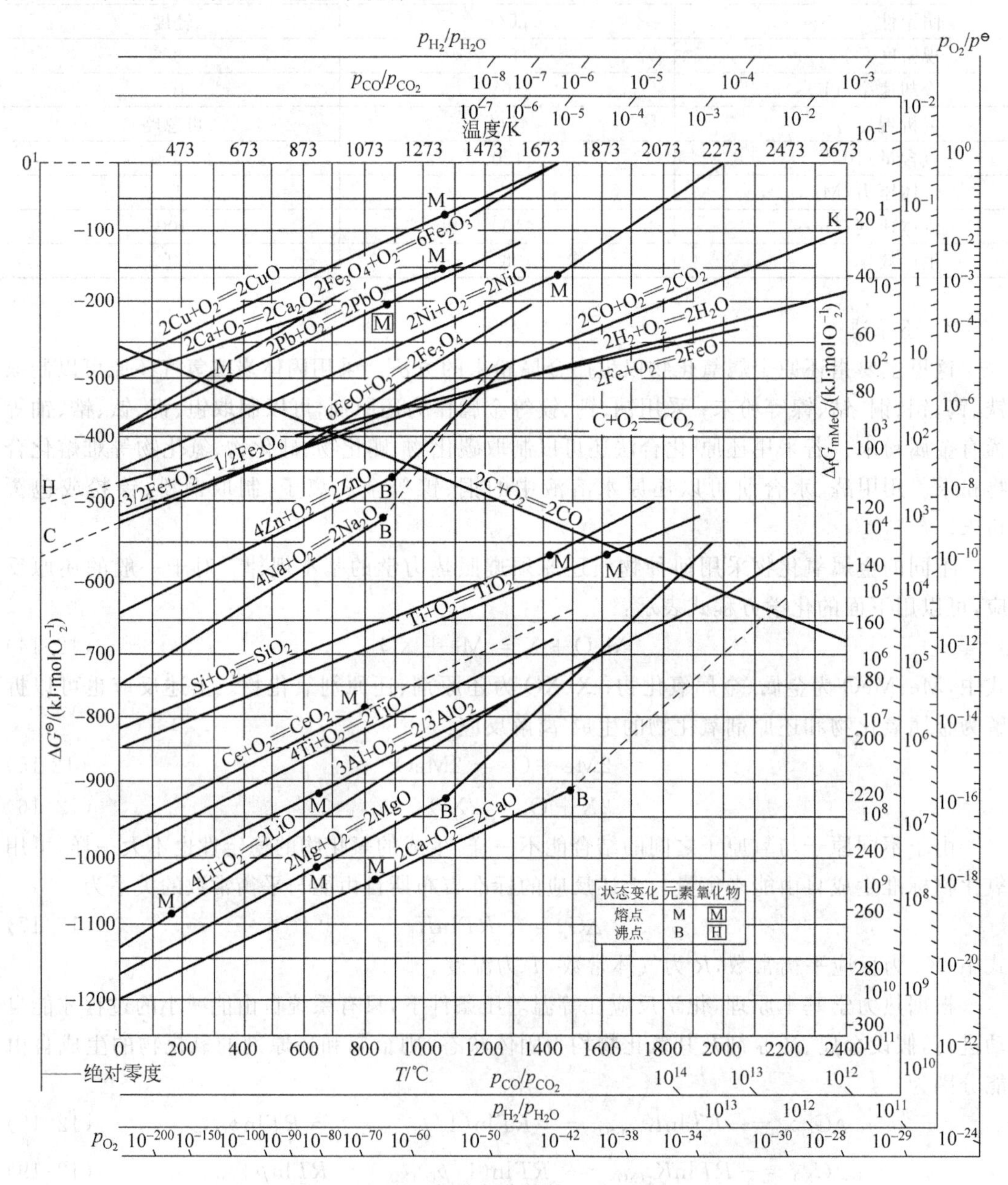

图 12-8　部分氧化物的 $\Delta G^{\ominus}$-T 图

（1）随着温度的升高，$\Delta G^{\ominus}$ 增大，即各种金属的氧化反应越难进行，金属对氧的亲和力减弱，则逆向的分解反应越易进行，因此还原金属氧化物通常需要在高温下进行。

（2）关系线在相变温度处，特别是在沸点处发生明显的转折。这与系统的熵在相变时发生了变化有关。

(3) CO的吉布斯生成自由能随着温度升高而降低。

(4) 在相同温度下,吉布斯生成自由能越低,则其稳定性越好,也即该元素对氧的亲和力越大。

根据图12-8中氧化物的$\Delta G^{\ominus}$-T关系可知:

(1) $2C+O_2=2CO$的$\Delta G^{\ominus}$-T关系线与很多金属氧化物的关系线相交,并在一定温度下处于$\Delta G^{\ominus}$值更低的位置,则表明一定条件下碳能跟很多金属氧化物(如铁、钨等的氧化物)反应。即使是Al_2O_3,在高于2000℃时,也可能被碳还原。

(2) $2H_2+O_2=2H_2O$的$\Delta G^{\ominus}$-T关系线在铜、铁、镍、钴、钨等氧化物的关系线下,这说明在一定条件下氢气可以还原铜、铁、镍、钴、钨等对应的氧化物。

(3) 位于图12-8中最下面的几条关系线所对应的金属钙、镁、锌等与氧的亲和力最大,所以钛、锆、钍、铀等氧化物可以用钙、镁做还原剂通过金属热还原得到相应金属。

但需要注意的是,图12-8中曲线均由标准状态计算所得,实际还原反应大多在非标准状态下进行的。即反应的实现不仅取决于温度,而且取决于气氛中的各成分的分压,需进一步计算。

上述$\Delta G^{\ominus}$-T图只是从热力学上表明了反应的可行性,但具体反应进程或反应速度及影响因素则由动力学原理控制。化学反应动力学一般分为均相反应动力学和多相反应动力学。前者指反应物和生成物均为气相或均匀的液相;后者指在几个相中进行的反应,这在冶金、化工中实例很多,如固—气、固—液、固—固、液—气及不同液相之间等。显然,多相反应过程中反应物之间具有界面。

对于均相反应,当反应温度一定时,化学反应速度符合质量作用定律,即化学反应速度与反应物浓度的乘积成正比,即:对于反应$A+B\longrightarrow C+D$而言,按质量作用定律则有

$$v = kc_Ac_B \tag{12-21}$$

式中,k为反应速率常数,它与反应物浓度无关,只与反应温度和活化能有关。

对于一级反应,反应速度常数与浓度可用以下关系式表示:

$$-\frac{dc}{dt} = kc \tag{12-22}$$

上式可化为:$\ln c=-kt+B$,若反应开始时的浓度为c_0,则$\ln c_0=B$(常数),进而由上式可得

$$k = \frac{1}{t}\ln\frac{c_0}{c} \tag{12-23}$$

显然,若时间的单位为s,则一级反应速率常数k的单位为s^{-1},与浓度的单位无关。

所有关于化学反应速度的讨论都是基于反应已经启动之后,事实上,很多化学反应需要加热到一定温度之后才能发生,即使该反应是放热反应。可见这样的化学反应都需要一个激活能,也即活化能。例如反应$A+B\rightleftharpoons C+D$,其正、逆向反应速度分别为$v=kc_Ac_B$,$v'=k'c_Cc_D$,达到平衡时两者相等,即:$\frac{c_Cc_D}{c_Ac_B}=\frac{k}{k'}=K$,其中$K$为平衡常数,根据平衡常数与温度的关系:

$$\frac{d\ln K}{dT} = \frac{\Delta H}{RT^2} \tag{12-24}$$

依据K与k'、k的关系及$\Delta H=E-E'$,则有

$$\frac{\mathrm{d}\ln k}{\mathrm{d}T}-\frac{\mathrm{d}\ln k'}{\mathrm{d}T}=\frac{E}{RT^2}-\frac{E'}{RT^2} \tag{12-25}$$

可知，$\frac{\mathrm{d}\ln k}{\mathrm{d}T}=\frac{E}{RT^2}$，$\frac{\mathrm{d}\ln k'}{\mathrm{d}T}=\frac{E'}{RT^2}$，将此两式积分可得

$$\ln k=-\frac{E}{RT}+B \tag{12-26}$$

$$\ln k'=-\frac{E'}{RT}+B_1 \tag{12-27}$$

式中，B、B_1 为积分常数，若以 $\ln A$ 代替 B，则可得到常见的阿伦尼乌斯公式：

$$k=A\cdot \mathrm{e}^{-E/RT} \tag{12-28}$$

其中，A 为常数，称为频率因子；E 为活化能，决定了温度对反应速度的影响。进一步理解活化能则需了解与其相关的碰撞理论及活化络合理论。

对于 $A+B\longrightarrow AB$ 的反应，碰撞理论认为，两个分子必须发生碰撞反应才有可能发生，且假设分子是刚性球体。研究发现，计算所得的碰撞分子数为反应分子数的 10^{17} 倍，也就是 10^{17} 次碰撞中只有一次碰撞发生了化学反应。同时也发现，温度每提高 10℃，双分子碰撞次数约增加 2%，而化学反应速度则增加 200%～300%。由此，该理论认为，只能假定碰撞分子的能量高于某一值时反应才会发生，温度升高则可使得更多的分子获得活化能，分子能量高于反应阈值使得反应得以发生。

但碰撞理论忽略了分子的转动能、振动能等，三个或更多分子同时碰撞才能发生的反应按照碰撞理论则不能发生。对 $AB\longrightarrow A+B$ 这一类分解反应也很难用碰撞理论解释。因此，1931 年美国科学家艾林(H. Eyring)提出了活化络合物理论。该理论认为在所有的化学反应中都有一种中间形态的活化络合物生成。活化络合物是暂时存在的分子，它能以一定的速度分解而产出生成物。反应物、活化络合物、生成物及活化能、反应热之间的关系可用图 12-9 表示：

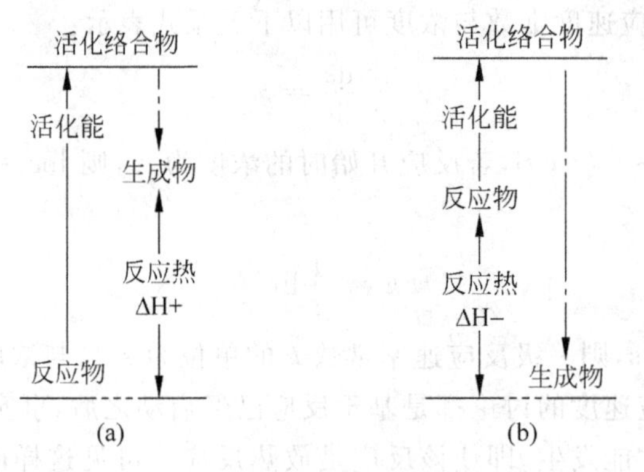

图 12-9 吸热反应和放热反应的活化能

(a) 吸热反应；(b) 放热反应

$\Delta H=E-E'$，若 $E>E'$，由反应物变成生成物是吸热反应，即整个反应过程中吸收的热量大于放出的热量；若 $E<E'$，由反应物变成生成物是放热反应。

不同于没有界面的单相反应，实际上，很多反应过程中反应物之间是有界面的，这种有界面的多相反应的影响因素则复杂得多，除了温度、浓度外，界面的特性(如晶格缺陷)、界面

的面积、界面的几何形状、流体的速度、反应程度、扩散层等，甚至产物的特性等都会影响反应的进程。

以常见的固—液反应为例，如金属在酸中的溶解，设酸的浓度保持不变，则反应速度为(负号表示固体质量减少)：

$$-\mathrm{d}W/\mathrm{d}t = kAc \tag{12-29}$$

式中，W 为固体在时间 t 时的质量，A 为固体的表面积，c 为酸的浓度，k 为速度常数。

如果固体为平板状，则可认为固体的反应面积 A 为常数，式(12-29)可以改写为

$$-\int_{W_0}^{W}\mathrm{d}W = kAc\int_0^t \mathrm{d}t \tag{12-30}$$

即，$W_0-W=kAct$，W_0-W 与时间的关系为直线关系，其斜率为 kAc。若固体为球状，则表面积 A 是不断变化的，以标准球形计，则 $A=4\pi r^2$，$W=4\pi r^3\rho/3$，r 为球形固体半径，ρ 为固体的密度，则

$$r = \left(\frac{3}{4\pi}\frac{W}{\rho}\right)^{1/3} \tag{12-31}$$

$$A = 4\pi r^2 = 4\pi\left(\frac{3}{4\pi\rho}\right)^{2/3} W^{2/3} \tag{12-32}$$

将式(12-31)、式(12-32)代入式(12-29)中可得

$$-\frac{\mathrm{d}W}{\mathrm{d}t} = k4\pi\left(\frac{3}{4\pi\rho}\right)^{2/3} W^{2/3}c = KW^{2/3} \tag{12-33}$$

将前面各常数项用一个字母 K 表示，然后将式(12-33)积分，则可得

$$3(W_0^{1/3} - W^{1/3}) = Kt \tag{12-34}$$

如果将固体的已反应分数表示为 $X=(W_0-W)/W_0$，结合估计的密度、体积关系可以得到：$r=r_0(1-X)^{1/3}$，代入式(12-34)可得

$$r_0 - r_0(1-X)^{1/3} = \frac{kc}{\rho}t$$

即

$$1-(1-X)^{1/3} = \frac{kc}{r_0\rho}t = ct \tag{12-35}$$

上式已为实验所证实，但由于有扩散层的存在，多相反应的进程可能为扩散、化学反应或中间某一环节控制。还以固—液反应来分析，若固体是平板状，假设反应剂的浓度为 c，界面上反应剂浓度为 c_i，扩散层的厚度为 δ，扩散系数为 D，可能有三种情况：

(1) 界面上的化学反应速度远大于反应剂扩散到界面上的速度，则 $c_i=0$，这种反应则由扩散环节控制，其速度 $v=(D/\delta)A(c-c_i)=k_1Ac$。

(2) 扩散速度远大于反应速度，显然反应进程由化学反应控制，其速度 $v=k_2Ac_i^n$，n 是反应级数。

(3) 如果扩散过程与化学反应速度相近，这种反应是由中间环节控制的，而且这也是实际工业生产中最常见的。即在扩散层中有浓度差，且 $c_i\neq 0$，当扩散与化学反应匹配时反应速度为 $v=k_1A(c-c_i)=k_2Ac_i^n$。

当过程为扩散环节控制时，受温度影响不大，因为扩散系数与温度仅为直线关系 $D=\frac{RT}{N_A}\frac{1}{6\pi r\eta}$(斯托克斯方程)，扩散控制的反应活化能也较小，仅为 4.19～12.56kJ/mol。化学

反应控制的反应进度受温度影响很大，因其反应速率常数与温度呈指数关系，其活化能也常高于41.86kJ/mol。中间环节控制的活化能为20.93～312.49kJ/mol。但对于固-固反应，由于扩散系数与温度呈指数关系，所以固相扩散过程均具有较高的活化能。如果产物在固体表面产生壳层，则需视壳层的致密性及其对产物、生成物的扩散阻力而定，情形复杂很多。

对于多相反应，尤其是气-固反应，目前较为公认的理论是"吸附-自动催化"理论。可分为以下几个步骤：第一步是气体还原剂分子（如 H_2、CO）被金属氧化物吸附，这一阶段的反应速度很慢，很难测出；第二步是被吸附的还原剂分子与固体氧化物中的氧相互作用并产生新相；第三步是反应的气体从固体表面上解吸。下面以氢气还原法制取钨粉为例，结合热力学、动力学分析氢还原钨氧化物的基本原理。

钨有多种氧化物，其中比较稳定的有四种：黄色的氧化钨（WO_3）、蓝色的氧化钨（$WO_{2.9}$）、紫色的氧化钨（$WO_{2.72}$）、褐色的氧化钨（WO_2）。钨本身也有两种同素异形体，在高于630℃还原时可以获得体心立方结构的 α-W，在低于630℃用氢还原三氧化钨可以得到立方晶格的 β-W。在630℃时可以发生 β-W ⟶ α-W 的单向转变。由于钨具有四种比较稳定的氧化物，所以氢还原钨的反应实际上也是按照以下四个反应顺序进行的：

$$WO_3 + 0.1H_2 = WO_{2.90} + 0.1H_2O \tag{12-36a}$$

$$WO_{2.90} + 0.18H_2 = WO_{2.72} + 0.18H_2O \tag{12-36b}$$

$$WO_{2.72} + 0.72H_2 = WO_2 + 0.72H_2O \tag{12-36c}$$

$$WO_2 + 2H_2 = W + 2H_2O \tag{12-36d}$$

上述反应的平衡常数用水蒸气分压与氢气分压的比值表示：$K_p = \dfrac{p_{H_2O}}{p_{H_2}}$，平衡常数与温度的等压关系式如下：

$$\lg K_{p(a)} = -\frac{3266.9}{T} + 4.0667 \tag{12-37a}$$

$$\lg K_{p(b)} = -\frac{4508.5}{T} + 1.10866 \tag{12-37b}$$

$$\lg K_{p(c)} = -\frac{904.83}{T} + 0.90642 \tag{12-37c}$$

$$\lg K_{p(d)} = -\frac{3255}{T} + 1.650 \tag{12-37d}$$

用氢还原钨的四个反应都是吸热反应，随着温度的升高，平衡常数增加，平衡气相中 H_2 含量随着温度的升高而减小，有利于反应的进行。实际反应中，氢气的流量往往很大，反应生成的废气很快被带走，化学反应平衡不断被破坏，促进反应自动进行。

如果采用较低的温度还原制粉，则为典型的多相反应，固相表面起到了一定的催化作用；但实践证明，WO_3 在400℃开始挥发，在850℃于 H_2 中显著挥发；而 WO_2 则在700℃时开始挥发，在1050℃时于 H_2 中显著挥发，而且还有与 H_2O 反应生成易挥发的中间水合物 WO_xH_y，实际上进入了均相还原反应的模式，因此其动力学过程可以用"挥发-沉积"或"蒸发-凝聚"机理描述。可以利用此动力学特征控制钨粉的粒度。超细钨粉呈黑色，细颗粒钨粉呈深灰色，粗颗粒钨粉呈浅灰色。

除了上述几种方法之外，同种金属的粉末也可以采用不同的工艺制备，表12-3为制造不同金属粉末的典型工艺。

表 12-3 几种典型金属粉末的常见制备方法

金属类别	一般方法	金属类别	一般方法
铁	氧化物还原法 机械切削法 水雾化法 离心雾化法 气雾化法 电解法 羰基法	铝	气雾化法 空气雾化法 研磨法
		铍	研磨法 电解法 化学析出法
钴	氧化物还原法 电解法	铀	氧化-还原法 氢化物脱氢法
镍	羰基法 电解法 氧化还原法 水雾化法 气雾化法	贵金属	空气雾化法 电解法 化合物还原法
		超合金	气雾化法 离心雾化法
钢	水雾化法 蒸气雾化法 气雾化法	活性金属(Ti、Zr)	氯化物还原法 离心雾化法 化学析出法
铜	电解法 水雾化法 氧化物还原法 盐还原法 硫酸盐析出法	难熔金属(W、Mo、Re、Ta、Hf)	氧化物还原法 化学析出法 离心雾化法
铜合金	水雾化法 机械研磨法	特殊合金	气雾化法 水雾化法

12.2.2 粉末的表征

通常把固体物质按分散程度不同分为致密体、粉末体和胶体三大类，即大小在 1mm 以上的称为致密体或固体，0.1μm 以下的称为胶体微粒或纳米粉体，介于两者之间的称为粉末体，实际上小于 0.1μm 的超细粉的应用也日益广泛。粉末冶金材料的最终性能与粉体的形貌、结构及性能直接相关，由不同工艺制备的粉末有球状、棒状、带状、方形、海绵状及各种不规则形状。在粉末冶金材料成形、烧结之前必须对粉体进行必要的检测和表征，包括粉末的物理性能(如形貌、微观结构、粒度、比表面积、密度、熔点、比热容、蒸气压、声、光、电和磁等性能)、化学性能(成分、反应活性等)、工艺性能(如松装密度、振实密度、流动性、压缩性与成形性等)。本书仅简要介绍部分粉体重要特性的表征。

1) 粉末的形貌与结构

可以采用金相显微镜、扫描电子显微镜观察粉末颗粒的形貌。但当粉末颗粒尺寸减小到 5nm 左右时，将近一半的原子都在界面上呈现不规则排列，这时通常可以采用透射电子显微镜(或高分辨透射电子显微镜)、扫描隧道电子显微镜等进行观察。至于粉末的晶体结构信息通常可以采用 X 射线衍射法(XRD)进行检测。

2）粉末的化学特性

对于粉末冶金材料而言，最主要关注的是其杂质的种类及含量。金属粉末的化学分析与常规金属的分析方法相同，如金属的氧含量可以采用库伦分析仪或氢损法测定；金属杂质测定采用酸不溶物法等。此外，一些先进的仪器分析方法如发射光谱法、色谱法、X荧光法及中子激活分析、俄歇电子能谱及X射线光电子能谱分析等已逐渐广泛用于粉末的成分、元素价态的分析，在此不做赘述。

3）粉末的粒度分析

粉末的物理性能包含粉末的形貌、微观结构、光学、电学性能等，但粉末的熔点、蒸气压、比热、电学等物理性能与致密材料的差别很小（纳米尺寸时部分性能有变化），因此本书仅就影响材料成形的重要参数如颗粒的形状、粒度、密度及比表面积的表征及测量简要介绍。

（1）形状因子　粉末的形状影响粉末的流动性和压制性，由于生产工艺的不同，所制得的粉末有球形、近球形、多角形、片状、树枝状、碟状、多孔海绵状等。对于复杂形状的颗粒，采用长、宽、高或直径已无法描述，目前常采用以下几种形状因子——延伸度、扁平度、球形度及粗糙度（皱度系数）等。其中球形度是最常用的指标之一，它表示与颗粒同体积的球体的表面积与颗粒的实际表面积之比。它不仅表征了颗粒的对称性，而且与颗粒的表面粗糙度有关，一般情况下，球形度均远小于1。对于任意形状的颗粒，其表面积和体积均可表示为：$S=fd_a^2$，$V=Kd_a^3$，式中f、K分别为表面形状因子和体积形状因子，两者的比值f/K称为比形状因子。d_a为投影面直径，因为投影面可能是不规则形状，因而d_a值通常为几何学平均径（二轴平均径、三轴平均径、几何平均径、体积平均径等）或名义粒径（如外接矩形名义径、圆名义径、立方体名义径、球体名义径等）。也可以利用投影面积与某一虚拟的圆的面积相等，以该圆的直径为投影直径。除了利用显微镜按投影几何学原理测得的上述投影径之外，还有当量粒径、比表面粒径及衍射粒径等。其中，当量粒径即利用沉降法、离心法或水力学方法测得的粉末粒度。如斯托克斯径就是与被测粉末具有相同的沉降速度且服从斯托克斯定律的同质球形粒子的直径。

（2）粉末粒度与粒度分布　粉末粒度也称为颗粒粒度或粉末粒径，指颗粒占据空间的尺度。对于球形颗粒，可以以直径作为唯一参数。但对于非球形颗粒，则需要用当量球形直径来表征，而当量球形直径又可以根据表面积、体积、投影面积或沉降速率来计算。如针对颗粒的投影面积A，可以获得唯一一个与其面积相等的虚拟圆，该圆的直径可以作为投影当量直径$d_A=(4A/\pi)^{1/2}$；同样，对于一个已测知体积为V的颗粒，相等的球形体积当量直径$d_V=(6V/\pi)^{1/3}$；如果已获知颗粒的外表面积S，则相等的球形表面当量直径$d_S=(S/\pi)^{1/2}$。

颗粒的直径或当量直径通常用mm或μm表示，具有不同粒径的颗粒占全部粉末的百分含量表示粉末的粒度组成，又称粒度分布。按照颗粒数与颗粒频度对平均粒径所做的粒度分布曲线称为频度分布曲线，曲线峰值所对应的粒径称为多数径。如果以某一粒径在内的及小于该粒径的颗粒数占全部粉末数的百分含量对平均粒径（横坐标）作图，就可以得到累积分布曲线，累积分布曲线上对应50%的粒径称为中位径（d_{50}）。d_{10}、d_{90}具有相似物理意义。有些粒度分布曲线可以用数学公式来表达，如大部分粉末在自然或未过筛时都遵循正态（log-normal）尺寸分布，可以用高斯函数描述。但也有很多分布曲线不能用数学函数描述。

由于粉末粒度组成的表示方法在实际应用中不太方便，很多情况下只需知道粉末的平均粒度即可。平均粒径的计算方法也有很多，如算数平均径、长度平均径、体积平均径、面积平均径、重量平均径和比表面积平均径等。根据粉末粒径的四种基准，可将粒度测定方法分成四大类(表 12-4)，这些方法中，除了筛分法和显微镜法之外，都是间接测量方法。

表 12-4 粒度测定主要方法一览表

粒径基准	方法名称	测量范围/μm	粒度分布基准
几何学粒径	筛分析	>40	质量分布
	光学显微镜	500～0.2	个数分布
	电子显微镜	10～0.01	同上
	电阻(库尔特计数器)	500～0.5	同上
当量直径	重力沉降	50～1.0	质量分布
	离心沉降	10～0.05	同上
	比浊沉降	50～0.05	同上
	气体沉降	50～1.0	同上
	风筛	40～15	同上
	水簸	40～5	同上
	扩散	0.5～0.001	同上
比表面粒径	吸附(气体)	20～0.001	比表面积平均径
	透过(气体)	50～0.2	同上
	润湿热	10～0.001	同上
光衍射粒径	光衍射	10～0.001	体积分布
	X光衍射	0.05～0.0001	体积分布

4) 颗粒的密度

颗粒的密度一般分为真密度和有效密度。真密度即用颗粒质量除以颗粒的真实体积(除去开孔和闭孔体积)所得到的值即为真密度。实际上就是粉末的固体密度。而将颗粒的质量与包括闭孔在内的颗粒体积相除得到的值即为有效密度，常用比重瓶法测定。

5) 粉末的工艺性能

粉末的工艺性能包括松装密度、振实密度、流动性、压缩性与成形性。这些性能除了与粉末自身特性有关外，也取决于粉末的生产方法和粉末的处理工艺。松装密度是粉末在规定条件下自然充满容器时，单位体积内的粉末质量，一般用特定的标准装置来测量。振实密度为将粉末装于容器内，在规定的条件下，经过振动后测得的粉末密度。一般以 $d(=\rho/\rho_{理})$ 指代粉末的相对密度，其中 ρ 代表粉末的松装密度或振实密度。孔隙体积与粉末体的表观体积之比称为孔隙度 θ，而孔隙体积则包含颗粒之间孔隙的体积和颗粒内更小孔隙的体积之和。

粉末的流动性则是指 50g 粉末从标准的流速漏斗中流出所需的时间，单位为 s/50g，简称流速。另外可以采用粉末的自然堆积角，即让粉末通过一组筛网自然流下并堆积在直径为一英寸的圆板上，当粉末堆满圆板后，以粉末锥的高度衡量流动性，粉末锥的底角称为安息角，也可作为流动性的量度。锥越高或安息角越大，则表示粉末的流动性越差。

粉末的压缩性代表粉末在压制过程中被压紧的能力，在规定的模具和润滑条件下加以测定，用一定的单位压制压力(500MPa)下粉末所达到的压坯密度表示。粉末的成形性则指粉末压制后，压坯保持既定形状的能力，用粉末得以成形的最小单位压制力表示，或者用压坯的强度来衡量。一般说来，成形性好的粉末，压缩性差，如不规则形状粉末；相反，压缩性好的粉末，成形性差，如球形粉末。

12.3 粉末的成形

12.3.1 成形前粉末的预处理

粉末原料在成形之前要经过包括分级、合批、粉末退火、筛分、混合、制粒、加润滑剂、加成形剂等主要步骤在内的预处理。

粉末的退火可以使氧化物还原，降低碳和其他杂质的含量，提高粉末的纯度，同时还能消除粉末的加工硬化，稳定粉末的晶体结构。退火温度根据金属粉末的种类不同而异，通常为该金属熔点的0.5～0.6倍。退火环境可以是真空或还原性气体或惰性气体。

合批是指将成分相同而粒度不同的粉末或不同批次的粉末进行均匀混合，从而保持产品的同一性，也可以达到控制粉末粒度分布的目的；而混合则是指将成分不同的粉末均匀混合，得到新成分的材料。粉末混合的方法包括机械法和化学法两种，其中应用最广泛的是机械法，即采用各种混合机械如球磨机、V形混合器、锥形混合器、酒桶式混合器和螺旋混合器等将粉末或混合料机械地掺和均匀而不发生化学反应。

对于圆筒形混料器，合理转速 N_0(r/min)可按下式计算：$N_0=\frac{32}{\sqrt{d}}$，式中，d 为圆筒的直径，单位为 m。达到临界转速时，质量为 m 的颗粒的重力与离心力相等，由此可以计算出临界转速 $N_c=60(g/2\pi^2 d)^{1/2}=\frac{42.4}{\sqrt{d}}$。混料器的转速和粉末在混料器中的填充量都会影响混合效率，填充率一般在20%～40%之间较合适，圆筒以大约75%的 N_c 的速度运行时混合效果最好。对于已知密度的两种粉末A、B，混合均匀后其理论密度可用下式计算：

$$\rho_T=\frac{W_T}{V_T}=\frac{W_A+W_B}{(W_A/\rho_A)+(W_B/\rho_B)}$$

但需注意的是，运用混合法则计算所得理论密度与该法相比有明显的偏差。

在实际生产中，由于一些小而硬度大的粉末之间摩擦力大、流动性差，很难成形，因此常需要制成大颗粒以增加其流动性。通常将聚乙烯醇、纤维素或聚乙二醇溶液与粉末混合调制成浆料，料浆经过雾化或者离心雾化或喷雾干燥后可以获得粒度在200μm以上的球形颗粒。

尽管退火处理、制粒等都可以提高粉末的成形性，但成形前混合粉料中还需要添加成形剂以提高压坯强度、防止混合料的偏析，在烧结前需除掉这些物质。粉末冶金铁、铜基零件中常加入硬脂酸锌作为成形剂；硬质合金制造中常采用石蜡、合成橡胶、乙烯醇和乙二醇等作为成形剂。在实际压制过程中，由于粉体颗粒之间及其与模壁、模冲之间存在摩擦力，而且随着压制压力的增大，脱模也更加困难，因此常需要在粉末中添加一定量(质量分数0.5%～1.5%)的润滑剂。对于金属粉末，经常采用Al、Zn、Li、Mg和Ca的硬脂酸盐作为润滑剂。此外，石蜡和纤维素也是常用的润滑剂。

12.3.2 粉末压制成形原理

成形是粉末冶金工艺过程的第二道基本工序，成形分为普通模压成形(如钢模压制)和特殊成形(如等静压成形、注浆成形、轧制/挤压成形等)两大类。粉末在松装堆积时，由于表面不规则，彼此间有摩擦力，颗粒相互搭架而形成拱桥孔洞的现象，也即拱桥效应。如致密钨的密度是 19.3g/cm^3，而工业钨粉的松装密度仅为 3～4g/cm^3。在施加压力的初期，粉末在临近区产生位移，发生颗粒重排，拱桥效应被破坏，有效密度提高。进一步提高压制压力，颗粒会发生弹性/塑性变形，由最初的点接触逐渐变成面接触，粉末颗粒也逐渐变成扁平状，当压力继续增大时，粉末可能碎裂(参见图 12-10)。

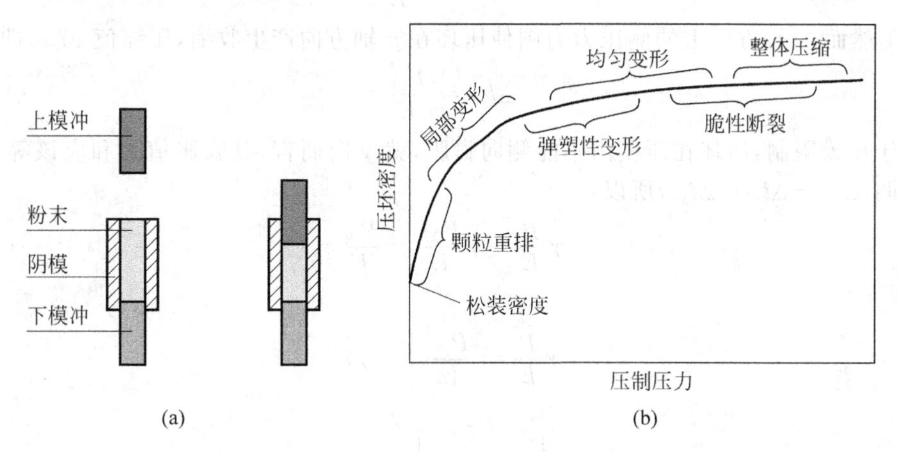

图 12-10 金属粉末压制成形过程及压坯密度-压制压力图

(a) 模压示意图；(b) 压坯密度变化

通常颗粒重排在压制压力小于 0.03MPa 时发生，颗粒重排带来的密度变化与颗粒的物理性质有关，开始阶段 5%～10%的孔隙减小是由颗粒重排造成的。随着压力的增大，塑性变形成了金属粉末的主要致密化机制，在塑性变形阶段，金属粉末表现为局部变形和均匀变形。在塑性流动阶段孔隙的减少小于 10%。大多数金属在压制压力为 50～100MPa 时会发生加工硬化，进一步加压则会导致粉末颗粒的脆性断裂，这时粉末颗粒表现为整体压缩。在很高的压制压力下(超过 1GPa)，粉末压坯在发生较大的塑性变形后，只留下很低的孔隙度，这时进一步增大压力并不能提高压坯的密度，反而会导致压坯出现大幅膨胀，弹性后效现象加重，可能会出现更多的裂纹。

1) 压制过程力的分析

压制压力作用在粉末上分为两个部分，一部分用来使粉末产生位移、变形和克服粉末的内摩擦，这部分称为净压力(P_1)；另外一部分用来克服粉末颗粒与模壁之间外摩擦的力，这部分为压力损失(P_2)，实际压制压力为这两部分之和。因为有压力损失，所以模具内部各部分的应力是不相等的。粉末在压模内受压时，压坯会向四周膨胀，模壁就会给压坯一个大小相等方向相反的作用力，即侧压力。固体粉末不同于流体，由于粉末颗粒之间、粉末颗粒与模壁之间的摩擦，所以传到模壁的压力(即侧压力)始终小于压制压力。将受力情况简化为图 12-11 的立方体压坯单元进行研究。

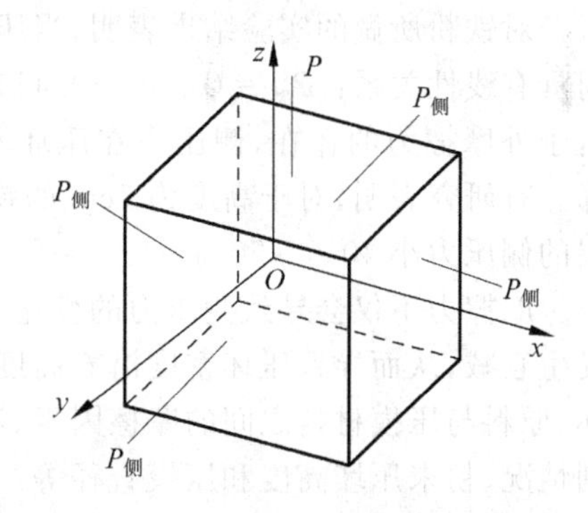

图 12-11 立方体压坯单元受力示意图

(1) 正压力力图使压坯在 y 轴方向产生膨胀，膨胀值 Δl_{y1} 与材料的泊松比 ν 和正压力 P 成正比，与弹

性模量 E 成反比，即

$$\Delta l_{y1} = \gamma \frac{P}{E} \tag{12-38a}$$

(2) 在 x 轴上的侧压力也力图使压坯在 y 轴方向产生膨胀，膨胀值 Δl_{y2}，即

$$\Delta l_{y2} = \gamma \frac{P_{侧}}{E} \tag{12-38b}$$

(3) 然而，y 轴方向上的侧压力力图使压坯在 y 轴方向产生收缩，压缩值 Δl_{y3}，即

$$\Delta l_{y3} = \frac{P_{侧}}{E} \tag{12-38c}$$

由于压模限制，压坯在压模内不能侧向膨胀，就 y 向而言，其膨胀值之和应该等于其压缩值，即：$\Delta l_{y1} + \Delta l_{y2} = \Delta l_{y3}$，所以：

$$\gamma \frac{P}{E} + \gamma \frac{P_{侧}}{E} = \frac{P_{侧}}{E} \tag{12-39}$$

即

$$\gamma \frac{P}{E} = \frac{P_{侧}}{E}(1-\gamma)$$

$$\frac{P_{侧}}{P} = \xi = \frac{\gamma}{1-\gamma}$$

则

$$P_{侧} = \xi P = \frac{\gamma}{1-\gamma} P \tag{12-40}$$

式(12-40)中，P 为垂直压制压力或轴向压力，ξ 称为侧压系数(表 12-5 为几种不同材料的泊松比和侧压系数)。同理，也可以沿着 x 轴向导出类似的公式。但需要注意的是，上述推导过程中，只是假定在弹性变形范围内有横向变形，即不考虑粉体本身的弹性变形，也不考虑粉末特性及模壁变形的影响，即将粉末压坯近似于固体物质，遵循胡克定律考虑对应关系，但显然与实际情况不尽相符，所以按照式(12-40)也只能是一个估计值。同时也需要注意的是，上述公式推导中压力或侧压力也均指的是单位侧压力或单位压制压力(MPa)。

表 12-5　几种不同材料的泊松比和侧压系数

材料	W	Fe	Sn	Cu	Au	Pb
γ	0.17	0.28	0.33	0.35	0.42	0.44
ξ	0.20	0.39	0.49	0.54	0.72	0.79

对铁粉所做的实验结果表明，当压力在 160～400MPa 范围内时，侧压力与压制压力之间具有线性关系：$P_{侧} = (0.38 \sim 0.41)P$。但应指出的是，上述计算的侧压力只是平均值。由于外摩擦力的存在，侧压力在压坯不同高度上是不一致的，即随着高度的降低而逐渐下降。有研究表明，对于高度为 7cm 的铁粉压坯试样，在单向压制时，试样下层的侧压力比顶层的侧压力小 40%～50%。

摩擦力不仅会导致侧压力的变化，对于单轴刚模压制过程，压制压力也会随着压坯高度发生衰减，从而导致压坯密度沿着高度分布不均。一般情况下，外摩擦的压力损失取决于压坯、原料与压模材料之间的摩擦因素、压坯与压模材料之间的黏结倾向、模壁加工质量、润滑剂情况、粉末压坯高度和压模直径等。外摩擦导致的压力损失可以用下面公式表示：

$$\Delta F = \mu F_{侧} \tag{12-41}$$

式中，ΔF 为摩擦的压力损失，N；$F_{侧}$ 为总侧压力，N；μ 为摩擦因数。外摩擦的压力损失与正压力(F)之间的关系可用下式表达：

$$\frac{\Delta F}{F} = \frac{\mu F_{侧}}{F} = \frac{\mu \xi \pi D \Delta H P}{\frac{\pi D^2}{4} P} = \mu \xi \frac{4 \Delta H}{D} \tag{12-42}$$

其中，P 为式(12-40)的单位压制压力，上式可以转换为

$$\frac{\mathrm{d}F}{F} = \mu \xi \frac{4}{D} \mathrm{d}H \tag{12-43}$$

积分整理后可得

$$F' = F\mathrm{e}^{-4\frac{H}{D}\xi\mu} \tag{12-44a}$$

式中，F'为模底所受的压力，N；F 为总压制压力，N；H 为压坯的高度，mm；D 为压坯的直径，mm。

实验研究结果表明，如果考虑到消耗在弹性变形上的压力，则

$$F_1 = F\mathrm{e}^{-8\frac{H}{D}\xi\mu} \tag{12-44b}$$

式中，F_1 为考虑弹性变形后的模底压力，并且由于压力沿高度有急剧的变化，所以式中的指数增加了一倍。当压坯的截面积与高度之比一定时，压坯尺寸越大，压坯中与模壁不发生接触的颗粒越多，即不受外摩擦力影响的颗粒的百分数越大，也即消耗于克服外摩擦所损失的压力越小。外摩擦力造成了压力损失，必然造成密度分布不均匀甚至填充不到棱角部位。但也可以采取以下措施改善，如添加润滑剂、减小模具的表面粗糙度和提高硬度、改进成形方式等。

2）脱模压力

使压坯由模中脱出所需的压力称为脱模压力，它与压制压力、粉末性能、压坯密度和尺寸、润滑剂等都有关。由于大多数压坯在撤除压制压力后，都要发生弹性膨胀，压坯沿着高度伸长，侧压力减小，侧压力与模壁之间的摩擦力也会减小。脱模压力随着压坯高度的增加而增加，在中小压制压力 P(P 小于 300～400MPa)的情况下，脱模压力一般不会超过 $0.3P$。当使用润滑剂时，可以将脱模压力降到 $0.05P$ 以下。

3）弹性后效

上文提到，将压制压力撤除后，由于内应力的作用，压坯发生弹性膨胀，这种现象称为弹性后效。弹性后效通常用压坯胀大的百分数表示，即

$$\delta = \frac{\Delta l}{l_0} \times 100\% = \frac{l - l_0}{l_0} \times 100\% \tag{12-45}$$

式中，δ 为沿压坯高度或直径的弹性后效；l_0 为卸压前压坯的高度或直径；l 为卸压后压坯的高度或直径。压坯在压制方向上的尺寸变化可达 5%～6%，而垂直方向的变化一般稍小一些，为 1%～3%。

4）压制力与压坯密度的关系

粉体受压后发生位移和变形，在压制过程中随着压力的增加，压坯的相对密度(有效密度)出现有规律的变化。理想状况下，这种变化可由图 12-12 表示。

第Ⅰ阶段：处于松装状态的粉末之间拱桥效应被破坏，粉末颗粒之间发生局部位移，大的孔隙被压缩，压坯密度增加很快，所以这一阶段又称为滑动阶段。

第Ⅱ阶段：经过第Ⅰ阶段压缩后的压坯已经达到一定密度，这时再增大压力，孔隙度几乎不变，密度也基本不变。但这也仅限于硬而脆的粉末，对于塑性大的粉末，一般不会出现这样的平台期，如铜、锡、铅等金属。

第Ⅲ阶段：当压力继续增大到某一阈值后，粉末颗粒开始发生变形，同时伴随小幅的位移，这时压坯密度进一步增加。

图12-12定性地描述了压坯密度随压力变化的一般规律，但有关粉末冶金成形的理论至今仍然众说纷纭，尚无定论。1923年沃克尔(Walker)根据实验首次提出了粉末体的相对体积与压制压力的对数呈线性关系的经验公式。随后，科学家们对成形问题展开了深入研究并提出了很多压制理论公式或经验公式，其中尤以巴尔申、川北、艾希(Athy)和黄培云方程式最为重要。下面仅介绍巴尔申、黄培云压制理论。

(1) 巴尔申压制理论

对于致密金属，可以采用胡克定律描述应力与应变之间的关系，即

$$d\sigma = \frac{dP}{A} = \pm K dh \tag{12-46}$$

式中，P为压力，A为横截面积，$d\sigma$为应力微小变化量，dh为相应高度微小变化量，K为比例常数。如果对粉末的加工硬化不予考虑，也不考虑摩擦力、粉末流动性及压制时间的影响，在粉末压制过程也采用胡克定律分析，将粉末装在圆柱形压模中(如图12-13)，在压制压力P作用下，高度为h_0，增加压力dP，则高度相应减少dh，压坯的接触横断面积为A'_H，则有

$$d\sigma = \frac{dP}{A'_H} = -\kappa dh \tag{12-47}$$

式中，κ为常数，但与压坯初始高度有关，可假设$k' = h_0/\kappa$，h_0为装粉高度，k'为比例系数，与加工硬化程度无关，在一定程度上相当于弹性模量，则

$$d\sigma = \frac{dP}{A'_H} = -k'\frac{dh}{h_0} \tag{12-48}$$

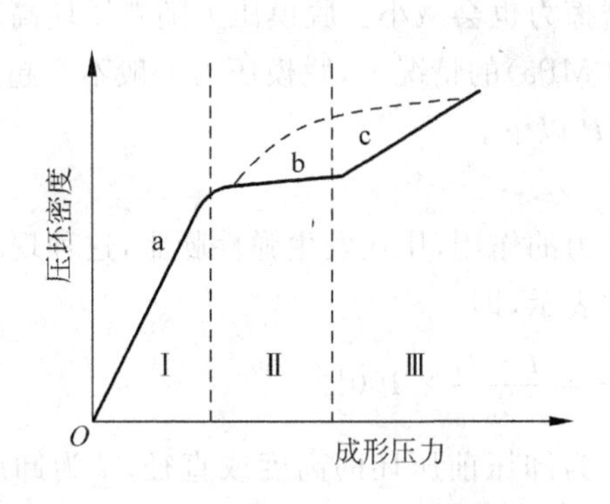

图12-12 压坯密度与成形压力之间的关系

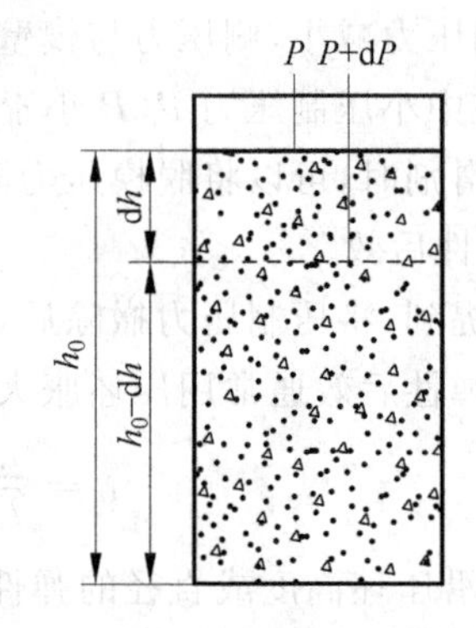

图12-13 压制过程示意图

经过压缩后，压坯变成了最终产品，其高度为h_k(此时压坯孔隙度为0)，此时更适于采用胡克定律，即

$$\frac{dP}{A'_H} = -\kappa''\frac{dh}{h_k} \tag{12-49}$$

式中，κ''为压缩模数，当压坯横截面积一定时，即：$S=S_k$，则相对体积：$\beta=\frac{V}{V_k}=\frac{hS}{h_kS_k}=\frac{h}{h_k}$，显

然 $\beta>1$，且 $d\beta=\dfrac{dh}{h_k}$，将其代入式(12-49)可得

$$\frac{dP}{A'_H}=-k''d\beta \tag{12-50}$$

又因为 $A'_H=\dfrac{P}{\sigma}$，于是可推知：

$$\frac{dP}{P}=\frac{-k''}{\sigma}d\beta=-l d\beta \tag{12-51}$$

式中，l 为压制因素，压制过程中压坯体积的缩小仅仅是孔隙的缩小，尤其是开始压制阶段，于是有

$$\frac{dP}{P}=-l d\varepsilon=-l d(\beta-1) \tag{12-52}$$

式中，ε 为孔隙度系数，$\varepsilon=\beta-1$；孔隙度 $\theta=1-d$(相对密度)$=1-1/\beta$；$d=\rho_{压}/\rho_m$；$\beta=V_{压}/V_m=\rho_m/\rho_{压}$；$\rho_m$ 和 $\rho_{压}$ 分别为压坯和致密金属的密度，所以 $\beta=\dfrac{1}{1-\theta}$，$\varepsilon=\dfrac{\theta}{1-\theta}$，即孔隙度系数 ε 为孔隙体积与粉末颗粒的体积之比。对式(12-52)积分得：

$$\int\frac{dP}{P}=-l\int d(\beta-1) \tag{12-53a}$$

$$\ln P=-l(\beta-1)+C \tag{12-53b}$$

当 $\beta=1$ 时，即 C 相当于最大压紧程度(完全致密化)时的最大压力的对数 $\ln P_{max}$，即：$\ln P=\ln P_{max}-l(\beta-1)$，换成常用对数可得

$$\begin{aligned}\lg P&=\lg P_{max}-L(\beta-1)\\ L&=l\cdot\lg e=0.434l\end{aligned} \tag{12-54}$$

根据式(12-54)，可以得出如图12-14的理想压制图。

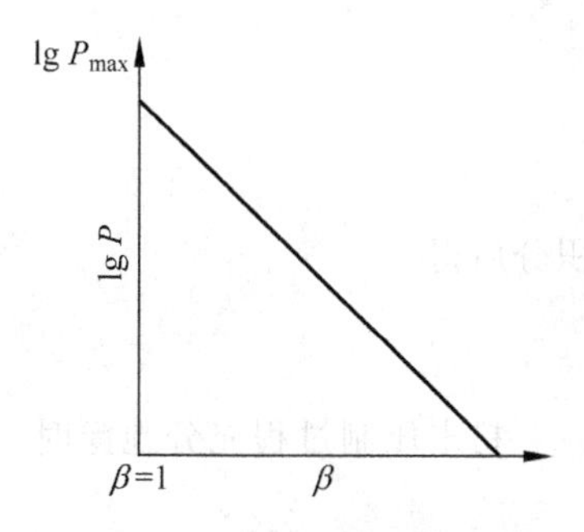

图12-14 理想压制图(压力与相对体积的关系)

由于实际的粉末并不是理想的弹性体，压制过程中摩擦力也无时不在，巴尔申在公式推导过程中也未能将变形与应变严格区分开来，所作的假设与实际情况有较大的出入，因此，该压制理论仅在某些情况下适用，没有普遍意义。但是该理论为压制理论的进一步完善打下了很好的基础。

(2) 黄培云压制理论

1964年黄培云根据粉末的非弹性弹滞体的特征和压形时应变大幅变化的事实，根据理论推导结合实验验证，提出了双对数压制理论。

对于一个理想弹性体，根据胡克定律应有如下关系：$\boldsymbol{\sigma}=\boldsymbol{E}\varepsilon$，式中 $\boldsymbol{\sigma}$ 为应力，$\boldsymbol{E}$ 为弹性模量，ε 为应变；对时间求导即得：

$$\frac{d\sigma}{dt}=E\frac{d\varepsilon}{dt} \tag{12-55}$$

而对于一个同时具有弹性和黏滞性的固体，Maxwell 曾指出有如下关系：

$$\frac{d\sigma}{dt}=E\frac{d\varepsilon}{dt}-\frac{\sigma}{\tau_1} \tag{12-56}$$

在恒应变的情况下，$d\varepsilon/dt=0$，则：$\frac{d\sigma}{dt}=-\frac{\sigma}{\tau_1}$，积分后可得

$$\sigma=\sigma_0^{-\frac{1}{\tau_1}} \tag{12-57}$$

式中，式中 σ_0 为 $t=0$ 时的应力，τ_1 为应力弛豫时间。

在此基础上，Kelvin 等人应用应变弛豫的概念，得出描述同时具有弹性与应变弛豫性质的固体(或称为开尔文固体)的方程为

$$\sigma=E\varepsilon+\eta\frac{d\varepsilon}{dt}=E\left(\varepsilon+\tau_2\frac{d\varepsilon}{dt}\right) \tag{12-58}$$

式中，η 为黏滞系数，$\eta=E\tau_2$，τ_2 为应变弛豫时间。

更进一步地，Alfrey 与 Doty 等人同时考虑了应力弛豫与应变弛豫的关系，引进了标准线性固体的概念，并指出它服从以下关系：

$$\left(\sigma+\tau_1\frac{d\sigma}{dt}\right)=E\left(\varepsilon+\tau_2\frac{d\varepsilon}{dt}\right) \tag{12-59}$$

对于标准线性固体，在应力与应变都已充分弛豫或接近充分弛豫的情况下，其应力与应变呈线性关系，而粉末在压形过程中，变形程度比金属内耗或蠕变要大得多，此时粉末有明显的加工硬化，因而粉末在压形时的应力应变不可能维持线性关系，而应有某种非线性弹滞体的特征，于是式(12-59)应修正为

$$\left(\sigma+\tau_1\frac{d\sigma}{dt}\right)^n=E\left(\varepsilon+\tau_2\frac{d\varepsilon}{dt}\right) \tag{12-60}$$

式中，n 为系数，一般 $n<1$。在压力为恒应力 σ_0 的情况下，$\frac{d\sigma}{dt}$为 0，上式可以简化为

$$\sigma_0^n=E\left(\varepsilon+\tau_2\frac{d\varepsilon}{dt}\right) \tag{12-61a}$$

$$\frac{dt}{\tau_2}=-\frac{d\left[\left(\frac{\sigma_0^n}{E}\right)-\varepsilon\right]}{\frac{\sigma_0^n}{E}-\varepsilon} \tag{12-61b}$$

积分后得

$$\varepsilon=\varepsilon_0 e^{-t/\tau_2}+\left(\frac{\sigma_0^n}{E}\right)\left[1-e^{-t/\tau_2}\right] \tag{12-62}$$

粉末压制过程充分弛豫时($t\gg\tau_2$)，e^{-t/τ_2} 趋近于 0，上式进一步简化为

$$\varepsilon=\frac{\sigma_0^n}{E} \tag{12-63}$$

$$\lg\varepsilon=n\lg\sigma_0-\lg E \tag{12-64}$$

设粉末在压制前的体积为 V_0，压坯体积为 V，相当于致密金属所占体积为 V_m，压制前粉末孔隙为 $V_0'(=V_0-V_m)$，压坯中孔隙体积为 $V'(=V-V_m)$，致密金属所占体积变化可视为不变，即只有孔隙体积发生了变化，可视之为粉末在压制过程中所发生的应变，应用自然应变的概念，可得到：

$$\varepsilon=\ln\frac{V_0'}{V'}=\ln\frac{V_0-V_m}{V-V_m}=\ln\frac{\frac{V_0}{V_m}-1}{\frac{V}{V_m}-1}=\ln\frac{\frac{\rho_m}{\rho_0}-1}{\frac{\rho_m}{\rho}-1}=\ln\frac{\frac{\rho_m-\rho_0}{\rho_0}}{\frac{\rho_m-\rho}{\rho}}=\ln\frac{(\rho_m-\rho_0)\rho}{(\rho_m-\rho)\rho_0} \tag{12-65}$$

将式(12-65)代入式(12-64)中，并用单位压制压力 p 代替恒应力 σ_0，可得

$$\lg\ln\frac{(\rho_m-\rho_0)\rho}{(\rho_m-\rho)\rho_0}=n\lg p-\lg M \tag{12-66}$$

式中，ρ 为压坯密度，ρ_0 为压坯原始密度(粉末充填密度)，ρ_m 为致密金属密度，单位均为 g/cm^3；p 为单位压制压力，Pa；n 为硬化指数的倒数，$n=1$ 时无硬化出现，M 为压制模量。采用式(12-66)分析铜粉和细钨粉的水静压压制实验中得到了很好的验证。事实上，在很多种情况下，黄培云的双对数方程式对软粉末和硬粉末适用效果都比较好，而巴尔申方程更适用于硬粉末。

除了前面介绍的两个压制理论之外，从 1923—1973 年科学家们提出的有一定影响力的模型或公式就已超过了二十个，其理论基础也从最开始的弹性理论发展到兼顾塑性变形，并逐渐发展到以流变学为基础的粉末压制理论。粉末体的非线性流变模型考虑了粉末在压缩过程中的非线性弹性行为、塑性行为和非线性流变行为，因而对粉末压缩过程的应变推迟、应力松弛、粉末内耗、弹性后效及压制速度、压制方式和保压时间对压制密度的影响，均能进行定性和定量的解释，因而理论具有较大的优越性，并在一定程度上揭示了粉末压缩过程的物理本质，但目前发展的还不成熟，还有一定的经验性。

近年来，采用数值计算的方法分析粉末压制过程的研究越来越多，数值计算主要采用有限元法和离散元法。但有限元法主要建立在连续介质力学的基础上，用于分析压制过程的离散粉末还有较大的误差。离散元法更适合于粉末压制成形的分析，但目前也仅限于压制初期及一些简单问题的分析。

5) 压坯强度及密度分布

压坯的强度关系到后续的工艺操作，除了与压坯的密度紧密关联之外，与粉料本身的粒度分布、形貌及粉末间的摩擦等都相关。润滑剂的加入及压制、脱模方式也会影响粉末压坯的性能。通常，压坯强度与压坯相对密度的关系可表述为：$\sigma=C\sigma_0 f(\rho)$，σ_0 为全致密材料的强度，$f(\rho)$为与压坯密度相关的函数。由于压坯的断裂一般是沿着粉末颗粒的接触面扩展的，因为接触面的大小以及接触效果决定了粉末压坯的强度，而接触面的大小又与压坯密度直接相关，因此有：$\sigma=C\sigma_0\rho^m$，式中，C 为常数，$m\approx6$。当然，也必须考虑颗粒间的接触效果，如颗粒的表面粗糙度、啮合程度等。因为压坯的密度与压制压力直接相关，因而，可以将压制压力与压坯强度建立简单的联系：$\sigma=\beta\sigma_0 p$，式中，p 为压制压力，β 为与材料和粉末特性相关的常数。实验结果表明，在较高的压制压力下，压坯强度提高的效果低于上式的预计值。

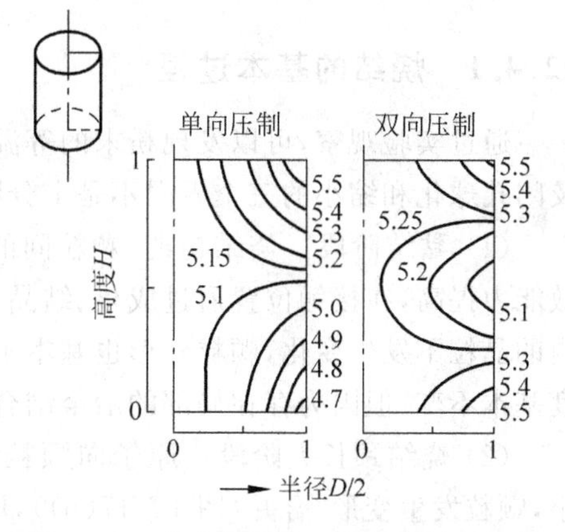

图 12-15 单向压制和双向压制压坯密度沿着高度方向的分布

由于摩擦力的作用，压坯密度在高度和横截面上的分布是不均匀的(如图 12-15 所示)。对于单向压制而言，靠近上模冲边缘部分的压坯密度最大；由于摩擦力的作用，在靠近模壁的层中，沿着压坯高度由上而下，轴向压力的降低比压坯中心大得多，使压坯底部的边缘密度比中心密度低，因此下层密度分布与上层刚好相反。在双向压制时，与模冲接触的两端密度较高，而中间部分的密

度较低。高径比越大，则密度差别也越大，为减小密度的不均匀性，可适当加入润滑剂或成形剂、改进加压方式如采用等静压成形及改进模具构造等。

影响压制过程的因素很多，如金属粉末本身的硬度、塑性、金属粉末的摩擦性能、粉末的纯度、粉末的粒度及粒度组成、粉末形状、粉末松装密度、粉末组成、润滑剂和成形剂、加压方式和保压时间等。普通刚性模尽管可实现连续自动化生产、制造成本低、部件几何尺寸一致性好，但压坯密度较低，且分布不均匀、部件形状复杂程度有限，烧结收缩不均匀，因而必须开发一些特殊的成形技术，如等静压成形、粉末无压成形（包括料浆浇注、冻干铸造、喷射成形等）、粉末挤压成形、粉末热压成形、粉末注射成形、温压成形、粉末连续成形（如轧制成形）、锻造成形和爆炸成形等，在此不再一一展开叙述。

12.4 粉末的烧结

烧结是指粉末或压坯在低于主要组分熔点的温度下借助于原子迁移实现颗粒间联结的过程。烧结温度一般低于粉末压坯的基体组元熔点的温度（约为 $0.7\sim0.8T_m$，T_m 为绝对熔点）。烧结过程中，依靠热激活作用，原子发生迁移，粉末颗粒形成冶金结合，使得烧结体的强度提高。只有经过了烧结过程，才能最终得到具有一定结构或功能特性的粉末冶金产品。按照烧结过程有无液相出现和烧结系统的组成进行如下分类：

（1）单元系烧结　由纯金属或稳定化合物（如 Al_2O_3、BeO、$MoSi_2$ 等），在其熔点以下的温度进行的固相烧结过程。

（2）多元系固相烧结　由两种或两种以上的组分构成的烧结体系，在其低熔点组分的熔点以下温度所进行的固相烧结过程。根据系统组元之间在烧结温度下有无固相溶解的存在又可分为无限固溶系、有限固溶系和完全不互溶系（如 Ag-W、Cu-W、Cu-C 等所谓“假合金”）。

（3）多元系液相烧结　以超过系统中低熔点组分熔点的温度所进行的烧结过程。由于低熔点组分同难熔固相之间互相溶解或形成合金的性质不同，液相可能消失或始终存在于全过程，故又分为稳定液相及瞬时液相烧结。

熔浸是液相烧结的特例，即多孔骨架的固相烧结和低熔点金属浸透骨架后的液相烧结同时存在。

12.4.1 烧结的基本过程

通过实验观察，可以发现粉末的等温烧结过程按时间大致可以分为黏结、烧结颈长大以及闭孔球化和缩小的三个界限不是十分明显的阶段（图 12-16）。

（1）黏结阶段　烧结初期，颗粒间的原始接触点或接触面上原子因为高温而活性及扩散能力提高，在接触位置通过成核、结晶长大形成烧结颈（图 12-17(a)）。在这一阶段，颗粒内的晶粒不发生变化，颗粒外形也基本不发生变化，整个烧结体也没有明显的体积收缩，密度基本不变，但因为存在局部的冶金结合，压坯的强度和导电性有明显的增加。

（2）烧结颈长大阶段　原子向颗粒结合面大量迁移，使烧结颈长大，颗粒间的距离缩小，颗粒发生变形、合并（图 12-17(b)），形成连续的孔隙网络；同时由于晶粒长大越过孔隙时导致孔隙消失，因此这一阶段烧结体大幅收缩，密度和强度大幅提升。

（3）闭孔隙球化和缩小阶段　当烧结体密度达到 90%后，多数孔隙被完全隔开形成闭

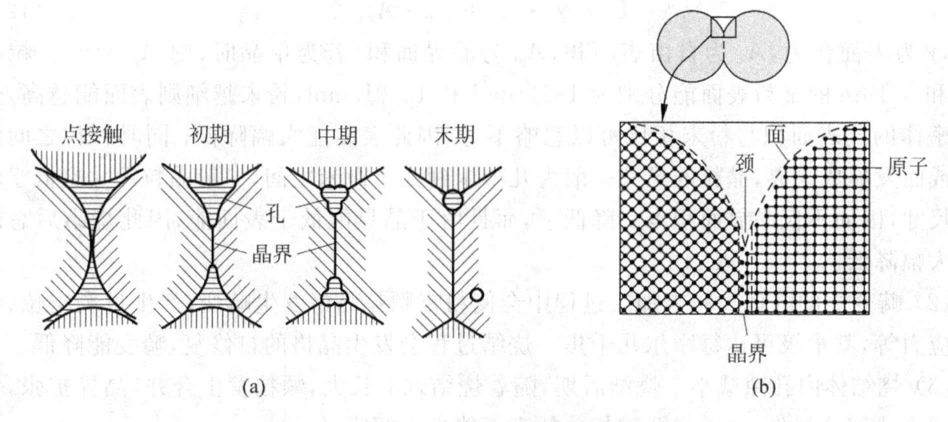

图 12-16 球形颗粒的烧结模型

(a) 原始接触、晶界形成及孔隙变化；(b) 烧结颈晶界形成

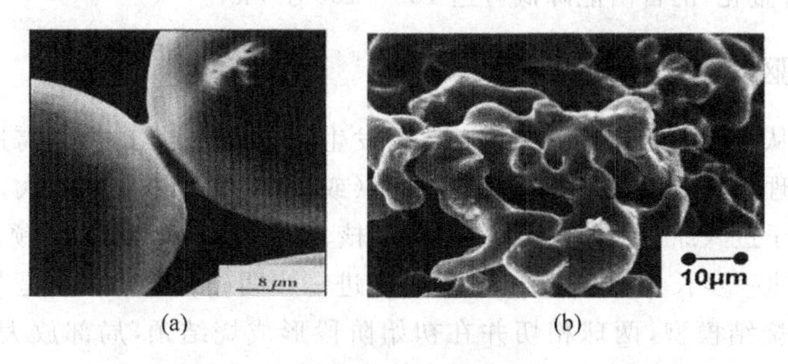

图 12-17 球形颗粒形成烧结颈及长大 SEM 形貌

(a) 烧结颈的 SEM 形貌；(b) 烧结颈的长大及颗粒的合并

孔，随着保温时间的延长，闭孔趋近于球形并不断缩小。在这个阶段，小孔会部分消失，但仍有一些闭孔不能被消除。

12.4.2 烧结的热力学问题

在高温下，压坯中的颗粒被加热，自然发生了烧结现象，这是一个自发过程，也即高温下粉末烧结是系统自由能降低的过程。也就是说在烧结环境下，烧结体相对于粉末而言，是处于较低的能量状态，这部分能量差就是烧结进行的驱动力。

在烧结温度 T 时，烧结体的自由能、焓和熵的变化分别用 ΔG、ΔH 和 ΔS 表示，根据热力学公式体系的自由能变化为

$$\Delta G = \Delta H - T\Delta S$$

其中，$\Delta H = \Delta U + \Delta(pV)$，$\Delta H$(Enthalpy)是一个状态函数，没有明确的物理意义；ΔU 为内能变化($=Q+W$)。在恒压条件下，ΔH 在数值上等于恒压反应热；ΔS 为熵变，合金元素的扩散导致体系熵增 ΔS 增大。但由于烧结体系的复杂性，计算热力学的具体数值非常困难。但可以从另外的角度定性分析系统自由能的变化。

(1) 颗粒表面能降低　由于颗粒结合面或烧结颈的长大，以及烧结后期颗粒表面平直化，使得烧结过程总表面积和总表面能都减小：

$$E = \gamma_s \cdot A_s + \gamma_{gb} \cdot A_{gb}/2 \tag{12-67}$$

其中，γ 为表面张力，A_s 为自由表面积，A_{gb} 为晶界面积（若为单晶时，则 $A_{gb}=0$）。粒度为 $1\mu m$ 和 $0.1\mu m$ 的金粉表面能分别为 155J/mol 和 1550J/mol，粉末越细则表面能越高，烧结后致密体的比表面积与粉末相比可以忽略不计，因此表面能大幅降低；同时颗粒之间的接触点或面发展成晶界，晶粒的尺寸一般为几微米到几十微米之间，一般晶粒尺寸也低于粉末颗粒尺寸，因而不仅晶界面积本身降低了，而且由于晶界能低于表面能，因此烧结后总的自由能大幅降低。

（2）畸变能的降低　粉末加工过程中会使粉末颗粒晶格发生畸变，产生过剩空位、位错和内应力等，其量级可达每摩尔几千焦。烧结过程会发生晶格的自修复，畸变能降低。

（3）烧结体内孔隙减小　烧结后期，随着烧结颈的长大，颗粒发生合并，晶界扩张，使得孔隙减小或部分消失，这样与孔隙相关的表面能也大幅降低。

（4）化学反应带来自由能的变化　烧结前后 $10\mu m$ 的粉末的界面能降低为 1～10J/mol，而化学反应（如合金化）的自由能降低可达 100～1000J/mol。

12.4.3 烧结驱动力

上节分析是从结果推知高温下烧结必然会发生，但具体的推动力则需进一步分析。将粉末颗粒简化为理想的球形，由于高温下接触点（或面）上的原子振幅加大，发生扩散，接触面上有更多的原子进入原子力作用范围，通过成核、结晶长大形成了烧结颈。关键问题是形成烧结颈后如何进一步长大，即烧结的驱动力需进一步明确。图 12-18 是苏联科学家库钦斯基提出的简化烧结模型，两球相切并在初始阶段形成烧结颈，局部放大图如 12-18(b)所示。

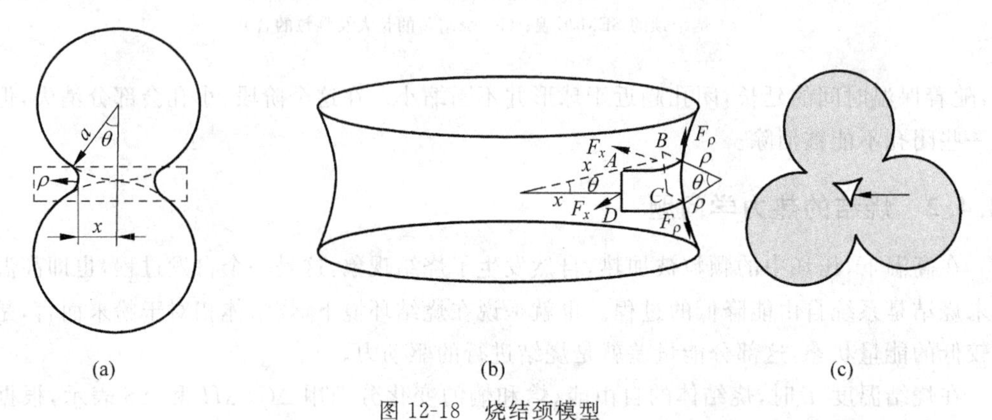

图 12-18　烧结颈模型

(a) 库钦斯基两球模型；(b) 图(a)虚线框局部放大；(c) 烧结颈之间的孔隙

从烧结颈表面取单元曲面使得两个曲率半径 ρ 与 x 形成相同的张角 θ，并假设指向球体内的曲率半径 x 为正号，指向球外的曲率半径 ρ 为负号。这个曲面上因为表面张力将在曲面上产生相切的两个力 F_x 和 F_ρ，根据表面张力的定义可得

$$\overrightarrow{F_x} = \gamma \times \overrightarrow{AD} = \gamma \times \overrightarrow{BC} \tag{12-68}$$

$$\overrightarrow{F_\rho} = \gamma \times \overrightarrow{AB} = \gamma \times \overrightarrow{CD} \tag{12-69}$$

而由图 12-18(b)中几何关系可知：$\overrightarrow{AD}=\rho\sin\theta$，$\overrightarrow{AB}=x\sin\theta$，且因为 θ 很小，所以有

$\sin\theta\approx\theta$,故可得:$\overrightarrow{F_x}=\gamma\rho\theta,\overrightarrow{F_\rho}=-\gamma x\theta$;所以垂直作用于 $ABCD$ 曲面上的合力为

$$\vec{F}=2\left(\vec{F}_x\sin\frac{\theta}{2}+\vec{F}_\rho\sin\frac{\theta}{2}\right)=\gamma\theta^2(\rho-x)\tag{12-70}$$

曲面 $ABCD$ 的面积近似为:$x\theta\times\rho\theta=x\rho\theta^2$,则作用在上面的应力为

$$\sigma=\frac{F}{x\rho\theta^2}=\frac{\gamma\theta^2(\rho-x)}{x\rho\theta^2}$$

即

$$\sigma=\gamma\left(\frac{1}{x}-\frac{1}{\rho}\right)\tag{12-71}$$

由于烧结颈的半径 x 比曲率半径 ρ 大得多,即 $x\gg\rho$,故:$\sigma=-\dfrac{\gamma}{\rho}$,负号表示作用在曲颈上的应力是张应力,它垂直作用于烧结颈曲面上,方向朝烧结颈外,是一种机械力,其作用是使得烧结颈扩大。随着烧结颈($D=2x$)的扩大,负曲率半径($-\rho$)的绝对值也增大,则烧结动力相应减小。假定球形颗粒半径为 $a=2\mu\text{m}$,颈半径 $x\approx0.2\mu\text{m}$,则 ρ 将不超过 0.01~0.001μm,已知表面张力 γ 的数量级为 J/m^2,那么烧结动力及拉应力的数量级将达到100MPa以上。式(12-71)所表述的是表面张力所产生的一种机械力,垂直于烧结颈曲面使其向外扩大,最终形成被包围的孔隙(如图12-18(c)),孔隙中的气体压力会阻碍孔隙的收缩及烧结颈的长大,一旦形成了闭孔,烧结动力可用下述方程描述:

$$P_\text{s}=P_\text{v}-\frac{2\gamma}{r}\tag{12-72}$$

式中,r 为孔隙半径,$-\dfrac{2\gamma}{r}$代表作用在孔隙表面使孔隙缩小的张应力,如果孔隙收缩过程中气体排不出去则压力会逐渐增大到与张应力平衡,这时孔隙将不再收缩,因此对这样的闭孔,仅靠延长烧结时间是消除不了。

由上述推导可知,在表面张力的作用下,烧结颈会向外生长,那么向外生长所需的原子从哪儿补充?这些原子可能来自其他位置的物质向烧结颈处的宏观流动,如黏性流动或塑性流动,也可能来自别处原子向烧结颈处的扩散,如表面扩散、体积扩散或晶界扩散,也可能是烧结温度下的蒸发与凝聚所致,由此人们提出了不同的烧结模型和机理。

1) 空位扩散机制

如图12-19所示,因为应力可以使空位的生成能发生改变,因此在烧结颈处的张应力$-\dfrac{2\gamma}{r}$局部改变了球形颗粒内原来的空位浓度分布,按照统计热力学,晶体内的空位热平衡浓度为

$$C_\text{v}=\exp\left(\frac{S_\text{f}}{k}\right)\exp\left(\frac{-E'_\text{f}}{kT}\right)\tag{12-73}$$

对于完整晶体,(无应力)时空位热平衡浓度为

$$C_\text{v}^0=\exp(S_\text{f}/k)\cdot\exp(-E_\text{f}^0/kT)\tag{12-74}$$

式中,S_f 和 E'_f分别表示空位形成时的振动熵和空位形成能,E_f^0 为理想完整晶体(无应力)中空位生成能,k 为玻耳兹曼常数。

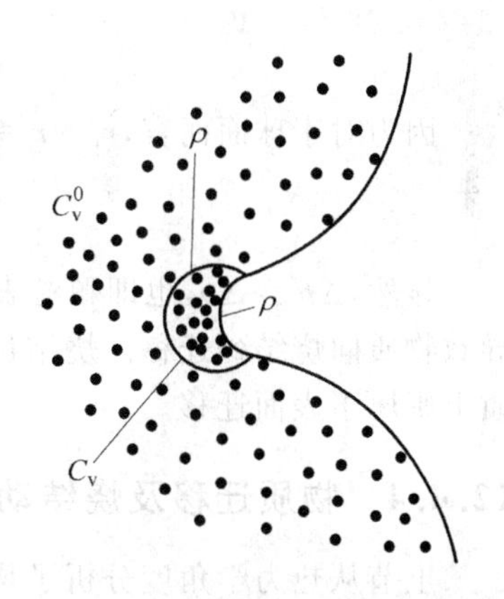

图12-19 烧结颈处空位浓度分布

有应力作用时空位形成能发生改变，在有压缩应力时空位形成能为：$E_f = E_f^0 + \sigma\Omega$；在受拉应力时空位形成能为：$E_f = E_f^0 - \sigma\Omega$，其中，$\sigma\Omega$ 为应力对空位所作的功，Ω 为空位体积。因此在烧结颈受拉应力的区域，空位热平衡浓度为

$$c_v = \exp(S_f/k)\exp[-(E_f^0 - \sigma\Omega)/kT] = \exp(S_f/k)\exp(-E_f^0/kT)\exp(\sigma\Omega/kT) \tag{12-75}$$

于是在烧结颈受拉应力的区域的空位浓度为

$$c_v = c_v^0 \cdot \exp(\sigma\Omega/kT) \tag{12-76}$$

又因为 $\sigma\Omega/kT \ll 1$，因而 $\exp(\sigma\Omega/kT) \approx 1 + \sigma\Omega/kT$，所以：$c_v = c_v^0 \cdot (1 + \sigma\Omega/kT)$，即

$$\Delta c_v = c_v - c_v^0 = c_v^0 \cdot \sigma\Omega/kT = -c_v^0 \cdot \gamma\Omega/kT\rho \tag{12-77}$$

假定具有过剩空位浓度的区域仅为烧结颈表面以下以 ρ 为半径的圆内，则其他区域均为平衡空位浓度，过剩空位浓度梯度则为

$$\Delta c_v/\rho = -c_v^0 \cdot \gamma\Omega/kT\rho^2 \tag{12-78}$$

上式表明，过剩的空位浓度梯度将引起烧结颈表面下微小区域的空位向球体内扩散，从而使原子朝相反方向迁移，使得烧结颈得以长大。显然，如果粉体的表面张力越大，或粉体越细，及烧结颈的 ρ 越小，则空位浓度梯度越大，扩散越快，烧结越快。这种机制本质上应该属于体积扩散。

2）蒸发-凝聚机制

烧结过程中还可能发生物质由颗粒表面向空间蒸发并在特定区域凝聚的现象，也即在烧结颈区域的蒸气压与其他部位的蒸气压不同，因而可能会出现物质的迁移和重新凝聚。曲面的饱和蒸气压与平面的饱和蒸气压之差可以用吉布斯-开尔文方程计算：

$$RT\ln\frac{p_1}{p_0} = \frac{M\gamma_{sv}}{d}\left(\frac{1}{x} - \frac{1}{\rho}\right) \tag{12-79}$$

式中 x,ρ 为曲颈面的曲率半径(如图 12-18(a)、(b)所示)；p_0 为平面的饱和蒸气压，M 为分子量，R 为气体常数，T 为温度，d 为粉末的理论密度。因为 $x \gg \rho$，所以 $\frac{1}{x}$ 项可以忽略，令：$p_1 - p_0 = \Delta p$，则

$$\Delta p = \frac{-M\gamma_{sv}p_0}{d\rho RT} \tag{12-80}$$

对于球表面，其表面的蒸气压可以表示为

$$\ln p/p_0 = \frac{M\gamma}{\rho RT}\left(\frac{1}{r_1} + \frac{1}{r_2}\right) \tag{12-81}$$

因为对于球面而言，$r_1 = r_2 = a$(a 为球半径)，故球面与平面的蒸气压差为

$$\Delta p' = \frac{2M\gamma_{sv}p_0}{daRT} \tag{12-82}$$

显然，$\Delta p' > \Delta p$，也即颗粒表面(凸面)与烧结颈表面(凹面)之间存在大的蒸气压差，将导致物质向烧结颈迁移。烧结过程中，蒸气压差也成了物质转移的驱动力之一，这种机制本质上则属于表面迁移。

12.4.4 物质迁移及烧结动力学

上节从热力学角度分析了烧结过程中的推动力，但实际烧结过程中烧结体内孔隙的球化与缩小等过程都是以物质迁移为前提的，因此要研究烧结的进程或效率必须进一步研究

物质迁移的速率或烧结动力学。但不同阶段物质的迁移方式是不一样的，如烧结的初期，接触点或面上的颗粒黏结具有范德华力的特征，不需要原子作明显的位移，仅仅涉及接触点或面上部分原子排列方式的改变或位置的调整，过程所需活化能极低，当然这时烧结体的收缩也不明显。但在烧结的中、后期，伴随着孔隙的减小和致密化，必然发生大量的物质迁移，具体可能发生的物质迁移模式如表 12-6 所示。

表 12-6 物质迁移的可能方式

物质是否迁移	具体模式
不发生物质迁移	黏结
发生物质迁移，并且原子移动距离较长	表面扩散、晶格扩散(空位机制)、晶格扩散(间隙原子机制)、晶界扩散、蒸发与凝聚 }组成晶体的空位或原子的移动 塑性流动、晶界滑移 }小块晶体的整体移动
发生物质迁移，但原子移动距离短	回复或再结晶

值得注意的是，尽管烧结体内可能会发生回复和再结晶，但只有在晶格畸变严重的粉末烧结时才会发生。回复和再结晶首先使压坯中颗粒接触面上的应力得以消除，并通过再结晶促进冶金结合及烧结颈的形成。由于压坯中的杂质和孔隙会阻碍再结晶过程，所以粉末烧结时的再结晶长大现象不像致密金属那样明显。

还是以简单的双球模型推导烧结过程的物质迁移速率，图 12-20(a)表示两球相切，烧结过程球心距不变；图 12-20(b)表示两球贯穿，烧结时有收缩出现，球心距减小 $2h$。由此可以得知烧结的任何时刻，ρ、x 和 a 三者之间的关系分别如图中所示。对应的烧结颈的面积和体积则分别为 $A(a)\approx 2\pi x^3/a$、$V(a)\approx \pi x^4/a$；$A(b)=\pi x^3/2a$、$V(b)\approx \pi x/4a$。

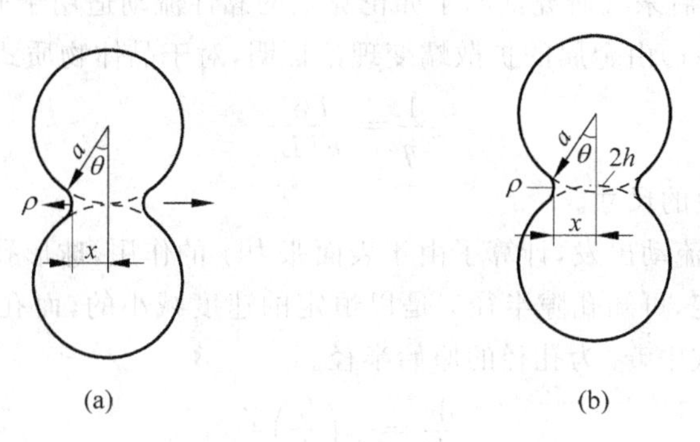

图 12-20 双球几何模型

(a) $\rho\approx x^2/2a$；(b) $\rho\approx x^2/4a$

1) 黏性流动理论及动力学方程

1945 年由弗伦克尔(Frenkle)提出了黏性流动的烧结模型。它把烧结分成为两个过程，即初期的粉末颗粒之间由点接触到面接触的变化过程和后期的孔隙收缩过程。第一阶段类似两个球形液滴从点接触开始，逐渐发展为直径为 x 的近似圆柱型烧结颈，为简化起见，假定液滴仍然保持球形，其半径为 a(参见图 12-20(a))。但烧结颈长大看做是在表面张力产生的应力 σ(图 12-20(a))作用下颗粒发生了类似黏性液体的流动。也就是在应力作用下原子或空位都顺着应力的方向发生流动。烧结是能量降低的过程，单位时间、单位体积内散失的能量为 φ，表面能降低对黏性流动做的体积功为 $\gamma \mathrm{d}A/\mathrm{d}t$，则有 $\varphi \cdot V=\gamma \cdot \mathrm{d}A/\mathrm{d}t$，经一系列数学处理后，得烧结特征方程，即烧结颈半径长大速度方程：

$$\frac{x^2}{a}=\frac{3}{2}\frac{\gamma}{\eta}t \tag{12-83}$$

式中，η 为黏性系数，t 为时间，γ 为粉末材料的表面张力。

库钦斯基(Kuczynski)在 1961 年发表的论文中采用同质的小球在平板上的烧结模型(图 12-21)用实验证实了弗伦克尔的黏性流动速度方程，推导出本质上相同的烧结颈长大的动力学方程。纯黏性流动方程 $\tau=\eta \mathrm{d}\varepsilon/\mathrm{d}t$ 中的剪切变形速率 $\mathrm{d}\varepsilon/\mathrm{d}t$ 与烧结颈半径长大速率 $\mathrm{d}x/\mathrm{d}t$ 成正比，而正切应力 τ 与颗粒的表面应力 σ 成正比，因此：

$$\sigma=K'\eta\frac{\mathrm{d}\varepsilon}{\mathrm{d}t}=K''\eta\frac{\mathrm{d}x}{x\,\mathrm{d}t} \tag{12-84}$$

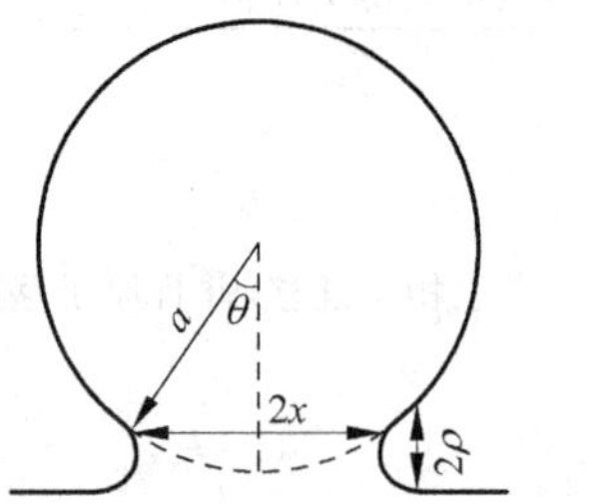

图 12-21 库钦斯基烧结球-平板模型

由 $\rho=x^2/2a$ 及 $\sigma=-\dfrac{\gamma}{\rho}$ 可推得

$$\frac{x^2}{a}=K\frac{\gamma}{\eta}t \tag{12-85}$$

式中，系数 K 由式(12-84)中的系数 K'、K'' 定，在其取得合适的值后，$K=3/2$，因为式(12-85)与式(12-83)即弗伦克尔方程完全相同。弗伦克尔认为黏性流动是靠体内空位的自扩散完成的，黏性系数 η 与扩散系数 D 之间的关系为

$$\frac{1}{\eta}=\frac{D\delta}{kT} \tag{12-86}$$

其中，δ 为晶格常数。后来有研究证明了弗伦克尔的黏性流动适用于非晶物质的烧结。

皮涅斯(B. R. IIiiec)由金属的扩散蠕变理论证明，对于晶体物质式(12-86)应修正为

$$\frac{1}{\eta}=\frac{D\delta^3}{kTL^3} \tag{12-87}$$

式中，L 为晶粒或晶块的尺寸。

弗伦克尔由黏性流动出发，计算了由于表面张力 γ 的作用，球形孔隙随烧结时间减小的速度由式(12-88)确定，可知孔隙半径 r 是以恒定的速度减小的，而孔隙封闭所需的时间将由式(12-89)确定。式中，r_0 为孔径的原始半径。

$$\frac{\mathrm{d}r}{\mathrm{d}t}=-\left(\frac{3}{4}\right)\frac{\gamma}{\eta} \tag{12-88}$$

$$t=\frac{4}{3}\eta\frac{r_0}{\gamma} \tag{12-89}$$

2）蒸发-凝聚理论及动力学方程

由 Kelvin 方程可知，在曲颈面具有负曲率半径的表面，其蒸气压低于平面蒸气压，更低于具有正曲率半径的球面蒸气压(参见式(12-80)、式(12-82))，因此物质可能会在粉末颗粒表面蒸发，在接触颈部凝聚发生迁移，因而使烧结颈部长大。烧结颈长大速率随着 Δp 的

增大而增大，当ρ与蒸气相中原子的平均自由程相比很小时，凝聚的速率可用在单位面积上、单位时间内凝聚的质量m来表示，可用近似的 Langmuir 公式计算：

$$m=\Delta p\left(\frac{M}{2\pi RT}\right)^{1/2} \tag{12-90}$$

式中，m为烧结物质的相对原子量，R为摩尔气体常数。烧结颈长大速率用颈体积V的增大速率表示时，则有如下方程：

$$\frac{\mathrm{d}V}{\mathrm{d}t}=\frac{m\cdot A}{d} \tag{12-91}$$

式中，d为粉末的理论密度，A为烧结颈曲面的面积。由图 12-20(a)中几何关系可知$\rho=x^2/2a$，$A=4\pi x\rho$，$V=\pi x^2\cdot 2\rho=\pi x^4/a$，代入式(12-91)得：

$$(x^2/a)\left(\frac{\mathrm{d}x}{\mathrm{d}t}\right)=\left(\frac{m}{d}\right)\rho \tag{12-92}$$

烧结颈凹曲面与平面蒸气压之差远大于球面与平面的蒸气压差，因而球面蒸气压p_a与烧结颈凹面的蒸气压差可近似为平面与烧结颈凹面的蒸气压差$\Delta p_a=p_a\gamma\Omega/kT\rho$，$k=R/N_A$，$N\Omega d=M$($N_A$为阿伏伽德罗常数)，则积分后有

$$\left(\frac{x^3}{a}\right)=3M\gamma_{sv}\left(\frac{M}{2\pi RT}\right)^{1/2}\frac{p_a}{d^2RT}t \tag{12-93}$$

将所有的常数以一个系数K'替代，则上式可以化为

$$\left(\frac{x^3}{a}\right)=K't \tag{12-94}$$

蒸发与凝聚动力学方程式(12-94)表明，烧结颈半径x的三次方与烧结时间t呈线性关系。金捷里-博格用半径为 60～70μm 的氯化钠小球于 700～750℃烧结，测量后发现烧结颈半径x的三次方与时间t近似成正比关系。

显然，只有那些具有较高蒸气压的物质才会以蒸发-凝聚的物质迁移为主导，但蒸发-凝聚对烧结后期孔隙的球化起重要的作用。

3）体积扩散

前面介绍的黏性流动机制所基于的假设是在应力作用下，原子或空位顺着应力的方向发生流动，这对一些非晶粉末的烧结有一定的适应性。蒸发-凝聚机制则对一些蒸气压大的粉末烧结有较好的适应性。但基于应力诱导下产生的过剩空位浓度而提出的烧结过程扩散机制在烧结理论的发展史上长时间处于领先地位。

皮涅斯认为，在颗粒接触面上空位浓度高，原子与空位交换位置，不断向接触面迁移，使得烧结颈不断长大；尤其在烧结后期，在闭孔周围的物质内，表面张力使闭孔内表面的浓度变大，不断向烧结体外扩散，原子则朝孔隙方向扩散，这样使得孔隙收缩。由图 12-19 可知，在凹面上由于表面张力产生垂直于凹面向外的张应力使得烧结颈表面附近的空位浓度远高于颗粒的其他部分，成为空位的“源”。当然小孔隙的表面、凹面及位错都可能是空位源；相应地，晶界、平面、凸面、大孔隙表面和位错等则可能称为空位的“阱”，使得烧结过程中空位由内孔隙向颗粒表面及由小孔隙向大孔隙扩散时烧结体就发生收缩，小孔隙不断消失。

皮涅斯用空位的体积扩散机制推导出了烧结颈长大和闭孔收缩的致密化过程的动力学方程，简单推导如下：

采用图 12-20(a)的模型，空位由烧结颈表面向其他部分扩散时，原子朝相反方向迁移，

单位时间内物质的转移量应等于烧结颈体积的增大量，即

$$\frac{\mathrm{d}V}{\mathrm{d}t}=J_{\mathrm{v}}A\Omega \tag{12-95}$$

式中，J_{v} 为单位时间内通过颈的单位面积空位个数，即空位流速率；A 为扩散断面积，Ω 为一个空位(或原子)的体积。由 Fick 第一定律：

$$J_{\mathrm{v}}=D'_{\mathrm{v}}\nabla c_{\mathrm{v}}=D'_{\mathrm{v}}(\Delta c_{\mathrm{v}}/\rho) \tag{12-96}$$

式中，∇c_{v} 为颈表面与球面的空位浓度梯度，Δc_{v} 为空位浓度差。代入式(12-95)即可得

$$\frac{\mathrm{d}V}{\mathrm{d}t}=A\Omega D'_{\mathrm{v}}\frac{\Delta c_{\mathrm{v}}}{\rho} \tag{12-97}$$

而 $\Delta c_{\mathrm{v}}/\rho=-c_{\mathrm{v}}^{0}\cdot\gamma\Omega/kT\rho^{2}$，且 $\rho=x^{2}/2a$，$A=2\pi x\cdot 2\rho=4\pi x\rho$，$V=\pi x^{2}\cdot 2\rho=\pi x^{4}/a$，代入式(12-97)即可得

$$\mathrm{d}x/\mathrm{d}t=D_{\mathrm{v}}(\gamma\Omega/kT)(2a^{2}/x^{4}) \tag{12-98}$$

其中，D_{v} 为用体积表示的原子自扩散系数，$D_{\mathrm{v}}=D'_{\mathrm{v}}c_{\mathrm{v}}^{0}\Omega$。积分可得

$$x^{5}/a^{2}=(10D_{\mathrm{v}}\cdot\gamma\Omega/kT)t\approx(10D_{\mathrm{v}}\cdot\gamma\delta^{3}/kT)t \tag{12-99}$$

式中，δ 为原子直径，空位体积 $\Omega\approx\delta^{3}$。

由式(12-99)可知，烧结颈的长大应服从 x^{5}/a^{2}-t 的直线关系，如果以 $\ln(x/a)$ 对 $\ln t$ 作图，可以得到一条斜率接近 5 的直线。

可将空位体积扩散机制应用到烧结后期孔隙收缩的动力学过程，即孔隙收缩速率取决于孔隙表面的过剩空位向邻近晶界的扩散速率，孔隙表面的过剩空位浓度应为 $\gamma\Omega C_{\mathrm{v}}^{0}/\kappa Tr^{2}$，故孔隙收缩($\mathrm{d}r<0$)速率可由扩散第一定律计算：

$$\mathrm{d}r/\mathrm{d}t=-D'_{\mathrm{v}}\nabla c_{\mathrm{v}}=-D_{\mathrm{v}}\gamma\Omega/kTr^{2}\quad(D_{\mathrm{v}}=D'_{\mathrm{v}}c_{\mathrm{v}}^{0}) \tag{12-100}$$

积分后得到孔隙体积收缩公式：

$$r_{0}^{3}-r^{3}=(3\gamma\Omega/kT)\cdot D_{\mathrm{v}}t \tag{12-101}$$

库钦斯基分别采用球形铜粉和铜丝束的烧结实验验证了式(12-99)、式(12-101)的体积扩散机制。

4) 表面扩散

在高温时，体积扩散机制占主导地位，但在烧结的初期及中低温下烧结时，表面扩散机制占主导地位。尤其是烧结的早期，有大量的连通孔存在，表面扩散使小孔不断缩小与消失，而大孔则增大，实际上并不是大孔吸收了小孔，结果是总的孔隙数量和体积减小，同时有明显的收缩出现。在烧结后期形成闭孔后，表面扩散只能促进孔隙表面光滑、孔隙球化，而对孔隙的消失和烧结体的收缩产生的影响可忽略。

因为空位扩散所需的活化能比间隙原子或置换原子的扩散要低得多，因而表面扩散也主要通过空位扩散实现的，即空位一般从浓度高的凹面向凸面或从烧结颈的负曲率表面向正曲率表面迁移，原子则朝相反方向迁移，从而填补了凹面和烧结颈。

库钦斯基基于图 12-20(a)的模型，假定表面扩散仅在烧结颈上一个原子厚的表层中进行，烧结颈表面的过剩空位浓度梯度为 $\Delta c_{\mathrm{v}}/\rho=-c_{\mathrm{v}}^{0}\cdot\gamma\Omega/kT\rho^{2}$(式(12-78))，则扩散横截面积为 $A=2\pi x\cdot\delta$，$\rho=x^{2}/2a$，烧结颈的体积为 $V=\pi x^{2}\cdot 2\rho=\pi x^{4}/a$，原子表面扩散系数 $D_{\mathrm{s}}=D'_{\mathrm{s}}c_{\mathrm{v}}^{0}\Omega$($D'_{\mathrm{s}}$为空位表面扩散系数)。将上述关系式代入$\frac{\mathrm{d}V}{\mathrm{d}t}=J_{\mathrm{v}}A\Omega$ 即可得

$$dV/dt = (2A \cdot \Delta c_v/\rho)D'_s\Omega \tag{12-102}$$

进一步化解即可得

$$(x^6/a^3)dx = (4\gamma\delta^4/kT)D_s dt \tag{12-103}$$

式中，δ 为扩散层的厚度，积分后得

$$x^7/a^3 = (28D_s\gamma\delta^4/k)t \tag{12-104}$$

结果显示，烧结颈半径的 7 次方与烧结时间成正比；粉末越细，比表面积越大，表面的活性原子数越多，表面扩散就越容易进行。采用 3～15μm 的球形铜粉在铜板上进行 600℃低温烧结的实验结果与上述动力学方程非常吻合。

5）其他机制及动力学方程

(1) 晶界扩散　由前面讨论可知，空位扩散时，晶界可以作为空位的“阱”。在烧结时，颗粒接触点(或面)上容易形成稳定的晶界，特别是细粉烧结后形成很多网状晶界与孔隙相通相连，使烧结颈边缘和小孔隙表面的过剩空位易通过连接的晶界进行扩散或被其吸收。如果没有晶界，空位只能从烧结颈通过颗粒内向表面扩散(如图 12-22 所示)。同样，对于孔隙而言，图 12-23(a)代表孔隙周围的空位向晶界扩散并被吸收，使孔隙缩小；图 12-23(b)代表晶界收缩，孔隙周围的空位沿着晶界通道向两端扩散，也使孔隙缩小，烧结颈同时收缩。事实上，晶界的扩散活化能只有体积扩散的一半，而扩散系数大 1000 倍，而且随着温度的降低，这种差别会增大。

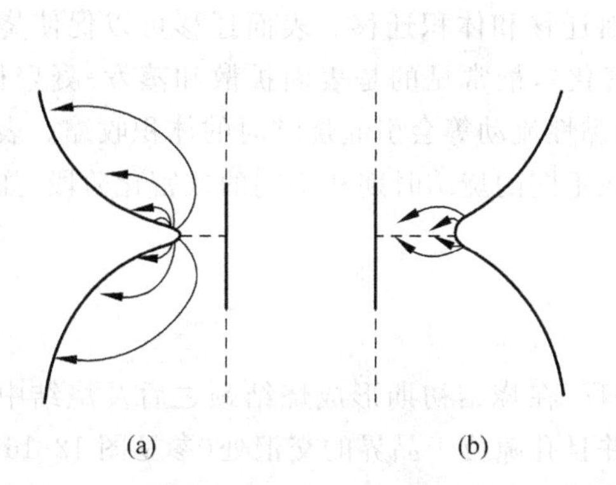

图 12-22　无晶界时空位从颗粒接触面向颗粒表面扩散，有晶界时空位向晶界扩散
(a) 无晶界；(b) 有晶界

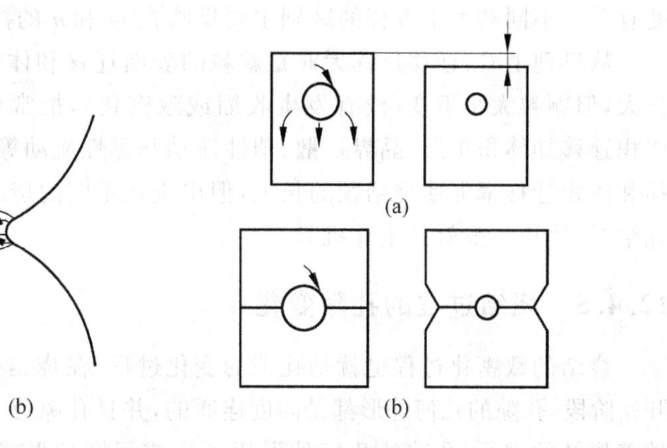

图 12-23　晶界、空位和收缩的关系
(a) 晶界成为空位阱；(b) 晶界成为扩散通道

根据双球模型，假定在烧结颈边缘上的空位向接触面晶界扩散并被吸收，采用与体积扩散相似的推导方法，可导出晶界扩散的特征方程：

$$x^6/a^2 = (960\gamma\delta^4 D_b/kT)t \tag{12-105}$$

式中，δ 为晶界宽度。库钦斯基由球-平板模型推导的晶界扩散方程为

$$x^6/a^2 = (12\gamma\delta^4 D_b/kT)t \tag{12-106}$$

式中，D_b 为晶界扩散系数。

由双球模型导出的收缩动力学方程为

$$\Delta L/L_0 = [3\gamma\delta^4 D_b/a^4 kT]^{1/3} t^{1/3} \tag{12-107}$$

式中，$\Delta L/L_0$ 是用两球中心距靠拢来表示线收缩率。

（2）塑性流动　烧结颈的形成和长大也可以看做是金属粉末在表面张力作用下发生塑性变形的结果。但塑性流动与黏性流动显然不同，外应力 σ 必须超过弹塑性材料的屈服应力 σ_y 才能发生，塑性流动的特征方程可以写成：

$$\eta \mathrm{d}\varepsilon/\mathrm{d}t=\sigma-\sigma_y \tag{12-108}$$

与纯黏性流动的特征方程 $\sigma=\eta\cdot\mathrm{d}\varepsilon/\mathrm{d}t$ 比较，仅差一项代表塑性流动阻力的 σ_y。皮涅斯最早提出了代表塑性流动阻力的黏性系数与自扩散系数的关系式 $1/\eta=D\delta^3/kTL^2$。20 世纪 60 年代，勒尼尔(Lenel)和安塞尔(Ansell)用蠕变理论定量研究了粉末的烧结机制，导出了蠕变塑性流动的烧结颈方程，并得出了 $x^9\propto t$ 的线性关系。

勒尼尔和安塞尔认为在烧结的早期，表面张力较大，塑性流动可以靠位错的运动来实现，类似蠕变的位错机制；但在烧结后期，表面张力降低，塑性流动则类似低应力下的扩散蠕变，以扩散流动为主，即以空位的自扩散来实现的，或称纳巴罗-赫仑微蠕变。

除了上述方程外，还有其他形式的烧结动力学方程，但都可以用一个动力学方程通式来描述：

$$x^m a^n=F(T)t \tag{12-109}$$

式中，$F(T)$ 仅仅是温度的函数，但在不同的烧结机制里，包含不同的物理常数，例如扩散系数(D_s、D_t、D_b)、饱和蒸气压 p_0、黏性系数 η 及很多方程共有的表面张力 γ，这些常数均与温度有关。不同动力学方程的区别主要反映在 m 和 n 的搭配上。

从机理上看，迁移过程无非是颗粒的表面迁移和体积迁移。表面迁移可以促使烧结颈长大，但颗粒大小不变(没有发生收缩或致密化)，最常见的是表面扩散和蒸发-凝聚机制；体积迁移如体积扩散、晶界扩散、塑性流动和黏性流动等会引起烧结时的体积收缩。表面迁移和体积迁移都促使烧结颈的长大，但出现在不同的烧结时期和不同的致密化阶段，如高温烧结时，体积扩散就是主导机制。

12.4.5 烧结过程的孔隙变化

烧结的致密化过程也就是孔隙的变化过程，在烧结初期形成烧结颈之后及烧结中期的开始阶段，孔隙的几何外形都是高度连通的，并且孔隙位于晶界的交汇处(参见图 12-16(a))。随着烧结的进行，孔隙的几何外形逐渐变成了圆柱形或球形，且尺寸逐渐减小。在烧结后期，孔隙和晶界的相互作用有三种形式：①孔隙阻碍晶粒生长；②孔隙被生长移动的晶界改变形状；③孔隙与晶界脱离，孤立地残存于晶粒内部。

在较低温度下，晶粒生长速度慢，孔隙依附着晶界并妨碍它移动，在移动晶界的张力下，孔隙通过体积扩散、表面扩散或蒸发-凝聚机制而缓慢迁移。在较高温度下，晶粒生长速度增大到一定值后，孔隙迁移或消失比晶界移动的慢，晶界与孔隙发生脱离，对晶界的钉扎力也相应消失(图 12-24)。对于需要高的烧结密度的粉末冶金产品，在烧结时应尽量避免孔隙与晶界的脱离。

尽管烧结过程有一些相同的机制或机理，但不同材料的烧结工艺差别很大，如固相烧结、液相烧结、活化烧结和强化烧结等，烧结过程可能需要不同的环境，如真空或气氛烧结等。烧结后也需要进行一定的后处理，如表面处理、浸渍处理、阳极化处理、喷砂、抛光或探伤处理等，在此不再详细论述。

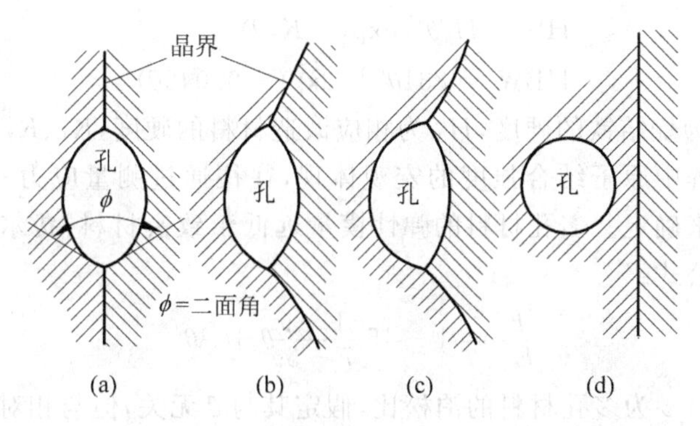

图 12-24 烧结后期孔隙孤立和球化过程示意图

(a) 气—固平衡；(b),(c) 孔隙拖曳晶界生长；(d) 孔隙脱离晶界

12.5 粉末冶金材料的结构、特性及工程应用

12.5.1 粉末冶金材料的性能特点

1) 孔隙特征

孔隙是粉末冶金材料的固有特征，既有1%～2%残留孔隙的致密材料，也有10%左右孔隙的半致密材料、孔隙度大于15%的多孔材料，还有孔隙度高达98%的泡沫材料。不同孔隙特点的材料采用不同的方法测量其密度，如，多孔材料的密度和孔隙度一般采用真空浸渍法来测定。对于假合金，其各成分之间的相互作用很弱，可以采用加和法求其理论密度，但对真合金，则需要采用与测定粉末真密度相同的方法进行测定。由于孔隙的毛细管作用和蓄积作用，粉末多孔材料具有很好的浸透性和自润滑性，这对于过滤器、含油轴承和其他多孔材料来说非常重要。流体在孔隙中流动状态如层流或紊流取决于流体的临界雷诺数，而临界雷诺数除了与流体本身特性相关外，还与孔隙的尺寸及表面粗糙等有关。如用粗粉末制取的高孔隙度试样出现紊流的概率更高，用球形粉末制取的多孔材料其临界雷诺数要比用非球形粉末制取的大，而且颗粒形状越复杂，临界雷诺数越低。

2) 力学性能与孔隙的关系

粉末冶金材料的动态力学性能通常包括冲击韧度和疲劳强度，它们强烈地依赖于材料的塑性和孔隙率。对于硬质合金粉末冶金材料，冲击韧性 a_K 与孔隙率的关系服从杜克沃斯和鲁什凯茨提出的公式：

$$a_K = a_{K0}\exp(-b\theta) \tag{12-110}$$

式中，a_K 为硬质合金的冲击韧性值；a_{K0} 为相应的无孔隙硬质合金冲击韧性值；θ 为孔隙率；b 是取决于材料制造和实验条件的常数。相同孔隙率的条件下，粗孔由于形状往往不规则而导致应力集中更突出。同样，由于孔隙的裂纹源效应，使得一定孔隙率的粉末冶金材料的疲劳强度大幅降低。

粉末冶金材料的宏观硬度由于孔隙的影响，测量值一般低于致密材料，但显微硬度与其他工艺所获得材料无异，如烧结铁的硬度与孔隙率 θ 的关系可用萨拉克和谢法尔德(R. G. Shephard)的经验公式表示：

$$HS = H_0\theta^{K_1}\exp(-K_2\theta) \tag{12-111}$$

$$HBW = 831\theta^{0.127}\exp(-0.049\theta) \tag{12-112}$$

式中，HS和HBW为烧结铁的硬度，H_0为相应锻造材料的硬度，K_1、K_2为常数。

弹性模量是点阵中原子结合强度的宏观体现，往往通过测量应力-应变曲线在弹性范围内直线段的斜率来确定。多孔材料的弹性模量远低于致密材料，费尔多琴科介绍了一种多孔弹性体的计算公式：

$$\frac{E}{E_0} = 1 - 15\,\frac{1-\nu}{7-5\nu}\theta + A\theta^2 \tag{12-113}$$

式中，A为实验常数；ν为多孔材料的泊松比，假定其与θ无关，但与相对密度的关系也有特定的经验公式：$\nu=0.068\exp(1.37\rho/\rho_T)$，其中$\rho_T$表示理论密度。除此之外，还有很多结合理论和实验的经验公式。

粉末冶金材料的强度与孔隙结构及颗粒间的结合方式也有复杂的依赖关系，一般多用如下经验公式描述强度与孔隙率θ之间的关系：

$$\sigma = \sigma_0 A_1(1 - A_2\theta^{2/3}) \tag{12-114}$$

$$\sigma = \sigma_0 K(\rho/\rho_T)^m \tag{12-115}$$

式中，A_1和A_2为常数，与孔隙的形状、分布及其尺寸有关；θ为孔隙率。

由于孔隙相当于内部产生了裂纹，所以孔隙的存在也会降低材料的断裂韧性。对于金属粉末烧结材料，断裂韧性可按下式进行估算：

$$Z = \frac{(1-\theta)^{3/2}}{(1+c\theta)^{1/2}} \tag{12-116}$$

式中，Z代表相对韧性，c为经验常数，θ为孔隙率。

3）物理性能与孔隙的关系

在稳定条件下，电流、热流、磁感应和极化现象都可以用完全类似的方法描述，即电导率、热导率、磁导率和电容率等可以用传导性来描述。如果把粉末冶金材料看作是基体与孔隙的复合材料，则可用下式描述其传导性：

$$\lambda = \lambda_1\left[1 + \frac{\theta_2}{\dfrac{1-\theta_2}{3} + \dfrac{\lambda_1}{\lambda_1-\lambda_2}}\right] \tag{12-117}$$

式中，λ_1为连续基体（第一相）的传导性，λ_2为孤立夹杂物（第二相）的传导性，θ_2为孤立夹杂物（第二相）的体积分数。如果把孔隙看成孤立的夹杂物，其传导性为零（即$\lambda_2=0$），上式可化为：

$$\lambda = \lambda_0\left(1 - \frac{3\theta}{2+\theta}\right) \tag{12-118}$$

式中，λ_0为相应无孔材料的传导性；θ为孔隙率。

多埃布克（W. Doebke）进一步将多孔材料的传导性与孔隙的形状、大小、分布和取向进行关联，得到如下公式：

$$\lambda = \lambda_1\,\frac{\lambda_2(1+2K) - 2K\rho_1(\lambda_2-\lambda_1)}{\lambda_1(1+2K) - \rho(\lambda_2-\lambda_1)} \tag{12-119}$$

式中，λ为多相材料的传导性，λ_1和λ_2分别为相应组元的传导性，ρ_1为第一组元的体积分数，K为常数。当第二相为孔隙时，$\lambda_2=0$，$\rho_1=1-\theta$，上式可化为

$$\lambda = \lambda_0 \frac{2K(1-\theta)}{2K+\theta} \tag{12-120}$$

常数 K 取决于材料的组织因素，即与孔隙形状、大小、分布和取向有关。当孔隙扁平且垂直于传导流向时，$K<1$；当孔隙为针状且平行于传导流向时，$K>1$；当孔隙为球形时，$K\approx 0.3$；当孔隙分布具有各向同性时，$K=1$。

具体而言，多孔体的热容和饱和磁化强度均属于加和性能，服从多相系统的加和计算法：$B_s=\sum_i B_{si}\theta_i$，式中，$B_{si}$ 为混合物中 i 组元的饱和磁化强度或其他性能；θ_i 为混合物中 i 组元的百分含量。对于多孔体来说：$B_s=B_{s0}(1-\theta)$，$c=c_0(1-\theta)$，其中，B_{s0} 为无孔材料的饱和磁化强度，c_0 为无孔材料的比热容。

多孔材料的热膨胀性能低于对应成分的致密材料，可以用如下方程表示：

$$C_T = C_0(\rho/\rho_T)^{1/3} \tag{12-121}$$

式中，C_T 为有效热膨胀系数，C_0 为致密材料的热膨胀系数，ρ/ρ_T 为密度分数。

对于导电和导热性，由于孔隙的存在，也有相应的降低，在经验基础上，多孔材料的导热、导电率随孔隙率的变化关系如下：

$$\frac{K}{K_0} = \frac{1-\theta}{1+X\theta^2} \tag{12-122}$$

式中，$\frac{K}{K_0}$ 为传导率比例，X 为孔隙敏感度系数，θ 为孔隙率。

12.5.2 粉末冶金材料的工程应用

基于粉末冶金材料的工艺特点及粉末冶金材料自身的性能特点，可在以下领域得到重要的应用：

(1) 粉末冶金减摩材料　又称为烧结减摩材料。通过在材料空隙中浸润滑油或在材料成分中加减摩剂或固体润滑剂制得。广泛用于制造轴承、支撑衬套或作端面密封等。

(2) 粉末冶金摩擦材料　也称烧结摩擦材料。由基体金属(铜、铁或其他合金)、润滑组元(铅、石墨、二硫化钼等)、摩擦组元(二氧化硅、石棉等)三部分组成。其摩擦系数高，制动快、磨损小；强度高、耐高温、导热性能好；抗咬合性能好，耐腐蚀、受油脂、潮湿影响小，主要用于制造离合器和制动器。

(3) 粉末冶金多孔材料　或称为多孔烧结材料。由球状或不规则形状的金属或合金粉末经成形、烧结制成。材料内部孔道贯通，孔隙率一般在 30%～60%，孔径为 1～100μm。透过性能和导热、导电性能好，抗热震性、耐腐蚀性好。可用于制造过滤器、多孔电极、灭火装置、防冻装置等。

(4) 粉末冶金结构材料　亦称烧结结构材料。能承受拉伸、压缩、扭曲等载荷，并能在摩擦磨损条件下工作。

(5) 粉末冶金高温材料　包括粉末冶金高温合金、难熔金属及其合金、金属陶瓷、金属基复合材料等。用于制造高温下使用的涡轮盘、喷嘴、叶片及其他耐高温部件。

(6) 粉末冶金工具、模具材料　包括硬质合金、粉末冶金高速钢等。尤其是高速钢，粉末冶金制品组织均匀、晶粒细小，没有偏析，比熔铸高速钢的韧性和耐磨性好，热处理变形小，使用寿命长。可以用于制造切削刀具、模具和零件的坯件等。

(7) 粉末冶金电磁材料　包括电工材料和磁性材料。电工材料包括电触头(金、银、铂等贵金属或合金)、电极(钨铜、钨镍铜等)、电刷(金属-石墨)、电热合金/热电偶(钼、钽、钨等);磁性材料包括用于制造各种转换、传递、存储能量和信息的磁性器件、软磁材料(磁性粉末、磁芯粉、软磁铁氧体、矩磁铁氧体、压磁铁氧体、微波铁氧体、正铁氧体和粉末硅钢等)、硬磁材料(硬磁铁氧体、稀土钴硬磁、磁记录材料、微分硬磁、磁性塑料等)。

随着科技的发展,粉末冶金理论和技术在更多的领域得到应用,如可以采用粉末冶金技术制备非平衡和超细材料(如非晶、准晶、超细超纯粉体等)。基于粉末冶金的注射成形、喷射成形技术又可以和3D打印等增材制造技术结合,在材料、化工、冶金、机械和生医等交叉领域发挥重要的作用。

习　题

1. 简述粉末冶金的主要技术特点。
2. 简述金属粉末生产的主要方法及特点。
3. 球磨脆性粉末时,输入的总功与粉末粒径的1/2次方成正比,当粉末粒径由10μm减小到1μm时,能量变化有多大?
4. W-Cu复合粉末在搅拌球磨机汇总以120r/min的转速研磨4h,如果要在1h也获得相同的粒径,那么其转速应为多少?
5. 气体雾化制粉时,哪一个工艺参数对颗粒尺寸的影响最大?为什么?如果平均粉末粒径减小,粒度分布区域将如何变化?
6. 还原法制取钨粉的过程机理是什么?蓝钨和三氧化钨哪种作为还原原料更好?影响钨粉粒度的因素有哪些?
7. 粉末冶金工艺对其所用的金属粉末有哪些要求?为什么?
8. 粉末颗粒有哪几种聚集形式?常用哪些方法表征粉末的形貌及结构?
9. 什么叫当量直径?假定一形状不规则颗粒的投影面积为A、表面积为S、体积为V,试分别推导与该颗粒具有相等A、S和V的当量球投影面直径d_A、当面球表面直径d_S和当量球体积直径d_V的表达式。
10. 什么是振实密度、松装密度?对粉末冶金过程有何影响?
11. 简述BET测试粉末比表面积的基本原理。影响粉末比表面积的因素有哪些?
12. 粉末成形前的前处理包括哪些过程?它们对粉末成形有哪些影响?
13. 成形剂和润滑剂有什么区别?选择原则是什么?在成形过程中有何负面影响?
14. 铁粉的理论密度为7.86g/cm^3,假定松装密度为3.04g/cm^3,与质量分数为1.5%的硬脂酸锌均匀混合后,其理论密度是多少?松装密度估算值为多少?
15. 粉末成形的主要方法有哪些?简述它们的特点及适用范围。
16. 试分析压坯中密度分布不均匀的原因。
17. 球形粉末压制后所得压坯的强度一般较其他形状粉末所得压坯的密度更低,试解释其原因并提出改进粉末处理的方法。
18. 推导黄培云压制理论,并与巴尔申压制理论比较异同点。
19. 采用亚微米粉末模压成形,脱模后发现有分层裂纹,试分析其原因及如何防止这种分层性裂纹？

20. 试用空位体积扩散的理论解释烧结后期孔隙尺寸和形状的变化规律。

21. 粉末坯块在高温下烧结能够完成的主要动力是什么？烧结温度对坯块的性能有何影响？

22. 何谓活化烧结？简述活化烧结的主要方法。

23. 粉末冶金的后处理主要目的是什么？主要的后处理方法有哪些？

24. 电活化烧结和粉末锻造与普通粉末冶金相比有哪些特点？

25. 粉末冶金材料具有哪些性能特点？主要应用领域及发展趋势？

参考文献

[1] 黄培云.粉末冶金原理[M].北京：冶金工业出版社，1997.

[2] 曲选辉.粉末冶金原理与工艺[M].北京：冶金工业出版社，2013.

[3] 陈振华，陈鼎.现代粉末冶金原理[M].北京：冶金工业出版社，2013.

[4] 阮建明，黄培云.粉末冶金原理[M].北京：机械工业出版社，2012.

[5] 黄培云，金展鹏，陈振华.粉末冶金基础理论与新技术[M].北京：科学出版社，2010.

[6] GERMAN.粉末冶金[M].伍祖璁，黄锦锺，译.台北：高立图书有限公司，2000.